**国家出版基金资助项目**

现代数学中的著名定理纵横谈丛书

丛书主编　王梓坤

FROM MASSER-OESTERLÉ TO MOCHIZUKI SHIN'ICHI
—HISTORY OF THE ABC CONJECTURE

# 从Masser-Oesterlé到望月新一
# ——ABC猜想的历史

刘培杰数学工作室　编

哈尔滨工业大学出版社
HARBIN INSTITUTE OF TECHNOLOGY PRESS

## 内 容 简 介

本书详细介绍了 ABC 猜想，现代数学的基础，代数几何等内容，叙述了 ABC 猜想从提出到被证明，再到对其证明的质疑的历程，以及其中涉及的数学家及他们的数学思想.

本书适合大中学生及数学爱好者参考阅读.

**图书在版编目(CIP)数据**

从 Masser-Oesterlé 到望月新一：ABC 猜想的历史/刘培杰数学工作室编. —哈尔滨：哈尔滨工业大学出版社，2024.3

(现代数学中的著名定理纵横谈丛书)

ISBN 978-7-5767-0593-5

Ⅰ.①从… Ⅱ.①刘… Ⅲ.①代数几何 Ⅳ.①O187

中国国家版本馆 CIP 数据核字(2023)第 024418 号

CONG MASSER－OESTERLÉ DAO WANGYUEXINYI：ABC CAIXIANG DE LISHI

策划编辑　刘培杰　张永芹
责任编辑　刘春雷
封面设计　孙茵艾
出版发行　哈尔滨工业大学出版社
社　　址　哈尔滨市南岗区复华四道街 10 号　邮编 150006
传　　真　0451-86414749
网　　址　http://hitpress.hit.edu.cn
印　　刷　辽宁新华印务有限公司
开　　本　787 mm×960 mm　1/16　印张 60.5　字数 650 千字
版　　次　2024 年 3 月第 1 版　2024 年 3 月第 1 次印刷
书　　号　ISBN 978-7-5767-0593-5
定　　价　298.00 元

---

代序

## 读书的乐趣

你最喜爱什么——书籍.

你经常去哪里——书店.

你最大的乐趣是什么——读书.

这是友人提出的问题和我的回答.真的,我这一辈子算是和书籍,特别是好书结下了不解之缘.有人说,读书要费那么大的劲,又发不了财,读它做什么?我却至今不悔,不仅不悔,反而情趣越来越浓.想当年,我也曾爱打球,也曾爱下棋,对操琴也有兴趣,还登台伴奏过.但后来却都一一断交,“终身不复鼓琴”.那原因便是怕花费时间,玩物丧志,误了我的大事——求学.这当然过激了一些.剩下来唯有读书一事,自幼至今,无日少废,谓之书痴也可,谓之书橱也可,管它呢,人各有志,不可相强.我的一生大志,便是教书,而当教师,不多读书是不行的.

读好书是一种乐趣,一种情操;一种向全世界古往今来的伟人和名人求教的方法，一种和他们展开讨论的方式；一封出席各种活动、体验各种生活、结识各种人物的邀请信；一张迈进科学宫殿和未知世界的入场券；一股改造自己、丰富自己的强大力量. 书籍是全人类有史以来共同创造的财富，是永不枯竭的智慧的源泉. 失意时读书，可以使人重整旗鼓；得意时读书，可以使人头脑清醒；疑难时读书，可以得到解答或启示；年轻人读书，可明奋进之道；年老人读书，能知健神之理. 浩浩乎！洋洋乎！如临大海，或波涛汹涌，或清风微拂，取之不尽，用之不竭. 吾于读书，无疑义矣，三日不读，则头脑麻木，心摇摇无主.

## 潜能需要激发

我和书籍结缘，开始于一次非常偶然的机会. 大概是八九岁吧，家里穷得揭不开锅，我每天从早到晚都要去田园里帮工. 一天，偶然从旧木柜阴湿的角落里，找到一本蜡光纸的小书，自然很破了. 屋内光线暗淡，又是黄昏时分，只好拿到大门外去看. 封面已经脱落，扉页上写的是《薛仁贵征东》. 管它呢，且往下看. 第一回的标题已忘记，只是那首开卷诗不知为什么至今仍记忆犹新：

日出遥遥一点红，飘飘四海影无踪.

三岁孩童千两价，保主跨海去征东.

第一句指山东，二、三两句分别点出薛仁贵(雪、人贵). 那时识字很少，半看半猜，居然引起了我极大的兴趣，同时也教我认识了许多生字. 这是我有生以来独立看的第一本书. 尝到甜头以后，我便千方百计去找书，向小朋友借，到亲友家找，居然断断续续看了《薛丁山征西》《彭公案》《二度梅》等，樊梨花便成了我心中的女英雄.我真入迷了.从此,放牛也罢,车水也罢,我总要带一本书,还练出了边走田间小路边读书的本领,读得津津有味,不知人间别有他事.

当我们安静下来回想往事时,往往会发现一些偶然的小事却影响了自己的一生.如果不是找到那本《薛仁贵征东》,我的好学心也许激发不起来.我这一生,也许会走另一条路.人的潜能,好比一座汽油库,星星之火,可以使它雷声隆隆、光照天地;但若少了这粒火星,它便会成为一潭死水,永归沉寂.

**抄,总抄得起**

好不容易上了中学,做完功课还有点时间,便常光顾图书馆.好书借了实在舍不得还,但买不到也买不起,便下决心动手抄书.抄,总抄得起.我抄过林语堂写的《高级英文法》,抄过英文的《英文典大全》,还抄过《孙子兵法》,这本书实在爱得狠了,竟一口气抄了两份.人们虽知抄书之苦,未知抄书之益,抄完毫末俱见,一览无余,胜读十遍.

**始于精于一,返于精于博**

关于康有为的教学法,他的弟子梁启超说:“康先生之教,专标专精、涉猎二条,无专精则不能成,无涉猎则不能通也.”可见康有为强烈要求学生把专精和广博(即“涉猎”)相结合.

在先后次序上,我认为要从精于一开始.首先应集中精力学好专业,并在专业的科研中做出成绩,然后逐步扩大领域,力求多方面的精.年轻时,我曾精读杜布(J. L. Doob)的《随机过程论》,哈尔莫斯(P. R. Halmos)的《测度论》等世界数学名著,使我终身受益.简言之,即“始于精于一,返于精于博”.正如中国革命一样,必须先有一块根据地,站稳后再开创几块,最后连成一片.

## 丰富我文采,澡雪我精神

辛苦了一周,人相当疲劳了,每到星期六,我便到旧书店走走,这已成为生活中的一部分,多年如此.一次,偶然看到一套《纲鉴易知录》,编者之一便是选编《古文观止》的吴楚材.这部书提纲挈领地讲中国历史,上自盘古氏,直到明末,记事简明,文字古雅,又富于故事性,便把这部书从头到尾读了一遍.从此启发了我读史书的兴趣.

我爱读中国的古典小说,例如《三国演义》和《东周列国志》.我常对人说,这两部书简直是世界上政治阴谋诡计大全.即以近年来极时髦的人质问题(伊朗人质、劫机人质等),这些书中早就有了,秦始皇的父亲便是受害者,堪称"人质之父".

《庄子》超尘绝俗,不屑于名利.其中"秋水""解牛"诸篇,诚绝唱也.《论语》束身严谨,勇于面世,"己所不欲,勿施于人",有长者之风.司马迁的《报任少卿书》,读之我心两伤,既伤少卿,又伤司马;我不知道少卿是否收到这封信,希望有人做点研究.我也爱读鲁迅的杂文,果戈理、梅里美的小说.我非常敬重文天祥、秋瑾的人品,常记他们的诗句:"人生自古谁无死,留取丹心照汗青""休言女子非英物,夜夜龙泉壁上鸣".唐诗、宋词、《西厢记》《牡丹亭》,丰富我文采,澡雪我精神,其中精粹,实是人间神品.

读了邓拓的《燕山夜话》,既叹服其广博,也使我动了写《科学发现纵横谈》的心.不料这本小册子竟给我招来了上千封鼓励信.以后人们便写出了许许多多的“纵横谈”.

从学生时代起,我就喜读方法论方面的论著.我想,做什么事情都要讲究方法,追求效率、效果和效益,方法好能事半而功倍.我很留心一些著名科学家、文学家写的心得体会和经验.我曾惊讶为什么巴尔扎克在51年短短的一生中能写出上百本书,并从他的传记中去寻找答案.文史哲和科学的海洋无边无际,先哲们的明智之光沐浴着人们的心灵,我衷心感谢他们的恩惠.

## 读书的另一面

以上我谈了读书的好处,现在要回过头来说说事情的另一面.

读书要选择.世上有各种各样的书:有的不值一看,有的只值看20分钟,有的可看5年,有的可保存一辈子,有的将永远不朽.即使是不朽的超级名著,由于我们的精力与时间有限,也必须加以选择.决不要看坏书,对一般书,要学会速读.

读书要多思考.应该想想,作者说得对吗?完全吗?适合今天的情况吗?从书本中迅速获得效果的好办法是有的放矢地读书,带着问题去读,或偏重某一方面去读.这时我们的思维处于主动寻找的地位,就像猎人追找猎物一样主动,很快就能找到答案,或者发现书中的问题.

有的书浏览即止,有的要读出声来,有的要心头记住,有的要笔头记录.对重要的专业书或名著,要勤做笔记,“不动笔墨不读书”.动脑加动手,手脑并用,既可加深理解,又可避忘备查,特别是自己的灵感,更要及时抓住.清代章学诚在《文史通义》中说:“札记之功必不可少,如不札记,则无穷妙绪如雨珠落大海矣.”

许多大事业、大作品，都是长期积累和短期突击相结合的产物. 涓涓不息，将成江河；无此涓涓，何来江河？

爱好读书是许多伟人的共同特性，不仅学者专家如此，一些大政治家、大军事家也如此. 曹操、康熙、拿破仑、毛泽东都是手不释卷，嗜书如命的人. 他们的巨大成就与毕生刻苦自学密切相关.

王梓坤

# ⊙ 目录

## 第二编　现代数学的基础



## 第三编　阳春白雪——代数几何



## 第四编　报道与评论



## 第五编　蛰伏的数学史诗

## 第二部分 它山之石——中日数学之比较

### 第六编 日本的数学教育



### 第七编 灿若群星——日本的数论大师们

## 第八编 制度篇



## 第九编 奋起直追

## 第三部分　人物编

### 第十编　代数几何教皇
### ——亚历山大·格罗滕迪克

## 第四部分 原始文献编



## 附录 一位初中教师的探索

# ABC 猜想史诗般的证明

## 引言

据《中国科学报》(2020—4—8)记者徐锐报道:8 年前,日本数学家望月新一(Mochizuki Shin'ichi)发表了长达 500 页的 4 篇论文,声称自己解决了 ABC 猜想,引发了数学界激烈的讨论,然而很少有数学家能够理解他的这项工作;如今,望月新一终于得到了肯定. 据《自然》杂志报道,最终定稿长达 600 页的 ABC 猜想的证明终于被认可并即将出版.

2012 年,望月新一提出的 ABC 猜想的证明发表在京都大学数理解析研究所(RIMS)的网站上,并因其难以理解的独特风格,被称作"天书",难倒了不少数学家."就像在读一篇来自未来或外太空的论文一样."美国威斯康星大学麦迪逊分校的数论专家艾伦伯格(Jordan Ellenberg)曾这样评论道.数学家们花了多年的时间试图理解它.随后,2018 年,两位备受尊敬的数学家波恩大学的 Peter Scholze 和法兰克福歌德大学的 Jakob Stix 表示,他们发现了望月新一证明中存在的缺陷,当时许多人认为这是对其证明的致命打击.

尽管望月新一对 ABC 猜想的证明发表在即,但这似乎并不能改变此前许多质疑相关证明的研究人员的看法.

作为付出了相当大努力试图验证望月新一证明的专家之一,加州大学圣地亚哥分校的数论专家 Kiran Kedlaya 表示:"自 2018 年以来,数学界对于望月新一证明的看法没有太大变化."加州大学伯克利分校的数学家 Edward Frenkel 也表示,将保留对这个证明的判断,直到它正式出版,因为可能会有新的信息出现.

ABC 猜想是数论中最大的开放性问题之一,它展示了整数加法和乘法间深刻的联系.很多著名的猜想和定理都基于它问世,这使得该猜想备受关注.望月新一最初在网站上发表自己的证明时受到了不少质疑,因为要想证明其观点的正确性实在太难了.世界各地的数学家都在苦苦思索,通读一遍全文都很费劲,更别提对其进行验证了.当时许多人——包括望月新一的博士生导师法尔廷斯(Gerd Faltings)——都曾公开批评他没能更清楚地表达自己的想法.

随后几年,数学界还曾就这一问题举行了会议,与会者报告了部分进展,但表示可能需要很多年才能得出望月新一的观点是否正确的结论.

时隔多年,自己的证明将被发表,一直在独自奋斗

的望月新一似乎终于可以松一口气了. 然而此次接收并将发表其ABC猜想证明的是由RIMS出版的杂志，望月新一正是该杂志的主编，这又引起了不少同行的质疑.

事实上，数学家经常在自己担任编辑的期刊上发表论文. 此次望月新一也做到了回避审查过程，未出席任何相关的编辑委员会会议.

东京大学Kavli宇宙物理与数学研究所数学家、曾是RIMS出版物编辑委员会一员的中岛平说："作者回避同行评议程序，这种情况并不违反任何规则，而且很常见."

在数学界，一篇论文在杂志上发表，往往并不是同行评审过程的终点. 一个重要的结论只有社会各界在其正确性上达成一致后才能真正成为一个公认的定理，而要达成一致可能需要几年时间.

英国牛津大学数学家Minhyong Kin说："尽管这些年来遇到了种种困难，但我仍然认为，如果望月新一的想法被证明是正确的，这将是一个伟大的发现."

望月新一坚持认为，尽管Jakob Stix和Peter Scholze断言他们发现了一个"严重的、无法修复的漏洞"，但他对ABC猜想的证明并没有缺陷.

尽管已有多次会议致力于阐明望月新一的证明，但数论学家们仍在努力抓住其基本思想. 他的一系列论文总共超过500页，以难以理解的风格写成. 在回顾望月新一以前的500多页的工作时，斯坦福大学的康拉德(Conrad)称，该证明让他感到了"无限回归感".

诺丁汉大学的伊万·费森科(Ivan Fesenko)在一封电子邮件中写道，12到18位深入研究了望月的证明的数学家认为他是正确的.康拉德在他的博客讨论中评论说,只有“望月轨迹”中的数学家才能证实望月新一证明的正确性.“即使是在文字记录之中,也没有其他人愿意说他们相信望月的证明是完整的.”

然而,芝加哥大学的 Frank Calegari 在一篇博客文章中写道:数学家们虽然不能指出任何明确的错误,但他们声称,望月新一的论点存在问题.

上面的事实现在有所改变.Scholze 和 Stix 认为,在望月新一的四篇论文中,有三分之一的证据证明,在推论 3.12 的末尾,有一种推理是有根本性缺陷的.这个推论是望月新一提出的 ABC 猜想证明的核心.

Scholze 说:“我认为 ABC 猜想仍是开放的,任何人都有机会去证明它.”

Scholze 和 Stix 的结论不仅建立在他们自己对论文的研究之上,还因为他们在京都大学对望月新一和他的同事 Yuichiro Hoshi 进行了为期一周的访问去讨论这个证明.Scholze 说,这次访问再一次佐证了他和 Stix 的反对意见.他们在报告中写道,“结论就是没有证据可以证明望月新一的证明是正确的”.

但是这次会议产生了一个奇怪的令人不满意的结论:望月新一无法说服 Scholze 和 Stix 相信他的论点是合理的,但他们也无法说服望月新一承认他的结论是不合理的.望月新一现在已经在他的网站上发布了 Scholze 和 Stix 的报告,以及他自己的一些反驳报告.

在他的反驳报告中,望月新一将 Scholze 和 Stix 的批评归咎于对他的工作存在着“某些根本性的误解”.他写道,Scholze 和 Stix 的“消极立场”并不意味着他的理论中存在任何瑕疵.

就像望月新一享有的高声誉让数学家们把他的工作看作是对 ABC 猜想的一次认真的尝试一样，Scholze 和 Stix 的地位保证了数学家们会关注他们所说的话.尽管只有 30 岁，Scholze 已经迅速上升到他所研究的领域的顶端.2018 年 8 月，他获得了数学界的最高荣誉——菲尔兹奖.与此同时，Stix 是望月新一的研究领域中的专家，这是一个被称为 Anabelian 几何的领域.

康拉德说，Peter Scholze 和 Jakob Stix 是非常谨慎和有思想的数学家，他们的任何疑问都有值得被澄清的关键点.

被康拉德称为“数论中一个突出的猜想”的 ABC 猜想从一个可以想象的最简单的方程开始：$a+b=c$.

三个数字 $a$，$b$ 和 $c$ 应该是正整数，它们不允许共享任何公共的素数因子——例如，我们认为等式 $8+9=17$，或者 $5+16=21$，但不会说 $6+9=15$，因为 6，9，15 都可以被 3 整除.

给定这样一个方程，我们可以看到所有的素数除以这三个数中的任意一个——例如，对于等式 $5+16=21$，我们得到的素数因子是 5，2，3 和 7.把它们相乘得 210，比原来方程中的任何数都要大得多.相比之下，对于 $5+27=32$，其素数因子是 5，3 和 2，素数因子的乘积是比原方程中的 32 小的 30.这个乘积之所以这么小，是因为 27 和 32 只有很小的素数因子（分别是 3 和 2），它们会重复很多次.

如果你开始研究其他 $abc$ 三元组，你会发现第二种情况非常罕见.例如，在 3 044 个不同的三元组中，$a$ 和 $b$ 在 1 到 100 之间，只有 7 个素数的乘积小于 $c$.最初在 20 世纪 80 年代出现的 ABC 猜想给人一种直觉，即这种三元组几乎不会存在.

更具体地说，回到 $5+27=32$ 的例子，32 大于 30，但只是一点点. 它小于 $30^2$，或 $30^{1.5}$，甚至 $30^{1.02}$，约为 32.11. ABC 猜想说明，如果你选择任何大于 1 的指数，那么只有有限数量的 $abc$ 三元组，其中 $c$ 大于所选指数的素数因子的乘积.

牛津大学的 Minhyong Kim 说："ABC 猜想是关于乘法和加法的一个非常基本的陈述."他说，这就是那种"你觉得你在揭示一些你以前从未见过的关于数字系统的非常基本的结构"的证明.

方程 $a+b=c$ 的简单性意味着其他各种问题都属于猜想的范围. 例如，费马(Fermat)大定理是关于 $x^n+y^n=z^n$ 形式的方程；卡塔兰(Catalan)猜想中 8 和 9 是关于 $x^n+y^n=z^n$ 形式的方程仅有的两个连续完美的幂(因为 $8=2^3$，$9=3^2$). ABC 猜想(以某些形式)将提供这两个问题新的证明，并解决许多相关的开放性问题.

哥伦比亚大学的多利安·戈德菲尔德(Dorian Goldfeld)认为，这个猜想似乎总是站在已知和未知的边界上.

从 ABC 猜想的证明中产生的大量成果已经使数论学家相信，证明猜想可能非常困难. 因此，当 2012 年望月新一提出证明时，许多数论学家热情地投入到验证他的证明中——只是被不熟悉的语言和不寻常的表述所阻碍. 数页的定义，其次是长度差不多的定理，随后就是"这些证明直接来自定义".

"每当我听到一位专家(没有记录)对望月新一的

论文进行分析时，报告都令人不安的熟悉：大量的琐碎细节，随之而来的是一个巨大的不合理的结论”，Calegari 在他的博客文章中写道.

Scholze 是该论文的早期读者之一. 他以能够快速深入地吸收数学知识的能力而闻名，他比许多数论学家更进一步，在望月新一的论文发表后不久，Scholze 就完成了他所谓的对其四篇主要论文的“粗略阅读”. Scholze 对这些长定理的简短证明感到困惑，他觉得这些有效但不具实质性.

然后 Scholze 在望月新一的第三篇论文中关注到了推论 3.12. 数学家通常使用“推论”这个词来表示一个定理，这个定理是先前更重要的定理的次要结果. 但在望月新一的推论 3.12 的情况下，数学家同意它是 ABC 猜想证明的核心. 没有该推论，“根本没有证据”，Calegari 写道：“这是关键的一步.”

这个推论是望月新一的两篇中篇论文中唯一的定理，其证明篇幅有 9 页之多. 当 Scholze 通读这些证明时，他发现他根本无法找到其中的逻辑.

当时只有 24 岁的 Scholze 认为望月新一的证明存在缺陷. 但除了别人直接询问他的想法外，他大部分时间都不参与有关这些证明的讨论. 毕竟，他想，也许其他数学家会在论文中发现他错过的重要信息. 或者他们最终会得出与他相同的结论. 他认为，无论如何，数学界肯定能够解决这个问题.

与此同时，其他数学家也在努力应对这些密集的论文. 许多人对 2015 年底牛津大学望月新一的工作会议寄予厚望. 康拉德在会议后不久的一份报告中写道：由于望月新一的几位亲密伙伴试图描述他证明的关键思想，因此，一团“迷雾”似乎落在听众身上. 那些理解这项工作的人需要与算术几何学家进行密切的交流.

在康拉德的帖子里，他收到了三位不同的数学家(其中一位是 Scholze)的回帖，所有的人都有同样的故事：直到他们遇到了一个特定的部分之前，他们都不能阅读和理解望月新一的论文. 康拉德后来才知道，对每一个人来说，难住他们的都是推论 3.12.

Kim 从另一位数学家 Teruhisa Koshikawa 那里听到了关于推论 3.12 的类似担忧. Stix 也在同一个地方感到困惑. 渐渐地，很多数论学家开始意识到这个推论是一个棘手的问题，但不清楚是这个论点有漏洞，还是望月新一没有更好地解释他的推理.

然后，在 2017 年底，一种谣言传播开来，令许多数论学家感到震惊，即望月新一的论文即将发表. 但更令许多数论学家担忧的是，就他们而言，这些论文仍然是可读性不强的.

芝加哥大学的 Matthew Emerton 写道：“没有专家声称理解这些论点，并已经成功地向任何仍然保持神秘的(非常多)专家解释了这些论点.”

Calegari 在一篇博客文章中谴责这种情况是“一场彻底的灾难”，这引起了一些著名数论学家的一致反对. “我们现在确实遇到了荒谬的情况，即 ABC 在京都是一个定理，但在其他任何地方都是一个猜想，”Calegari 写道.

RIMS 很快回应了媒体的询问，发表了一份声明，说这些论文实际上没有被接受. 然而，在他们这么做之前，Scholze 决定公开他私下里对数论学家说过的话：围绕证明的整个讨论变得“太社会化了”，“每个人都在

说这不是一个证明，但没有人说实话，实际上，重点是没有人理解这个证明.”

因此，在 Calegari 的博客文章下面的评论部分中，Scholze 写道，“在推论 3.12 的证明中，他完全无法找到遵循图 3.8 之后的逻辑.”并补充说，“声称理解该证明的数学家不愿意承认这一点，就是在推论 3.12 那里需要更多的说明.”

望月新一在京都大学的同事、菲尔兹奖的获得者 Shigefumi Mori 写信给 Scholze，以促成他和望月新一之间的会面. Scholze 反过来请求 Stix 伸出援手，他们前往京都与望月新一和 Hoshi 讨论证明 ABC 猜想的相关证据.

望月新一对 ABC 猜想的证明方法是将问题转化为关于椭圆曲线的问题，他认为椭圆曲线是关于两个变量 $x$ 和 $y$ 的一种特殊类型的三次方程. 在望月新一的工作之前，众所周知的理解很简单——你将每个 $abc$ 方程与椭圆曲线相关联，椭圆曲线的图形在 $a$，$b$ 和原点与 $x$ 轴相交——但它允许数学家利用椭圆曲线的丰富结构，将数论与几何、微积分和其他科目联系起来.（同样的解读是安德鲁·怀尔斯（Andrew Wiles）在 1994 年对费马大定理的证明的核心.）

然后，ABC 猜想归结为证明与椭圆曲线相关的两个量之间存在某种不等式的问题. 望月新一的工作将这种不等式转化为另一种形式，Stix 说，可以将其视为比较两个集的量. 推论 3.12 是望月新一提出的他对这种新不等式的证明，如果这是真的，那么 ABC 猜想将被证明.

正如 Scholze 和 Stix 描述的那样，证据包括将两个集的量视为存在于两个不同的实数副本中，然后将其表示为实数的六个不同副本的循环的一部分，与映射一起解释了每个副本如何与其圆圈中周围的因素相关. Stix 说，为了跟踪集合的数量如何相互关联，有必要了解一个副本中的体积测量值与其他副本中的测量值之间的关系.

Stix 说："如果你有两个不同的东西，但是测量杆被一个你无法控制的因素缩小了，那么你就无法控制这两个东西的不同到底意味着什么."

Scholze 和 Stix 认为，正是在这个论点中，事情出了问题. 在望月新一的映射中，测量杆在某一处彼此兼容. 但是当你绕过圆圈时，Stix 说，你最终会得到一根测量杆，如果你走了其他的路，那么得到的就不是同一根测量杆. 他说，这种情况类似于埃舍尔(Escher)著名的蜿蜒楼梯，即爬楼梯只能以某种方式爬到它开始的地方以下.

Scholze 和 Stix 断言，体积测量中的这种不兼容性意味着产生的不等式介于错误的量之间. 他们说，如果调整东西以使体积测量在全部范围内兼容，那么不等式就将变得毫无意义.

"Scholze 和 Stix 已经确定了这种争论无法发挥作用的方式"，加州大学圣地亚哥分校的数学家 Kiran Kedlaya 说道，他深入研究了望月新一的论文. "因此，如果争论是正确的，那么他必须做一些不同的事情，这些事情比 Scholze 和 Stix 所描述的更微妙."

望月新一认为，这个证明产生了一些更微妙的事情. 他认为，Scholze 和 Stix 在数学对象之间进行任意识别时应该被认为是不同的. 当他告诉同事 Scholze

和 Stix 反对的实质时，他们有非常一致的反应（有时伴随着笑声！），这种明显的错误误解可能已经发生.”

数学家现在必须吸收 Scholze 和 Stix 的论点和望月新一的回应. 但是，与望月新一的原始系列论文的情况相比，Scholze 希望这不应该是一个漫长的过程，因为他和 Stix 的反对意见并不具有很高的技术性. 其他数论学家“完全能够跟上我们与望月的讨论”，他说.

望月新一看待事物的方式截然不同. 在他看来，Scholze 和 Stix 的批评源于“缺乏足够的时间来深入反思正在讨论的数学焦点”，或许伴随着“深刻的不适感或不熟悉感，以及对熟悉的数学对象的新思维方式”.

已经对望月新一的证明持怀疑态度的数学家们很可能会认为 Scholze 和 Stix 的报告是故事的结尾，Kim 说. 其他人会想要自己研究新的报告，这是 Kim 自己开始的一项活动. 他在一封电子邮件中写道：“在我下定决心之前要很谨慎地审视自己.”

在过去的几年里，许多数论学家已经放弃了试图理解望月新一的论文. 但是，如果望月新一或他的追随者可以提供一个彻底和连贯的解释，为什么 Scholze 和 Stix 的图片过于简单化（假设它是），“这可能会大大缓解一些疲劳感，也许会让人们更愿意再次研究这个问题，”Kedlaya 说.

与此同时，Scholze 说，“我认为这不应该被视为证据，直到望月新一做了一些非常实质性的修改，并更好地解释了这个关键步骤.”他个人的意见是，“我没有真正看到一个关键的想法，让我们更接近 ABC 猜想的证明.”

Kim 认为，无论这次讨论的最终结果如何，对望月新一论证这样一个特定部分的精确定位应该会更加清晰.“Jakob 和 Peter 所做的是对我们这个行业的重要贡献，”他说，“无论发生什么，我都非常有信心，这次的报告将是一个具体的进展.”

现在我们把望月新一在讨论班上使用的一部分笔记展示给大家看一看.

最初的日期是 2005 年的 7 月 12 日. 这天是讨论班的开班日期.

这张照片(图 1)是 2005 年 8 月 5 日的. 大家是不是不明白上面写了什么，其实它写了非常重要的事情. 上面写着一个不容易理解的记号，log 体积，这个等于那个 log 体积的前面乘以一个什么很大的数. 写的是类似 $1+2+\cdots+n$ 除以 $n$ 这样的东西. 它乘以 log 体积还等于 log 体积本身.

$$\frac{1+2+\cdots+n}{n}\log\mathrm{vol}\left(\begin{pmatrix}1\\2\\\vdots\\n\end{pmatrix}^{\infty}\right)=\log\mathrm{vol}\left(\begin{pmatrix}1\\2\\\vdots\\n\end{pmatrix}^{\infty}\right)$$

图 1

这就是说乘上一个什么数还是相同的东西. 这样的现象当然一般不会发生，但是可以证明，乘上某个数转过一圈回来仍然继续得到一样的东西. 比方说，如果能证明就算 $n$ 倍也还得到同样的东西的话，那么照理说就意味着这个量很小. 证明这个名为 log 体积的东西很小，这件事对于证明 ABC 猜想是极其重要的一点. 这在 2005 年 8 月讨论班刚开始差不多 1 个月的时候就已经清楚了.

再请看 2006 年 10 月 16 日.

这一天，望月新一做了什么呢？他开了个有趣的

讨论班——“这 6 年间研究的回顾”. 如图 2,有个圈起来的,写着 Sch HA 的东西,这是所谓“概形论的霍奇一阿卡科洛夫(Hodge-Arakelov)理论”,说来他证明 ABC 猜想的出发点就是他创造的“霍奇一阿卡科洛夫理论”. 巧妙运用这个理论,就可以得到:算术小平一Spencer 映射. 把这个映射应用于某类椭圆曲线,就可以从上方控制那条椭圆曲线的高. 对这个高的控制就成为证明弱版本 ABC 猜想的等价命题的手段——实际上,在霍奇一阿卡科洛夫理论的综述论文中望月新一就写了这件事.

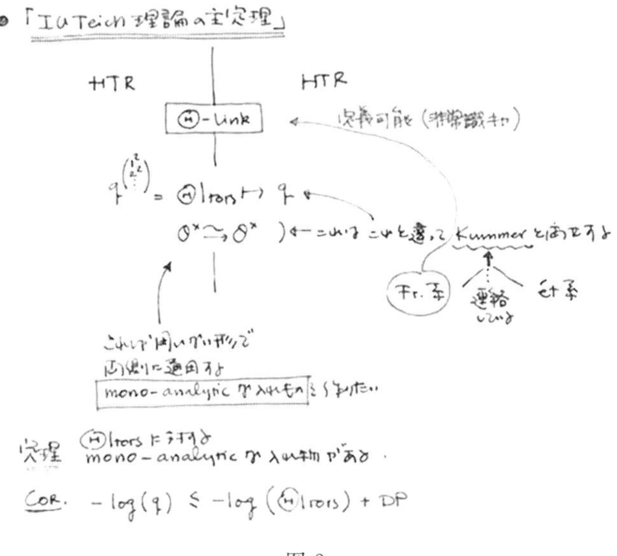


图 2

但是,椭圆曲线在素数 $p$ 处有名为“约化”的现象. 约化分为坏约化与好约化,在大部分素数处都是好约化. 不过有时会出现导致坏约化的素数,在这种情况下椭圆曲线约化之后就不再是椭圆曲线了. 这个地方就产生问题，这样的素数有有限个.概形论的霍奇一阿卡科洛夫理论也有进行不通的时候.这时发生的问题就是所谓整构造不能扩展到那个地方.因此，高斯(Gauss)极点就会在那里出现，有必要将其解消掉，望月新一在 1998 年前后就已经注意到了这一点.

两年间他不断地思考.他发觉，为了将其解消掉，就要构造一个叫作整体乘法子群的东西，可是在既存的数学中构造不出来.他在走投无路之下产生了宏伟的构思:只取出数域的一部分，施以某种“手术”，再还原到原先的数域中.

所谓无穷乘积是什么呢?虽然直观上可以理解，但在数学上不行.想来，望月新一就是从这里开始了解读人类的直观，将其适用于数学的工作吧.这一段遇到了许多艰难困苦.虽然做了各种各样的尝试，但是怎么都不顺利.例如，做了“把归纳极限变换为射影极限”这样的尝试，然而那样做有些地方出现了矛盾.那样的矛盾状态又怎么将其解消掉呢?为了找出数学上的解决办法，他倾注了很多心血.

# 第一部分
# 知识编

# 第一编
## 何为 ABC 猜想

# 引　言

# 第1章

## §1　从一道俄罗斯数学竞赛试题谈起

2016年,“阿尔法围棋横扫李世石”是十大科学传播事件之一,有人提出,ABC正在成为我们时代的主题:A就是AI,人工智能;B是Big Data,大数据;C是Cloud,云计算.但本书中的ABC并不是这三个词的缩写,它是一个数学中著名的猜想,其重要程度甚至超过了哥德巴赫(Goldbach)猜想,其证明历程的传奇程度甚至超过了费马猜想,为了通俗易懂地介绍它,我们先从一道俄罗斯数学竞赛试题谈起.

**题目** 正整数 $n$ 的所有质因数的乘积(每个质因数只出现一次)称为其根基,记为 $\mathrm{rad}(n)$,例如,$\mathrm{rad}(120)=2\times3\times5=30$. 是否存在三个两两互质的正整数 $a,b,c$,使得 $a+b=c$ 且 $c>1\ 000\cdot\mathrm{rad}(abc)$?

**答案** 存在.

我们来寻找形如 $a=10^n-1,b=1,c=10^n$ 的例子.

首先证明,对任何正整数 $k$,都存在正整数 $n$,使得 $10^n-1$ 是 $3^{k+1}$ 的倍数. 用数学归纳法:当 $k=1$ 时,有 $10^1-1$ 是 $3^2$ 的倍数,即 $n=1$. 假设 $10^n-1$ 是 $3^{k+1}$ 的倍数,那么 $10^{3n}-1=(10^n-1)(10^{2n}+10^n+1)$ 就是 $3^{k+2}$ 的倍数,因为 $10^{2n}+10^n+1$ 是 3 的倍数.

现在取 $k$,使得 $3^k>10\ 000$,而正整数 $n$,使得 $10^n-1$ 是 $3^{k+1}$ 的倍数. 那么就有

$$\begin{aligned}\mathrm{rad}(abc)&=\mathrm{rad}((10^n-1)10^n)=10\mathrm{rad}(10^n-1)\\&=3\cdot10\mathrm{rad}\left(\frac{10^n-1}{3^{k+1}}\right)<10\,\frac{10^n-1}{3^k}\\&<\frac{10^{n+1}}{10\ 000}=\frac{c}{1\ 000}\end{aligned}$$

在俄文版的试题集中,解答者给出两个注.

**注** (1) 可在证明中运用欧拉(Euler)定理:由于 $\varphi(3^{k+1})=2\cdot3^k$,所以 $10^{2\cdot3^k}-1$ 是 $3^{k+1}$ 的倍数.

(2) 著名的 ABC 猜想断言:对于任何 $\varepsilon>0$,都存在这样的常数 $k$,使得任何满足关系式 $A+B=C$ 的两两互质的正整数 $A,B,C$,都满足不等式 $C<k\cdot\mathrm{rad}(ABC)^{1+\varepsilon}$.

由这个猜想的正确性,可以推出数论中的一系列著名论断. 例如,只要 ABC 猜想成立,那么就不难看出,在 $n>2$ 时,费马方程 $x^n+y^n=z^n$ 只有有限个解.

我们的这道试题所说的就是:不能将 ABC 猜想中

的 $1+\varepsilon$ 换成 1.

## §2　形似神不似

在数论研究中传统的分类是将“加性数论”和“积性数论”分开研究的，而 ABC 猜想则是将它们融合到了一起，这是其一；一般的数论猜想很少有例外值，而 ABC 猜想则有反例要排除，这是其二；通常人们更愿意相信符合直觉的事情，认为它成立的概率更大，而 ABC 猜想则是反直觉的，所以人们才更好奇，这是其三.

总之，这是一个既令人惊奇又极难证明的猜想，甚至提一个类似的问题都不易. 下面是一个形似而神不似的竞赛题.

**试题**　一个整数 $n>2$ 被称为“有趣”的，如果对满足 $a+b=n$ 的每一个有序正整数对 $(a,b)$，$\frac{a}{b}$ 和 $\frac{b}{a}$ 中至少有一个是有限小数(即在十进制中的位数有限). 问是否存在无限多个“有趣”的整数 $n$?

**解**　不存在. 只要证明足够大的 $n$ 一定不是“有趣”的即可.

**引理**　最简分数 $\frac{q}{p}$ 为有限小数的充要条件为 $p$ 不存在除 2 和 5 以外的素因数.

因为 $\frac{q}{p}$ 为有限小数，所以存在正整数 $t$，使得 $10^t\cdot\frac{q}{p}$ 为整数，故 $p\mid 10^t$.

所以 $p$ 不存在除 2 和 5 以外的素因数.

下面证明足够大的 $n$ 一定不是“有趣”的.

(1) 当 $n=4k$ 时,考虑 $2k-1,2k+1$ 和 $2k-3,2k+3$ 这两组数.注意到四个数模 5 的余数各不相同,故必有一组中的两个数均与 5 互质.

① 如果 $2k-1,2k+1$ 与 5 互质,因为 $\frac{2k+1}{2k-1}$,$\frac{2k-1}{2k+1}$ 均为最简分数,且分母不能被 2,5 整除,所以两个都是无限小数,$n$ 不是“有趣”的.

② 如果 $2k-3,2k+3$ 与 5 互质,虽然 $\frac{2k+3}{2k-3}$,$\frac{2k-3}{2k+3}$ 不一定是最简分数,但是有

$$(2k-3,2k+3)=(2k-3,6)\leqslant 6$$

因为 $k$ 足够大,所以将公约数约去后仍然可以得到两个分母不能被 2,5 整除的最简分数,故 $n$ 不是“有趣”的.

(2) 当 $n=4k+2$ 时,考虑 $2k-1$, $2k+3$ 和 $2k-3,2k+5$ 这两组数,四个数模 5 的余数各不相同,故必有一组中的两个数均与 5 互质.后面的证明同(1).

(3) 当 $n=4k+1$ 时,考虑 $2k$, $2k+1$ 和 $2k-1,2k+2$ 这两组数,四个数模 5 的余数各不相同,故必有一组中的两个数均与 5 互质.

① 如果 $2k,2k+1$ 与 5 互质,那么 $\frac{2k}{2k+1}$ 为最简分数,且分母不能被 2,5 整除,故为无限小数.

而 $\frac{2k+1}{2k}$,只有当分母为 $2k=2^m$ 时为有限小数.

再取 $2k-5,2k+6$,它们也与 5 互质,同理可知只

有当 $2k+6=2^p$ 时，$\frac{2k-5}{2k+6}$ 为有限小数.

那么 $2^m+6=2^p$，易得 $m=1$，$p=3$，此时 $k=4$，故只要 $k$ 足够大时，取 $(a, b)=(2k, 2k-1)$ 和 $(2k-5, 2k+6)$.

两组数中至少有一组使得 $\frac{b}{a}$ 和 $\frac{a}{b}$ 为无限小数，故 $n$ 不是“有趣”的.

② 如果 $2k-1$，$2k+2$ 与 5 互质，证明同 ①.

(4) 当 $n=4k+3$ 时，考虑 $2k+1$，$2k+2$ 和 $2k$，$2k+3$ 这两组数，四个数模 5 的余数各不相同，故必有一组中的两个数均与 5 互质，证明同(3).

综上，足够大的 $n$ 一定不是“有趣”的，即“有趣”的 $n$ 只有有限个.

## §3 十二个新的数学问题[①]

美国数学家、《美国数学月刊》(*American Mathematical Monthly*, USA) 原主编保罗·哈尔莫斯(Paul Halmos,1916—2006) 曾指出：“问题是数学的心脏.” 他也曾指出：“学习数学的唯一方法是做数学.” 因此我们认为一个好的数学家应该不断地提出新的数学问题，并去认真地研究这些新的问题(当然也应研究以前的老问题). 广州大学数学与信息科学学院

① 摘编自《南阳理工学院学报》，2016 年 11 月第 8 卷第 6 期，作者吴伟朝.

的吴伟朝教授在 2016 年提出了 12 个新的数学问题，提供给同行研究探讨.

（1）设 **Q** 是由全体有理数组成的集合，请解决如下 6 个不定方程问题：

① 试求出所有的三元（有序的）有理数数组 $(x,y,z)$，使得

$$\frac{z}{\sqrt{x-z}}-\frac{z}{\sqrt{x+z}}=\sqrt{\frac{y}{y^2-z}}\quad (x,y,z\in\mathbf{Q})$$

② 试求出所有的三元有理数数组 $(x,y,z)$，使得

$$\frac{1}{\sqrt{x-z}}-\frac{1}{\sqrt{x+z}}=\sqrt{\frac{y}{y^2-z}}\quad (x,y,z\in\mathbf{Q})$$

③ 试求出所有的三元有理数数组 $(x,y,z)$，使得

$$\frac{z}{\sqrt{x-z}}-\frac{z}{\sqrt{x+z}}=\sqrt{\frac{y}{y^2-z^2}}\quad (x,y,z\in\mathbf{Q})$$

④ 试求出所有的三元有理数数组 $(x,y,z)$，使得

$$\frac{1}{\sqrt{x-z}}-\frac{1}{\sqrt{x+z}}=\sqrt{\frac{y}{y^2-z^2}}\quad (x,y,z\in\mathbf{Q})$$

⑤ 试求出所有的三元有理数数组 $(x,y,z)$，使得

$$\frac{z}{\sqrt{x-z}}-\frac{z}{\sqrt{x+z}}=\sqrt{\frac{y}{y^2-z}}\quad (x,y,z\in\mathbf{Q})$$

⑥ 试求出所有的三元有理数数组 $(x,y,z)$，使得

$$\frac{z}{\sqrt{x-z}}-\frac{z}{\sqrt{x+z}}=\sqrt{\frac{y}{y^2-z^2}}\quad (x,y,z\in\mathbf{Q})$$

在以上 6 个小问题中，如果令 $z=1$，那么问题都将变为《美国数学月刊》的“问题解答栏”中的第 11061 题（见该刊的 2004 年第 2 期的第 165 页，本题是由吴伟朝教授提出的），该题非常难.

试求出方程$\sqrt{2}=\dfrac{\sqrt{\dfrac{1}{y-1}+\dfrac{1}{y+1}}}{\dfrac{1}{\sqrt{x-1}}-\dfrac{1}{\sqrt{x+1}}}$(等价于方程$\dfrac{1}{\sqrt{x-1}}-\dfrac{1}{\sqrt{x+1}}=\sqrt{\dfrac{y}{y^2-1}}$)的所有有理数解$(x,y)$.

对于该题,目前已经找到了如下的两组有理数解

$$\begin{cases}x=\dfrac{5}{3}\\ y=3\end{cases} \quad \text{或} \quad \begin{cases}x=\dfrac{5}{3}\\ y=-\dfrac{1}{3}\end{cases}$$

其实这道题目与著名的“椭圆曲线”有关系,求某些平面曲线上的所有的有理数点$(x,y)(x,y\in\mathbf{Q})$.现在上面的6个小问题是求某些三维空间中的曲面上的所有的有理数点$(x,y,z)(x,y,z\in\mathbf{Q})$,它们可以看作是这道问题的各种推广.

(2)① 试求出所有的正整数$n$,使得下述的关于$n$的命题是成立的:

对于集合$S_n=\{1,2,3,4,\cdots,n-1,n\}$中的任何的$\left[\dfrac{n}{2}\right]+1$个两两不同的元素(符号$[x]$表示不大于$x$的最大整数),在这$\left[\dfrac{n}{2}\right]+1$个数中一定存在两个不同的正整数$a$和$b(a<b)$,使得或者有“$\dfrac{b}{a}\in\{2,3,5\}$”,或者有“$a$与$b$互素,且$b-a\geqslant\dfrac{n}{5}$”.

② 在上面的问题①中把“$\left[\dfrac{n}{2}\right]+1$”改为“$\left[\dfrac{n}{2}\right]$”,

其他条件不变，再来解同样的问题(即求出所有的 $n$，使得命题成立).

(3) 设 $\mathbf{R}$ 是由全体实数组成的集合. 请解决如下的函数方程问题：

① 试求出所有的函数 $f:\mathbf{R}\to\mathbf{R}$，使得对于任何的 $x,y\in\mathbf{R}$，都有

$$f(x^2+y+f(y))=y+f(y)+(f(x))^2$$

② 试求出所有的函数 $f:\mathbf{R}\to\mathbf{R}$，使得对于任何的 $x,y\in\mathbf{R}$，都有

$$f(x^2+y+f(y))=y+f(f(y))+(f(x))^2$$

③ 试求出所有的函数 $f:\mathbf{R}\to\mathbf{R}$，使得对于任何的 $x,y\in\mathbf{R}$，都有

$$f(x^2+y+f(y))=3\cdot y-f(y)+(f(x))^2$$

④ 试求出所有的函数 $f:\mathbf{R}\to\mathbf{R}$，使得对于任何的 $x,y\in\mathbf{R}$，都有

$$f(x+y+f(y)+y\cdot f(x))=2\cdot y+f(x)+x\cdot f(y)$$

⑤ 试求出所有的函数 $f:\mathbf{R}\to\mathbf{R}$，使得对于任何的 $x,y\in\mathbf{R}$，都有

$$\begin{aligned}&f(x+y+f(y)+y\cdot f(x))\\&=y+f(y)+f(x)+x\cdot f(y)\end{aligned}$$

⑥ 试求出所有的函数 $f:\mathbf{R}\to\mathbf{R}$，使得对于任何的 $x,y\in\mathbf{R}$，都有

$$\begin{aligned}&f(x+y+f(y)+y\cdot f(x))\\&=2\cdot f(y)+f(x)+x\cdot f(y)\end{aligned}$$

⑦ 试求出所有的函数 $f:\mathbf{R}\to\mathbf{R}$，使得对于任何的 $x,y\in\mathbf{R}$，都有

$$\begin{aligned}&f(x+y+f(y)+y\cdot f(x))\\&=-y+3\cdot f(y)+f(x)+x\cdot f(y)\end{aligned}$$

⑧ 试求出所有的函数 $f:\mathbf{R}\to\mathbf{R}$，使得对于任何的 $x,y\in\mathbf{R}$，都有

$$f(x+y+f(y)+y\cdot f(x))$$
$$=3\cdot y-f(y)+f(x)+x\cdot f(y)$$

⑨ 试求出所有的函数 $f:\mathbf{R}\to\mathbf{R}$，使得对于任何的 $x,y\in\mathbf{R}$，都有

$$f(x+y+f(y)+y\cdot f(x))$$
$$=f(y+f(y))+f(x)+x\cdot f(y)$$

⑩ 试求出所有的函数 $f:\mathbf{R}\to\mathbf{R}$，使得对于任何的 $x,y\in\mathbf{R}$，都有

$$f(x+2\cdot y+f(y)+y\cdot f(x))$$
$$=y+f(y+f(y))+f(x)+x\cdot f(y)$$

(4) 如图1，设点 $P$ 位于平面凸四边形 $ABCD$ 的内部，$\triangle PAB$，$\triangle PBC$，$\triangle PCD$，$\triangle PDA$ 的内切圆的圆心分别为 $I_1,I_2,I_3,I_4$，且其半径分别为 $r_1,r_2,r_3,r_4$，点 $P$ 到直线 $AB$，$BC$，$CD$，$DA$ 的距离分别为 $h_1,h_2,h_3,h_4$. 联结 $PI_1,PI_2,PI_3,PI_4$. 现在考虑如下的7个命题：

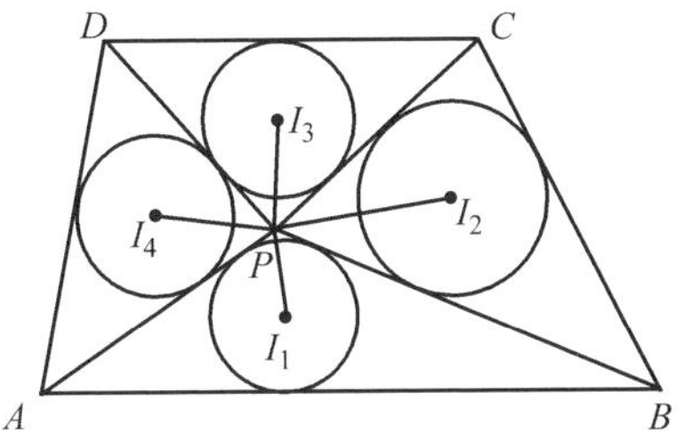


图1

① $\dfrac{1}{r_1}+\dfrac{1}{r_3}=\dfrac{1}{r_2}+\dfrac{1}{r_4}$；

② $\frac{1}{h_1}+\frac{1}{h_3}=\frac{1}{h_2}+\frac{1}{h_4}$；

③$PI_1\times PI_3=PI_2\times PI_4$；

④$I_1,I_2,I_3,I_4$ 四点共圆；

⑤ 四边形 $ABCD$ 有内切圆(即 $AB+CD=BC+DA$)；

⑥ 点 $P$ 在对角线 $AC$ 上；

⑦ 点 $P$ 在对角线 $BD$ 上.

请解决如下 3 个问题：

(a) 求证：在上述 7 个命题中，如果有其中的任何 4 个命题同时成立，那么另外 3 个命题也必定都成立.(例如：由 ①,②,③,④ 同时成立，可以推导出 ⑤,⑥ 和 ⑦；而由 ①,②,③,⑤ 同时成立，可以推导出 ④,⑥ 和 ⑦；等等).

(b) 求证：在上述 7 个命题中，如果有其中的任何 3 个命题同时成立，那么另外 4 个命题也必定都成立.(例如：由 ①,②,③ 同时成立可以推导出 ④,⑤,⑥ 和 ⑦；而由 ①,②,④ 同时成立，可以推导出 ③,⑤,⑥ 和 ⑦；等等).

(c) 求证：在上述 7 个命题中，如果有其中的任何 2 个命题同时成立，那么另外 5 个命题中的任何一个命题不可能一定成立(即存在反例).

**注** (b) 比(a) 更强，即由(b) 可导出(a). 本题是“吴伟朝第一定理”的一个深刻推广.

(5) 给定一个正整数 $k$，且 $k\geqslant 2$，$\mathbf{R}$ 是由全体实数组成的集合(实数集). 请解决如下 4 个函数方程问题：

① 试求出所有的函数 $f:\mathbf{R}\to\mathbf{R}$，使得对于任何的 $x,y\in\mathbf{R}$，都有

$$f(x+(f(y))^k+y\cdot f(x))=y^k+f(x)+x\cdot f(y)$$

② 试求出所有的函数 $f:\mathbf{R}\to\mathbf{R}$，使得对于任何的 $x,y\in\mathbf{R}$，都有

$$f(x+f(y^k)+y\cdot f(x))=y^k+f(x)+x\cdot f(y)$$

③ 试求出所有的函数 $f:\mathbf{R}\to\mathbf{R}$，使得对于任何的 $x,y\in\mathbf{R}$，都有

$$f(x+f(y)+y\cdot f(x^k))=y+f(x)+x^k\cdot f(y)$$

④ 试求出所有的函数 $f:\mathbf{R}\to\mathbf{R}$，使得对于任何的 $x,y\in\mathbf{R}$，都有

$$f(x^k+f(y)+y\cdot f(x))=y+f(x^k)+x\cdot f(y)$$

(6) 设 $\mathbf{R}$ 和 $\mathbf{C}$ 分别是由全体实数和全体复数组成的集合，$F$ 是一个域且 $\mathbf{R}\subseteq F\subseteq\mathbf{C}$，$p(x)$，$q(x)$，$r(x)$，$s(x)$ 均为给定的奇数次实系数多项式（$p(x)$，$q(x)$，$r(x)$，$s(x)$ 之间允许相同），函数 $f:F\to F$ 对于任何的 $x,y\in F$，都有

$$\begin{aligned}&f(p(x)+q(f(y))+r(y)\cdot s(f(x)))\\=&q(y)+p(f(x))+s(x)\cdot r(f(y))\end{aligned}$$

试证明或否定下列两个猜想：

① 若 $F=\mathbf{R}$，则 $f(x)=x(\forall x\in F=\mathbf{R})$；

② 若 $F=\mathbf{C}$，则 $f(x)=x(\forall x\in F=\mathbf{C})$，或者 $f(x)=\overline{x}(\forall x\in F=\mathbf{C})$，其中 $\overline{x}$ 表示复数 $x$ 的共轭复数.

**注**　本函数方程（问题）称为“第 1 种类型的更一般的共轭型函数方程”.

(7) 设 $\mathbf{R}$ 和 $\mathbf{C}$ 分别是由全体实数和全体复数组成的集合，$F$ 是一个域且 $\mathbf{R}\subseteq F\subseteq\mathbf{C}$，$p(x)$，$q(x)$，$r(x)$，$s(x)$ 均为给定的奇数次实系数多项式（$p(x)$，$q(x)$，$r(x)$，$s(x)$ 之间允许相同），函数 $f:F\to F$ 对于任何的

$x,y\in F$,都有

$$f(p(x)+q(f(y))+r(y)\cdot f(s(x)))$$
$$=q(y)+p(f(x))+s(x)\cdot r(f(y))$$

试证明或否定下列两个猜想:

① 若 $F=\mathbf{R}$,则 $f(x)=x(\forall x\in F=\mathbf{R})$;

② 若 $F=\mathbf{C}$,则或者 $f(x)=x(\forall x\in F=\mathbf{C})$,或者 $f(x)=\overline{x}(\forall x\in F=\mathbf{C})$,其中 $\overline{x}$ 表示复数 $x$ 的共轭复数.

**注** 本函数方程(问题)称为"第 2 种类型的更一般的共轭型函数方程".

(8) 设 $\mathbf{R}$ 和 $\mathbf{C}$ 分别是由全体实数和全体复数组成的集合,$F$ 是一个域且 $\mathbf{R}\subseteq F\subseteq\mathbf{C}$,$p(x)$,$q(x)$,$r(x)$,$s(x)$ 均为给定的奇数次实系数多项式($p(x)$,$q(x)$,$r(x)$,$s(x)$ 之间允许相同),函数 $f:F\to F$ 对于任何的 $x,y\in F$,都有

$$f(p(x)+f(q(y))+r(y)\cdot f(s(x)))$$
$$=q(y)+p(f(x))+s(x)\cdot r(f(y))$$

试证明或否定下列两个猜想:

① 若 $F=\mathbf{R}$,则 $f(x)=x(\forall x\in F=\mathbf{R})$;

② 若 $F=\mathbf{C}$,则或者 $f(x)=x(\forall x\in F=\mathbf{C})$,或者 $f(x)=\overline{x}(\forall x\in F=\mathbf{C})$,其中 $\overline{x}$ 表示复数 $x$ 的共轭复数.

**注** 本函数方程(问题)称为"第 3 种类型的更一般的共轭型函数方程".

(9) 设 $\mathbf{R}$ 和 $\mathbf{C}$ 分别是由全体实数和全体复数组成的集合,$F$ 是一个域且 $\mathbf{R}\subseteq F\subseteq\mathbf{C}$,$p(x)$,$q(x)$,$r(x)$,$s(x)$ 均为给定的奇数次实系数多项式($p(x)$,$q(x)$,$r(x)$,$s(x)$ 之间允许相同),函数 $f:F\to F$ 对于任何的

$x, y \in F$,都有

$$f(p(x)+q(f(y))+r(y)\cdot s(f(x)))$$
$$=q(y)+f(p(x))+s(x)\cdot f(r(y))$$

试证明或否定下列两个猜想:

① 若 $F=\mathbf{R}$,则 $f(x)=x(\forall x\in F=\mathbf{R})$;

② 若 $F=\mathbf{C}$,则或者 $f(x)=x(\forall x\in F=\mathbf{C})$,或者 $f(x)=\overline{x}(\forall x\in F=\mathbf{C})$,其中 $\overline{x}$ 表示复数 $x$ 的共轭复数.

**注**　本函数方程(问题)称为"第 4 种类型的更一般的共轭型函数方程".

(10)① 试求出所有的有理数数对 $(x,y)$,使得

$$\frac{1}{x-1}-\frac{1}{x+1}=\frac{y}{y^2-1}\quad (x,y\in\mathbf{Q})$$

② 试求出所有的有理数数对 $(x,y)$,使得

$$\left(\frac{1}{x-1}\right)^2-\left(\frac{1}{x+1}\right)^2=\left(\frac{y}{y^2-1}\right)^2\quad (x,y\in\mathbf{Q})$$

③ 试求出所有的有理数三元数组 $(x,y,z)$,使得

$$\left(\frac{1}{x-1}\right)^z-\left(\frac{1}{x+1}\right)^z=\left(\frac{y}{y^2-1}\right)^z\quad (x,y\in\mathbf{Q})$$

(11)① 试求出所有的有理数数对 $(x,y)$,使得

$$\sqrt{x}-1=\sqrt{\frac{y}{y^2-1}}\quad (x,y\in\mathbf{Q})$$

② 试求出所有的有理数数对 $(x,y)$,使得

$$\sqrt{x-\frac{1}{x}}-\sqrt{1-\frac{1}{x}}=\sqrt{\frac{y}{y^2-1}}\quad (x,y\in\mathbf{Q})$$

③ 试求出所有的有理数数对 $(x,y)$,使得

$$\sqrt{x-\frac{1}{x}}-\sqrt{1+\frac{1}{x}}=\sqrt{\frac{y}{y^2-1}}\quad (x,y\in\mathbf{Q})$$

④ 试求出所有的有理数 $r$,使得下列两个关于 $x$,

$y$ 的方程

$$\sqrt{x-\frac{r}{x}}-\sqrt{1-\frac{r}{x}}=\sqrt{\frac{y}{y^2-1}} \qquad ①$$

以及

$$\sqrt{x-\frac{r}{x}}-\sqrt{1+\frac{r}{x}}=\sqrt{\frac{y}{y^2-1}} \qquad ②$$

均各自都有至少一组有理数解$(x,y)$(这两个有理数解不必是 ① 和 ② 的公共解).

⑤ 试求出所有的三元有理数数组$(x,y,z)$,使得

$$\sqrt{x-\frac{z}{x}}-\sqrt{1-\frac{z}{x}}=\sqrt{\frac{y}{y^2-1}} \quad (x,y,z\in\mathbf{Q})$$

⑥ 试求出所有的三元有理数数组$(x,y,z)$,使得

$$\sqrt{x-\frac{z}{x}}-\sqrt{1+\frac{z}{x}}=\sqrt{\frac{y}{y^2-1}} \quad (x,y,z\in\mathbf{Q})$$

⑦ 试求出所有的三元有理数数组$(x,y,z)$,使得

$$\sqrt{x-\frac{z}{x}}-\sqrt{z-\frac{z}{x}}=\sqrt{\frac{y}{y^2-z}} \quad (x,y,z\in\mathbf{Q})$$

⑧ 试求出所有的三元有理数数组$(x,y,z)$,使得

$$\sqrt{x-\frac{z}{x}}-\sqrt{z+\frac{z}{x}}=\sqrt{\frac{y}{y^2-z}} \quad (x,y,z\in\mathbf{Q})$$

⑨ 试求出所有的三元有理数数组$(x,y,z)$,使得

$$\sqrt{x-\frac{z}{x}}-\sqrt{z-\frac{z}{x}}=\sqrt{\frac{y}{y^2-z^2}} \quad (x,y,z\in\mathbf{Q})$$

⑩ 试求出所有的三元有理数数组$(x,y,z)$,使得

$$\sqrt{x-\frac{z}{x}}-\sqrt{z+\frac{z}{x}}=\sqrt{\frac{y}{y^2-z^2}} \quad (x,y,z\in\mathbf{Q})$$

⑪ 试求出所有的有理数数对$(x,y)$,使得

$$x^2-1=\frac{y}{y^2-1} \quad (x,y,z\in\mathbf{Q})$$

⑫ 试求出所有的三元有理数数组$(x,y,z)$,使得

$$x^z-1=\left(\frac{y}{y^2-1}\right)^z\quad (x,y,z\in\mathbf{Q})$$

⑬ 试求出所有的三元有理数数组$(x,y,z)$,使得

$$\sqrt{x-\frac{z}{x}}-\sqrt{1-\frac{z}{x}}=\sqrt{\frac{y}{y^2-z}}\quad (x,y,z\in\mathbf{Q})$$

⑭ 试求出所有的三元有理数数组$(x,y,z)$,使得

$$\sqrt{x-\frac{z}{x}}-\sqrt{1+\frac{z}{x}}=\sqrt{\frac{y}{y^2-z}}\quad (x,y,z\in\mathbf{Q})$$

⑮ 试求出所有的三元有理数数组$(x,y,z)$,使得

$$\sqrt{x-\frac{z}{x}}-\sqrt{1-\frac{z}{x}}=\sqrt{\frac{y}{y^2-z^2}}\quad (x,y,z\in\mathbf{Q})$$

⑯ 试求出所有的三元有理数数组$(x,y,z)$,使得

$$\sqrt{x-\frac{z}{x}}-\sqrt{1+\frac{z}{x}}=\sqrt{\frac{y}{y^2-z^2}}\quad (x,y,z\in\mathbf{Q})$$

**注**　① 的解为$x=1,y=0$;

② 至少有3组解为$x=1,y=0$,或$x=3,y=2$,或$x=3,y=-\frac{1}{2}$;

③ 至少有3组解为$x=-1,y=0$,或$x=5,y=\frac{3}{2}$,或$x=5,y=-\frac{2}{3}$;

④ 至少有2个解:$r=0$,或$r=1$.

(12) 设$\mathrm{rad}(x)$表示大于1的正整数$x$的所有的两两不同的素数因子的乘积(例如,$\mathrm{rad}(60)=\mathrm{rad}(2^2\times 3\times 5)=2\times 3\times 5=30$),$n_1,n_2$和$n_3$是三个大于1的正整数($n_1,n_2,n_3$之间允许相等),$c_1=a_1+a_2+a_3+\cdots+a_{n_1-1}+a_{n_1}$,且$c_1,a_1,a_2,a_3,\cdots,a_{n_1-1},a_{n_1}$两

两互素，$c_2=b_1+b_2+b_3+\cdots+b_{n_2-1}+b_{n_2}$，且 $c_2,b_1,b_2,b_3,\cdots,b_{n_2-1},b_{n_2}$ 两两互素，$c_3=d_1+d_2+d_3+\cdots+d_{n_3-1}+d_{n_3}$ 且 $c_3,d_1,d_2,d_3,\cdots,d_{n_3-1},d_{n_3}$ 两两互素. 其中，$a_i,b_j,d_k$ 及 $c_1,c_2,c_3$ 均为正整数.

① 求证：$c_1\leqslant(\mathrm{rad}(a_1\cdot a_2\cdot a_3\cdot\cdots\cdot a_{n_1}\cdot c_1))^{n_1}$.

$$c_1\cdot c_2\leqslant(\mathrm{rad}(a_1\cdot a_2\cdot a_3\cdot\cdots\cdot a_{n_1}\cdot b_1\cdot b_2\cdot b_3\cdot\cdots\cdot b_{n_2}\cdot c_1\cdot c_2))^{n_1+n_2}$$

$$c_1\cdot c_2\cdot c_3\leqslant(\mathrm{rad}(a_1\cdot a_2\cdot\cdots\cdot a_{n_1}\cdot b_1\cdot b_2\cdot\cdots\cdot b_{n_2}\cdot d_1\cdot d_2\cdot\cdots\cdot d_{n_3}\cdot c_1\cdot c_2\cdot c_3))^{n_1+n_2+n_3}$$

② 求证：对于任何一个数 $\varepsilon>0$，存在三个正常数 $k(n_1,\varepsilon)$（它仅与 $n_1$ 和 $\varepsilon$ 有关，而与 $c_1,a_1,a_2,a_3,\cdots,a_{n_1}$ 无关），$k(n_1,n_2,\varepsilon)$（它仅与 $n_1,n_2$ 和 $\varepsilon$ 有关，而与 $c_1,c_2,a_1,a_2,a_3,\cdots,a_{n_1},b_1,b_2,b_3,\cdots,b_{n_2}$ 无关），$k(n_1,n_2,n_3,\varepsilon)$（它仅与 $n_1,n_2,n_3$ 和 $\varepsilon$ 有关，而与 $c_1,c_2,c_3,a_1,a_2,a_3,\cdots,a_{n_1},b_1,b_2,b_3,\cdots,b_{n_2},d_1,d_2,d_3,\cdots,d_{n_3}$ 无关），使得

$$c_1\leqslant k(n_1,\varepsilon)\cdot(\mathrm{rad}(a_1\cdot a_2\cdot a_3\cdot\cdots\cdot a_{n_1}\cdot c_1))^{\varepsilon+\log_2 n_1}$$

$$c_1\cdot c_2\leqslant k(n_1,n_2,\varepsilon)\cdot(\mathrm{rad}(a_1\cdot a_2\cdot a_3\cdot\cdots\cdot a_{n_1}\cdot b_1\cdot b_2\cdot b_3\cdot\cdots\cdot b_{n_2}\cdot c_1\cdot c_2))^{\varepsilon+\log_2 n_1+\log_2 n_2}$$

$$c_1\cdot c_2\cdot c_3\leqslant k(n_1,n_2,n_3,\varepsilon)\cdot(\mathrm{rad}(a_1\cdot a_2\cdot\cdots\cdot a_{n_1}\cdot b_1\cdot b_2\cdot\cdots\cdot b_{n_2}\cdot d_1\cdot d_2\cdot\cdots\cdot d_{n_3}\cdot c_1\cdot(c_2\cdot c_3)))^{\varepsilon+\log_2 n_1+\log_2 n_2+\log_2 n_3}$$

其中 $\log_2 n_1$ 表示以 2 为底的 $n_1$ 的对数，等等.

③ 试求如下的 9 个极限（其中 inf 表示“下确界”）

$$\lim_{n_1\to+\infty}\inf k(n_1,\varepsilon),\quad \lim_{n_1,n_2\to+\infty}\inf k(n_1,n_2,\varepsilon)$$

$$\lim_{n_1,n_2,n_3\to+\infty}\inf k(n_1,n_2,n_3,\varepsilon),\lim_{\varepsilon\to0}\inf k(n_1,\varepsilon)$$

$$\lim_{\varepsilon\to0}\inf k(n_1,n_2,\varepsilon),\lim_{\varepsilon\to0}\inf k(n_1,n_2,n_3,\varepsilon)$$

$$\lim_{n_1\to+\infty}\frac{\inf k(n_1,\varepsilon_1)}{\inf k(n_1,\varepsilon_2)}\quad(\varepsilon_1\neq\varepsilon_2)$$

$$\lim_{n_1,n_2\to+\infty}\frac{\inf k(n_1,n_2,\varepsilon_1)}{\inf k(n_1,n_2,\varepsilon_2)}\quad(\varepsilon_1\neq\varepsilon_2)$$

$$\lim_{n_1,n_2,n_3\to+\infty}\frac{\inf k(n_1,n_2,n_3,\varepsilon_1)}{\inf k(n_1,n_2,n_3,\varepsilon_2)}\quad(\varepsilon_1\neq\varepsilon_2)$$

**注** 本题是数论中著名的“ABC 猜想”的一个推广命题,难度很大.

吴教授提出的 12 个新的原创的数学问题应该都是兼具新颖性、创造性、科学性、深刻性、优美性的好问题,值得专家学者们审视与重视.特别是第 12 题,它是 ABC 猜想的深刻推广,值得宣称已经证明了 ABC 猜想的日本数学家望月新一先生及相关领域的学者专家去深入研究探讨,并予以完整、正确地解决.这些问题的提出与解决,必将有助于数学的进步与发展.

# ABC 猜想简介[①]

第

2

章

由前三个英文字母拼合而成的"ABC"一词据说自 13 世纪起便见诸文献了,含义为"入门". 这些年随着英文在中国的流行,该词在中文世界里也夺得了一席之地;出现在很多图书的书名中,大有跟中文词"入门"一较高下之势. 不过,倘若你在数学文献中看到一个以"ABC"命名的猜想——"ABC 猜想"(ABC conjecture),千万不要以为那是一个入门级别的猜想. 事实上,这一猜想在公众知名度方面或许尚处于"入门"阶段,但若以难度和地位而论却绝不是入门级别的. 在本章中,我们将对这一并非"入门"级别的猜想做一个"入

① 摘编自公众号:卢昌海中国数学会,2017-10-13. 原名《ABC猜想浅说》.

门”级别的介绍.

**1. 什么是 ABC 猜想?**

在介绍之前,让我们先回忆一下中小学数学中的两个简单概念.其中第一个概念是素数.我们知道,很多正整数可以分解为其他——不同于它自己的——正整数的乘积;比如 $9=3\times3$,$231=3\times7\times11$,等等.但也有一些正整数不能这么分解,比如 13,29 等.这后一类正整数——1 除外——就是所谓的素数.素数是一个被称为“数论”的数学分支中的核心概念,其地位常被比喻为物理学中的原子,因为与物理学中物质可以分解为原子相类似,数学中所有大于 1 的正整数都可以分解为素数的乘积(素数本身被视为是自己的分解).不仅如此,这样的分解还可以被证明是唯一的,这被称为算术基本定理.第二个概念则是互素.两个正整数如果其素数分解中不存在共同的素数,就称为是互素的,比如 $21=3\times7$ 和 $55=5\times11$ 就是互素的.对这一定义还有一个小小的补充,即 1 被定义为与所有正整数都互素.

有了这两个简单概念,我们就可以介绍 ABC 猜想了.ABC 猜想针对的是满足两个简单条件的正整数数组$(A,B,C)$.其中第一个条件是 $A$ 和 $B$ 互素,第二个条件是 $A+B=C$.显然,满足这种条件的正整数数组有无穷多个(请读者自行证明),比如(3,8,11),(16,17,33),…….为了引出 ABC 猜想,让我们以(3,8,11)为例,做一个“三步走”的简单计算:

(1) 将 $A,B,C$ 乘起来(结果是 $3\times8\times11=264$);

(2) 对乘积进行素数分解(结果是 $264=2^3\times3\times$

11)；

(3) 将素数分解中所有不同的素数乘起来(结果是 $2 \times 3 \times 11 = 66$).

现在，让我们将 $A, B, C$ 三个数字中较大的那个(即 $C$) 与步骤(3) 的结果比较一下. 我们发现后者大于前者(因为后者为 66，前者为 11). 读者可以对上面所举的另一个例子 ——(16，17，33)—— 也试一下，你会发现同样的结果. 如果随便找一些其他例子，你也很可能发现同样的结果.

但你若因此以为这是规律，那就完全错了，因为它不仅不是规律，而且有无穷多的反例. 比如(3，125，128) 就是一个反例(请读者自行验证).

但是，数学家们猜测，如果把步骤(3) 的结果放大成它的一个大于 1 的幂，那个幂哪怕只比 1 大上一丁点儿(比如 1.000 000 000 01)，情况就有可能大不一样. 这时它虽仍未必保证能够大于三个数字中较大的那个(即 $C$)，但反例的数目将由无穷变为有限. 这个猜测就是所谓的 ABC 猜想(2)，它是由英国数学家麦瑟尔(David Masser) 和法国数学家厄斯特勒(Joseph Oesterlé) 于 20 世纪 80 年代中期彼此独立地提出的. "ABC" 这个毫无创意的名字 —— 大家可能猜到了 —— 则是来自把猜想中涉及的三个数字称为 $A, B, C$ 的做法，而非"入门" 之意.

与数学猜想大家庭中的著名成员，如黎曼(Riemann) 猜想、哥德巴赫猜想、孪生素数猜想，以及(已被证明了的) 费马猜想、四色猜想等相比，ABC 猜想的"资历" 是很浅的(其他那些猜想都是百岁以上的"老前辈")，公众知名度也颇有不及，但以重要性而论，

除黎曼猜想外,上述其他几个猜想都得退居其后.

2. ABC **猜想为什么重要?**

ABC 猜想有一个在普通人看来并不奥妙的特点,就是将整数的加法性质(比如 $A+B=C$) 和乘法性质(比如素数概念 —— 因为它是由乘法性质所定义的)交互在了一起. 不过,数学家们早就知道,由这两种本身很简单的性质交互所能产生的复杂性是近乎无穷的. 数论中有许多表述极为浅显,却极难证明的猜想,比如前面提到的哥德巴赫猜想、孪生素数猜想、费马猜想等都具有这种加法性质和乘法性质相交互的特性. 数论中一个很重要的分支 —— 旨在研究整系数代数方程的整数解的所谓丢番图分析(Diophantine analysis)—— 更是整个分支都具有这一特性. 丢番图分析的困难性是颇为出名的,著名德国数学家希尔伯特(Hillbert) 曾乐观地希望能找到其"一揽子"的解决方案,可惜这个被称为希尔伯特第十问题的希望后来落了空,被证明是不可能实现的. 与希尔伯特的乐观相反,美国哥伦比亚大学的数学家戈德菲尔德曾将丢番图分析比喻为飞蝇钓 —— 那是发源于英国贵族的一种特殊的钓鱼手法,用甩出去的诱饵模拟飞蝇等昆虫的飞行姿态,以吸引凶猛的掠食性鱼类. 飞蝇钓的特点是技巧高、难度大、成功率低,而且只能一条一条慢慢地钓 —— 象征着丢番图分析只能一个问题一个问题慢慢地啃,而无法像希尔伯特所希望的那样"一揽子"地解决掉.

但是,与交互了加法性质和乘法性质的其他猜想或问题不同的是,ABC 猜想这个从表述上看颇有些拖泥带水(因为允许反例)的猜想似乎处于某种中枢地位,它的解决将直接促使一大类其他猜想或问题的解决.拿丢番图分析来说,戈德菲尔德就表示,假如 ABC 猜想能被证明,丢番图分析将由飞蝇钓变为最强力——乃至野蛮——的捕鱼炸药,一炸就是一大片,因为 ABC 猜想能“将无穷多个丢番图方程转变为单一数学命题”.这其中最引人注目的“战利品”将是曾作为猜想存在了 300 多年,一度被《吉尼斯世界纪录》称为“最困难数学问题”的费马猜想.这个直到 1995 年才被英国数学家怀尔斯以超过 100 页的长篇论文所解决的猜想在 ABC 猜想成立的前提下,将只需不到一页的数学推理就能确立.其他很多长期悬而未决的数学猜想或问题也将被“一锅端”.这种与其他数学命题之间的紧密联系是衡量一个数学命题重要性的首要“考评”指标,ABC 猜想在这方面无疑能得高分,或者用戈德菲尔德的话说,是“丢番图分析中最重要的未解决问题”“是一种美丽”.

ABC 猜想的重要性吸引了很多数学家的兴趣,但它的艰深迟滞了取得进展的步伐.截至 2001 年,数学家们在这一猜想上取得的最好结果乃是将上述步骤(3)的结果放大成它的某种指数函数.具体地说,截至 2001 年,这方面的最好结果是

$$\exp[K\cdot \mathrm{sqp}(ABC)^{1/3+\varepsilon}]/C>1$$

其中 $K$ 是与 $\varepsilon$ 有关(但与 $A$, $B$, $C$ 无关)的常数.由于指数函数的大范围增长速度远比幂函数快得多,由它来保证其大于 $A,B,C$ 三个数字中较大的那个(即 $C$)当然要容易得多(相应地,命题本身则要弱得多).

除上述理论结果外,自 2006 年起,由荷兰莱顿大

学的数学系牵头，一些数学和计算机爱好者建立了一个名为 ABC@Home 的分布式计算系统，用以寻找 ABC 猜想所允许的反例. 截至 2014 年 4 月，该系统已经找到了超过 2 380 万个反例，而且还在继续增加着. 不过，与这一系统的著名"同行"—— 比如寻找外星智慧生物的 SETI 以及计算黎曼 $\zeta$ 函数非平凡零点的已经关闭了的 Zeta Grid—— 不同的是，ABC@Home 是既不可能证明，也不可能否证 ABC 猜想的(因为 ABC 猜想本就允许数量有限的反例). 从这个意义上讲，ABC@Home 的建立更多地只是出于对具体反例 —— 尤其是某些极端情形下的反例，比如数值最大的反例 —— 的好奇. 当然，具体反例积累多了，是否会衍生出有关反例分布的猜想，也是不无趣味的悬念. 另外，ABC 猜想还有一些拓展版本，比如对某些情形下的反例数目给出具体数值的版本，ABC@Home 对那种版本原则上是有否证能力的.

### 3. ABC 猜想被证明了吗?

如前所述，ABC 猜想的公众知名度与一些著名猜想相比是颇有不及的. 不过，2012 年 9 月初，包括《自然》《科学》在内的一些重量级学术刊物，以及包括《纽约时报》在内的许多著名媒体却纷纷撰写或转载了有关 ABC 猜想的消息，使这一猜想在短时间内着实风光了一番. 促成这一风光的是日本数学家望月新一. 2012 年 8 月底，望月新一发表了由四篇长文组成的系列论文的第四篇，宣称证明了包括 ABC 猜想在内的若干重要猜想. 这一宣称被一些媒体称为是能与 1993 年怀尔斯宣称证明了费马猜想，以及 2002 年佩雷尔曼

(Grigory Perelman) 宣称证明了庞加莱(Poincaré) 猜想相提并论的事件.

出于这一原因,有朋友曾希望卢昌海能找认识望月新一的华人数学家聊聊,挖出点独家新闻来. 可惜不得不有负此托,因为就连《纽约时报》等擅挖材料的重量级媒体在报道望月新一其人时,也基本没能超出他在自己网站上公布的信息. 按照网上信息,望月新一1969 年 3 月 29 日出生于日本东京,16 岁进入美国普林斯顿大学就读本科,三年后进入研究生院,师从著名德国数学家、1986 年菲尔兹奖得主法尔廷斯,1992 年 23 岁时获得数学博士学位. 此后,他先是"海归" 成为京都大学数理科学研究所的研究助理,几个月后又前往美国哈佛大学从事了近两年的研究工作,然后重返京都大学. 2002 年,33 岁的望月新一成为京都大学教授. 望月新一的学术声誉颇佳,曾获得过日本学术奖章等荣誉.

有关望月新一其人的信息大体就是这些,但读者不必过于失望,因为望月新一所宣称的对 ABC 猜想的证明虽引起了很大关注,但离公认还颇有距离,因此目前恐怕还未到挖掘其生平的最佳时机. 事实上,在 ABC 猜想并不漫长的历史中,这并不是第一次有人宣称解决了这一猜想. 2007 年, 法国数学家施皮罗 (Lucien Szpiro) 就曾宣称解决了 ABC 猜想. 施皮罗的学术声誉不在望月新一之下,不仅是领域内的专家,其工作甚至间接促成了 ABC 猜想的提出. 但是,人们很快就在他的证明中发现了漏洞. 这种宣称解决了一个重大数学猜想,随后却被发现漏洞的例子在数学史上比比皆是. 因此,任何证明从宣称到公认,必须经过同

行的严格检验.这一检验视证明的复杂程度而定,可长可短.不过对于望月新一的"粉丝"来说,恐怕得有长期等待的心理准备了,因为望月新一那四篇论文的总长度超过了 500 页,几乎是怀尔斯证明费马猜想的论文长度的四倍!更糟糕的是,望月新一的证明采用了他自己发展起来的数学工具,这种工具据说是对以抽象和艰深著称的 1966 年菲尔兹奖得主格罗滕迪克(Alexander Grothendieck)的某些代数几何方法的推广,除他本人外,数学界并无第二人通晓.就连研究方向与望月新一相近的英国牛津大学的韩国数学家金明迥都表示,"我甚至无法对望月新一的证明给出一个专家概述,因为我并不理解它","仅仅对局势有一个一般了解也得花费一段时间".艾伦伯格则表示,阅读望月新一的论文"仿佛是在阅读外星人的东西".2006 年菲尔兹奖得主陶哲轩也表示"现在对这一证明有可能正确还是错误做出评断还为时过早".

像望月新一那样宣称用自创的数学工具证明著名数学猜想的事例在数学界也是有先例的.2004 年,美国普渡大学的数学教授德・布朗基(Louis de Branges)宣称证明了著名的黎曼猜想,他所用的也是自创的数学工具.不过布朗基在数学界的声誉和口碑均极差,加之年事已高(年逾七旬),其宣称遭到了数学界的冷淡对待(对此事感兴趣的读者可参阅卢昌海的著作《黎曼猜想漫谈》一书的第三十五节).与之不同的是,望月新一却不仅有良好的学术声誉,精力和研究能力也尚处于巅峰期.用陶哲轩的话说,望月新一"与佩雷尔曼和怀尔斯类似","是一个多年来致力于解决重要问题,在领域内享有很高声誉的第一流数学家".

有鉴于此,数学界不仅对望月新一的证明给予了重视,对他自创的方法也表示感兴趣,比如斯坦福大学的数学家康拉德就表示“激动人心之处不仅在于 ABC 猜想有可能已被解决,而在于望月新一必须引入的技巧和洞见应该是解决未来数论问题的非常有力的工具”. 戈德菲尔德也认为“望月新一的证明如果成立,将是 21 世纪数学最惊人的成就”.

在这种兴趣的驱动下,一些数学家已经开始对望月新一的证明展开检验与讨论,比如著名数学讨论网站 Math Overflow 就已出现了一些由金明迥、陶哲轩等一流数学家参与的认真讨论. 不过,检验过程何时才能完成,目前还不得而知,检验的结果如何,更是无从预料. 证明得到公认固然是很多人乐意见到的,但一个长达 500 多页的证明存在漏洞也是完全可能的,当年怀尔斯对费马猜想的“只有”100 多页的证明,其早期版本就存在过漏洞,经过一年多的时间才得以弥补. 不过,无论望月新一的证明是否成立,不少数学家对 ABC 猜想本身的成立倒是都抱有乐观态度,这一方面是因为能因这一猜想的成立而得到证明的很多数学命题(比如,如今被称为费马大定理的费马猜想)已经通过其他途径得到了证明,从而表明 ABC 猜想的成立与数学的其他部分有很好的相容性(著名的黎曼猜想也有这样的特点). 另一方面,ABC 猜想还得到了一些启发性观点的支持,比如陶哲轩就从所谓的“概率启发式理由”出发,预期 ABC 猜想应该成立. 陶哲轩的“概率启发式理由”的要点是将数论命题 —— 比如一个数是素数 —— 视为概率性命题,并利用概率工具来猜测数学命题的成立与否. 这种做法的一个例子是对强孪生

素数猜想成立的猜测.

当然,信心和预期取代不了证明.望月新一证明的命运将会如何? ABC 猜想究竟被证明了没有? 都将有待时间来回答.

注释:

(1) 为了简单起见,我们的介绍是针对正整数的,但 ABC 猜想其实也可以针对整数进行表述,两者并无实质差别.我们将后者留给感兴趣的读者去做.

(2) 这里略做一点补充:步骤(3) 的结果因不含任何素数因子的平方,被称为 $A,B,C$ 三个数字乘积的"无平方部"(square-free part),简记为 $\mathrm{sqp}(ABC)$——不过要注意的是,这一记号在某些文献中有不同含义,与本章含义相一致的另一种记号为 $\mathrm{rad}(ABC)$.用这一记号,ABC 猜想可以表述为"对任意给定的 $n>1$,只有有限多组$(A, B, C)$ 满足 $\mathrm{sqp}(ABC)^n<C$"(当然,别忘了$A$和$B$互素及$A+B=C$这两个条件).这一表述通常见诸科普介绍,在专业文献中 ABC 猜想往往被表述为"对任意给定的 $n>1$,$\mathrm{sqp}(ABC)^n/C$ 的下界大于零".

感兴趣的读者不妨由"科普表述"出发,证明一下"专业表述",不过要提醒读者的是两个相反方向的证明,即由"专业表述"证明"科普表述",并不是轻而易举的.另外,要说明的是,正文提到的所谓 ABC 猜想所允许的"反例"乃是"科普表述"特有的提法,意指满足 $\mathrm{sqp}(ABC)^n<C$ 的有限多组$(A, B, C)$.在"专业表述"中是没有所谓"反例"的提法的.

(3) 这个关于在 ABC 猜想成立的前提下,费马猜想将只需"不到一页的数学推理就能确立"的不无夸张的说法出自美国数学协会的出版主管、美国著名数学科普作家彼得森(Ivars Peterson). 不过,该说法虽然夸张,却并非完全“忽悠”. 为了说明这一点,并作为对如何由 ABC 猜想证明其他命题的演示,我们在这里介绍一个“不到一页的数学推理”:假设费马猜想不成立,即存在互素的(这点请读者自行证明)正整数 $x$, $y$, $z$ 使得

$$x^k + y^k = z^k \quad (k > 2)$$

则由注释(2)给出的 ABC 猜想的“专业表述”可知(取 $n = 7/6$)

$$\mathrm{sqp}(x^k y^k z^k)^{7/6}/z^k > \varepsilon \quad (\varepsilon > 0)$$

由于 $\mathrm{sqp}(x^k y^k z^k) = \mathrm{sqp}(xyz) \leqslant xyz < z^3$,因此 $z^{3.5-k} > \varepsilon$. 显然,对所有 $k \geqslant 4$,只有小于(由 $\varepsilon$ 决定的)某个数值的有限多个 $z$ 能满足该不等式,而且当 $k$ 大于(由 $\varepsilon$ 决定的)某个数值后,将不会有任何 $z$ 满足该不等式.

这表明,对所有 $k \geqslant 4$,费马猜想的反例即便有也只能有有限多个,而且 $k$ 大到一定程度后将不再有反例. 因此,证明费马猜想就变成了证明 $k=3$ 的情形(这在两百多年前就已完成),以及通过数值验证排除总数有限的反例. 这虽然并非“不到一页的数学推理”就能确立的,但比起怀尔斯的证明来毕竟是直截了当多了. 倘若历史走的是不同的路径,费马是在 ABC 猜想被证明之后才提出的费马猜想,他那句戏剧性的“我发现了一个真正出色的证明,可惜页边太窄写不下来”倒是不无成立之可能.

(4) 望月新一自创的那种数学工具被称为 inter-universal Teichmuller theory 或 inter-universal

geometry. 他在其 FXI 站上则称自己为 Inter-universal Geometer.

(5) 望月新一的证明发布至今已有几年了，这期间耶鲁大学的数学系的季米特洛夫（Vesselin Dimitrov）及斯坦福大学的数学家文卡塔斯（Akshay Venkatesh）都曾写信向他指出过一个错误. 望月新一承认了错误，但表示那是一个不影响结论的小错误. 此后，他数度更新自己的论文，截至 2014 年 10 月 1 日，他更新后的四篇论文总长度超过了 550 页.

### 4. 证明 ABC 猜想：意义重大，却无人能识？

2012 年 8 月 30 日，43 岁的日本数学家、京都大学教授望月新一在网上发布了 4 篇论文，通过总共长达 500 页的艰深推理（当代数学论文多为 10 到 20 页），他宣称自己解决了数学史上最富传奇色彩的未解猜想：ABC 猜想.

ABC 猜想在 27 年前由麦瑟尔和厄斯特勒分别独立提出. 自那时起，鲜有数学家敢于尝试证明它的正确性，而先前声称自己证明了该猜想的人，经由数学界检查，他们的证明也都因各种错漏而被否认. 望月新一解决难题的能力广为人知，所以数学界必定会认真研究他的论文，从全局的思维过程到最细枝末节的精巧构造，就正确与否给出一个答案.

但是，问题来了：谁能看得懂这套证明，并且明白证明背后建立起来的新数学理论的哲学？ 泰勒（James D. Taylor）在著名数学论坛 Math Overflow 上发了一个帖子，很多数学家，包括菲尔兹奖得主陶哲轩和望月新一的好友、牛津大学教授金明迥也参与了讨论;最后大家得出的答案是:没人看得懂.现代数学研究的机制已经趋于成熟,一个问题总是基于前人的工作和对相关问题的理解而提出的,解决问题的机制也多为已知方法的变种.2003 年,佩雷尔曼证明了统一人类对三维宇宙认识的庞加莱猜想,用的是 20 世纪 80 年代汉密尔顿(Hamilton)引入微分几何的研究方法“Ricci 曲率流”;几百年前费马声称空白太窄写不下证明过程的费马最后定理,怀尔斯在 20 世纪 80 年代证明该定理时,用的也是 20 世纪 50 年代建立起来的高阶椭圆曲线的模形式理论.

望月新一遇到的情况却有点不同.他已经在 ABC 猜想的证明工作上独自思考了 20 年,建立起了他称之为“宇宙际泰希米勒理论”的新世界,定义了各种前所未有的神秘术语,比如第一篇论文讲了“霍奇影院”的构造,第二篇论文则引入了“外星算数全纯结构”.

代数几何和数论领域的大多数资深数学工作者都认为,望月新一的理论过于玄妙,不值得花上几年时间去仔细阅读,弄清楚新定义的术语、推理的脉络和理论的结构.诚然,最坏的可能是,到头来大家发现这个新理论把自己绕进了死胡同;当然,最好的结果是,望月新一的证明建立起了新的数学分支,将代数几何和数论统一起来.

### 5. ABC **猜想到底在猜测什么?**

读者们,你们即将经历数学中最为抽象、仿佛起源于虚无的数论和代数几何的结合体.这里的理论无法用图示去说明,是在把解方程这件事情综合分析得出“对称”“互质”之类的结构之后,进一步抽象得到的结

构的结构.

简单来说，就是有3个数：$a$，$b$和$c$（$c=a+b$），如果这3个数互质，没有大于1的公共因子，那么将这3个数不重复的质因子相乘得到的$d$，"几乎一定"会比$c$大. 举个例子：$a=2$，$b=7$，$c=a+b=9=3\times 3$. 这3个数是互质的，那么不重复的因子相乘就有$d=2\times 7\times 3=42>c=9$. 大家还可以试验几组数，比如：$3+7=10$，$4+11=15$，也都满足这个猜想.

但是，上面所述之内容，并非猜想的全貌，而且依照上面的算法去找$a+b=c$，还居然存在反例！著名的网站ABC@home就在用分布式计算寻找ABC猜想的反例，其中一个反例是$3+125=128$，其中$125=5^3$，$128=2^7$，那么不重复的质因子相乘就是$3\times 5\times 2=30$.

这就是ABC猜想的表述了，听起来好像不如以前我们知道的数论中的猜想那样精确直观. 比如费马最后定理：$a^n+b^n=c^n$，当$n\geqslant 3$时就没有整数解了. 又比如哥德巴赫猜想：一个数一定能表示成两个质数之和. ABC猜想不但涉及加法（两个数之和），又包含乘法（质因子相乘），接着还模糊地带有点乘方（$1+\varepsilon$次方），但是还有反例存在？这实在有点涉嫌抄袭——如果你这样想，那就太小瞧这个猜想了. 实际上，除了尚未解决的涉及多个数学分支的猜想界皇冠黎曼猜想以外，与ABC猜想的影响力相比，其他数论中的猜想，诸如哥德巴赫猜想、孪生素数猜想，以及已经解决的费马最后定理，都只能算是影响力有限.

### 6. ABC猜想为什么如此重要？

首先，ABC猜想，对于数论研究者来说是反直觉的，历史上反直觉的却又被验证为正确的理论数不胜数. 一旦反直觉的理论被证实是正确的，基本都改变了科学发展的进程. 举一个例子：牛顿（Newton）力学的惯性定律，物体若不受外力就会保持目前的运动状态，这在 17 世纪无疑是一个重量级的思想炸弹. “物体不受力当然会从运动变为停止”，这是当时的普通人基于每天的经验得出的正常思想. 而实际上，这种想法，在任何一个于 20 世纪学习过初中物理、知道有种力叫摩擦力的人来看，都会显得过于幼稚. 但对于当时的人们来说，惯性定理的确是相当违反人类常识的！

ABC 猜想之于现在的数论研究者，就好比牛顿惯性定律之于 17 世纪的普通人，更是违反数学上的常识. 这一常识就是：“$a$ 和 $b$ 的质因子与它们之和的质因子，应该没有任何联系.” 原因之一就是，允许加法和乘法在代数上交互，会产生无限可能和不可解问题，比如关于丢番图方程统一方法论的希尔伯特第十问题，早就被证明是不可能的. 如果 ABC 猜想被证明是正确的，那么加法、乘法和质数之间，一定存在人类已知数学理论从未触及过的神秘关联.

再者，ABC 猜想和其他很多数论中的未解问题有着重大联系.

比如刚才提到的丢番图方程问题、费马最后定理的推广猜想、莫德尔（Mordell）猜想、厄多斯（Erdös）－伍德（Woods）猜想，等等. 而且，ABC 猜想还能间接推导出很多已被证明的重要结果，比如费马最后定理. 从这个角度来讲，ABC 猜想是质数结构的未知宇宙的强力探测器，仅次于黎曼猜想.

其次，我们来看望月新一用了什么数学工具来解

决 ABC 猜想.

望月新一开始埋头研究 ABC 猜想的证明时,距猜想提出不过 10 年,而且几乎没有任何进展,可以说他几乎是从零开始的.之所以说"几乎"是因为望月新一 20 多岁时,在"远阿贝尔(Abel)几何"领域中做出过卓越贡献,还被邀请到 4 年一届的国际数学家大会上演讲.然而,1988 年柏林的数学家大会结束之后,望月新一就从学术界消失,潜心于他自己的宇宙去证明 ABC 猜想了.他用的理论工具,正是"远阿贝尔几何".

可以说,望月新一证明 ABC 猜想的目的之一,就是要把远阿贝尔几何发扬光大.远阿贝尔几何这个数学分支,由代数几何教皇格罗滕迪克于 20 世纪 80 年代创建,研究对象是不同几何物体上代数簇的基本群结构的相似性.

在富有传奇色彩的丽沃夫咖啡馆,近代分析学之父巴拿赫(Banach)说:"数学家能找到定理之间的相似之处,优秀的数学家能看到证明之间的相似之处,卓越的数学家能察觉到数学分支之间的相似之处.最后,究级的数学家能俯瞰这些相似之处之间的相似之处."格罗滕迪克便落入了巴拿赫分类的究级数学家之列,远阿贝尔几何便是一门研究"相似之相似"的数学分支:16 世纪,卡尔达诺(Cardano)研究 3 次方程求根;19 世纪,伽罗瓦(Galois)发现特殊高次方程解的群结构;代数几何中的代数簇,则是一大类方程的公共解;代数簇的基本群,则是对于已经综合了一大类理论的代数簇理论的再一次综合,关心什么样的结构独立于几何物体的代数簇的表象之外.

于是乎,对于数学家来说,检查望月新一的证明是否存在错漏的另外一个难题就是：要透彻理解望月新一那 500 多页的 ABC 猜想的证明，需要先弄懂望月新一关于远阿贝尔几何的 750 页的著作！全世界总共只有约 50 名数学家在这方面有足够的背景知识去通读望月新一这本远阿贝尔几何著作，更别提望月新一在证明猜想中建立起来的“宇宙际泰希米勒理论”了. 目前为止，自称“宇宙几何学者”的望月新一，是他自己创造出的宇宙中的独行者.

之前提到的望月新一的好友、牛津大学教授金明迥说：“读证明，对数学家来说，也是非常痛苦的. 说服大多数代数几何学者去阅读需要如此之多基础知识的证明，更是一件难事.”当然，这并不代表没有数学家在检查望月新一的证明，2012 年 10 月，斯坦福大学教授文卡塔斯至函望月新一，指出第 3 篇和第 4 篇论文中的错误. 望月新一也迅速答复，承认了错误，并说明该错误对整体理论并无影响.

证明发表之后，怀疑之声不绝于耳. 因为从直觉上来讲，ABC 猜想如果被证明正确，对于数论的影响之巨大，无异于相对论和量子物理之于现代物理学. 有些人认为，要是 ABC 猜想被证明，世界就太美好了，仿佛身处幻境.

大多数数论工作者希望望月新一能够就他的证明写出一个综述，将整套理论的逻辑脉络展现给大家，比如为什么要引入定理 $X$ 和概念 $Y$，怎么层层推进到最终猜想的证明. 设立千禧年大奖的克雷数学研究所也在考虑邀请望月新一开办一个讨论班，邀请世界上最优秀的数论和代数几何学家参加，大家一同学习这个新理论.

不过,关于望月新一本人,他在发布证明之后拒绝了任何采访,而且他不喜好社交.在 Google 上搜索关于望月新一的背景介绍,中文链接中可读的,唯有卢昌海发布在他个人主页上的文章.

关于望月新一的这种出世的行事方法,金明迥给出的评价是:“当你沉浸在自己的理论宇宙中太久,你会察觉不到他人对于你的理论的困惑,因为你先入为主地假设了所有人都明白很多基础知识.”故事到此就告一段落了,大家都在见证历史.

# S. Lang 的综合报告——丢番图不等式的新旧猜想[①]

# 第3章

丢番图问题的原始含义是求方程的整数解，或有理数解，并给出这些解的界限. 我们可将方程的系数和解的范围扩大，诸如代数整数，代数数，多项式，有理函数，或代数函数. 在多项式的情形，则要求控制多项式解的次数，关于丢番图问题的解的大小的不等式通称为丢番图不等式.

在过去几年里，在一些老问题和新问题上产生一些深刻的新的看法，并且有一种统一的方式去理解一串丢番图不等式，其中一些结果几乎可在高中代

① 原题：Old and new conjectured Diophantine inequalities. 编译自：*Bulletin*(*New Series*)*of AMS*，23：1(1990)，37-75.

数程度下描述.我将首先在这一纵览中给出这些描述，而最后将讨论在椭圆曲线上最新的应用.但是，通过给出简单的定义和尽可能限制在有理数上，我希望我做的努力能使相当多的读者读懂这篇文章.

(1)ABC 猜想.该猜想由 Mason，Frey，施皮罗和其他人的洞察逐渐演变而来.在一个非常有独创性的工作中，Mason 通过发现下述多项式之间的全新的关系，从而开创最近一种新的思路.设 $f(t)$ 是一系数取在特征零的代数封闭域上的多项式，我们定义

$$n_0(f)=f\text{ 的不同根的个数}$$

亦即，$n_0(f)$ 按每个零点的重数是 1 枚举 $f$ 的零点.

Mason **定理**　设 $a(t),b(t),c(t)$ 是两两互素的多项式，并满足 $a+b=c$，则

$$\max\deg\{a,b,c\}\leqslant n_0(abc)-1$$

在 Mason 定理的陈述中，注意到并不影响最终的结果，无论我们是否假定 $a,b,c$ 两两互素，还是假定 $a,b,c$ 无公共素因子.由于 $a+b=c$，上述两假定是等价的.而且上述结果对于 $a,b,c$ 是对称的，因此我们也可将方程写成 $a+b+c=0$ 的形式.

Mason 定理是一个定理，而不是一个猜想，其证明如下：$a+b=c$ 两边除以 $c$，令 $f=a/c,g=b/c$，有

$$f+g=1$$

其中 $f,g$ 是有理函数.微分得 $f'+g'=0$，我们可重写为

$$\frac{f'}{f}f+\frac{g'}{g}g=0$$

因而

$$\frac{b}{a}=\frac{g}{f}=-\frac{f'/f}{g'/g}$$

若 $R$ 是一有理函数，$R(t)=\prod(t-\rho_i)^{q_i}$，$q_i\in\mathbf{Z}$，则

$$\frac{R'}{R}=\sum\frac{q_i}{t-\rho_i}$$

且重数不出现. 设

$$a(t)=\prod(t-\alpha_i)^{m_i}$$

$$b(t)=\prod(t-\beta_j)^{n_j}$$

$$c(t)=\prod(t-\gamma_k)^{r_k}$$

则

$$\frac{b}{a}=-\frac{f'/f}{g'/g}=-\frac{\sum\frac{m_i}{t-\alpha_i}-\sum\frac{r_k}{t-\gamma_k}}{\sum\frac{n_j}{t-\beta_j}-\sum\frac{r_k}{t-\gamma_k}}$$

$f'/f$ 与 $g'/g$ 有一公共分母，即

$$N_0=\prod(t-\alpha_i)\prod(t-\beta_j)\prod(t-\gamma_k)$$

其次数为 $n_0(abc)$. 注意到 $N_0f'/f$ 与 $N_0g'/g$ 都是次数小于或等于 $n_0(abc)-1$ 的多项式，利用关系

$$\frac{b}{a}=-\frac{N_0f'/f}{N_0g'/g}$$

以及 $a,b$ 互素的假定，我们推出 Mason 定理中的不等式.

作为应用，我们证明关于多项式的费马定理. 设 $x(t),y(t),z(t)$ 是互素多项式，且其中有一次数大于或等于 1，并满足

$$x(t)^n+y(t)^n=z(t)^n$$

我们将证明 $n\leqslant 2$. 利用 Mason 定理，有

$$\deg x(t)^n\leqslant\deg x(t)+\deg y(t)+\deg z(t)-1$$

同样，可将左边的 $x(t)$ 分别换成 $y(t),z(t)$，相加得

$$n(\deg x+\deg y+\deg z)$$

$$\leqslant 3(\deg x+\deg y+\deg z)-3$$

从而 $n\geqslant 3$ 时得到矛盾.

由于 Mason 定理的影响，和下面我们将要描述的施皮罗，Frey 的一些思想，麦瑟尔与厄斯特勒给出下述关于整数的 ABC 猜想，设 $k$ 是一非零整数，定义 $k$ 的根(radical) 为

$$N_0(k)=\prod_{p\mid k}p$$

即 $k$ 的不同素因子的乘积. 在多项式与整数之间有一经典的类比[①]，在此类比下，多项式的 $n_0$ 对应于整数的 $\log N_0$，因此，在多项式情形，我们得到的是一加性不等式，而关于整数，则对应一乘性不等式. 注意，如果 $x,y$ 是非零整数，则

$$N_0(xy)\leqslant N_0(x)N_0(y)$$

且，若 $x,y$ 互素，则

$$N_0(xy)=N_0(x)N_0(y)$$

ABC **猜想**　任给一 $\varepsilon>0$，存在一常数 $C(\varepsilon)$ 满足如下性质：对任何非零互素整数 $a,b,c$，且 $a+b=c$，则有

$$\max\{|a|,|b|,|c|\}\leqslant C(\varepsilon)N_0(abc)^{1+\varepsilon}$$

不同于多项式情形，在 ABC 猜想中有必要引进 $\varepsilon$ 和常数 $C(\varepsilon)$. 为了简化这些可能出现的常数记号，对正函数 $A,B$，我们记

$$A\ll B$$

意指存在常数 $C>0$ 使得 $A\leqslant CB$，因而 $A\ll B$ 意味着 $A=O(B)$. 我们记

① 这一类比是近代数论发展的主要动力之一.

$$A \gg\ll B$$

意指 $A=O(B)$ 与 $B=O(A)$. 当函数 $A$, $B$ 依赖于一参数 $\varepsilon$ 时,常数 $C$ 也依赖于 $\varepsilon$.

上述猜想隐含着 $A,B,C$ 的许多素因子都是以一次幂出现,而如果有些素因子的次数大,则它们必须由"大的",或者一些一次的素因子补偿. 希望马上看到关于费马问题和一些类似问题上应用的读者可略过下面的注记,即考虑方程 $2^n\pm1=k$. 对大的 $n$, ABC 猜想将断言 $k$ 被一大的单幂次素数整除,或者 $k$ 有许多单幂次素因子. 在 ABC 猜想中说明 $C(\varepsilon)$ 的必要性的最简单的例子是 Wojtek Jastrzebowski 与 Dan. Spielman 告诉我的. 我们将证明不存在常数 $C>0$ 使得

$$\max\{|a|,|b|,|c|\}\leqslant CN_0(abc)$$

写 $3=1+2$. 通过归纳有

$$2^n \mid (3^{2^n}-1)$$

我们通过 $3^{2^n}-1=c_n$ 考虑关系式 $a_n+b_n=c_n$,则

$$N_0(a_nb_nc_n)=3N_0(c_n)\leqslant 3\cdot 2\,\frac{3^{2^n}-1}{2^n}$$

因此不存在常数 $C$ 使得 $c_n\leqslant 3CN_0(c_n)$. 将 2 换成一素数 $p$, 3 换成一模 $p$ 余 1 的整数,我们可构造其他的例子.

与这些例子相类似,我们现在证明 ABC 猜想蕴含下述古老的猜想:

有无穷多素数 $p$ 使得

$$2^{p-1}\not\equiv 1 \pmod{p^2}$$

我们采用 Silverman 的方法:首先,令 $S$ 是满足

$$2^{p-1}\not\equiv 1 \pmod{p^2}$$

的素数集. 我们注意到,若 $n$ 是一正整数,$p$ 是一素数

使得 $2^n \equiv 1 \pmod p$，$2^n \not\equiv 1 \pmod{p^2}$，则 $p \in S$. 实际上，令 $d$ 是 2 在 $(\mathbf{Z}/p\mathbf{Z})^*$ 中的阶，$(\mathbf{Z}/p\mathbf{Z})^*$ 是 $p-1$ 阶循环群. 从而 $d \mid (p-1)$ 且 $d \mid n$. 更进一步，$2^n \equiv 1 \pmod p$ 但 $2^n \not\equiv 1 \pmod{p^2}$ 蕴含 $2^d \not\equiv 1 \pmod{p^2}$，从而 $2^{p-1} \not\equiv 1 \pmod{p^2}$，理由如下. 记 $p-1=dm$，$(m,p)=1$，且 $2^d = 1+pk$，$(k,p)=1$，则

$$2^{p-1} \equiv 1 + pmk \not\equiv 1 \pmod{p^2}$$

因此 $p \in S$.

现在假设 $S$ 有限，记

$$2^n \quad 1 = u_n v_n$$

其中 $u_n$ 是 $S$ 中素数的乘积，而 $v_n$ 中所有素因子不在 $S$ 中，则 $u_n$ 有界. 若 $p \mid v_n$，则由上述注记，$p^2 \mid (2^n - 1)$. 从而 $p^2 \mid v_n$. 对方程

$$(2^n - 1) + 1 = 2^n$$

应用 ABC 猜想即得

$$u_n v_n \ll (u_n v_n{}^{1/2})^{1+\varepsilon} \ll v_n^{(1+\varepsilon)/2}$$

从而 $v_n$ 有界，得到矛盾.

实际上，同 Lang-Trotter 猜想一致，对一固定模 $p$ 余 $k$ 的剩余类，$2^{p-1} \equiv 1 + pk \pmod{p^2}$ 的概率应该是 $O(1/p)$，因而小于或等于 $x$ 的素数 $p$ 且 $2^{p-1} \equiv 1 \pmod{p^2}$ 的个数应该是

$$O\left(\sum_{p \leqslant x} \frac{1}{p}\right) = O(\log \log x)$$

因而有许多素数满足性质 $2^{p-1} \not\equiv 1 \pmod{p^2}$.

我们将转移到 ABC 猜想，并应用到一些丢番图方程上. 在多项式情况，我们可得到满足费马方程的非常数多项式的次数的精确界. 由于 ABC 猜想中出现的未知常数 $C(\varepsilon)$，我们对于整数上费马方程这一经典情形将只得到一未知界. 因此我们称渐近费马问题,意指存在一整数 $n_1$,使得对一切 $n \geqslant n_1$,方程

$$x^n + y^n = z^n$$

只有平凡解,亦即 $x,y,z$ 中有一为零. 当然,同经典情形一样,对于渐近费马问题,我们可以假定 $x,y,z$ 互素.

ABC 猜想蕴含渐近费马问题.

实际上,设 $x^n + y^n = z^n$,其中 $x,y,z$ 互素,由 ABC 猜想,有

$$|x^n| \ll |xyz|^{1+\varepsilon}$$
$$|y^n| \ll |xyz|^{1+\varepsilon}$$
$$|z^n| \ll |xyz|^{1+\varepsilon}$$

取乘积,有

$$|xyz|^n \ll |xyz|^{3+\varepsilon}$$

因此对 $|xyz| > 1$ 我们可得 $n$ 的上界. 而且由 ABC 猜想中需要证明的 $C(\varepsilon)$ 的有效性可得到 $n$ 的有效上界.

现在我们将看到 ABC 猜想怎样推出 Hall,施皮罗,Lang-Waldschmidt 等人的其他猜想.

Hall **猜想** 若 $u,v$ 是非零互素[①]整数,使得 $u^3 - v^2 \neq 0$,则

$$|u^3 - v^2| \gg |u|^{\frac{1}{2}-\varepsilon}$$

注意到 Hall 猜想描述 $|u^3 - v^2|$ 小的程度,且答案是,由于不等式的右端,此量不会太小,更进一步,如

① 实际上,原始形式中并不假定 $u,v$ 互素,只有 $u^3 - v^2 \neq 0$. 通过略去公因子,利用下面讲述的同样方法,原始形式仍可由 ABC 猜想推出,我们作互素的假定是为了避免不重要的技术上的困难,一般情形的证明留给读者.

果 $|u^3-v^2|$ 很小,则 $|u^3|\gg\ll v^2$,于是 $|v|\gg\ll |u|^{3/2}$. Hall 猜想也可解释为给出方程

$$v^2=u^3+b\quad(b\text{ 是整数})$$

的互素整数解的上界为

$$|u|\ll|b|^{2+\varepsilon}$$

更进一步,同 Lang-Waldschmidt 的猜想一样,我们固定非零整数 $A,B$,设 $u,v,k,m,n$ 为变元,且 $u,v$ 互素,$mn>m+n$. 令

$$Au^m+Bv^n=k$$

由 ABC 猜想,有

$$|u|^m\ll|uvN_0(k)|^{1+\varepsilon}$$

$$|v|^n\ll|uvN_0(k)|^{1+\varepsilon}$$

不妨假定 $|Au^m|\leqslant|Bv^n|$,则 $|u|\ll|v|^{n/m}$. 我们将此不等式代入上面的不等式中,可得到只涉及 $v$ 的不等式如下

$$|v|^n\ll|v^{1+\frac{n}{m}}N_0(k)|^{1+\varepsilon}=|v|^{(1+\frac{n}{m})(1+\varepsilon)}N_0(k)^{1+\varepsilon}$$

将 $v$ 的幂次移到左边,有

$$n-1-\frac{n}{m}=\frac{mn-(m+n)}{m}$$

我们留给读者去关心 $\varepsilon$. 因此我们得到

$$|v|\ll N_0(k)^{m(1+\varepsilon)/(mn-(m+n))}$$

从而有

$$|u|\ll N_0(k)^{n(1+\varepsilon)/(mn-(m+n))}\tag{1}$$

这是由于 $u,v$ 的对称性. 再一次运用 ABC 猜想,有

$$|k|\ll|uvN_0(k)|^{1+\varepsilon}$$

利用不等式(1)中估计,我们可得

$$|k|\ll N_0(k)^{mn(1+\varepsilon)/(mn-(m+n))}\tag{2}$$

Hall 猜想仅涉及 $u^3-v^2=k$,从而是式(1)的一特

殊情形，只要将 $N_0(k)$ 换成 $|k|$，因为 $N_0(k)\leqslant|k|$.

再令 $m=3$, $n=2$，且取 $A=4$，$B=-27$. 此时，用 $D$ 代替 $k$，对于

$$D=4u^3-27v^2$$

我们有

$$|u|\ll N_0(D)^{2+\varepsilon} \quad 和 \quad |v|\ll N_0(D)^{3+\varepsilon} \tag{3}$$

这些不等式首先在 $u,v$ 互素的假定下得到. 当 $u,v$ 有一公共有界因子 $d$ 时，记

$$u=u'd,v=v'd$$

其中 $u',v'$ 互素，则

$$D=4d^3u'^3-27d^2v'^2$$

现在对 $A=4d^3$，$B=-27d^2$ 应用不等式(1)，我们可得不等式(3)，只不过此时符号“$\ll$”涉及的常数依赖于 $d$，或某公共因子的固定上界. 在此情形下，我们称不等式(3)为广义施皮罗猜想.

原始的施皮罗猜想是涉及“极小判别式”$D$ 的. 我们将在后文讨论极小判别式的概念，那里，我们将讨论椭圆曲线的理论. 施皮罗猜想可表达如下

$$|D|\ll N(D)^{6+\varepsilon}$$

其中 $N(D)$ 是一更微妙的量. 在文献中，均称为导子. 但出于我们的目的，使用 $N_0(D)$ 已足够并且带来很大简化，因为导子的定义很难，且其细致之处与目前我们面临的困难无关.

注意到广义施皮罗猜想是利用 $N_0(D)$ 的幂去控制 $|u|$，$|v|$，而非给出 $|D|$ 本身的界.

$D$ 的关键是它可看作一椭圆曲线的判别式. 我们正在讨论的此方向上新的思考方式是由 Frey 开始的，他对每个 $a+b=c$ 的解引进椭圆曲线

$$y^2 = x(x-a)(x+b)$$

现在称为 Frey 曲线. 右边的判别式是其根的差的乘积的平方，从而

$$D = (abc)^2$$

作变换

$$\xi = x + \frac{b-a}{3}$$

可去掉 $x^2$ 项，从而方程可重写为

$$y^2 = \xi^3 - \gamma_2 \xi - \gamma_3$$

其中 $\gamma_2, \gamma_3$ 是 $a, b$ 的齐性多项式. 由于变换仅涉及 $x$ 的平移，故不改变判别式，从而

$$D = 4\gamma_2^3 - 27\gamma_3^2$$

变换中采用 $(b-a)/3$ 是为了使分母较小，实际上，我们可利用曲线

$$y^2 = x(x-3a)(x+3b)$$

去掉分母，从而 $\gamma_2, \gamma_3$ 是整数. 因而可应用广义施皮罗猜想到判别式上，此时判别式 $D$ 为

$$D = 3^6 (abc)^2 = 4\gamma_2^3 - 27\gamma_3^2$$

施皮罗猜想蕴含渐近费马问题.

实际上，设

$$a = u^n, b = v^n, c = w^n$$

其中 $u, v, w$ 互素，则

$$4\gamma_2^3 - 27\gamma_3^2 = 3^6 (uvw)^{2n}$$

从而利用施皮罗猜想

$$|D| \ll N_0(D)^{6+\varepsilon}$$

可得 $n$ 的上界. 显然，任意指数，例如 $|D| \ll N_0(D)^{100}$ 都可推出渐近费马问题.

我们已看出 ABC 猜想可推出广义施皮罗猜想.

反之，广义施皮罗猜想亦可推出 ABC 猜想.

实际上，对应

$$(a,b)\leftrightarrow(\gamma_2,\gamma_3)$$

是可逆的且有“右”权. 从广义施皮罗猜想的 $\gamma_2,\gamma_3$ 的估计得到 $|a|,|b|$ 要求的估计是一简单的熟练的代数技巧，我们留给读者①.

利用 ABC 猜想与广义施皮罗猜想的等价性. 利用本节开始的例子可证明施皮罗猜想中 $\varepsilon$ 的必要性.

Hall 在 1971 年提出他的猜想，实际上并没有得到反响. 一直等到 12 年后 Mason 的工作与 ABC 猜想本身才得到在 ABC 猜想框架下的以上所述的一个证明.

让我们回到多项式情形与 Mason 定理. 在此情形下同样的证明可使 ABC 猜想推导出其余的猜想，因此由 Hall，施皮罗与 Lang-Waldschmidt 猜想的类比可得到证明. 实际上，若 $f,g$ 是非零多项式且 $f^3-g^2\neq 0$，则

$$\deg(f(t)^3-g(t)^2)\geqslant\frac{1}{2}\deg f(t)+1$$

Davenport 在 1965 年证明了这个猜想(和它的高次的类比)，但我们现在可看出这是 Mason 定理的推论. 在关于整数的 Hall 猜想和 Davenport 定理两种情形，关键都是决定三次幂与平方的差的下界. 不同于整数，这些结果对于多项式是十分清晰的，原因在于没有相关的未确定常数 $C(\varepsilon)$. 实际上在右边甚至是 1.

多项式情形的 Davenport 定理与整数情形的 Hall 猜想并非是不相关的. 当变元取整数值时多项式情形

---

① 提示：用 $a,b$ 写出 $\gamma_2,\gamma_3$ 的明确表达式.

则参化整数情形. 一个属于 Birch 的例子是

$$f(t)=t^6+4t^4+10t^2+6$$

$$g(t)=t^9+6t^7+21t^5+35t^3+\frac{63}{2}t$$

从而

$$\deg(f^3(t)-g^2(t))=\frac{1}{2}\deg f+1$$

该例子表明 Davenport 不等式是最好的，代替大的整数值 $t\equiv 2(\bmod 4)$ 可得 $x^3-y^2$ 的小值的例子. 一个非常一般的例子由 Danilov 给出. 也可参考椭圆曲线上整点大小的相关问题的讨论.

对于熟悉单变量函数域理论的读者，易看出 ABC－性质可以描述为在此情形可得到证明. 实际上，历史上，Mason 就是这样做的. 但我们的兴趣在于代数数域，因而我们将给出更高层次的表达并讨论数域中点的高度.

现在，我们已证明了图 1 中 3 个角的等价性和蕴含性.

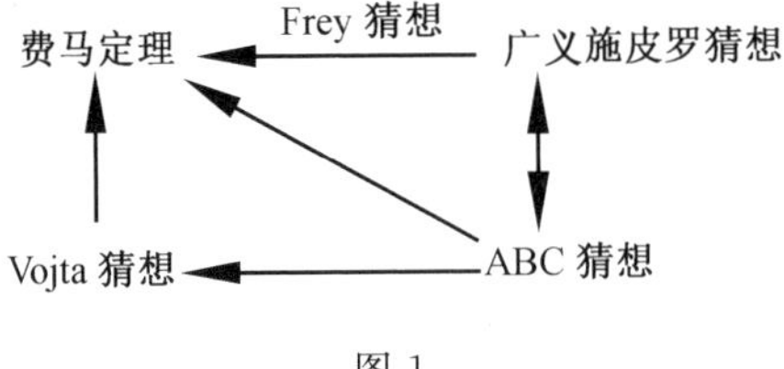


图 1

我们的目的是补上 Vojta 角，并证明其余猜想可由 Vojta 猜想推出. 其中一个关键点是我们已不能再限制在有理数上，代之以代数数. 我们将看到有理数域上一串曲线的丢番图性质怎样一致依赖于有理数域的有界扩张上的单个曲线的丢番图性质.

我们将估计丢番图方程的根的大小. 何谓“大”?

令 $x=c/d$ 为有理数，$(c,d)=1$. 我们定义 $x$ 的高度为

$$h(x)=\log\max(|c|,|d|)$$

同理，对 $P=(x_0,\cdots,x_M)$ 是射影空间中的点，其中 $x_j$ 是互素的整数. 我们定义

$$h(P)=\log\max|x_j|$$

ABC 猜想是估计互素整数 $a,b,c$ 的点 $(a,b,c)$ 的高度的界，而 $(a,b,c)$ 可看作二维射影空间中一个点的代表.

下面两节独立于最后三节的内容. 在那里，通过施皮罗猜测，我们将给出 ABC 猜想在椭圆曲线上的应用，因而读者可任意选择先后顺序来读. [①]

(2) 代数点的高度. 在本节中，我们将讨论代数数，并且对有代数坐标的点定义高度，这一概念将在后

---

① 对于已经知道模曲线或希望了解模曲线的读者的注记. 这里我不讨论模曲线，我将限制在丢番图不等式的范围内. 但对有兴趣的读者，给一些注解是有益的. 我们假设读者熟悉基本定义或者知道合适的参考文献.

Frey 通过将费马方程的解联系于椭圆曲线开辟了最近关于费马问题和椭圆曲线的新的思考方式. Frey 希望对应于费马方程解的椭圆曲线的性质矛盾于 Taniyama-Shimura 猜测，该猜测断言有理数域上所有椭圆曲线都是"模"曲线. Frey 的想法是证明这种椭圆曲线不存在，从而费马问题可解. 理解这些想法有许多根本的困难. 塞尔(Serre) 指出要得到最终结果需要稍强于 Taniyama-Shimura 猜测的结果，例如他关于有理数域上伽罗瓦表示的模性的一个早期的猜想，然后 Ribet 证明了模情形的塞尔猜想，从而证明 Taniyama-Shimura 猜测已足以证明费马猜想. 我们这里不考虑模方面的情形. 相反，我们讨论一相反的方向，即丢番图分析与丢番图不等式的方面. 施皮罗猜想可看作处于中间的位置，且在每个方向都能处理或证明. 因而通过等价的广义施皮罗猜想，ABC 猜想有一模解释. 要指出 Ribet-Serre-Taniyama-Shimura 的思路可无条件地证明费马问题. 而在丢番图不等式方向，则依赖于不等式中的常数. 由于这些常数是有效的，从而这些估计也是有效的.

文使用. 然后，我们将回到有理数，但我们也将用到 $p$-adic 数.

设 $F$ 是一数域，亦即有理数域 $\mathbf{Q}$ 上有限扩张，则 $F$ 有一串绝对值，$p$-adic 和 archmidean(无限位). 我们将描述这些绝对值.

对每个素数 $p$，$\mathbf{Q}$ 上有 $p$-adic 绝对值定义如下：对 $a=p^r c/d,(c,d)=1,p\nmid cd$ 定义

$$|a|_p=1/p^r$$

该 $p$-adic 绝对值在 $F$ 上有有限个扩张，均称为 $p$-adic. 设 $v$ 是其中之一，延拓 $\mathbf{Q}$ 上 $v_p$. $F_v$ 为 $F$ 在 $v$ 处完备化，则 $F_v$ 是 $p$-adic 数域 $\mathbf{Q}_p$ 的有限扩张. $\mathbf{Q}_p$ 上绝对值唯一延拓成 $F_v$ 上绝对值. 每个 $v$ 由 $F$ 到 $\mathbf{Q}_p$ 的代数闭包的嵌入诱导

$$\sigma_v: F\to \mathbf{Q}_p^a$$

且 $v$ 由 $\mathbf{Q}_p^a$ 上绝对值诱导. 反之，给定一嵌入 $\sigma: F\to\mathbf{Q}_q^a$ 我们令 $v_\sigma$ 为诱导的绝对值.

有理数还有通常绝对值，该绝对值可延拓至所有实数，记为 $v_\infty$. $v_\infty$ 在 $F$ 上一延拓称为无限素位，并且只有有限个这样的延拓，设 $v$ 是 $v_\infty$ 在 $F$ 上一延拓，则 $v$ 由一嵌入

$$\sigma_v: F\to \mathbf{R}^a=\mathbf{C}$$

诱导，因而在无限位处与在通常素位处情形是完全类似的. 在每种情形，$F$ 到 $\mathbf{Q}_v^a$ 的嵌入均相差 $F_v$ 在 $\mathbf{Q}_v$ 上一自同构从而诱导 $F$ 上同样绝对值，反之亦然. 在无限情形，$F$ 到 $\mathbf{C}$ 中一对复共轭嵌入对应于 $\mathbf{Q}$ 上通常绝对值在 $F$ 上一扩张.

现考虑 $F$ 上射影空间 $\boldsymbol{P}^n$ 上的点 $P=(x_0,\cdots,x_n)$. 我们定义 $P$ 的高度如下

$$h(P)=\frac{1}{[F:\mathbf{Q}]}\sum_{v}[F_v:\mathbf{Q}_v]\log\max_j|x_j|_v$$

其中$[F:\mathbf{Q}]$表扩张次数，而和则取遍上面描述的 $F$ 上所有绝对值 $v$. Artin-Whaples 乘积公式(在现在情形的加法形式)断言对 $a\in F, a\neq 0$，有

$$\sum_{v}[F_v:\mathbf{Q}_v]\log|a|_v=0$$

从而上述高度只依赖于射影空间的点. 由绝对值的简单性质可以推出高度还不依赖于包含 $x_j$ 的域的大小：原因是 ε 和前面的系数 $1/[F:\mathbf{Q}]$.

注意若 $F=\mathbf{Q}$ 且 $x_0,\cdots,x_n$ 为互素整数，则

$$h(P)=\log\max|x_j|$$

这里的绝对值是有理数域上的通常绝对值.

我们将需要代数数论中另一概念. $F$ 中有代数整数环 $R$，所谓代数整数是形如下述方程

$$T^n+a_{n-1}T^{n-1}+\cdots+a_0=0\quad(a_0,\cdots,a_{n-1}\in\mathbf{Z})$$

的根，环 $R$ 在 $\mathbf{Z}$ 上有一组基$\{w_1,\cdots,w_N\}$，$N=[F:\mathbf{Q}]$. 若 $\sigma_j(j=1,\cdots,N)$ 取遍 $F$ 到 $\mathbf{C}$ 的嵌入，则 $F$ 的对数判别式 $d(F)$ 定义为

$$\begin{aligned}d(F)&=\frac{1}{[F:\mathbf{Q}]}\log|\det\sigma_i w_j|^2\\&=\frac{1}{[F:\mathbf{Q}]}\log|F\text{ 在 }\mathbf{Q}\text{ 上的判断式}|\end{aligned}$$

易证，对数域 $F_1,F_2$，$d(F_1F_2)\leqslant d(F_1)+d(F_2)$，且若 $F_1\subset F_2$，则 $d(F_1)\leqslant d(F_2)$.

给定射影空间中点 $P$，令

$$d(P)=d(F(P))$$

更进一步，域 $F(P)$[①] 的判别式极不同于整除点的坐标的素数的高幂次.

**例**　设 $x=a^{1/n}$，$a$ 是一正整数，设

$$a=p_1^{v_1}\cdots p_r^{v_r}$$

是素因子分解，$v_i\geqslant 1$. 则

$$\log N_0(a)=\sum\log p_i$$

进一步

$$\mathbf{Q}(a^{1/n})\subset\mathbf{Q}(p_1^{1/n},\cdots,p_r^{1/n})$$

若 $\alpha$ 是 $\alpha^n=p$ 的根，则其判别式是 $n\alpha^{n-1}$ 的范数，从而其判别式小于等于 $n^n p^{n-1}$. 因此

$$d(\mathbf{Q}(\alpha))\leqslant\log n+\frac{n-1}{n}\log p$$

对每个 $a$ 的素因子利用上述估计，得

$$d(\mathbf{Q}(x))\leqslant r\log n+\frac{n-1}{n}\log N_0(a)$$

**注**　对 $N_0(a)\to\infty$，有

$$r=o(\log N_0(a))$$

实际上，若 $r$ 有界，结论显然. 若 $r$ 无界，则 $p_1\cdots p_r\geqslant r!$，从而利用斯特林(Stirling) 公式 $r!\geqslant r^r\mathrm{e}^{-r}$，即得上述结论.

我们已经讨论了代数数论的概念. 现在我们将讨论代数几何中高度的概念，主要在曲线的情形. 我们必须假定读者熟悉嵌入在射影空间中代数曲线的基本概念，这样的曲线 $X$ 均假定不可约. 当 $X$ 嵌入射影空间时 $X$ 由一串齐性多项式方程定义，且当这些方程系数

---

① $F(P)$ 是包含 $P$ 的坐标的 $\mathbf{Q}$ 上扩域. 由于 $1/[F:\mathbf{Q}]$. $d(P)$ 的定义不依赖于 $F(P)$ 的选取. 这一段话可参看下面的例子. —— 译注.

在 $F$ 中称 $X$ 定义在 $F$ 上. $X$ 上除子是有整系数的 $X$ 上有限个点的形式线性和,其次数定义为这些系数的和. $X$ 可由一些仿射片覆盖,其中一典型的仿射片可由一方程 $f(x,y)=0$ 定义. 有坐标 $(x,y)$ 的点其坐标将在某数域中,即我们主要讨论代数点. 坐标在 $E$ 中点的集合记为 $X(E)$,则 $X(\mathbf{C})$ 是复点的集合. 若 $X$ 是非奇异的,则 $X(\mathbf{C})$ 是紧致黎曼面. $X$ 的亏格 $g$ 可定义为该曲面的亏格,但同样亏格也有代数定义. 例如,若 $X$ 由一不可约齐性方程

$$H(T_0,T_1,T_2)=0$$

定义, 且 $X$ 非奇异,$H$ 有次数 $d$, 则 $X$ 的亏格是 $(d-1)\cdot(d-2)/2$.

亏格也等于正则微分形式空间的维数(复数域上). 设 $y\mathrm{d}x$ 是 $X$ 上亚纯微分形式,$y,x$ 是 $X$ 上有理函数. $P$ 是一复点,$t$ 是 $P$ 上局部参量,记

$$y\mathrm{d}x=y(t)\frac{\mathrm{d}x}{\mathrm{d}t}\mathrm{d}t$$

其中 $y,x$ 表成 $t$ 的幂级数,则定义

$$\mathrm{ord}_P y\mathrm{d}x \text{ 是幂级数 } y(t)\frac{\mathrm{d}x}{\mathrm{d}t} \text{ 的阶}$$

微分形式 $y\mathrm{d}x$ 相关于一除子如下

$$(y\mathrm{d}x)=\sum_P \mathrm{ord}_P(y\mathrm{d}x)(P)$$

其次数满足

$$\deg(y\mathrm{d}x)=\sum_P \mathrm{ord}_P(y\mathrm{d}y)=2g-2$$

若 $f$ 是 $X$ 上一有理函数,则有一相关除子$(f)$,定义如下:在点 $P$ 处,$t$ 为局部参量,$\mathrm{ord}_P f$ 定义为 $f(t)$ 的阶. 从而 $\deg(f)=0$(它相应于乘积公式) 一除子称为有理等价于零,如果它是一有理函数的除子. 除子之间

的等价均指有理等价. 由于 $\deg(f)=0$,可知次数函数是定义在等价类上的函数. 有理微分形式的除子的类称为标准类.

设 $X$ 是定义在数域上射影非奇异曲线对 $X$ 上每个除子 $D$ 可定义一高度函数

$$h_D : X(\mathbf{Q}^a) \to \mathbf{R}$$

满足如下性质,并且在相关一有界函数意义下唯一.

①$D \mapsto h_D(\bmod O(1))$ 在 $D$ 的有理等价类下是好定义的,且是同态,即对 $D$ 有加性质.

② 若 $D$ 是某射影嵌入中一超平面截面,则 $h_D(P)$ 是 $P$ 在该射影嵌入中点的高度.

唯一性的理由在于给定一除子 $D$,有相关两超平面截面 $H_1, H_2$ 的两射影嵌入使得 $D$ 等价于 $H_1 - H_2$. (这是代数几何中一基本引理).

③Vojta 猜想. Vojta 阐述的猜想对这一课题是基本的. 我将只介绍曲线情形中其中一个猜想.

Vojta **猜想** 设 $X$ 是定义在一数域上射影非奇异曲线,$K$ 是 $X$ 的标准类,则任给 $\varepsilon > 0$,对有

$$h_K(P) \leqslant (1+\varepsilon)d(P) + O_\varepsilon(P \in X(Q^a))$$

首先注意到,对亏格 $\geqslant 2$ 的曲线,Vojta 猜想马上可推出有理点集 $X(F)$ 有限(莫德尔猜想 - 法尔廷斯定理). 实际上,此时 $d(P)$ 是常数,从而这些点的高度有界,很容易证明有界次数和有界高度的点的有限性.

我们将看到 Vojta 猜想怎样可推出渐近费马问题和 ABC 猜想. 注意到我们仅用到 $F$ 上有界次数点的

Vojta 猜想①.

我们要证 Vojta 猜想蕴含渐近费马问题. 设

$$X_n: x^n + y^n = z^n$$

是费马曲线, $X_4$ 有亏格 3. 对 $\boldsymbol{P}^m$ 中一次数 $d$ 的超曲面其标准类是 $(d-(m+1))H$, $H$ 是一超平面. 因此对 $\boldsymbol{P}^2$ 中 $X_n$, 其标准类是 $(n-3)H$, 而对 $X_4$, 其标准类是 $K=H$.

设 $u^n + v^n = w^n$, $u, v, w$ 是互素整数, 构造 $X_4$ 上相应点 $P=(x, y, z)=(u^{n/4}: v^{n/4}: w^{n/4})$ 由高度的定义, 显然有

$$h(P)=\frac{n}{4}\log\max\{|u|, |v|, |w|\}$$

由 Vojta 猜想有

$$\frac{n}{4}\log\max\{|u|, |v|, |w|\} \ll \log N_0(uvw)+O(1)$$

从而可给出 $n$ 的上界.

同样地, 由 Vojta 猜想推出 ABC 猜想. 设有 $a+b=c$. 固定 $n$, $X_n$ 上有相关点

$$P=(a^{1/n}: b^{1/n}: c^{1/n})$$

因为 $K_n=(n-3)H$, 由 Vojta 猜想有

$$\begin{aligned} h_K(P) &= \frac{n-3}{n}\log\max\{|a|, |b|, |c|\} \\ &\leqslant (1+\varepsilon_1)\log N_0(abc)+O_n(1) \end{aligned}$$

这正是 ABC 猜想的对数形式. 比如, 可令 $n\to\infty$, $\varepsilon=\varepsilon_1+4/n$.

下面我们将讨论椭圆曲线, 并证明 ABC 猜想可推

---

① Vojta 猜想中的深刻部分是它与阿卡科洛夫理论的联系. ——译注.

出数域上椭圆曲线上一些丢番图性质.

(4) 椭圆曲线和极小判别式. 为了我们的目的，一椭圆曲线是表成魏尔斯特拉斯(Weierstrass) 方程

$$y^2=x^3-\gamma_2x-\gamma_3$$

的曲线，其中 $\gamma_2,\gamma_3$ 在某域 $F$ 中. 令 $A$ 记为该曲线，坐标 $x,y\in F$ 的点加上无穷远点集合记为 $A(F)$，它是一个群. 同上，我们一般将 $F$ 看成复数域的子域，从而 $A(F)$ 是 $A(\mathbf{C})$ 的子集. 在 $\mathbf{C}$ 上，曲线由魏尔斯特拉斯函数

$$z\mapsto\left(\mathscr{P}(z),\frac{1}{2}\mathscr{P}'(z)\right)$$

参数化，从而给出一解析同构 $\mathbf{C}/\Lambda,A(\mathbf{C})$ 其中 $\Lambda$ 是一格. 在此参数化下，格点映到无穷远点. 关于 $\mathscr{P}$- 函数的加法定理定义了 $A(\mathbf{C})$ 上群结构，且此加法公式可由 $(x,y)$ 的有理系数的有理函数给出，从而说明 $A(F)$ 为何是一子群.

同上我们有判别式

$$4\gamma_2^3-27\gamma_3^2=D,\Delta=16D$$

对任何 $c\neq0$ 我们可得椭圆曲线的同构变换，该变换在魏尔斯特拉斯参数化下写成 $z\mapsto cz$. 从而在方程上该变换有如下影响

$$x\mapsto x'=c^{-2}x,y\mapsto y'=c^{-3}y$$

$$\gamma_2\mapsto\gamma'_2=c^{-4}\gamma_2,\gamma_3\mapsto\gamma'_3=c^{-6}\gamma_3$$

从而同构曲线满足方程

$$y'^2=x'^3-\gamma'_2x'-\gamma'_3$$

假设椭圆曲线定义在 $\mathbf{Q}$ 上，即 $\gamma_2,\gamma_3\in\mathbf{Q}$. 利用上述类型合适的同构变换，可使 $\gamma_2,\gamma_3\in\mathbf{Z}$. 设 $p$ 是一素数使得 $p^4\mid\gamma_2,p^6\mid\gamma_3$，则通过 $\gamma_2\mapsto p^{-4}\gamma_3,\gamma_3\mapsto p^{-6}\gamma_3$

可得一同构的椭圆曲线.尽可能做完上述步骤后我们即得 $\mathbf{Z}$ 上曲线的极小模型,此时 $\Delta$ 则叫极小判别式.

**注** 极小判别式是模去 $\pm 1$ 的因子定义的,且是一同构类上的不变量.我们已经以两种方式简化了这时的情形.首先,通过利用魏尔斯特拉斯模型,我们并未得到极小判别式的"正确"概念,因为素数 2,3,我们必须使用更一般的方程,这一工作首先由 Deuring,然后最近由 Nevon,Tate 系统展开.其次,为了绝对正确起见,要处理 2 和 3,我们需考虑魏尔斯特拉斯模型的更一般形式

$$y^2 + a_1xy + a_3y = x^3 + a_2x^2 + a_4x + a_6$$

类似魏尔斯特拉斯方程的标准情形,我们也可得到极小模型,即有极小判别式的模型.下面的命题均涉及这样的极小模型,但读者考虑,$p \neq 2,3$ 和通常的魏尔斯特拉斯方程也是可以的.

上述对同构的讨论包含了极小判别式的本质部分.更进一步,通过限制在有理数域上,我们还可避免由于数域上非唯一分解性和单位群的非平凡性带来的一切问题.熟悉基本代数数论的读者可看到,在非平凡类群的情形,不具有极小判别式的唯一模型,但有有限个模型,每一个均是相对极小判别式.由于我们主要讨论 ABC 猜测对椭圆曲线的丢番图性质的影响,这些都是第二位的考虑.而那里本质的影响对有理数域上椭圆曲线是一样的.

我们将利用施皮罗猜想,但我们并不要求 $\gamma_2,\gamma_3$ 互素.我们将看到对一极小模型,有 $|\Delta| \ll N_0^s(\Delta)$,对某不依赖于 $A$ 的常数 $s$.实际上,由于极小性的假定,若 $p^m$ 是 $\gamma_2,\gamma_3$ 的公因子,则 $m \leqslant 5$.因此,若 $d=(\gamma_2,$

$\gamma_3$）是 $\gamma_2$，$\gamma_3$ 的最大公因子，则

$$d \leqslant N_0(d)^5$$

通过去除这样的 $d$，以及一些简单的代数技巧，再利用 ABC 猜想，易看出对一极小方程有

$$|\Delta| \ll N_0(\Delta)^{6+\varepsilon} d^4$$

从而

$$|\Delta| \ll N_0(\Delta)^s$$

对某一小的整数 $s$ . $s$ 称为施皮罗指数，不失一般性，我们可假设 $|\Delta| \leqslant N_0(\Delta)^s$，除有有限个 $\Delta$ 外，亦即，除有有限个椭圆曲线外，我们将忽略掉这些例外曲线，在下面讨论中，均假定 $|\Delta| \ll N_0(\Delta)^s$.

（5）施皮罗猜想与挠点. 设 $F$ 是一数域，即有理数域上有限扩张. 莫德尔－韦伊（Weil）定理断言有理点群 $A(F)$ 是有限生成.（莫德尔仅证明了有理数域上情形.）描述 $A(F)$ 的挠群和秩的阶是一主要问题. 利用莫德尔－韦伊定理，我们将讨论有限的挠群①. 一个标准猜想为：

任给一数域 $F$，有一正常数 $C$ 使得对任意 $F$ 上的椭圆曲线 $A$，挠群 $A(F)_{\text{tor}}$ 的阶小于等于 $C$.

在有理数域上，Mazur 证明了上述猜想的一个非常强的形式，实际上，他证明挠群的阶被 16 控制. 为此目的，Mazur 发展了模曲线上整套理论. 这里我们并不需要像 16 那样明确的界，但涉及任意数域. 关于数域

① 描述 $A(F)$ 的秩是一更困难的算术问题. 目前远未证明的 Birch-Swinnerton-Dyer 猜想阐明了秩与 $L$- 函数的联系.

上结果由 Kubert 得到[①]. 在本节中，我们将证明数域上 ABC 猜想可推出上述关于挠群的一致有界猜想，其中想法是 Frey 在 1986 年写的.

为简单起见，我们将只在有理数域上讨论. 熟悉椭圆曲线和数域的基本性质的读者马上可看出在一般情形的推广.

与通常一样，我们定义一同构不变量

$$j=3^3 4^6 \gamma_2^3/\Delta$$

**注**　$j$ 的分母的素因子起特殊的作用. 这些素数当然也整除 $\Delta$，但反之未必成立. 我们将用一相对深刻的结论：

若 $A(\mathbf{Q})$ 中有素数阶 $n \geqslant 5$ 的有理点，则 $\gamma_2,\gamma_3$ 互素，除非 2,3 的小幂次或 $n$ 本身出现.

这一事实很难证明我们将给有些熟悉椭圆曲线或希望进一步了解的读者提供一些注记. 设 $p \geqslant 5$ 是一素数，我们将归约极小方程 mod $p$. 归约方程定义一可能可约的曲线，叫纤维. 原来曲线上群律可导出纤维上非奇异点集上群结构，从而给出 Neron 模型理论. 现在假设 $j$ 是 $p$- 整. 若 $p$ 不是 $\gamma_2,\gamma_3$ 的公因子，则称椭圆曲线在 $p$ 处半稳定. 若 $p$ 是一公因子，则 mod $p$ 的曲线变成 $y^2=x^3$. 现在考虑 $\mathbf{Q}_p$ 上曲线，由 Neron 模型理论，可证明纤维上非奇异部分是一代数群，它包含指数小于等于 4 的一加法群作为子群，并且归约的核是一 $p$-adic 李群且不含有限阶的元素. 利用这个结构，我们可推出，当曲线有素数阶 $n \geqslant 5$ 的有理点时，除去 $p=n$

① Kubert 的结果远不是完全的. 最近 Kamaney 证明了在虚二次域上的上述猜想.

的情形，曲线在 $p$ 处半稳定，因为特征 $p$ 的加法群的所有点有阶 $p$.

假定上述结论，我们看出，除去 2，3，$n$，整除 1 的分母的素数恰整除 $\Delta$.

为了证明有理数域上关于挠点的定理，我们必须有一模型，其中含有充分多的代数信息，并且含有许多分析内容. 为此目的，由魏尔斯特拉斯函数定义的经典参数化 $\mathbf{C}/\Lambda \to A(\mathbf{C})$ 并不是足够好的. 然而，我们可使格有 $\mathbf{Z}$- 基$\{\tau,1\}$，其中 $\tau$ 在上半平面上，即 $\mathrm{lm}(t)>0$. 令

$$q_\tau = q = \mathrm{e}^{2\pi\mathrm{i}\tau}$$

我们也可将 $A(\mathbf{C})$ 表示为如下乘法群的商. 在标准教科书中，我们有关于 $q$ 的傅里叶(Fourier) 幂级数展开

$$(2\pi\mathrm{i})^{-4}\gamma_2 = \frac{1}{48}\left(1+240\sum_{n=1}^{\infty}\frac{n^3q^n}{1-q^n}\right)$$

$$(2\pi\mathrm{i})^{-6}\gamma_3 = \frac{1}{2^5 3^3}\left(-1+504\sum_{n=1}^{\infty}\frac{n^5q^n}{1-q^n}\right)$$

$$(2\pi\mathrm{i})^{-12}\Delta = q\prod_{n=1}^{\infty}(1-q^n)^{24}$$

$$j=\frac{1}{q}+744+196\ 884q+\cdots$$

对 $t\in\mathbf{C}^*$

$$(2\pi\mathrm{i})^{-2}x(t) = \frac{1}{12}\sum_{m\in\mathbf{Z}}\frac{q^m t}{(1-q^m t)^2} - 2\sum_{n=1}^{\infty}\frac{nq^n}{1-q^n} = X(t)$$

$$(2\pi\mathrm{i})^{-3}y(t) = \frac{1}{2}\sum_{m\in\mathbf{Z}}\frac{q^m t(1+q^m t)}{(1-q^m t)^3} = Y(t)$$

我们得到如下解析同构

$$\mathbf{C}^*/q\mathbf{Z} \xrightarrow{\sim} A(C), t\mapsto (x(t),y(t))$$

$X(t)$，$Y(t)$ 的幂级数展开中有整系数. 如 Tate 在 20 世

纪 50 年代后期所注意的，它们也可用来参数化 $p$-adic 曲域上椭圆曲线，其中，只需

$$|q|<1 \text{ 或等价地 } p \text{ 整除 } j \text{ 的分母}$$

就可保证收敛性. 这一曲线叫 Tate 曲线，且在一个二次扩张下同构于原来给定的曲线. 为简便计，我们也假定同构定义在 $\mathbf{Q}_p$ 上.

同复数一样，$\mathbf{Q}_p$ 上绝对值可唯一延拓到代数闭包 $\mathbf{Q}_p^a$ 上，从而可延拓到代数闭包的完备化上，记为 $\mathbf{C}_p$. $\mathbf{C}_p$ 起到与 $\mathbf{C}$ 一样的作用.

在 $p$-adic 域中，$u \sim v$ 表示 $u/v$ 是一 $p$-adic 单位，我们知道

$$j \sim \frac{1}{q}, \Delta \sim q$$

除去素数 2，3，$\gamma_2$，$\gamma_3$ 则是 $p$-adic 单位. Tate 实际上还将方程更加规则化，从而分母中排除 2，3. 但我们这里不用此结果.

因此 $t \mapsto (X(t), Y(t))$ 给出

$$\text{同态 } \mathbf{C}_p^* \mapsto A(\mathbf{C}_p)\text{，诱导 } \mathbf{Q}_p^* \to A(\mathbf{Q}_p)$$

其核是 $q^z$. 同样，如果 $F$ 是 $\mathbf{Q}_p$ 在 $\mathbf{C}_p$ 中的有限扩张，我们有参数化 $F^*/q^z \to A(F)$. 于是我们得到在 $A(\mathbf{C}_p)$ 中 $A$ 的挠点的模型. 阶 $n$ 的点则由 $q^{1/n}$，$\zeta_n \pmod{q^{\mathbf{z}}}$ 生成的群参数化，其中 $q^{1/n}$ 是 $q$ 的任一 $n$ 次根，模去一 $n$ 次单位根是好定义的，而 $\zeta_n$ 是本原 $n$ 次单位根.

我们将证明只有有限个素数 $n$ 使得 $\mathbf{Q}$ 上椭圆曲线有阶 $n$ 的有理点，通过证明这些曲线的极小判别式只被有限个素数整除.

假设有理数域 $\mathbf{Q}$ 上椭圆曲线 $A$ 有一阶恰为 $n$ 的有理点 $P$，$n$ 为素数，对每个 $j$ 的分母的素因子 $p$，有 $p|$

$\Delta$,该点被 $q^{1/n}$ 或 $\zeta_n$ 表示. 若对应于 $q^{1/n}$,因为 $P \in A(\mathbf{Q}_p)$,则 $q^{1/n} \in \mathbf{Q}_p$,从而 $p^n \mid q=q_A$. 另一方面,若 $p$ 对应 $\zeta_n$. 令 $(P)$ 为由 $P$ 生成的循环群,令 $B=A/(P)$ 是商椭圆曲线,也定义在 $\mathbf{Q}$ 上,则有极小判别式 $\Delta_A$,$\Delta_B$,且由 $p$-adically Tate 参数化有两参数 $q_A$,$q_B$. 此时我们断言 $q_B = q_A^n$. 实际上,如同格的情形一样,$n$ 次幂映射给出同构

$$\mathbf{C}_p^* /(q,\zeta_n) \cong \mathbf{C}_p^{*n}/(q^n) = \mathbf{C}_p^* /(q^n)$$

而 $\mathbf{C}_p^* /(q,\zeta_n)$ 的“周期”群由 $q^n$ 生成,只要 $P$ 对应 $\zeta_n$(参见下面的注记). 因此 $q_B - q_A^n$,从而有 $p^n \mid q_B$. 在两种情形,均有

$$p^n \mid q_A q_B$$

利用极小判别式,则有

$$p^n \mid \Delta_A \Delta_B$$

但已知 $\Delta_A$,$\Delta_B$ 被相同的素数整除. 分别对 $\Delta_A$,$\Delta_B$ 应用施皮罗猜想,我们有

$$|\Delta_A \Delta_B| \ll N_0^s(\Delta_A) N_0^s(\Delta_B) = N_0^{2s}(\Delta)$$

若 $p_1,\cdots,p_r$ 是 $\Delta$ 的素因子,且不为 $n$,2,3,则有

$$(p_1 \cdots p_r)^n \ll (p_1 \cdots p_r)^{2s_n 2s}$$

从而给出 $n$ 的有效界. 除非没有素数 $p_1,\cdots,p_r$. 但在那种情形,$\Delta$ 反由 $n$ 整除(或由 2,3). 于是对 $n > 5$. 曲线 mod 5 有好的约化. 即,mod 5 约化诱导阶 $n$ 的点的同构,但这是不可能的. 因为对大的 $n$,$A(F_5)$ 的个数有界.

于是这些极小模型的判别式仅被有限个素数整除,最后可看出对一极小模型 $A$ 只有有限个值 $\Delta_A$. 因此只需证,对一固定 $\Delta$,方程

$$\Delta = 4\gamma_2^3 - 27\gamma_3^2$$

只有有限个提供极小模型的解$(\gamma_2,\gamma_3)$. 这是已知的，但为我们的目的，这也可由施皮罗猜想推出. 实际上，出现在$\gamma_2,\gamma_3$中公因子的素数的幂次由极小条件控制. 因此$\mathbf{Q}$上有极小方程的椭圆曲线的$\gcd(\gamma_2,\gamma_3)$有界. 而由广义施皮罗猜想，可知$|\gamma_2|,|\gamma_3|$有界，从而证明上述结论.

**注** 考虑$B=A/(P)$时的断言$q_B=q_A^n$，此时$P$对应一$n$次单位根. 读者可首先考虑复数情形. 假设椭圆曲线的格是$[\tau,1]$(即$\mathbf{Z}$上由$\tau,1$生成的群)，则$A(\mathbf{C})\approx\mathbf{C}/[\tau,1]$. 令$P$对应于$1/n$，则

$$A(\mathbf{C})/(P)\approx\mathbf{C}/[\tau,1/n]\approx\mathbf{C}/[n\tau,1]$$

其中第2个同构由乘法$n:\mathbf{C}\to\mathbf{C}$诱导. 通过指数化，我们看出在复情形，对应于$A/(P)$的"$q$"是$e^{2\pi i n\tau}$. 现在读者须接受$p$-adic 域上有相同的参数化理论，因此，以同样的方式，上述证明也成立.

同样的方法还可证明下述更一般的猜测：

设$F$是一数域，则有一正数$C$使得，对任一$F$上椭圆曲线$A$，无 CM，且存在$F$上伽罗瓦群不变下除$n$的循环子群，有$n\leqslant C$.

循环子群由一阶$n$的点$P$生成，且由假设，$F(P)$是伽罗瓦扩张，伽罗瓦群$G$有

$$\sigma P=\chi(\sigma)P,\sigma\in G$$

对其$\chi(\sigma)\in(\mathbf{Z}/n\mathbf{Z})^*$. $\chi$给出$G$在$(\mathbf{Z}/n\mathbf{Z})^*$中一个表示. 若$n$是素数，则特别有$G$与$n$互素.

为了利用同样的思路，我们需要半稳定性. 现在假设曲线是半稳定的，且为了简便，同上面一样设$F=\mathbf{Q}$. 我们知道$\Delta_A$的素因子也整除$j$的分母.

在证明的第一步，设$P$在 Tate 参数化下对应$q^{1/n}$，

注意到或者 $X^n-q$ 在 $\mathbf{Q}_p$ 上不可约或者在 $\mathbf{Q}_p$ 中有根.(利用域论的简单准则). 因此,若 $q$ 不是 $\mathbf{Q}_p$ 中 $n$ 次幂,则

$$\mathbf{Q}_p(q^{1/n})=\mathbf{Q}_p(P)$$

在 $\mathbf{Q}_p$ 上有次数 $n$. 因为伽罗瓦群的阶与 $n$ 互素,这是不可能的,所以 $q$ 是 $\mathbf{Q}_p$ 中 $n$ 次幂. 因此我们得到与上面同样的情形,而利用施皮罗猜想以及同样的证明可以得到 $n$ 有界.

但是,如果将关于充分高阶的有理点的假定换为伽罗瓦不变循环子群,还不清楚此时是否可归约为半稳定情形. 因此,此时,上述结论只适用于一串半稳定曲线.

(6) 椭圆曲线上高度. 设 $A$ 仍是有理数域上椭圆曲线,$\Delta_A$ 为其极小判别式. 令 $y^2=x^3-\gamma_2x-\gamma_3$ 是有整系数的极小方程,一个基本问题是作为 $\gamma_2,\gamma_2$ 函数的 $\mathbf{Z}$ 上整解 $x,y$ 的估计,并且估计有理解 $P$ 的高度 $h(x(P))$. 因为 $A(\mathbf{Q})$ 是有限生成,$A(\mathbf{Q})$ 模去挠群是一有限生成自由阿贝尔群. 估计这个群的自由生成元的高度的上界是一重要问题. 高度 $h(x(P))$ 有丰富的结构. 根据 Neron-Tate 的基本定理,在 $A(\mathbf{Q})$ 模去挠群上,有一正定二次型

$$h_A:A(\mathbf{Q})/A(\mathbf{Q})_{\text{tor}}\rightarrow\mathbf{R}$$

使得

$$h_A(P)=\frac{1}{2}h(x(P))+O(1)$$

在下节中,我们将叙述一关于高度的基本猜想. 这里我们将描述一些基本性质,这些性质对一些计算以及下节中猜想都将用到.

在前面，我们用到参数化函数($\gamma_2,\gamma_3,\Delta,j,x,y$)的一些明确公式. 现在我们利用类似的公式去表达高度，高度可表成和

$$h_A(P)=\sum_v \lambda_v(P)$$

其中 $\lambda_v$ 是 $A(\mathbf{Q}_v)$ 上可解析表达的函数(Neron 函数)，对每个绝对值 $v$，我们将分别描述这些函数. 作为记号对任何绝对值 $v$，定义

$$v(a)=-\log|a|_v$$

例如，若 $v$ 是 $p$-adic，则 $v(p^m)=m\log p$，从而 $v(a)$ 是 $a$ 在 $p$ 处的阶 $m$，乘以一正则化因子 $\log p$，而这些因子的作用是用来一起得到一整体的公式. 当 $a$ 逼近零时，我们将要求 $p$-adic 阶逼近 $\infty$，对无穷远处绝对值也有同样要求.

高度 $h_A$ 是一二次型. 但局部函数 $\lambda_v$ 不是二次的，它们可能有一多余的项. 但通过取遍所有 $v$ 上求和，这一项消失. 对椭圆曲线，Neron 函数的如下优美的刻画属于 Tate.

设 $F$ 是一 $p$-adic 域，或复数域. 设 $A$ 是 $F$ 上的椭圆曲线，则有唯一函数 $\lambda_v:A(F)-\{0\}\to\mathbf{R}$ 满足下述条件：

①$\lambda_v$ 连续且在 0 的任何邻域外有界；

② 令 $z$ 为 0 处局部参数，则在 0 的开邻域上有一有界连续函数 $a$ 使得对该邻域上任一点 $P\neq 0$，有

$$\lambda_v(P)=v(z(P))+a(P)$$

③ 对 $P,Q\in A(F)$ 使得 $P,Q,P\pm Q\neq 0$ 有

$$\lambda_v(P+Q)+\lambda_v(P-Q)=2\lambda_v(P)+2\lambda_v(Q)+v(x(P)-x(Q))-\frac{1}{6}v(\Delta)$$

若没有后两项,第 3 个关系将是定义一二次函数的关系. 涉及 $v(\Delta)$ 的最后常数是一正则项. 当整体利用 ③ 中关系时,利用乘积公式,后两项在所有 $v$ 上和消失. 只要 $x(P),x(Q)$ 是有理数,换句话说,在所有 $v$ 上求和可在有理点群上得到一个二次函数. 不难证明该函数是上述的二次高度.

为了估计下面的高度我们现在给出属于 Tate 的 Neron 函数 $\lambda_v$ 的显式公式. 在每种情形,均不难验证这些公式满足 ③ 而 ① 与 ② 则表明 Neron 函数在原点有对数奇点,而这些条件也可马上验证. 我们省略掉这些验证

$$v=v_\infty$$

在讨论椭圆曲线上挠点时,我们已注意到一复解析同构

$$\mathbf{C}/[\tau,1]\to A(\mathbf{C})$$

其中 $\tau$ 在上半平面上,$[\tau,1]$ 是 $\mathbf{Z}$ 上由 $\tau,1$ 生成的格. 我们可用 $\mathrm{SL}_2(\mathbf{Z})$ 中元素变换 $\tau$,特别,可使 $\tau$ 位于 $\mathrm{SL}_2(\mathbf{Z})$ 的标准基本区域中. 令 $q=q_\tau=\mathrm{e}^{2\pi\mathrm{i}\tau}$,则

$$\mathrm{Im}\,\tau\geqslant\frac{1}{2}\sqrt{3},\ |q_\tau|\leqslant\mathrm{e}^{-\pi\sqrt{3}}\qquad(*)$$

令 $u=u_1\tau+u_2\in\mathbf{C}(u_1,u_2\in\mathbf{R})$,令 $t=q_u=\mathrm{e}^{2\pi\mathrm{i}u}$ 是 $\mathbf{C}^*$ 中变元. 再令

$$g_0(t)=g_0(q,t)=(1-t)\prod_{n=1}^{\infty}(1-q^nt)(1-q^n/t)$$

则得到关于 $g_0$ 的函数方程,即

$$g_0(q,t)=-t^{-1}g_0(t)=g_0(t^{-1})$$

令 $B_2$ 为 2 阶伯努利(Bernoulli) 多项式

$$B_2(T)=T^2-T+\frac{1}{6}$$

我们定义 Neron 函数

$$\lambda_v(u,t)=\frac{1}{2}B_2(u_1)v(q)+v(g_0(q_u))$$

$$=\frac{1}{2}B_2(u_1)v(q)+v(g_0(t))$$

由函数方程易得，$\lambda_v(u,\tau)$ 关于 $u$ 是偶的，即

$$\lambda_v(-u,\tau)=\lambda_v(u,\tau)$$

而涉及 $B_2$ 项的用途在于使 $\lambda_v(u,\tau)$ 有周期 $1,\tau$. 这也可由 $g_0$ 的函数方程直接推出. 由定义，除去格点处有对数奇点外，$\lambda_v$ 是实解析.

**命题 1** 对 $v=v_\infty$，有常数 $C_\infty>0$ 使得对 $\mathrm{Im}\,\tau>\sqrt{3}/2$，$|u_1|<1/6$，有

$$\lambda_v(u,\tau)\geqslant -C_\infty$$

**证明** 由周期性以及 $\lambda_v(u,\tau)$ 关于 $u$ 的偶性. 我们只需对满足下面条件

$$0\leqslant u_1\leqslant 1/2$$

从而

$$|q^{1/2}|\leqslant|q_v|\leqslant 1,\ |q^{1/2}/q_v|\leqslant 1 \quad (**)$$

的 $u$ 验证. 此时 Neron 函数有值

$$\lambda_v(u,\tau)=-\frac{1}{2}B_2(u_1)\log|q|-\log|1-q_u|-O(1)$$

且容易计算 $O(1)$ 的明显值，且不依赖于 $u,\tau$. 实际上，对 $n\geqslant 1$，有估计

$$|q^n q_u|\leqslant \mathrm{e}^{-n\pi\sqrt{3}/2}$$

及

$$|q^n/q_u|=|q^{n-1/2}q^{1/2}/q_u|\leqslant|q^{n-1/2}|\leqslant \mathrm{e}^{-(n-1/2)\pi\sqrt{3}/2}$$

这些不等式表明 $-O(1)$ 不依赖于 $u,\tau$. 此外，可取 $|u_1|\leqslant 1/6$ 使得 $B_2(u_1)\geqslant 0$. 从而项 $-B_2(u_1)\cdot\log|q|\geqslant 0$（因为 $|q|\leqslant 1$）. 最后 $|q_u|\leqslant 1$，因此

$$\log|1-q_u|\leqslant\log 2$$

于是由命题 1 中对 $\lambda_v(u,\tau)$ 的一致下界马上可得：

我们有解析同构

$$\mathbf{C}/[\tau,1]\approx A(\mathbf{C}),u\mapsto P_u$$

记 $u=u(P)$. $\lambda_v(u,\tau)$ 关于 $u$ 是周期的. 我们可用它定义相对于 $u$ 的有理点 $P$ 的高度的 $v$- 分量

$$\lambda_v(P)=\lambda_v(u(P),\tau)$$

命题1可重新叙述为如果 $P$ 充分接近于原点,$\lambda_v(P)$ 有命题 1 中所述的一致下界.

我们将应用到逼近原点的 $P$ 的倍数上,从而可给出无穷远处高度的分量的下界.

**命题2**　设 $C_\infty$ 为命题1中的常数. 设 $A$ 是 $\mathbf{Q}$ 上椭圆曲线,且 $P\in A(\mathbf{Q})$. 给定一整数 $M\geqslant 1$,则有整数 $b$ 满足 $1\leqslant b\leqslant 6M$ 使得对 $v=v_\infty$,有

$$\lambda_v(mbP)\geqslant -C_\infty\quad(1\leqslant m\leqslant M)$$

**证明**　由 $\mathbf{Q}\mapsto u_1(\mathbf{Q})(\bmod\ \mathbf{Z})$ 定义一同态. $A(\mathbf{Q})\to\mathbf{R}/\mathbf{Z}$. 设 $n$ 是适当大的整数. 将 $\mathbf{R}/\mathbf{Z}$ 分成长度 $1/n$ 的 $n$ 个小区间. 点 $P$ 的倍数 $0,P,2P,\cdots,nP$ 映到 $\mathbf{R}/\mathbf{Z}$ 中$n+1$个点. 因此有两整数$0\leqslant n_1<n_2\leqslant n$使得 $n_1P$, $n_2P$ 位于同样的小区间中. 令 $b=n_2-n_1$,则 $0<b\leqslant n$,且 $bP$ 位于含原点的小区间中,因而

$$|u_1(bP)|\leqslant\frac{1}{n}$$

且

$$|u_1(mbP)|\leqslant\frac{M}{n}\quad(1\leqslant m\leqslant M)$$

因此,令 $n=6M$,得到 $|u_1(mbP)|\leqslant 1/6$. 利用命题 1 即完成证明.

我们将接着讨论相关于素数的绝对值,此时,根据

$j$ 是否是 $p$- 整数分成两种情况. $v=v_p$, $p$ 是素数, $j$ 是 $p$- 整数.

给定一素数 $p$,可归约 mod $p$ 椭圆曲线的极小方程. 因而归约方程定义一可能可约的曲线,叫纤维. 原来椭圆曲线上群律导出纤维上非奇异点集上群律.

**命题** 3　令 $v=v_p$,则对任意 mod $p$ 归约是非奇异的点 $p$,Neron 函数定义为

$$\begin{aligned}\lambda_v(P)&=\frac{1}{2}\max\{0,\log|x(P)|_v\}+\frac{1}{12}v(\Delta)\\&\geqslant\frac{1}{12}v(\Delta)\end{aligned}$$

该命题的证明本质上是乏味的计算,例如,对标准魏尔斯特拉斯方程时.

下述结论对了解一点如何在纤维上有奇异归约是根本的.

**命题** 4　假设我们涉及极小模型, $j$ 是 $p$- 整数. 则

① 对任何点 $P\in A(F)$,点 $12P$ 在纤维上有非奇异归约.

② 进一步,对任何正整数 $m$,有 $\lambda_v(12mP)\geqslant\frac{1}{12}v(\Delta)$.

**证明**　利用所有可能的退化情形的 Neron-Kodaira 分类,通过计算可证明第一个断言. 要想用理论型的论断代替这些计算则需要非常多而深刻的工具. 第 2 个断言则来自命题 3 的应用.

为了我们的目的,因子 12 并不重要,重要的是有普适的整数能够对一点得到一个归为纤维上非奇异部分的倍数.

$v=v_p$, $p$ 是素数, $j$ 不是 $p$- 整数.

最后,我们将对 $p$ 整除 $j$ 的分母,即 $j$ 不是 $p$- 整数的情形给出对 $v_p$ 的 Neron 函数的描述.这是复情形的 $p$-adic 类比,类似用同样的公式,我们用 Tatc 曲线.

设 $C_p$ 是 $\mathbf{Q}_p$ 的代数闭包的完备化. $t$ 是 $C_p^*$ 中变元,定义

$$g_0(t)=(1-t)\prod_{n=1}^{\infty}(1-q^n t)(1-q^n/t)$$

函数方程是形式的.仍有

$$g_0(qt)=g_0(t^{-1})=-t^{-1}g_0(t)$$

对一切 $t\in C_p^*$ 成立,定义

$$u(t)=\frac{v(t)}{v(q)}=\frac{\mathrm{ord}_p t}{\mathrm{ord}_p q}$$

**命题** 5　设 $p$ 整除 $j$ 的分母. $P_t$ 是 $t$ 在 Tate 参数化下在 $A(C_p)$ 中的像,则

$$\lambda_v(P_t)=v(g_0(t))+\frac{1}{2}B_2(u(t))v(q)$$

现在我们看到与复情形的类似.由 $g_0$ 的函数方程我们仍得到 $\lambda_v(P_t)$ 是有周期 $q$ 的周期函数.从而定义在椭圆曲线上.

现在设 $F$ 是 $\mathbf{Q}_p$ 在 $C_p$ 中有限扩张.设 $q\in F^*$,对 $t\in F^*$ 我们可找一 $\bmod q^z$ 代表元.记作 $t_p$.且由下述条件唯一决定

$$0\leqslant u(t)<1\quad\text{或等价地}\quad |q|_v<|t|_v\leqslant 1$$

对这样的代表元.由 $g_0$ 的公式可知 $v(g_0(t_p))\geqslant 0$.因此可定义周期函数

$$B:\mathbf{R}/\mathbf{Z}\to\mathbf{R},B(u)=B_2(u)\quad(0\leqslant u\leqslant 1)$$

且 $B$ 可周期延拓到 $\mathbf{R}$ 上.记为

$$B(u)=\{u\}^2-\{u\}+\frac{1}{6}$$

其中$\{u\}$是$u$的分式部分. 我们有:

**命题 6** 设$p$整除$j$的分母,$v=v_p$,则

$$\lambda_v(P)\geqslant\frac{1}{2}B(u(t_p))v(q)$$

对可归约为非奇异点的点的高度,命题 4 给出一个很好的公式,同样,我们仍然有相应的准则去应用命题 6. 实际上,若$u(t_p)=0$,则有一简单不等式

$$\lambda_v(P)\geqslant\frac{1}{12}v(q)=\frac{1}{12}v(\Delta)$$

同命题 3 一样. 而若$P$是$A(\mathbf{Q}_p)$中任一点. 令

$$b=\mathrm{ord}_p(q)=\mathrm{ord}_p(\Delta)$$

则由定义,$t_P^b\in q^{\mathbf{z}}$,因而$t_{bP}$是$p$-adic 单位,从而$u(t_{bP})=0$. 综合以上命题 4 与命题 6,有:

**命题 7** 给一正整数$n_0$,有整数$b>0$满足下述性质:对$\mathbf{Q}$上任意椭圆曲线$A$,以及非挠有理点$P\in A(\mathbf{Q})$,若$v=v_p$满足$j$是$p$- 整数或$\mathrm{ord}_p(\Delta)\leqslant n_0$,则

$$\lambda_v(bP)\geqslant\frac{1}{12}v(\Delta)$$

(7) 施皮罗猜想蕴含极小高度猜想. 设$A$是$\mathbf{Q}$上椭圆曲线,$h_A$为 Neron-Tate 高度. 可以猜想此高度满足下述极小条件. 令$\Delta_A$为极小判别式.

存在常象$C_{\mathbf{Q}}$和$C'_{\mathbf{Q}}>0$使得对任何$\mathbf{Q}$上椭圆曲线$A$以及非挠点$P\in A(\mathbf{Q})$,有

$$h_A(P)\geqslant C_{\mathbf{Q}}\log|\Delta_A|-C'_{\mathbf{Q}}$$

注意到对一整数$\Delta\neq0$只有$\mathbf{Q}$上有限个椭圆曲线其极小判别式是$\Delta$. 因而在上述不等式中$C'_{\mathbf{Q}}$并非是很必要的. 因为对充分大的$\log|\Delta_A|$,右边$\geqslant C''_{\mathbf{Q}}\log|\Delta_A|$,对某$C''_{\mathbf{Q}}>0$,而通过选取充分大的$\log|\Delta_A|$,仅省略掉有限个值$h_A(P)$. 因此通过适当

缩小常数 $C_{\mathbf{Q}}$. 我们可得一没有 $C'_{\mathbf{Q}}$ 的不等式.

另外,对 $A(\mathbf{Q})/A(\mathbf{Q})_{\text{tor}}$ 的适当自由生成元我们曾猜测其高度的上界,而且可证明这两个猜想并非不相关的:下界猜想被用来启发上界猜想并提供证明它的若干部分本质的想法如下. 设 $\langle,\rangle$ 是给出 $h_A$ 的对称线性形式. 由 $L$- 函数的考虑,对 $A(\mathbf{Q})$ 模去挠的一组基,有行列式 $\det\langle P_i, P_j\rangle$ 的猜想的界. 又可以构造一组基 $\{P_1,\cdots,P_r\}$,叫"几乎"正交基."几乎"是因为在 $\mathbf{Z}$ 上,而非 $\mathbf{R}$ 上其精确的定义利用高度的大小排序,如

$$h_A(P_1)\leqslant\cdots\leqslant h_A(P_r)$$

因而对乘积 $h_A(P_1)\cdots h_A(P_r)$ 有一猜想的上界. 为了证明 $h_A(P_r)$ 本身的上界猜想, 我们可除 $h_A(P_1)\cdots h_A(P_{r-1})$,而这则需要 $h_A(P_1)$ 的下界.

Marc Hindry 与我分别独立看出施皮罗猜测应该蕴含上述极小高度猜想. 并且由 Hindry-Silverman 证明,我将在这一节给出他们的证明.

首先,Silverman 已经对整数 $j$- 不变量情形证明了我的猜想,因而问题变成如何使他的论断适用于非整情形.

同上,设 $s$ 是施皮罗指数,于是有

$$|\Delta|\leqslant N_0(\Delta)^s$$

除去有限个我们忽略的椭圆曲线. 我们还设椭圆曲线已是极小模型,从而 $\Delta$ 是极小判别式.

在下述证明中,为方便起见我们分解

$$\Delta=\Delta_1\Delta_2$$

其中,$\Delta_1$ 是指数小于 $2s$ 的素幂次的乘积,$\Delta_2$ 是指数大于等于 $2s$ 的素幂次的乘积. 则

$$\log|\Delta_1|\geqslant\frac{1}{2s}\log|\Delta| \qquad (*)$$

原因如下：$N_0(\Delta_2)\leqslant\Delta_2^{1/2s}$，于是

$$|\Delta|\leqslant N_0^s(\Delta)\leqslant|\Delta_1|^sN_0^s(\Delta_2)\leqslant|\Delta_1|^s|\Delta_2|^{1/2}$$

将 $\Delta_2=\Delta/\Delta_1$ 带进去，则得上式.

在扩展 Silverman 的证明中 $\Delta_2$ 的素因子是关键. 为了消除有伯努利函数的项在高度中影响，Hindry-Silverman 基于一简单的分析不等式，利用一平均技巧. 同上述. 令 $B$ 为由伯努利多项式 $B_2$ 得到的周期函数.

**引理 1** 对任何 $u\in\mathbf{R}/\mathbf{Z}$，任何正整数 $M$，有

$$\sum_{m=1}^{M}\left(1-\frac{m}{M+1}\right)\boldsymbol{B}(mu)\geqslant-\frac{1}{12}$$

**证明** 有傅里叶展开

$$B(u)=\frac{1}{2\pi^2}\sum_{n\neq0}\frac{1}{n^2}\mathrm{e}^{2\pi inu}$$

但是

$$\frac{1}{M+1}\left(\sum_{n=1}^{M+1}z^n\right)\left(\sum_{k=1}^{M+1}z^{-k}\right)=\sum_{m=1}^{M+1}\left(1-\frac{m}{M+1}\right)(z^m+z^{-m})+1$$

因此

$$\begin{aligned}&\sum_{m=1}^{M}\left(1-\frac{m}{M+1}\right)B(mu)\\&=\frac{1}{2\pi^2}\sum_{m=1}^{M}\sum_{n=1}^{\infty}\left(1-\frac{m}{M+1}\right)\frac{1}{n^2}(\mathrm{e}^{2\pi inmu}+\mathrm{e}^{-2\pi inmu})\\&=\frac{1}{2\pi^2}\sum_{n=1}^{\infty}\frac{1}{n^2}\left(\frac{1}{M+1}\left|\sum_{m=1}^{M+1}\mathrm{e}^{2\pi imnu}\right|^2-1\right)\\&\geqslant-\frac{1}{2\pi^2}\zeta(2)=-\frac{1}{12}\end{aligned}$$

Hindry-Silverman将此引理看作由Blanksby-

Montgomery 给出的傅里叶变换不等式. 上述引理及证明曾被 Elkies 用来估计黎曼流形上格林(Green) 函数.

引理 1 的作用在于具有适当正系数 $B(mu)$ 的线性组合可一致估计下界,而这些系数的和趋于 $\infty$. 至于具体什么系数对下面的应用是不重要的.

下面我们证施皮罗猜想蕴含极小高度猜测. 首先,取 $n_0=25$. 可利用命题 7. 因为对 $P\in A(\mathbf{Q})$,有

$$h_A(bP)=b^2h_A(P)$$

从而只需对所有满足 $p\mid\Delta_1$ 的 $v=v_p$ 以及满足

$$\lambda_v(P)\geqslant\frac{1}{12}v(\Delta_1)$$

的点 $P$ 证明下界猜测. 现在我们假设 $P$ 满足该条件. 取 $M$ 充分大(作为 $s$ 的函数),例如,可取 $M=4s$. 令

$$c_m=1-\frac{m}{M+1}$$

因而

$$\sum_{m=1}^{M}c_m=\frac{M}{2},C_M=\sum_{m=1}^{M}c_m m^2$$

取命题 2 中 $b$,则

$$\begin{aligned}C_Mb^2h_A(P)&=\sum_{m=1}^{M}c_m m^2b^2h_A(P)\\&=\sum_{m=1}^{M}c_m h_A(mbP)\\&=\sum_{v}\sum_{m=1}^{M}c_m\lambda_v(mbP)\end{aligned}$$

我们将对每个 $v$ 给出 $v$- 分量 $\sum c_m\lambda_v(mbP)$ 的下界. 将 $v$ 分成如下 4 种情形

$$v=v_\infty$$

$$v=v_p, p\nmid\Delta$$

$$v=v_p, p\mid\Delta_1$$

$$v=v_p, p\mid\Delta_2$$

我们注意对任何非零整数 $d$ 有

$$\sum_{p\mid d}v_p(d)=\log|d|$$

若 $v=v_\infty$，则应用命题 2 以及其中 $b$，知 $v$- 分量 $\geqslant -MC_\infty$. 若 $v=v_p, p\nmid\Delta$，则由命题 3 知 $v$- 分量大于等于 0. 因此对 $p\mid\Delta_2$ 应用命题 6 和引理 1，对 $p\mid\Delta$，应用命题 7 有

$$\begin{aligned}C_Mb^2h_A(P)&\geqslant -MC_\infty+\frac{1}{12}\frac{M}{2}\log|\Delta_1|-\frac{1}{24}\log|\Delta_2|\\&\geqslant -MC_\infty+\frac{1}{48s}M\log|\Delta|-\frac{1}{24}\log|\Delta|\end{aligned}$$

(利用式(*)以及 $|\Delta_2|\leqslant|\Delta|$). 现在取 $M=4s$，则

$$\text{右边}\geqslant -4sC_\infty+\frac{1}{24}\log|\Delta|$$

从而完成证明.

# 泰希米勒空间及其应用

## 第4章

在望月新一的新体系中，泰希米勒空间是一个重要基础.

泰希米勒(Teichmuller Oswald)是德国数学家，生于哈尔兹的诺德豪森，1931年进入哥廷根大学学习，1935年毕业前作为哈塞(Hasse)的助手留校一年，后来转到柏林大学，1939年获讲师资格，不久应征入伍，1943年在战场上失踪.

泰希米勒有着十分独特的数学思想，他主要的研究领域是函数论，创立了拟共形映射的“泰希米勒空间”理论，该理论不仅扩展了复变函数研究领域，并且在代数几何、拓扑几何以及多复变函数研究中有重要应用，泰希米勒对代数和泛函也有研究，他的全部34篇论文由L. V. 阿尔弗斯(L. V. Ahlfors)等整

理汇编成论文集，于 1982 年出版.(关于他的更多介绍可见《数学译林》,1989,8(4))

## §1 泰希米勒空间介绍

闵嗣鹤教授自 1958 年至 1962 年在北京大学主持“广义解析函数”讨论班并讲授这方面课程. 在他的指导下，北京大学的李忠教授开始了有关广义解析函数及拟共形映射的研究工作，在纪念闵嗣鹤教授的会上，他介绍了有关泰希米勒空间的研究，以纪念其导师——闵嗣鹤教授!

### 1. 从黎曼曲面的模问题说起

大家知道，一个黎曼曲面实际上就是一个连通的一维复流形，也就是说在它上面除了有 $C^{\infty}$ 光滑结构之外，还有保角结构(即复解析结构). 这样我们可以谈论黎曼曲面上的解析函数或半纯函数，也可以谈论两个黎曼曲面间的共形映射.

两个黎曼曲面的拓扑等价性并不意味着它们共形等价，最为明显的例子是，由熟知的刘维尔(Liouville)定理可以推知，单位圆不能共形等价于复平面 **C**，类似地可以推出，长与宽之比不同的两个矩形不能共形等价，内径与外径之比不同的两个环域不能共形等价.

以上是一些平面区域的例子，下面考虑曲面的情形，设 $\omega_1$ 与 $\omega_2$ 是两个任意复数，且满足条件 $I_m(\omega_1/\omega_2)>0$. 假定 $\Lambda$ 是 $\omega_1$ 与 $\omega_2$ 所生成的格群

$$\Lambda=\{n\omega_1+m\omega_2:n,m\in \mathbf{Z}\}$$

那么商空间 $\mathbf{C}/\Lambda$ 是一个环面，并从 $\mathbf{C}$ 上继承了自然复结构，从而也是一个黎曼曲面. 尽管任意两个环面都是拓扑等价的，但是却不一定是共形等价的；也就是说，环面作为黎曼曲面有“胖”与“瘦”之分.

记 $T_\tau = \mathbf{C}/\Lambda_\tau$，其中

$$\Lambda_\tau = \{n\tau + m : n, m \in \mathbf{Z}\}, I_m \tau > 0$$

任意给定两个复数 $\tau_1$ 及 $\tau_2$，$I_m \tau_j > 0 (j = 1, 2)$. 环面 $T_{\tau_1}$ 与 $T_{\tau_2}$ 共形等价，当且仅当

$$\tau_2 = \frac{\alpha\tau_1 + \beta}{\gamma\tau_1 + \delta}, \alpha, \beta, \gamma, \delta \in \mathbf{Z}, \alpha\delta - \beta\gamma = 1$$

这也就是说，$T_{\tau_1}$ 与 $T_{\tau_2}$ 共形等价的充要条件是 $\tau_1$ 与 $\tau_2$ 相差一个模变换.

对于一般亏格为 $g$ 的紧曲面，我们可以把它看成是球面上带有 $g$ 个环柄. 很容易想象，两个亏格相同的黎曼曲面，并不一定共形等价.

亏格为 $g(g \geqslant 0)$ 的紧黎曼曲面的共形等价类所组成的集合被记作 $R_a$，有时也被称作黎曼模空间.

根据单值化定理，任何亏格为零的紧黎曼曲面都共形等价于 $\hat{C} = \mathbf{C} \cup \{\infty\}$，即黎曼球面. 因此，$R_0$ 中只有一个元素.

现在考察 $g = 1$ 的情况. 由黎曼曲面的理论可知，任何一个亏格为 1 的黎曼曲面均共形等价于某个 $T_\tau = \mathbf{C}/\Lambda_\tau$，其中 $I_m \tau > 0$. 上面的讨论又告诉我们，全体 $T_\tau$ 的共形等价类集合恰好可 $\mathbf{H}/Mod$ 代表，其中 $\mathbf{H}$ 表示上半平面，而 $Mod$ 表示模变换群

$$Mod = \left\{ \begin{pmatrix} \alpha & \beta \\ \gamma & \delta \end{pmatrix}, \alpha\delta - \beta\gamma = 1; \alpha, \beta, \gamma, \delta \in \mathbf{Z} \right\}$$

我们知道，$Mod$ 的基本域如图 1 所示（阴影部分），

故 $g=1$ 时黎曼的模空间可由这个基本域作为模型.

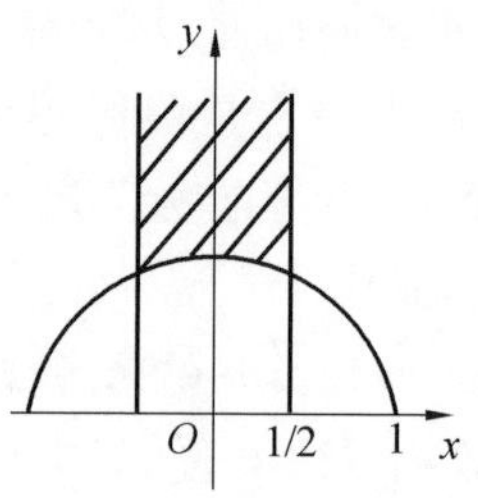


图 1

当 $g>1$ 时,$R_g$ 要由多少参数来描述呢?这就是著名的黎曼曲面的模问题,通常把描述 $R_g$ 中的点的参数,称为它所表示的黎曼曲面的模.

1857 年,黎曼曾指出可以由 $3g-3$ 个复参数(这里 $g>1$)全纯地描述.

黎曼根据什么事实作出如此猜测现在不得而知,一种并不严格的解释可以这样给出:

设 $M$ 是一个黎曼曲面,其亏格为 $g(g>1)$. 这时 $M$ 的万有覆盖 $\hat{M}$ 共形等价于上半平面 $\mathbf{H}$,我们不妨取 $\hat{M}$ 就是 $\mathbf{H}$. 这时 $M$ 共形等价于 $\mathbf{H}/G$,其中 $G$ 是覆盖变换群. 由 $G$ 中元素的共形性及保持 $\mathbf{H}$ 不变,可知 $G$ 的每个元素都是一个实系数的分式线性变换. 再注意到 $G$ 同构于 $M$ 的基本群 $\pi_1(m)$,而 $\pi_1(m)$ 是由 $2g$ 个元素 $a_1,b_1,\cdots,a_g,b_g$ 生成的(如图 2 所示),其中 $a_1b_1a_1^{-1}\cdots a_gb_ga_g^{-1}b_g^{-1}$ 同伦于 1,这样在群 $G$ 中有对应的元素 $\alpha_1,\beta_1,\cdots,\alpha_g,\beta_g$,它们生成了 $G$,且有

$$\alpha_1\beta_1\alpha_1^{-1}\beta_1^{-1}\cdots\alpha_g\beta_g\alpha_g^{-1}\beta_g^{-1}=I \tag{1}$$

我们可将 $G$ 视作 $PSL(2,\mathbf{R})$ 的子群,每个元素由三个实参数确定,$2g$ 个生成元有 $6g$ 个实参数,而条件(1)

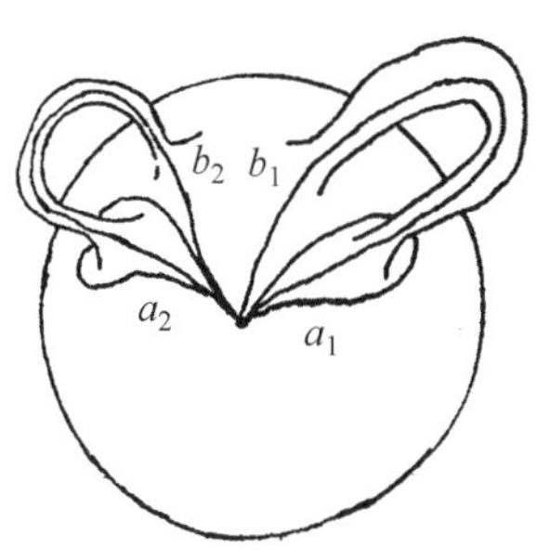


图 2

意味着 3 个独立方程，故群 $G$ 有 $6g-3$ 个实参数. 然而，$G$ 允许作一个关于保持 **H** 不变的分式线性变换的共轭，于是使 $G$ 规范化还要再减少 3 个参数，这样刻画 $M$ 共要 $6g-6$ 个实参数.

第一个按照上述想法试图解决模问题的是 Fricke，然而他的论文有许多不清楚的地方，以致不能认为说明了问题.

在结束本节时，我们提醒读者，在单复变的经典理论中关于矩形（或一般拓扑四边形）的模，以及关于环域（或一般二连通域）的模的讨论，实际就是关于平面某类区域共形等价类的参数化，这和我们这里要把紧黎曼曲面的共形等价类参数化是一致的.

### 2. 泰希米勒的贡献

第一个对黎曼曲面模问题做出突破性贡献的是泰希米勒. 他的贡献之所以能够得出，其中一个关键步骤是他不直接对模空间 $R_g$ 进行参数化，而是引入 $R_g$ 的一个覆盖空间，并对它进行参数化. 这时覆盖空间就称为泰希米勒空间.

现在，我们给出它的定义.

取定一个亏格为 $g(g>1)$ 的可定向的 $C^{\infty}$—2 维实流形. 这时,任意一个亏格为 $g$ 的黎曼曲面 $M$ 总可以通过一个同胚 $f:M_0\to M$ 将 $M$ 的复解析结构拉到 $M_0$ 上,使得 $f$ 在这个复结构下是共形映射. 因此,我们考虑 $M_0$ 上的全体复结构就足够了. 记 $M_0$ 上的全体复结构的集合为 $\mathscr{M}$. 对于任意一个 $\mu\in\mathscr{M}$,我们将 $\mu$ 在 $M_0$ 上所形成的黎曼曲面记作 $M_\mu$,又记 $M_0$ 上的保向自同胚群为 $Hom^+(M_0)$. 对于任意一个 $\mu\in\mathscr{M}$ 及 $\sigma\in Hom^+(M_0)$,若 $v\in\mathscr{M}$ 使得 $\sigma:M_\nu\to M_\mu$ 是共形映射,则记 $\nu=\sigma(\mu)$. 这样的 $\nu$ 事实上总是存在的,$v$ 是 $M_\mu$ 根据 $\sigma$ 拉回到 $M_0$ 上的复结构,很容易看出 $R_g$ 实质上就是 $\mathscr{M}/Hom^+(M_0)$.

若记 $Hom_0{}^+(M_0)$ 表示 $Hom^+(M_0)$ 中那些同伦于恒同映射的元素所组成的子群,那么

$$\mathscr{M}/Hom_0^+(M_0)$$

就是要定义的泰希米勒空间 $T_g$. 换句话说,泰希米勒空间是一个 $M_0$ 上的复结构的某种等价关系的等价类集合,这里说 $\mu$ 等价于 $\nu$,当且仅当存在一个同伦于恒同映射的 $M_0$ 的自同胚 $\sigma$,使得 $\nu$ 是根据 $\sigma$ 将 $M_\mu$ 拉回到 $M_0$ 上的复结构.

今后我们将 $T_g$ 空间中的点记为 $[\mu]$,即以 $\mu$ 为代表的等价类,并在 $T_g$ 空间中定义下述变换

$$\sigma^*:T_g\mapsto T_g,[\mu]\mapsto[\sigma^{-1}(\mu)]$$

其中 $\sigma$ 是 $Hom^+(M_0)$ 中的任意一个元素,全体这样的变换 $\sigma^*$ 组成的群被称为模群,记为 $Mod_g$. 显然,我们有关系式

$$R_g=T_g/Mod_g$$

粗略地说,模群 $Mod_g$ 就是 $M_0$ 上的映射类群.

黎曼曲面论中著名的赫尔维茨(Hurwitz)定理断言,紧黎曼曲面的自同构群是有限群. 这一定理可以推出 $Mod_g$ 在 $T_g$ 上的作用是间断的,因此,给出了 $T_g$ 的参数化也就得到了 $R_g$ 的局部参数化.

泰希米勒的另一重大贡献是把黎曼曲面的模问题与拟共形映射联系起来. 黎曼曲面的模问题是经典解析理论中的问题,从表面上看,它与拟共形映射没有什么联系. 由于泰希米勒的工作使人们看清了它们之间的必然联系. 其实道理也很简单,对于黎曼曲面而言,共形映射的概念只能判断两个黎曼曲面是否共形等价,而对于不在同一等价类的两个黎曼曲面,它就失去了任何效用. 人们自然希望有一种比共形映射广泛而又紧密,且与复结构相关的映射,用以描述两个不共形等价的黎曼曲面之间的联系,这就是拟共形映射.

设 $f:M\to N$ 是黎曼曲面 $M$ 到 $N$ 的一个保向同胚,又设在 $M$ 上给定一个黎曼度量

$$ds^2=E\mathrm{d}x^2+2F\mathrm{d}x\mathrm{d}y+G\mathrm{d}y^2\quad(E>0)$$

这里 $z=x+\mathrm{i}y$ 是 $M$ 的局部参数. 如果 $M$ 在这个度量下,而 $N$ 在原有复结构下,$f$ 是保角的,那么 $f$ 就称为是拟共形的. 这里我们对于度量 $ds^2$ 要求,它所定义的角度与原来复结构下的角度之比有一个公共的上界. 更确切地说,要求存在一个正的实数 $\Delta_0$ 使得

$$EG-F^2\geqslant\Delta_0>0\tag{2}$$

对于亏格相同的两个紧黎曼曲面,任意给定的一个同胚的同伦类中都存在一个拟共形映射.

上述的黎曼度量 $ds^2=E\mathrm{d}x^2+2F\mathrm{d}x\mathrm{d}y+G\mathrm{d}y^2$ 可以写成复形式

$$ds^2=\rho\,|\,\mathrm{d}z+\mu\mathrm{d}\bar{z}\,|^2\quad(\rho>0)$$

这里条件(2)相应变成为

$$|\mu| \leqslant k_0 < 1$$

拟共形映射 $f:M \to N$ 借助于局部参数表示时 $\mu = \partial_{\bar{z}} f / \partial_z f$. 容易看出,量 $|\mu|$ 是与局部参数无关的,我们定义 $f$ 的最大伸缩商为

$$K[f] = \sup_M \frac{1+|\mu|}{1-|\mu|}$$

泰希米勒利用拟共形映射最大伸缩商的概念对 $T_g$ 空间引入了度量

$$\mathrm{d}_T([\mu_1],[\mu_2]) = \log\inf\{K[f]: f \in Hom_0^+(M_0),\ f: M_{\mu_1} \to M_{\mu_2}\quad \text{q. c. 映射}\}$$

其中 q. c. 映射是拟共形映射的缩写. 他证明了在这个度量下,$T_g$ 同胚于 $\mathbf{R}^{6g-6}$ 中的单位球,并证明了这个度量是一完备度量.

在泰希米勒的讨论中,起着重要作用的是有关共形映射的极值问题的讨论.

设$M$与$N$是两个亏格都是$g(g>1)$的黎曼曲面,又设 $f_0:M \to N$ 是给定的一个同胚,我们要问是否存在一个拟共形映射 $f$,同伦于 $f_0$ 且使其极大伸缩商 $K[f]$ 达到最小? 这样的映射是否唯一? 有怎样的特征?

极值映射的存在性是容易证实的,它归结为拟共形映射族的紧性,为了回答后面两个问题,泰希米勒引进了二次微分并研究了它所诱导的度量下的几何. 所谓二次微分是黎曼曲面上的不变微分形式 $\varphi \mathrm{d}z^2 = \varphi \mathrm{d}z \otimes \mathrm{d}z$,其中 $\varphi$ 是全纯的. 每一个这样的微分都在黎曼曲面给出了一个有奇性的黎曼度量 $\mathrm{d}s^2 = |\varphi| \cdot |\mathrm{d}z|^2$. 在这个度量下,测地线是 $\arg \varphi \mathrm{d}z^2 = \mathrm{const}$ 的

曲线. 特别地，$\arg \varphi dz^2 = 0$ 的线被称为水平轨线，而 $\arg \varphi dz^2 = \pi$ 的线被称为垂直轨线，在黎曼曲面上给定一这样的二次微分之后，就在黎曼曲面上、它的水平轨线及垂直轨线形成两个相互正交的叶状带构.

泰希米勒证明了上述极值问题的解对应 $M$ 与 $N$ 上的两个全纯二次微分，极值映射将 $M$ 上的二次微分的水平(垂直) 轨线对应于 $N$ 上的二次微分的水平(垂直) 轨线，在水平方向上是拉长，而在垂直方向是压缩. 这样的二次微分除去相关一个正实数倍外唯一的.

黎曼－罗赫(Roch) 定理告诉我们，亏格为 $g(g>1)$ 的紧黎曼曲面上全纯二次微分组成一个 $3g-3$ 维的复线性空间. 这恰好与泰希米勒空间维数相同，有了泰希米勒关于上述极值问题的研究，这一点就不奇怪了.

### 3. 泰希米勒理论的发展

泰希米勒的主要研究成果发表于 20 世纪 30 年代末及 40 年代. 由于种种原因，在当时并未得到普遍重视与承认. 这种情况一直延续到 20 世纪 50 年代初，阿尔弗斯在 *Jerusalem Journal d'Analyse* 上发表了他的重要文章之后，才引起人们对泰希米勒的工作的广泛注意与重新研究. 在阿尔弗斯及 Bers 的带动下，泰希米勒空间的理论大大深入发展了.

首先，阿尔弗斯借助于黎曼曲面的全纯的阿贝尔微分的周期矩阵给出了泰希米勒空间的自然复结构. 这里所谓自然复结构是指这种复结构并不依赖于泰希米勒空间的参考黎曼曲面之选取；换句话说，在这种复结构下，模群 $Mod_g$ 中的任何一个模变换都是全纯映射，这里，阿尔弗斯的结果再加上模群之间断性即推出

$R_g = T_g / Mod_g$ 是一个复解析空间. 遗憾的是, $R_g$ 并不是一个 $3g-3$ 维复流形.

阿尔弗斯的结果只说明了泰希米勒空间可以做成一个自然的复流形. Bers 完全利用拟共形映射的方法,借助于施瓦兹(Schwarz) 导数的概念,把泰希米勒空间 $T_g$ 全纯嵌入到了 $\mathbf{C}^{3g-3}$ 中成为一个有界域,这就是所谓 Bers 嵌入定理. Bers 嵌入中的方法及其结果为泰希米勒空间的复解析理论的发展,奠定了重要基础.

现在,我们已经知道, $T_g$ 在 $\mathbf{C}^{3g-3}$ 中的 Bers 嵌入的像域是一个全纯凸域(Bers 与 Ehrenpreis),但不是对称域甚至不是齐性域(Royden). 此外,Royden 在其优美的文章中证明了 $T_g$ 作为复流形,其 Kobayashi 伪度量恰好就是其泰希米勒度量. 由这一结论可以推出,泰希米勒空间的全纯自映射一定是模变换.

对于 Royden 的工作,可以略微再解释几句: 泰希米勒引入其度级时,是借助极值拟共形映射的最大伸缩商的. 表面看来,它似乎不是一种自然的东西,然而 Royden 的结果告诉我们泰希米勒空间在其自然复结构之下,其 Kobayashi 伪度量却正好是泰希米勒度量,这表明泰希米勒度量也是一种自然的度量,不是人为规定的.

目前我尚不知道泰希米勒空间作为复流形其 Caratheodory 度量是否重合于泰希米勒度量,而只知道它是完备的.

我们还应当特别指出,阿尔弗斯对于泰希米勒空间引入了一种韦依 – 彼得森度量,并证明了它是不完备的. 在这种度量下,泰希米勒空间的曲率是 $-1$.

无论是泰希米勒度量也好,或是它的 Bers 嵌入也

好，都使泰希米勒空间中的点失去了原有的黎曼曲面的几何意义.这使得许多结果反映不了黎曼曲面在几何上形变的状况.当亏格 $g>1$ 时，每个紧黎曼曲面上都有一个曲率为 $-1$ 的庞加莱度量(即双曲度量).如何使得泰希米勒空间的参数化及度量能进一步反映黎曼曲面的几何形变.是一个重要的课题.在这方面，Thurston 及 Wolpert 做了重要发展.在这种研究中，黎曼曲面上在庞加莱度量下的闭测地线的长度(被称为长度函数或长度谱)占有显著地位，泰希米勒空间中的两个点之间的距离可以由它们所代表的两个黎曼曲面上的对应的闭地线长度之比来定义.芬兰数学家 Sorvali 在 1972 年就提出了下述问题：这样定义的度量是否与泰希米勒度量拓扑等价？李忠教授于 1985 年完全肯定地回答了这一问题.

### 4.无限维泰希米勒空间

开黎曼曲面导致无限维泰希米勒空间.这里有两种考虑方式，一种是考虑一个无限型曲面上的复结构，一种是固定边界对应考虑模边界同伦的拟共形映射.

对于无限型曲面上能放上多少复结构这个问题，容易想象这种复结构的维数是无穷的，这可以由其基本群是无限生成的推出.但是，除了这一结论之外，我们几乎不能进一步说些什么，向这种情况推广泰希米勒理论的重要困难之一是我们目前尚不知道怎样刻画两个开黎曼曲面是否拟共形等价，作者曾在这方面做过一些尝试，但其基本困难尚未克服.

对于固定边界对应的拟共形映射，Reich 与 Strebel 做了大量的研究，特别是对单位圆的情况，设

$h$ 是单位圆周到自身的一个保向同胚，并假定它有一个到单位圆内的拟共形扩充，一个基本的问题是在以 $h$ 为边界对应的拟共形映射族中的极值拟形映射是否唯一、是否是泰希米勒映射？Strebel 首先举出例子证明了一般说来极值映射并不唯一，也不一定是泰希米勒映射. Reich，Strebel，Hamiltion 给出了极值拟共形映射的变分不等式或等式，并利用它们证明了，范数有穷的二次微分对应的泰希米勒映射是唯一的极值映射.

对于任意给定的边界对应，我们已经知道可能有许多个极值映射. 迄今为止，下述的两个基本问题尚未解决：

(a) 在极值映射族中是否有两个或两个以上的泰希米勒映射？

(b) 在极值映射族中是否可能根本没有泰希米勒映射？

### 5. 万有泰希米勒空间

经典的 Nehari 定理告诉我们，单位圆内的单叶解析函数 $f$ 的施瓦兹导数

$$S_f(z)=\left(\frac{f''(z)}{f'(z)}\right)^{1}-\frac{1}{2}\left(\frac{f''(z)}{f'(z)}\right)^{2}$$

满足不等式

$$S_f(z)(1-|z|^2)^2\leqslant 6\quad(|z|<1)$$

当我们把单位圆换成一般的单连通域时，上述命题应换成

$$|S_f(z)|\eta_D^{-2}(z)\leqslant M_D\quad(z\in D)$$

其中 $D$ 是所考虑的单连通域，$\eta_D$ 是 $D$ 的双曲度量密

度，$M_D$ 是一个只依赖于 $D$ 的常数.

这个定理启发我们思考：是否一个在 $D$ 内解析的函数 $f$，当其施瓦兹导数小到一定程度就一定是单叶的. 很容易证明当区域 $D$ 是单位圆时，只要 $|S_f(z)|\cdot\eta_{\Delta}^{-2}(z)<1/2$ 处处成立，就可以推出 $f$ 是单叶的，阿尔弗斯的一个重要贡献就是证明了拟圆（单位圆在全平面拟共形映射下的像）同样具有类似的性质，也即对于拟圆 $D$，存在一个常数 $\sigma_D$，只要 $D$ 内的解析函数 $f$ 满足 $|S_f(z)|\eta_D^{-2}(z)\leqslant\sigma_D$，即可断言 $f$ 是单叶的，而且 $f$ 这时还可以拟共形扩张到全平面. Gehring 证明了这个命题的逆命题，也具有这样常数 $\sigma_D$ 的区域必是拟圆.

我们将单位圆内能拟共形扩张到全平面的单叶解析函数（规范化的）之全体称为万有泰希米勒空间. 之所以有这样一个名字是由于它恰好是相当于 Fuchs 群取成单位群时所对应的泰希米勒空间. 泰希米勒空间的许多概念及结论均可毫无困难地推广到万有泰希米勒空间中. Bers 曾经提出过，全体单叶函数的空间内部就是万有泰希米勒空间. 这一猜想已为 Gehring 所证明，但是，Bers 的另外两个猜想却被反例所推翻. 这两个猜想是：万有泰希米勒空间之闭包是单位圆内全体规范化单叶函数；单叶函数族是连通的. 否定前者的是 Gehring，否定后者的是 Turston.

### 6. 克莱因(Klein) 群

泰希米勒空间的研究促进了克莱因群的理论的发展. 我们知道，一个间断的麦比乌斯（Möbius）群就是一个克莱因群，保持单位圆（或上半平面）不变的克莱因群就是一个 Fuchs 群. 单值化定理告诉我们,每个黎曼曲面(除去若干特例之外)都对应于一个 Fuchs 群. 泰希米勒空间实质上就是关于 Fuchs 群形变的空间. 这样,在发展泰希米勒空间理论的同时必然要涉及进一步发展克莱因群理论.

阿尔弗斯的有限性定理是这方面最重要的成就,它断言每个有限生成的克莱因群 $G$ 对其间断性集合 $\Omega(G)$ 作商 $\Omega(G)/G$ 是有限个有限型的黎曼曲面之并.

当泰希米勒空间 $T_g$ 中的点趋向边界时,它所对应的 Fuchs 群就以某个克莱因群为其极限. 这个极限不再有两个不变连通分支,而是只有一个单连通的不变分支,也就是它不再是 Fuchs 群,而是一个特殊的克莱因群,被称为 B 群或边界群. 发现边界群并对其进行研究是泰希米勒理论的一个直接结果.

克莱因群的著名问题是阿尔弗斯提出的所谓零测度问题. 阿尔弗斯猜想,有限生成的克莱因群的极限集(轨道的极限点集合)的二维测度为零,这个问题除去对某些特殊情况有些结果外,没有什么突破性的进展.

### 7. 泰希米勒空间与低维拓扑

泰希米勒空间与二维、三维拓扑之间的联系主要是由 Thurston 的著名工作所建立. 在他的关于三维拓扑的研究中主要用到了克莱因群及同时单值化定理. 在这里介绍 Thurston 的这方面工作已超出了作者的能力,但是可以解释一下为什么三维流形的理论会用到二维平面上的克莱因群,实际上,情况是这样,满足某些条件的三维流形可以用上半空间 $\mathbf{H}^3=\{(x,y,x):z>0\}$ 与 $\mathbf{H}^3$ 上的一个麦比乌斯变换群之商表示,

而这个麦比乌斯变换群限制在 $\mathbf{H}^3$ 的边维 $\mathbf{R}^2=\mathbf{C}$ 上恰好就是一个克莱因群.

泰希米勒空间与二维拓扑之间的关系似乎更为自然些,事实上,前面已经看到模变换群 $Mod_g$ 实质上就是拓扑中的亏格为 $g$ 的曲面的 Mapping Class Group. Thurston 首先紧化了泰希米勒空间,然后借助于他的关于叶状结构的研究证明了,在一个亏格 $g>1$ 的可定曲面上,任意一个自同胚,只要它不同伦于一个周期同胚,则要么同伦于一个可约简的同胚,要么同伦于一个伪 Anosov 同胚. Thurston 的证明方法是几何的,而 Bers 后来给出了一个纯分析的证明,Bers 把问题化归成泰希米勒空间中的一个极值问题,按照极值问题的解的类型对模变换加以分类,即得到 Thurston 的上述结果.

## 8. 泰希米勒空间与复动力系统

有理函数 $f$ 的迭代序列

$$f^0=id,f^1=f,\cdots,f^n=f^0f^{n-1},\cdots$$

形成了复球面 $\overset{A}{\mathbf{C}}=\mathbf{C}\cup\{\infty\}$ 上的一个不可逆的离散的动力系统,考虑到映射的全纯性及 $\overset{A}{\mathbf{C}}$ 上的复结构,这种动力系统自然应有较一般微分动力系统更强的性质,最早研究解析函数迭代序列的是法都(Fatou)与朱利亚(Julia),那是在 20 世纪 20 年代前后,近年来,由于电子计算机技术的发展,许多复杂的迭代现象可以借助于计算机绘制出精美的图形,使得人们重新对法都与朱利亚的研究发生了巨大兴趣,吸引了不少人从事这方面工作.

D. Sullivan 在他的著名文章 *Dynamical Systems and Quasiconformal, Mappings*（Ⅰ,Ⅱ,Ⅲ）中把拟共形映射与泰希米勒空间的理论应用于有理函数的迭代序列,证明了法都的一个猜想并把法都集的分支(被称为稳定域)加以分类,这一进展是引人注目的.

迭代序列$\{f^n\}$的斥性周期点的集合的闭包被称为朱利亚集,计算机制图显示了朱利亚集合的复杂性,即使是对于最简单的非线性函数 $f=z^2+c(c\neq 0)$ 也是如此,朱利亚集总是非空的完全集,因而它的补集是开集,朱利亚集之补被称为法都集,法都集的每个连通分支被称为稳定域. D. Sullivan 证明了每个稳定域在 $f$ 的作用下是周期的,从而每个稳定域是非游荡的. 在证明这个定理时,Sullivan 利用了无穷维泰希米勒空间.

泰希米勒空间 $T_g$ 上的模变换的迭代序列的遍历性问题正在被研究着.

泰希米勒空间理论与动力系统的另一联系是弹子系统. 平面上有一个凸多边形,一个弹子从给定的点出发沿给定方向射出,遇到边即反射,这样在凸多边形内形成了一个轨道,一个基本问题是何时闭轨存在. Masure 利用了泰希米勒空间及二次微分理论,证明了当多边形的每个内角是 $\pi$ 的有理倍数时,闭轨是很多的,在一定意义下是稠的.

泰希米勒空间在理论物理上的重要应用是弦理论,我们无法在这里加以介绍了.

本节是一个一般性介绍,并没有追求材料的完全性与叙述上的严密性,只是用描述性语言介绍一下这一理论及其应用的概貌,好在阿尔弗斯及 Bers 已有很

详尽的综合报告,有兴趣的读者可阅读这些综合报告.

## §2　兰道与泰希米勒[①]

同样怀念哥廷根的《数学信息员》的读者应当感谢该刊的编辑,他们在希伯来大学(位于耶路撒冷)数学系的埃德蒙特·兰道(Edmund Landau,1877—1938)数学分析研究中心落成之际,再版了诺伯特·沙巴赫(Norbert Schappacher)的讲话稿. 兰道在 1933 年 11 月 2 日试图重上讲台讲授微积分,却因泰希米勒发起并领导的罢课而失败,我们很难想象兰道当时所遭受的莫大羞辱[②]. 因为兰道热爱教学,"甚至达到了超乎他自己所能意识到的程度,"哈代(Hardy,1877—1947)在兰道的讣告[③]中说,"被迫退休势必是对他的一次沉重的打击;他在剑桥大学[④]再次站到黑板前讲课的兴奋情景,以及即将结束这次讲课机会时的悲伤情景,是那么哀婉动人."

---

① 原题:Laudau and Teichmüler. 编译自:*The Mathematical Intettigence*, Vol. 17,No. 2,1995,12-14. 作者:M. R. Chowdhury. 选入本书时有删节.

② 兰道遭受了致命的伤害,Gustav Herglotz(1881—1953)在致卡门科的信中(日期:1934 年 1 月 2 日 )提到.

③ H. Heilbronn(1908—1975),1933 年在英国避难,兰道的一名学生,被列为合著者,但这些话清楚无误地出自哈代.

④ 1935 年哈代设法使兰道受邀,作为 Rouse Ball 讲座的访问演讲者.

直至最近，人们一直以为泰希米勒致兰道的那封解释那次罢课事件的信已石沉大海. 意想不到的是，这封信的打字复写的副本——无笔者姓名——于 1991 年在 E. 卡门科(Eric Kamke, 1890—1961)的遗物中被发现. 它的原件极可能就是"泰希米勒原信的复本"，兰道把它与自己请求提前退休的信一同寄往了教育部.

泰希米勒的这封被长期寻觅的信件刚刚作为一篇内容广泛详尽的文章的附录刊出，那篇长文(用德文写的)描述了泰希米勒的生活与工作，由 N. 沙巴赫与 E. 肖尔茨(Scholz)编辑(其中 E. 肖尔茨写了有关泰希米勒的生平，K. 豪泽尔(Hauser)、F. 海尔里希(Herrlich)、M. 科内泽尔(Kneser)、H. 欧波卡(Opolka)和 N. 沙巴赫写了有关泰希米勒所做的各方面的工作). 这篇如编者所称的重要报告①，由六部分组成，此外还有编者所写的前言及作为附录的泰希米勒的两封信(其中包括致兰道的信). 文章有 67 个脚注，提供了其他有价值的信息. 肖尔茨并未着意刻画泰希米勒容易紧张而充满矛盾的个性②，仅仅叙述了其短暂的一生(1913－1943)中有据可考的事件③.

泰希米勒致兰道的是一封冗长的信(日期：1933

① 它更可称为是泰希米勒的讣告，虽然姗姗来迟，但详尽地评价了他的数学工作.

② Abikoff 较早就做过这样的尝试，他也讨论了除代数学方面外的泰希米勒的数学工作.

③ 泰希米勒猝死于一次步兵师的军事行动中. 无人知晓他死亡的日期、地点及具体情况.

年 11 月 3 日). 无论其语言,还是意思都不易理解. 信的开首语证实了“口头流传”,即这封信是应兰道的请求写的,概括他前一天与兰道谈话时阐述的观点. 泰希米勒在开头强调,这封信在某种程度上反映了他对“跟昨天发生的事情有关的疑难问题”的个人观点.

第二段以这样的言论开始:“学生采取的这一损害——抑或只有损害的危险——师生关系的行为,可归咎于两方面的原因.”他继而列举道:“第一,伟大的、非学术方面的精神胜利——较大部分学生,或者说以某种方式起决定作用的学生具有这种精神,使得至今一直存在的局面,即不满意也得盲从的情形不会再继续下去了. 第二,一种惹人恼火的[①],否则就是一种归因于对大多数听众的心理缺乏兴趣——也可能是缺乏透彻了解——的行为,都可能给学生造成同样的印象而激起他们的反抗,即使是由于误解.” 泰希米勒认为:“很难判断这两方面原因中,哪一方居主导地位.”

泰希米勒继而(在第三段中)提醒兰道,在前个学期(1933 年夏季),兰道曾受到劝告,并且接受了这一劝告:通过一名助教来讲授他的课程及辅导练习. “结果,我们已习惯于把这一变更看作事态发展的自然后果”泰希米勒说道. 然而,在和兰道的讨论中,泰希米勒认识到还存在其他原因促使兰道做出试图恢复教学工作的决定. 也许我们无从确定,在跟他的命运紧密相关的那一天,兰道对泰希米勒说了些什么;但大体上兰道

---

① “你自然不存在这种问题.”泰希米勒在括号中堂而皇之地要兰道放心.

一定是坚持了自己有教学的权利和义务.

泰希米勒在第五段的开头宣布,如果兰道希望讲授高深课程或主持讨论班,又得到相关的学生的完全同意,他不会持任何异议.然而泰希米勒的同志当中几乎没有人赞成这一观点;大多数的人认为兰道的任何教学活动都是难以容忍的[①].说到这儿,泰希米勒立即告诉兰道"这两种观点上的差别目前已变得完全不重要了".他坚决声明,谁也不要以为在他们之间有持"激进与温和"路线之分."我们遵循同一纲领,是志同道合的同志;我们之间只在昨天的事情这种纯理论的问题上存在不同观点."泰希米勒说.

在接下来的第六段和最后一段中,泰希米勒告诉兰道,他的同志们和他在采取"行动"的目的上是完全一致的,其本质是恢复前一学期的情形.既然韦伯(Weber)博士已做好了代兰道讲课及进行辅导的准备,既然前一学期的不稳定因素[②]已不再存在.因此,兰道就无须就每堂课的内容再和韦伯博士进行讨论.他(韦伯)完全应该按自己的方式上课;学生们也喜欢那样.因为韦伯博士是唯一在整个事件中做出牺牲的人,为了他的年轻的同学们的利益,他不得不肩负双重

---

① 读到这里,我对 Schappacher 的猜测表示怀疑,即"兰道没有向教育部提及泰希米勒的名字,显然是为了避免给这个年轻而才华横溢的学生制造麻烦."兰道一定意识到,提及泰希米勒的名字非但是不得要领,而且会给自己制造更多麻烦;至少会妨碍他请求提前退休的事情顺利进行.我毫不怀疑,附在泰希米勒这封信之后的兰道本人致教育部的信十分简短.无须说,我完全同 Schappacher 一样坚信兰道"惊人的责任感及其正直的为人".

② 人们不禁要问泰希米勒:"是什么不稳定因素?"

重任.而兰道唯一要做的就是不要插手韦伯的讲课,这对他没有任何损害——无论是金钱上的,还是其他方面的,所以泰希米勒确信他给兰道提出了一个“易于接受”的建议.泰希米勒这封信就此结尾.

不应有人因为泰希米勒一些偏激的行为,而否定他作为数学家的地位(正如人们不愿否定 Andre Bloch 作为数学家的地位一样);泰希米勒的论文集已出版,他的生活与工作正为人们自由地探讨,这的确是个良好的迹象.然而,我们绝不应忘记泰希米勒在联合抵制兰道中所起的作用.

没有谁比哈代更钦佩兰道的了.他认为兰道的《素数分布论讲义》(2 卷,1909)是其最重要的著作,《数论教程》(3 卷,1927)是其最伟大的著作,而《一些函数论新成果的阐述与依据》(1916 与 1929)则是其最漂亮的著作.关于《素数分布论讲义》,哈代评述道(写于 1938 年):“书中的一切几乎都已经有了新发展,这正是对这本书最了不起的称赞;”关于《数论教程》,他说:“该著作内容的丰富及紧凑令人惊讶;”关于《一些函数论新成果的阐述与依据》,他评论道:“它是近期数学文献中最引人入胜的短小作品之一,是对任何认为兰道的数学单调乏味的人的最有力的回答.”

我们用以下的话来结束本节,作为对兰道的恰如其分的评价.

没有哪一个像兰道这样热心献身于数学事业,而作为一个具有强烈个性的人,他在做出奉献时表现出某种令人吃惊的、不受个人情感影响的东西.每个人都希望按自己的意愿行事,兰道也不例外.但当我们大多数人实际上对他人的进步总怀有些嫉妒时，兰道却似乎完全不受这种毫无价值的情感的困扰. 他会坚决要求自己的权利，甚至带有一点学究气，但他也会以同样的精神，以同样的严格态度来坚决要求他人应获得的权利.

# 第二编

## 现代数学的基础

# “瞎扯”现代数学的基础[①]

# 第5章

我们尽可能不用数学符号，瞎扯一下现代数学的基础. 这章更多是从认识论的角度，用数学为例子解释人类思想能够达到的边界和逼近边界的过程，不完全是在介绍数学. 不过我也不知道是否足够通俗易懂. 写这篇文章的另外一个目的就是想说明数学除了是工程师的计算工具，物理学家的建模和解释工具外，它是能够单独存在的，是具有智力审美价值的，不仅仅只是一些数值计算和逻辑证明，更多的是对人类思想极限的挑战. 当然由于是瞎扯，就不能深入，而且这里不能用数学符号，所以也无法具体介绍过程.

以前我说过，大学工科学习的所谓

① 摘编自公众号：安阳市数学会，2017－12－21.

高等数学，其实还是初等数学，不过是学会了怎么计算初等函数的微分（例如，加速度、边际效益等）和积分（例如，体积、面积、重量），也能用行列式解一次方程组，有的可能还能计算傅里叶变换，等等. 但是也只是掌握一点计算工具而已，大多数学生还是无法了解这些工具是怎么构造的，是怎么来的.

数学系的学生当然也要学习计算，但是在整个课程中占的比例极少，可能不到 5%，大多数时间，还是在学习如何构造工具，了解现有工具的来龙去脉，但是更重要的是在培养一种精细的思维方式和逻辑结构框架，只有具备了这些思维方式和逻辑框架，人才能超越直觉和常识，进入一种抽象的审美境界（当然达到这个境界的人并不多，因为达到了，就是大数学家了）.

下面瞎扯一点基于数学系学生的角度了解的现代数学基础.

### 1. 数学是什么

先扯扯我认为的数学是什么.

我们在中学，学习的数学的定义是：数学是研究空间形式和数量关系的科学（即数学是研究客观规律的科学），其实这个定义是不对的，柯朗（R. Courant）就认为数学不能通过语义学定义.

我不认为数学是一种技术（当然可以作为计算工具和计算技术），也不是一门科学（当然可以作为物理学、化学、生物学等学科的工具存在），数学是独立于所有学科的一个存在（独立于哲学、科学、文学、艺术等）. 举例来讲，很多学科的基础定理或原则，如果不存在人，可能就不存在，因为依赖于人的参与，甚至物理学

也是如此，没有人的观测，物理学的基础可能就不存在，但是数学不同，例如 $\pi$ 这个常数，不管是不是有人，甚至是不是有地球，有时间，有宇宙，它都是存在的.

所以我认为数学更是一种人类认识世界的思想和一种思维方式.这种思维方式的特殊性在于它不是实证的，也不是形象类比的，而是基于逻辑的高度抽象，其概念完全可以没有任何可实现背景，而仅仅是语义上的概念或凭空定义的概念，完全可以脱离现实而独立存在.

法国数学家普洛克鲁斯(Proclus)认为数学是：她提醒你有无形的灵魂；她赋予她所发现的真理以生命；她唤起心神，澄净智慧；她给我们的内心思想添辉；她涤尽我们有生以来的蒙昧与无知.

### 2. 康托(G. Cantor)的朴素集合论

现代数学的基础是集合论.

现代数学不管是分析、几何、代数，还是其他专业，其基础就是集合论.因为现代数学的基础语言、基础结构和基础表达方式就是集合.

朴素集合论是由德国数学家康托于 19 世纪末创立的.

康托创立集合论，是基于解决微积分的逻辑基础问题(微积分的逻辑基础问题以后有机会介绍).为了使微积分里面采用的无穷小概念有一个清晰的逻辑基础，康托开始定义实数点集，并在上面定义了算法，进一步对其性质进行研究，把成果发表在 1874 年的《克雷尔数学杂志》上，这一系列论文是奠定现代数学基础的革命性成果.

康托要做这个工作，是因为不管是牛顿，还是莱布尼兹(Leibniz)他们所创立的微积分理论逻辑上都是不严格的，两人的理论都建立在无穷小分析之上，但他们对作为基本概念的无穷小量的理解与运用却是混乱的(例如，牛顿就认为它必须既是 0，又不是 0).

贝克莱(Berkeley)大主教对牛顿的理论进行了攻击，其中就有贝克莱悖论(无穷小量究竟是否为 0)，其实本质就是有限与无限，无穷小与零，零与非零的逻辑矛盾.

由于无穷概念没有精确的定义，微积分遇到了严重的逻辑困难，19 世纪初，法国数学家柯西(Cauchy)企图用极限概念来弥补这个缺陷，给出了极限的定义：若代表某变量的一串数值无限地趋向于某一数值时，其差可任意小，则该固定值称为这一串数值的极限.并在极限的基础上建立起连续、导数、微分、积分以及无穷级数的理论.

但是，柯西并没有彻底完成微积分的严密化，柯西的思想会产生逻辑矛盾.19 世纪后期的数学家们发现使柯西产生逻辑矛盾的原因在奠定微积分基础的极限概念上.严格地说柯西的极限概念并没有真正地摆脱几何直观，并没有确实地建立在纯粹严密的算术的基础上.

于是，许多数学家开始致力于研究微积分的严格化，柯西之后，魏尔斯特拉斯、戴德金(Dedekind)也做过类似工作，但是进展不大，责难不少.在这一过程中，他们都发现一定要涉及对微积分的基本研究对象——连续函数的描述，这是一个绕不过去的坎，因为在数与连续性的定义中，必须涉及无限集合这个概念.

因此,无限集合就成为数学严密化的拦路虎.所以为寻求微积分彻底严密的算术化,必须解决无限集合的性质,这成了集合论产生的一个重要原因.

对无穷小的最深刻责难是黎曼在 1854 年的就职论文《关于用三角级数表示函数的可能性》中首次提出的唯一性问题:

如果函数 $f(x)$ 在某个区间内除间断点外所有点上都能展开为收敛于函数值的三角级数,那么这样的三角级数是否是唯一的?

函数可用三角级数表示,最早是 1822 年傅里叶提出来的.此后对于间断点的研究,越来越成为分析领域中引人注目的问题,从 19 世纪 30 年代起,不少杰出的数学家从事着对不连续函数的研究,并且都在一定程度上与集合这一概念挂起了钩.这就为康托最终建立集合论创造了条件.

1870 年,海涅(Heine)证明:当 $f(x)$ 连续,且它的三角级数展开式一致收敛时,展开式是唯一的.海涅随后进一步证明:如果表示一个函数的三角级数在区间 $[-\pi,\pi]$ 中去掉函数间断点的任意小邻域后剩下的部分上是一致收敛的,那么级数是唯一的.进一步的问题是:当 $f(x)$ 具有无穷多个间断点时,唯一性能否成立?这个问题海涅没能解决.海涅推荐康托来解决这个问题.

所以康托建立集合论的出发点是:任意函数的三角级数的表达式是否唯一?

为了给出最有普遍性的解,康托引进了一些新的概念.康托实际上是通过对这个唯一性问题的研究,认识到无穷集合的重要性,并开始从事无穷集合的一般理论研究. 直到康托利用实数集合建立了完整的实数体系,才完成了微积分的逻辑奠基工作.

在其后的三年中,康托先后发表了五篇有关这一题目的文章. 康托先在 1870 年和 1871 年两次在数学杂志上发表论文,证明了函数 $f(x)$的三角级数表示的唯一性定理,而且证明了即使在有限个间断点处不收敛,定理仍然成立. 1872 年他在《数学年鉴》上发表了一篇题为《三角级数中一个定理的推广》的论文,把海涅的一致收敛的严酷条件推广到允许间断点是某种无穷的集合的情形. 为了描述这种集合,他首先定义了点集的极限点,然后引进了点集的导集和导集的导集等有关重要概念. 康托 1872 年的论文是从间断点问题过渡到点集论的极为重要的环节,使无穷点集成为明确的研究对象. 这是从唯一性问题的探索向点集论研究的开端,并为点集论奠定了理论基础.

下面稍微介绍一下康托的工作.

康托对集合的定义:把若干确定的,有区别的(不论是具体的或抽象的)事物合并起来,看作一个整体,其中各事物称为该集合的元素(其实现代系统论定义系统也是基于康托对集合的定义,只是系统有目标).

为了彻底解决无穷小的逻辑问题,康托 29 岁(1874)时在《数学杂志》上发表了一篇论文《论所有实代数数集体的一个性质》.

在这篇论文中,康托的第一个要解决的问题是:正整数的集合$(n)$与实数的集合$(x)$之间能否把它们一一对应起来. 1873 年 12 月 7 日,康托写信给戴德金,说他已能成功地证明实数的"集体"是不可数的,也就是不能同正整数的"集体"一一对应起来. 这一天应该

看成是集合论的诞生日.

康托的《论所有实代数数集体的一个性质》这篇文章在 1874 年发表，提出了“可数集”概念，并以一一对应为准则对无穷集合进行分类，证明了如下重要结果：

(1) 一切代数数是可数的；

(2) 任何有限线段上的实数是不可数的；

(3) 超越数是不可数的；

(4) 一切无穷集并非都是可数的，无穷集同有穷集一样，也有数量(基数)上的区别.

上述结论的意思是：代数数集和有理数集是可数的，实数集是不可数的. 这是一个超出直觉和想象力的结果.

为证明上述定理，康托假设了连续统公理(康托公理，后来被哥德尔(Godel)证明与策梅罗(Zermelo)选择公理协调).

连续统公理：无穷集合中，除了整数集的基数，实数集的基数是最小的.(实数集即直线上点的集合为连续统)

利用连续统公理，康托证明：任何一个集合的幂集(即它的一切子集构成的集合)的势都大于这个集合的势. 人们这才认识到无穷集合也可以比较大小.

自然数集是最小的无穷集合，自然数集的势记作阿列夫零. 康托证明连续统势等于自然数集的幂集的势.

是否存在一个无穷集合，它的势比自然数集的势大，比连续统的势小？ 这个问题被称为连续统问题.

康托猜想这个问题的解答是否定的，即连续统势是比自然数集的势大的势中最小的一个无穷势，记作

C1;自然数集的势记作 C0.这个猜想就称为连续统假设.(这个假设后来得到证明)

这篇文章所用的方法是康托集合论.

康托的集合论是从定义一个元素 $o$ 和集合 $A$ 之间的二元关系开始的:若 $o$ 是 $A$ 的元素,可表示为 $o \in A$.上述关系也可以用在集合和集合的关系.

另外一种两个集合之间的关系,称为包含关系.若集合 $A$ 中的所有元素都是集合 $B$ 中的元素,则称集合 $A$ 为 $B$ 的子集,符号为 $A \subseteq B$.例如,$\{1,2\}$ 是 $\{1,2,3\}$ 的子集,但 $\{1,4\}$ 就不是 $\{1,2,3\}$ 的子集.依照定义,任一个集合也是本身的子集,不考虑本身的子集称为真子集.集合 $A$ 为集合 $B$ 的真子集当且仅当集合 $A$ 为集合 $B$ 的子集,且集合 $B$ 不是集合 $A$ 的子集.

数的算术中有许多一元及二元运算,集合论也有许多针对集合的一元及二元运算:

集合 $A$ 和 $B$ 的并集,符号为 $A \cup B$,是至少在集合 $A$ 或 $B$ 中出现的元素,集合 $\{1,2,3\}$ 和集合 $\{2,3,4\}$ 的并集为集合 $\{1,2,3,4\}$.

集合 $A$ 和 $B$ 的交集,符号为 $A \cap B$,是同时在集合 $A$ 及 $B$ 中出现的元素,集合 $\{1,2,3\}$ 和集合 $\{2,3,4\}$ 的交集为集合 $\{2,3\}$.

集合 $U$ 和 $A$ 的相对差集,符号为 $U \backslash A$,是在集合 $U$ 中,但不在集合 $A$ 中的所有元素,相对差集 $\{1,2,3\} \backslash \{2,3,4\}$ 为 $\{1\}$,而相对差集 $\{2,3,4\} \backslash \{1,2,3\}$ 为 $\{4\}$.当集合 $A$ 是集合 $U$ 的子集时,相对差集 $U \backslash A$ 也称为集合 $A$ 在集合 $U$ 中的补集.

集合 $A$ 和 $B$ 的对称差,符号为 $A \triangle B$ 或 $A \oplus B$,是指只在集合 $A$ 及 $B$ 中的其中一个出现,没有在其交集

中出现的元素．例如，集合{1,2,3}和{2,3,4}的对称差为{1,4}，也是其并集和交集的相对差集$(A\cup B)\setminus(A\cap B)$，或是二个相对差集的并集$(A\setminus B)\cup(B\setminus A)$．

集合$A$和$B$的笛卡儿积，符号为$A\times B$，是一个由所有可能的有序对$(a,b)$形成的集合，其中第一个是$A$的成员，第二个是$B$的成员．例如，{1,2}和{red,white}的笛卡儿积为{(1,red),(1,white),(2,red),(2,white)}．

集合$A$的幂集是指是以$A$的全部子集为元素的集合，例如，集合{1,2}的幂集为{{ },{1},{2},{1,2}}．

一些重要的基本集合包括空集（唯一没有元素的集合），整数集合及实数集合．

1874年1月5日，康托给戴德金写信，进一步提出下面的问题：

是否能把一块曲面（如包含边界在内的正方形）一一地映射到一条线（如包含端点在内的线段），使得面上每一点对应线上一点而且反过来线上每一点对应面上一点？（这是一个颠覆人类想象的结论，直观说就是相当于太平洋的点与一根火柴的点一样多）

1877年6月20日，他给戴德金写信，告诉他已经证明了这个问题，信中说“我看到了它，但我简直不能相信它”．这是一个更伟大的工作，实际上证明了一条线段上的点能够和正方形上的点建立一一对应，从而证明了直线上、平面上、三维空间乃至高维空间的所有点的集合，都有相同的势．

从直观上说，平面上的点显然要比线上的点要多得多. 康托自己起初也是这样认识的. 但三年后,康托宣布:不仅平面和直线之间可以建立一一对应,而且一般的 $n$ 维连续空间也可以建立一一对应. 这一结果是出人意料的. 就连康托本人也觉得“简直不能相信”. 然而这又是明摆着的事实,它说明直观是靠不住的,只有靠理性才能发现真理,避免谬误.

这篇论文揭示了度量空间维数的本质,标志点集拓扑的开始.

这个工作其实揭示的是集合论里的核心难点:无穷集合这个概念本身.

从希腊时代以来,无穷集合很自然地引起数学家们和哲学家们的注意. 而这种集合的本质以及看来是矛盾的性质,很难像有穷集合那样来把握它. 所以对这种集合的理解没有任何进展. 早在中世纪,人们已经注意到这样的事实:如果从两个同心圆出发画射线,那么射线就在这两个圆的点与点之间建立了一一对应,然而两圆的周长是不一样的. 16 世纪,伽利略(Galilea)还举例说,可以在两个不同长的线段 $ab$ 与 $cd$ 之间建立一一对应,从而想象出它们具有同样的点.

他又注意到正整数可以和它们的平方构成一一对应,只要使每个正整数同它们的平方对应起来就行了

$$\begin{array}{cccccccc} 1 & 2 & 3 & 4 & \cdots & n & \cdots \\ 1 & 4 & 9 & 16 & \cdots & n^2 & \cdots \end{array}$$

但这导致无穷大的不同的“数量级”,伽利略以为这是不可能的. 因为所有无穷大都一样大.

不仅是伽利略,在康托之前的数学家大多不赞成在无穷集之间使用一一对应的比较手段,因为它将出现部分等于全体的矛盾. 高斯(Gauss)明确表态:“我

反对把一个无穷量当作实体,在数学中是从来不允许的. 无穷只是一种说话的方式……”柯西也不承认无穷集合的存在. 他不能允许部分同整体构成一一对应这件事.

但是康托认为一个无穷集合能够和它的部分构成一一对应不是什么坏事,它恰恰反映了无穷集合的一个本质特征. 对康托来说,如果一个集合能够和它的一部分构成一一对应,它就是无穷的. 它定义了基数、可数集合等概念.

既然 $n$ 维连续空间与一维连续统具有相同的基数,于是,康托在 1879 到 1884 年间集中于线性连续统的研究,相继发表了六篇系列文章,汇集成《关于无穷的线性点集》. 其中前四篇同以前的论文类似,讨论了集合论的一些数学成果,包括集合论在函数论等方面的应用. 第五篇发表于 1883 年,它的篇幅最长,内容也最丰富. 它不仅超出了线性点集的研究范围,而且给出了超穷数的一个完全一般的理论,其中借助良序集的序型引进了超穷序数的整个谱系. 同时还专门讨论了由集合论产生的哲学问题,包括回答反对者们对康托所采取的实无穷立场的责难. 这篇文章对康托是极为重要的.

1883 年,康托将它以《一般集合论基础》为题作为专著单独出版. 第六篇论文是第五篇论文的补充.

《一般集合论基础》主要成果是引进了作为自然数系的独立和系统扩充的超穷数,从内容到叙述方式都同现代的朴素集合论基本一致,所以该书标志着点集论体系的建立.

《一般集合论基础》引进了无穷点集的一些概念,

如:基数、势、序数等,试图把不同的无穷离散点集和无穷连续点集按某种方式加以区分.康托在这篇文章中的主要贡献是引进超穷数.

为构造超穷数的序列.康托应用了以下几条原则:

第一生成原则:从任一给定的数出发,通过相继加1(个单位)可得到它的后继数.

第二生成原则:任给一个其中无最大数的序列,可产生一个作为该序列极限的新数,它定义为大于此序列中所有数的后继数.

第三(限制)原则:保证在上述超穷序列中产生一种自然中断,使第二数类有一个确定极限,从而形成更大数类.

反复应用三个原则,就得到超穷数的序列

$$\omega, \omega_1, \omega_2, \cdots$$

利用先前引入的集合的势的概念,康托证明第一数类(Ⅰ)和第二数类(Ⅱ)的重要区别在于(Ⅱ)的势大于(Ⅰ)的势.还给出了良序集和无穷良序集编号的概念,指出整个超穷数的集合是良序的,而且任何无穷良序集,都存在唯一的一个第二数类中的数作为表示它的顺序特性的编号.康托还借助良序集定义了超穷数的加法、乘法及其逆运算.

他另外一个重要工作是构造了实变函数论中著名的康托集.

康托集是一个无处稠密的完备集,简单说康托集是个测度为0的集,直观的解析几何说法就是这函数图像面积为0.

通过考虑这个集合,康托奠定了现代点集拓扑学的基础.(实际上斯梅尔(Smale)的马蹄映射也会形成

康托集)

最常见的构造康托集的方法是取一条长度为1的直线段,将它三等分,去掉中间一段,留剩下两段,再将剩下的两段分别三等分,各去掉中间一段,剩下更短的四段,……,将这样的操作一直继续下去,直至无穷,由于在不断分割舍弃过程中,所形成的线段数目越来越多,长度越来越小,在极限的情况下,得到一个离散的点集,这就是康托集.

康托点集的极限图形长度趋于0,线段数目趋于无穷,实际上相当于一个点集. 操作 $n$ 次后,边长 $r=(\frac{1}{3})^n$,边数 $N(r)=2^n$,根据公式 $D=\frac{\ln N(r)}{\ln \frac{1}{r}}$, $D=\frac{\ln 2}{\ln 3}=0.631$.

所以康托点集的分数维是0.631.

康托集中有无穷多个点,所有的点处于非均匀分布状态. 此点集具有自相似性,其局部与整体是相似的,所以是一个分形系统.

康托集具有:自相似性;精细结构;无穷操作或迭代过程;长度为零;简单与复杂的统一.

康托集的出现,导致传统几何学陷入危机. 用传统的几何学术语难以描述,它既不满足某些简单条件,如点的轨迹,也不是任何简单方程的解集. 其局部也同样难于描述. 因为每一点附近都有大量被各种不同间隔分开的其他点存在.

康托于1895年和1897年先后发表了两篇对超限数理论具有决定意义的论文. 在该文中,他改变了早期用公理定义(序)数的方法,采用集合作为基本概念. 他给出了超限基数和超限序数的定义，引进了它们的符号；依势的大小把它们排成一个序列；规定了它们的加法、乘法和乘方.

但是集合论的内在矛盾开始暴露出来. 康托自己首先发现了集合论的内在矛盾. 他在 1895 年的文章中遗留下两个悬而未决的问题：一个是连续统假说；另一个是所有超穷基数的可比较性.

他虽然认为无穷级数有最小数而没有最大数，但没有明显叙述其矛盾之处. 一直到 1903 年罗素(Russell)发表了他的著名悖论. 集合论的内在矛盾才突出出来，成为 20 世纪集合论和数学基础研究的出发点.

不过康托的集合论是数学上最具有革命性的理论，因为他精确地定义和构造了数学的最基础概念：无穷集合.

康托的集合论是人类认识史上第一次给无穷建立起抽象的形式符号系统和确定的运算. 并从本质上揭示了无穷的特性，使无穷的概念发生了一次革命性的变化，并渗透到所有的数学分支，从根本上改造了数学的结构，促进了数学许多新的分支的建立和发展，成为实变函数论、代数拓扑、群论和泛函分析等理论的基础，还给逻辑学和哲学也带来了深远的影响.

康托的工作一开始是不受待见的，康托集合论的出现冲击了传统的观念，颠覆了许多前人的想法，康托的成果超越了大多数人的想象边界和常识边界.

因为 19 世纪被普遍承认的关于存在性的证明是构造性的. 你要证明什么东西存在，那就要具体造出来. 因此，人们只能从具体的数或形出发，一步一步经过有限多步得出结论来. 至于“无穷”，许多人更是认为

它是一个超乎于人的能力所能认识的世界，不要说去数它，就是它是否存在也难以肯定，而康托竟然“漫无边际地”去数它，去比较它们的大小，去设想没有最大基数的无穷集合的存在.

反对康托最激烈的是德国数学大师克罗内克(Kronecker，康托的老师). 克罗内克认为，数学的对象必须是可构造出来的，不可用有限步骤构造出来的都是可疑的，不应作为数学的对象，他反对无理数和连续函数的理论，恶毒攻击康托的无穷集合和超限数理论不是数学而是神秘主义. 他说康托的集合论空空洞洞毫无内容，康托是精神病.

除了克罗内克之外，庞加莱也说：“我个人，而且还不止我一人，认为重要之点在于，切勿引进一些不能用有限个文字去完全定义好的东西.”他把集合论当作一个有趣的“病理学的情形”来谈，并且预测说：“后一代将把康托集合论当作一种疾病.”

韦尔(Weyl)认为，康托关于基数的等级观点是“雾上之雾”. 克莱因也不赞成集合论的思想. 施瓦兹原来是康托的好友，但他由于反对集合论而同康托断交. 埃里特·比修普驳斥集合论是“上帝的数学，应该留给上帝”. 维特根斯坦(Wittgenstein)特别对无限的操作有疑问. 当罗素给出集合论的悖论出现之后，他们开始认为集合论根本是一种病态.

1884 年，由于连续统假设长期得不到证明，再加上与克罗内克的尖锐对立，精神上屡遭打击的康托精神崩溃，精神分裂，住进精神病院，1918 年 1 月 6 日在哈勒大学精神病院去世. 不过偶尔恢复常态时，他的思想变得超乎寻常的清晰，继续他的集合论的工作(他的很多重要工作都是精神病发病间歇期做出来的).谁说数学家战斗力弱?

康托的集合论得到公开的承认是在瑞士苏黎世召开的第一届国际数学家大会上赫尔维茨明确地阐述康托集合论对函数论的进展所起的巨大推动作用,阿达玛(Hadamard)也报告了康托对他的工作的重要作用.

希尔伯特高度赞誉康托的集合论"是数学天才最优秀的作品""是人类纯粹智力活动的最高成就之一""是这个时代所能夸耀的最巨大的工作".在 1900 年第二届国际数学家大会上,希尔伯特高度评价了康托工作的重要性,并把康托的连续统假设列入 20 世纪初有待解决的 23 个重要数学问题之首.

二十余年后,集合论的价值才得到认可.20 世纪初数学家们已经普遍认为从算术公理系统出发,只要借助集合论的概念,便可以建造起整个数学的大厦.按现代数学观点,数学各分支的研究对象或者本身是带有某种特定结构的集合,如群、环、拓扑空间,或者是可以通过集合来定义的(如自然数、实数、函数).从这个意义上说,集合论可以说是整个现代数学的基础.

在 1900 年第二届国际数学家大会上,庞加莱(这家伙改正错误倒是快得很)就兴高采烈地说:"数学已被算术化了,我们可以说,现在数学已经达到了绝对的严格."

### 3. 公理化集合论

在康托集合论得到认可的大好形势下,也有不信邪的.相传 1902 年英国数学家罗素给康托写了一封信:"在一个村庄里住着一位理发师,这位理发师只给

这个村庄里那些不给自己刮胡子的人刮胡子，请问这位理发师给不给自己刮胡子呢?”(理发师悖论)，即集合论是有漏洞的. 其实不止罗素一人，当时很多数学家对数学的严密性是很怀疑的.

悖论的发现动摇了数学大厦的基础.(后面我们会介绍集合论是现代一切数学以及相关科学理论的基础)

其实这种传说有夸张的行为，罗素的工作要严谨得多. 罗素构造了一个所有不属于自身(即不包含自身作为元素)的集合 $R$，现在问 $R$ 是否属于 $R$?

若 $R$ 属于 $R$，则 $R$ 满足 $R$ 的定义，因此 $R$ 不应属于自身，即 $R$ 不属于 $R$;

若 $R$ 不属于 $R$，则 $R$ 不满足 $R$ 的定义，因此 $R$ 应属于自身，即 $R$ 属于 $R$.

这样，不论何种情况都存在着矛盾(为了使罗素悖论更加通俗易懂，罗素本人在 1919 年将其改写为理发师悖论).

这样建立在集合论基础上的号称“天衣无缝”“绝对严密”的数学就陷入了自相矛盾之中，这就是数学史上的第三次数学危机.

尽管后来在希尔伯特领导下，世界上第一流的数学家们进行了 100 多年的基础弥补工作，但是直到今天，数学的基础仍然是不稳的，扎实基础并未能完全建立起来. 现在能够做到的就是凑合:给集合论附加了一些公理，避免悖论矛盾(这就是公理化集合论).

公理化方法，就是从尽可能少的无须定义的基本概念(例如，集合论的基本概念只有集合 (set)，关系 (relation)，函数 (function)，等价 (equivalence) 这 4

个)和尽可能少的一组不加证明的原始命题(基本公理或公设)出发,应用严格的逻辑推理规则,用演绎推理得到基础定理.

公理系统要求无矛盾性、完备性和独立性,即在公理系统中不能推出自相矛盾的结论,公理系统应尽可能多地推出这门科学中已经客观存在的结论,最好是能推出全部的结论,要求基本公理不多不少,任何一条公理都不能从其他公理中推出来.

公理化的目的是通过一个演绎系统+基本概念+公理,获得全部定理,确保学科的逻辑严谨.

公理化集合论是 1908 年德国数学家策梅罗提出的,通过集合论公理化来消除悖论.他认为悖论的出现是由于康托没有把集合的概念加以限制,康托对集合的定义是含混的.策梅罗认为简洁的公理能使集合的定义及其具有的性质更为显然,这就是现代数学里面的 ZF 公理系统(除 ZF 系统外,集合论的公理系统还有多种,如冯·诺伊曼(von Neumann)提出的 NBG 系统等).

具体来说 ZF 公理系统包括(由策梅罗和弗伦克尔(Fraenkel)提出)外延公理、空集公理、无序对公理、并集公理、幂集公理、无穷公理、分离公理模式、替换公理模式、正则公理和选择公理.

利用上述公理可以定义出空集、序对、关系、函数等集合,还可以给出序关系、良序关系、序数、基数,也可以给出自然数、整数、实数等概念.

在 ZF 公理系统中,集合的元素都是集合,自然数可用皮亚诺(Peano)公理系统表示,如 $3=\{0,1,2\}=\{\{\},\{\{\}\},\{\{\},\{\{\}\}\}\}$.

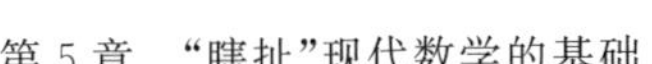

外延公理：一个集合完全由它的元素所决定. 如果两个集合含有同样的元素，那么它们是相等的.

空集合存在公理：存在一集合 $s$，它没有元素.

无序对公理：任给两个集合 $x$，$y$，存在第三个集合 $z$，而 $w \in z$ 当且仅当 $w = x$ 或者 $w = y$.

并集公理：任给一集合 $x$，可以把 $x$ 的元素汇集到一起，组成一个新集合.（对任意集合 $x$，存在集合 $y$，使 $w \in y$ 当且仅当存在 $z$ 使 $z \in x$ 且 $w \in z$）.

幂集公理：任意的集合 $x$，$P(x)$ 也是一集合（对任意集合 $x$，存在集合 $y$，使 $z \in y$ 当且仅当对 $z$ 的所有元素 $w$，$w \in x$）.

无穷公理：存在一集合 $x$，它有无穷多元素（存在一个集合，使得空集是其元素，且对其任意元素 $x$，$x \cup \{x\}$ 也是其元素. 根据皮亚诺公理系统对自然数的描述，此即存在一个包含所有自然数的集合）.

替换公理：对于任意函数 $F(x)$，对于任意的集合 $t$，当 $x$ 属于 $t$ 时，$F(x)$ 都有定义（ZF 系统中唯一的对象是集合，所以 $F(x)$ 必然是集合）成立的前提下，就一定存在一集合 $s$，使得对于所有的 $x$ 属于 $t$，在集合 $s$ 中都有一元素 $y$，使 $y = F(x)$. 也就是说，由 $F(x)$ 所定义的函数的定义域在 $t$ 中的时候，那么它的值域可限定在 $s$ 中.

正则公理：也叫基础公理. 所有集都是良基集. 说明一个集合的元素都具有最小性质，例如，不允许出现 $x$ 属于 $x$ 的情况（对任意非空集合 $x$，至少有一元素 $y$ 使 $x \cap y$ 为空集）.

选择公理：对任意集 $c$，存在以 $c$ 为定义域的选择函数 $g$，使得对 $c$ 的每个非空元集 $x$，$g(x) \in x$.

策梅罗的主要工作是引入了选择公理.

下面重点介绍选择公理:任意的一群非空集合,一定可以从每个集合中各拿出一个元素.

这是显然的命题,就像平面内两点确定一条直线易于理解.但是这个命题能演绎出一些超出人类直觉的结论,例如,巴拿赫—塔斯基(Banach-Tarski)分球定理:

一个球,能分成五个部分,对它们进行一系列刚性变换(平移旋转)后,能组合成两个一样大小的球.

下面直观地来描述一下这个数学大厦基础公理的价值.

没有选择公理很多问题将无解.假设我们要在 $N$ 个批次的轮胎中每个批次抽一个出来送检,如果 $N$ 是有限的,显然没问题,但是如果 $N$ 是无限的,比如 $N$ 与无理数一样多,怎么办?逻辑上就不可能保证每个批次能够选出一个了,因为无穷大是无法排队的,也就是没法挨个选.而选择公理告诉我们:可以选得出来.所以这个公理非常不平凡.

1904 年,策梅罗通过选择公理证明了良序定理.这个公理有极多的等价形式,例如,代数中常用的佐恩(Zorn)引理,也被称为库那图斯克(Kuratowski)—佐恩引理(在任何一个非空的偏序集中,如果任何链(即一个全序子集)都有上界,那么这个偏序集必然存在一个极大元素,可以证明与选择公理等价).

选择公理的用途很大,许多学科的基本定理都依赖于选择公理才能成立.例如,泛函分析中的哈恩—巴拿赫定理(关于巴拿赫空间上的线性泛函的可扩张性),拓扑学的吉洪诺夫(Nikolaevic)定理(关于任意多

紧空间的直积为紧)；布尔(Boole)代数的斯通(Stone)表示定理，每个布尔代数皆同构于集代数；自由群论的尼尔森(Nelson)定理，自由群的子群也是自由的；拓扑学的拜尔(Baire)纲定理；实分析(测度理论)的勒贝格(Lebesgue)不可测集的存在性；泛函分析的巴拿赫—斯坦豪斯(Steinhaus)定理(一致有界定理)，开映射定理，闭图像定理等. 其他还有许多定理，如果没有选择公理也不行.

现代数学中，基于集合论的基础，有数学分析和抽象代数. 至于微分几何、代数几何、代数拓扑和概率论等，它们的基础是数学分析和抽象代数，所以可以说，现代数学的基础，就是集合论.

当然公理化的集合论也是形式语义学和程序理论的基础，其实现在公理语义学是软件开发工具的基本语言.

公理化集合论建立后，希尔伯特激动万分，老泪纵横：没有人能把我们从康托为我们创造的乐园中赶出去. 不过庞加莱认为一些基本问题并未得到解决：公理化集合论，仅仅是为了防备狼，而把羊群用篱笆围了起来，但不知道圈内有没有狼.

庞加莱这次说对了，因为哥德尔后来又证明了完备的公理系统是不存在的，所以数学大厦的基础仍然不稳固，仍然需要修补.

顺便补充一句，ZF 若另加选择公理(AC)，则所得的公理系统简记为 ZFC. 现在已经证明，ZF 对于发展集合论足够了，它能避免已知的集合论悖论，并在数学基础研究中提供了一种方便的语言和工具. 在 ZF 中，几乎所有的数学概念都能用集合论语言表达，数学定理也大都可以在 ZFC 内得到形式证明，因而作为整个数学的基础，ZFC 是完备的，数学的无矛盾性可以归结为 ZFC 的无矛盾性.

选择公理和连续统假设有重要地位，是集合论中长期研究的课题. 选择公理成为数学史上继平行公理之后最有争议的公理，连续统假设是 1878 年康托提出来的，简单地说，就是关于直线上有多少点的问题.

1938 年，哥德尔证明了：从 ZF 推不出选择公理的否定，从 ZFC 推不出连续统假设的否定，即选择公理对于 ZF，连续统假设对于 ZFC 是相对无矛盾的. 1963 年，科恩(Cohen)证明了选择公理对于 ZF，连续统假设对于 ZFC 的相对独立性，即从 ZF 推不出选择公理，从 ZFC 推不出连续统假设. 综合这两个结果，得出选择公理在 ZF 中，连续统假设在 ZFC 中都是不可判定的.

#### 4. 布尔巴基的数学结构

数学界另外一座公理化的高峰是法国布尔巴基学派(Bourbaki)的工作，这是必须介绍的，没法绕过去.

20 世纪 30 年代后期，法国数学期刊上发表了若干数学论文，所论问题深刻，内容详尽，署名为尼古拉·布尔巴基. 1939 年出版了一本《数学原理》，这是一套关于现代数学的综合性丛书的第一卷，水平绝对秒杀世界上大多数数学家，作者也是尼古拉·布尔巴基.

谁是布尔巴基，成为当时世界数学家的一大猜想. 后来还是布尔巴基自己解密：他们就是一群年轻的法国数学家.

布尔巴基里面牛人辈出，例如韦伊、H. 嘉当（H. Cartan）、让·丢多涅（Dieudonne）、薛华荔（Chevalley）、塞尔、格罗滕迪克等人. 布尔巴基成员之中，产生了许多具有世界意义的数学大师，例如让·丢多涅，他发表了大量论文，他本人的 *Treaiseon Analysis* 是具有世界影响的现代分析著作；韦伊在代数数论和代数几何上的工作十分深刻，是 20 世纪中叶以后世界上最重要的数学家之一；H. 嘉当以多复变函数和同调代数驰名天下；成员之一薛华荔，建立了李（Lie）理论和有限群之间的桥梁等. 在布尔巴基成员中，获得菲尔兹奖的有施瓦兹、格罗滕迪克、塞尔、艾伦伯格（同调代数的制定者）. 而且塞尔是世界上第一个数学“三冠王”，最重要的三个国际数学大奖——阿贝尔奖、沃尔夫奖、菲尔兹奖的获得者.

布尔巴基主要成就是编写了多卷集的《数学原理》（超过 40 册），这是一部影响现代数学格局的伟大著作.

《数学原理》这本书是基于公理化基础＋数学结构概念来写的，下面先介绍他们的公理化基础.

前面我们说过，数学的“公理化体系”（Axiomatic Systems）是由一组公理（Axioms）与相关定义（或规定，即 Definitions）构建起来的一种逻辑演绎体系（也叫“数学结构”）. 当这种数学结构是客观现象的“模型”时，基于这种数学结构的逻辑推理能够提供关于这种客观现象的理解（洞察）与预测.

布尔巴基将空集合用“$\varnothing$”表示，定义自然数：数字 $0=\varnothing$（空集本身），$1=\{\varnothing\}$（空集作为集合的元素），$2=\{\varnothing,\{\varnothing\}\}$，$3=\{\varnothing,\{\varnothing\},\{\varnothing,\{\varnothing\}\}\}$，$4=\{\cdots\}\}\}\}$

(注意,这里有 4 个“}”右括号),因此存在顺序关系:$0\leqslant 1, 1\leqslant 2, 2\leqslant 3$,……和包含关系 $0\in 1, 1\in 2, 2\in 3$,……(符号“$\in$”是包含在内的意思,即前者是后者的元素,前者包含在后者的里面).

根据上述定义,我们有了自然数系 **N**,整数系 **Z**,加上定义的加法和乘法,就继续有了有理数系 **Q**,实数系 **R**,以及超实数系 $^*$**R**(注意:星号“$*$”必须打在实数系 **R** 符号的左上方,这是非标准分析的规矩.超实数系 $^*$**R** 里面包含有“无穷小”).至此,我们有了各种数系.

布尔巴基的公理系统很复杂,下面只简单介绍一下实数系的公理系统:

代数公理:

A. 封闭律:0 与 1 是实数.如果 $a$ 与 $b$ 是实数,那么 $a+b$, $ab$ 以及 $-a$ 均为实数;

B. 交换律:$a+b=b+a, ab=ba$;

C. 结合律:$a+(b+c)=(a+b)+c$, $a(bc)=(ab)c$;

D. 单元律:$0+a=a$, $1a=a$;

E. 逆元律:$a+(-a)=0, a\cdot\frac{1}{a}=1\ (a\neq 0)$;

F. 分配律:$a(b+c)=ab+ac$;

定义:正整数是:$1$, $2=1+1, 3=1+1+1, 4=1+1+1+1$,……

次序公理:

A. $0<1$;

B. 传递律:若 $a<b$ 以及 $b<c$,则 $a<c$;

C. 分配律:$a<b, a=b$ 或 $b<a$,其中只有一个式子

成立；

D. 加法律：若 $a<b$，则 $a+c<b+c$；

E. 乘法律：若 $a<b$，而且 $0<c$，则 $ac<bc$；

F. 求根律：若 $a>0$，对于任意正整数 $n$，存在一个实数 $b$，使得 $b$ 的 $n$ 次方等于 $a$；

完备公理：

若 $A$ 为实数集合，其中 $x$，$y$ 属于 $A$，而且 $x$ 与 $y$ 之间的任何实数均属于 $A$，则 $A$ 为一个实数区间.

然后布尔巴基在各种数系上引入不同的公理系统与相关概念的“定义”，使其成为不同的“数学结构”. 例如，布尔巴基利用实数系 $\mathbf{R}$ 构建“连续统”(物理量的模型)，其实就是数学上的“实数轴”. 再进一步构建平面坐标系(即坐标平面)，再进而构建三维空间，等等.

简单点说，布尔巴基认为现代数学就是空集“$\varnothing$”的逻辑延伸物(即无中生有，与中国道家的无极生太极，太极生两仪，两仪生四象，四象生八方，八方生万物是一致的).

再说说结构. 布尔巴基认为数学是研究抽象结构的理论.

结构就是以初始概念和公理出发的演绎系统. 布尔巴基认为只有三种基本的抽象结构：代数结构(群，环，域，……)，序结构(偏序，全序，……)，拓扑结构(邻域，极限，连通性，维数，……). 他们把全部数学看作按不同结构进行演绎的体系.

用实数举例，实数可以比较大小，也就是定义一个元素 $x$ 小于或等于另一个元素 $y$，比如记为 $x\mathbf{R}y$. 它满足一些公理：

(1)对任何 $x$，$x\mathbf{R}x$；

(2)由 $x\mathbf{R}y$ 和 $y\mathbf{R}x$ 可以推出 $x=y$;

(3)$x\mathbf{R}y$ 且 $y\mathbf{R}z$ 推出 $x\mathbf{R}z$.

满足这组公理的集合就被称为有序结构.

同样,实数可以加减乘除(除数不为 0),所以它们满足域公理,这就是代数结构. 实数还有邻域、开集等概念,由此可以引出极限、连续等概念,这就是拓扑结构(即满足拓扑空间的公理).

有些集合只有一两个结构,比如:素数集合只有序结构;整数集合没有拓扑结构;矩阵只有代数结构.

数学结构是布尔巴基学派的一大重要发明. 这一思想的来源是公理化方法,布尔巴基反对将数学分为分析、几何、代数、数论的经典划分,而要以同构概念对数学内部各基本学科进行分类. 他们认为全部数学基于三种母结构:代数结构、序结构和拓扑结构.

所谓结构就是"表示各种各样的概念的共同特征仅在于他们可以应用到各种元素的集合上. 而这些元素的性质并没有专门指定,定义一个结构就是给出这些元素之间的一个或几个关系,人们从给定的关系所满足的条件(它们是结构的公理)建立起某种给定结构的公理理论,就等于只从结构的公理出发,来推演这些公理的逻辑推论".

于是一个数学学科可能由几种结构混合而成,同时每一类型结构中又有着不同的层次. 比如实数集就具有三种结构:一种由算术运算定义的代数结构;一种顺序结构;最后一种就是根据极限概念定义的拓扑结构.

三种结构是有机结合在一起的,比如李群是特殊的拓扑群,是拓扑结构和群结构相互结合而成的. 因此

布尔巴基著作中，数学的分类不再像过去那样划分成代数、数论、几何、分析等部门，而是依据结构的相同与否来分类.比如线性代数和初等几何研究是同样一种结构，也就是说它们“同构”，可以一起处理.这样，他们从一开始就打乱了经典数学世界的秩序.

布尔巴基说:从现在起，数学具有了几大类型的结构理论所提供的强有力的工具，它用单一的观点支配着广大的领域，它们原先处于完全杂乱无章的状况，现在已经由公理方法统一起来了.由这种新观点出发，数学结构就构成数学的唯一对象，数学就表现为数学结构的仓库.

基于结构的思想，布尔巴基把代数拓扑学、同调代数、微分拓扑学、微分几何学、多复变量函数论、代数几何学、代数数论、李群和代数群理论、泛函分析等数学领域汇合在一起，形成一个整体.

布尔巴基认为，数学主要考虑抽象的数学结构，强调考虑的是对象的集合之间的关系，而对对象(元素)究竟是数、是形、是函数还是运算并不关心;只考虑抽象的数学结构，不关心对象具体是什么.这与经典数学关心具体的数学对象是大不相同的.

“数学家研究的不是客体，而是客体之间的关系.”他们感兴趣的对象是某些“集合”的“元素”以及它们之间的某些“关系”.

布尔巴基的结构数学在方法论和认识论上都有重要意义，一方面，从适当选定的少数公理能够得出在证明中特别有用的大量结论;另一方面，在极为丰富多彩的数学对象中能够识别出这些结构，结果把它所带给自己的工具变成整个数学工具库的一部分.并且，数学结构是分成层次的，代数结构（如李群、群、环、域等）、拓扑结构（如拓扑空间等）、序结构（如偏序、全序、格等）是比较基本的三大类结构．两种或多种结构可以复合而成更复杂的结构，它们之间通过映射或运算联系在一起；两种或多种结构还可以同时出现在同一集合上，它们之间通过一定关系彼此相容，形成多重的结构；多重结构经过组合，就形成更为复杂的结构．

数学研究的种种对象经过分析可以发现其中的种种结构．这样数学家的工作浓缩为要着重解决两大问题，一是对于某种类型的结构把不同构的结构加以分类；二是两种结构何时看成是同构的．

他们认为只有抽象和综合才真正导致了本来就很特殊的情况和经常掩盖着事情本质的那些现象的消失，才能够弄清楚外表完全不同的问题之间的深刻联系；进而弄清楚整个数学的深刻的统一性．例如，最早被认识和研究了的结构，是由伽罗瓦所发现的“群”的结构．

布尔巴基学派产生的原因是：在 1914 年到 1918 年的第一次世界大战中，法国年轻的优秀数学家们有三分之二参军，在战场上牺牲了．所以第一次世界大战结束后，法国数学已经严重落后于欧洲和世界，因为数学是个年轻人的行业，法国活下来的数学家都是老年人，他们水平还停留在 20 年前，对现代数学的发展一无所知，例如对莫斯科拓扑学派和波兰的拓扑和泛函分析学派一无所知，也不理解冯・诺依曼和黎兹（Riesz）的工作，对阿廷（Artin，抽象代数奠基人之一）、诺特（Noether，一般理想理论）所创立的抽象代数学，西格尔（Siegel）和哈塞在任意代数数系数的二次

型研究上获得重要结果,范·德·瓦尔登(Van der Waerden)划时代的著作《近世代数学》,希尔伯特的泛函分析,巴拿赫的线性算子理论,盖尔方德(Gelfand)、豪斯道夫(Hausdorff)等人的微分拓扑和代数拓扑,另外李群、李代数、代数数论、代数几何、现代分析(由泛函分析所推动的分析)和广义函数论、偏微分方程理论上巨大的突破都一无所知(其中代数拓扑学和微分拓扑学被称为现代数学的女王),还是只在函数论这个法国传统领域做道场,而且对法国自己的嘉当的工作也不理解(超出他同时代人的水平 20 多年). 而这个时候,德国数学突飞猛进,涌现了一批第一流的数学家,例如诺特、西格尔、阿廷、哈塞等. 当时法国最年轻一代数学家,例如韦伊、H. 嘉当、让·丢多涅、薛华荔、塞尔、格罗滕迪克等人(这些人就是布尔巴基学派的第一代核心成员),不满足于法国数学界的现状,认识到了法国数学同世界先进水平的差距,他们认为必须改革法国数学,不然世界就会忘记法国数学,使法国的二百多年大师辈出的传统中断,这就是产生布尔巴基学派的原因.

一般把传统模型数学称为第一代,结构数学称为第二代,布尔巴基写的《数学原理》创造了第二代数学. 这套书有七千多页,是有史以来篇幅最大的数学巨著,包含了集合论、代数学、一般拓扑学、一元实变量函数、拓扑向量空间、积分论、交换代数学、微分簇及解析簇、李群和李代数、谱理论等卷,把代数拓扑学、同调代数、微分拓扑学、微分几何学、多复变量函数论、代数几何学、代数数论、李群和代数群理论、泛函分析等数学领域整合在一起成为一个整体,而不是各个专业. 其实布尔巴基的初衷只是撰写一本用于教授微积分的教材，并以此取代当时法国较为流行的分析教材，不想搞成一座摩天大厦.

《数学原理》的各分册都是按照严格的逻辑顺序来编排的. 在某一处用到的概念或结果，一定都在以前各卷、各分册中出现过. 全书特点是简洁而清晰，论述和证明都没有废话. 所以《数学原理》能够成为标准参考书，并且是战后的数学文献中被人引用次数最多的书籍之一.

20 世纪中期，世界数学界是布尔巴基集体的寡头统治的时代，在第二次世界大战后的十几年间，布尔巴基的声望达到了顶峰，使法国数学在第二次世界大战之后又能保持先进水平，而且影响着整个现代数学的发展.《数学原理》成为新的经典，经常作为文献征引. 布尔巴基讨论班的成果就是当时世界数学的最新成果. 不过数学是年轻人的科学，所以布尔巴基成员 50 岁退休.

1970 年左右，布尔巴基比较忽视的分析数学、概率论、应用数学、计算数学，特别是理论物理和动力系统理论开始蓬勃发展，而他们熟悉的代数拓扑学、微分拓扑学、多复变量函数论等相对平稳，数学家的兴趣更集中于经典的、具体的问题，而对于大的理论体系建设并不热衷，数学研究更加趋于专业化、技术化，在这种情况下，20 世纪 70 年代以来，在论文中引用布尔巴基《数学原理》的人越来越少了. 布尔巴基进入了黄昏.

不过后来的数学重大进展，例如，莫德尔猜想的证明、费马大定理的证明，椭圆曲线是模曲线的完全证明等都是布尔巴基数学的开花结果. 在 1980 年以后出现

的非交换几何、量子群理论、M. Gromov 的群论和辛几何也少不了布尔巴基结构数学的框架.

希尔伯特说过“只要一门科学分支能提出大量的问题,它就充满着生命力;而问题缺乏则预示着独立发展的衰亡或中止.”康托也说过,“问题是数学的心脏”.而会提重要的或有价值的问题,按照陈省身说法,需要审美能力.

中国数学家目前最大的问题是很少有提有价值问题的能力.

华罗庚说过,问题提得好,问题就解决了一半.很多大数学家,例如陈省身、吴文俊、丘成桐、陈希孺等人,很欣赏在课堂上提好问题的学生,吴文俊先生甚至会赞不绝口:这真的是一个好问题,好问题.多遍重复后,有时会邀请提问题的学生上讲台与他共同商量解决问题,让学生在黑板上解释自己的想法.陈希孺先生甚至会在黑板上开始试图解决学生的问题,直接展示大师是如何做研究的过程.

# 复兴数学哲学的一些建议①

## 第6章

让我们暂时撇开那些熟知的哲学，清醒一下头脑，转向我们的实际经验.

任何一个人，即使他只曾对数学稍有过兴趣，或曾观察过对数学有兴趣的人，都知道数学工作是借助思想进行的. 符号仅用来帮助思考，正如乐谱帮助音乐创作一样. 音乐是先乐谱而就的，而且乐谱也绝非作曲家音乐思想的完全体现. 同样，我们知道，一组公理和定义欲描述的只是数学思想的主要特性. 该思想总还可能余留下未被形式化的一面；我们不曾追究其是非而在那里使用着它，因为还没有发现也许会导致我们怀疑它的反例.

① 编译自 *Advances in Math*，1979(1)，31：31－50. 作者 Reu ben Hersh.

事实上，要在数学中达到对确实性和清晰性的理解，有时是特别困难的.

人们常能听到有关现代数学每一分支的一些故事(总是言传而不见诸文字).

“我们这个课题中的许多最重要的定理，首先是由伟大的某某教授发现的. 他有如此强的直觉，使他能以别人无法理解的方法得出他的结论. 几年后，别的人能够用该领域的所有工作者都能仿效的手段证明他的结论. 当然(也许除了一、二个例外)，某某的一切公式和定理全是对的. 问题恰恰在于没人能够解释他是如何发现这些结果的.”我肯定不愿冒犯传统而填上那个空头名字. 概率论专家、偏微分方程专家、代数学家和拓扑学家讲述着同样的故事，只是那英雄的名字不同罢了. 在获得圆满的证明之前，那类知识是无法按形式主义解释清楚的.

还有一个例子. 在一次国际数学家大会上，有位著名教授应邀做报告，讲了他最新得到的结果. 他声明这些结果的正确性还不完全肯定，因为没有时间请同行专家予以检查. 当然，直到你和其他人的检查相符时，才能保证你没有忽略某些环节.

即使最伟大的数学家也会犯错误，有时是重要的错误，甚至还能在长期以来被认为是著名的论文中发现错误.

1963 年 9 月的美国数学会会议录中，登了一篇题为《Herbrand 的错误引理》的文章，作者是 Dreben，Andrews 和 Aanderaa. 他们证明 Herbrand 于 1929 年发表的一篇论文中有几条引理是错的. 这些引理是用来证明一条对逻辑学发生了 50 年影响的著名定理. 作者们接着便阐明,可以用正确的引理来代替错的,进而证明那条定理.

1975 年 3 月的美国数学会会报,发表了 S. Hellerstein和 J. Williamson 的文章,题为《整函数的导数和波利亚问题》. 他们写道:"在 1914 年,波利亚(Polya)问:'如果一个整函数 $f$ 和它的所有导数仅有实的零点,那么 $f$ 在 $U_0$(波利亚-拉盖尔(Laguerre)类)中吗?'M. Alander 证明波利亚问题的答案对所有在 $U_{2p}$($p\leqslant 2$)中的 $f$ 都是肯定的. 他又声称结论对任意 $p$ 皆成立. 然而,波利亚在一篇关于逐次微商零点的著名综述文章中,只提到 Alander 的成果,却没提及他的更一般的结论. 本报告的第一名作者在 A. Edrei 指导下念书时,把这种奇怪的遗漏告诉了老师并引起了他的注意. 随之,Edrei 询问波利亚,得到的回信中说:他知道 Alander 的更一般的'证明',但他无法相信它,也无法说明它错了! Alander 证明涉及跟 $U_{2p}$ 中函数相联系的调和函数的水平曲线. 避开这种几何的考虑而代之以直接的分析方法,我们成功地证明了 Alander'定理'的更强的变形."

注意,Alander 和 Herbrand 定理都是正确的——虽然他们的证明有缺陷. 这是最典型的例子. 为什么会发生这类事情呢?

Philip Davis 写了篇非常有趣的文章. 其中一部分内容是讨论数学出版物中的错误,提到了一些著名的名字和例证.

Davis 提出,数学证明的长度和相互依赖关系意味着数学中的真理是带或然性的. 我认为他的论证还说明:数学知识是难免不出错的,这和其他学科的知识

是类似的.

让我们用"直觉推理"或"非形式推理"来称呼数学中那种根据不言明的理解所进行的推理.它处理的是概念而不是符号;它区别于计算,因为计算是处理符号并能机械化的.那么,在检查一个"分析－代数"证明时,正如数学家们做的那样,首先进行的是直觉推理.当然,直觉推理也有许多种类.欧几里得(Euclid)三角形内角和等于二个直角的证明是可以用形式语言写出来的,并仅仅用玩牌式的方法推演.但是,为了理解这样一个证明,读者将必须赋予这些推演某种意义,即,他不得不进行直觉推理.如果通过画一张熟悉的图形来给出证明,那是另一种不同的直觉推理,其中,用符号证明时需要若干步的推导经一次顿悟就能明了.我们所做的,不是在直觉的难免不出错的推理和形式的不会出错的推理之间选择,而是在两种都是直觉的难免不出错的推理(文字的和图形的)之间择一.(附带说一句,文字的推理可以形式化,这种形式化本身由于某种目的而被研究,画图也完全可能形式化)

这样说,并不是要否定数学家可以按直觉的水准核实"正确证明"的观念,而只是说明这种观念跟形式证明完全不一样,后者的正确性总能用机械的程序加以核实.

我们在数学中没有绝对的确实性,有的只是实际的确实性,正如在生活的其他领域一样.数学家们意见分歧、发生错误并修改它们都是不能断定一个证明是对或错之故.

面对这些明显的事实,人们有三种抉择.最常见的一种是伪善的,即假装不注意说教和实际之间的鸿沟.

要摆脱伪善，就必须抛弃神秘性，不再追求实在性. 说数学家每天具体搞的都不是“数学应该是的那种东西”，或者说理论及数学证明实际（或近似地，或原则上）是一种机械过程，两者都不完全正确.

有一种普通的回答是说，“真的，我们并不总是像应该做的那样细心和彻底，但这并不损毁我们的思想.”

这种说法在某种意义上是无可争辩的. 的确，我们应该努力不犯错误；但是，假如这意味着我们真的必须（如果有的是时间和精力）用能由计算机来检查的形式写出证明，那肯定会引起争议，特别是那些有修改程序错误经验的人.

情形恰恰不是通过形式化而使被怀疑的证明变成确定无疑的东西；相反，那样做的结果将是用编码和程序的可怀疑性代替原证明的可怀疑性.

每天发生的真实情况是，由人在检查形式证明的正确性（即被写出来的计算机编码的正确性），他们根据对计算步骤意义的理解来核实其形式的正确性.

当使用大量的、复杂的程序变成家常便饭时，大家就会认识到：用人们易懂的方式书写这些程序是最本质的——它应是可理解的，而不只是形式上正确. 是的，我不能给“可理解”下正式的定义. 然而，实践清楚地表明，是靠“可理解”来论证形式计算的正确性，而不是相反.

在前文我们试图说明两点：

（1）讨论基础问题的各派观点都包含一个未言明的假定，即数学必定是不容置疑的真理的本源；

（2）所有学派的实际经验，以及数学家的日常经验

都证明:数学真理像其他真理一样是难免不出错的,并且是可以改正的.

形式主义已被日常经验证明是错的;柏拉图(Plato)主义则假定存在一个虚构的仙境,那里有无数不能达到的假想事物正等待着数学家们去认识,上帝给了他们最丰富的直觉.难道我们必须从这两者之间择一吗?向数学哲学提出一个新的任务是合乎情理的:不再去寻求无可置疑的真理性,而是给数学知识一种符合其面貌的解释——难免不出错,可以修正,带暂时性并在逐渐发展,这些特点跟人类的所有其他知识是一样的.我们不必去继续寻找基础而徒劳无功;我们也不必因缺乏基础而迷惑徘徊或感到不合逻辑;我们应把数学看成是一般的人类知识的一部分.我们能够试着来分析数学究竟是什么,亦即,真实地反映当我们使用、讲授、发明或发现数学时所做的事,办法是以火星人的不偏不倚的目光来研究历史、内省、自我观察或互相观察.

实行这项计划要求采取一种根本不同于那三种经典看法(形式主义的,柏拉图主义的,直觉主义的)的哲学态度.这意味着不承认任何一种先验的哲学信条有权告诫数学家该做什么,或者宣称他们正在不由自主地或不知所谓地做着什么.这种态度的出发点是:现代的或历史上的数学乃是实际存在的事物,它不需要辩护或加以另外的解释.数学哲学的任务应是阐明(从外部,像对待一般的人类文化一样;而不是从内部,不是囿于数学内部)数学家们正在做什么.如果这种尝试能成功,那将给数学一种数学家承认为真的描述.这种描述一旦讲出来是非常显然的,但在事前,也许它过于显然,而任何人都不屑一说.

这里,可与科学哲学的遭遇相比较.有一个时期,科学哲学家著述了获得归纳发现的详尽规则,并假定科学家们都在遵从这些规则行事.事实上,人们很难找到一个科学家曾照这种规则获得过发现;对此,科学哲学家则似乎并不过问.最近,K. Popper 和 M. Polanyi 采用不同的方法来描绘科学,它更接近科学发展的真实情景,而不是如此依赖于 Francis Bacon 或 John Stuart Mill 的传统哲学化方法.正在实地工作的科学家对 Popper 和 Polanyi 的著作不再是不屑一顾;相反,有些科学家已经证实,由于接受了这些科学哲学著作中的观点,已使他们的工作有所获益.

我们也可以不按传给我们的偏见来想象数学是什么,而根据实际经验描绘它.我们的经验肯定没告诉我们数学是一种符号游戏(形式主义),也没告诉我们它是关于理想实体的直接感觉(柏拉图的理想主义).

对于什么是数学,最直截了当和自然的回答是什么呢?

数学是研究思想事物的,它不是铅笔和粉笔写下的符号,也不是物质的三角形或物质的集合,而是思想(它可能跟物质对象相对应或由物质对象启发而得).日常经验告诉我们数学研究或数学知识有哪些主要性质呢?

(1)数学对象是由人们发明或创造的;

(2)它们不是随心所欲地被创造出来的,它是在已有的数学对象的基础上经加工提出的,是由于科学和日常生活的需要提出的.

(3)数学对象一经被创造,就具有完全确定的性

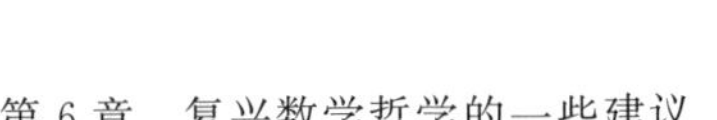



质.我们要发现这些性质也许存在巨大的困难,但它们独立于我们有关它们的知识之外存在着(例如,我定义一个函数为某个边值问题的解,那么该函数在内点的值是确定的,尽管我可能还缺乏有效的方法求出它).

这三点是必须要理解的经验事实,而非必须确立的哲学命题.我们应做的是去分析它的佯谬,检查由此推出的哲学结论.

说数学对象是人们发明或创造的,那就需把它们跟自然对象区别,比如石头、X 射线或恐龙.

近来,有些哲学家(Korner,Putnam)论证说,纯数学论题表述着物质世界——但不是其现实性,而是可能性.他们提出,数学中的存在意指物质世界中潜在的存在.这种观点有其优越性,使我们能去讲“数学的陈述有意义,它们可能是真的或假的”这种话.然而,它的缺点是试图用含糊的东西解释清晰的东西.试考虑定理 $2^c<2^{(2^c)}$,或同调代数的任何一条定理.还没有一位哲学家已经解释清楚它应在何种意义下看成是所谓的物质“可能性”.

正在工作的数学家都具备这种常识:像代数对象或集合论对象都仅仅是一个理论中的一部分,它们是人们在近代创造出来的概念.它们的存在并不像柏拉图的理念或物质世界中潜在的可能那样,是永恒或不受时间制约的.

可以问一下,我们自己创造的这些对象为何常常能用来描述自然的一些方面呢?详尽地回答它是很重要和复杂的,是数学史研究的主要任务之一,也是数学认识心理学——它大概诞生于 Piaget 的研究和他的学派——的一个主要研究任务.然而,泛泛地回答是容易和显然的.人们生活在世界上,他们的思想归根结底来源于他们生活的世界——他们的文化和历史所反映的世界.思想最终植根于人的生物习性和人们周围的物质环境.我们的肺适合本星球的大气①,同样的,我们的数学思想也适合这个世界.

数学对象一经创造和传播就存在了.它们成为人类文化的一部分,而跟它们的来源相分离.于是,它们便成为一种客体:有自己完全确定的性质;我们也许能够发现,也许不能发现这些性质.

假如这听起来似有矛盾,那是因为有一种习惯性的想法,认为世界上只有两类实际存在的事物:一方面是单个的物体(孤立的自我),另一方面是外部自然界.

数学的存在足以说明这种世界观是不完善的.我们这个社会中的习惯、传统和风俗——一切非物质的文化——乃是世界的另一方面,它们即不在单个人的"内部",也不属于人类以外的"外部"世界②.数学也是两者之外的第三种实在——它的实在性从全社会的角度看是"内部的",从每个单独的社会成员的角度看是"外部的".

数学对象具备完全确定的性质这一点,就像数学问题通常有完全确定的回答一样须为人们熟知.

---

① "我曾遇见这样的人,他们为发现猫的皮正好在长眼睛的地方有两个洞而惊讶不已."(我感谢 Wilhelm Magnus 允许我从"Lichtenberg, 18 世纪哥廷根的一位物理教授"中引用这句话)

② Popper,特别是 White 也提倡与此相关的思想.R. L. Wilder 在论述数学乃是一种文化现象的名著中,也暗含着这种思想.在一种不同的意义下,它们也隐含在玻利亚论述"启发式研究"的著作中.其哲学解释已由 Imre Lakatos 给出.

要更充分地说明其理由，必须进行实际研究而不能靠推测. 但是，它的粗略轮廓是任何一个研究和讲授数学的人都了解的.

要获得关于计算的观念，就要有数硬币、砖头或卵石的经验；要获得角度的观念，就需要有在纸上或沙箱上画相交直线的经验. 这些经验在头脑中的反映或实例计算为新的观念准备了条件[①]. 一种适当的共有的实践经验——先是物质的操作，后是纸和笔的计算——创造出一个人们共有的概念.

当然，并非每一个人都是从经验中得到所要求的结果. 一个从来不理解我们为什么要他在代数式中使用括号的学生，肯定没经历过上述过程.

我们为什么能在一起互相谈论代数？因为我们接受过为此目的而制定的训练，我们无需再把形式上定义的多项式用言语来表述. 多项式是客观的：不论我们知道与否，它们已具备了某种性质. 也就是说，我们所共有的概念中已蕴含了这些性质. 要澄清这一点比研究语言学问题更深奥. 没有人清楚地理解那是怎么一回事：语言确有一些使用它的人不知其详的玄妙而复杂的性质. 当然，人们都不怀疑这些性质囿于语言使用者的文化之中——即不在外部世界，也不在另一个理想世界. 数学对象的性质也就是人们共有的概念的

---

① 专业数学家几乎没有读过 Piaget 的著作. 部分原因也许是他关于群和其他抽象数学结构的某些解释好像过于朴素或被歪曲了. 然而，他的中心思想无论怎样估计都不会过分：数学直觉不是通过消极的观察从自然中引出的，而是通过对于对象或符号的积极研究的经验中创造出来的. 这种观点对数学认识论的全部重要性还需要有正确的评价.

属性.

我们感觉到的"数学实在"可看成是一张铺开的由共有概念织成的网,这些概念具备客观的性质,这些性质通过各式各样的推理和论证被探查清楚;而我们称之为"证明"的那些有根据的推理并非普遍适用,数学中这一分支与那一分支中的推理是不同的,在历史发展的不同阶段也有差异.

统观人类的这些经验,对下述问题确还有详细解释的必要:

数学对象是怎样被发明的?

现有的数学,其他科学分支的概念和所提出的需要,客观物质的直接写照,这三者之间处于什么样的相互关系?

"证明"这个观念是怎样发展的? 它在变得越来越精确和细微时,怎么又发现了存在着新的危险和产生错误的根源?[①]

作为我们共同意识的一部分的数学概念和推理织成的网具有整体性吗? 其整体强度是否超过了推理中每一环节的强度,使得任何一个局部坍塌仅能影响到最靠近它的一部分呢?

如果我们同意数学史的研究范围可以扩展到现代(我们应该同意),那么这类哲学问题可由数学史家来研究. Thomas Kuhn 的名著是深入这类科学哲学问题

---

① 就历史而论,说数学与矛盾无关显然是完全不真实的;无矛盾性好像是一个要去争取达到的目标,……每一个数学家,不论是新手还是老将,他们在日常研究中遇到的各种矛盾并无显著划出的界线. 矛盾皆产生于多少是容易觉察到的错误和那些可以从逻辑上思考几十年、甚至若干世纪的重要悖论.

的典范,它只有基于对历史的研究才成为可能.这类工作必须在数学史和数学哲学领域开展下去①

当然,这类工作绝不会使数学真理变成毋庸置疑的,但数学真理为什么应该是毋庸置疑的呢?

在日常生活中,我们清楚地懂得我们的知识是要修改的,是部分和不完全的.一般认为,自然科学的进步经由下述几种方式实现:扩展原有知识,修改原有知识,有时甚至是抛弃和更换原有的知识.谬误在跟反映科学知识特性的经验的对照中可能得到纠正,这说明"我们的观念是共有的"以及"我们互相检查工作"是带根本性的两件事.

这样来解释数学并没有任何新奇之处,它只不过在试图描述数学家实际正在干什么,以及数学家若干世纪以来一直在做些什么.

如果说有一点新颖之处,那就是试图自觉地避免弄虚作假或用唯心主义的方式表现事物.

柏拉图主义和形式主义都是在试图把数学确立为某种超人的、实在的、应运而生的.如果我们不再承担将数学建成为无可怀疑的真理之本源这一义务,那我们就可以承认它是人类的某种智力活动.

这时,我们抛弃了某些古老的希望;得到的是有关我们正在从事的工作的清晰概念及其道理.

"难道对于数学我们也需要有一种新的意识吗?

---

① "处于目前形式主义占支配地位的情况,人们自然想解释清楚 Kant 的话:缺乏哲学的指导,数学史陷入了盲目;而离开数学史中最迷人的现象,数学哲学又变得空洞无物."(Lakatos)近期数学史的研究工作显示对哲学的兴趣增加了.

……强调数学信息的变化、交流和体验，这是一种新意识. 此时，数学是使用人类的词语讲述的，而不是仅在最初阶段才能理解的一大堆符号. 这种意识认为，人们经历着的数学是带启发性的智力活动；而不是一部几乎完全自动化的逻辑装置，它同时热闹非凡地执行着大量似乎无关联的操作. ”(P . Henrici, Quart. Appl. Math. April, 1972. 38)

这里存在着一个概念世界，它是人类创造的，存在于人们共同的意识中. 这些概念具有种种客观的性质，它们同物质对象的性质一样客观. 构作证明或反例是发现这些概念的性质的方法. 这就是我们称之为“数学”的知识分支.

本章内容强烈地受到 Lakatos 对形式主义批判的影响，并以他的目标为己任：“将数学哲学深深嵌入一般的认识论，并仅在这种意义下理解它. ”

这里，无意详论由直觉主义和构造主义提出的论题，它们已由 Bishop, Stolzen-berg 和 Kopell 加以讨论，可见诸于 *Historia Mathematica* 2 (1975)这本专辑. 从专辑中可知，持“经典”看法的代表显然不愿意讨论 Bishop 提出的哲学论题. 站在经典的立场对直觉主义的谨慎评价是由物理学家阐述的，可参看 Bunge 的文章.

Stemer 采纳了“柏拉图主义”观点，丢多涅则袒护形式主义观点. Monk, Cohen 和 Robinson 根据 Cohen 关于连续统假设和选择公理独立性的证明，讨论了“柏拉图主义－形式主义”二元论. Putnam 则在他的著作中提出了唯实论的“模态逻辑”(“modal－logic”).

感谢许多朋友就本章主题进行了富于批判精神的

建议:Jose-Luis Abreu, Gus Blaisdell, Mario Bunge, Chandler Davis, Matin Davis, Philip Davis, Harold Edwards, Fritz John, Joe Keller, Morris Kline Peter Lax, Wilhelm Magnus, Robert Osserman, George Polya, Gian-Carlo Rota, Joel Smoller, Gabriel Stolzenberg 和 Raymond Wilder. 本章的有些观点首先是在跟 Phyllis Hersh 的交谈中形成的. 我还要感谢 Joe Schatz 的一篇未发表的文章以及玻利亚、Imre Lakatos 和 L. A. White 的已发表的著作.

跟本章类似的一种观点由三位计算机科学家 R. A. DeMillo, R. J. Lipton 和 A. J. Perlis 所提出,那篇很有趣的文章题为 *Social Processes and Proofs of Theorems and Programs*(在 SIGPLAN 会议发表,会议讨论 Principles of Programming Languages, 1977 年 5 月于 Los Angleles 举行. 刊于 *Proceedings*, 206-224 页).

# 第三编

## 阳春白雪——代数几何

# 对话李克正教授：为什么要学习代数几何[1]

## 第 7 章

李克正教授生于 1949 年，中学时代因“文化大革命”中断了学习，插队多年并作过工人，1977 年被中国科学技术大学破格直接从工人录取为研究生，1979 年公派到美国加州大学伯克利分校留学，并于 1985 年获得博士学位，1987 年回国，先后在南开大学和中国科学院研究生院任教，目前执教于北京的首都师范大学数学系.

李克正教授是我国知名的代数几何学家，主要在代数几何与算术代数几何领域中从事分类与参模空间理论及几何表示理论的研究工作，其代表作品是专著 *Moduli of Supersingular*

① 作者陈跃.

*Abelian Varieties*,此书作为著名的"黄皮书"*Lecture Notes in Mathematics* 丛书中的第 1680 卷出版,李克正教授还写了《抽象代数基础》《交换代数与同调代数》和《代数几何初步》等三种研究生教材,在繁忙的教学和研究之余,他还担任了许多像《中学生数学》主编这样的社会工作.

2009 年 5 月 26 日上午,李克正教授在首都师范大学数学系他的办公室里回答了我们的问题,一起参加提问的还有首都师范大学数学系吴帆等人.

**问** 今天对您能在百忙中回答问题表示感谢. 请先介绍一下我国早期研究代数几何的情况.

**答** 我国最早研究代数几何应该是从曾炯之开始的,只可惜他在 1940 年 40 岁刚出头就去世了. 到了 20 世纪 60 年代,我国主要研究代数几何的人是吴文俊. W. Fulton 在 80 年代写 *Intersection Theory* 一书时,并不知道吴文俊在中国的工作,吴文俊早在 60 年代就做出了他的最重要的工作,也就是 Wu Class(吴文俊示性类),它在代数几何中是很重要的. 由于当时国内特殊的社会状况和中外信息交流不畅,国际上是到了 20 世纪 90 年代才开始了解和介绍吴文俊的工作.

**问** 众所周知,代数几何是一门非常难学的学科,它所用到的基础知识非常多,所以我很好奇地想知道以您为代表的一批中国数学家是怎样在 20 世纪 80 年代初期学会代数几何的,当时主要有哪些人?

**答** 我国在 20 世纪 80 年代初出国学习代数几何的人有肖刚(巴黎第 11 大学)、我(伯克利)、罗昭华(Brandeis 大学)、杨劲根(M. I. T.)、陈志杰(巴黎第

11 大学)等,杨劲根的导师是 M. 阿廷. 在国内学习的人有胥鸣伟和曾广兴等,曾广兴是戴执中的学生.

**问**　听说您在中学十六七岁就开始学习抽象代数,怎么那么早就对抽象代数感兴趣?

**答**　那当然有原因,就是我杂书念得很多,现在看也没有什么奇怪的. 第一,读《数学通报》,那时所有的好学生全念这本杂志,它经常登带有普及性的东西,例如群有什么用处. 第二,读普及性的小册子,例如段学复的《对称》. 第三,读高等代数课本,知道了线性变换群,这样我的背景知识就很多. 我觉得这是好东西,这正好是我想念的东西,太高兴了,我喜欢这个东西,正好有这个书. 而且学校不管我们念什么东西,与现在中学不同,我们有充足的时间. 我们那时上课很少,下午 3 点以后绝对在教室里找不到人,全都在操场上,或去图书馆看书. 而且当时教改,学生会了可以不上课,到时来考试就行. 有时我上课不去,那时候我去图书馆,里面有代数书,但这是教师用书,学生不能借出,但是你可以在图书馆里看,这样学的抽象代数.

**问**　您是怎样开始学代数几何的?

**答**　1977 年 10 月全国开始恢复招研究生,当时只有两所大学可以招研究生,一个是复旦大学,另一个是中国科技大学,科技大学是一个一个招的,复旦是招了一批. 肖刚是 1977 年 10 月先进科大,我稍晚一些在 1977 年 11 月下旬进科大读研究生,这时候我们只知道有抽象代数,根本就不知道还有代数几何这门学科. 我们俩人的导师是代数学家曾肯成. 我们念 R. Carter 的 *Simple Groups of Lie Type*,想在该方向上继续作一些工作,因此就读了 J. E. Humphreys 写的 *Linear*

*Algebraic Groups*，开始涉足代数群. 在这本书的第一章有一些代数几何的基础知识，这才知道还有代数几何这样一门非常深刻的学科. 当时我们想，要么不作研究，要作的话就要作深刻的东西，于是我们俩人开始转向学习代数几何.

**问** 后来你们怎么去了国外？

**答** 当时正值国家开始向外派遣留学生，我们就有了在国外学习代数几何的机会. 导师说，你们两个人不要去同一个地方，一个去欧洲，一个去美国. 由于肖刚学语言的能力强，所以他去了法国，我去了美国加州伯克利. 肖刚是一个极其聪明的人，他的语言能力极强，他从最初步的法语单词开始学习，两周后就可以听懂法语广播中 70%的内容.

**问** 这真让人吃惊，肖刚后来的情况怎样？

**答** 肖刚的导师是 Raynaud，做的是算术代数几何，但肖刚最后做的是纯粹的代数几何，也就是复代数几何. 我们虽然分开了，但是关系很密切，经常通信. 肖刚回国后和陈志杰一起组成了一对黄金组合，在华东师大培养了一大批学生，有谈胜利、孙笑涛、陈猛、翁林、蔡金星等人. 肖刚出国交流访问的时候就由陈志杰负责基础性的教育，学生的论文则由肖刚指导把关，所以说肖刚对国内代数几何学的发展影响最大. 此外，罗昭华培养的学生有唐忠明等人，唐忠明后来作交换代数，交换代数与代数几何有密切关系，他是我国作交换代数作得最好的.

**问** 您是哪一年到伯克利学习的？请说说伯克利的学习情况.

**答** 我在 1979 年底来到伯克利，刚进伯克利主要

是修课、考试、得学分，这些东西快得很，不需要怎么费力. 伯克利的体系跟咱们中国是很不一样的，它进来的学生统统都是博士生，不存在硕士生和博士生的区别. 你都可以念博士，但是进来的博士生和出去的博士大概是 3 比 1，中间淘汰得非常厉害，它绝对不保你，跟我们这儿没法比，完全看你最后念得好不好. 如果不写博士论文但完全通过了前面几道考试关卡，可以申请获得硕士学位，然后，怎么样才能拿到博士呢？中间有很多关卡，每一道关卡都会卡下一些人，到最后 3 个人中淘汰 2 个人，它不是一下子就淘汰掉的. 其中第一道关卡叫 Preliminary Examination，第二道叫 Qualifying Examination 等，最后一道当然是博士论文. 中间还有很多关卡，其中一道是选导师，如果没有导师带你，那你就完了. 我们这儿的体系是博导必须要带博士生，不带的话你的博导资格就被取消. 他那儿可以多带，也可以不带，这不是导师必要的工作，有的教授 10 年也可以不带研究生，你拿他没辙，唯一的约束就是教课，每个学期每个教授都必须教一门研究生课和一门本科生课. 教授凭什么带研究生呢？那当然凭他喜欢你，他觉得培养这个人有价值，这完全没有任何功利的因素在里面.

**问**　您的导师是谁？

**答**　我到伯克利是冲着 Hartshorne 去的，但是到了那个地方却没有跟着 Hartshorne，这个原因主要是个人兴趣不同. 那时候 Hartshorne 带着一大伙学生和访问学者在搞向量丛，我不太有兴趣，所以没有选他作导师. A. Ogus 给我上代数几何课，我很有兴趣，就走到 Ogus 的方向上去了，实际上就是算术代数几何.

Ogus 做的是代数几何与数论交叉的领域，我跟 Ogus 差不多跟了 5 年.

**问** 这个 Examination 是不是书面考试？

**答** 我解释一下，Preliminary Examination 要求你在入学两年内必须完成通过，它的考试内容基本上跟我们的研究生入学考试出的题水平差不多，质量可能比较高一些，这些题后来都收入了《伯克利数学问题集》. 这个考试你可以随便什么时候考，所以我入学第一个学期就考，就通过了，考了第一，别人根本就不在乎，只有陈省身先生在乎，因为陈省身先生担保我去，去了以后现在拿出点样子看，这人考第一. 我本身的学历是中学，我什么文凭也没有，我国内读的研究生没有毕业，这个成绩拿出来别人没有任何怀疑的地方，这个人当时绝对是招对了. 但这个成绩 Ogus 是看都不看的，他看我做的工作. 当时在代数几何课上，Ogus 怀疑 Hartshorne 的《代数几何》上有一个习题有问题，让学生解决，大家都作不出来，我说我作出来了. 交上去了. 交上去之后，一个同学告诉我说：Ogus 怀疑这个题是错的，我仔细查看，发现我作的有一个漏洞，那个漏洞正好就是这个题错的地方. 对那个错我举了个反例，然后送上去，Ogus 高兴坏了，从那以后起，我在数学系所有的事情都畅行无阻，他给的任何优惠全部都有我，比方说奖学金呀，推荐美国数学会的会员呀，系主任一个人说了算.

**问** 您还能想得起来当时作的是一个什么样的题目吗？

**答** 在《代数几何》现在的英文版本中，Hartshorne 把这道题改了，是第二章第 4 节的 4.12 题. 你

要知道,Hartshorne 这本书上的习题是非常难做的,它为什么难做呢?它的一个习题基本上就是一篇论文,他是等于把人家已经发表过的论文拿来,然后把论文转换成习题,所以如果你有本事做出这一个习题来的话,实际上你已经也有本事做出那篇论文来了,只不过人家已经发表过了,从你的能力上来说,足够写一篇论文了.

**问** 那么上课时 Ogus 就用 Hartshorne 的这本书作为教材吗?

**答** 对.

**问** 也就是从第一章"代数簇"开始,一章一章往下讲?

**答** 不对.你要搞清楚,美国教授没有一个是照着一本教科书去讲课的,他会说,这是我讲的书,你就自己去读吧,完了.然后他爱讲什么就讲什么,反正这书的内容他都会讲,但绝对不会照着书去讲. Ogus 讲了一年的代数几何课,我们作的多数的习题是这本书的习题,少数习题是他自己出的.他是从哈佛那边出来的,所以从某种程度上说,他也是格罗滕迪克的弟子,徒孙的一代.他原来都是从读 EGA 出来的(EGA 是格罗滕迪克的《代数几何原理》法文书名的缩写),所以很多东西如果他觉得 EGA 讲得好,他就照 EGA 讲,大概就这样.现在很多人还是主张读 EGA,比如扶磊主张年轻人还是应该读 EGA,不应该读 Hartshorne 的书,各有各的主张,EGA 有 EGA 的好处,但是 EGA 没有习题.要说习题,没有一本书比 Hartshorne 的书好,那真是厉害.你看他的习题,基本上一个习题就是一篇论文.你说 Hartshorne 光是论文那要读多少篇?

不可想象的，多极了！这点上是很厉害的.

**问** 您说您当时在国内读 Hartshorne 这本书读不懂，是吗？

**答** 所谓读不懂，就是字面上懂了，但实际上没真正懂. 光读点字面不行，必须理解它的精神实质. 读代数几何必须找名师，现在有的学生写信说要我指导他自学代数几何，我说，算了，你要么到这来，要么放弃，我说我不会指导你自学. 代数几何真的不能自学. 积多年经验，我认为自学代数几何是不可能的事情. 你一个人在那儿念，念不好，念偏了，肯定走火入魔.

**问** 在伯克利的第一年就写论文了吗？

**答** 没有. 到一年左右，在作论文之前要完成 Qualifying Examination. 之前先出卷子考两次，每次给你 10 个习题，最多作 7 个，最高是 70 分. 这样考两次，最高是 140 分，我两次加在一起是 137 分. Qualifying Examination 这个口试是很难的，是"三堂会审"，由一个 5 人委员会专门考你一个人. 而这 5 人委员会谁来主持呢？是由你自己去请，自己去跟教授谈，一个一个去谈，所有这 5 人都要买你账，这 5 人必须抽出同一个时间，对他们来说是一个很大的负担，人家凭什么愿意？凭的是人家觉得你这个人还不错，否则他说一句"我没时间"就打发了. 当时我先找 Hartshorne，说请他作考试委员会主席，再让他推荐其他人，他说 Ogus 是你导师，也算一个，其他两个是分别教过我李群、代数拓扑的老师，还有一个人必须是外系的，我找了一个我非常尊重、非常著名的统计学教授，这样就组成了考试委员会. 考试时他们每个都一直问到我答不出来为止，知道你行不行，最后就通过了. 是到最后才

不行了,如果一开始就不行了,就完蛋了.这样我用了一年时间,这些东西我全部都通过了,剩下的时间全部都是在作论文.

**问**　您研究的领域是算术代数几何,您是怎么看这个领域的?

**答**　这是一个跨学科的东西.算术代数几何的目标是数论,以数论为背景作代数几何的人很多,他们懂代数几何,但眼光看着数论.研究数论的人或多或少都要研究代数几何,他们作的东西和真正作代数几何的人眼光不一样,关心的问题不一样,语言全是代数几何的语言,但是作出来的东西却可以翻译成数论的语言.现在稍微复杂一些的代数数论问题都必须要用代数几何的语言才能说清楚是怎么回事,这并不是故意要一个时髦,这需要花工夫去理解,否则你永远也搞不清楚.这是常识,我要稍微跟你解释一下.

例如,费马大定理中的方程

$$x^n+y^n=z^n$$

没有整数解.但是从代数几何语言来说呢,是把它看作一条代数曲线,然后问这条代数曲线有没有有理点.这两个说法看上去好像一样,其实有很大的差别.因为一条代数曲线有没有有理点,不是由它的方程来决定的,方程可以换,可以把变量换一换,相当于作坐标变换,但有理点变来变去还是有理点,所以是否有有理点以及有多少个有理点跟坐标是没有关系的,不是由方程来决定的,它有非常实质性的东西,所以如果不是用几何语言的话,你说不清楚.它是一个与方程无关的东西,尤其是在高维的情况下,有很多的方程,那些方程乱得多,但是几何的东西就一个.我们的实质性问题,比如有没有有理点以及自同构的问题，所有这些问题都必须用几何的方式来处理，否则命题的表述都是不清楚的.

**问** 听上去像是流形的思想，概形是不是流形的某种类比或者推广？

**答** 对，那当然是这样. 现代的几何是什么？现代的几何与经典的几何区别在什么地方？区别就是在整体性. 整体性就是用流形的语言来表达的. 但是流形是用什么来刻画的呢？流形实际上是用纤维丛来刻画的. 从某种意义上说，流形上的“函数”就是纤维丛. 所以说概形实际上就是把纤维丛的思想弄到代数几何中来，这根本上导致了现在的代数几何与以前的代数几何的不同. 以前的代数几何都是用的局部方法，仿射的方法，坐标都是局部的. 全部做完一个研究后，还要说明它跟坐标没有关系的，与方程没有关系，那就要花很大的工夫，可能比那原来研究的功夫大得多. 但是从流形的角度来讲，在我一开始作的东西中，坐标是一个可以自由选择的东西，以后每一步出来的东西都是与坐标的选择没有关系的，最后的结果自然与坐标没有关系. 比方说，切丛就是这样一个例子，这是一个背景，但这不是唯一的背景. 当年格罗滕迪克提出概形这个概念时，考虑了好几个因素：

第一，它必须是整体的. 他发现许多问题是整体的问题，不是局部的问题，比如上面提到的费马方程，看上去是一个局部的东西，实际上绝对是一个整体的东西. 为什么？我想你知道有一个莫德尔猜想，后来被法尔廷斯证明了，它是说，曲线的亏格如果大于 1，有理点就只有有限多个. 亏格大于 1 是什么性质？完全是

一个整体性质、拓扑性质.（此时在黑板上画了一个环面）这是一个“救生圈”，洞不止一个. 洞如果是一个的话，可以有无限多个有理点；洞如果有两个的话，只能有有限个有理点了. 这绝对是一个整体的性质，非常实质性的东西，拓扑性质的东西，这是必须要考虑到的一个极为重要的事情. 格罗滕迪克在作这个东西的时候都必须要拆开，然后把它粘起来，他感觉到整个这个过程就是一个研究整体性质的过程.

第二，是奇异性，这是比较超前的. 一直到不久前，所有几何学家研究的东西几乎全部都是完全光滑的东西. 奇异性不是来自微分几何，它是来自复几何. 真正研究奇异性是从复几何开始的，方程中有奇异性. 他受这方面的影响，概形的包容性允许有奇异对象，而不仅仅研究光滑性.

第三，是变形. 变形的思想是这样的，这地方必须要有纤维丛，纤维丛的思想深刻地贯彻到这里. 实际上，在我看来，没有纤维丛，就没有现代几何，所以我认为不懂纤维丛就不懂现代几何. 概形有一个特点，概形里的函数可以处处都等于零，但它本身不是零. 这种函数在其他的几何中都是不可理解的事情，比方说 $\operatorname{spec} k[x,y]/y^2$，其中 $y$ 的平方是零，它本身不是零. 这里真正的思想是变形的思想，你可以把 $y$ 理解为微分 $\mathrm{d}x$，我这里头同时也把微分放进去了. 微分的深刻理解实际上就是无穷小变形，这是非常深刻的思想，这个思想当然还是有几何直观的，但是真正把无穷小变形的结构和概形这个东西放在一起，这个思想完全是在代数几何中形成的，在其他的几何中是没有的. 格罗滕迪克在作概形的时候实际上已经把变形考虑在里面了.如果是走流形这条路的话,那我们可以得到代数流形,这些东西都是光滑的.但是如果考虑到奇点,则得到代数簇,代数簇是允许有奇点的.早期用的都是这种代数簇的语言,格罗滕迪克考虑到无穷小变形时才会想到概形和幂零函数.这些东西看上去非常复杂,刚开始很难接受,但是大家到现在为止都接受了.这不仅因为它非常强大,而且确实有很多的好处,因为一开始设计概形这个概念的时候,就已经把无穷小变形装在里面了,到真要处理变形的时候,自然就很容易了,不需要更加复杂的东西,因为变形肯定比原来那个东西还要复杂,没有这个框架的话,代数几何根本就不可能走到今天这一步.

**问** 我看过一篇文章,其中把格罗滕迪克比作数学中的爱因斯坦(Einstein),您怎么看?

**答** 这无所谓,看个人怎么理解.但我相信格罗滕迪克对拓扑的理解非常深刻,他是真正的拓扑学家,所以他这样做出来的东西才经得起时间的考验.从他提出他的理论到现在已经 40 多年了,要不好的话,早就被淘汰了.以他当时的深刻性,你现在考虑到的东西,他当时都考虑到了,他的东西相当难懂.

**问** 您的博士论文题目是什么?

**答** 题目是 *Classification of Supersingular Abelian Varieties*,超奇阿贝尔簇的分类.

**问** 我知道阿贝尔簇是椭圆曲线在高维的推广,这个 Supersingular 是什么意思?

**答** 它在数论上很重要,它是特征 $p$ 的一种情况.椭圆曲线在特征 0 的时候是一种情况.在特征 $p$ 的时候是另外一种情况.特征 0 的时候它的自同态环

有整数环和虚二次域的代数整数环等，特征 $p$ 的时候还可能是四元数环，这种椭圆曲线称为“超奇的”，这时数论性质非常丰富．四元数是非交换环，类似这种复杂的东西推广到高维的时候就是超奇阿贝尔簇．超奇椭圆曲线最早是 Deuring 在 1947 年研究的．研究高维的情况应该是从 60 年代晚期开始，一直到 70 年代的早期，到 Oda 的时候已经是 1977 年了吧？这期间，很多顶尖的数学家都做过这个方面的工作，我可以举出来：塞尔，Deligne，Ogus，Oort，Oda 这些人都是，很多人的工作都与此有关，那段时间是很热门的．我是在那个基础上作的，我做的是分类，就是把所有东西全部搞清楚．当然这个事情绝不可能全在这篇论文里，但基本上全在我和 Oort 后来写的那本黄皮书上了，这是很不简单的一件事．分类学的意义就是说，这方面的东西全在这儿了，用不着满世界一个一个去找，一个一个地去研究，那是大海捞针，分类学的方法也是数学中一个非常强大的方法．

**问**　您在书中说过分类，但今天听您这样一说，才感觉它重要．最后，请谈谈您回国后的情况．

**答**　我在伯克利获得博士学位后，还在芝加哥大学工作过两年，1987 年我回国以后先在南开大学工作了两年，然后再到中国科学院研究生院．我的博士论文发表得很晚，一直到回国以后的 1989 年才正式发表，这是我发表的第一篇论文，发在一份很好的杂志美国《数学年刊》上．过了好多年，因为要查有关的评论，才在《数学评论》上赫然发现这篇论文的评论是法尔廷斯写的！就是 1986 年拿菲尔兹奖的那位法尔廷斯，这是不多见的．在回国后的前 10 年中，除了教学和研究外，主要是和 Oort 一起写那本黄皮书. 在经过了反复修改以及 Springer 出版社严格的审稿后, 作为 *Lecture Notes* 中的一本出版. 这期间还写了另外一本书《交换代数与同调代数》. 可以说这本书也写了将近 10 年, 书中的内容至少讲过 5 次. 开始讲第一遍时先写一个讲义, 以后每次讲都要修改. 这样出来的书有质量, 从头到尾都是自己的东西, 吃得非常透, 绝对不能东抄一点, 西抄一点. 后来写的其他两本书《代数几何初步》和《抽象代数基础》, 也都是这样写的, 也都是至少讲了 5 次,《抽象代数基础》积累资料的时间更长, 从芝加哥大学讲课那时就开始了. 那都是自己的东西, 都有自己的想法和体会.

# 代数几何的学习书目

## 第8章

代数几何是现代数学中一门十分重要的基础学科.但是它的语言极其抽象难学,不少青年学子和数学工作者苦于不得其门而入.这是因为代数几何的语言在历史上经历了好几次相当大的重新改写,已经从一百多年前纯粹的综合几何语言变成了如今极端抽象的代数语言,其所包含的丰富而深刻的几何内涵不容易被解读出来.本章给出了一个比较符合代数几何历史发展过程、由浅入深的学习方案,以期对代数几何的初学者们有所帮助.

### 一、初级代数几何

迄今为止,国内还没有出版过一部由国人写的本科程度的代数几何初级教材.国外已经有好几本了,比较早的一本是由Miles Reid写的*Undergraduate*

*Algebraic Geometry*（Cambridge University Press，1988. 世界图书出版公司北京公司 2009 年重印，中文书名：大学代数几何：131 页）；该书写得浅显易懂，内容有平面曲线、仿射簇、射影簇等，仅讲到 3 次代数曲面上有 27 条直线为止. 它的最后一章是讲代数几何的历史，写得简短而有趣. 好像陕西师范大学出版社在 1992 年曾经出过它的中译本.

近期出版的本科教材是由 Klaus Hulek 写的 *Elementary Algebraic Geometry*（American Mathematical Society，2003，213 页）；该书的内容和上面的这本教材差不多，但数学讲得多一些，而且增加了很重要的一章"曲线理论入门". 该书写得很好，记号现代而标准. 在代数几何里，所使用的记号非常多，所以记号的使用不是一件小事. 例如在 Springer 出版社著名的研究生丛书 GTM 里也有一本相同书名 *Elementary Algebraic Geometry* 的书，虽然是在比较近的 1977 年出版的，但是记号太复杂，读起来很费力.

还有一本极受好评的教材是由 Karen Smith 等人写的 *An Invitation to Algebraic Geometry*（Springer，2000. 世界图书出版公司北京公司 2010 年重印，中文书名：代数几何入门，161 页）；这是给一些学分析的人介绍代数几何是什么的讲稿，该书用大量的文字直观而通俗地解释了代数几何中一些基本概念的含义和重要的研究课题.

国外已有一些在大学讲过代数几何初级课程的老师将他们的讲稿挂在网上供大家学习，其中写得比较好的有 Jan Stevens，*Introduction to Algebraic Geometry*，82 页，pdf 文件；Eyal Z. Goren，*A Course in Al-*

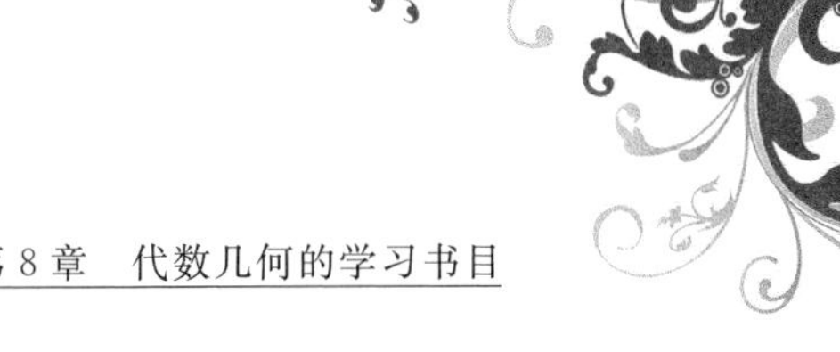



*gebraic Geometry*，110 页，pdf 文件；Sara Lapan，*Algebraic Geometry*，57 页，pdf 文件；其中的第一个讲义读起来赏心悦目，叙述十分流畅，包括了仿射簇的零点定理、准素分解、正则函数和局部化、射影簇、平面代数曲线、维数理论、切空间和非奇异性、超曲面上的直线等内容；第二个讲义讲解仔细，还有难得的图片有助于直观理解. 第三个讲义其实是上面介绍的第三本书的作者之一 Karen Smith 的讲课整理稿. 它可以看成是上述第三本书的有机补充，也是读后面 Sara Lapan 接下来写的概形理论讲课整理稿的必要准备.

**二、代数曲线和黎曼曲面**

代数几何的大师扎里斯基(Zariski)曾经这样说过：要想理解代数曲面，首先要透彻理解代数曲线. 虽然代数曲线属于最简单的代数簇，但其所包含的丰富的代数、几何与拓扑性质在上述代数几何的初级课程里是无法得到充分阐述的，所以需要对代数曲线(或者黎曼曲面)进行专门的论述. 复代数几何大师 P. A. 格里菲思(Phillip A. Griffiths)在 1982 年曾经来中国讲了六周的代数曲线理论，其课堂笔记不久用中文正式出版：《代数曲线》(北京大学出版社，1983 年，232 页). 这本书所需要的准备知识不多，它从最低限度的复变函数论、线性代数和初等拓扑的准备出发，深入浅出地讲解了代数曲线理论中最基本的内容，包括了黎曼－罗赫定理和阿贝尔定理的证明和应用. 它叙述精练，证明严格，堪称经典. 由于代数曲线是内蕴的黎曼曲面在射影空间里的外在实现形式，所以此书也可以看成是黎曼曲面理论的入门书. 值得一提的是，这本篇幅不大的杰出教材后来又从中文译成了英文，由美国数学会出版社出版：*Introduction to Algebraic Curves*（American Mathematical Society，1989 年，220 页）. 它已经被列为代数曲线理论的基本参考书.

另一本讲代数曲线的公认好书是由 Frances Kirwan 写的 *Complex Algebraic Curves*（Cambridge University Press，1992. 世界图书出版公司北京公司 2008 年重印，中文书名：复代数曲线，264 页）；这本书的优点是清楚地交代了所有初学者们都关心的一些典型的细节问题，如贝祖（Bezout）定理、微分形式、魏尔斯特拉斯 $p$- 函数的收敛性、黎曼－罗赫定理的严格证明，以及平面代数曲线的奇点解消等，这些内容在 19 世纪就已经被数学家们所熟知.

经典的黎曼曲面理论在最近梅加强写的一本教材里得到了比较清楚的阐述：《黎曼曲面导引》（北京大学出版社，2013 年，237 页）；它用复分析的方法来证明黎曼－罗赫定理（它把除子称为“因子”），并且运用了基本的层论和上同调方法来揭示黎曼曲面深刻的性质. 通过这本书所使用的可以用到一般复流形上的现代复几何方法，可以对复代数几何的内容有一个初步的了解.

当然最好的黎曼曲面理论教材是由 Jürgen Jost 写的 *Compact Riemann Surfaces*（Springer，2006 年. 世界图书出版公司北京公司 2009 年重印，中文书名：紧黎曼曲面，277 页）；这本书有一个副标题是“An Introduction to Contemporary Mathematics”，足见黎曼曲面理论对于整个当代数学的基本重要性. 该书作者认为：黎曼曲面是分析、几何与代数相互作用和融合的一个理想场所，因此最适宜用来显示现代数学的统一

性. 该书与其他持单一观点讲黎曼曲面的书籍不同，它分别从微分几何、代数拓扑、代数几何、偏微分方程等不同学科的视角来讲黎曼曲面，从而使初学者通过黎曼曲面这一媒介来更好地理解这些现代数学的主要分支学科. 该书清晰和准确的写法已经成为讲解黎曼曲面理论的范例，尤其是从代数几何角度讲黎曼曲面的最后一章，值得仔细地品味.

关于黎曼曲面理论的一个很好的综述可见由沙法列维奇(I. R. Shafarevich)主编的 *Algebraic Geometry* Ⅰ: *Algebraic Curves*, *Algebraic Manifolds and Schemes*(Springer，1994 年. 科学出版社 2009 年重印，中文书名：代数几何 Ⅰ——代数曲线，代数流形与概型，307 页)；它前半部分的作者是 Shokurov，其内容包括了内蕴的黎曼曲面理论、外在的代数曲线理论、雅可比(Jacobi)簇理论和阿贝尔簇理论等章节.

这本好书的后半部分是由 Danilov 写的关于代数簇和概形的一篇较长的综述，它可以看作是从代数几何的初级课程到代数几何的高级课程——概形理论之间的一座重要桥梁. 该综述将代数簇和微分流形进行对比的讲法对初学者的帮助很大，它先讲代数簇中和微分流形类似的理论(如扎里斯基拓扑中的开集、粘贴、向量丛和切空间等)，再讲和微分流形不同的理论(如有理映射、爆发、正规簇和维数理论等)，然后着重讲解代数几何中特有的相交理论，最后一章是介绍概形理论的基本思想.

**三、交换环论、同调代数、代数拓扑和微分几何**

要学好代数几何，离不开交换环论、同调代数、代数拓扑和微分几何等预备知识. 交换环论也称为“交换代数”，相关的中文教材已经有好几本了，它们的共同特点是只讲代数，不讲几何与数论. 唯一的一个例外是由冯克勤写的《交换代数》(高等教育出版社，1985 年，274 页)；该书的叙述十分清晰和流畅，特别是专门用了一章(第六章 代数簇和代数整数环)来讲交换环论对于代数几何与代数数论的应用，这就让读者能够很好地了解交换环理论的来龙去脉.

英语文献中最好的交换代数教材可能是 Andreas Gathmann 的 *Commutative Algebra*，131 页，pdf 文件；该作者是代数几何的专家，他充分运用了几何学的直观，来仔细地阐述交换环的基本理论. 该讲义的排版特别精美，错落有致，不吝笔墨地解释和推导每一个数学细节.

交换代数以及其他重要的代数理论的基本思想在 I. R. 沙法列维奇写的《代数基本概念》(高等教育出版社，2014 年，267 页)；这本综述性的书中有不少阐述. 这本杰出著作的作者也是上面所介绍的书 *Algebraic Geometry* Ⅰ 的主编者，他是一位代数几何与代数数论的大师，亲自撰写过著名的两卷本 *Basic Algebraic Geometry* 1&2(Springer，1994 年. 世界图书出版公司北京公司 2009 年重印，中文书名：基础代数几何，302＋269 页)；这部教科书被誉为是学习代数几何的“必读”之作，因为它包含了许多在通常的数学著作中很难见到的历史观点和解释性的文字，特别是它对古典的代数几何理论讲得十分清楚，从而可以帮助初学者理解非常抽象的概形理论.

由于交换代数在目前的抽象代数体系中已经占据了相当重要的地位，所以在正规的抽象代数教程中都

要用许多的篇幅来讲交换环论. 例如获得好评的由莫宗坚等三人写的《代数学》(上、下)(北京大学出版社, 1986 年,372+290 页). 这部教材的下册主要讲交换代数,它秉承了与冯克勤书的同样精神,注重解释来龙去脉. 其行文的流畅与清晰,在国内的同类教材中是做得最好的,很适合初学者. 不仅如此,它的下册还与时俱进,用最后的一章来专门介绍现在用得比较普遍的同调代数基本方法.

说到同调代数,它在代数几何中是不可缺少的,例如在层论中要大量地使用同调代数的语言. 在这里推荐一本由陈志杰写的《代数基础》(模、范畴、同调代数与层)(华东师范大学出版社,2001 年,222 页);从这本难得的书的副标题就可以知道,它的所有内容都是代数几何所需要的. 特别是它的最后一章(第四章 层及其上同调理论)虽然较短,但却讲得十分清楚,部分原因归结为作者自己所做的清晰排版,因此该书很容易阅读. 要知道,层的上同调理论实际上就是代数拓扑中最简单的单纯同调论和奇异同调论的进一步抽象和推广.

虽然目前国内已经有了好几种不错的代数拓扑教材,但最近高等教育出版社又重新翻印了陈吉象在 1985 年写的《代数拓扑基础讲义》(高等教育出版社, 2014 年,312 页);这本杰出的教材从点集拓扑开始,然后依次讲基本群、单纯同调群、奇异同调论等代数拓扑中最基本的知识,其清晰和完备的叙述,堪称是代数拓扑教科书中的精品.

现代微分几何的许多重要概念和方法已经被充分地吸收到了代数几何这门学科中,这是因为许多局部的几何性质只能先通过微积分的方法来发现和确定，然后再用拓扑学的上同调方法将局部的性质加以汇总，从而得到整体的几何与拓扑信息. 所以必须熟悉微分几何的相关内容，一本比较初等的书是由古志鸣写的《几何与拓扑的概念导引》(高等教育出版社，2011 年，307 页)；正如作者自己所说，这本教材属于“那种对概念解释得很细的书”，它仔细地一步步讲清楚什么是微分流形、流形上的微分形式、黎曼流形上的纤维丛、德拉姆定理，以及庞加莱对偶，用大量具体的例子来说明抽象的几何概念的含义.

写过上面黎曼曲面教材的梅加强还写了一本关于微分流形和现代整体微分几何的入门教材：《流形与几何初步》(科学出版社，2013 年，322 页)；这本不同凡响的新书除了仔细地讲解传统的微分流形和黎曼几何基础知识外，还着重讲解了微分流形的上同调的基本理论，包括了陈类(陈省身示性类)和霍奇(Hodge)理论等重要内容，这些都是学习代数几何所必需的.

**四、中级代数几何(复代数几何)**

虽然在上面已经介绍了两本代数曲线的书，但是在有了层的上同调理论和微分几何的工具后，复代数曲线的理论就可以讲得更加简单和深入. 这里再介绍一个是由 U. Bruzzo 写的讲义：*Introduction to Algebraic Topology and Algebraic Geometry*，124 页，pdf 文件；它的前半部分是讲代数拓扑及微分几何，特别是层的上同调理论. 下半部分是把前面讲的工具应用到复代数曲线.

有代数几何学家曾经说过，在代数几何里其实只有三个维数：一维(代数曲线)、二维(代数曲面)和三维

(也称为"曲体"). 这是因为高维代数簇的理论与三维代数簇的理论相差不大,目前它们还在研究的过程当中. 因此在代数几何中,就不难理解代数曲面的理论占据着相当重的分量. 而意大利学派的复代数曲面理论是理解整个代数曲面理论的基础. 在这里只列出一个由 Paul Hacking 写的复代数曲面理论的讲义:*583C Lecture notes*,84 页,pdf 文件;这个讲义的前半部分主要是建立研究代数曲面的各种工具,后半部分着重讲解一些主要代数曲面的关键例子.

**五、高级代数几何(概形理论)**

在有了复代数几何的一些基础后,就可以开始学习抽象而优美的概形理论了. 概形理论是经典的代数簇理论的极大推广,它是一个在很大程度上将几何、代数、数论与分析完美统一起来的逻辑推理体系. 这里只列出两个讲义和一本书. 第一个讲义是由前面曾写过交换代数讲义的 Andreas Gathmann 写的:*Algebraic Geometry*,212 页,pdf 文件;这个讲义写得极其清晰,排版精美,内容大气磅礴. 它从仿射簇和射影簇开始讲起,先仔细地按照后面要讲的概形理论的要求,来预先交代清楚仿射簇和射影簇的各种性质,然后才正式引入作为射影簇推广的概形概念,由于有了前面的精心铺垫,就可以顺理成章地来推导概形的各种性质. 并及时说明它的用处. 这个讲义的后半部分讲概形上的各种重要的层和它们的上同调理论,结尾的两章是讲相交理论和陈类,其中证明了关于高维代数簇的著名的希策布鲁赫—黎曼—罗赫定理.

第二个讲义是由上面曾经提到过的 Sara Lapan 所写的概形理论讲课的整理稿:*Algebraic Geometry*

Ⅱ,62 页,pdf 文件;它也是一本非常值得一读的讲义(该课程的主讲人同样是 Karen Smith).这个讲义的突出优点是:关于概形性质的推理详尽而仔细,而且对于各种重要例子的讲解也是这样,所以很适合初学者.

最后,在研读完以上大部分的书籍和讲义后,就应当读已经成为代数几何经典教材的 Robin Hartshorne,*Algebraic Geometry*(Springer,1977 年.世界图书出版公司北京公司 1999 年重印,中文书名:代数几何,496 页).虽然它实际上只是格罗滕迪克所写的卷帙浩繁的《代数几何原理》(即著名的 EGA)的一个简写本,却也包含了极重的分量.它的第一章讲作为预备知识的传统代数簇的基本理论,第二章讲概形的基本理论,第三章讲概形的上同调理论,第四、五章的内容是:在概形的基础上讲一般的代数曲线和代数曲面的理论,作为前面所讲的复代数曲线和复代数曲面初步理论的进一步抽象和提高.在这本书的一个附录中还简要介绍了数论中著名的韦伊猜想是如何运用概形理论的方法加以解决的.

# 第四编

## 报道与评论

# 第9章 质疑的声音

**ABC 猜想的证明**[①]

我上周出去旅游的时候，在这里举行了“$L$-函数与自守形式”的会议，该会议是为了庆祝我数学系的同事戈德菲尔德 60 岁生日而举行的. 我听说该会议取得了很大的成功，许多人出席，并且有很多有趣的谈话. 但是到现在为止最令人兴奋的谈话归功于施皮罗的“动力系统的有限性定理”. 施皮罗是一位法国数学家，他曾经访问过哥伦比亚大学，现在是纽约市立大学研究中心的固定成员，他宣布他已经证明了 ABC 猜想(由于施皮罗的低调演示，我认为不是每一个在场观众都懂了他的想法).

① 2007 年由 Woit 发布.

ABC 猜想是数论中最著名的开放性问题之一. 它有各种不同的版本,其中一个如下:

每一个 $\varepsilon>0$ 都存在一个常数 $C_{\varepsilon C_\varepsilon}$ 比如,给出任意三个互质正整数 $a$, $b$, $c$,满足 $a+b=c$,那么就有

$$c<C_\varepsilon R(abc)1+\varepsilon_{C_\varepsilon R(abc)1+\varepsilon}$$

其中 $R(abc)$是在 $a$, $b$, $c$ 中所有素数的乘积,每个只计算一次.

这个 ABC 猜想有大量的隐含意义,包括费马大定理和数论中的许多开放性的问题. 在怀尔斯的证明之前,可能许多人认为要先证明 ABC 猜想,再通过 ABC 猜想来证明费马大定理. 在一个网页中有关于 ABC 猜想的详细信息(这里引用 Dorian 的一句话"ABC 猜想是丢番图分析中最重要的未解难题"),点此网址有不少关于这个主题的说明性文章,其中有两篇是 Dorian 的.

据我所知施皮罗还没有一个可以传播的论述证明细节的手稿. 因为我没有亲自参加会议,所以我只能转述当时在场人员的零星报道. 施皮罗上个学期一直在讲授他工作中的一些技巧,其中教学大纲包括:

介绍与黎曼球面的动力系统有关的规范高度;从代数的视角来学习动力系统;特别是将通过在椭圆曲线中乘以 2 的乘法来看动力学;把这些概念及其产生的问题与 ABC 猜想和 Lehmer 猜想联系起来.

关于施皮罗工作技巧的更多相关信息,你可以在他的网页上面查看他最近的论文.

他的想法似乎是用 $a$ 和 $b$ 来构造一个椭圆曲线 $E$,如果 ABC 猜想是错误的,那么在有理数的二次扩展中可得到一个具有很多挠点的 $E$. 他通过研究球面

上的叠映射所给出的代数动力学来获得挠的界限，这个球面来自椭圆曲线中乘以 2 的乘法. 我对他的想法不是很明白，但是施皮罗所证明的内容似乎与 ABC 猜想不太一样(他的指数比 $1+\varepsilon$ 大，且并没有改变许多重要的含义).

或许当时在会议现场的人可以解释施皮罗证明的细节. 我怀疑现在不少专家正仔细地看施皮罗的论点，我们很快就会知道他的证明是否真的具有说服力.

更新：我从一些相当权威的消息来源得知，施皮罗的证明似乎有问题.

附英文原文：

**Proof of the ABC Conjecture**

While I was traveling this past week, there was a conference held here entitled *L*-functions and Automorphic Fcorms, which was a celebration of the 60th birthday of my math department colleague Dorian Goldfeld. From all I've heard the conference was a great success, well attended, with lots of interesting talks. But by far the biggest excitement was due to one talk in particular, that of Lucien Szpiro on "Finiteness Theorems for Dynamical Systems". Szpiro, a French mathematician who often used to be a visitor at Columbia, but is now permanently at the CUNY Graduate Center, claimed in his talk to have a proof of the ABC conjecture (although I gather that, due to Szpiro's low-key presentation, not everyone in the audience realized this …).

The ABC conjecture is one of the most famous

open problems in number theory. There are various slightly different versions, here's one:

For each $\varepsilon > 0$ there exists a constant $C_{\varepsilon C_{\varepsilon}}$ such that, given any three positive coprime integers $a, b, c$ satisfying $a+b=c$, one has

$$c < C_{\varepsilon}R(abc)1 + \varepsilon_{C_{\varepsilon}R(abc)1+\varepsilon}$$

where $R(abc)$ is the product of all the primes that occur in $a, b, c$, each counted only once.

The ABC conjecture has a huge number of implications, including Fermat's Last Theorem, as well as many important open questions in number theory. Before the proof by Wiles, probably quite a few people thought that when and if Fermat was proved it would be proved by first proving ABC. For a very detailed website with information about the conjecture (which leads off with a quotation from Dorian "The ABC conjecture is the most important unsolved problem in diophantine analysis"), see here. There are lots of expository articles about the subject at various levels, for two by Dorian, see here (elementary) and here (advanced).

As far as I know, Szpiro does not yet have a manuscript with the details of the proof yet ready for distribution. Since I wasn't at the talk I can only relay some fragmentary reports from people who were there. Szpiro has been teaching a course last semester which dealt a bit with the techniques he has been working with, here's the syllabus which includes:

We will then introduced the canonical height associated to a dynamical system on the Riemann Sphere. We will study such dynamical systems from an algebraic point of view. In particular, we will look at the dynamics associated to the multiplication by 2 in an elliptic curve . We will relate these notions and the questions they raised to the ABC conjecture and the Lehmer conjecture.

For more about these techniques, one could consult some of Szpiro's recent papers, available on his website.

The idea of his proof seems to be to use $a$ and $b$ to construct an elliptic curve $E$, then show that if ABC conjecture is wrong you get an $E$ with too many torsion points over quadratic extensions of the rational numbers. The way he gets a bound on the torsion is by studying the "algebraic dynamics" given by the iterated map on the sphere coming from multiplication by 2 on the elliptic curve. I'm not clear about this, but it also seems that what Szpiro was proving was not quite the same thing as ABC (his exponent was larger than $1+\varepsilon$, something which doesn't change many of the important implications).

Maybe someone else who was there can explain the details of the proof. I suspect that quite a few experts are now looking carefully at Szpiro's arguments, and whether or not he actually has a convincing proof will become clear soon.

Update: I'm hearing from some fairly authoritative sources that there appears to be a problem with Szpiro's proof.

# 第10章 来自春扬知社学术圈的评论[①]

## 望月新一:小李飞刀重现数学江湖

ABC猜想就像众妙之门,它的证明会让许多悬而未决的难题迎刃而解,包括难倒数学界300年的费马大定理.

望月新一盛名之下退出江湖,花了十余年时间构筑一个庞大而全新的数学框架,带着ABC猜想的证明重现江湖.

三年过去了,几乎没有人能看懂他的招式.现在,情况似乎有了改观……

2012年8月30号的早晨,望月新一默默地在他的网站上贴了4篇论文.论文很长,里面充满了奇形怪状的各种符号,总共超过500页.这是望月新一

① 摘编自公众号:春扬知社学术圈,2015—10—21

十余年前从数学江湖销声匿迹之后的首次露面,他声称证明了 ABC 猜想.

如果证明是正确的,这无疑是本世纪最重要而又令人震惊的数学成就,并将给数论中的方程研究带来革命性的变化.在过去 27 年里,没有任何一个其他数学家接近这个解.

然而,望月新一没有对他的这个证明表现出任何的大惊小怪.这位令人尊敬的数学家甚至没有把他的论文发送给世界各地的同行.他只是简单地在网上贴出论文,等待世界去发现.

数学世界很快发现这个工作并为之狂热,可是狂热慢慢消失,大家都变得惴惴不安.没有人能看懂望月新一在说些什么.

**众妙之门** ABC

ABC 猜想到底是什么呢?这个猜想又有什么玄机呢?

哥德巴赫猜想和孪生素数猜想都有极其简洁的科普陈述,问题本身直截了当、简单易懂,以至于许多"民科"前赴后继.ABC 猜想要费劲一些,至少 *Nature* 最近关于这个猜想的描述让人一头雾水.

事实上,ABC 猜想有几种不同的表述.我们这里借用顾险峰教授的科普陈述:给三个正整数 $a,b,c$,它们的最大公约数为 1,且 $a+b=c$. $d$ 为 $abc$ 的独特素因子之乘积,则 $d$ 通常不会远小于 $c$.

好吧,这个虽然有点绕,但貌似也不是特别的复杂,它有什么奥秘呢?让我们回顾一下历史.

1985 年,在德国的一个研讨会上,法国数学家厄

斯特勒在关于一个特殊方程组的评论中随意提出了这个猜想. 瑞士巴塞尔大学的数论学家麦瑟尔坐在观众中间,很快地意识到这个猜想的重要性,随后用更正式的方式发布了更通用的形式. 因此,这个猜想还有一个名字,叫厄斯特勒猜想. 更神奇的是几年后,哈佛大学数学家 Noam Elkies 意识到如果 ABC 猜想是正确的,将深刻地影响一系列丢番图方程,也就是整数方程的研究. 古希腊数学家丢番图是研究这类方程的第一个人,$a^2+b^2=c^2$,也就是中国的勾股定理.

Elkies 发现 ABC 猜想的证明可以一下子解决一系列著名的悬而未决的丢番图方程问题,因为它给出了解大小的清晰边界. 例如,ABC 猜想可能表明某一方程的解一定小于 100,剩下要做的就是穷尽这些可能性. 而如果没有 ABC 猜想的话,无穷多的数字将穷尽带入死胡同.

另外,从 ABC 猜想出发,可以直接推出困扰数学界 300 年的费马大定理,$a^n+b^n=c^n$. 有没有人想起费马在书上写的小笔记?"我确信已发现了一种美妙的证法,可惜这里空白的地方太小,写不下."

迄今为止丢番图方程研究历史上最重要的突破是由美国数学家莫德尔在 1922 年提出的,即大部分丢番图方程要么无解,要么只有有限组解. 这个猜想在 1983 年被德国数学家法尔廷斯证明. 那时他才 28 岁,1986 年他因为这个工作而赢得了菲尔兹奖.

Elkies 的工作意味着 ABC 猜想的证明将更为宏伟. 如果 ABC 猜想是正确的,法尔廷斯说,你不仅知道多少这样的解会出现,你还能将他们全部列举出来.

法尔廷斯证明莫德尔猜想后不久,就来到普林斯顿大学教书.在这里,他遇见了望月新一.

望月新一,1969 年在东京出生,美国长大.同为天才少年,但他的童年却远不及陶哲轩那般耀眼.他曾在一所极其难进的高中念书,16 岁的时候就被普林斯顿大学录取,本科毕业直接攻读博士学位,并迅速成为传奇.

望月新一具有一种超乎自然的注意力.自从成为一个博士生,他的世界里就只剩下两件半事情,起床、工作,还有半件是睡觉.牛津大学数学家 Kim Minhyong 在普林斯顿的时候就认识望月新一.教授和学生参加完一个研讨会,经常出去喝酒,Kim 说,但是望月新一从来不去.外界对他不是没有吸引力,他只是太专注于数学了.

法尔廷斯是望月新一在普林斯顿的导师,指导了望月新一的本科和博士论文.他是一个顶级的数学大师,和他讨论数学问题的时候,最杰出的数学家也常常被学生听到紧张地清他们的嗓子.Kim 回忆到,他会停留在你的错误上,毫不留情.可是法尔廷斯对望月新一赞誉有加,他明显是一个很聪明的学生,法尔廷斯说.法尔廷斯专攻代数几何,他的研究对许多年轻的数论学家有着深刻的影响.自从 1950 年以来,格罗滕迪克,许多人眼中 20 世纪最伟大的数学家,将代数几何转变成一个高度抽象和理论化的领域.法尔廷斯没有进行哲学化的耐心.他的数学风格要求很多抽象的数学背景知识,同时也有一个非常明确的目标.望月新一在 ABC 猜想上的工作很明显就是这种.

获得博士学位之后,望月新一在哈佛待了两年,随后在 1995 年回到日本,在京都大学数理解析研究所

(RIMS)谋得一个职位.尽管他在美国生活多年,可是望月新一并不适应美国的文化.成长在一个陌生的国度可能会加深一个数学神童的孤独感,Kim 说,我想他曾经感受过一点.

RIMS 是一个不需要职员去教授本科生课程的机构,有必要的话可以在没有任何外在干扰的情况下潜心工作一个问题 20 年.望月新一在此蓬勃发展.1996 年,他解决了一个格罗滕迪克提出的猜想,赢得了国际声誉.1998 年,望月新一在柏林的国际数学家大会做邀请报告,这相当于进入了数学界的名人堂.

一切看起来都一帆风顺,也许不久就会有一枚菲尔兹奖章在等着他.可是望月新一突然销声匿迹.在 2000 年,他停止参加国际会议,猫在京都,基本哪里都不去.风传他正在写令他的同事也费解的论文,高度抽象,艰深晦涩.唯一保持联络的是几位数学家,他们知道望月新一在攻 ABC 猜想.他几乎没有竞争对手:其他数学家都已经远离这个问题,断定它无法解决了.

**重现江湖**

12 年过去了,2012 年初,有消息说望月新一接近证明.到了八月,他已经把这些论文挂在网上.望月新一重现江湖.

第一个注意到这篇论文的可能是盛田昭夫[①],望月新一在 RIMS 的同事.他赶紧把这个新闻发邮件告诉他的合作者,英国诺丁汉大学的数论学家费森科.费森科迅速地下载论文,开始阅读.但是他很快感到迷

---

① 也有种说法为玉川安骑男.——编校注

惑，费森科说，读懂它是几乎不可能完成的任务.

费森科给算术几何领域的几位顶级专家发邮件，把这个证明迅速的传播开. 几天之内，在数学博客和在线论坛上，开始有关于这个证明的大量讨论. 但是很快，最初的狂喜就被怀疑所取代. 每一个人，甚至像费森科一样这些领域中最接近望月新一的专家，都被论文的难点如同泡沫般淹没. 为了完成证明，望月新一发明了他自己的一套全新法则，一个令人吃惊的甚至从纯数学的角度看也是高端抽象的法则. 美国数论学家艾伦伯格在他的博客写到，望月新一的论文好像来自未来或者外太空，让人完全摸不到头脑.

接下来的一个月，费森科成为日本外第一个和望月新一讨论这个工作的人. 他因为要拜访 Tamagawa，顺便来探望望月新一. 两个人周六在望月新一的办公室见面. 房间很大，从窗户可以看见附近的大山，里面摆放着整齐的书和论文. 这可能是他一生中见过的最整洁的数学家办公室，费森科说. 两位数学家坐在皮革手扶椅子上，费森科问了望月新一他的证明.

费森科提醒望月新一避免向新闻界谈论自己的证明，他想起了俄罗斯数学界的佩雷尔曼. 2003 年，佩雷尔曼解决了尘封几个世纪的数学难题：庞加莱猜想，却随后隐居，和朋友、同事以及外面的世界隔绝. 费森科猜想佩雷尔曼的行为是为了远离大众媒体的注意力. 但是，望月新一和佩雷尔曼个性迥然不同. 佩雷尔曼社交能力拙劣，不修边幅，世人皆知. 而望月新一则善于交谈，颇为友好.

可是对于数学而言，一切都需要别人接受，不管是佩雷尔曼还是望月新一. 在一个正式的证明公布后，其

他的数学家会研读这个工作，了解大概的思路. 偶尔，证明更长更复杂，顶级数学家会全身心地投入，查证工作是否正确，达成一致意见.

当怀尔斯证明费马大定理后，他向整个数学圈子宣布，并不断在剑桥开课宣讲. 当人们发现一个漏洞的时候，他把自己学生 Richard Taylor 找回来一起修补，两个人最终填补空缺，证明终于被世人所接受.

当佩雷尔曼证明庞加莱猜想时，他只写了个大概纲要. 但佩雷尔曼运用的是大家所熟知的工具，而且也不回避他人的提问，最终，这个证明也被世人接受.

但是望月新一的证明是如此的不同，让很多顶尖的专家深深迷惑. 望月新一描述他的新术语用的是如同密布着弥赛亚式的语言，他甚至称这个他创建的领域为内在普遍体系几何(inter-universal gemometry)，看看论文里面的一段摘语吧：

The present paper forms the fourth and final paper in a series of papers concerning "inter-universal Teichmuller theory". In the first three papers of the series, we introduced and studied the theory surrounding the log-theta-lattice, a highly non-commutative two-dimensional diagram of "miniature models of conventional scheme theory", called $\theta \pm$ ell NF-Hodge theaters, that were associated, in the first paper of the series, to certain data, called initial $\theta$-data. This data includes an elliptic curve $EF$ over a number field $F$, together with a prime number $l \geqslant 5$. Consideration of various properties of the log-theta-lattice led naturally to the establishment, in the third paper of the series, of multiradial algorithms for constructing "splitting monoids of LGP-monoids"

这里面许多词数学家们闻所未闻！望月新一构造了一个宏大的宇宙，里面就住着他一个人．这里面提到的泰希米勒，也是一个数学怪才．他的理论在其生前无人能懂，死后得以发扬光大．

法尔廷斯说，望月新一的工作与以前的如此不同．他试图从数学的根基改革，开始改变类似于许多韦恩图的以集合为基础的数学理论．大部分数学家不乐意投入时间去理解这项工作，因为他们没有看到清晰的回报：没人知道望月新一发明的这个数学机器是怎么运行的，是否可以被用来做计算．我试图去理解他们中的一些，然后，在某种阶段，我放弃了．我不能理解他在做什么．

### 谜底

三年过去了，望月新一的证明依然是数学上的一个谜底，没有被揭开，也没有被大众所接受．他估计它将花费算术几何学家 500 个小时去理解他的工作，一个数学研究生十年的时间去学习．到目前为止，只有四个数学家说他们可能已经读懂了整篇证明．

望月新一本人也加深着这个证明的神秘色彩．他对揭开谜底似乎兴趣不大．尽管他英文十分流利，他却从不接受外来的讲学邀请，也拒绝会见记者讨论他的工作．望月新一回复其他数学家的邮件，对来访的同事也相当坦诚．除此之外，他只是偶尔更新他的网页，给出一些零星的进展．

2014 年 12 月，望月新一写到，为了理解他的工

作,数学家需要停用他们已经在头脑中习惯并且想当然的思维方式.

在他最新的证明报告中,望月新一写到,他的算术几何理论在数学界中的状态,正如纯数学在人类社会状态的一个缩影.问题的困境在于他抽象的工作和法则挑战其他数学家的思维.他需要将自己的工作介绍给其他数学家,正如数学家将自己的工作解释给普罗大众.

费森科在 2014 年详细研究了望月新一的工作,秋天的时候他又去 RIMS 拜访他.费森科说他已经确认了证明的正确性.另外还有三名数学家花了相当长的时间在日本和望月新一一起工作,也声称验证了这个证明.内蕴普遍体系几何的主题思想,费森科描述到,需要一个人用不同的眼光看待一个整数,把加法扔到一边,把乘法看成某种可改变和可变形的方式.标准的乘法将变成只是一系列结构中一个特别的例子,就像圆是椭圆的一个特例一样.望月新一把自己比作数学巨人格罗滕迪克,这是一个相当不谦虚的声明.在望月新一的工作之前我们曾经有数学,在望月新一的工作之后我们有了新的数学.费森科说到.但是,到目前为止,仍然只有很少的人懂得这份工作,并且很难去解释给其他人."每个我知道接近这份工作的人都是很理性的,但是之后他们就变得无法沟通,"一位不具名的数学家说.这种情况,使他想起 Monty Python 的一个小品,一个作家记下世界上最搞笑的笑话.任何人读到它都发笑而死,而不能把它讲给别人听.

或者就像古龙笔下的小李飞刀一样,没有人见过他,见过的都死了.

“这是一个问题”. 法尔廷斯说,“你光有一个好想法是不够的,你还要给其他人解释”,如果望月新一想让他的工作被接受,那么他应该做得更多,到世界各地,讲给人听. 他可以不想旅行,但如果他要得到承认,就不得不妥协.

### 结语

现在,数学界试图整顿这个环境. 12 月,第一个亚洲之外的关于这一证明的讨论将在英国的牛津举行. 望月新一本人不会去那里,但是说他乐意通过 Skype 回答讨论组的问题. 组委会希望讨论将激励更多数学家投入时间去研究他的观点. 这个领域的顶尖数学家将参加,其中包括法尔廷斯和 Kim. Kim 说几天的讲座不可能揭开全部的理论. 但是,他希望讨论会最后能够让人们相信值得花费精力去阅读证明.

大部分的数学家预计将花费更多年才会找到解决办法. 望月新一说他已经向杂志提交论文,大概还在那里评审. 最终,希望某些人将乐意去不只是理解这个工作,还努力让其他人更好地理解这项工作.

望月新一的证明是处在被接受的边缘,还是会被最终抛弃? “这不是全有或全无的问题”,艾伦伯格说. 即使 ABC 猜想的证明没有完全解决,他的方法和思想还会慢慢渗入数学界. “我认为,基于我对望月新一的了解,在那些文件中,包含有趣的或重要的数学的可能性非常高,”艾伦伯格说.

但他补充说,“如果我们大家都忘记了这个工作,那将是非常糟糕的,非常悲伤的故事.”

# 来自中国科学院数学与系统科学研究的报道与评论①

第11章

## ABC猜想:望月新一那500页纸,数学家终于开始理解

四年前(2012年),日本数学家望月新一曾给世人献上了足以引起数论变革的文章,宣布解决了数学史上最具传奇色彩的未解谜题:ABC猜想.其证明之复杂令同领域数学家望而却步.如今,人们终于开始理解望月新一的工作了.

① 摘编自公众号:中国科学院数学与系统科学研究,2016-9-1.

2016 年 8 月初，几十位数学家齐聚一堂，在京都大学数理解析研究所听望月新一介绍其工作了.

来自美国加州大学的数论学家 Kiran Kedlaya 表示:“这次会议后，望月新一就不再像以前那样孤立无援了.”他最初拿出来的论文超过 500 页，简直是一片无法理解的公式丛林. 不过如今，专家们已经渐渐找到方法来研究文中描述的证法，并能够从一些特别关键的段落入手.

密歇根大学的数论学家 Jeffrey Lagarias 讲道，他已经对望月新一的工作了解够多，能够看出其工作的价值.“这里面有着一些革命性的想法.”

不过 Kedlaya 也透露，他钻研地越为深入，就越需要更多时间来考虑内容是否正确从而达成共识. 他曾认为这个问题大概会在 2017 年得到解决.“现在我觉得这至少还需要三年.”

其他人则没有那么乐观.“构思基本是清楚的，很多论证也可以让人理解到一定程度，但核心思路还是让我捉摸不透.”耶鲁大学数学家 Vesselin Dimitrov 说，“在这史无前例的令人难以消化的形容之上还要加一句:这样的论文在以往的数学文献中从来没有出现过.”

望月新一的推理在于证明最重要的 ABC 猜想，这要追溯到 1985 年，并且和质数有关. 猜想主要解释了互质整数 $a$ 和 $b$ 的质因子与 $a$，$b$ 之和 $c$ 的质因子的关系.

如果望月新一的证明是对的，这将给整个领域带来重大影响，Dimitrov 表示.“如果你从事数论研究，那么你无法对 ABC 猜想置之不理.”他说，“这也是为

什么所有数论学家都渴望了解望月新一的方法.”比如,Dimitrov 在 2016 年 1 月曾展示过(图 1),假如望月新一的证明是对的,那么我们可以延伸出很多重要的结果,包括对著名的费马大定理的独立完整的证明.

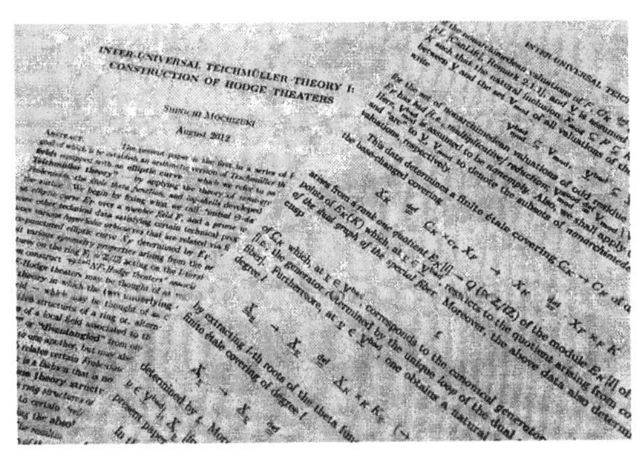


图 1　ABC 猜想的证明一角

然而望月新一于 2012 年 8 月在网上公布的证明,建立在他过去十多年的工作之上.期间望月新一都是独立工作的,并发展出了一个极为抽象的数学新分支.

2015 年 12 月,在英国牛津大学已经办过一次研讨会.不过当时望月新一没有到场,而是通过 Skype 视频回答了现场观众的问题(图 2).而这次会议,他在现场亲自展示了自己的材料.耶路撒冷希伯来大学的 Taylor Dupuy 表示,这非常有帮助.这两次研讨会他都有出席.

一直以来,望月新一都是个很隐秘的人.据说他从来不在同事面前用餐,在京都的研讨会期间,他也没有参加任何社交活动.尽管他乐于回答大家的问题,但没有人知道他到底是怎么想的.“望月新一并不会暴露太多.”Kedlaya 这样说,“他可是个出色的扑克玩家”.

图 2　2015 年 12 月望月新一通过视频与牛津大学克雷数学研究所现场通话

数学同行对于望月新一拒绝出行表示不满. 在他发布论文后,曾多次受邀出国介绍其想法,不过都被拒绝. 尽管青年时期大部分时间生活在美国,现在他却很少离开京都地区. 望月新一也没有回应采访的要求. 研讨会网站上有着这样的告示:“在数理解析研究所内,一切采访或媒体行为都不予接受.”

另一位出席研讨会的匿名人士讲道:“他头脑非常清醒,唯一令他沮丧的就是人们在没有理解任何细节以前就妄下评论.”

Dupuy 则表示:“我想他受到了很多涉及个人的批评,对此他一定很厌烦.”

**数论的曙光**

英国诺丁汉大学的 Ivan 费森科帮助组织了会议. 他表示,现在至少有 10 个人已经深入理解了望月新一的 IUT 理论(Inter-universal Teichmuller theory). 其论文已经通过了同行评议,很可能会在明年正式发表.

这将改变那些一度反对望月新一工作的人的态度."数学家是非常保守的人,他们往往遵循传统.一旦论文发表,就不会有问题了."

Lagarias 虽然没有一次性完全理解望月新一的理论,但他讲道,"确实有人已经理解了 IUT 的关键部分.不少没到日本的人也很有动力去研究望月新一呈现的 IUT."

问题在于,有些人可能不愿意花费望月新一所建议的那么多时间去研究其工作."专家们仍然很犹豫,他们在等着其他人去通读那 500 页证明,然后再提出为什么不弄得简单易懂一些."

费森科表示,望月新一的论文将很可能发表在日本期刊上,正如他以往的工作一样.这可能会影响到其在数学界的认可度."一般来说,在哪个期刊上发表文章,对于数学界的反应会有所影响."

不过,大家已经看到了理解望月新一工作的一线曙光,这是值得去努力的.费森科说,"我希望通过望月新一的理论及其延伸,我们可以解决至少 100 个数论领域中最为重要的公开问题."

不过望月新一的工作要对数论领域产生完全的影响,恐怕还需要几十年."IUT 所带来的新构思,其分量足够数学界花费几年的时间去吸收."

# 第12章 来自中国数学会的评论[①]

## 望月新一和他的天书式证明

2012年8月的一个早上，望月新一悄无声息地在他的网站上贴了4篇论文.这4篇宏大壮观的论文总数超过了500页，堆砌着密密麻麻的符号，代表了他十年来孤独而又辉煌的巅峰成就.它们也极具引爆整个学术界的潜力.在一篇论文中，望月新一声称已经解决了ABC猜想，这是一个高悬在数论领域27年的难题，其他数学家只能望之兴叹，无能为力.如果他的证明是正确的，那将是这个世纪最令人震惊的

① 摘编自公众号：Castelvecchi中国数学会，2017-10-24.

伟大成就，它也将彻底地革新对整数方程的研究.

然而对他的证明，望月新一却没有大惊小怪. 这位在京都大学数理解析研究所（RIMS）从事研究工作的数学家，非常受人尊重，他甚至没有向同行透露他的工作. 他只是把论文贴在网站上，然后静静地等待着世界的发现与认可.

最先注意到论文的人可能是玉川安骑男，一位望月新一在 RIMS 的同事. 就像其他研究员一样，他知道望月新一已经为 ABC 猜想奋斗数年并且已经基本大功告成. 同一天，玉川安骑男以电子邮件的形式告知了他的一位共事者——英国诺丁汉大学的数论专家费森科. 费森科立即下载了论文并开始阅读. 但是不久他就“十分困惑了”，他说，“理解这个证明简直不可能.”

费森科又向一些望月新一研究领域的计算几何方向的顶级专家发了邮件，消息也迅速传开. 不到几天，数学博客和网上讨论会便有了热烈的探讨. 但是对很多研究人员，开始的兴高采烈很快就变成了对证明的怀疑. 每个人，甚至包括那些和望月新一的研究领域很接近的专家们，都像费森科先前一样困惑不已. 为了完成这个证明，望月新一已经开辟了数论的一个新方向，发明了新的技术手段，即使以纯数学的标准来看，这个分支也是难以置信地晦涩抽象. “当你看着这篇论文时，你会有点觉得你可能在阅读一篇来自未来，或者来自其他时空的文章，”论文出现后几天，来自威斯康星州麦迪逊大学的数论家艾伦伯格在他的博客上这样写道.

三年前，望月新一的证明正在陷入困境，论文既没有被指出错误也没有被大家所接受. 估计对一位数学研究生来说，得花大约 10 年才能理解他的工作，费森科更加觉得即使是一位计算几何专家也得花 500 个小时才能明白. 至今，只有 4 位数学家承认他们已经能够读懂整个证明.

记者 Levy 了解到这个数学证明由于过于复杂而无法被核实. 望月新一本人又让事情更加扑朔迷离. 他仅仅在日本用日语做了一次有关他的工作的报告，尽管他操得一口流利的英语，他却拒绝了向其他人讲述的邀请. 他没有告知记者，几个想要采访他的请求也不了了之. 望月新一已经回复了其他数学家的邮件，并且欣然迎接拜访他的同事，但是他在网站上只是写了一些边边角角、零零碎碎的话. 在 2014 年 12 月，他写道“为了理解他的工作，人们急需将他们脑中根深蒂固和信以为然的思维方式彻底抛弃.”对于比利时安特利普大学的数学家 Bruyn，望月新一的态度有些轻蔑. 原因是 Bruyn 今年在博客上对望月新一冷冰冰的态度表示了不满，Bruyn 这样写道：“不仅仅是对我，望月新一是在对整个数学界进行蔑视(sticking up his middle finger)!”

如今数学界正在尝试搞清这个问题. 在 12 月，在亚洲外的英国牛津举办了第一个关于该证明的专题研讨会. 望月新一本人没有参加. 但是据说他很乐意通过 Skype 回答来自研讨会的疑问. 组织者希望讨论能够激励更多的数学家投入时间和精力，借助望月新一的思想来了解并熟悉这个证明——还有可能在望月新一的帮助下搞清楚证明.

在他最新的核实报告中，望月新一写道，他的理论在计算几何中的重要地位，和纯数学在人类社会中的

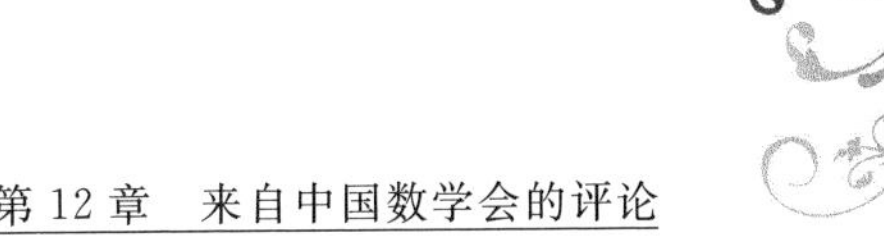



地位无异，这有点像一个小模型. 他所面对的困难就是，如何将抽象性工作纳入到他的学科中，这也反映了全体数学家经常会面对的挑战：如何将他们精心创造的玄妙理论传达于更广阔的世界.

### 核心提示

ABC 猜想与形如 $a+b=c$ 的数字表达式有关. 这个命题来源于几个稍微不同的方向，着眼于能够整除 $a$，$b$ 和 $c$ 的素数的数量. 每个整数能够被唯一的表示成素数的乘积组合，举个例子，$15-3\times5$ 或者 $84=2\times2\times3\times7$. 原则上，$a$ 和 $b$ 的素因子和他们之和 $c$ 的素因子应该没啥关系. 但是 ABC 猜想把他们联系在了一起. 它猜想，粗略地说，如果大量的小素数整除 $a$ 和 $b$，那么只有一小部分大素数能够整除 $c$.

在 1985 年法国数学家厄斯特勒在德国的一次报告中提及了一堂关于特殊方程的课，其中不经意地提到了这个猜想的可能性. 坐在观众席中的麦瑟尔，如今是一位瑞士巴塞尔大学的数论专家，他意识到了这个猜想潜在的重要性，并不久后将它以一般形式公之于众. 现在这个猜想一般归功于他们俩，也就是为人们知晓的厄斯特勒—麦瑟尔猜想.

### 君不见，望月之证明天上来

几年之后，Noam 和 Elkies，来自剑桥和曼彻斯特的两位哈佛大学数学家意识到，如果 ABC 猜想是正确的，那将对整数方程(其中以丢番图方程最为著名，古希腊数学家丢番图首先研究了整数方程)的研究产生极为深刻的影响.

Elkies 发现如果证明了 ABC 猜想，那将会以神来之笔解决一大批悬而未决而又著名的丢番图方程. 那是因为这个猜想给丢番图解的大小范围进行了清晰的限制. 比如，ABC 猜想可能会表明所有符合方程的解都必须比 100 小. 为了找到所有的解，从 0 到 99 的所有值都要代入验证看看哪一个是解. 相反，如果没有 ABC 猜想的帮助，我们则要尝试代入无数的值.

虽然 1992 年美国数学家莫德尔提出确定的猜想公式，声称大量的丢番图方程要么无解，要么存在有限解，这曾一度成为丢番图方程历史上最为重要的突破，但是 Ellkies 的工作意味着 ABC 猜想的结果将会更上一层楼. 那个猜想于 1983 年被德国数学家法尔廷斯证明，那时他年仅 28 岁，并在两年多后因此工作获得菲尔兹奖，这一令无数数学家梦寐以求魂牵梦绕的数学奖项. 但是如果 ABC 猜想是正确的，你将不仅仅知道它有多少组解，法尔廷斯说道，“你都能直接把它们列出来.”

法尔廷斯解决莫德尔猜想后不久，他开始在新泽西普林斯顿大学教书，很快，他的征途和望月新一的轨迹相交了.

生于 1969 年的望月新一在美国度过了至关重要的岁月，他的父母在他很小的时候就搬到了那里. 他上了一所新罕布什尔州的贵族学校，大约 16 岁时，他的少年成名为他赢得了在普林斯顿数学系的一个本科名额. 他迅速凭借其原创性思维成为一个传奇，并且直接攻读博士学位.

知道望月新一的人都形容他拥有着超自然的全神贯注的能力.“自打他入学起，每天起床后他就雷打不

动地辛勤工作,”金明迥这样说道,金明迥是牛津大学的一位数学家,自从他来到普林斯顿他就知道望月新一.参加完一次研讨会,研究员和学生们通常会出去喝杯啤酒,但是望月新一却不,金明迥回忆道,“他不为俗事所扰,如此一心地专注于他的数学.

法尔廷斯是望月新一的毕业论文和博士论文导师,他能够看得出望月新一的卓越不凡.“显然他是更加出众的一位”,他说道.但是作为法尔廷斯的学生却不是那么容易.“法尔廷斯虽是通向成功的天梯,但和他共事也足以让人胆寒.”金明迥回忆道.他会敏锐地抓住错误,每当和他谈话,即使是很优秀的数学家也要小心翼翼,反复斟酌.

法尔廷斯的工作对美国东海岸大学的很多年轻的数论学者都有极大的影响.他的研究领域是代数几何,这个领域从 20 世纪 50 年代起已经被格罗滕迪克转变为一个高度抽象和理论性极强的分支——格罗滕迪克通常被称为 20 世纪最伟大的数学家.“相比格罗滕迪克”金明迥说道,“法尔廷斯并没有太多耐心去思考数学的哲学含义.他的数学风格总是以大量的抽象知识为背景,但目标都实在而明确.望月新一的工作十分明确,就是 ABC 猜想.”

**一心只为 ABC**

完成博士学位的攻读后,望月新一在哈佛度过了两年.1994 年回到了故乡日本,时年 25 岁,并在 RIMS 做研究员.虽然他已经在美国度过了数年,“他对于美国文化还是有些许不适”,金明迥说道.并且,他还补充到,身处异国他乡,他还是会感受到数学天才带给他的复杂的孤独感."我觉得他的确遭了点罪."

望月新一在 RIMS 独领风骚,在那里并不需要研究员带研究生."所以他能专心于他的工作 20 载,没有其他杂事骚扰."费森科说道.在 1996 年,他因解决了格罗滕迪克的一个猜想而在国际上声名大噪,在 1998 年,他受邀在柏林举办的国际数学家大会上发言,同时,这也令他名誉大收.

**天书只有上帝才能看懂,我等只是凡人**

但是尽管望月新一已经声誉加身,他还是很快地脱离了主流.他的工作慢慢地进入更加抽象的境界,并不为同伴所理解.在 20 世纪初,他渐渐不再在国际会议上露面,同事们都说他几乎没有离开京都半步."没有合作伙伴而进行数十年的工作,这需要极不容易的奉献和专注."加利福尼亚斯坦福大学的数论学家 Brian Conrad 这样说道.

不过望月新一也确实和一些数论专家同行保持了联系,他们最后也才知道望月新一志在 ABC 猜想.因为大多数数学家对这个问题都避而远之,认定其太难应付,所以他并无竞争对手,独孤求败.2012 年早期,关于望月新一已经快完成证明的流言满天飞.8 月份便来了消息,他将证明的论文贴在了网上.

接下来的一个月,费森科成为第一个不远万里拜访望月新一并向他请教他的天书式证明的人.费森科本来是打算去拜访玉川安骑男的,所以他也去探望了望月新一.望月新一的办公室非常宽敞,窗外就是美丽的大文字山山景,屋内整整齐齐地排放着书籍和论文,他们就在那里见面了."这真是我平生看过的最整洁可

观的数学家的办公室”，费森科说道. 两位数学家坐在舒适的毛绒扶手椅上，费森科不断地询问着他的工作和接下来的一些事宜.

费森科说道，他特别提醒了望月新一要关心一下另一位数学家的经历：佩雷尔曼，他因在 2003 年解决了世纪遗留问题——庞加莱猜想后盛名鼎盛，然后退出江湖，归隐山林. 费森科了解佩雷尔曼，并认为这两位数学家的性格非常不同. 人们都知道佩雷尔曼的社交能力着实不敢恭维（就像他不怎么修理自己的指甲，很不修边幅），但是望月新一却善于表达，在社交场合中游刃有余.

通常在一个主要证明宣布之后，数学家们会检验证明，证明一般也就几页，他们都能大致了解证明思路和策略. 有时，如果证明又长又复杂，专家们就可能会花上几年时间来真正理解它，并且达成一致. 佩雷尔曼关于庞加莱猜想的证明就是这样被接受的. 即使像格罗滕迪克那样高度抽象的论文，专家们也能够将他的大部分新思想与他们熟悉的领域相联系. 只有迷雾被彻底扫清后，才会将其公之于众.

但是几乎每个试图搞明白望月新一证明的人，最后都会茫然不知所措. 一些人是因为其几乎天书般的语言而困惑不已，望月新一这样评论他的一些新的理论思想. 他甚至以“宇宙际几何”这样的名字来命名他一手创造的领域. 一般而言，面对整个宇宙时，数学家会非常谦逊甚至惭愧，一般不会声称自己做出的那点东西是对整个宇宙探索的一种革新，在巴黎第六大学的厄斯特勒这样说道，他对望月新一的证明首先做了一点验证性工作.

原因就是望月新一的工作已经远远的脱离了以前的老套路.他从数学的基础集合论(人们熟知的维恩图)开始,试图从根子上对数学进行创新.大多数的数学家都不愿花时间去研究他的工作,因为他们不知道这是否值得:谁知道望月新一发明的崭新的理论手段能不能运用到计算中呢?“我试图读懂一些他的证明,但是到了某个阶段,我就放弃了,实在不懂他到底在干啥.”法尔廷斯说道.

在过去的这几年,费森科已经仔细研究了望月新一的工作,并于 2014 年秋天又去 RIMS 拜访了望月新一,还称他已经核实了证明.(另外三个声称已经搞懂望月新一的证明的数学家也花了大量的时间,他们在望月研究所的附近工作,反复讨论才最终明白.)“宇宙际几何”的第一要旨就是要以一种全新而不同的视角看待整数——加法性质先不考虑,并视乘法为一种可扩展可变形的结构.通常标准的乘法只是这种结构族里的一种特殊情况,正如圆是特殊的椭圆一样.费森科说望月新一自比数学上帝格罗滕迪克,不过这并不过分.“望月新一出现后,世界上就只有两种数学,望月新一之前的数学和望月新一之后的数学.”费森科高度评价道.

但是至今,那几个已经理解望月新一工作的人却很难向别人解释它.“那些正在传达望月新一工作的人,我都知道,他们都相当厉害,但是慢慢地,他们就解释不清楚了.”一位不愿透露姓名的数学家这样说道.这样的情形让他想起了蒙提派森短剧里的故事,他写下了世界上最好笑的笑话,每个人看到之后都笑死了,他们都无法向别人分享这个笑话.

法尔廷斯说,这的确是个问题."你光有一个绝妙的思想是不够的,你还要向别人解释清楚."法尔廷斯说如果望月新一想要他的工作为世人接受,那么他应该更多地向外界做出说明."对于他的理论,人们没有义务必须搞清楚,人们爱怎么想就怎么想.如果他想要获得认可,他必须向人们妥协."

**辉煌灿烂,还是沉寂?**

2015 年下半年,克雷数学协会将要举办长期的一个研讨会,这对于望月新一而言,事情变得有了转机.这个领域的顶尖人物到时都会参加,包括法尔廷斯.和法尔廷斯一起,金明迥也是其中一位组织者.他们说道,短短几天不足以展示整个理论.不过他说"希望在讨论会结束之时,会有足够多的人能够坚定信念,鼓起信心,投入到阅读证明的过程中."

很多数学家预测得花费很多年才能搞懂一些证明(望月新一本人说他已经将论文提交给了期刊,估计现在他们还在复习背景知识的准备阶段呢).最终,研究者希望一些人不仅能够理解望月新一的工作,并且能向别人解释清楚.可问题是,很少有人爱揽这苦差事.

展望未来,研究者们觉得未来的难题可能不会那么复杂和难以解决.艾伦伯格指出,在新的数学领域中,理论通常是比较简单的,证明也会更加简洁而优美.

现在的问题是望月新一的证明是否最终能被人们接受,就像佩雷尔曼那样,还是会有完全不同的命运.一些研究者的语气相当地谨慎,比如印第安纳普渡大学西拉法叶校区的德・布朗基,是一位信誉鼎盛的数学家. 在 2004 年,德 · 布朗基发表了一篇证明黎曼猜想的论文,这是被认为一个数学中最为重要的未解之谜. 但是数学家却对他的证明保持怀疑,很多人由于他非传统的理论和怪癖的写作风格,于是不再关注他的工作,论文也渐渐地淡出了人们的视线.

对于望月新一的工作,"并不是孤注一掷的赌注,不应该以单纯的成败去评论."艾伦伯格说道. 即使最终证明行不通,他的方法和思想也会慢慢地渗透到整个数学之中,研究员可能会发现其中有一些对他们有用."我真的觉得,基于我对望月新一的了解,他的论文中极有可能隐藏着非常玄妙和重要的数学."艾伦伯格这样评论道. 不过还是存在事情会向另一种不好的方向发展的风险,他又补充道."我觉得如果我们就因为看不懂证明而忘却了它,那真的是整个数学的一大悲哀."

# 来自喻家数学的评论①

第13章

## 望月新一关于ABC猜想的证明将被正式认可

日本《朝日新闻》报道过一则题为"数学の超難問・ABC予想を「证明」望月京大教授"的新闻:京都大学数理解析研究所的望月新一教授关于ABC猜想的证明或将被认可并予以发表,发表时间可能是2018年元月.这或将是本世纪以来纯粹数学研究领域最具轰动性的成果,而望月新一所建立的崭新的数学理论(Inter-universal Teichmuller theory)将极大影响数学的发展.

① 摘编自公众号:喻家数学,2017－12－16.

ABC 猜想在 1985 年分别由麦瑟尔和厄斯特勒独立提出. 目前有不少数学家尝试着证明该猜想的正确性,法国数学家施皮罗(他在数论、算术代数几何和交换代数上有重要贡献)在 2007 年时尝试攻克此猜想,但后被证明其中有误,其论文可以参考 http://www.math.columbia.edu/~woit/wovdpress/? p=561.

在 2012 年,日本京都大学数理解析研究所的望月新一教授发布了其四篇预印文稿,系统介绍了他创立的 Inter-universal Teichmuller theory(全面一般化泰希米勒理论),并声称用此理论可证明包括 ABC 猜想在内的几个著名猜想. 他的论文在数学期刊上刊登以供参考查阅,很多人也开始学习他的理论. 很多数学家对他的文章持怀疑态度,也正是因为他这篇古怪晦涩的证明(无论是将我们引向正确还是错误),我们知道了,要解决这个猜想或许还是要走上孤独的漫漫长路. 不变的是,在我们试证明其正误之时,数学水平得到提高,也终将找到解决 ABC 猜想之路.

## ABC 猜想到底在猜测什么?

这也许是数学中最为抽象、仿佛起源于虚无的数论和代数几何的结合体. 这里的理论无法用图示去说明,是在把解方程这件事情综合分析得出“对称”“互质”之流的结构之后,进一步抽象得到的结构的结构.

简单来说,就是有 3 个数:$a$,$b$ 和 $c=a+b$,如果这 3 个数互质,没有大于 1 的公因子,那么将这 3 个数不重复的质因子相乘得到的 $d$,“几乎一定”会比 $c$ 大. 举个例子:$a=2$,$b=7$,$c=a+b=9=3\times 3$. 这 3 个数是互质的,那么不重复的因子相乘就有 $d=2\times 7\times 3=42>$

$c=9$. 大家还可以试验几组数，比如：$3+7=10$，$4+11=15$，也都满足这个猜想.

但是，上面所述之内容，并非猜想的全貌，而且依照上面的算法去找 $a+b=c$，还居然存在反例！著名的网站 ABC@home 就在用分布式计算寻找 ABC 猜想的反例，其中一个反例是 $3+125=128$：其中 $125=5^3$，$128=2^7$，那么不重复的质因子相乘就是 $3\times5\times2=30$.

这就是 ABC 猜想的表述了，听起来好像不如以前我们知道的数论中的猜想那样精确直观. 比如费马最后定理：$a^n+b^n=c^n$，当 $n$ 大于等于 3 时就没有整数解了. 又比如哥德巴赫猜想：一个数一定表示成两个质数之和. ABC 猜想不但涉及加法（两个数之和），又包含乘法（质因子相乘），接着还模糊地带有点乘方（$1+\varepsilon$ 次方），最麻烦的是还有反例存在？这实在有点山寨——如果你这样想，那就太小瞧这个猜想了. 实际上，除了尚未解决的涉及多个数学分支的猜想界皇冠黎曼猜想以外，与 ABC 猜想的影响力相比，其他数论中的猜想，诸如哥德巴赫猜想、孪生素数猜想，以及已经解决的费马最后定理，都只能算是影响有限.

## ABC 猜想为何如此重要？

首先，ABC 猜想，对于数论研究者来说，是反直觉的.

历史上反直觉的却又被验证为正确的理论，数不胜数. 一旦反直觉的理论被证实是正确的，基本上都改变了科学发展的进程. 举一个例子：牛顿力学的惯性定律，物体若不受外力就会保持目前的运动状态，这在

17 世纪无疑是一个重量级的思想炸弹."物体不受力当然会从运动变为停止",这是当时的普通人基于每天的经验得出的正常思想.而实际上,这种想法,在任何一个在 20 世纪学习过初中物理、知道有种力叫摩擦力的人来看,都会显得过于幼稚.但对于当时的人们来说,惯性定理的确是相当违反人类常识的!

ABC 猜想之于现在的数论研究者,就好比牛顿惯性定律之于 17 世纪的普通人,更是违反数学上的常识.这一常识就是:"$a$ 和 $b$ 的质因子与它们之和的质因子,应该没有任何联系."原因之一就是,允许加法和乘法在代数上交互,会产生无限可能和不可解问题,比如关于丢番图方程统一方法论的希尔伯特第十问题,早就被证明是不可能的.如果 ABC 猜想被证明是正确的,那么加法、乘法和质数之间,一定存在人类已知数学理论从未触及过的神秘关联.

再者,ABC 猜想和其他很多数论中的未解问题有着重大联系.

比如刚才提到的丢番图方程问题、费马最后定理的推广猜想、莫德尔猜想、厄多斯－伍德猜想,等等.而且,ABC 猜想还能间接推导出很多已被证明的重要结果,比如费马最后定理.从这个角度来讲,ABC 猜想是质数结构的未知宇宙的强力探测器,仅次于黎曼猜想.其次,我们来看望月新一用了什么数学工具来解决 ABC 猜想.

望月新一开始埋头研究 ABC 猜想的证明时,距猜想提出不过 10 年,而且几乎没有任何进展,望月新一可以说是几乎从零开始的.之所以说"几乎",是因为望月新一 20 多岁时,在"远阿贝尔几何"领域中作出过卓

越贡献，还被邀请到 4 年一届的国际数学家大会上演讲. 然而，1988 年柏林的数学家大会结束之后，望月新一就从学术界消失，潜心于他自己的宇宙去证明 ABC 猜想了. 他用的理论工具，正是“远阿贝尔几何”.

可以说，望月新一证明 ABC 猜想的目的之一，就是要把远阿贝尔几何发扬光大. 远阿贝尔几何这个数学分支，由代数几何教皇格罗滕迪克于 20 世纪 80 年代创建，研究对象是不同几何物体上的代数簇的基本群的结构相似性.

在富有传奇色彩的丽沃夫咖啡馆，近代分析学之父巴拿赫说：“数学家能找到定理之间的相似之处，优秀的数学家能看到证明之间的相似之处，卓越的数学家能察觉到数学分支之间的相似之处. 最后，究级的数学家能俯瞰这些相似之处之间的相似之处.”格罗滕迪克，便落入了巴拿赫分类的究级数学家之列，远阿贝尔几何便是一门研究“相似之相似”的数学分支：16 世纪，卡尔达诺研究 3 次方程求根；19 世纪，伽罗瓦发现特殊高次方程解的群结构；代数几何中的代数簇，则是一大类方程的公共解；代数簇的基本群，则是对于已经综合了一大类理论的代数簇理论的再一次综合，关心什么样的结构独立于几何物体的代数簇的表象之外.

于是乎，对于数学家来说，检查望月新一的证明是否存在错漏的另外一个难题就是：要透彻理解望月新一那 500 多页的 ABC 猜想的证明，需要先弄懂望月新一关于远阿贝尔几何的 750 页的著作！全世界总共只有约 50 名数学家在这方面有足够的背景知识去通读望月这本远阿贝尔几何著作，更别提望月在证明猜想中建立起来的“宇宙际泰希米勒理论”了. 到目前为止，自称"宇宙际几何学者"的望月新一,是他自己创造出的宇宙中的独行者.

之前提到的望月新一的好友、牛津大学教授金明迥说:"读证明,对数学家来说,也是非常痛苦的.说服大多数代数几何学者去阅读需要如此之多基础知识的证明,更是一件难事."当然,这并不代表没有数学家在检查望月新一的证明,2012 年 10 月,斯坦福大学教授 Akshay Venkatesh 至函望月新一,指出第 3 篇和第 4 篇论文中的错误.望月新一也迅速答复,承认了错误,并说明该错误对整体理论并无影响.

证明发表之后,怀疑之声不绝于耳.因为从直觉上来讲,ABC 猜想如果被证明正确,对于数论的影响之巨大,无异于相对论和量子物理之于现代物理学.有些人认为,要是 ABC 猜想被证明,世界就太美好了,仿佛身处幻境.

大多数数论工作者希望,望月新一能够就他的证明写出一个综述,将整套理论的逻辑脉络展现给大家,比如为什么要引入定理 X 和概念 Y,怎么层层推进到最终猜想的证明.设立千禧年大奖的克雷数学研究所也在考虑邀请望月新一开办一个讨论班,邀请世界上最优秀的数论和代数几何学家参加,大家一同学习这个新理论.

不过,关于望月新一本人,他在发布证明之后拒绝了任何采访,而且他不喜好社交.在 Google 上搜索关于望月新一的背景介绍,中文链接中可读的,唯有卢昌海发布在他个人主页上的文章:"望月新一,1969 年 3 月 29 日出生于日本东京,16 岁进入美国普林斯顿大学就读本科,三年后进入研究生院,师从著名德国数学

家、1986 年菲尔兹奖得主法尔廷斯，23 岁(即 1992 年)获得数学博士学位. 此后，他先是“海归”成了京都大学数理解析研究所的研究助理，几个月后又前往美国哈佛大学从事了近两年的研究，然后重返京都大学. 2002 年，33 岁的望月新一成为了京都大学数理解析研究所的教授. 望月新一的学术声誉颇佳，曾获得过日本学术奖章等荣誉.”

关于望月新一的这种出世的行事方法，金明迥作出的评价是：“当你沉浸在自己的理论宇宙中太久，你会察觉不到他人对于你的理论的困惑，因为你先入为主地假设了所有人都明白很多基础知识.”

到此，我们希望在明年一月份见证奇迹的时刻，这将是人类攀登智力高峰创下的又一神迹!

# 第14章 来自超级数学建模的评论①

数学史上最神秘的猜想得证，或将成为21世纪数学界最大突破，但全世界只有12个人看得懂……

此书只应天上有；

人间哪得几回闻.

早在2012年，日本数学家望月新一就在京都大学的数学系主页上上传了4篇论文，开放公众下载.

总长500多页的论文(当代数学论文多为10～20页)，里面充满了各种奇形怪状的符号，以及各种奇怪的定义名称，这是望月新一十几年前从数学界销声匿迹之后的首次露面.

这次的“露面”，望月新一也带来了个“重磅炸弹”，他宣称自己已经解决了

① 摘编自公众号：超级数学建模，2017－12－26.

数学史上最富传奇色彩的未解猜想：ABC 猜想(图 1).

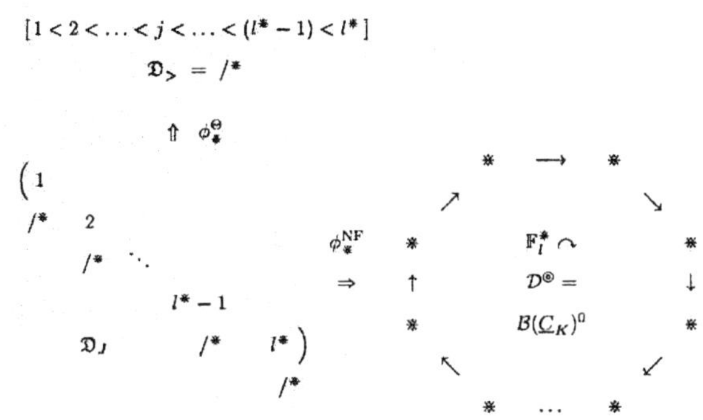


图 1　望月新一的论文一角

一时间，所有人都疯了般，纷纷去下载望月新一的论文来一探究竟，然而，却没有一个人能看得懂，就连华裔天才数学家陶哲轩也表示没看懂.

而近日，有报道称(图 2)，望月新一的论文即将通过最后的审核，计划于 2018 年 1 月份正式发表.

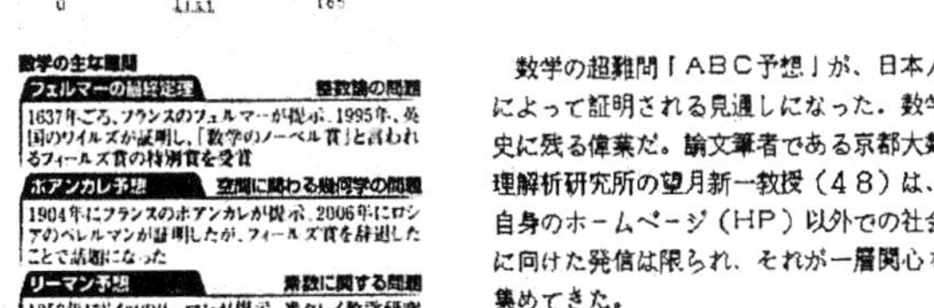

望月氏のＡＢＣ予想「証明」、独創的すぎて数学者も苦闘

高橋久敬、阿部彰芳　2017年12月16日08時58分

シェア 0　ツイート 1131　ブックマーク 165　メール　印刷

数学の主な難問

フェルマーの最終定理　整数論の問題
1637年ごろ、フランスのフェルマーが提示。1995年、英国のワイルズが証明し、「数学のノーベル賞」と言われるフィールズ賞の特別賞を受賞

ポアンカレ予想　空間に関わる幾何学の問題
1904年にフランスのポアンカレが提示。2006年にロシアのペレルマンが証明したが、フィールズ賞を辞退したことで話題になった

リーマン予想　素数に関する問題
1859年にドイツのリーマンが提示。米クレイ数学研究所が、解決に100万ドルの賞金をかけた問題の一つ。未解決

ABC予想　整数論の問題
1985年に提示。2012年、京大数理研の望月新一教授が解決したとする論文をHPに公表。5年余り査読

数学の超難問「ＡＢＣ予想」が、日本人によって証明される見通しになった。数学史に残る偉業だ。論文筆者である京都大数理解析研究所の望月新一教授（４８）は、自身のホームページ（ＨＰ）以外での社会に向けた発信は限られ、それが一層関心を集めてきた。

数学の超難問・ＡＢＣ予想を「証明」　望月京大教授 →

图 2　《朝日新闻》页面

倘若 ABC 猜想真的就此被证明，这无疑是 21 世纪最重要且最令人振奋的数学成就.

不过,先不论 ABC 猜想会不会变成 ABC 定理,我们今天先来讲讲这位被称为外星人,需要去京都大学的主页上的某个“望月新一の安否确认情报”的页面,才能确定是否活着的宅男数学家.

**望月新一:我的论文,你们看不懂,是正常现象.**

1969 年,望月新一出生于日本东京,5 岁的时候便随父母移居美国.

与绝大多数天才不同的是,小时候的望月新一并没有显现出太多异于常人的天赋,只是一个很平常的热爱学习的孩子.

直到 1985 年,望月新一从菲利普斯埃克塞特学院高中毕业后,进入普林斯顿大学读本科,才开始变身“怪人”.

他花了 3 年时间本科毕业后,直接留在普林斯顿攻读博士学位,师从德国数学家、代数几何大师法尔廷斯.

法尔廷斯是出了名的要求严格,会毫不留情地抓住你的错误不放,就连最杰出的数学家跟他一起讨论问题,都经常紧张地清嗓子,生怕被指出什么毛病.

不过,对于望月新一,法尔廷斯却是十分满意,说他“显然是一个很聪明的学生”.

与其说望月新一聪明,不如说是他勤奋.

作为一个博士生,望月新一的世界只剩下两件半事情,起床、工作,剩下的半件就是睡觉.

他具有一种超乎自然的专注力,研究数学的时候简直就是两耳不闻窗外事.每次参加完研讨会,教授和

学生都去喝酒放松一下的时候，望月新一却打死都不去，他的心里只有他的数学……

1992 年，23 岁的望月新一获得博士学位之后，先是去哈佛待了两年，之后，便回到日本京都大学数理解析研究所(RIMS)当研究员.

至于为何突然选择回国，望月新一表示虽然自己已经在美国待了这么多年，却仍然不太适应美国的文化，尤其是变身“怪人”，沉迷数学后，作为数学天才的一种复杂的孤独之感尤其强烈，身处异乡的他变得极其不安. 牛津大学数学家 Kim Minhyong 从刚来普林斯顿的时候就认识望月新一，他说：“我觉得他(望月新一)的确遭了点罪.”这导致望月新一后来在日本的很长一段时间，都只用日语讲述他的工作，尽管他能说一口流利的英语.

在京都大学数理解析研究所，研究员并不需要带研究生，望月新一终于重新找回了自己的状态，专注研究工作.

1996 年，望月新一因解决了格罗滕迪克提出的一个猜想，而在国际上名声大噪，紧接着在 1998 年的国际数学家大会上，望月新一受邀做了报告，至此，望月新一成功进入国际数学界的“上流社会”.

所有的一切，看着都异常顺利，也许，在不久的将来还有一枚菲尔兹奖章在等着他.

然而，这个时候，望月新一却突然“失踪”了.

**格罗滕迪克：这小伙真是的，学我的代数几何就算了，还学我玩失踪.**

他停止参加一切国际会议，待在京都，几乎哪里都不去，除了几位保持联络的数论专家知道他在攻克

ABC 猜想之外，其他人都无法得知此时他进行着怎样么抽象的数学工作.

他几乎没有竞争对手，因为其他数学家都对 ABC 猜想避而远之，认定这是一个无法解决的问题.

就这样，没有合作伙伴，望月新一以他超常的专注力，一个人专研了十几年，逐渐完成他那令所有人费解的证明论文(图 3).

$$\begin{bmatrix} -l^* < \dots < -1 < 0 \\ < 1 < \dots < l^* \end{bmatrix} \qquad \{\underline{\mathcal{F}}_{\underline{v}}\}_{\underline{v}\in\underline{\mathbb{V}}^{\text{bad}}} \qquad \begin{bmatrix} 1 < \dots \\ < l^* \end{bmatrix}$$

$$\ddots$$

$$\mathfrak{D}_{\succ} = /^{\pm} \qquad\qquad \mathfrak{D}_{>} = /^{*}$$

$$\Uparrow \ \phi^{\Theta^{\pm}}_{\pm} \qquad \overset{\text{glue}}{\Rightarrow} \ \{0,\succ\} => \ \overset{\text{glue}}{\Leftarrow} \qquad \Uparrow \ \phi^{\Theta}_{*}$$

$$\overset{\{\pm 1\}}{\curvearrowright} \begin{pmatrix} -l^* < \dots < -1 < 0 \\ < 1 < \dots < l^* \end{pmatrix} \qquad \begin{pmatrix} 1 < \dots \\ < l^* \end{pmatrix}$$

$$/^{\pm} \dots /^{\pm}\, /^{\pm}\, /^{\pm} \dots /^{\pm} \qquad\qquad /^{*} \dots /^{*}$$

$$\mathfrak{D}_{T} \qquad\qquad \mathfrak{D}_{J}$$

$$\Downarrow \ \phi^{\Theta^{\text{ell}}}_{\pm} \qquad\qquad \Downarrow \ \phi^{\text{NF}}_{*}$$

$$\begin{array}{ccc} \pm & \rightarrow & \pm \\ \uparrow & \overset{F^{\rtimes\pm}_{l}}{\curvearrowright} & \downarrow \\ \pm & \leftarrow & \pm \end{array} \qquad \begin{array}{ccc} \mathcal{F}^{\circledast}_{\text{mod}} & & \\ \cap & & \\ \mathcal{F}^{\circledast} & \dashleftarrow & \mathcal{F}^{\circledast} \end{array} \qquad \begin{array}{ccc} * & \rightarrow & * \\ \uparrow & \overset{F^{\circledast}_{l}}{\curvearrowright} & \downarrow \\ * & \leftarrow & * \end{array}$$

$$\ddots$$

$$\mathcal{D}^{\circledast\pm} = \mathcal{B}(\underline{X}_K)^0 \qquad\qquad \mathcal{D}^{\circledast} = \mathcal{B}(\underline{C}_K)^0$$

图 3　望月新一论文一角

直到 2012 年 8 月份，望月新一终于重出江湖，带着他努力十几年的成果——长达 512 页的论文(由 4 篇长论文组成，难度层层递进)，向全世界宣布，ABC 猜想已经得证!

在论文中，望月新一自己构造了一个新的庞大的理论体系，并且命名为“宇宙际泰希米勒理论”(简称 IUT 理论)，定义了各种前所未有的神秘术语，比如

“宇宙暗边际之极”“霍奇影院”(Hodge Theater)“外星算数全纯结构”(alien arithmetic holomorphic structures)等.

而在发表 ABC 猜想的证明之前,望月新一还写了 700 多页的关于远阿贝尔几何的著作,如果想要理解望月新一这次发表的论文,就必须先去弄懂望月新一关于远阿贝尔几何的著作!

全世界总共只有约 50 名数学家在这方面有足够的背景知识去通读望月新一这本远阿贝尔几何著作,更别提望月新一在证明猜想中建立起来的“宇宙际泰希米勒理论”了……

不过,这些都无法阻挡这批世界上代数几何及数论领域最顶尖的数学家的热情,在论文公布后,他们迫不及待去下载了论文,试图读懂望月新一的证明,却均以失败告终.

望月新一曾经的导师法尔廷斯说:“我试图读懂一些他的证明,但是到了某个阶段,我就放弃了,实在不懂他到底在干啥.”

美国威斯康星大学的数学家艾伦伯格说:“只是看着它们;你就会觉得像是在读一篇来自未来的论文,或者是在读一篇来自外太空的文章.”

陶哲轩表示完全看不懂,他说:“现在就对这一证明究竟是正确还是错误做出评断还为时尚早,望月新一与佩雷尔曼和怀尔斯类似,他是一个多年来致力于解决重要问题,并在数论领域内享有很高声誉的一流数学家.”

英国诺丁汉大学数论学家费森科说:“读懂它几乎是不可能完成的任务.”

耶鲁大学数学家 Vesselin Dimitrov 说:“在这史无前例的令人难以消化的形容之上还要加一句:这样的论文在以往的数学文献中从来没有出现过.”

更气人的是,望月新一看着所有人都败在了自己的天书下,内心却毫无波澜,更是没有出来解答的冲动,依旧保持神秘.

他仍旧拒绝出席一切国际上的会议,拒绝一切采访或媒体行为,只愿意通过电子邮件的方式来与其他数学家交流……

在很多人眼里,望月新一这样的态度确实是有点目中无人了.

一直到 2015 年 12 月,关于望月新一 IUT 理论的研讨会在英国牛津大学召开,一如既往地,望月新一没有到场,不过,这次,望月新一通过视频通话,回答了研讨会现场的各种问题.

望月新一的出现,也大大促进了“天书解读小组”的进展,经过 5 年的消化,指出错误,以及望月新一的反复修订,原来 512 页的论文,最终长度也达到了 600 页.

尽管大部分人还是对望月新一的理论一脸无奈,但还是有极少数的人表示看懂了望月新一的证明,只不过无法讲述出来,让更多的人理解.

据传闻,至今全世界共有 12 个人弄懂了望月新一的理论:

诺丁汉大学教授费森科,RIMS 讲师山下刚、星裕一郎、谭福成,RIMS 教授玉川安骑男,东京工大教授加藤文元,广岛大学教授松本真,普渡大学副教授 Chung Pang Mok,巴黎第六大学副教授 Emmanuel

Lepage；佛蒙特大学客座教授 Taylor Dupuy，加州大学圣迭戈分校教授 Kiran Kedlaya，密歇根大学教授 Jeffery Lagarias.

其中，诺丁汉大学教授费森科在 2014 年就说他已经确认了证明的正确性，并对望月新一的工作给予了高度的评价，费森科认为，望月新一完全可以与代数几何的上帝格罗滕迪克相提并论，他说："望月新一出现后，世界上就只有两种数学，望月新一之前的数学和望月新一之后的数学."

另外，费森科也表示十分期待望月新一论文的正式发表，"数学家是非常保守的人，他们往往遵循传统. 一旦论文发表，就不会有问题了."

而如今关于明年 1 月份正式发表望月新一的论文的消息，无疑是令数学界振奋的，ABC 猜想会不会就此变成 ABC 定理，超模君陪着大家一起见证历史.

最后，我们来复习一下什么是 ABC 猜想吧.

ABC 猜想，也称厄斯特勒－麦瑟尔猜想，最先由乔瑟夫・厄斯特勒和大卫・麦瑟尔在 1985 年提出. 用三个相关的正整数 $a$，$b$ 和 $c$（满足 $a+b=c$）声明此猜想（因此得名 ABC 猜想）.

对于一个正整数 $n$，找到它的所有质因数，把它们乘起来，得到的数叫作 $n$ 的根基 $\mathrm{rad}(n)$. 比如，60 的质因数是 2，3，5，所以 $\mathrm{rad}(60)=30$.

假如有三个互质的正整数 $a$，$b$，$c$，$c=a+b$，那么 $c$ 通常小于 $\mathrm{rad}(abc)$. 比如，$a=2$，$b=7$，$c=a+b=9$，这三个数互质；那么，$abc=126$，$\mathrm{rad}(126)=42$，$42>9$.

但注意，这是通常. 数学家找到了很多反例，事实上能很容易找到无穷多的反例.

数学家猜想，如果把 rad($abc$)变大一点点，变成 rad($abc$)$^{(1+\varepsilon)}$（它比 1 稍微大一点点次的幂），哪怕只有一点点，虽不能保证一定大过 $c$，但足以让反例的个数从无穷变成有限.

有兴趣的读者可以去欣赏一下望月新一的论文.

# 来自林根数学的评论[①]

第15章

## ABC猜想与望月新一的证明

关于ABC猜想：

比起那些鼎鼎大名的数学猜想，ABC猜想的出现较晚，数论中的ABC猜想(亦以厄斯特勒－麦瑟尔猜想而闻名)最先由厄斯特勒及麦瑟尔在1985年提出，一直未能被证明.由于研究不定方程的原因，数学家用三个相关的正整数$a$，$b$和$c$表示方程的未知数，比如

$$a^2+b^2=c^2$$

这个不定方程的非平凡解是可以全部表出的.

① 摘编自公众号：林根数学，2017－12－21.

这个不定方程当次数增高时，也是大名鼎鼎的费马－怀尔斯定理(1997 年由怀尔斯证明，其证明过程也是一波三折).

但不定方程：$a^n+b^n=c^n$，当 $n=1$ 时没有引起足够的重视，因为满足 $a+b=c$ 的正整数解太多了，这个小学生都会，是不是？

这有点像历史上研究平面几何时的角的三等分问题：大家都知道尺规三等分角不可能，所以一直没有人研究三角形的内角的三等分问题(图 1)：直到 1901 年，才由一个名不见经传的本科生 Franc. Morley 首次发现，其难度及证明过程的艰辛在平面几何的历史上绝无仅有.

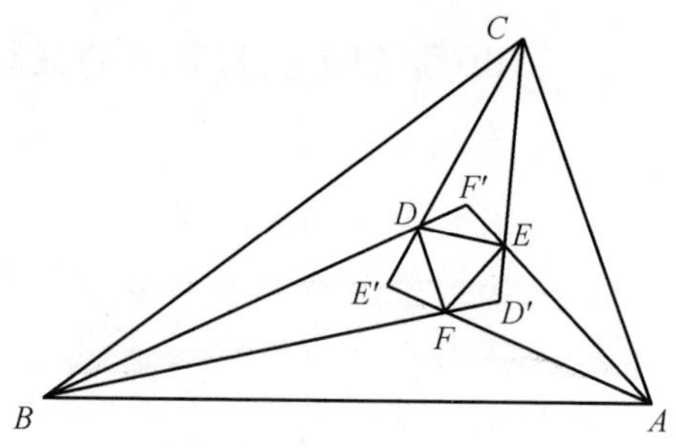


图 1　三等分三角形内角

所以，历史总有惊人的相似，不止政治、经济，数学也是如此！

话说终于有一天，数学家们想起了不定方程：$a^n+b^n=c^n$，当 $n=1$ 时的情况；这时想的当然不是它的解的通式表达，而是要研究它的解的本质是什么？若 $d$ 是 $a,b,c$ 不同素因数的乘积，这个猜想本质上是要说 $d$ 通常不会比 $c$ 小太多. 换句话来说，如果 $a,b$ 的因数中有某些素数的高幂次，那 $c$ 通常就不会被素数的高

幂次整除(也因此得名 ABC 猜想).

ABC 猜想最先由乔瑟夫·厄斯特勒及麦瑟尔在 1985 年提出,一直未能被证明.因它所带来的一些关于数论的有趣的结论而著名,很多著名的猜想和定理都紧接着 ABC 猜想问世.数学家戈德菲尔德(1996)认为 ABC 猜想是“the most important unsolved problem in Diophantus analysis”.

在我们详细介绍这个猜想之前,先来说一说整数的根数:$\forall n\in \mathbf{N}^*$,其所有不同素因子的乘积为根数(1 的根数为 1),记为:$\mathrm{rad}(n)$.举例说明

$$\mathrm{rad}(16)=\mathrm{rad}(2)=2$$

$$\mathrm{rad}(17)=17$$

$$\mathrm{rad}(18)=\mathrm{rad}(2\times 3)=2\times 3=6$$

$$\mathrm{rad}(1\ 000\ 000)=\mathrm{rad}(2\times 5)=2\times 5=10$$

若 $a,b$ 和 $c$ 是满足 $a+b=c$ 的互素正整数,通常有 $c<\mathrm{rad}(abc)$,而 ABC 猜想要讨论的正是那些例外的情况.

ABC 猜想:$\forall \varepsilon>0$,仅存在有限多的三元组$(a,b,c)$满足 $a,b,c$ 是互素的正整数,$a+b=c$,而且

$$c>\mathrm{rad}(abc)^{1+\varepsilon}$$

施皮罗(法国数学家,因其在数论、算术代数几何和交换代数上的贡献而知名)在 2007 年时尝试攻克此猜想,但后被证明其中有误.从 2012 年 8 月,日本京都大学的数学家望月新一发布了其四篇预印文稿,介绍了他的 Inter-universal Teichmuller theory(全面一般化泰希米勒理论),并声称用此理论可证明包括 ABC 猜想在内的几个著名猜想.他的论文在数学期刊上刊登以供参考查阅,很多人也开始学习他的理论.很多数

学家对他的文章持怀疑态度，也正是因为他这篇古怪晦涩的证明（无论是将我们引向正确还是错误），我们知道了，要解决这个猜想或许还是要走上孤独的漫漫长路．不变的是，在我们试证明其正误之时，数学水平得到提高，也终将找到解决 ABC 猜想之路．

最近（2017 年 12 月 14 日），望月新一又发表了三篇论文的预印本 PDF，准备正式公布长达 600 页的关于 ABC 猜想的全部证明过程．

他已经在 ABC 猜想的证明工作上独自思考了 20 年，建立起了他称之为“宇宙际泰希米勒理论”的新世界，定义了各种前所未有的神秘术语，比如第一篇论文讲了“霍奇影院”（Hodge Theater）的构造，第二篇论文则引入了“外星算数全纯结构”（alien arithmetic holomorphic structures）．

那么结局如何，为什么说人们要拭目以待呢？

这是因为，除了前面说过的关于费马大定理的曲折历程之外，这个望月新一的证明，是因为世界上没有任何数学家看得动，对！不是看得懂，而是根本看不动！也就是说，望月新一用的是独创的定义、定理来证明这个猜想，别人要吃透他的思想，还要等待时日．据说，世界顶级的数学家，包括他的导师法尔廷斯也看不动，还包括著名天才数学家陶哲轩也表示一点儿也看不动！这很正常，因为华罗庚在《数论导引》中就说过，现在代数数论学家早已看不懂解析数论学家的论文了！

这个法尔廷斯是什么人物，这个嘛，不是说几十年出一个天才的问题了，也可能是几百年一遇吧！

在中国数学竞赛界有个恽之玮（人称恽神，2000

年国际数学奥林匹克金牌得主(满分),北大本科,普林斯顿博士),2018 年美国“科学突破奖”获奖名单 12 月 3 日在美国航天埃姆斯研究中心揭晓.常州恽之玮获得新视野数学奖.

据说恽神去普林斯顿求学时想和法尔廷斯打招呼,老先生理都没理,这不奇怪:可能老头在想:你是谁呀?直到恽之玮苦读了老先生的著作并提出了一点儿见解,老先生耐着性子听完之后,才对他笑了一下,后来的事情嘛,就是收下他当学生啦,恽神也争气,后来在斯坦福获得终身教授职位,现为耶鲁大学教授,2012 年他也曾获得 SASTRA 拉马努金奖.说起来,恽之玮也算是望月新一的师弟.

ABC 猜想将许多丢番图问题都包含在其中,比如费马大定理.同许多丢番图问题一样,ABC 猜想完全是一个素数之间关系的问题.斯坦福大学布拉恩·康拉德曾说,“在 $a$,$b$ 和 $a+b$ 的素数因子之间存在着更深层的关联.”

广州大学的吴伟朝教授也提出了关于 ABC 猜想的多元推广:

这个可能更困难些,因为三元的都不好证,那多元的岂不是更难?

不过,这种事情也不好说,数论历史上,有时多元的反而更容易些,比如希尔伯特在 1900 年巴黎数学家大会上提出了 23 个最重要的问题,供二十世纪的数学家们去研究,这就是著名的“希尔伯特 23 个问题”.

由于希尔伯特个人巨大的影响,使得许多数学家研究他的问题,很大程度上促进了数学的发展.还有些问题至今没有解决,最有名的当然是黎曼猜想,这都成为人们殚精竭虑的焦点.

以下是希尔伯特 23 个数学问题：

1987 年出版的《数学家小辞典》以及其他一些文献中收集的希尔伯特的 23 个问题及其解决情况：

1. 连续统假设　1874 年，康托猜测在可列集基数和实数基数之间没有别的基数，这就是著名的连续统假设. 1938 年，哥德尔证明了连续统假设和世界公认的策梅罗－弗伦克尔（Frenkel）集合论公理系统的无矛盾性. 1963 年，美国数学家科亨（Kochen）证明连续假设和策梅罗－伦克尔集合论公理是彼此独立的. 因此，连续统假设不能在策梅罗－弗伦克尔公理体系内证明其正确性与否. 希尔伯特第 1 问题在这个意义上已获解决.

2. 算术公理的相容性　欧几里得几何的相容性可归结为算术公理的相容性. 希尔伯特曾提出用形式主义计划的证明论方法加以证明. 1931 年，哥德尔发表的不完备性定理否定了这种看法. 1936 年德国数学家根茨（Gentaen）在使用超限归纳法的条件下证明了算术公理的相容性.

1988 年出版的《中国大百科全书》数学卷指出，数学相容性问题尚未解决.

3. 两个等底等高四面体的体积相等问题　问题的意思是，存在两个等底等高的四面体，它们不可分解为有限个小四面体，使这两组四面体彼此全等. M. W. 德恩 1900 年即对此问题给出了肯定解答.

4. 两点间以直线为距离最短线问题　此问题提得过于一般. 满足此性质的几何学很多，因而需增加某些限制条件. 1973 年，苏联数学家波格列洛夫宣布，在对

称距离情况下,问题获得解决.

《中国大百科全书》说,在希尔伯特之后,在构造与探讨各种特殊度量几何方面有许多进展,但问题并未解决.

5.一个连续变换群的李氏概念,定义这个群的函数不假定是可微的　这个问题简称连续群的解析性,即:是否每一个局部欧氏群都一定是李群?中间经冯·诺伊曼(1933,对紧群情形)、庞特里亚金(Pontryagin,1939,对交换群情形)、谢瓦莱(Chevallay,1941,对可解群情形)的努力,1952 年由格利森、蒙哥马利、齐宾共同解决,得到了完全肯定的结果.

6.物理学的公理化　希尔伯特建议用数学的公理化方法推演出全部物理,首先是概率和力学.1933 年,苏联数学家柯尔莫哥洛夫实现了将概率论公理化.后来在量子力学、量子场论方面取得了很大成功.但是物理学是否能全盘公理化,很多人表示怀疑.

7.某些数的无理性与超越性　1934 年,A. O. 盖尔方德和 T. 施奈德各自独立地解决了问题的后半部分,即对于任意代数数 $\alpha\neq0,1$,和任意代数无理数 $\beta$ 证明了 $\alpha\beta$ 的超越性.

8.素数问题　包括黎曼猜想、哥德巴赫猜想及孪生素数问题等.一般情况下的黎曼猜想仍待解决.哥德巴赫猜想的最佳结果属于陈景润(1966),但离最终解决尚有距离.目前孪生素数问题的最佳结果也属于陈景润.

9.在任意数域中证明最一般的互反律　该问题已由日本数学家高木贞治(1921)和德国数学家 E. 阿廷(1927)解决.

10. 丢番图方程的可解性　能求出一个整系数方程的整数根，称为丢番图方程可解. 希尔伯特问，能否用一种由有限步构成的一般算法判断一个丢番图方程的可解性？1970 年，苏联的 Ю. В. 马季亚谢维奇证明了希尔伯特所期望的算法不存在.

11. 系数为任意代数数的二次型　H. 哈塞(1929)和 C. L. 西格尔(1936，1951)在这个问题上获得重要结果.

12. 将阿贝尔域上的克罗内克定理推广到任意的代数有理域上去　这一问题只有一些零星的结果，离彻底解决还相差很远.

13. 不可能用只有两个变数的函数解一般的七次方程　七次方程的根依赖于 3 个参数 $a,b,c$，即 $x=x(a,b,c)$. 这个函数能否用二元函数表示出来？苏联数学家阿诺尔德解决了连续函数的情形(1957)，维士斯金又把它推广到了连续可微函数的情形(1964). 但如果要求是解析函数，则问题尚未解决.

14. 证明某类完备函数系的有限性　这和代数不变量问题有关. 1958 年，日本数学家永田雅宜给出了反例.

15. 舒伯特计数演算的严格基础　一个典型问题是：在三维空间中有四条直线，问有几条直线能和这四条直线都相交？舒伯特给出了一个直观解法. 希尔伯特要求将问题一般化，并给以严格基础，现在已有了一些可计算的方法，它和代数几何学不密切联系. 但严格的基础迄今仍未确立.

16. 代数曲线和代数曲线面的拓扑问题　这个问题分为两部分. 前半部分涉及代数曲线含有闭的分枝

曲线的最大数目.后半部分要求讨论的极限环的最大个数和相对位置,其中 $X,Y$ 是 $x,y$ 的 $n$ 次多项式.苏联的彼得罗夫斯基曾宣称证明了 $n=2$ 时极限环的个数不超过 3,但这一结论是错误的,已由中国数学家举出反例(1979).

17.半正定形式的平方和表示　一个实系数 $n$ 元多项式对一切数组$(x_1,x_2,\cdots,x_n)$都恒大于或等于 0,是否都能写成平方和的形式?1927 年阿廷证明这是对的.

18.用全等多面体构造空间　由德国数学家比勃马赫(1910),莱因哈特(1928)作出部分解决.

19.正则变分问题的解是否一定解析　对这一问题的研究很少.C. H.伯恩斯坦和彼得罗夫斯基等得出了一些结果.

20.一般边值问题　这一问题进展得十分迅速,已成为一个很大的数学分支.目前还在继续研究.

21.具有给定单值群的线性微分方程解的存在性证明　已由希尔伯特本人(1905)和 H.罗尔(1957)的工作解决.

22.由自守函数构成的解析函数的单值化　它涉及艰辛的黎曼曲面论,1907 年 P.克伯获重要突破,其他方面尚未解决.

23.变分法的进一步发展　这并不是一个明确的数学问题,只是谈了对变分法的一般看法.20 世纪以来变分法有了很大的发展.

数论这一块是希尔伯特本人在 1900 年之前最为关注的领域,他本人的工作对这一领域的发展也有决定性的影响.他曾预料第 7 个问题很难解决,但出乎他本人预料的是，第 7 问题在他在世时已经解决，而第 8 问题的黎曼猜想却至今还距离完全解决尚远，成为未来世纪数学家的头号难题. 由第 12 问题衍生出的朗兰兹(Lang Lands)纲领，更是远未解决，而其他 4 个问题可以说已经基本解决.

只是那时，还没有 ABC 猜想.

现在也不好说 ABC 猜想已然解决，这就要看数学家们对望月新一论文的审查情况的进度，自从望月新一发表了他的论文，有人说要 10 年的时间，现在时间已过大半，依然没有人看懂他的论文！

# 来自一个公众号的评论[①]

## 第16章

### 把加法与乘法结构拆掉再复原？望月新一如何引发代数几何变革

望月新一不是凭一人之力改变学科的第一人，但应该是想着(成功)把加法结构和乘法结构拆开、变形再复原的第一人……

据《朝日新闻》报道，望月新一关于ABC猜想的论文可能将要发表，审核它的期刊是《数理解析研究所公刊》(PRIMS).

媒体对此的报道大抵聚焦在两点上：一是这个期刊就是他的工作单位主

① 该公众号已解散，故不再列出其名称.

办的；二是这个论文几乎无人能懂.

作为一个数学研究者，我个人并不担心望月新一的利益冲突问题，不但因为数学界有一套相当完备的系统用以避免利益冲突，在选定编辑和审稿人时有良好的避嫌标准，更重要的是：他没有动机. 他已经功成名就，不需要什么文章. 数学这种东西，对就对，错就错，不存在编数据或者实验造假，一切细节都在文章里. 要是错了，无论强行发表在什么期刊上，也终有一天会被发现，而一发现就无可抵赖，只能重新修补.

但是他的理论绝不仅仅是一个“几乎无人能懂”的怪物而已. 它所试图解决的根本数学问题，它背后的当代数学界的面貌，它反映出的做数学研究是怎样的状态，这里面还有太多的故事并不是、也不应该是只有几个人能懂.

甚至也许可以说，这些故事能让人直观地感受到：现代数学是什么.

**破题**

望月新一的研究领域，是所谓的“远阿贝尔几何学”. 如果一句话解释这个领域的话，我只能这样写：

有理数的绝对伽罗瓦群，以至任意代数簇的平展基本群，它们“远离阿贝尔”的部分，也就是不符合交换律 $ab=ba$ 的部分，会如何影响相应代数结构的性质.

看不懂这句话是正常的. 要解释这个领域研究的是什么，可能需要整整一篇文章，还不一定能解释清楚. 而且那篇文章还得找一个远阿贝尔几何的专家，不是像我这样搞组合数学的人.

是的，对于望月新一的体系，我其实也只算理解基

础，但面对这个体系，很多数学家的境况并不比我好得多. 包括菲尔兹奖得主陶哲轩，包括望月新一的恩师法尔廷斯，他们都抱怨望月新一的证明太简略、太难懂. 现在，懂得整个证明的，除了望月新一之外，据说只有十几个人，且大部分在日本，其他在美国和法国.

但是，如果他是对的，那就意味着代数几何的重大革新.

## 一个人能够改变一个学科吗？

一个新的证明或者理论体系，给数学界带来重大影响，这并不是第一次.

希尔伯特也许是最重要的现代数学家之一，光是他在 1900 年提出的那 23 个数学问题就差不多贯穿了整个世纪. 他的成名之作，那篇“终结了不变量理论”的论文，在当时就引起了巨大的争议. 此前，不变量理论的大多数进展都基于具体的计算，需要给出具体的结果. 这样的证明又叫构造性证明. 但希尔伯特的证明不属此列，而分属“存在性证明”能断言某个数学对象的确存在，但对于如何计算却绝口不提. 他一开始投稿恰好碰上了当时的“不变量之王”哥尔丹(Gordan). 哥尔丹对这样的证明颇有微词，他的退稿评价是：

这不是数学，这是神学.

但最终希尔伯特幸得克莱因的保荐(“这无疑是这本杂志发表过有关一般代数的最重要的工作”)，论文得以发表. 正因为无需具体给出构造，存在性证明要比构造性证明要更为简洁有力，也因此逐渐被广泛接受. 即使是一开始拒稿的哥尔丹，最后也承认了希尔伯特的工作，“即使是神学也有其价值”. 希尔伯特之后也因为公理化的工作以及其他数学成就，跻身当时数学界的顶尖行列.

另一位为数学界做出巨大贡献的是德国数学家康托，他的命运却大不相同. 在研究傅里叶分析时，康托领会到无穷之后仍有无穷的无穷. 他从最基础的集合论开始，建立了一个全新体系，描述了超越无穷的无穷，也就是超穷. 集合论中的很多基础结果，就出自他的手笔.

但他的研究甫一发表，就遭到许多顶尖数学家的攻讦. 庞加莱说他的想法就像“严重的疾病”，正在感染数学这一学科. 当时执德国数学界牛耳的克罗内克，公开反对康托关于超穷的理论，甚至到达了人身攻击的地步. 他称康托为“科学骗子”“背叛者”“腐蚀了青年”，近乎偏执地指责着康托和他的理论.

但数学毕竟是数学. 经过曲折发展之后，集合论成了现代数学的基础，成了数学系学生的必修课. 正是希尔伯特做出了这样的断言：

身处康托跟我们一道展开的天堂内，我们屏息于惊叹之中，知道无人能将我们由此驱逐.

可惜，康托本人的命运却远没有那么光明. 也许是因为得不到理解，也许是因为这些无休止的攻讦，康托患上了抑郁症，一直没有痊愈. 他的晚年恰逢第一次世界大战，贫困加剧了战争带来的饥荒. 心脏病给他的最后一击，也许是种解脱.

有好几个人把望月新一比作上一代的数学家格罗滕迪克. 格罗滕迪克的遭遇处于康托和希尔伯特之间. 他的数学风格高度抽象，但却能得出实际的结果. 引用我之前写的：

他谈论的数学实在过于抽象，难以理解. 但这就是格罗滕迪克做数学的风格：尽可能从数学对象中将不必要的细节抽象出来，抽象得一般的数学家都会以为剩下的只有“虚空”，然而他仍然能从“虚空”中抓住某些东西，从而建立他的理论，完成他的证明. 用格罗滕迪克本人的说法，如果把数学问题比作坚果，大部分数学家做的就是用锤子和凿子把坚果凿开，而他的做法则是将坚果浸在水里，慢慢软化它的外壳，又或者让它经受风吹日晒，然后等待合适的时机，坚果自然就会裂开.

对于大部分数学家来说，这个过程太漫长，也许只有拥有深刻洞察力的格罗滕迪克，才能在能接受的时间内，用这种方法解决问题. 这也是他的数学难以被理解的原因之一：他几乎不考虑具体的示例，都是从尽可能抽象的角度出发，思考支配某个数学问题背后的宏大数学结构. 有时候这也会闹出笑话. 有一次讨论数学的时候，有人向格罗滕迪克提议考虑一个特定的质数作为例子. “你的意思是找一个真实的数字？”格罗滕迪克有点疑惑. 对方点了点头. 他回答：“好吧，我们考虑 57 这个质数.”57 当然不是质数，但格罗滕迪克大概没有注意这一点，他从来不考虑具体的例子，一切从抽象出发.

格罗滕迪克的这种风格，让他年纪轻轻就全套改写了代数几何所用的数学语言，给这个领域带来了全新的抽象思维方式，让代数几何成为数学中可能是最抽象最深奥但也最有力量的分支. 他编写的 EGA 和 SGA 是代数几何的入门宝典，他的定理和想法，尤其是标准猜想，仍然留在众多代数几何学者的心头.

当然，新理论新证明被彻底摧毁的例子也比比皆是. 在 2004 年，美国数学家路易·德·布朗基在自己的个人页面上贴出了一篇 124 页的论文，声称利用自己发展的基于希尔伯特空间的一套体系，证明了数论中最引人注目的黎曼猜想，跟望月新一的情况相当相似. 因为德·布朗基此前曾证明了另一个著名猜想——比伯巴赫猜想(Bieberbach conjecture)，所以也有人关注他的证明. 但直至现在，论文经过多次修改，似乎仍然站不住脚. 目前数学界普遍认为他未能证明黎曼猜想.

不停有人提出新的想法，即使一开始不被接受，历经时间洗练，终将得到应有的评价，而数学也就此进步. 虽然提出新想法的人，他们各自有需要承受的命运，不以他们的贡献为转移. 这就是数学史.

而望月新一的理论，就是在当下展开的历史. 他的理论是对是错，只能拭目以待.

### 抽象的极致

望月新一给他的体系起名为"宇宙际泰希米勒理论"(inter-universal Teichmuller theory)，简称 IUTT，有时候也省略对应"理论"的 T，写成 IUT.

他并没有特意发明这个略显自满气息的名字，这锅要由他的先驱格罗滕迪克来背，是他发明了 Grothendieck universe 这个数学对象. 而 universe 这个术语可能还要追溯到更久远的集合论先驱，因为它对应着集合论中"所有集合组成的一堆东西"这个概念. 是的，所有集合不构成一个集合，只能说成"一堆东西"，或者用"类"这个术语. 幸好，中文对 universe 的

标准翻译“全类”没有那么自满. 用上这个翻译的话，中文可以写成“跨全类泰希米勒理论”. 但为了原汁原味起见，我们后面还是用“宇宙”这个术语. 因为，另一个 universe 的数学，总有些不一样.

**有多不一样呢?**

这里实在没有办法深入探讨望月新一的 IUT 理论，不过正好有一个合适的例子，是望月新一在此之前研究的一个最最基础的数学结构：$p$ 进整数. 它并不在另一个 universe，但你阅读它的感受，大概和数学家读 IUT 的感受类似吧.

$p$ 进整数是什么? 对于数学家来说最快捷易懂的定义，就是：

对于素数 $p$，$(\mathbb{Z}/p^n\mathbb{Z})_{n>0}$ 的投影极限

(懵了吗? 我第一次看到这个定义时，一下子就读懂了——但是我读望月新一的论文，大概就是你现在的感受.)

$p$ 进整数有这样的一些特征(以 $p=7$ 为例)：

……30211045064302335342 是一个 7 进整数. 你没看错，省略号在前面，而且它不是无穷.

可以对 $p$ 进整数进行“正常”的加减乘除.

1/5 当然不是普通的整数，但它是一个 7 进整数：1/5=……5412541254125412.

0 的绝对值是 0，1 的绝对值是 1，但 2，3，4，…的绝对值也是 1，直到 7 的绝对值突然变成 1/7. 然后，8，9，10，…的绝对值是 1，14 的绝对值是 1/7，依此类推，直到 49 的绝对值变成 1/49……

如果根据这个绝对值定义将所有 $p$ 进整数看成一个空间，它里面每个三角形都是等腰三角形，而如果取一个球体的话，球体中每一个点都是球心（图 1，图 2）.

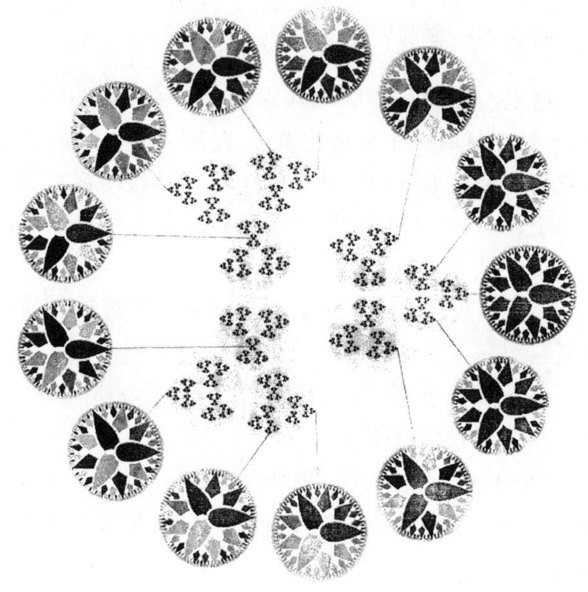

图 1

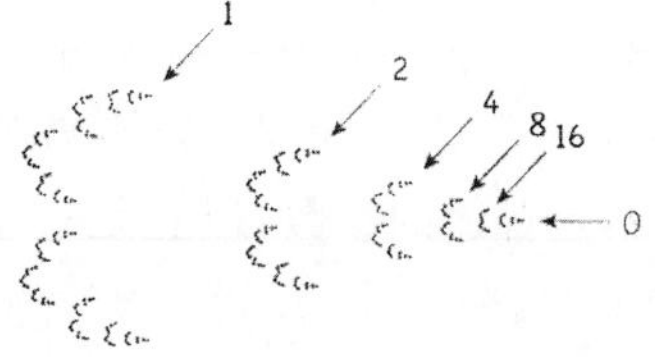


图 2

一个自然的疑问是：这都是什么？

有这种疑问很正常，因为这属于抽象而反直觉的

数学.对于数学工作者来说,这种绝对值的定义,恰好呼应了 $p$ 进整数本身的定义.如果明白一开始那个一句话定义,那么现在这个“绝对值”的概念,就会显得顺理成章,甚至非此不可.这就是对数学概念的理解程度所导致的偏差.初看似乎不明就里的数学概念,一旦掌握了正确的思维方法,就会变得浅显易懂.

但这又谈何容易!数学是如此抽象,必须经过多年的学习,慢慢熟悉它的思考方式,才能理解它的内容.

$p$ 进整数,以及它的推广 $p$ 进数,不仅在望月新一以往的工作中出现,事实上,它早已是数论中常用的工具.当年怀尔斯对费马大定理的证明也用到了 $p$ 进数.望月新一此前发展的 $p$ 进泰希米勒理论,则完全基于 $p$ 进数,但 $p$ 进数本身在这个理论中的地位,相当于高考数学中的自然数,只是最基础的砖石.

而望月新一的新理论,“宇宙际泰希米勒理论”,还要高出一个层次.

他觉察到,用 $p$ 进数构建的理论仍然不足以抓住他想要研究的那个数论结构,于是他另辟蹊径,找到一个已经证明必定能抓住那个结构的数学对象,然后构建起新的数学理论,研究这个对象的性质,从而导出他寻找的性质.这大体就是宇宙际泰希米勒理论的发展动机之一.

要构建这样的理论,需要同时用到远阿贝尔几何与表示论的工具,然而这两者格格不入,难以调和.为了折中,望月新一需要将理论的基底,也就是最基本的运算,拆成加法和乘法两部分,将它们消解为更复杂更抽象的结沟,通过这些结沟的互动和变形得到想要的性质，最后证明这些结构能够重新“复原”成某种加法和乘法.

在互动和变形的过程中，他要在不同的宇宙（niverse、全类）间游走，才能得到足够广泛而一般的结论. 加法和乘法结合起来会碰到的障碍，对于它们消解而成的结构却不成问题，当然前提是通过恰当的变形，就像不同坐标系之间的变换. 这就是为什么望月新一要将他的理论称为“宇宙际泰希米勒理论”. 顺带一提，消解后的加法和乘法面目全非，不像通常的加法和乘法那样基于同一套“数字”，而是形同陌路，望月新一的术语 alien ring structure 就由此而来. 这里的 alien，并不是什么“外星”的意思，而是取拉丁语 alienus 的原意“属于他人、非自身、外来、奇怪”之义. 很多地方写的什么“外星算术全纯结构”(alien arithmetic holomorphic structure)，都曲解了望月新一的本义.

看不懂？很正常. 我自己的主要的研究领域是组合数学，虽然跟通常的泰希米勒理论有那么一丁点关系，但对于一般的代数几何我也没有正式学习过，所以只能在这里描绘它大致的图景.

但这就是现代的数学. 它研究的内容如此广泛如此深入，一个分支上的数学家已经难以理解另一个分支的前沿，更何况是代数几何这一最抽象的领域中耕耘的人特别少的分支远阿贝尔几何，它的最前沿的推广呢？更何况这个理论是如此抽象，处理的又是如此根本的数学结果. 可以说，拥有足够的知识储备，有充足时间能够理解并审查望月新一理论的数学家，即使不能说屈指可数，也很可能不超过 100 人，这还是相当乐观的估计.

望月新一本人这样说过，他的理论在数学界的处境，就像数学本身在整个社会中的处境：过于抽象，以至于人们不愿意去钻研和理解.

**理论的渗流**

虽然难以理解，但新理论的确有其吸引力. 望月新一本人在代数几何这个领域早已名声在外，他在 1996 年就证明了格罗滕迪克提出的一个有关远阿贝尔几何的猜想，还因此被邀请在 1998 年的国际数学家大会上作了 45 分钟的演讲. 既然他之前的工作证明了他有如此能力，那么他的新工作当然也值得认真对待. 何况，望月新一宣称他的新理论能够用于证明数论中悬而未决的 ABC 猜想，这就更让人期待了.

有些数学家被新理论所吸引，花了大量时间研读，自觉理解了个中真谛，成了给新理论摇旗呐喊的人. 有些数学家同样被新理论所吸引，花了大量时间研读，但感觉还是解释不清，难以理解. 有些数学家对新理论有兴趣，但没有时间研读，只能交给别的专家.

有些数学家不懂这个分支，只能围观.

望月新一的“宇宙际泰希米勒理论”(IUTT)，就这样将数学界分成了两大阵营：觉得自己读懂的，还有觉得自己没懂的. 围观群众不在此列.

觉得自己读懂了的数学家，他们在积极地宣传这个理论，想让更多的人理解它. 费森科就是其中一员. 近年来，在世界各地召开了数次讨论 IUTT 的研讨会，费森科有不少牵线搭桥之功. 他和其他数学家也撰写了不少介绍 IUTT 的文章和综述，试图用不同的视角来讲述这个理论.

觉得自己没有读懂的数学家,有的仍在努力研读,有的尝试用自己知道的数学方法来从侧面验证 IUTT 的正确性;也有的已经放弃,转而对 IUTT 的正确性产生了怀疑.

每个新理论都会经历这个阶段,这个等待验证的阶段.只有经过这个阶段,等到大部分专家接受它的正确性,新理论才算是正式确立,数学也得以进步.

只是,对于 IUTT 来说,这个阶段似乎太长了一点.

同样是代数几何中的新突破,另一位数学家彼得·索尔策(Peter Scholze)在 2011 年前后提出的 perfectoid 空间,很快就被数学界所承认,证据就是他从 2012 年开始获得的一系列殊荣.要知道,他提出这个理论的时候还只是博士生,但在 2012 年答辩之后,没过多久就被母校波恩大学重新聘请为教授,以 24 岁的身份创下了德国史上最年轻教授的记录.熟悉德国教育系统的人,会更感叹他的成就,因为在德国,教授的地位很高,聘请的条件也因此非常苛刻.这更凸显了他的成就.

那么,索尔策和望月新一,两人的理论为何遭遇迥异?

索尔策的理论处于代数几何研究的主流,能理解的专家人数比较多,而望月新一的理论则不算主流,专家也比较少.有时候人多人少,也能决定理论被接纳的速度.索尔策的理论包含的新意,很快就能被读懂并应用到新的问题上;望月新一的 IUTT 则是全新的系统,略有格罗滕迪克的遗风,看起来波澜不惊,但结论出人意料,需要吃透整个系统,才能判断最后的证明是

对是错，但过于浑然一体，也让别人难以进行旁敲侧击式的验证，偏偏这种验证也正是考验新理论最快的方法.

对于望月新一来说，这些都是非战之罪. 虽有忮心，不怨飘瓦.

但望月新一自身也并非毫无责任. 对于现代数学家的标准而言，他的个性也稍有乖张之处. 即使他曾经在美国生活过，在回到日本之后，他就很不愿意到海外与其他数学家交流. 他并非不乐意交流，证据就是在 2016 年的一次 IUTT 研讨会上，他曾通过视频通话接入会场，为与会数学家解答一些疑难问题. 而他窝在京都长时间自己捣鼓这一套理论，也不是数学界通常的做法. 一般来说，数学家至少会跟同一个实验室的同事讨论相关问题，在讨论之中，可以获得更多灵感，也能借此检验理论是否正确，或者投石问路，看看是此路不通还是大有可为. 上一个口风像望月新一那么严的，还是证明了费马大定理的怀尔斯. 当然，数学家经常开学术会议互相交流，少不了走漏风声. 我当然不知道望月新一有没有跟同事讨论，很可能有但是同事的保密工作做得很好，也许没有但这个可能性很低，又或者关注远阿贝尔几何的人实在少. 但结果就是，当这个证明出现之时，人们毫无心理准备.

另一个可商榷之处，就是他在公开他的理论时，没有选择数学界一般会使用的预印本网站 arXiv，而是直接放到了自己的个人页面上. 当然，论文放到什么地方，这是他的自由，但也使数学界不能及时了解他的理论. 不过话又说回来，这项工作引起的轰动，也很快让他的论文为数学界所知，所以其实问题也不大.

可以说，他的个性或者说偏好，在客观上的确阻碍了他与同行之间的交流.

结果就是，现在即使接受 IUTT 的专家越来越多（对于一个相对冷门的领域来说，十几个专家不算少数）；但这些专家相当一部分是望月新一在日本的同事，还有过从稍密的同行. 当然，也有相对独立的学者认为他们同样搞懂了望月新一的证明，但人毕竟也会犯错，很多旁观的数学家认为，现在认同的人数还不够多.

数学这门学科虽然有无可辩驳的逻辑作为守门人，但它仍然是一种人类活动. 新理论无论是对是错，总要有足够的人承认，才得以确立. 确立后的理论也不一定正确，确立后被推翻的证明虽不多，但也有. 只有当大部分专家都理解了这个理论，再也挑不出毛病，从而站到了“自认为懂”的阵营里，甚至能由此生发出新的结果，理论才算真正确立. 没有相应专业知识，或者不肯花时间的人，都只是局外人，没有权利对理论的正误说三道四. 但事情毕竟在进展. 据说，目前 IUTT 的四篇论文中，前两篇构建的体系已经被许多专家认为成立，即使是那些觉得没有读懂整个证明的专家. 目前争议的焦点之一，在于第三篇论文的推论 3.12，也就是施皮罗猜想的证明关键. 施皮罗猜想能推出 ABC 猜想，也难怪大家特别关注这个推论. 据说，在之前的版本，推论 3.12 的证明只有几行，语焉不详，但我看到的几天前（2017 年 12 月 14 日）的新版本中，望月新一加上了好几页的注解. 我只能希望这些注解能消除某些专家的疑惑.

在费森科的“科普”文章里提到，在关于望月新一

证明的讨论中，有一个词经常被提到，就是“复原”. 在望月新一构建的崭新的数学体系中，他将同时附着在“数字”之上的加法结构和乘法结构拆开，将两者各自变形，然后重新“复原”. 这种做法，先从根本上消解，之后再“复原”，即使对于久经抽象推理沙场的数学家而言也相当奇怪. 而望月新一的体系，正系于这种“复原”的可行性.

如果他的体系是正确的，如果他的“复原”是成功的，这将带来数学中代数几何分支的变革. 比如说，ABC 猜想的证明. 比如说，最终理解加法和乘法之间的关系. 但现在，没多少数学家能读懂他的证明. 无论证明是对是错，也许数学界，至少是代数几何，恐怕难以复原为以前的面貌. 他的体系，他的证明，已经将数学家拆开成不同的阵营，阵营内部不断发酵变化，引出了新的分歧. 即使最后尘埃落定，得到的恐怕也只是望月新一式的“复原”.

但这就是数学前进的必经之路.

### 后记

我一直觉得，写这篇文章的不应该是我. 我做的是组合数学，代数几何只是外行，虽咨询了比我更懂的同事，但还是不敢说对它有足够的理解.

但了解更多的人在哪里？

我理解他们. 这毕竟是一个高度抽象的学科，要向研究方向不同的同事解释尚且很有难度，更何况向一般人解释.

这也许就是望月新一不喜欢媒体的理由. 媒体肯定不懂他的理论，只知道这可能是一个重大突破，可以搞个大新闻.但这些媒体何尝愿意了解他的理论?

但这个事情毕竟不能不做.正如他的新理论也需要知音来帮助宣讲,数学本身也要靠科普才能传播,人们才会认识到数学的重要性,而不是问出"微积分有什么用?又不能买菜."这种问题.怀有恶意的媒体固然会断章取义,但让更多人更了解数学的美妙也是件好事,值得再三权衡.

这篇文章,由于本人知识所限,难免有许多疏漏,权当抛砖引玉.希望与远阿贝尔几何关系更密切的专业人士能写出更深入准确的文章,让大家分享数学最前沿的这一大事.

# 另一个宣称被破解的猜想[1]

## 第17章

### 44 年前的一个数学猜想终被破解

1973 年，匈牙利数学家 László Fejes Tóth 在 *Exploring a planet* 一文中提出了区域猜想(Zone Conjecture). 该猜想描述了如果一个单位球面被几个区域完全覆盖，它们的宽度($\omega$)总和至少为 $\pi$. 44 年过去了，以色列理工学院(Technion)的数学家 Zilin Jiang 和莫斯科物理技术学院(MIPT)的 Alexandr Polyanskii 终于证明了 Fejes Tóth 的猜想，其结果发表于 GAFA 数学杂志. 他们的证明对于离散几何非常重要.

① 摘编自公众号：中国数学会，2017－12－17.

离散几何学(Discrete Geometry)研究的是点、线、圆、多边形和其他几何对象的组合性质. 例如它会思考如下问题:在一个球的周围,最多有多少个相同尺寸的球能被摆放在它周围? 或者,在一个平面上,如何以最密集的方式排列相同大小的圆? 又或者在一个收纳空间中,如何放置最多数量的球? 这类问题都需通过离散几何来解答.

事实上,此类问题的解决方案具有很大的实际应用价值. 比如密集填充问题有助于优化代码并纠正数据传输中的错误. 又如著名的四色定理,它描述的是用四种颜色就足以绘制球面上的这样一个地图,使得图中任何相邻的两个区域都具有不同的颜色. 它促使数学家引进了图论(Graph Theory)的重要概念,这对于许多近期在化学、生物和计算机科学以及逻辑系统上的发展都至关重要.

László Fejes Tóth 的区域猜想与离散几何中的一些其他问题也密切相关,这些问题已在 20 世纪就被解决,涉及用条带覆盖表面. 其中第一个就是所谓的木板问题(Plank Problem),涉及用平行线组成的条带覆盖住圆盘. Alfred Tarski 和 Henryk Moese 用一个简洁的方式证明了用来覆盖圆面的条带(或木板)的宽度的和至少等于圆的直径. 也就是说,没有比用一个宽度与圆的直径相等的木板更好的方法用来覆盖圆盘. 接着,Thϕger Bang 解决了用长条覆盖任意凸体的问题. 也就是说,他证明了覆盖凸体的条带的总宽度至少是凸体本身的宽度,即单个用于覆盖凸体的条带的最小宽度.

Zilin Jiang 和 Alexandr Polyanskii 处理的问题有

些不同，它涉及的是关于用具有特殊构造的区域来覆盖一个单位球体.具体而言，每个区域都是球体与一个特定的三维板条的交叉，其中板条是包含在相对于球体的中心对称的两个平行平面之间的空间区域.或者可以不用木板，而在测地线的度量空间里定义区域：一个在单位球表面的宽度为 $\omega$ 的区域，是距离大圆（球面上半径等于球体半径的圆弧）不超过 $\pm\omega/2$ 的点的集合，测量点与点间距离的是联结它们的最短弧.数学家必须找到能覆盖单位球体上这些区域的最小宽度的和.因此，问题不同于之前解决的宽度测量的问题：它被定义为弧的长度，而不是平行线或面之间的欧几里得距离.

Jiang 和 Polyanskii 所作出的证明是受到了 Bang 的启发，Bang 通过形成一组有限点集解决了用条带覆盖凸体表面的问题，其中一个假设没有被任何条带覆盖.从某种意义上来说，无论是 Bang 还是 Jiang 和 Polyanskii 都是通过矛盾来证明的.在 Fejes Tóth 猜想的情况下，数学家假设完全覆盖球体的区域的合并宽度小于 $\pi$，并试图达到矛盾点——即找到一个位于球体上的点，但又不在任何这些区域里.

Jiang 和 Polyanskii 成功展示了在三维空间中形成一组特别的点集，使得至少一个点不在木板覆盖的构成区域内是可能的.如果这整个集合都位于球体内部，那么在球体上描绘另一个没有被木板覆盖、也就是没被区域覆盖的点是相对容易的事.如果集合中的任何点碰巧位于球体之外，则可以用一个较大的区域代替几个较小的区域，其宽度和与较大区域的宽度相等.因此，我们可以做到在不影响宽度和的前提下，减少初始问题中的区域数量.最终,球体上的某个点会被确定为不在这些区域内.这与区域的总宽度小于 $\pi$ 的假设背道而驰,因此证明了 Fejes Tóth 的猜想.

这个问题在 $n$ 维空间中得到了解决,但 Jiang 和 Polyanskii 表示,这与三维空间的情况并没有什么不同.

Polyanskii 说:"Fejes Tóth 的问题已经吸引了离散几何学领域的数学家们 40 多年的注意.最终,这个问题得到了一个优美简洁的解决方案,是我们的幸运.Fejes Tóth 的问题促使我们去思考另一个关于球体覆盖的更基本的猜想,在这个猜想中,覆盖球面的条带无须中央对称."

# 第五编

## 蛰伏的数学史诗

# 被雪藏五年的ABC猜想论文将发表了吗[①]

## 第18章

作家汪曹祺曾写道：

人总要待在一种什么东西里，沉溺其中，苟有所得，才能证实自己的存在，切实地掂出自己的价值.

人总要有点东西，活着才有意义，人总要把自己生命的精华都调动出来，倾力一搏，像干将，镆铘一样，把自己炼进自己的剑里，这，才叫活着.

如果以这样高的标准要求人，能过关的不多，但望月新一绝对算一个.

这是一个已蛰伏五年的数学史诗.

2012年，日本京都大学的望月新一在四篇总长度超过了500页的论文中，

① 摘编自公众号：原理，2017－12－26.

提出了著名的 ABC 猜想的证明方法.但几乎没人能看懂他的论文,因为他采用了自己发展起来的数学工具.除他本人之外,数学界并无他人通晓,致使他人无法对望月新一的证明做出判断.但可以肯定的是,如果望月新一的证明成立,将是 21 世纪最惊人的数学成就之一.

望月新一于 1969 年生于东京,他用 7 年的时间在普林斯顿大学数学系完成了从本科到博士的学习.1992 年,获得博士学位的望月新一回到日本,开始了他在京都大学的数学生涯.主要专注于数论领域的相关研究.多年来一直拥有良好的学术声誉.

**什么是 ABC 猜想?**

ABC 猜想是数论领域中最重要的难题之一,最初是由法国数学家厄斯特勒和英国数学家麦瑟尔在 20 世纪 80 年代提出的纯数学问题.它的名字源于一个简单的方程 $A+B=C$,但却包含了对数的自然属性最深刻的探寻,直击数的基本性质.数学家们长期以来认为这个猜想是正确的,但却从来没有人能够证明这一点.那么望月新一试图证明的 ABC 猜想究竟在讲什么呢?

简单说来,首先整数 $A,B,C$ 互质(coprime),即它们的最大公因数是 1,并满足 $A+B=C$ 这一等式.举个例子,$(A, B, C)=(1\ 024, 81, 1\ 105)$,其中 $1\ 024=2^{10}$,$81=3^4$,1 024 与 81 的最大公因数是 1,因此它们互质.

1 024 的质因子 $\mathrm{rad}(1\ 024)=\mathrm{rad}(2^{10})=2$,81 的质因子 $\mathrm{rad}(81)=3$;接着 1 024 与 81 之和等于 1 105,我们可以将 1 105 分解成 $5\times13\times17$,也就是

rad(1 105) = rad(5×13×17) = 1 105. 如果我们将等式两边的质因子相乘，会得到 2×3×5×13×17 = 13 260，也就是说所有质因子的乘积大于 $C$，即 1 105.

所以，我们可以得出规律，rad($ABC$)>$C$ 吗？错！这完全不是规律，只是一般情况，它的反例可以有无穷多个. 例如，3 + 125 = 128，$A$，$B$，$C$ 可分别被分解为 $3^1$，$5^3$ 和 $2^7$，因此质因子的乘积 3×5×2 = 30. 显然，这里 30 小于 $C$，即 128.

因此，ABC 猜想说的就是：$\mathrm{rad}(ABC)^k > C$，当 $k=1$ 时，像(3，125，128)这样的反例可以有无穷多个；但是，如果 $k>1$，哪怕 $k=1.00000\cdots001$，那么像 rad($ABC$)<$C$ 这样的反例数量就从无限变为有限. 这就是 ABC 猜想.

ABC 猜想是厄斯特勒和麦瑟尔试图理解与椭圆曲线有关的施皮罗猜想过程中的产物. ABC 猜想的椭圆曲线表述将其置于算数几何的框架，这是数论领域里技术最深刻的部分. 虽然这种椭圆曲线表述难以被大众理解，却能给出更多几何洞见，望月新一的理论就是从这样一个几何洞见开始的.

为了解决这个问题，望月新一发展了一种全新的数学形式，叫作全面一般化泰希米勒理论(Inter-Universal Teichmüller Theory，IUT)，这是一种将代数元素与几何学结合起来的理论，望月新一独自研究了近 10 年，并用它来解开 ABC 猜想. 他的证明过程长达 500 页，几乎所有读过的人内心都是迷茫的.

为了解开这其中的难题，数学家特地为此举办了一个研讨会，并编写了一份概述性的总结论文，总共 400 页. 经过研讨会后，已经有人开始转为支持 IUT，但仍有很多人对这一证明持怀疑态度.

哥伦比亚大学的数学家 Peter Woit 在一篇他的博客文章中写道:"目前仍只有少数接近望月新一的人,声称能理解这一证明,但他们在向他人解释自己的理解方面也没有什么成就."

2015 年,在另一场于牛津举办的 IUT 研讨会上(望月新一并未出席),斯坦福大学的数学家康拉德私下发表了这样的观点,他认为,导致望月新一的证明处于如此难以理解的境地还有一个重要原因,就是这篇论文的写作存在许多问题,与望月新一其他论文的写作风格和水平很不一致,造成众多在数学上的理解困难.实际上,望月新一也一直在对这篇论文进行修改和扩展.

除此以外,康拉德等许多其他数学家都认为,"不爱旅行"是阻止望月新一与其他国家数学家进行交流的一道巨大屏障.这一理论本身从数学角度来说难度就极大,而望月新一本人又拒绝去别国演讲和授课,因而给想要对此研究的同僚造成了很大的困难.

**证明与否?**

现在,望月新一对这一猜想的证明可能很快就能发表在一个数学期刊上,这应该是故事的结尾了吧?但事实却并非如此.因为该期刊是由京都大学出版,并且它的主编恰恰就是望月新一,所以这是一次极具争议的发表.据日本《朝日新闻》报道,现在,这一证明可最早在明年 1 月份发表.

事实上,因没有任何杂志接受发表这一证明,为这一证明的有效性蒙上了悬而未决的疑云.新西兰坎特

伯雷大学的数学家 José Felipe Voloch 说："一直有传言说这些证明已提交给一家日本期刊，因而担心这些论文无法得到充分的审查."

虽然这本杂志是一本颇有声望的著名杂志，但它的确是来自望月新一自己的研究机构，而望月新一正是该期刊的主编，因此目前面对的这些质疑是无法避免的. Voloch 说："对我来说，这本杂志是否已被接受对我并没有太大的影响. 我仍在等待得到一个我能理解的关于这些证明的解释."

望月新一尽可能回避所有有关于工作的媒体采访，但慢慢也有数学家开始支持他的新理论. 英国诺丁汉大学的数学家费森科帮助组织过 IUT 的研究会议. 他认为望月新一的证明是开创性的，并且很可能在未来几十年内彻底改变数论. 而对于有争议期刊的选择这一问题，他认为这可理解为这一领域的顶尖数学家多来自日本. 他说："这种规模的成就在我们数学中是非常少见的. 从本质上来讲，这是数论在过去 50 年中取得的最好结果."

因此保守说来，现在这一证明仍然处于不确定的状态. 少数几个说他们理解这一证明的数学家将继续支持，而其他人则继续持怀疑态度.

Woit 写道："在有数学家能理解这些证明，并同时能够向其他人清楚地解释他的理解之前，亦或者有更易于理解的书面证明的版本出现之前，我不认为这个证明能广泛地被数学界接受."

对于数学同僚们质疑的态度，望月新一也曾表达对一些数学家并未认真仔细研究其工作的不满和批评，他甚至还说过，许多其他数学家根本不具有资格对这个证明发表看法，除非他们愿意从 IUT 理论的最基础开始学起.

数学家们向望月新一喊话，认为望月新一必须参与更多解释证明的工作. 例如，将证明简化，或者去国外演讲. 牛津大学的数学家 Minhyong Kim 说："我很同情他所承受的挫败感，但是我也同情其他人，他们不明白为什么他不能以更为常规的方式做事."Kim 补充说，让望月新一一对一地向他人传授这些理论是不可维持的，而学术期刊一般都会要求没有在望月新一指导下能独立评论的人来验证这些证明.

这几年来，望月新一的沉默让人想起另一位拒绝与数学界合作的数学家佩雷尔曼，并拒绝领取因解决庞加莱猜想而获得的 100 万美金的奖金. Kim 说："这种固执、自尊和自豪感给了他们攻克这样的难题所必需的个性. 但是现在，也使望月新一的证明仍处于没被解决的状态."

数学家们普遍认为，望月新一拒绝在大范围内去传播、交流和探讨这一理论，以及对国际数学圈保持沉默的态度，是这一证明难以被理解的非数学因素. 他只在日本小范围内，组织周围的学生和学者对这一问题进行持续性的探讨和学习.

在一篇报告中，望月新一详细记录了其他数学家对 IUT 理论学习研究的相关进展. 而报告中，望月新一表达了他认为为何大多数数学家不能理解其证明的观点，部分观点让许多人感到不悦. 例如，其中一条他写道："从要有效解决这个问题的角度来看，最根本的绊脚石不在于获取新知识的需求，而在于研究者要更换他们的思维模式的需求."

报告中,望月新一提到了四位他认为通过系统学习 IUT 后,真正做到了理解他的理论的人,分别是京都大学数学系的 Yuichiro Hoshi 和 Go Yamashita,英国艾克斯特大学的 Mohamed Saidi 和美国普渡大学的 Chung Pang Mok.

在参与望月新一讲述 IUT 理论的系列讲座过程中,Yamashita 说道:"如果你只试图从某些角度去部分了解 IUT,那么就算花上 10 年也不会懂这个理论.但如果你从一开始就系统地研究这个理论,那么或许你能在半年的时间内搞懂它."不过望月新一认为这个时间可能还要更长,他认为即便已经拥有较高的数学水准,也很可能需要花上 10 年的时间才能称得上严谨地理解了 IUT.

目前,我们很难判断望月新一的证明正确与否,但或许 IUT 理论在未来有重大用武之处.如果望月新一的理论被确认为是 ABC 猜想的证明,那么将有许多其他的数学问题可用这些理论来解决,例如,为曾被望月新一的博士导师法尔廷斯证明的莫德尔猜想提供更好的证明方法.

曾写过关于 ABC 猜想相关书籍的东京大学数学教授 Nobushige Kurokawa 说:"望月新一所使用的方法是具有开创性的,必将成为未来数学的有力工具."

# ABC 猜想真的被证明了？或者，这只是“一场彻底的灾难”[①]

第19章

望月新一的 ABC 猜想证明可能即将发表,这一消息让数学界对这个极为难懂的证明的讨论重新热烈了起来,其中也不乏悲观的反对者.芝加哥大学代数数论教授 Frank Calegari 就在自己的博客上撰文认为,按照这一论文此刻的状态,尚不能称为证明,就算发表也于事无补;著名华裔数学家陶哲轩也在评论里表达了他的疑虑.

五年前,Cathy O'Neil 给出了一个十分令人信服的论证,解释了为何(当时还是刚发表的)望月新一的声称(尚且)不应该被视作是 ABC 猜想的证明.

① 摘编自公众号:果壳网,2017-12-27.

关于那篇帖子中讨论的数学的社会侧面，我这里不再做任何补充了. 这里我只想向大家报告一下，现在，它在专业的数论学家眼里，是个什么情况.

答案是，这简直是一场彻底的灾难.

本章并不是试图对望月新一论点的真伪做出任何认识论意义上的断言. 举个极端的例子，如果望月新一把这个证明用古希腊线形文字 A 刻在石板上，然后丢到马里亚纳海沟里，那么毫无疑问，追问那证明是否准确就是件毫不重要的事情. 虽然说法极端，但现实情况和刚刚我的这个描述没太大差别.

每一次我（私下里）听到某位专家分析望月新一的论文（图 1），结果都是让人不安的相似：海量的平凡的事实，加上山一般高的未经验证的结论. 对望月新一的辩论通常基于如下观点：格罗滕迪克学派的数学产出也是遵循着相似的模式，而事实证明，这些产出已经成为现代数学的基石. 有这样一个典故：

What is the ABC conjecture?

Conjecture (Oesterlé-Masser)
$\forall \varepsilon>0$, $\exists C_\varepsilon$ such that for all triples $(a,b,c)\in\mathbb{Z}^3$, $a,b,c$ coprimes such that
$a+b=c$

we have
$\max\{|a|,|b|,|c|\} \le C_\varepsilon \operatorname{rad}(abc)^{1+\varepsilon}$.

Defn $N\in\mathbb{Z}$, $\operatorname{rad}(N)=\prod_{p\mid N} p$.
Eg rad(

图 1　ABC 猜想的阐述（局部）

笔者听过这样的故事. 有一天，格罗滕迪克说，弄开核桃壳有两个办法. 一个办法是，把核桃壳用坚果钳子使劲一口气夹烂.另外一个办法是,把它浸入有很多很多水的水缸里,泡啊,泡啊,使劲地泡啊,然后它自己就泡开了.格罗滕迪克的数学属于后者.

虽说这比喻可以说很精准,但拿望月新一和格罗滕迪克(图 2)做类比并不好.是的,格罗滕迪克在 20 世纪 60 年代以革命性的方式“自下而上”的重构了数学.但是,从法国高等研究所(IHES)产生的思想迅速传遍了世界,抵达了巴黎大学、普林斯顿大学、莫斯科大学、哈佛大学、麻省理工学院、波恩大学,以及荷兰的一些大学等地的讨论班.本质上,格罗滕迪克学派 20 世纪 60 年代的成功并不是用 IHES 产出的定理来衡量的,而是它产生的思想完全改变了这个学科(以及相关学科)里的每一个人思考代数几何的方式.

图 2　亚历山大·格罗滕迪克

这不是对某人个人癖好的吐槽,也不是抱怨某些人不按“体制”的规则出牌.佩雷尔曼(图 3)更加直接地拒绝学术界的传统,干脆就只是把他的论文贴在

arXiV 上，然后一走了之（补充：虽然佩雷尔曼从来没有正式提交论文，但他确实举办了漫长的巡回讲座，让他得以接受其他专家的咨询）. 但最终的结果是，在数学里，思想是永远的胜利者. 人们可以读到佩雷尔曼的论文，能在文章中感知到他所有的思想（五年内，大量专家补充了原始证明里略过的完整细节，并陆续发表）. 通常情况是，如果数学领域里有突破性发现，当其他数学家能利用这个新的思想证明其他领域的定理的时候，这个标志性的事件会引起学术成果爆炸式的增长. 而且，这些新成果的方向多半出于理论原本发现者的意料之外.

但这样的事情，很明显并没有在 ABC 猜想的证明上发生. 这个事实本身，就是人们心存疑虑的最有说服力的原因之一.

图 3 格里高利·佩雷尔曼

现在这些论文似乎要被 PRIMS 接收了（这是望月新一自己当主编的杂志，这事本身不是什么大问题，但依然有碍观瞻）. 论文被接受这一事实，对于说服人们接受这一证明而言并没有什么作用. 如果说审稿程序有什么意义的话，那么它的意义不仅仅是使人对文章的正确性产生合理的信心(不是绝对的确信，发表的文章也会有错误，但这些错误多数是小错，要么是有学识的读者自己就能立刻纠正，要么是一个勘误声明就能解决，很稀少的情况下才需要撤稿). 同样重要的意义是，它迫使作者把自己的文字清晰程度提升到合理的标准，足以让其他专业人士阅读(这样的好处之一是，读者就不需要花费审稿人那么多的时间来读这篇文章).

而这一点在这篇论文上完全失败了，这不得不令人质疑审稿工作的质量如何，还有 PRIMS 编辑委员会如何能允许论文以这样不可接受的、被广泛认为不透明的方式发表. 那么，我们会进入一个荒唐可笑的情形——ABC 这个命题在京都是定理，但在其他地方都是猜想. (补充：一位日本读者向我指出，报纸并没有确定地说论文已经被接收，用的是“按计划论文会被 PRIMS 接收”诸如此类的措辞. 这也不会改变本章的实质内容，只不过还存在论文不会以现有方式被接收的可能性，如果那样的话，我收回对 PRIMS 编辑委员会的批评.)

那么为什么这样的情况持续了那么长的时间? 我想我能提出三点基本理由.

第一，数学家通常是小心翼翼地(就像那个笑话说的——苏格兰的绵羊至少有一面看上去是黑色的). 因为数学家们不能指出望月新一证明的实质性错误，所以他们非常不愿意去声明这个证明有问题. 于是，他们倾向于在提出负面观点的时候高度谨慎(这确实很合理). 我们成长为数学家的历程中，如果听不懂别人的

证明过程，通常会觉得这是我们自己的问题.

第二，无论何时，数学家一旦做出一个特别的声明，大家开始的反应都会去看这位数学家之前的工作.这个例子里，望月新一曾经在重要领域做出过成果，而且被很多认识他的人认为是一位很聪明的数学家.的确，一些默默无闻的人（比如最近的张益唐就是一个例子）声明自己证明了某个重要的结果，他的文章也会被认真对待，但是，如果类似不知名的人以望月新一的方式放出一个 1 000 页的论文，他立马会被忽视.

最后一个理由和前两条形成对比：有一些人很愿意站出来说一切都没问题，说那些怀疑的人只是没有做足功课去理解宇宙际几何的基础.我没兴趣去揣测这些人为什么这样做.但是，说一个理论至少需要几百小时的钻研才能入门，这种观点要么是彻底扯淡，要么是和日常的学术经验差出十万八千里，以至于不但在数学里，在全部科学里都是前无古人的.

那么，事情会怎么发展？这里有很多种可能.一种可能是某位专家深度检查了论文，并能抽出论文的核心思想，然后对论文进行重大的简化，让它更容易读懂，从而改变整个话题.这是论文刚公开时的理想剧情，但一天一天地（一年一年地），这个可能性变得越来越小.但可能性仍然存在.与之相对的可能是，某位专家找到了一个严重的错误，用相反的方式来了结这个事情.第三种可能是，这个状态一直持续下去：没有“恩赐解脱”来杀死这个路线，但学界共识还是大家无法理解论文的关键思想.（应该说的是，论文是否被某个杂志接收和此基本上毫无关系；光是有人作证说“我读了这个论文，它没毛病”是不够的，还必须有人来能把它解释给别人听.)这种情况下,数学界只会继续前行,直到很久以后——一年、十年、甚至一百年之后——终于有个人真的证明了 ABC 猜想,那时候我们才终于能回头去看,证明所用的想法是不是一直在这些论文里.

陶哲轩在本文评论区的回复:

感谢博主的文章.我没有足够的专业知识去对望月新一的论文做一手的评价,但是对于你文章中提到张益唐及佩雷尔曼的工作却更加熟悉.在我看来一个显著的区别在于,张益唐与佩雷尔曼的工作里有着一些较短的"概念证明"陈述,即用论文里的方法能很快得到现有领域里一些有价值的新的不平凡的结论(或是发展出一些已有的不平凡结论的新证明).

在佩雷尔曼的工作中,第一篇论文的第五页就已经给出了 Ricci 流的一个全新解释:它将 Ricci 流看成了梯度流,而这是一个看起来非常有前途的方法.在第七页,他就用该解释建立了一个关于 Ricci 流的"非拟周期性"定理,这个定理虽然要最后证明庞加莱猜想还远远不够,但它本身就是一个新奇且有趣的结果.这也是为什么这个领域的专家迅速认定这篇文章中有很多"好东西"的原因之一.

在张益唐 54 页的论文中,花了更多时间阐述那些对专家而言是标准性的内容(特别地,这篇文章沿袭了解析数论界的传统,将所有后面要用到的引理一起作为一段漫长但直接的引子,都放在了文章的开头).但是在所有引理都列完之后,张益唐仅仅用了 6 页,就做出了一个不平凡的观察:只要能改进 Bombieri-Vinogradov 定理对光滑模的估计,我们就能证明素数间距离有限.(其实这个观点此前也被 Motohashi 和 Pintz

独立地导出,但他们所导出的形式却无法被得心应手地运用在张益唐后面 30 多页的证明中.)这并不是张益唐论文中最深奥的部分,但是它却将原问题化为了一个看起来更容易处理的问题.相比之下,在无数试图攻克诸如黎曼猜想这种大问题的论文里,作者都只是不停地在把问题转化得越来越难,越来越难,直到一个奇迹发生(也就是作者犯了错),突然间把问题变得简单了.

根据我读到和听到的信息,我的理解是,此刻在望月新一的论文里,最短的能在现有领域(非宇宙际泰希米勒理论)里获得一个非平凡结果的“概念证明”,就已经是证明 ABC 猜想所需的 300 多页证明了.在我看来,如果有一个更短的概念证明(比如少于 100 页),那会很有助于消除人们对他的论证的怀疑.如果说有一整个自洽的理论体系,唯一的外部应用就是凭 300 多页的准备来证明 ABC 猜想,而这些准备工作里却没有任何小片段能产生非平凡的外部结果,那在我看来这是件极为怪异的事情.

# 第二部分
# 它山之石
## ——中日数学之比较

# 第六编
## 日本的数学教育

# 中国与日本：中小学数学内容差异[①]

## 第20章

本章对中日两国的数学教学内容做了一些简单对比，总结如下，对于基础教育部分，只列出两国的差异.

另外由于中日学制完全相同，对比比较方便，学年的称谓完全采用汉语的说法.

**小学**

一年级：几乎一样.

二年级：

中：开始认识"角"(日本三年级内容).

中：初步学习除法(日本三年级内容).

① 摘编自公众号：数学e点通，2017-8-13.

中:开始学习统计的初步思想.

三年级:

中:有训练较大整数的加减法(日本没有).

中:开始认识小数和分数(日本四年级内容).

中:开始认识面积(日本五年级内容).

中:进一步学习统计知识,如平均数.

日:初步认识(正)多边形的概念(中国只有三角形,四边形).

四年级:

中:学习平行四边形和梯形(日本五年级内容).

中:学习三角形的进一步性质,如内角和,分类(日本五年级内容).

中:学习表面积,体积的概念(日本六年级内容).

中:学习根据统计数据画图,如折线图.

日:初步学习圆和球的概念(中国六年级内容).

五年级:

中:学习简单的方程(日本六年级内容).

中:学习分数的通分和约分(日本六年级内容).

中:学习图形的对称,平移和旋转(日本初一内容).

中:进一步学习统计概念,如中位数.

日:学习圆的周长和面积,圆周率(中国六年级内容).

日:学习比例,百分比等(中国六年级内容).

六年级:

中:学习负数的概念(日本初一内容).

中:进一步学习统计,如扇形图.

日:专门学习单位的换算,比如 m/s 和 km/h 的

换算.

日:学习柱体,锥体,正多面体的概念(中国只有圆柱和圆锥).

总结:

日本只有在图形的介绍上,更一般化更早一些,其他方面全面落后半年.六年级中国教学任务明显比前几年少了,可能是由于升学考试的原因,日本是前三年轻松,后三年内容较多.中国从小培养统计的思想.

**初中**

初一:

中:学习角,平行线的基本性质(日本初二内容).

中:学习平面直角坐标系(日本初二内容).

中:学习二元一次方程(日本初二内容).

中:学习不等式(日本高一内容).

中:学习抽样调查(日本初三内容).

日:统计初步(中国小学的全部统计内容)

日:图形的对称,平移和旋转(中国小学内容加部分中国初二初三内容)

日:进一步学习锥体,柱体,多面体,柱和锥的体积,表面积.

日:学习立体图形的投影与视图(中国初三内容).

初二:

中:学习平方根,立方根,实数的概念(日本初三内容).

中:学习勾股定理(日本初三内容).

日:学习概率初步(中国初三内容).

初三:

中:学习三角函数初步(日本高中内容).

总结：

总体内容差不多，日本更重视立体几何图形，也许是因为高中不再专门学立体几何了.中国多学一个不等式，一个三角函数.

**高中**

注：日本高中数学每学年分必修（Ⅰ，Ⅱ，Ⅲ）和选修（A,B,C）.

高一：

中：集合与逻辑（日本选修 A）.

中：数列（日本选修 B）.

中：指数函数与对数函数（日本必修Ⅱ）.

中：平面向量（日本选修 B）.

日：（选修 A）平面几何继续.

日：（选修 A）排列组合与古典概率.

高二：

中：圆锥曲线（日本必修Ⅲ）.

中：立体几何（日本不学）.

中：排列组合，二项式定理（日本选修 A）.

中：古典概率（日本选修 A）.

日：（必修Ⅱ）复数，高次方程.

日：（必修Ⅱ）极限，导数，定积分及其应用.

日：（选修 B）数列的递归方程，递归方程的特征值解法.

日：（选修 B）空间向量，球面方程.

日：（选修 B）统计样本的方差，相关性，用 Excel 处理统计数据.

日：（选修 B）整数的欧几里得算法，二分法，数值积分的梯形法，用 python 写程序.

高三：

中：离散型概率分布（日本选修 C）.

中：线性回归（日本不学）.

中：极限和导数（理科），导数（文科）（日本必修Ⅱ）.

中：复数（理科）（日本必修Ⅱ）.

日：（必修Ⅲ）简单的无穷级数，极限，导数，微分，不定积分，分部积分，置换积分，面积，旋转体体积.

日：（选修 C）矩阵的和，积，逆，数乘，解线性方程，平面上的旋转矩阵.

日：（选修 C）极坐标和极坐标方程.

日：（选修 C）正态分布，概率分布函数，概率密度函数，二项分布的近似，抽样调查，样本的区间估计.

总结：

中国多学一个立体几何，另外数列和平面向量在日本是选修，组合和古典概率也是选修. 但是日本的微积分要求高得多，一元的微分和定积分是必须的. 如果算上全部选修的要求，日本高中数学几乎覆盖了中国一般的工科学校（或者一般的文科专业）的微积分，线性代数和概率统计（当然离比较好的工科学校要求还差得远）. 另外，日本在统计学的要求上后来居上，虽然小学不怎么学，但是高中选修中已经满足了绝大部分统计知识的需求. 在系统学习过初等微积分之后，还引入了数值逼近的思想. 另外说一句，日本的高中计算机课，简单的 python 好像是必修的.

# 日本“新高考改革”30年减负①

# 第21章

大约在30年前，日本也启动了一场轰轰烈烈的新高考改革运动，矛头直指基础教育应试化和课业负担过重现象. 此次改革的一大主要动作，便是“减负”，包括降低教学大纲的标准、减少规定学时和公立学校去重点化等.

减负30年，带来了一系列副作用. 不久前，日本的教育部发布了最新的“学习指导要领”，简单说以后日本中小学将大量增加学校课程的课时和内容. 这也意味着日本变相承认，这20来年培养出的“精英们”差强人意，成了日本教改的“实验品”，将彻底结束“宽松教

① 摘编自公众号：三味书屋数学乐园，2017－12－7.

育"时代.

日本的新高考改革，与我们有着比较多的相似背景. 作为前车之鉴，日本的案例能给我们带来哪些教训？此前，有媒体发表了复旦大学学者的一篇反思日本"减负"的文章，与各位分享.

30 年前，日本对"只认分数"的大学入学考试带来的基础教育应试化和学业负担过重现象大肆口诛笔伐. 在人口稠密、民众普遍重视学历的东方国家，这样的"考试地狱"现象高度相似.

20 世纪六七十年代，日本经济高速增长的成就一方面使家庭可支配收入显著增加，民众接受高等教育的诉求大幅提升. 另一方面，经济条件优越起来的家长对激烈的竞争压力导致高强度的学业要求产生质疑.

围绕教育如何适应经济高速繁荣，日本社会进行了大量的公共讨论，减轻学业负担、改革大学入学考试的呼声甚至成了政治上的关键问题.

20 世纪 70 年代的考生多数出生于第二次世界大战结束后，经历了经济、社会、文化从战败的低谷到不断上升的青少年时代，在稳步上升的社会环境下，同时也面临着各方面竞争不断加剧的情形.

他们的父辈则出生于 20 世纪二三十年代，从第二次世界大战中幸存，并成为参与创建战后新社会的中坚力量. 父辈的成功是白手起家的成功，而不是挤过高考独木桥后获得的成功. 所以不仅出于慈爱之心，父辈们有理由对应试苦读、对人为设置考分选拔的必要性和有效性产生强烈怀疑.

生活条件大幅改善了，我们的孩子为什么还要学得那么苦？

学生学习负担过重，怨声载道的社会情绪迫使文部省在 1976 年 12 月 18 日发布教科答复报告《关于改善小学、中学及高中的教育课程基准》中指出“精选教育内容，旨在实现学生过上宽裕而又充实的学校生活的目标”. 这个答复报告直接依从了民众缓解下一代学业压力的诉求，成为著名的“宽松教育”的标志，成为此后主导日本基础教育 30 年的方针.

在“宽松教育”方针下的 30 年间，日本中央和各地教育主管部门实施了一系列政策，大体包括：降低教学大纲的标准(缩减课本)、减少规定学时和公立学校去重点化.

例如，将小学至高中的总课时从 5 821 课时减少至 5 785 课时，《中学指导要领》的册页从 261 页减少至 123 页，公立中小学每周上课 5 天(原本 6 天)，学生报考公立中学不能填学校志愿，只能按片区随机入学等.

问题是，这些直接减负的政策手段根本没有达到减负的效果，还产生了一系列副作用.

### 1.“宽松教育”的三大恶果

(1)公立瘦弱，私营肥满.

由于宽松教育政策只能约束公立教育部门，民众的升学需求和竞争态势并没有变化，可想而知，对更有竞争力的教育需求只能通过私营办学机构来满足.

原本占据优势教育资源的公立中学只能提供宽松的托底教育，无法为想要上好学的学生提供更优质的教育，几乎所有志愿上一流大学的中学生都投入私立中学，随之，没了要读书的学生，公立中学的优质师资

也不断流失.

以从 1960 年到 2005 年考入东京大学的前 20 名高中生为例,私立高中生和公立高中生,此消彼长十分鲜明.在日本,私立学校的教育费用通常是公立学校的 2～3 倍.

要考上好大学,仅仅上私立学校还不够,上课外补习学校(日本称“学习塾”“进学塾”)专门为应试做好准备,这几乎成为日本家庭的一般常识.

根据文部省官方调查,全日本中学生上课外补习学校的比例从 1976 年的 38.0%上升到 1985 年的 44.5%乃至 1993 年的 59.5%.小学生上课外补习学校的比例也从 12.0%到 16.5%再到 23.6%,节节攀升.

几十年来,课外补习产业蓬勃发展,经过一番市场竞争兼并,构成了著名的首都圈“四大塾”格局,由四家机构把持补习产业.

由于人们趋之若鹜,“四大塾”各自设置了不低的入学选考门槛,且不说高昂的学费,许多家长发现,如果在家中不做充分的预习准备,连较好的补习学校都进不去.中学期间上不了好的“学习塾”,就很难考上好大学.

究竟是谁在为国选才?

(2)中产家庭教育负担倍增.

“宽松教育”政策改变了整个社会的教育供给,日本中产家庭若在子女教育上要求上进,势必付出巨大——经济负担、选择焦虑和全家被裹挟参与应试成了压在头上的三座大山.

日本数量庞大的中产阶级家庭无疑为上述私营教

育机构做出了巨大的经济贡献. 在日本国民可支配收入中,教育支出和补习教育支出从 1970 年左右开始显著上升,1976 年开始实施的"宽松教育"政策完全没有影响到这个上升趋势.

换言之,1976 年至 1995 年这 20 年间,家庭的教育经济负担没有下降,反而一路攀升,更可怕的是,升学率却一路下滑至 1970 年后的最低谷. 可想而知,在此期间的学生和家庭的升学压力越来越大,对家庭经济条件不够好的学生而言,不公平也在扩大.

除了经济压力,"宽松教育"政策整体上降低了必修的教育标准,看似学生有了更大的自由选择学习的空间,其实这个年龄的学生既不充分了解自己,也不了解社会需求,甚至不够了解游戏竞争规则.

自主选择适合的教育资源既超出了学生的能力,也超出了多数家长的见识水平. 除非精通教育和社会规则的高级知识分子家庭,多数家长在为孩子做学业选择时手足无措,心态焦虑.

私营培训机构的营销诱惑、家长间的模仿与攀比、恨铁不成钢和病急乱投医等心态都会造成超量教育、过度补习,结果又加重了一重学业负担——不仅无效,更可能适得其反.

有一系列畅销书,名叫《中学生的考试九成靠父母》,非常具体地传授家长应试技巧. 日本应试学习之发达,已经不只是学生的事,应试负担已经不可避免地延伸至家长.

(3)国民学力显著下跌、教育负担抑制中产阶级生育率.

如果说"宽松教育"政策下,教育供给由公立向私

立转移，教育费用更多采取受益者负担原则，只是不同政治经济路线的变化，全家动员参与培养子女也不是一定有害，那么以下两大弊害足以促使日本政府彻底放弃“宽松教育”.

第一，国民整体学力连年显著下跌.

在四年一次的国际 PISA 标准化测试中，1999 年，日本的数学应用和科学素养位列 OECD15 国第一，阅读理解位列第八；到了 2003 年，数学跌了 5 位，阅读理解跌了 7 位；2007 年，科学第六、数学第十，阅读理解已经沦为垫底的第十五位. 近几年日本国内还有调查称，小学生 4 人中便有 1 人弄不清“平均”的含义.“大学生数学基本调查”结果也非常不乐观. 日本的高中要为初中补课，大学的第一年要为高中补课的现象已经司空见惯.

“宽松教育”政策降低了达标的底线要求，却完全不为最优秀、最努力向学的学生提供国家教育支持，甚至不提供荣誉感——因为宽松教育反对大规模的竞赛、考试和选拔. 努力学习、追求出类拔萃得不到承认，宽松无压力才是正当的. 如果在达标线之上还想学更多，那就要自己负担所有成本.

第二，宽松教育政策下家庭支持成了学业竞争中的决定性因素.

经济水平太低的家庭将得不到入场券，经济水平足够高的家庭可以购买到最好的私立教育，而日本的中产家庭却承受着最大的学业竞争压力，他们本身对下一代也抱有最强的通过接受教育来维持阶层或向上流动的愿望.

所以，家庭教育成本越高，中产家庭生育率越低.

这类使得国家教育供给空洞化的政策最终会抑制中产阶级的生育率，长期动摇国本，很可能是当初政策制定者始料未及的.

**2. 三种学业负担根源不同**

(1)考试竞争烈度，取决于适龄人口数和高等教育资源供给.

政策只能在短期内改变游戏规则(拼才智？拼努力？拼特长？拼体格？拼品德？)——却无法改变竞争的烈度.

1976 年至 1990 年(“宽松教育”政策的头 15 年)高等教育录取率不断降低，考试竞争变得更激烈而不是更轻松了.

1990 年以后，录取率却高歌猛进地上升，从 60%升至 90%以上，什么原因使上大学变得如此容易了？1992 年日本 18 岁人口达到第二次世界大战后第二次婴儿潮高峰后，直至 2014 年的 22 年间，18 岁人口从 205 万减少至 118 万，降幅达 42%.

此间，日本高校在校生规模却从 295 万增长至 304 万. 高等教育录取率更是一路攀升至 93%，意味着几乎所有申请者都能够被高等教育机构接纳.

日本现今超过 40%的私立大学招生不能达到满员，这对于积存基金薄弱、运营高度依赖学费的日本私立大学来说是存亡攸关的危机，近半数大学招生工作本质上从选材变为营销，入学选拔形同虚设.

在这个过程中，日本政府没能适时控制私立高校的盲目扩张，出台限制性政策反应滞后，导致竞争选拔进退失据而饱受诟病.

所以，密切观测人口变化，预估并适当地调控教育供给，保持选拔活力和学习积极性才是教育政策应该的样子.

(2)超量补习的负担要回归教育规律来化解.

如何判断补习是否超量？在补习产业高度市场化的今天，摸透了望子成龙、争先恐后心态的商业营销会大大异化家长和学生自己的判断. 深度卷入补习市场的家长不由自主地站在了应试主义的一边.

负责任地讲，整个基础教育阶段始终离不开一对对立统一的命题：从教育者视角来说是“培养”和“选拔”，从受教育者视角来说是“成长”和“应试”，两者相辅相成.

正如日本的历史教训所示，当教育真的在很大程度上消除了应试压力，却得到了缺乏求知欲和进取心、图安逸不勤奋、害怕担负责任、受不了批评、整体学力跌落的“宽松时代”，所以在基础教育实践中能取得育人和应试的平衡兼顾就是最大的成功.

超量补习的发生意味着应试压倒了成长，要遏制超量补习就得重申育人和成长的主题，让真正懂得教育规律、怀有育人之心的教师和学校获得更大的话语权，发挥更大的影响力，获得更大的尊重.

更重要的是，限制正规学校教育的上限与边界不仅加重了家庭教育负担，还削弱了学校和教师的威信. 正规学校教育要能提供足够的学业挑战才不会被轻视. 学校和教师要理直气壮地承担更多课业教育而不是变相地把充实、提高的内容转移到课后家庭辅导.

每个人学习不同科目的能力不同，心智发展速度不同，兴趣方向也不同，课外补缺、拓展和提高都是自然的需求,不以盈利为主要目的的公立学校、公办少年宫及其师资也应该能提供这些教育,如果把这部分空缺出让给私营机构,应试压倒育人就可想而知了.

再者,符合选才规律的竞赛、测试要视作国家选才系统的一部分,以充分的规模定期实施,既不能泛滥,也不能取消.所有这些,都是为了回归教育规律,摆正国家教育主管部门、学校、教师、家长和学生自己各自所处的位置.

(3)学业挑战未必成为负担,不能因材施教才构成负担.

因材施教是最大的教育规律,每个人的学习和成长都是独特的,每个人在不同年龄阶段、不同学科领域、不同心智状态下能够接受的学业挑战度千差万别.

统一以某种平均水平对待施教势必形成学业负担,在这个方面低于平均水平者感觉吃力和沮丧,高于平均水平者感到无聊和无精打采.在现代学校制度下,一定程度上实现因材施教、促使学生多元化发展,成为优质中小学的标志性特征.如果能够帮助学生发现自己擅长的事,鼓励他们投身并乐在其中,“减负”便已经发生.所以,越是那些优质学校素质教育做得越好,学生学习越不苦,并不是无稽之谈.

当然,前两条还是制度上、结构上的问题,这个层面上的“减负”最深入教育内容实质,更需要时间、耐心和爱.减轻学业负担的命题到了一线教师这里绝非单纯地降低学业挑战,而是转化为要实施更好的教育——提升自我的教育教学素养,因材施教.

(4)强化公办教育配置,弱化家长和私营培训市场的卷入.

对照以上三条，可见日本何以实现了“减负”又反思“减负”.

其一，人口减少、高校大肆扩招致使高等教育录取率陡增至 90%以上，大批学生入学使得大学失去选拔性，基础教育学习目标松弛，是学习变轻松的决定性因素.

其二，日本政府对私营教育机构管制不多也缺乏手段，主要依赖市场机制，长期下来能够提供个性化教育、提高教育水平的机构几乎全部属于私营机构. 虽然总体录取率大增，对于希望上一流大学的学生而言，竞争依然激烈，家庭负担、学业压力依然很重.

其三，认识到“宽松教育”政策实施过了头，日本政府下决心扭转政策方向，有计划地提升基础教育的课程标准，增加必修内容和学业挑战度. 2008 年开始，小学课本增加 25%的页数被视为转折性标志.

中日两国相似的社会背景，使得日本 30 多年“宽松教育”的经验教训对我国有很大的借鉴意义. 相似性包括同属于东亚儒家传统文化圈具有很强的学历社会意识，家长努力供孩子上学、希望上好学，人口直接影响考试竞争激烈程度. 以及经过一段时期经济保持高增长，家庭可支配收入增加，家长既希望孩子在学业竞争中优胜，又不希望孩子学习太辛苦，全社会批判“应试”，呼吁“减负”.

另外，中日政治经济体制不同，政策抓手和落实条件也很不同. 我们认为，我国更有可能通过强化公办教育配置来弱化家长和私营培训市场的卷入，在育人和应试之间取得更好的平衡.

我们还建议全面振兴公办教育，激活公办课外教育,为家长减负,释放中产家庭的生育意愿,为学生提供丰富多元的学业挑战,同时为国储才选才.

# 日本史上最短高考题：$\tan 1^\circ$是有理数吗[1]

第22章

今天在朋友圈看到一道题目，据说是日本京都大学某年的高考题，号称日本史上最短的高考题：$\tan 1^\circ$是有理数吗？觉得很有意思，分享给大家.

我不由得想起了一道经典的反证法证明题：证明$\sqrt{2}$是无理数.说起这题我就想起反证法，说起反证法，我便想起这题.所以“$\tan 1^\circ$是有理数吗？”这题也大概就是应用反证法了.

记得某一年（就前几年吧）的北京大学自主招生考试有一题是证明$\tan 3^\circ$是无理数，和这一题异曲同工，完美地印证了一句话：越短的题目越难！

---

① 摘编自公众号：上海高中数学，2017－8－10.

那么用反证法，先假设 $\tan 1^\circ$ 是有理数，则

$$\tan 2^\circ=\tan(1^\circ+1^\circ)=\frac{2\tan 1^\circ}{1-(\tan 1^\circ)^2}$$

因为有理数除以有理数还是有理数，所以可以推出 $\tan 2^\circ$ 仍是有理数，且

$$\tan 3^\circ=\tan(1^\circ+2^\circ)=\frac{\tan 1^\circ+\tan 2^\circ}{1-(\tan 1^\circ)(\tan 2^\circ)}$$

又推出 $\tan 3^\circ$ 是有理数，依次类推 $\tan 4^\circ$，$\tan 5^\circ$，$\tan 6^\circ$，……均为有理数.

即有 $\tan 30^\circ$ 为有理数，而

$$\tan 30^\circ=\frac{\sqrt{3}}{3}$$

是一个无理数，矛盾，所以假设不成立.

即 $\tan 1^\circ$ 是一个无理数.

很有意思的一道题，过程挺简单的，但如果想不到，也很难形成思路，其实，想不到就是不会做.

# 第七编

## 灿若群星

## ——日本的数论大师们

# 谷山和志村——天桥飞架

第23章

## §1 双星巧遇——谷山与志村戏剧性的相识

志村五郎(Goro Shimura)是当时日本东京大学的一位出色的数论专家,他一直在代数数论领域进行创造性的研究.1954年1月的一天,志村在研究时遇到了一个极其复杂使他难以应付的计算,他经过查阅文献发现,德林曾写过一篇关于复数乘法的代数理论的论文,这篇论文或许对他要进行的计算会有些帮助,这篇论文发表在《数学年刊》(*Mathematische Annalen*)第24卷上.于是他赶到系资料室去查找,然而,结果使他大吃一惊.原来恰好这一卷已被人借走了,从借书卡上志村得知这位与他同借一卷书的校友叫谷山(Yutaka Taniyama).虽然是校友可是志村与他并不熟,由于校园很大,谷山与他又是分住两头,于是志村给谷山写了一封信,信中十分客气地询问了什么时候可以归还杂志,并解释说他在一个什么样难以计算的问题上需要这本杂志.

回信更令志村惊奇,这是一张明信片,谷山说巧得很,他也正在进行同一个计算,并且在逻辑上也是在同一处卡住了.于是谷山提出应该见上一面,互相交流一下,或许还可以在这个问题上合作.从而,由一本资料室的书引出一段二人合作的佳话,同时也改变了费马大定理解决的历程.

这种由书引起的巧遇在科学史上是常有的事.例如,诺贝尔物理学奖得主、天才的物理学家费曼(Richrd Feynman)在麻省理工学院上学时与当时另一位神童韦尔顿(Ted Welton)就是这样相识的,当时费曼发现韦尔顿手里拿着一本微积分的书,这正是他想从图书馆里借的那本,而韦尔顿发现,他在图书馆里四处找的一本书已被费曼借出来了.

## §2 战时的日本科学

为了理解谷山与志村当时的研究环境,我们有必要介绍一下与他们同时代,即在日本历史上最艰难的岁月里活跃着的两个卓越的理论物理学派.

日本有着不算长久的科学传统. 1854 年马修·佩里(Matthew Perry)将军的战舰迫使日本对国际贸易开放门户,从而结束了持续两个世纪的封闭状态. 日本人由此意识到,没有现代技术,军事上就处于弱小地位. 1868 年一批受过教育的武士迫使幕府将军下台,重新恢复了天皇的地位,那之前天皇仅仅是傀儡,新政权派遣青年人去德国、法国、英国和美国学习语言、科学、工程和医学,并在东京、京都和其他地方建立了西式大学.

日本最早产生的一位物理学家是长冈丰太郎,他的父亲是一位军官,对家庭教育极为重视,在家里教他学习书法和汉语. 在大学时长冈丰太郎对是否选择科学作为自己的终身事业感到犹豫不决,因为他无法断定亚洲人在学习自然科学时是否有天赋. 后来他研究了一年中国古代科技史,从中受到启发,觉得日本也会有机会.

从后来的日俄战争以及在第一次世界大战中的胜利表明,日本追求技术进步的政策取得了成功. 于是,第一个进行基础研究的研究所 Riken(理论学研究所)在东京成立. 1919 年,仁科芳雄被 Riken 研究所派往国外进修,他在尼尔斯－玻尔研究所学习了 6 年后带着"哥本哈根精神"回到日本,以前日本的大学中学霸横行,知识陈旧,而仁科芳雄带回的恰好是人人都可以发表自己的见解这样一种研究的民主风格和有关现代问题和方法的知识.

当时的日本与西方在物理学方面差距甚大. 在海森伯(Heisenberg)和狄拉克(Dirac)来日本演讲时,只有朝永振一郎(Tomonaga Shinichiro)等少数几位大学生能听懂，以至于在讲演的最后一天，长冈丰太郎批评道，海森伯和狄拉克 20 多岁时就发现了新理论，而日本学生依然还在可怜地抄讲演笔记. 就在这种情况下，朝永振一郎决心与他中学和大学的同学汤川秀树(Yukawa Hideki)一起振兴日本物理学(与谷山与志村颇为相似). 他们两人的父亲都曾在国外留学，又都是专家，朝永的父亲是西方哲学教授，汤川的父亲是地质学教授. 1929 年他们俩同时获得了京都大学学士学位，这一年正赶上西方世界经济大萧条开始，他俩都无法找到工作，于是他们就留在大学做没有薪水的助教，他们互相讲授新物理学，同时继续进行各自的理论研究，汤川秀树后来戏言："经济衰退使我们成了学者."

和谷山与志村一样，在日本投降后的饥饿的和平年代，日本的理论物理学家们做出了令全世界惊奇的成绩. 当时的生活极为艰苦，因为极糟糕的经济状况不能提供豪华的实验研究环境，朝永一家住在一间被炸烂了一半的实验室里，南部阳一郎作为研究助理也来到东京大学，他没有多余的衣服，总是穿着一身军装，没有地方睡觉，他就在书桌上铺上草垫，一住就是 3 年.

"民以食为天"，当时每个人的头等大事就是设法获得食物. 南部阳一郎的办法是去东京的鱼市场弄些沙丁鱼，但他没有冰箱贮藏，所以弄到的鱼很快就腐烂了，所以有时他也会到乡下去，向农夫们随便讨一点能吃的东西，但就是在这样艰苦的条件下，他们为日本带来了三个诺贝尔物理学奖.

对于这个特别的时期，南部阳一郎解释说："人们会奇怪为什么本世纪日本最糟糕的数十年却是其理论

物理学家最富创造性的时代.也许烦恼的大脑要通过对理论的抽象思索而从战争的恐怖中解脱出来.也许战争强化和刺激了创造性所需要的那种孤独状态,当然对教授和政府官员的封建式孝忠的传统也得以暂时打破.也许物理学家就这样得以自由探索自己的设想."

或许这个时期太特别了,根本就不能给予解释,但是有两点是可以肯定的,即自然科学的重大突破大多是在青年时代完成的,以物理学为例,当年爱因斯坦创立相对论时才 25 岁,1912 年玻尔(Bohr)创立量子论时才 27 岁,到 1925 年,量子力学建立时薛定谔(Schrodinger)、海森伯和泡利分别是 37 岁、24 岁、25 岁.狄拉克建立了狄拉克方程时才 25 岁,在迎接原子核物理的新挑战时,解决问题的是 28 岁的汤川秀树,在量子电动力学基础完成时,朝永振一郎 36 岁、施温格(J. S. Schwinger)和费曼(Feyman)都是 29 岁.

谷山与志村的学校教育都恰逢战争期间,谷山本来就因为疾病经常中断学业,特别是高中阶段又因为结核病休学两年,再加上战争的冲击,使他的教育支离破碎,志村虽身体远较谷山健康,但战争使他的教育完全中断,他的学校被关闭,他非但不能去上学,而且还要为战争效力,去一家兵工厂装配飞机部件.尽管条件如此艰苦,他俩都没改变对数学研究的向往,直到战争结束后几年,他俩都进入东京大学,才走上了接受正规数学教育的道路.

## §3 过时的研究内容——模形式

俗话说“塞翁失马，焉知非福”，有时福祸真是无法判断，按理道说对于一个刚刚进入研究领域的年轻人来讲，名师指点和充足的资料应该说是必需的，但对谷山和志村来说这又恰恰是缺乏的.

1954 年，谷山和志村相遇，两个人刚开始从事数学研究时，恰逢战争刚结束，由于战争使数学研究中断，战争造成的巨大灾难使教授们意志消退，激情不再，用志村的话说教授们已经“精疲力竭，不再具有理想”，恰恰相反，战争的磨炼，却使学生们对学习显得更为着迷和迫切，和法国布尔巴基学派的年轻数学家们一样，他们选择了自己教育自己这条路，他们自发组织起来成立了研讨班，定期在一起讨论和交流各自新学到的数学知识.

谷山是属于那种只为数学而存在的人，他在其他方面永远是漠然处之、无精打采，但一到研讨班立即精神焕发，成为研讨班的灵魂和精神领袖，他同时扮演着两种角色.一方面他对高年级学生探索未知领域起着一种激励作用，另一方面他又充当了低年级学生父辈的角色.

由于第二次世界大战的原因，当时日本科技方面资料奇缺，当时一些年轻的物理学家(如木庭二郎、小谷、久保、亮五等)只有经常去麦克阿瑟将军在日本帮助建立的实验室，只有那里有最新的物理学期刊，他们仔细阅读能找到的每一本杂志，并相互传授各自掌握

的知识，谷山和志村也一样，由于他们近似于与外界隔离，所以在研讨班上所讨论的内容难免会相对“陈旧”一点，或是相对脱离当时数学研究的主流，其中他们讨论的比较多的是所谓的模形式论（theory of modular form），严格地讲，这是一种特殊的自守形式的理论.它是由法国数学家庞加莱所发展的一般的富克斯(Fox)群上的自守形式，是属于单复变函数论的一个课题. 由 E. 赫克（E. Huck）所创的模形式是对于模群 $SL_2(\mathbf{Z})$ 或其他算术群的自守形式，就其内容和方法而言，则应为数论的一部分. 它在以后的发展中与椭圆曲线理论、代数几何、表示论等有十分深刻的联系而成为数学中的一个综合性学科.

其实，很早就有了对模形式的研究，例如雅可比(Jacobi)对 theta 级数的讨论，尽管高斯（Gauss）从没发表过有关模形式的文章，但是数学史料表明他已有一些这方面的概念. 历史上，人们关注模形式的一个重要原因是对二次型的研究，特别是对计算整数的平方和表示的表示法个数问题的讨论，对自然数 $m$ 和 $n$ 记

$$r_{m(n)} = \sharp\{x_1, \cdots, x_m \in \mathbf{Z} \mid x_1^2 + \cdots + x_n^2 = n\}$$

其中 $\sharp$ 表示集合的势，人们一直寻求求 $r_{m(n)}$ 的方法，雅可比首先注意到 $r_m(n)$ 与 theta 级数

$$\theta^m(q) = \sum_{n \geqslant 0} r_{m(n)} q^n = \sum_{x_1, \cdots, x_m \in \mathbf{Z}} q^{x_1^2 + \cdots + x_m^2}$$
$$= (\sum_n q^{n^2})^m = \theta(q)^m$$

的联系.

他发现求 $r_{m(n)}$ 就是求模形式 $\theta^{8k}$ 的傅里叶系数.

谷山与志村长期在模形式这块领地中耕耘，终于将这种在某种变换群下具有某种不变性质的解析函数

与数论建立了联系,实现了经典数论向现代数论的演变,终于在怀尔斯的证明中起到了不可替代的作用,并且它在其他数学分支以及实际应用中显示了越来越大的用途.

志村后来的许多工作都成为模形式理论中的开创性工作.如1973年志村建立了一个从权$\frac{k}{2}$模形式到权$k-1$的模形式之间的一个对应,现称为志村提升,半整权模形式成为一个系统的理论同志村的工作是分不开的,志村的论文发表后,有许多学者如丹羽(Niwa)和新谷(Shintani)、科恩、沃尔斯西格(Waldspurger)、扎格(Zagier)等立即响应,又得出许多重要结果,其中滕内尔(Tunnell)用志村提升证明了一个关于同系数的问题.

## §4 以自己的方式行事

在模形式和椭圆曲线的联系这一方向的研究中,谷山和志村是唯一一对志趣相投的合作者,他们互相欣赏对方、相信对方深邃有力的思想,他们在日光会议结束后,又一起研究了两年,到1957年由于志村应邀去普林斯顿高等研究院工作而停止.两年后,当志村结束了在美国的客座教授生活回到东京准备恢复研究时,斯人已去,谷山已于1958年11月17日自杀身亡,年仅31岁,仅留下了若干篇文章和两部著作《现代自然数论》(1957)、《数域的$L$—函数和$\xi$—函数》(1957).

他的遗书是这样写的:

“直到昨天为止，我都没有下决心自杀，但是想必你们许多人都感觉到了我在体力和心智方面都十分疲乏. 说到我自杀的原因，我自己都不清楚，但可以肯定，它绝不是由某件小事所引起，也没有什么特别的原因，我只能说，我似乎陷入了对我的未来失去信心的境地. 我的自杀可能会使某个人苦恼，甚至对其是某种程度的打击. 我衷心地希望这种小事不会使那个人的将来蒙上任何阴影. 无论如何，我不能否认这是一种背叛的行为，但是请原谅我这最后一次按自己的方式采取行动，因为我在整个一生中一直是以自己的方式行事的.”

据志村五郎在《伦敦数学学会通讯》(*Bulletion of the London Mathematical Society*)上发表的对谷山悼念的文章中我们知道，谷山像沃尔夫·斯凯尔(Wolf Skehl)一样对死后的一切安排得井井有条.

(1)他交代了他的哪些书和唱片是从图书馆或朋友那里借来的，应及时归还.

(2)如果他的未婚妻铃木美佐子不生气的话，将唱片和玩具留给她.

(3)向他的同事表示歉意，因为他的死给他们带来了麻烦，并向他们交代了他正在教的两门课微积分和线性代数已经教到了哪里.

在文章的最后，志村五郎无限感慨地写道：“就这样，一位那个时候最杰出和最具开拓性的学者按照自己的意愿结束了他的生命，就在 5 天前他刚满 31 岁.”

多年以后，志村仍清晰地记着谷山对他的影响，他深情地说:“他总是善待他的同事们,特别是比他年轻的人,他真诚地关心他们的幸福.对于许多和他进行数学探讨的人,当然包括我自己在内,他是精神上的支柱.也许他从未意识到他一直在起着这个作用.但是我在此刻甚至比他活着的时候更强烈地感受到他在这方面的高尚的慷慨大度.然而,他在绝望之中极需支持的时候,却没有人能给他以任何支持.一想到这一点,我心中就充满了最辛酸的悲哀.”

从今天医学的角度看,谷山一定是受到了抑郁症的袭击,这种世纪绝症似乎偏爱那些心志超高的人,数学家被击倒的不在少数,这是一个人类共同的悲哀.

## §5 怀尔斯证明的方向——谷山一志村猜想

谷山在 1955 年 9 月召开的东京日光会议上,与志村联手研究了椭圆曲线的参数化问题,一是曲线的参数化对于曲线表示和研究曲线性质有很重要的关系,比如在中学平面几何中单位圆

$$x^2+y^2=1$$

的参数表示为

$$\begin{cases}x=\cos\theta\\y=\sin\theta\end{cases},\theta\text{ 为参数}$$

椭圆曲线是三次曲线,它也可以用一些函数进行参数表示.但是,如果参数表示所用的函数能用模形式,那么我们称之为模椭圆曲线,简称模曲线.模曲线有许多好的性质,如久攻不下的黎曼猜想对于模曲线

成立，谷山和志村猜想任一椭圆曲线都是模曲线. 1986 年里贝特(K. Ribet)由塞尔猜想证明了谷山一志村猜想，这样要证费马大定理，只需证对半稳定椭圆谷山一志村猜想成立.

这样一个很少有人能意识到，而又是千载难逢的好机会，被怀尔斯抓住了，据后来怀尔斯回忆：

> “那是 1986 年夏末的一个傍晚，当时我正在一个朋友的家中啜饮着冰茶，谈话间他随意地告诉我，肯·里贝特已经证明了谷山一志村猜想与费马大定理之间的联系. 我感到极大的震动. 我记得那个时刻——那个改变我的生命历程的时候，因为这意味着为了证明费马大定理，我必须做的一切就是证明谷山一志村猜想. 它意味着我童年的梦想现在成了体面的值得去做的事. 我懂得我绝不能让它溜走. 我十分清楚我应该回家去研究谷山一志村猜想.”

怀尔斯在剑桥时的导师约翰·科茨(John Coates)教授评价这一猜想时说：“我自己对于这个存在于费马大定理与谷山一志村猜想之间的美妙链环能否实际产生有用的东西持悲观态度，因为我必须承认我不认为谷山一志村猜想是容易证明的. 虽然问题很美妙，但真正地证明它似乎是不可能的. 我必须承认我认为在我有生之年大概是不可能看到它被证明的.”

但作为约翰·科茨的学生，怀尔斯却不这样看，他说：“当然，已经很多年了，谷山一志村猜想一直没有被解决. 没有人对怎样处理它有任何想法，但是至少它属于数学中的主流. 我可以试一下并证明一些结果,即使它们并未解决整个问题,它们也会是有价值的数学. 我不认为我在浪费自己的时间. 这样,吸引了我一生的费马的传奇故事现在和一个专业上有用的问题结合起来了!”

在回忆起他对谷山－志村猜想看法的改变时,怀尔斯说:“我记得有一个数学家曾写过一本关于谷山－志村猜想的书,并且厚着脸皮地建议有兴趣的读者把它当作一个习题. 好,我想,我现在真的有兴趣了!”

哈佛大学的巴里·梅热教授这样评价说:“这是一个神奇的猜想——推测每个椭圆方程相伴着一个模形式——但是一开始它就被忽视了,因为它太超前于它的时代. 当它第一次被提出时,它没有被着手处理,因为它太使人震惊. 一方面是椭圆世界,另一方面是模世界,这两个数学分支都已被集中地但单独地研究过. 研究椭圆方程的数学家可能并不精通模世界中的知识,反过来,也是一样. 于是,谷山－志村猜想出现了,这个重大的推测说,在这两个完全不同的世界之间存在着一座桥. 数学家们喜欢建造桥梁.”怀尔斯在谈到这一猜想时说:“我在 1966 年开始从事研究工作,当时谷山－志村猜想正席卷全世界. 每个人都感到它很有意思,并开始认真地看待关于所有的椭圆方程是否可以模形式化的问题. 这是一段非常令人兴奋的时期. 当然,唯一的问题是它很难取得进展. 我认为,公正地说,虽然这个想法是漂亮的,但它似乎非常难以真正地被证明,而这正是我们数学家主要感兴趣的一点.”

20 世纪整个 70 年代谷山－志村猜想在数学家中引起了惊惶,因为它的蔓延之势不可阻挡,怀尔斯后来

回忆说:“我们构造了越来越多的猜想,它们不断地向前方延伸,但如果谷山一志村猜想不是真的,那么它们全都会显得滑稽可笑.因此我们必须证明谷山一志村猜想,才能证明我们满怀希望地勾勒出来的对未来的整个设计是正确的.”

# 第24章 宫冈洋一——百科全书式的学者

## §1 费马狂想曲——因特网传遍世界,UPI电讯冲击日本

费马定理像一块试金石,它检验着世界各国的数学水平,在亚洲诸国中,唯独日本出现了一位对此颇有贡献的数学家,他就是日本数学界的骄傲——宫冈洋一先生.宫冈先生是东京都立大学数学教授,曾在德国波恩访问进修.1988年整个数学界被闹得沸沸扬扬,有关宫冈证明了费马大定理的新闻传遍了世界各个角落,那么宫冈洋一真的成

功了吗？现在我们已经从 1988 年 4 月 8 日 *The Independent* 发表的一篇评论中知道："不幸，宫冈博士试图在一个相关的领域——代数数论中，得到一种基变换，但这一点似乎是行不通的."我们对整个事件的经过非常感兴趣.

日本数论专家浪川幸彦以《波恩来信》的形式讲述了这一事件的经过.他的讲述既通俗又有趣，他写道：

"收到贺年信一直想要回信，转眼之间过了一个月，而且到了月底.不过托您的福我可以报告一个本世纪的大新闻.

"历史上最古老而著名的问题之一费马猜想很可能已被在德国波恩逗留的宫冈洋一(从理论上)证明了.目前正处在细节的完成阶段，还要花些时间来确定正确与否，依我所见有足够的成功希望.众所周知，费马猜想是说对于自然数 $n>2$，不存在满足

$$x^n+y^n=z^n \qquad (*)$$

的自然数 $x,y,z$，上面所说的'理论上'，意思是指对于充分大的(自然)数 $n>N$ 可以证明，而且这个 $N$ 在理论上是可以计算的.该 $N$ 可以用某个自守函数与数论不变量表示，但实际的数值计算似乎相当麻烦，并且还不知道是否对一切 $n$ 确实都已解决.不过如果他的结果被确认是正确的，人们就会同时集中，改善 $N$ 的估计，有必要就动用计算机，那么最终解决也就为期不远了.但是，姑且不论宣传报道，对于我们纯数学工作者来说，本质是理论上的解决.

"宫冈先生从去年下半年起对这个问题感兴趣并一直持续地进行研究，特别是今年在巴黎与梅热等讨论以后，他的研究工作迅速取得进展. 偶尔在饭桌上听到他研究工作的进展情况，就是作为旁观者也感到心情激动，能成为这一历史事件的见证人我深感荣幸，何况宫冈先生还是我最亲密而尊敬的朋友之一，其喜悦之情又添一分."

在其证明方法中，法尔廷斯的算术曲面理论起着中心的作用.

要说明什么是算术曲面是很难的，这就是在代数整数环(例如有理整数环 $\mathbf{Z}$)上的代数曲线中，进一步考虑了曲线上的"距离". 代数整数环在代数几何中说是一维的(也称数论维数)，整体当然是二维(曲面). 从图上看，整数环成星状结构，例如在 $\mathbf{Z}$ 上就是只是该(数论)曲线在"0"处开着"孔"，不具有紧流形那种好的性质. 通过引入"距离"将其"紧化"后就是算术曲面. 这一理论受韦尔批判的影响，本质上超越了格罗滕迪克的概型理论. 这回的结果如果正确，那么就是继法尔廷斯证明了莫德尔猜想之后，表明了这一理论在本质上的重要性.

实际上，宫冈的理论给出了比莫德尔猜想本身，包括估计解的个数更强的形式，以及更自然的证明，他的结果的最大重要性正在于此. 费马定理不过是一个应用例子(的确是个漂亮的应用). 法尔廷斯在莫德尔猜想的证明之处展开了算术曲面理论，我们推测他恐怕是指望用后者证明莫德尔猜想. 宫冈的结果正是实现

了法尔廷斯的这一目标.

他的理论包含了重要的新概念,今后必须详细加以研究.这一理论若能确立,将会给不定方程理论领域带来革命性的变化.它把黎曼曲面上的函数论与数论联系了起来,遗憾的是我们代数几何工作者看来似乎很难登台表演.

要对证明作详细介绍实在是无能为力,就按进展的情况来说说大概.首先由莫德尔猜想知道方程(*)(当 $n$ 确定时)的解的个数(除整数倍外)是有限多个.帕希恩利用巧妙的手法表明,类似于由宫冈自己在10年前证明的一般复曲面的 Chern 数的不等式(Bogomolov—宫冈—Yau 不等式)若在算术曲面成立,那么就可以证明较强形式的莫德尔猜想,进而利用弗雷的椭圆曲线这种特殊的算术曲面,就可以证明费马猜想(对于充分大的 $n$).

但是,在帕希恩的笔记中成问题的是,若按算术曲面中 Chern 数的定义类似地去做,就很容易做出不等式不成立的反例,一时间就怀疑帕希恩的思想是否成立.但是梅热却想出摆脱这点的好方法,宫冈进一步推进了这条路线.就是主张引入只依赖于特征0上纤维(本质上是有限个黎曼面)的别的不变量,使得利用它不等式就能成立.证明则是重新寻找复曲面的不等式(令人吃惊的是不只定理,甚至连证明方法都非常类似),此刻最大的障碍是没有关于向量丛的阿兰基洛夫—法尔廷斯理论,他援引了德利哥尼—比斯莫特(Bismut)—基列斯莱等关于奎伦距离(解析挠理论)这种高度的解析手法的最新成果克服了这一困难(还应注意这一理论与物理的弦模型理论有着深刻的联系).

这一宏大理论的全貌涉及整个数论、几何、分析,它综合了许多人得到的深刻结果,宛如一座 Köln 大教堂.恐怕可以这样说,宫冈作为这一建筑的明星,他把圆顶中央的最后一块石子镶嵌到了顶棚之上.

但宫冈的推论交叉着如此壮大的一般理论与包含相当技巧的精细讨论,就连要验证都很不容易,对他始终不渝的探索、最终找到这复杂迷宫出口的才能,浪川幸彦钦佩至极.他出类拔萃的记忆为人称道,有人曾赠他“Walking encyclopedia”(活百科全书)的雅号,并对他灵活运用他那个丰富数据库似的才能惊讶万分.

在 3 月 29 日浪川幸彦的信中又说,此信虽是准备作为发往日本的特讯,但到底还是宣传报道机构的嗅觉灵敏,在此信到达以前日本早已轰动,就像在全世界捅了马蜂窝似的.而且仅这方面的奇妙报道就不少,为此浪川幸彦想对事情经过作一简短报告,以正视听.

事情的发端是,2 月 26 日在研究所举行的讨论班上宫冈发表了算术曲面中类似的宫冈不等式看来可以证明的想法.这时的笔记复印件由扎格(D. Zagier)(报纸上有各种读法)送给欧美的一部分专家,引起了振动.

因特网是 IBM 计算机的国际通信线路,可以很方便地与全世界通信联络,这回就是通过它把宫冈的消息迅速传遍数学界的.因此其震源扎格那里从 3 月上旬起电话就多得吓人,铃声不断.

但是,具有讽刺意味的是 IBM 计算机在日本还没有普及,因特网在日本几乎没有使用,因此宫冈的消息除少数人知晓外,在日本还鲜为人知.

正当其时，3 月 9 日 UPI 通讯(合众国际社)以“宫冈解决了费马猜想吗?”为题作了报道，日本包括数学界在内不啻晴天霹雳，上下大为轰动.

但感到震惊的不仅日本，而且波及整个世界，此后宫冈处的电话铃声不绝，他不得不切断电话，暂时中止一切活动.

从效果上看，这一报道是过早了. UPI 电讯稿发出之时，正当宫冈将其想法写成(手写)的第一稿刚刚完成之际. 在数学界，将这种论文草稿(预印本)复印送给若干名专家，得到他们的评论后再确定在专业杂志发表的最终稿，这种做法司空见惯(不少还要按审稿者的要求再作修改). 像费马问题这样的大问题，出现错误的可能性相应的也要大些，因此必须慎之又慎. 在目前阶段还不能说绝对没有最终毫无结果的可能性. 宫冈先生面临着巨大的不利条件，在一片吵闹声中送走了很重要的修改时期.

正如人们所预料的，实际上第一稿中确实包含了若干不充分之处.

宫冈预定 3 月 22 日在波恩召开的代数几何研究集会上详细公布其结果. 但经过与前一天刚刚从巴黎赶来的梅热反复讨论，到半夜时分就明白了还存在相当深刻的问题. 为此次日的讲演就改为仅止于解说性的.

与此前后，还收到了法尔廷斯、德利哥尼等指出的问题(前者提的本质上与马祖尔相同).

后来才清楚，他的主要思想，即具有奎伦距离的讨论是好的(仅此就是独立的优秀成果). 但紧接着的算术代数几何部分的讨论有问题，依照那样推导不出莫德尔型的定理.

这段时间大概是宫冈最苦恼的时期了.事情已经闹大,退路也没有了.不过这一周的研究集会中,欧洲各位同行老朋友来此聚会本身就大大搭救了他.大家都充分体会研究的甘苦,所以并不把费马作为直接话题,在无拘束的交谈之中使他重新振奋起了精神.

尽管如此,对于在如此状况下继续进行研究的宫冈的顽强精神,浪川幸彦说他只能表示敬服.在大约一周之内,他改变了主要定理的一部分说法,修正了证明的过程,由此出现了克服最大问题点的前景.在浪川写这篇稿时,他已开始订正其他不齐备与错误之处,进行修改稿的完成工作.

因此,虽然一切还都处于未确定的阶段,但很难设想如此漂亮的理论最终会化为乌有,也许还可能修正一部分过程,但即使是宫冈先生这种修正过程的技巧也是有定论的.

## §2 从衰微走向辉煌——日本数学的历史与现状

谷山、志村与宫冈洋一的出现并非偶然,有着深刻的历史背景与现实原因,我们有必要探究一番.日本的数学发展较晚,与中国古代的数学成就相比稍显逊色,但交流是存在的.伴随律令制度的建立,中国的实用数学也很早就在日本传播开来.除了天文和历法的需要之外,班田制的实施、复杂的征税活动以及大规模的城市建设,都必须掌握实用的计算、测量技巧.早在 7 世

纪初，来自百济的僧人观勒已经在日本致力于普及中国的算术知识. 在大化革新(645)之后，日本仿照中国的学制设立了大学(671). 当时算术是大学中的必修科目. 在大宝元年(701)制定的大宝律令中，明确地把经、音、书、算作为大学的四门学科，在算学科中设有算博士 1 人、算生 30 人. 在奈良时代(710—793)，《周髀》《九章》《孙子》等著名算经已经成为大学中培养官吏的标准教材.

我们从日本最古老的歌集《万叶集》(759)中可以见到九九口诀的一些习惯用法. 例如，把 81 称作"九和"，把 16 称作"四四"，这说明九九口诀在奈良时代已相当流行. ①

古代日本和中国一样，也用算筹进行记数和运算. 中国元朝末期发明的珠算，大约在 15～16 世纪的室町时代传入日本. 在日本称算盘为"十露盘"(そッぼッ, Soroban). 这个词的语源至今不明，但在 1559 年出版的一部日语辞典(天草版)中，已经收入了"そろぼ"这个词. 除了从中国引进的"十露盘"之外，在日本的和算中还有一种称作"算盘"(さんぼん, Sanban)的计算器具，是在布、厚纸或木盘上画出棋盘状的方格，借助于大约 6 厘米长的算筹在格中进行运算. 这两种不同的计算器具其汉字都可写作"算盘"，但是发音不同，含义也不一样.

17 世纪，日本人在中国传统数学的基础上创造了

① 从 20 世纪敦煌等地出土的木简可知，中国在很古老的时候已经形成了九九口诀.《战国策》中称，有人曾以九九之术赴齐桓公门下请求为士.

具有民族特色的数学体系——和算. 和算的创始人是关孝和(1642—1708).

在关孝和以前,日本的数学和天文、历算一样,在很长一个时期(大约 9～16 世纪)处于裹足不前的状态. 16 世纪下半叶,织田信长和丰臣秀吉致力于统一全国,当时出于中央集权政治的需要,数学重新受到重视. 以此为历史背景,明万历年间程大位所著《算法统宗》(1592)一书,出版不久即传入日本. 江户早期的著名数学家毛利重能著《割算书》[①](1622)一书,推广了《算法统宗》中采用的珠算法,而他的学生吉田光由(1598—1672)则以《算法统宗》为蓝本著《尘劫记》(1627)一书,用适合于日本人口味的体裁,把中国的实用算术普及到广大民间.

在日本影响较大的另一部算书是元朝朱世杰的《算学启蒙》(1299). 此书出版不久即传至朝鲜,而在中国却一度失传,后由朝鲜返传回中国. 日本流行的《算学启蒙》一书,据说是根据丰臣秀吉出征朝鲜之际带回的版本复刻而成(1658).

通过《算法统宗》和《算学启蒙》,日本人掌握了中国的算术和代数(即"天元术"). 关孝和就是在中国传统数学的影响下,青出于蓝而胜于蓝,在代数学中创造性地发展了有文字系数的笔算方法. 他的《发微算法》(1674)为和算的发展奠定了基础.

这期间稍后的一位比较著名的数学家是会田安明(Aida Ammei, 1747—1817). 会田安明生于山形(Yamagata),卒于江户(现在的东京). 15 岁开始从师

① 日文中的"割算"即除法.

学习数学，22 岁到江户谋生，曾管理过河道改造和水利工程．业余时间刻苦自学数学，经常参加当时的学术争论．1788 年，他弃去公职，专门从事数学研究和讲学，逐渐扩大了在日本数学界的影响，他所建立的学派称为宅间派．会田安明的工作包括几何、代数、数论等几个方面．他总结了日本传统数学中的各种几何问题，深入研究了椭圆理论，指出怎样决定椭圆、球面、圆、正多边形的有关公式．探讨了代数表达式和方程的构造理论，提出用展开 $x_1^2+x_2^2+\cdots+x_n^2=y^2$ 的方法，求 $k_1x_1^2+k_2x_2^2+\cdots+k_nx_n^2=y^2$ 的整数解．利用连分数来讨论近似分数．还编制出以 2 为底的对数表．在他的著作中，大量地使用了新的简化的数学符号．会田安明非常勤奋，一年撰写的论文有五六十篇，一生的著作不少于 2 000 种．

日本数学的复兴是与对数学教育的重视分不开的．

日本从明治时代就非常重视各类学校的数学教育．数学界的元老菊池大麓、藤泽利喜太郎等人曾亲自编写各种数学教科书，在全国推广使用．因此，日本的数学教育在 20 世纪初就已经达到了国际水平．从大正时代开始，著名数学家层出不穷．特别是在纯数学领域，藤泽利喜太郎(东京大学)和他门下的三杰(高木贞治、林鹤一、吉江琢儿)发表了一系列有国际水平的研究成果．其中最著名的是高木贞治(1875—1960)关于群论的研究．在高木门下又出现了末纲恕一、弥永昌吉、正田健二郎三位新秀，他们以东京大学为基地，推动了数学基础理论的研究．

大约与此同时，在新建的东北大学形成了以林鹤一为中心的另一个重要的研究集团,其成员主要有藤原松二郎、洼田忠彦、挂谷宗一等人.日本著名数学教育家、数学史家小仓金之助也是这个集团的重要成员之一.林鹤一在 1911 年创办了日本最早的一个国际性专业数学刊物《东北数学杂志》,使日本的数学成就在世界上享有盛名.

进入 20 世纪 30 年代之后,沿着《东北数学杂志》的传统,在东北大学涌现了淡中忠郎、河田龙夫、角谷静夫、佐佐木重夫、深宫政范、远山启等著名数学家.此外,在大阪大学清水辰次郎(东京大学毕业)周围又形成了一个新兴的研究中心,其主要成员有正田健次郎(抽象代数)、三村征雄(近代解析)、吉田耕作(马尔可夫(Markov)过程)等人.在东京大学,除了末恕纲一、弥永昌吉在整数论方面的卓越成就之外,更值得注意的是,在弥永昌吉门下出现了许多有才华的数学家,其中有小平邦彦(调和积分论)、河田敬义(整数论)、伊藤清(概率论)、古屋茂(函数方程)、安部亮(位相解析)、岩泽健吉(整数论)等人.到战后,以弥永的学生清水达雄为中心,展开了类似法国布尔巴基学派的新数学运动.

战时京都大学的数学研究似乎比较沉默,但也还是出现了一位引人注目的数学家冈洁.他在 1942 年发表了关于多复变函数论的研究,于 1951 年获日本学士院奖.到战后,围绕代数几何学的研究,形成了以秋月良夫为中心的京都学派.

可以看出,日本的纯数学研究从明治时代开始,到 20 世纪三四十年代,已经形成了一支实力相当雄厚的理论队伍.在战时动员时期,数学作为"象牙塔中的科

学”仍然保持其稳步前进的势头，并取得了不少创造性成就.

## §3　废止和算、专用洋算——中日数学比较

日本数学与中国数学相比，虽然开始中国数学居于前列，并且从某种意义上充当了老师的角色，但随后日本数学后来居上，两国渐有差距. 是什么原因促使这一变化的呢？关键在于对洋算的态度，及对和算的废止.

据华东师大张奠宙教授比较研究指出：

> “1859 年，当李善兰翻译《代微积拾级》之时，日本数学还停留在和算时期. 日本的和算，源于中国古算，后经关孝和(1642—1708)等大家的发展，和算有许多独到之处. 行列式的雏形，可在和算著作中找到. 19 世纪以来，日本学术界，当然也尊崇本国的和算，对欧美的洋算，采取观望态度. 1857 年，柳河春三著《洋算用法》，1863 年，神田孝平最初在开城所讲授西洋数学，翻译和传播西算的时间均较中国稍晚.”

但是明治维新(1868)之后，日本数学发展极快. 经过 30 年，中国竟向日本派遣留学生研习数学，是什么原因导致这一逆转？

日本的数学教育政策起了关键的作用.

这一差距显示了中日两国在科学文化方面的政策有很大不同. 抚今追昔,恐怕会有许多经验值得我们吸取.

中国从 1872 年起,由陈兰彬、容闳等人带领儿童赴美留学,但至今不知有何人学习数学,也不知有何人回国后传播先进的西方算学. 数学水平一直停留在李善兰时期的水平上. 可是,日本的菊池大麓留学英国,从 1877 年起任东京大学理学部数学教授,推广西算. 特别是 1898 年,日本的高木贞治远渡重洋,到德国的哥廷根大学(当时的世界数学中心)跟随希尔伯特(当时最负盛名的大数学家)学习代数数论(一门正在兴起的新数学学科),显示了日本向西方数学进军的强烈愿望. 高木贞治潜心学习,独立钻研,终于创立了类域论,成为国际上的一流数学家,这是 1920 年的事. 可是中国留学生专习数学的竟无一人. 熊庆来先生曾提到一件轶事. 1916 年,法国著名数学家波莱尔(E. Borel)来华,曾提及他在巴黎求学时有一位中国同学,名叫康宁,数学学得很好,经查,康宁返国后在京汉铁路上任职,一次喝酒时与某比利时人发生冲突,竟遭枪杀. 除此之外,中国到西洋学数学而有所成就者,至今未知一人.

1894 年,甲午战争失败后,中国向日本派遣留学生. 1898 年,中日政府签订派遣留学生的决定. 中国青年赴日本学数学的渐增,冯祖荀就是其中一位,他生于 1880 年,浙江杭县人,先在日本第一高等学校(高中)就读,然后进入京都帝国大学学习数学,返国后任北京大学(1912)数学教授. 1918 年成立数学系时为系主任.

当然,尽管日本数学发展迅速超过中国,但 20 世纪初的日本数学毕竟离欧洲诸国的水平很远,中国向日本学习数学,水平自然更为低下.第二次世界大战之后,随着日本经济实力的膨胀,日本的数学水平也在迅速提升.当时的世界数学发展格局是"俄美继续领先,西欧紧随其后,日本正迎头赶上,中国则还是未知数."中、日两国的数学水平,在 20 世纪 50 年代,曾经相差甚远,但目前又有继续扩大的趋势.

比较一下中日中小学数学教育的发展过程也是有益的.

1868 年,日本开始了"明治维新"的历史时期.明治 5 年,即 1872 年 8 月 3 日,日本颁布学制令.其中第 27 章是关于小学教科书的,在"算术"这一栏中明确规定"九九数位加减乘除唯用洋法".1873 年 4 月,文部省公布第 37 号文,指出"小学教则中算术规定使用洋算,但可兼用日本珠算",同年 5 月的 76 号文则称"算术以洋法为主".

一百多年后的今天,反观这项数学教育决策,确实称得上是明智之举,它对日本数学的发展、教育的振兴,起到了不可估量的作用.

最初在日本造此舆论的当推柳河春三.他在 1857 年出版的《洋算用法》序中说"唯我神州,俗美性慧,冠于万邦,而我技巧让西人者,算术其最也.……故今之时务,以习其术发其蒙,为急之尤急者."

明治以后,1871 年建立文部省.当时的文部大臣是大木乔任.他属改革派中的保守派,本人并不崇尚洋学,可是他愿意推行教育改革,相信"专家"的决策.当时,全国有一个"学制调查委员会",其中的多数人是著名的洋学家. 例如，启蒙主义者箕作麟祥（曾在神田孝平处学过洋算），瓜生寅是专门研究美国的（曾写过《测地略》，用过洋算），内田正雄是荷兰学家（曾学过微积分），研究法国法律和教育的河津佑之是著名数学教授之弟，其余的委员全是西医学、西洋法学等学家. 在这个班子里，尽管没有一个洋算家，却也没有一个和算家，其偏于洋算的倾向，当然也就可以理解了.

在日本的数学发展过程中，国家的干预起了决定性作用，江户时代发展起来的和算，随着幕末西方近代数学的传入而日趋没落. 从和算本身的演变来看，自 18 世纪松永良弼确立了“关派数学”传统之后，曾涌现出许多有造诣的和算家，使和算的学术水平遥遥领先于天文、历法、博物等传统科学部门. 但另一方面，和算脱离科学技术的倾向也日益严重. 这是因为和算有两个明显的弱点：第一，和算虽有卓越的归纳推理和机智的直观颖悟能力，却缺乏严密的逻辑证明精神，因而逐渐背离理论思维，陷于趣味性的智能游戏；第二，江户时代的封建制度使和算家们的活动带有基尔特(guild)式的秘传特征，不同的流派各自垄断数学的传授，因而使和算陷于保守、僵化，没有能力应付近代数学的挑战.

由于存在上述弱点，和算注定是要走向衰落的. 然而这些弱点并不妨碍和算能够在相当长一个时期独善其身地向前发展. 事实上，直到明治初期，统治着日本数学的仍然是和算，而不是朝气蓬勃的西方近代数

学[①].如果没有国家的干预,和算是不会轻易让出自己的领地的.

明治五年(1872),新政府采纳洋学家的意见公布了新学制,其中明令宣布,在一切学校教育中均废止和算,改用洋算,这对和算是个致命的打击.在这之后,再也没有出现新的年轻和算家,老的和算家则意气消沉,不再有所作为.自从获原信芳写成《圆理算要》(1878)之后,再也没有见到和算的著作问世.1877 年创立东京数学会社时,在会员人数中虽然仍是和算家居多,但领导权却把持在中川将行、柳楢悦等海军系统的洋算家手中.这些洋算家抛弃了和算时代数学的秘传性,通过《东京数学会社杂志》把数学研究成果公之于世.1882 年,一位海军教授在《东京数学会社杂志》第 52 号上发表论文,严厉谴责了和算的迂腐,强调要把数学和当代科学技术结合起来.这是鞭挞和算的一篇檄文,小仓金之助称它为"和算的葬词".

此后不久,以大学出身的菊池大麓为首,在 1884 年发动了一次"数学政变",把一大批和算家驱逐出东京数学会社,吸收了一批新型的物理学家(如村冈范为驰、山川健次郎等)、天文学家(如寺尾寿等)入会,并把东京数学会社改称为东京数学物理学会.这次大改组,彻底破坏了和算家的阵容,至此结束了和算在日本的历史.

① 明治六年时,东京的和算塾 102 所,洋算塾 40 所,前者仍居于优势.

## §4 “克罗内克青春之梦”的终结者——数论大师高木贞治

但凡一门艰深的学问要在一国扎根，生长点是至关重要的，高木贞治对于日本数论来说是一个高峰也是一个关键人物，是值得大书特书的.

高木贞治先生于 1875 年 4 月 21 日出生在日本岐阜县巢郡的一色村. 他还不满 5 岁时就在汉学的私塾里学着朗读《论语》等书籍. 童年时期，他还经常跟着母亲去寺庙参拜，时间一长，不知不觉地就能跟随着僧徒们背诵相当长的经文.

1880 年 6 月，高木开始进入公立的一色小学读书. 因为他的学习成绩优异，不久就开始学习高等小学的科目. 1886 年 6 月，年仅 11 岁的高木就考入了岐阜县的寻常中学. 在这所中学里，他的英语老师是斋藤秀三郎先生，数学老师是桦正董先生. 1891 年 4 月，高木以全校第一名的优异成绩毕业. 经过学校的推荐，高木于同年 9 月进入了第三高级中学预科一类班学习. 在那里，教他数学的是河合十太郎先生，河合先生对高木以后的发展有着重大的影响. 在高中时期，高木的学友有同年级的吉江琢儿和上一年级的林鹤一等. 1894 年 7 月，高木在第三高级中学毕业后就考入了东京帝国大学的理科大学数学系. 在那里受到了著名数学家菊池大麓和藤泽利喜太郎等人的教导. 在三年的讨论班中，高木在藤泽先生的直接指导下做了题为“关于阿贝尔方程”的报告. 这篇报告已被收入《藤泽教授讨论班

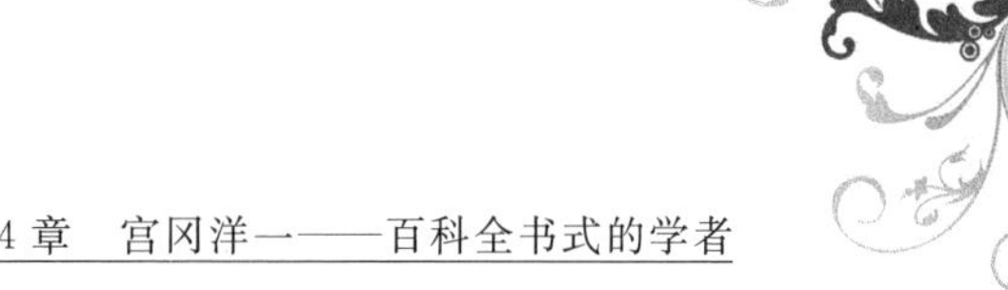



演习录》第二册中(1897).

1897 年 7 月,高木大学毕业后就直接考入了研究生院.当时也许是根据藤泽先生的建议,高木在读研究生时一边学习代数学和整数论,一边撰写《新编算术》(1898)和《新编代数学》(1898).

1898 年 8 月,高木作为日本文部省派出的留学生去德国留学 3 年.当时柏林大学数学系的教授有许瓦兹、费舍、弗罗比尼乌斯等人.但许瓦兹、费舍二人因年迈,教学方面缺乏精彩性,而弗罗比尼乌斯当年 49 岁,并且在自己的研究领域(群指标理论)中有较大的突破,在教学方面也充满活力,另外他对学生们的指导也非常热情.当高木遇到某些问题向他请教时,他总是说:“你提出的问题很有趣,请你自己认真思考一下.”并借给他和问题有关的各种资料.每当高木回想起这句“请你自己认真思考一下”,总觉得是有生以来最重要的教导.

从第三高级中学到东京大学一直和高木要好的学友吉江比高木晚一年到德国留学.他于 1899 年夏季到了柏林之后就立即前往哥廷根.高木也于第二年春去了哥廷根.在高木的回忆录文章中记载着:“我于 1900 年到了哥廷根大学.当时在哥廷根大学有克莱茵(Klein)、希尔伯特二人的讲座.后来又聘请了闵可夫斯基(Minkowski),共有三个专题讲座.使我感到惊奇的是,这里和柏林的情况不大一样,当时在哥廷根大学每周都有一次‘谈话会’,参加会议的人不仅是从德国,而且是从世界各国的大学选拔出的少壮派数学名家,可以说那里是当时的世界数学的中心.在那里我痛感到,尽管我已经 25 岁了,但所学的知识要比数学现状落后 50 年. 当时,在学校除了数学系的定编人员之外,还有副教授辛弗利斯(Sinflies)、费希尔(Fischer)、西林格(Sylinger)、我以及讲师策梅罗、亚伯拉罕(A'braham)等人."

高木从克莱茵那里学到了许多知识,特别是学会了用统一的观点来观察处理数学的各个分支的方法. 而作为自己的专业研究方向,高木选择了代数学的整数论. 这大概是希尔伯特的《整数论报告》对他有很强的吸引力吧! 特别是他对于被称之为"克罗内克的青春之梦"的椭圆函数的虚数乘法理论具有很浓的兴趣. 在哥廷根时期,高木成功地解决了基础域在高斯数域情况下的一些问题(他回国后作为论文发表,也就是他的学位论文).

1901 年 9 月底,高木离开了哥廷根,并在巴黎、伦敦等地作了短暂的停留之后,于 12 月初回到了日本. 当时年仅 26 岁零 7 个月. 由于 1900 年 6 月,高木还在留学期间就被东京大学聘为副教授,所以他回国后马上就组织了数学第三(科目)讲座,并和藤泽及坂井英太郎等人共同构成了数学系的班底. 1903 年,高木的学位论文发表后就获得了理学博士学位,并于第二年晋升为教授.

1914 年夏季,第一次世界大战爆发后,德国的一些书刊、杂志等无法再进入日本. 在此期间,高木只能潜心研究,"高木的类域理论"就是在这一时期诞生的. 关于"相对阿贝尔域的类域"这一结果对于高木来说是个意外的研究成果. 他曾反复验证这一结果的正确性,并以它为基础去构筑类域理论的壮丽建筑. 而且关于"克罗内克的青春之梦"的猜想问题他也作为类域理论

的一个应用做出了一般性的解决.并把这一结果整理成 133 页的长篇德语论文发表在 1920 年度(大正九年)的《东京帝国大学理科大学纪要》杂志上.同年 9 月,在斯特拉斯堡(Strasbourg)召开了第 6 届国际数学家大会.高木参加了这次会议并于 9 月 25 日在斯特拉斯堡大学宣读了这结果的摘要.然而,遗憾的是在会场上没有什么反响.这主要是因为第一次世界大战刚刚结束不久,德国的数学家没有被邀请参加这次会议,而当时数论的研究中心又在德国,因此,在参加会议的其他国家的数学家之中,能听懂的甚少.

1922 年,高木发表了关于互反律的第二篇论文(前面所述的论文为第一篇论文).他运用自己的类域理论巧妙而又简单地推导出弗厄特万格勒(Futwängler)的互反律,并且对于后来的阿廷一般互反律的产生给出了富有启发性的定式化方法.

1922 年,德国的西格尔把高木送来的第一篇论文拿给青年数学家阿廷阅读,阿廷以很大的兴趣读了这篇论文,并且又以更大的兴趣读完了高木的第二篇论文.在此基础上,阿廷于 1923 年提出了"一般互反律"的猜想,并把高木的论文介绍给哈塞(Hasse).哈塞对这篇论文也产生了强烈的兴趣,并在 1925 年举行的德国数学家协会年会上介绍了高木的研究成果.哈塞在第二年经过自己的整理后,把附有详细证明的报告发表在德国数学家协会的年刊上,从而向全世界的数学界人士介绍了高木的类域理论.另外,阿廷也于 1927 年完成了一般互反律的证明.这是对高木理论的最重要的补充.至此,高木—阿廷的类域理论完成了.

从此以后,高木的业绩开始在国际上享有盛誉.

1929 年(昭和四年),挪威的奥斯陆大学授予高木名誉博士称号. 1932 年在瑞士北部的苏黎世举行的国际数学家大会上,高木当选为副会长,并当选为由这次会议确定的菲尔兹奖评选委员会委员.

在国内,高木于 1923 年 6 月当选为学术委员会委员. 1925 年 6 月,又当选为帝国学士院委员等职. 1936 年 3 月,他在东京大学离职退休. 1940 年秋季,在日本第二次授勋大会上荣获文化勋章. 1951 年获全日本“文化劳动者”称号. 1955 年在东京和日光举行的国际代数整数论研讨会上,高木当选为名誉会长. 1960 年 2 月 28 日,84 岁零 10 个月的高木贞治先生因患脑出血和脑软化的并发症不幸逝世.

高木贞治先生用外文写的论文共有 26 篇,全部收集在 *The Collected Papers of Teiji Takagi*(岩波书店,1973)中. 他的著作除了前面提到的《新编算术》《新编代数学》以及《新式算术讲义》之外,还有《代数学讲义》(1920)、《初等整数论讲义》(1931)、《数学杂谈》(1935)、《过渡时期的数学》(1935)、《解析概论》(1938)、《近代数学史谈》(1942)、《数学小景》(1943)、《代数整数论》(1948)、《数学的自由性》(1949)、《数的概念》(1949)等. 另外,高木先生还撰写了数册有关学校教育方面的教科书.

高木与菊池、藤泽等著名数学家完全不同,他从来不参加社会活动或政治活动,就连大学的校长、系主任或什么评议委员之类的工作也一次没有做过,而是作为一名纯粹的学者渡过了自己的一生. 从高木的第一部著作《新编算术》到他的后期作品《数的概念》可以看出他对数学基础教育的关心. 他的《解析概论》一书被

长期、广泛地使用，使得日本的一般数学的素养得到了显著的提高. 许多青年读了他的《近代数学史谈》之后都决心潜心研究数学，作出成果. 在日本的数学家中，有许多人不仅受到了他独自开创整数论精神的鼓舞，而且还受到了他的这些著作的恩惠. 在日本，得到高木先生直接指导的数学家有末纲恕一、正田建次郎、管原正夫、荒又秀夫、黑田成腾、三村征雄、弥永昌吉、守屋美贺雄、中山正等人.

可以说在日本数学界的最近一百年的时间里，首先做出世界性业绩的是菊池先生，具次就是藤泽先生，第三位就是高木先生[①].

## §5　日本代数几何三巨头
## ——小平邦彦、广中平佑、森重文

宫冈洋一关于费马定理的证明尽管有漏洞，但他的证明的整体规模宏大、旁征博引，具有非凡的知识广度及娴熟的代数几何技巧. 这一切给人留下了深刻印象. 有人说："一夜可以挣出一个暴发户，但培养一个贵族至少需要几十年."宫冈洋一的轰动绝非偶然，它与日本数学的深厚积淀与悠久的代数几何传统息息相关. 提到日本的代数几何，人们自然会想到三巨头——小平邦彦、广中平佑、森重文. 而日本的代数几何又直接得益于美国的扎里斯基(Zariski)，所以必须先讲讲

① 《理科数学》(日本科学史会编)第一法规(1969)第 7 章"高本の类体论".

他们的老师扎里斯基.伯克霍夫(Birkhoff)说:“今天任何一位在代数几何方面想作严肃研究的人,将会把扎里斯基和塞缪尔(P. Samuel)写的交换代数的两卷专著当作标准的预备知识.”

扎里斯基是俄裔美籍数学家.1899 年 4 月 24 日生于俄国的科布林.由于他在代数几何上的突出成就,1981 年荣获沃尔夫数学奖,时年 82 岁.

扎里斯基 1913～1920 年就读于基辅大学.1921 年赴罗马大学深造.1924 年获罗马大学博士学位.1925～1927 年接受国际教育委员会资助作为研究生继续在意大利研究数学.1927 年到美国霍普金斯大学任教,1932 年被升为教授.1936 年加入美国国籍.1945 年访问巴西圣保罗.1946～1947 年他是伊利诺易大学的研究教授.1947～1969 年他是哈佛大学教授.1969 年成为哈佛大学的名誉教授.扎里斯基 1943 年当选为美国国家科学院院士.1951 年被选为美国哲学学会会员.1965 年荣获由美国总统亲自颁发的美国国家科学奖章.

扎里斯基对代数几何做出了重大贡献.代数几何是现代数学的一个重要分支学科,与数学的许多分支学科有着广泛的联系,它研究关于高维空间中由若干个代数方程的公共零点所确定的点集,以及这些点集通过一定的构造方式导出的对象,即代数簇.从观点上说,它是多变量代数函数域的几何理论,也与从一般复流形来刻画代数簇有关.进而它通过自守函数、不定方程等和数论紧密地结合起来.从方法上说,则和交换环论及同调代数有着密切的联系.

扎里斯基早年在基辅大学学习时,对代数和数论

很感兴趣，在意大利深造期间，他深受意大利代数几何学派的三位数学家卡斯泰尔诺沃(G. Castelnuovo，1865—1952)、恩里克斯(F. Enriques，1871—1946)、塞维里(Severi，1879—1961)在古典代数几何领域的深刻影响. 意大利几何学者们的研究方法本质上很富有“综合性”，他们几乎只是根据几何直观和论据，因而他们的证明中往往缺少数学上的严密性. 扎里斯基的研究明显带有代数的倾向，他的博士论文就与纯代数学有密切联系，精确地说是与伽罗瓦理论有密切联系. 他的博士论文主要是把所有形如 $f(x)+t\cdot g(x)=0$ 的方程分类，这里 $f$ 和 $g$ 是多项式，$x$ 可以解为线性参数 $t$ 的根式表达式. 扎里斯基说明这种方程可分为 5 类，它们是三角或椭圆方程. 取得博士学位后，他在罗马的研究工作仍然主要是与伽罗瓦理论有密切联系的代数几何问题. 到美国后，他受莱夫谢茨(S. Lefschetz)的影响，致力于研究代数几何的拓扑问题. 1927～1937年间，扎里斯基给出了关于曲线 $C$ 的经典的黎曼一罗赫定理的拓扑证明，在这个证明中他引进了曲线 $C$ 的 $n$ 重对称积 $C(n)$ 来研究 $C$ 上度数为 $n$ 的除子的线性系统.

1937 年，扎里斯基的研究发生了重要的变化，其特点是变得更代数化了. 他所使用的研究方法和他所研究的问题都更具有代数的味道(这些问题当然仍带有代数几何的根源和背景). 扎里斯基对意大利几何学者的证明感到不满意，他确信几何学的全部结构可以用纯代数的方法重新建立. 在 1935 年左右，现代化数学已经开始兴盛起来，最典型的例子是诺特与范・德・瓦尔登有关论著的发表. 实际上代数几何的问题也就是交换环的理想的问题. 范・德・瓦尔登从这个观点出发把代数几何抽象化，但是只取得了一部分成就，而扎里斯基却获得了巨大成功. 在 20 世纪 30 年代，扎里斯基把克鲁尔（W. Krull）的广义赋值论应用到代数几何，特别是双有理变换上，他从这方面来奠定代数几何的基础，并且做出了实质性的贡献. 扎里斯基和其他的数学家在这方面的工作，大大扩展了代数几何的领域.

扎里斯基对极小模型理论也做出了贡献. 他在古典代数几何的曲面理论方面的重要成果之一，是曲面的极小模型的存在定理（1958）. 它给出了曲面的情况下代数－几何间的等价性. 这就是说，代数函数域一经给定，就存在非奇异曲面（极小模型）作为其对应的“好的模型”，而且射影直线如果不带有参数就是唯一正确的. 因此要进行曲面分类，可考虑极小模型，这成了曲面分类理论的基础.

扎里斯基的工作为代数几何学打下了坚实的基础. 他不但对于现代代数几何的贡献极大，而且在美国哈佛大学培养起了一代新人，哈佛大学以他为中心形成了一个代数几何学的研究集体. 1970 年度菲尔兹奖获得者广中平佑（Hironaka Heisuke，1931—　）和 1974 年度菲尔兹奖获得者曼福德都出自他的这个研究集体. 从某种意义上讲，广中平佑的工作可以说是直接继承和发展了扎里斯基的成果.

扎里斯基的主要论文有 90 多篇，收集在《扎里斯基文集》中，共四卷. 扎里斯基的代表作有《交换代数》（共两卷，与 P. 塞缪尔合著，1958～1960）、《代数曲面》（1971）、《拓扑学》等.

扎里斯基的关于代数簇的四篇论文于 1944 年荣获由美国数学会颁发的科尔代数奖. 由于他在代数几何方面的成就，特别是在这个领域的代数基础方面的奠基性贡献，使他荣获美国数学会 1981 年颁发的斯蒂尔奖. 他对日本代数几何的贡献是培养了几位大师，第一位贡献突出者是日本的小平邦彦.

小平邦彦(Kunihiko Kodaira，1915—1997)是第一个获得菲尔兹奖的日本数学家，也是日本代数几何的推动者.

小平邦彦，1915 年 3 月 16 日出生于东京. 他小时候就对数显示出特别的兴趣，总爱反复数豆子玩. 中学二年级以后，他对平面几何非常感兴趣，特别对那些需要添加辅助线来解答的问题十分着迷，以致老师说他是"辅助线的爱好者". 从中学三年级起，他就和一位同班同学一起，花了半年时间，把中学的数学课全部自修完毕，并把习题从头到尾演算了一遍. 学完中学数学，他心里还是痒痒的，进行更深层次地学习. 看见图书馆的《高等微积分学》厚厚一大本，想必很难，没敢问津，于是从书店买了两本《代数学》，因为代数在中学还是听说过的，虽然这两本 1300 页的大书里还包含现在大学才讲的伽罗瓦理论，可是他啃起来却津津有味.

虽然他把主要精力放在数学上，却不知道世界上还有专门搞数学这一行的人，他只想将来当个工程师. 于是他考相当于专科的高等学校时，就选了理科，为升大学做准备. 理科的学校重视数学和外文，更促使他努力学习数学. 他连当时刚出版的抽象代数学第一本著作范・德・瓦尔登的《近世代数学》都买来看. 从小接受当时最新的思想对他以后的成长很有好处，在老师的指引下，他走上了数学的道路.

他于 1932 年考入第一高等学校理科学习. 1935 年考入东京大学理学院数学系学习. 1938 年在数学系毕业后，又到该校物理系学习三年，1941 年毕业. 1941 年任东京文理科大学副教授. 1949 年获理学博士学位，同年赴美国在普林斯顿高等研究所工作. 1955 年任普林斯顿大学教授. 此后，历任约翰大学、霍普金斯大学、哈佛大学、斯坦福大学的教授. 1967 年回到日本任东京大学教授. 1954 年荣获菲尔兹奖. 1965 年当选为日本学士会员. 1975 年任学习院大学教授. 他还被选为美国国家科学院和哥廷根科学院国外院士.

小平邦彦在大学二年级时，就写了一篇关于抽象代数学方面的论文，大学三年级时他醉心于拓扑学，不久写出了拓扑学方面的论文. 1938 年他从数学系毕业后，又到物理系学习，物理系的数学色彩很浓，他主要是搞数学物理学，这对他真是如鱼得水. 他读了冯・诺依曼的《量子力学的数学基础》，范・德・瓦尔登的《群论和量子力学》以及韦尔的《空间、时间与物质》等书后，深刻认识到数学和物理学之间的密切联系. 当时日本正出现研究泛函分析的热潮，他积极参加到这一门学科的研究中去，于 1937～1940 年大学学习期间共撰写了 8 篇数学论文.

正当小平邦彦踌躇满志，准备在数学上大展宏图的时候，战争爆发了. 日本偷袭珍珠港，揭开了太平洋战争的序幕. 日本与美国成了敌对国，大批日本在美人员被遣返. 这当中有著名数学家角谷静夫. 角谷在普林斯顿高等研究院工作时曾提出一些问题，这时小平邦彦马上想到可以用自己以前的结果来加以解决，他们

一道进行研究，最终解决了一些问题.

随着日本在军事上的逐步失利，美军对日本的轰炸越来越猛烈，东京开始疏散. 小平邦彦在 1944 年撤到乡间，可是乡下的粮食供应比东京还困难，他经历的那几年缺吃挨饿的凄惨生活，使他长期难以忘怀. 但是，在这种艰苦环境下，他的研究工作不但没有松懈，反而有了新的起色. 这时，他开始研究韦尔战前的工作，并且有所创新. 在战争环境中，他在一没有交流，二没有国外杂志的情况下，独立地完成了有关调和积分的三篇文章，这是他去美国之前最重要的工作，也是使他获得东京大学博士的论文的基础. 但是直到 1949 年去美国之前，他在国际数学界还是默默无闻的.

战后的日本处在美国军队的占领之下，学术方面的交流仍然很少. 角谷静夫在美国占领军当中有个老相识，于是托他把小平邦彦的关于调和积分的论文带到美国. 1948 年 3 月，这篇文章到了《数学纪事》的编辑部，并被编辑们送到韦尔的桌子上.

在这篇文章中小平对多变量正则函数的调和性质的关系给出极好的结果. 著名数学家韦尔看到后大加赞赏，称之为“伟大的工作”. 于是，韦尔正式邀请小平邦彦到普林斯顿高等研究院来.

从 1933 年普林斯顿高等研究院成立之日起，聘请过许多著名数学家、物理学家. 第二次世界大战之后，几乎每位重要的数学家都在普林斯顿待过一段时间. 对于小平邦彦来讲，这不能不说是一种特殊的荣誉与极好的机会，他正是在这个优越的环境中迅速取得非凡成就的.

在韦尔等人鼓励下，他以只争朝夕的精神，刻苦努力地研究，5 年之间发表了 20 多篇高水平的论文，获得了许多重要结果. 其中引人注目的结果之一是他将古典的单变量代数函数论的中心结果，代数几何的一条中心定理：黎曼—罗赫定理，由曲线推广到曲面. 黎曼—罗赫定理是黎曼曲面理论的基本定理，概括地说，它是研究在闭黎曼曲面上有多少线性无关的亚纯函数(在给定的零点和极点上，其重数满足一定条件). 所谓闭黎曼曲面，就是紧的一维复流形. 在拓扑上，它相当于球面上连接了若干个柄. 柄的个数 $g$ 是曲面的拓扑不变量，称为亏格. 黎曼—罗赫定理可以表述为，对任意给定的除子 $D$，在闭黎曼曲面 $M$ 上存在多少个线性无关的亚纯函数 $f$，使 $f$ 的除子$(f)$满足$(f)\geqslant D$. 如果把这样的线性无关的亚纯函数的个数记作 $l(D)$，同时记 $i(D)$为 $M$ 上线性无关的亚纯微分 $\omega$ 的个数，它们满足$(\omega)-D\leqslant 0$. 那么，黎曼—罗赫定理就可表述为：$l(D)-i(D)=d(D)-g+1$. $d(D)=\sum n_i$ 称为除子的阶数. 由于这个定理将复结构与拓扑结构沟通起来的深刻性，如何推广这一定理到高维的紧复流形自然成为数学家们长期追求的目标. 小平邦彦经过潜心研究，用调和积分理论将黎曼—罗赫定理由曲线推广到曲面. 不久德国数学家希策布鲁赫(F. E. P. Hirzebruch)又用层的语言和拓扑成果把它成功地推广到高维复流形上.

小平邦彦对复流形进行了卓有成效的研究. 复流形是这样的拓扑空间，其每点的局部可看作和 $C^n$ 中的开集相同. 几何上最常见而简单的复流形是被称为紧凯勒流形的一类. 紧凯勒流形的几何和拓扑性质一直是数学家们关注的一个重要问题，特别是利用它的几

何性质(由曲率表征)来获取其拓扑信息(由同调群表征).小平邦彦经过深入的研究得到了这方面的基本结果,即所谓小平消灭定理.例如,其中一个典型结果是,对紧凯勒流形 $M$,如果其凯勒度量下的里奇曲率为正,则对任何正整数 $q$,都有 $H^{(0,q)}(M,C)=0$,这里 $H^{(0,q)}(M,C)$是 $M$ 上取值于$(0,q)$形式芽层的上同调群.小平邦彦还得到所谓小平嵌入定理:紧复流形如果具有一正的线丛,那么它就可以嵌入复射影空间而成为代数流形,即由有限个多项式零点所组成.小平嵌入定理是关于紧复流形的一个重要结果.

由于小平邦彦的上述出色成就,1954 年他荣获了菲尔兹奖.在颁奖大会上,著名数学家韦尔对小平邦彦和另一位获奖者 J. P. 塞尔给予了高度评价,他说:"所达到的高度是自己未曾梦想到的.""我从未见过这样的明星在数学天空中灿烂地升起.""数学界为你们所做的工作感到骄傲,它表明数学这棵长满节瘤的老树仍然充满着勃勃生机.你们是怎样开始的,就怎样继续吧!"

小平邦彦获得菲尔兹奖之后,各种荣誉接踵而来.1957 年他获得日本学士院的奖赏,同年获得文化勋章,这是日本表彰科学技术、文化艺术等方面的最高荣誉.小平邦彦是继高木贞治之后第二位获文化勋章的数学家.

有的数学家在获得荣誉之后,往往开始走下坡路,再也作不出出色的工作了.对于小平邦彦这样年过 40 的人,似乎也难再有数学创造的黄金时代了.可是,小平邦彦并非如此,40 岁后十几年间,他又写出 30 多篇论文,篇幅占他三卷集的一半以上,而且开拓了两个重要的新领域. 1956 年起,小平邦彦同斯宾塞研究复结构的变形理论,建立起一套系统理论,在代数几何学、复解析几何学乃至理论物理学方面都有重要应用. 60 年代他转向另一个大领域:紧致复解析曲面的结构和分类. 自从黎曼对代数曲线进行分类以后,意大利数学家对于代数曲面进行过研究,但是证明不完全严格. 小平邦彦利用新的拓扑、代数工具,对曲面进行分类,他先用某个不变量把曲面分为有理曲面、椭圆曲面、$K3$ 曲面等,然后再加以细致分类. 这个不变量后来被日本新一代的代数几何学家称为小平维数. 对于每种曲面,他都建立一个所谓极小模型,而同类曲面都能由极小曲面经过重复应用二次变换而得到. 于是,他把分类归结为极小曲面的分类.

他彻底弄清了椭圆曲面的分类和性质. 1960 年,他得出每个一维贝蒂(Betti)数为偶数的曲面都是一个代数曲面的变形. 1968 年,他得到当且仅当 $S$ 不是直纹曲面时,$S$ 具有极小模型. 可以说,在代数曲面的现代化过程中,小平邦彦是最有贡献的数学家之一. 对于解析纤维丛的分类只能对于某些限定的空间,也是由小平邦彦等人得出的. 小平邦彦这些成就,有力地推动了20 世纪60 年代以来代数几何学和复流形等分支的发展. 从 1966 年起,几乎每一届菲尔兹奖获得者都有因代数几何学的工作而获奖的.

在微分算子理论中,由小平邦彦和梯奇马什(Titchmarsh)给出了密度矩阵的具体公式而完成了韦尔一斯通一小平一梯奇马什理论.

小平邦彦对数学有不少精辟的见解. 他认为:“数学乃是按照严密的逻辑而构成的清晰明确的学问.”他

说:“数学被广泛应用于物理学、天文学等自然科学,简直起了难以想象的作用,而且有许多情况说明,自然科学理论中需要的数学远在发现该理论以前就由数学家预先准备好了,这是难以想象的现象.”“看到数学在自然科学中起着如此难以想象的作用,自然想到在自然界的背后确确实实存在着数学现象的世界.物理学是研究自然现象的学问.同样,数学则是研究数学现象的学问.”“数学就是研究自然现象中数学现象的科学.因此,理解数学就要‘观察’数学现象.这里说的‘观察’,不是用眼睛去看,而是根据某种感觉去体会.这种感觉虽然有些难以言传,但显然是不同于逻辑推理能力之类的纯粹感觉,我认为更接近于视觉,也可称之为直觉.为了强调纯粹是感觉,不妨称此感觉为‘数觉’……要理解数学,不靠数觉便一事无成.没有数觉的人不懂数学就像五音不全的人不懂音乐一样.数学家自己并不觉得例如在证明定理时主要是具备了数觉,所以就认为是逻辑上作了严密的证明,实际并非如此,如果把证明全部用形式逻辑记号写下看看就明白了……谈及数学的感受,而作为数学感受基础的感觉,可以说就是数觉.数学家因为有敏锐的数觉,自己反倒不觉得了.”对于数学定理,他说:“数学现象与物理现象同样是无可争辩而实际存在的,这明确表现在当数学家证明新定理时,不是说‘发明了’定理,而是说‘发现了’定理.我也证明过一些新定理,但绝不是觉得是自己想出来的.只不过感到偶尔被我发现了早就存在的定理.”“数学的证明不只是论证,还有思考实验的意思.所谓理解证明,也不是确认论证中没有错误,而是自己尝试重新修改思考实验.理解也可以说是自身的体验.”对于公

理系统他认为:"现代数学的理论体系,一般是从公理系出发,依次证明定理.公理系仅仅是假定,只要不包含矛盾,怎么都行.数学家当然具有选取任何公理系的自由.但在实际上,公理系如果不能以丰富的理论体系为出发点,便毫无用处.公理系不仅是无矛盾的,而且必须是丰富的.考虑到这点,公理系的选择自由是非常有限的……发现丰富的公理系是极其困难的."

关于数学的本质,他说:"数学虽说是人类精神的自由创造物,但绝不是人们随意杜撰出来的,数学乃是研究和描述实际存在的数学现象……数学是自然科学的背景.""为了研究数学现象,从开始起唯一明显的困难就是,首先必须对数学的主要领域有个全面的、大概的了解……为此就得花费大量的时间.没有能够写出数学的现代史我想也是由于同样的理由."

日本代数几何的第二位代表人物是广中平佑.

广中平佑是继小平邦彦之后日本的第二位菲尔兹奖获得者.他的工作主要是 1963 年发表的 218 页的长篇论文 *Resolution of singu-larities of an algebraic variety over a field of characteristic zero*,在这篇论文中他圆满地解决了复代数簇的奇点解消问题.

1931 年广中平佑出生于日本山口县.当时正是日本对我国开始进行大规模侵略之际.他在小学受了 6 年军国主义教育,上中学时就赶上日本逐步走向失败的时候.当时,国民生活十分艰苦,又要经常躲空袭,因此他得不到正规学习的机会.中学二年级就进了工厂,幸好他还没到服役的年龄,否则就要被派到前线充当炮灰.战争结束以后,他才上高中.他在 1950 年考入京都大学时,日本开始恢复同欧美数学家的接触,大量

新知识涌进日本.许多学者传抄 1946 年出版的韦尔名著《代数几何学基础》,组织讨论班进行学习,为日本后来代数几何学的兴旺发达打下了基础. 1953 年,布尔巴基学派的著名人物薛华荔到达日本,对日本数学界有直接影响.薛华荔介绍了 1950 年出版的施瓦兹的著作《广义函数论》.还没有毕业的广中立即学习了他的讲义,并写论文加以介绍.当时京都大学的老师学生都以非凡的热情来学习,这对广中有极大的鼓舞.他对数学如饥似渴的追求,使他早在 1954 年就开始自学代数几何学这门艰深的学科了. 1954 年,他从京都大学毕业之后进入研究院,当时秋月康夫教授正组织年轻人攻克代数几何学.在这个集体中,后来培养出了井草准一、松阪辉久、永田雅宜、中野茂男、中井喜和等有国际声望的代数几何学专家,他们都是从那时开始他们的创造性活动的.在这种环境之中,早就以理解力和独创性出类拔萃的广中平佑更是如鱼得水,迅速地成长起来. 1955 年,在东京召开了第一次国际会议,代数几何学权威韦尔以及塞尔等人都顺便访问了京都. 1956 年,前面提到的代数几何学权威扎里斯基到日本,做了 14 次报告.这些大数学家的光临对于年轻的广中平佑来说真是难得的学习机会.他开始接触当时代数几何学最尖端的课题(比如,双有理变换的理论),这对他的一生有决定性的影响,因为广中的工作可以说是直接继承和发展了扎里斯基的成果的.

广中平佑在家里是老大,下面弟妹不少,他在念研究生时,还不得不花费许多时间当家庭教师,干些零活挣钱养家糊口.尽管如此,他的学习成绩仍旧很出色.

1957 年夏天在赤仓召开的日本代数几何学会议

上,他表现得十分活跃,他的演讲也得到大会一致好评.由于他的成绩突出,不久,他得以到美国哈佛大学学习,从此他同哈佛大学结下了不解之缘.当时代数几何学正进入一个突飞猛进的时期.第二次世界大战之后,扎里斯基和韦尔已经给代数几何学打下了坚实的基础.10 年之后,塞尔又进一步发展了代数几何学.1964 年,格罗滕迪克大大地推广了代数簇的概念,建立了一个庞大的体系,在代数几何学中引入了一场新革命.哈佛大学以扎里斯基为中心形成了一个代数几何学的研究集体,几乎每年都请格罗滕迪克来讲演,而听课的人当中就有后来代数几何学的新一代的代表人物——广中平佑、曼福德、小阿廷等人.在这样一个富有激励性的优越环境中,新的一代茁壮成长.1959 年,广中平佑取得博士学位,同年与一位日本留学生结婚.

这时,广中平佑处在世界代数几何学的中心,并没有被五光十色的新概念所压倒,他掌握新东西,但是不忘解决根本的问题.他要解决的是奇点解消问题,这已经是非常古老的问题了.

所谓代数簇是一个或一组代数方程的零点.一维代数簇就是代数曲线,二维代数簇就是代数曲面.拿代数曲线来讲,它上面的点一般来说大多数是常点,个别的是奇点.比如有的曲线(如双纽线)自己与自己相交,那么在这一交点处,曲线就有两条不相同的切线,这样的点就是普通的奇点;有时,这两条(甚至多条)切线重合在一起(比如尖点),表面上看起来好像同常点一样也只有一条切线,而实际上是两条切线(或多条切线)重合而成(好像代数方程的重根),这样的点称为二重点(或多重点).对于代数曲面来说,奇点就更为复杂

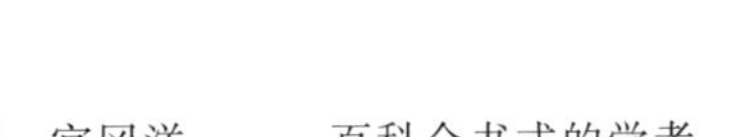



了.奇点解消问题,顾名思义就是把奇点分解或消去,也就是说通过坐标变换的方法把奇点消去或者变成只有最简单的奇点.这个问题的研究已有上百年的历史了.而坐标变换当然是我们比较熟悉的尽可能简单的变换,如多项式变换或有理式变换.而行之有效最简单的变换是二次变换和双有理变换.这一变换最早是由一位法国数学家提出的,他名叫戎基埃尔(Jonguiéres, Ernest Jean Philippe Fauque de, 1820—1901),他生于法国卡庞特拉(Carpentras),卒于格拉斯(Grasse)附近.1835 年进入布雷斯特(Brest)海军学院学习,毕业后,在海军中服役达 36 年之久,军衔至海军中将.戎基埃尔在几何、代数、数论等方面均有贡献,而以几何学的成就最大.他运用射影几何的方法研究初等几何,探讨了当时流行的平面曲线、曲线束、代数曲线、代数曲面问题,推广了曲线的射影生成理论,发现了所谓双有理变换.这种变换在非齐次坐标下有形式 $x'=x$, $y'=\frac{\alpha y+\beta}{\gamma y+\delta}$,其中,$\alpha,\beta,\gamma$ 是 $x$ 的函数,且 $\alpha\delta-\beta\gamma\neq 0$. 1862 年,戎基埃尔关于 4 阶平面曲线的工作获得巴黎科学院奖金的三分之二.1884 年,他被选为法兰西研究院成员.很早就已经证明,代数曲线的奇点可以通过双有理变换予以解消.从 19 世纪末起,许多数学家就研究代数曲面的奇点解消问题,但是论述都不能算很严格.问题是通过变换以后,某个奇点消去了,是否还会有新奇点又生出来呢?一直到 20 世纪 30 年代,沃克和扎里斯基才完全解决了这个问题.不久之后,扎里斯基于 1944 年用严格的代数方法解决了三维代数簇问题.高维的情况就更加复杂了.广中平佑运用许多新

工具，细致地分析了各种情况，最后用多步归纳法才最终完全解决这个问题. 这简直是一项巨大的工程. 它不仅意味着一个问题圆满解决，而且有着多方面的应用. 他在解决这个问题之后，进一步把结果向一般的复流形推广，对于一般奇点理论也做出了很重要的贡献.

广中平佑是一位精力非常充沛的人，他的讲话充满了活力，控制着整个讲堂. 他和学生的关系也很好，每年总有几个博士出自他的门下. 在哈佛大学，扎里斯基退休之后，他和曼福德仍然保持着哈佛大学代数几何学的光荣传统，并推动其他数学学科向前迅速发展.

广中平佑 1975 年由日本政府颁授文化勋章(360 万日币终身年俸).

继广中平佑之后，将日本代数几何传统发扬光大的是森重文(Mori，shigefumi，1951—　). 森重文是日本名古屋大学理学部教授，他先是在 1988 年与东京大学理学部的川又雄二郎一起以“代数簇的极小模型理论”的出色工作获当年日本数学学会秋季奖. 他们的工作属于三维以上代数几何.

代数簇是由多项式方程所定义的空间. 它们的维数是标记一个点(的复数)的参数数目. 曲线(在复数集合上的维数为 1，因而在实数上的维数为 2)的一个分类由亏格“$g$”给出，即由“孔穴”的数目来决定，这从 19 世纪以来已为人们所知. 对一簇已知亏格的曲线的详细研究，是曼福德的主要工作，这使他于 1974 年获菲尔兹奖，同样的工作，使德利涅于 1978 年，法尔廷斯于 1986 年荣膺桂冠. 他们把所开创并由格罗滕迪克加以发展了的经典语言作了履行. 一个曲面(复数上为二维，或者实数上为四维，因此很难描绘)的分类在 20 世

纪初为意大利学派所尝试，他们的一些论证，被认为不太严格(这再次与上文所论情况相同)，后被扎里斯基及再后的小平邦彦重作并完成其结果. 森重文的理论是非常广泛的，然而目前只限于三维范围. 古典的工具是微分形式的纤维和流形上的曲线. 森重文发现了另外一些变换，它们正好只存在于至少三维的情形，被称为"filp"，更新了广中平佑对奇点的研究.

日本数学会理事长伊藤清三对上述获奖工作做了很通俗的评论：

> "森重文、川又雄二郎两位最近在三维以上的高维代数几何学中，取得了世界领先的卓越成果，为高维代数几何今后的发展打下了基础.
>
> "这就是决定代数簇上正的 1 循环(one-cycle)构成的锥(cone)的形状的锥体定理；表示在一定的条件下在完备线性系中没有基点的无基点定理(base point free theorem)；完全决定三维时关于收缩映射的基本形状的收缩定理；递变换的公式化与存在证明——根据森、川又两位关于上述的各项基本研究，在 1987 年终于由森氏证明了，不是单有理的三维代数簇的极小模型存在.
>
> "这样，利用高维极小模型具有的漂亮性质与存在定理，一般高维代数簇的几何构造的基础也正在逐渐明了，可以期待对今后高维几何的世界性发展将做出显著的贡献.
>
> "森、川又两位的研究尽管互相独立，但在结果方面两者互相补充，从而取得了如此显著

的成果,我认为授予日本数学会奖秋季奖是再合适不过的."

为了更多地了解森重文的工作.我们节选日本数学家饭高茂的通俗介绍.于此森重文工作可略见一斑.首先饭高茂指出:极小模型理论被选为日本数学会奖的对象,对于最近仍然发展显著的代数几何来说,是很光荣的,实在欣喜至极.

他先从双有理变换谈起:

代数几何学的起源是关于平面代数曲线的讨论,因此经常出现

$$x_1=P(x,y),y_1=Q(x,y)$$

型的变换.$P,Q$ 是两变量的有理式.反过来若按两个有理式来解就成了二变量双有理变换的一个例子,特别地称为克雷莫纳(Cremona)变换.这是平面曲线论中最基本的变换.在双有理变换中,值不确定的点很多,这时可认为多个点对应于一个点.克雷莫纳变换若将线性情形除外,则在射影平面上一定存在没有定义的点,而以适当的有理曲线与该点对应.但是,当取平面曲线 $C$,按克雷莫纳变换 $T$ 进行变换得到曲线 $B$ 时,若取 $C$ 与 $B$ 的完备非奇异模型,则它们之间诱导的双有理变换就为处处都有定义的变换,即双正则变换.于是就成为作为代数簇的同构对应.

这样,由于一维时完备非奇异模型上双有理变换为同构,一切就简单了.但是即使在处理曲线时,只说非奇异的也不行.像有理函数、有理变换及双有理变换等都不是集合论中说的映射.因此里德(M. Reid)说道:"奉劝那些对于考虑值不唯一确定的对象感到难以

接受的人立即放弃代数几何.”

但一到二维,即使是完备非奇异模型,也会出现双有理变换却不是正则的情形.这就需要极小模型.扎里斯基教授向日本年轻数学家说明极小模型的重要性时是 1956 年.扎里斯基这一年在东京与京都举行了极小模型讲座,讲义已由日本数学会出版,讲义中对意大利学派的代数曲面极小模型理论被推广到特征为正的情形进行了说明.

扎里斯基在远东讲授极小模型时,是否就已经预感到高维极小模型理论将在日本昌盛,并建立起巨大的理论呢?

适逢其时,他与年轻的广中平佑相遇,并促成广中到哈佛大学留学.以广中在该校的博士论文为基础,诞生了关于代数簇的正代数 1 循环构成的锥体的理论.广中建立的奇异点分解理论显然极为重要,是高维代数几何获得惊人发展的基础.

那么森重文的工作又该如何评价呢?

哈茨霍恩(Hartshorne)的一个猜想说,具有丰富切丛的代数簇只有射影空间,森重文在肯定地解决该猜想上取得了成功,他在证明的过程中证明 $K$ 若不是 nef,则它与曲线的交恒为非负.若 $K$ 是 nef,则 $S$ 为极小模型.

已证明了一定存在有理曲线,并且存在特殊的有理曲线.而且重新对偶地抓住曲面时第一种例外曲线的本质,推广到高维,确立端射线的概念.从而明确把握了代数簇的正的 1 循环构成的锥体的构造,在非奇异的场合得到了锥体定理.以此为基础对三维时的收缩映射(contraction)进行分类,所谓的森理论即由此诞生. 它有效地给出了具体研究双有理变换的手段,确实成果卓著.

极小模型的存在一经确立,马上得到如下有趣的结果.

(1)小平维数为负的三维簇是单直纹的.

其逆显然,得到相当简明的结论,即三维单直纹性可用小平维数等于$-\infty$来刻画,可以说这是二维时恩里克斯单直纹曲面判定法的三维版本,该判定法说,若12 亏格是 0,则为直纹曲面. 若按恩里克斯判定法,就立即得出下面耐人寻味的结果:直纹曲面经有理变换得到的曲面还是直纹曲面. 但遗憾的是在三维版本中这样的应用不能进行. 若不进一步进行单直纹簇的研究,恐怕就不能得到相当于代数曲面分类理论的深刻结果.

(2)三维一般型簇的标准环是有限生成的分次环.

这只要结合川又的无基点定理的结果便立即可得. 与此相关,川又一松木确立的结果也令人回味无穷,即在一般型的场合极小模型只有有限个.

二维时的双有理映射只要有限次合成收缩及其逆便可得到,这是该事实的推广. 二维时的证明用第一种例外曲线的数值判定便可立即明白,而三维时则远为困难. 看看(1)所完成的证明,似乎就明白了那些想要将二维时双有理映射的分解定理推广的众多朴素尝试终究归于失败的必然理由.

森在与科拉尔(Kollár)的共同研究中,证明了即使在相对的情形下,也存在三维簇构成的簇极的小模型. 利用此结果证明了三维时小平维数的形变不变性. 多重亏格的形变不变性无法证明,是由于不能证明上

述极小模型的典范除子是半丰富的.根据川又、宫冈的基本贡献,当 $K^3=0$,$K^2$ 在数值上不为 0 时,知道只要小平维数为正即可.

如以上所见,极小模型理论是研究代数簇构造的关键,在高维代数簇中进行如此精密而深刻的研究,前不久连做梦都不敢想象.我们期待着更大的梦在可能范围内得以实现,就此结束.

## §6　好事成双

1990 年 8 月 21 日至 29 日在日本东京举行了 1990 年国际(ICM－90)会议,在此次会上,森重文又喜获菲尔兹奖,并在大会上做了一小时报告.为了解森重文自己对其工作的评价,我们节选了其中一部分.

我们只讨论复数域 $\mathbf{C}$ 上的代数簇.主要课题是 $\mathbf{C}$ 上函数域的分类.

设 $X$ 与 $Y$ 为 $\mathbf{C}$ 上的光滑射影簇.我们称 $X$ 双有理等价于 $Y$(记为 $X\sim Y$),若它们的有理函数域 $\mathbf{C}(X)$ 与 $\mathbf{C}(Y)$ 是 $\mathbf{C}$ 的同构的扩域.在我们的研究中,典范线丛 $K_x$,或全纯 $n$ 形式的层 $\theta(K_X)$,$n=\dim X$,起着关键作用.换言之,若 $X\sim Y$,则有自然同构

$$H^0(X,\theta(vK_X))\cong H^0(Y,\theta(vK_Y)),\forall v\geqslant 0$$

于是多亏格(plurigenera)

$$P(X)=\dim_C H^0(X,\theta(vK_X)),v>0$$

是 $X$ 的双有理不变量,又小平维数 $k(X)$ 也是,后者可用下式计算,即

$$k(X)=\overline{\lim_{v\to\infty}}\frac{\lg P(X)}{\lg v}$$

这个由饭高(S. Iitaka)与 Moishezon 引进的 $k(X)$ 是代数簇双有理分类中最基本的双有理不变量. 它取 $\dim X+2$ 个值: $-\infty,0,\cdots,\dim X$,而 $k(X)=\dim X$, $0$, $-\infty$,是对应于亏格大于等于 2,1,0 的曲线的主要情况. 若 $k(X)=\dim X$,$X$ 被称为是一般型的.

从本维尼斯特(Benveniste)、川又(Y. kawamata)、科拉尔、森、里德与 Shokurov 在极小模型理论方面的最新结果,可以得到关于三维簇的两个重要定理.

**定理** 1(本维尼斯特与川又的工作)　若 $X$ 是一般型的三维簇,则典范环

$$R(X)=\bigoplus_{p\geqslant 0}H^0(X,\theta(vK_X))$$

是有限生成的.

当 $X$ 是具有 $k(X)<3$ 的三维簇时,藤田(Fujita)不用极小模型理论早就证明了 $R(X)$ 是有限生成的.

**定理** 2(宫冈的工作)　三维簇 $X$ 有 $k(X)=-\infty$(即 $P,(X)=0$, $\forall v>0$) 当且仅当 $X$ 是单直纹的,即存在曲面 $Y$ 及从 $P^1\times Y$ 到 $X$ 的支配有理映射.

虽然在上列陈述中,并未提到在与 $X$ 双有理等价的簇中,找一个"好"的模型 $Y$(极小模型) 是至关重要的;但选取正确的"好"模型的定义,证明是个重要的起点.

**定义**(里德)　设$(P,X)$ 是正规簇芽. 我们称$(P,X)$ 是终端奇点,若:

(i) 存在整数 $r>0$ 使 $rK_X$ 是个卡蒂埃(Cartier)除子(具有此性质的最小的 $r$ 称为指标),及

(ii) 设 $f:Y\to(P,X)$ 为任一消解,并设 $E_1,\cdots,E_n$ 为全部例外除子,则有

$$rK_Y=f^*(rK_X)+\sum a_iE_i,a_i>0,\forall i$$

我们称代数簇 $X$ 是个极小模型若 $X$ 只有终端奇点且 $K_X$ 为 nef(即对任一不可约曲线 $C$,相交数($K_X \cdot C) \geqslant 0$),我们称 $X$ 只有 $Q$－分解奇点若每个(整体积)韦尔除子是 $Q$－卡蒂埃的.

此处的要点是尝试用双有理映射把 $K_X$ 变为 nef(在维数大于 3 时仍是猜想),$X$ 可能获得一些终端奇点,它们是可以具体分类的. 下面是一个一般的例子.

设 $a, m$ 是互素的整数,令 $\mu_m = \{z \in \mathbf{C} \mid z^m = 1\}$ 作用于 $\mathbf{C}^3$ 上,有

$$\zeta(x, y, z) = (\zeta x, \zeta^{-1} y, \zeta^a z), \zeta \in \mu_m$$

则$(P, X) = (0, \mathbf{C}^3)/\mu_m$ 是个指标 $m$ 的终端奇点.

极小模型理论认为:

**定理** 3　设 $X$ 为任一光滑射影三维簇. 通过复合两种双有理映射(分别称为 flip 及除子式收缩)若干次,$X$ 变得双有理等价于一个只有 $Q$－分解终端奇点的射影三维簇 $Y$ 使:

(i) $K_X$ 为 nef(极小模型情况),或

(ii) $Y$ 有到一个正规簇 $Z$ 的映射,$\dim Z < \dim Y$ 而 $-K_Y$ 是在 $Z$ 上相对丰富的.

暂时放开 flip 与除子式收缩的问题,让我们看一下几个重要的推论.

在情况(ii)中,$k(X) = -\infty$,而宫冈与森证明 $X$ 是单直纹的. 在情况(i)中,若继一般型,则本维尼斯特与川又证明$(vK_X)$,对某些 $v > 0$,由整体截面所生成,于是完成了定理 1. 宫冈证明情况(i)中时 $k(X) \geqslant 0$,于是完成了定理 2.

总结在一起,我们有

**定理** 4　对光滑射影三维簇 $X$,下列条件等价:

(i) $k(X) \geqslant 0$.

(ii) $X$ 双有理等价于一个极小模型.

(iii) $X$ 不是单直纹的.

用相对理论的框架,三维簇的双有理映射的粗略分解便得到了.

**定理** 5　设 $f: X \to Y$ 是在只有 $Q$－分解奇点三维簇之间的映射,则 $f$ 可表达为 flip 与除子式收缩的复合.

在定理 3 与 5 中,我们只从端射线(extremal rays)所提供的信息去选 flip 与除子式收缩.

除子式收缩可视为曲面在一点吹开(blow up)的三维类似. flip 是三维时的新现象,它在原象与象的一维集以外为同构.

## §7　对日本数学教育的反思
## ——几位大师对数学教育的评论

数学研究靠人才,而人才的培养靠教育. 日本的教育一向竞争残酷. 日本的几位代数几何大师对日本的数学教育与人才培养非常关心,并有许多高见.

小平邦彦晚年致力于教育事业,曾决定将自己的余生用来普及数学知识,培养青少年一代. 他编写了许多大学和中学的数学教材,这些教材对日本数学教学产生了极大的影响,其中一套由他主编的中学数学教材,已译成中文由吉林人民出版社于 1979 年出版.

日本文艺春秋杂志曾刊登了日本索尼(SONY)公

司董事长井深访问数学家小平邦彦与广中平佑的谈话记录.

谈话间讨论当时世界上流行的新数学对日本中学数学教育的种种影响,风趣而引人深思.摘录如下.

井深:广中先生此次获得文化勋章,恭喜.我向来对儿童的教育非常关心.回想过去,各位决定要走向成为数学家这一条路,有什么动机?

广中:不管怎样说,我不是脑筋好的人.(笑)

井深:譬如说,高斯发现等差级数的原理,据说是因为童年时代常看他父亲砌砖的缘故.

广中:那是天才的故事.想起来有一件我认为好的事.战时我是(初)中学生,当时的教育可说极为混乱.初一的时候,我到农家去帮忙;初二的时候被抓去兵工厂工作.老师也换了好几位,后来的老师不知道前任的老师教到那里,因为战时老师之间的联系也不够紧密.所以,每位老师只好讲述他认为重要的部分.(笑)可以说,重复又重复,连续又连续地重复.基础部分连续教三次,学生自然就明白了.

小平:我在童年时代没有学到什么.小学只学到计算.中学只有代数和平面几何.代数只是二次方程式和因式分解.微积分到了高等学校二年级才学到.就年龄说,已经是现在的大学一年级学生.这样也能成为数学家,(笑)所以从童年时代就学高深的课程,实在不必要.

井深:基础可以提早教,至于抽象、应用以后慢慢来,这样的做法实在有必要.九九乘法表可以像念经那样背念,提早引入.

小平:那样最好.可是现今的教育,从小就让学生使用计算器.用计算器,即使不懂计算方法,也能得出答案.我很担心,这样做下去可能使人都变成傻瓜.

广中:计算机好像很畅销.对索尼公司来说,不是很好吗?

井深:我们从三四年前就停止销售了.我们自觉这是非常明智的措施.(笑)

广中:常打算盘的人,心算也很好.这是由于使用算盘可促使计算进步.用计算器实在有导致计算退步的危险性.

井深:但有一种异论——普通人对于数学常有枯燥无味、使人扫兴的感觉.这样的话对二位也许很失礼,……(笑)像这样,如果让我们从小使用计算器,也许可以引起他们对于数学的兴趣.

小平:最近美国也开始使用算盘了,不过还在小学阶段.已经有人重新认识算盘的这一特色了.

井深:的确,计算难免有"黑箱"(black box,变魔术用)的一面.

小平:还有,现在的数学教育让人觉得可笑之处,就是集合论.就我所知的范围,现"役"的数学家都反对教儿童集合论.

广中:不错.集合不但在日本,即使法国也教.以前我带家眷去法国教书时,发现他们在小学课本中也编入集合.我的孩子常来问我习题,我自己也不会做.虽然我是认真想过了,(笑)可是不会解.小孩不高兴地说:"爸爸不是数学家吗?"

集合论是我进大学以后才由严密逻辑过程学到的,可是小学的课本不能照高度的逻辑方式编写.纵然如此,但是有些人还坚持要教集合论,问题就在此产生

了. 譬如说有这样的题目——分出同类的东西，找出他的共同部分. 比方说狗是共同部分的答案，但由课本上的插图看来，却绘有头向上、向下、向左、向右的狗. 是否把头向上或向下的都看作同一种狗？如果这样的地方分不清楚，就有好几种答案了. 我就被这个题意不清楚的题目问垮了.

小平：我看现在教给小孩的集合论是集合论的玩具，而不是真正的集合论.

广中：如果怎样说都对，就没有答案了. 在刚才的题目中，如果在开始就有"不管头向上、向下、向左、向右，所有的狗都视为同样的狗"这样的约定，那就有答案了，没有这样的说明，那一定会混淆不清. 如果小孩是在准备考试，要把"这样时候这样答"如此强记下来，后果将如何？究竟，学习集合论有什么意义？

井深：是不是要拿集合论来澄清数学的意义？

小平：那是在极度高等的数学中才需要的. 除非你要做数学家，否则，集合论可以不用.

广中：同感. 如果由一些认为强调集合论是无聊的做法的人来教数学，那还可以；如果由不明事理而却认为"教集合论很不错"这样的教师来教，那小孩就很可怜了.

小平：初等教育的集合论最无聊.

广中：无聊极了. 为某种原因绊倒的地方绊倒，(笑)这是矛盾. 原来集合论从数学的历史来看，就是因为绊倒才搞出来的.

小平：不错，是 19 世纪末吧. 谈到它的出现，没有追究那时候数学的发展，就不能明了引入集合论的必要.

广中:如果就公理化的立场而言,一定会遇到非把集合论搞好不可的阶段.但这是纯粹数学家的问题,对于非纯粹数学家是不必要的.

小平:就是物理学家、机械工程师也不必要.

广中:为了集合论,父母苦恼,老师苦恼,小孩迷惑.

井深:问题在哪里?在教育部吗?

小平:有所谓教科书检验.我也正在编写教科书,如果不把"集合"放进去,就不能通过检验.

井深:不只教育界这样,在日本已有凡是一经决定的事就不能反对的态势.环境不容许你就事论事,我想这是很危险的事.

广中:我认为训练学生学习基础的计算技术或是培养学生对"数"的感觉才是儿童数学教学的当务之急.我们数学家同事之间,有从年轻时代就完成只有天才才能做到的业绩的人,也有上了年纪以后才开花结果的人,这样两种典型.如果就"创造性"的观点而言,就在"留余裕于将来"的意味上,我想在小学不必着急.

井深:二位都有在日、美两国的大学教书的经验.日、美两国的学生有很大的差别吗?

小平:东京大学是特殊的大学,也许不能作为比较的对象.东大的学生实在不错,真是意想不到的好.不论哪一方面都很熟悉,听说连莫扎特的作品号码都记得……

广中:这也许是东大的特征.京都的学生就不懂这些.

小平:美国的学生不行的就是不行.

广中:更有趣的是,完全不行的人有一天突然好起

来了.

小平:那是很有趣的现象.

广中:在研究院成绩不佳,好不容易才拿到博士学位的人,后来却成为很卓越的人物.

井深:日本的学生进大学以后就不用功了?

小平:在美国正好相反.他们到高中毕业为止,都是悠然自得的态度,一般的数学程度也低.微积分是大学后才学.研究院最初的水准也低……

广中:水准是低的.但是美国有"跳级".在哈佛,也有叫作 advance studying,可以直升大学二年级.更好的人,从大三直升研究院.这一类型的人,非常优秀,可是,有趣的是,虽然在这一阶段表现出色的人,也不能断言他将来有更大的发展.有时候好不容易才进入研究院的那些人中,也会出现有很好创意的人.

井深:实际上并不是脑筋的优劣分别集中在年龄的某一阶段.通常都说最能发挥创造力是在 20 岁前后,但就现在的日本教育体系来说,到了那个时候真的能否发挥全部能力,实无把握可言.沿着教育部规定的课程进行教育,像具有百科全书式头脑的人,也许倒可以培养出来.

广中:搞数学的人,应该多知道些事物.同时,不培养创见也不行,这两样都需要.但是先灌输知识,然后再来培育创见,也不是那么简单(即可造就人才).

井深:现在根本没有培育创见的时间,也没有这种过程.

广中:任何环境都能造就天才的人物.问题在于那些没有出类拔萃才能的人,如果多花时间培育,他们就能发挥他们的能力,往往因为操之过急反而把他们的能力扼杀了. 日本人在贡献他们的特殊知觉力上面,应该是很拿手的,可惜因为填鸭教育,自己把这种能力扼杀掉了.

汤川秀树先生说过“评分,先(将各科分数)平方再取其平均”. 意思是,人虽然有短处,但是如果在某一方面有了长处,就应该设法把它发扬光大.

井深:美国人对于平等的想法根本和我们不同.

小平:按照自己的能力,你想怎么做就怎么做,我觉得这是美国的平等主义.

井深:普通人以为,数学家或理科较强的人就是脑筋好的人. 数学家即是脑筋好的人的代名词.

广中:这一点我不敢同意. (笑)我所尊敬的京都大学的前辈曾说:“广中的脑筋并不好.”我回应他说:“我的脑筋虽然不是特别的好,但也不是特别的坏.”他会更进一步地说:“数学是有趣的学问,因为脑筋不是特别好的人也有相当的成就.”说得不错.

我不说“脑筋坏”是数学家的条件,(笑)可是我总想,所谓脑筋好的人有一种危险:如果是脑筋特别好的天才,那是另当别论,但普通程度脑筋好的人,总是要抢先走在前头,因为知道得太多,总有从事物上滑过去的危险.

井深:领悟快,不深入.

广中:有时候会觉得自己还有不明白的事,这种人反而更能深入事物的本质.

小平:听说爱因斯坦这样说过:“自己发育较慢,成年以后对时间、空间的概念还不清楚,因此深入思考这个问题,终于发现相对论.”他是个有趣的人,可以说是悠然自得吧,他始终不能理解自己是很有名气的人.

井深：那真是出人意料.

小平：爱因斯坦有一次去了普林斯顿的电影院，忽然想出去吃冰淇淋，他向电影院的查票人说了好几次："我出去一趟，请记住我的长相."他始终不了解他是人人皆知的有名人物.

井深：这一段话很好.（笑）这样一来，我们必须重新考虑"怎样才是脑筋好"这一个定义.如果把能考入东京大学这一种平均分数好的人说成脑筋好，一定使人产生误解.那就等于说只有当今政府的一些官员才是脑筋好的人.尤其是数学，不但需要"理科的"想法，更需要有"文科的"悟性.

广中：的确不错.说是"文科的"吗？也可以说近于艺术.

井深：广中先生对于音乐很在行，（笑）桑原武夫先生说过："数学是用记号排成的诗."

小平：我担任东京大学理学部部长的时候，和我意见最一致的是文学部长林健太郎先生，意见完全不合的是学法学出身的大学校长.（笑）想法根本不同.

广中：把"数学近乎艺术"的观点用稍微不同的方式来表现，就是"为造就好的数学家，与其让他来解试题不如让他去听音乐."这种想法有一点古怪，可是我觉得应是这样.我想"听音乐"和"培育觉察模型或构造的感觉"有关联.在数学里，分辨何事重要，何事不重要，选择是很重要的.脑筋太好但缺乏选择能力的人，什么都做，结果做的都是没什么价值的事.也有走上这一条路的人.

井深：信州有一所小提琴训练所，已有 20 万毕业生散布于全国.追踪调查显示他们的数学成绩显著良好.音乐与数学大有关系.

广中:脑筋稍差,只要有创造性,还能成为数学家,而脑筋虽然好,但无创造性的人就没法子了.

井深:听了上面的话,我明白日本的教育现状并没有朝“发展学童具有的才能”这一方向进行,这与二位以头脑外流的形式去美国有关吗?

广中:我的情形是当时没有职业.我就读东京大学研究院的时候正好扎里斯基来京都讲学.我在读代数几何学,正好教授遇到一个解不出的问题,我对那个问题开始有兴趣,想把它解出来.

井深:那是几年前的事?

广中:20 年前.当时的大学,教授的位置都已占满,比我大 4 岁的人都升教授.我得等到他们退休才能轮到.就是认真去等,轮到我升教授时,4 年后也要退休了.(笑)

井深:为什么那么年轻的人占满了教授的位置?

小平:这种现象说也奇怪,每隔 10 年就有一次.我们那一年代各方面已趋安定,以后 10 年很少变动.

井深:学数学除任教师外,有没有其他的“销路”?还有像保险公司这样的特殊市场吧.

广中:我到哈佛的时候,在美国大学的职位很多.也许在其他方面也有很多空缺.

井深:日本学者难以居住的地方.日本人对于“头脑外流”稍有过分渲染之处.只要是人,谁不期望待遇好的地方?待遇好,就是说在那里可以充分发挥,大胆地工作.在我们公司,也有江崎玲于奈先生到 IBM 去,我受到很多非难.可是我想:“送他到那里,是很对的.”能力高强的人有种种类别,要把他们安置在能充分发

挥能力的岗位上，非常不容易. 尤其是那个人越伟大，安排他做事越困难.

小平：在日本情况全部一律相同. 就是不用功，只要蹲在一个地方，后来也能升教授.

在与中国台湾教授的一次谈话中，广中又对数学教育发表了很多见解，台湾的三位教授以下简称教授甲、教授乙、教授丙.

教授甲：有人曾建议我们与日本数学家合开学术会议. 但首先，我们必须找到适当的日本人选. 例如，李国伟所长曾询问宫西正谊教授，但他自认资望不够.

教授乙：眼前正有一位人选.

广中：日本学术界的程度高了，但是他们的心态不及世界水准. 他们是日本人，看到外国，就想到能学到什么，而不是想想看自己能贡献什么，这种心态与美国人的心态不同. 美国教育外国学生，形成国际通信网，这是泱泱大国的国际作风. 从国际观点来看，一心想学的心态是低层次的，我相信出国留学，再回来，来来去去，可以改变这种心态.

我很惊奇地发现，当我成了京都大学的正教授时，西班牙及民主德国邀请我去讲学，我向大学申请出国，填申请表格时，我必须写上“进修项目”以及“学成归国”时，如何发挥所学（众笑）. 这真是荒谬绝伦. 我以为，去了可以贡献些，从贡献中就可互相学习，一心只想学习别人之长而不贡献，真是低层次的.

教授丙：中日文化背景相似，我们可从日本比从美国学到更多的东西，但是一般政府领导却有“恐日症”.

广中：“恐日症”与日本人的“日恐症”正好相反！

教授乙:日本的科学成就低于经济成就,很少有真正出众的概念来自日本.

广中:对.

教授乙:如果日本处于第二的地位就可以永远向第一的美国学,当日本超前时,日本必须创新概念.

广中:那么,日本应该花钱培养文化.例如,可以省钱省事地在一个发展很好的数学领域中,作出色的工作.但发展一门全新的数学就不同了,你可能虚掷金钱与人力而一无所得.当然,你也可能获得全新的概念.你不能预知.这必须从文化上着眼.到目前为止,日本精于选取别人找出的新方向,而且学得很快.

教授丙:这儿的学生不愿学基础科学.

广中:日本也一样,但是在改变中,当生活水平提高后,对许多人来说,比别人赚更多的钱,不是一件有趣味的事.自然,有些人会永远只想赚钱,但是,那是一件乏味的事,更有趣味的是做一些原创性的工作.对一颗年轻的心,原创性的事更有激情.这只是时间的问题,不必担心,我想台湾已经快要非常有钱了,10 年、20 年后,应该会有很大的变化.年轻人想法不一样,糟糕的是,一个有才气但不适合当医生的年轻人,他仅仅为了医科的声望去读医学院,那在他生命的某一个时期,不知道什么时期,也许得医学学位,或是在 60 岁时就会后悔,他对自己说:"老天,在生命中,我错过了什么,生命中很重要的什么."

教授丙:你觉得你选对了行业吗?

广中:我自认为是学数学的料子,虽然我不知道我算不算一个好数学家.当我在京都大学当学生的时候,

我想读物理，因为汤川秀树得了诺贝尔奖，等等. 年轻的我工作得很努力，我参加了一些非常高级的讨论会，但是，在读物理时，我觉得对物理的数学部分更有兴趣，过了一阵子，我自觉应该成为一个数学家，虽然，数学中没有诺贝尔奖，这也无所谓. 发现自己特长的最好办法是献身. 如果有些学生想读医科，那也好. 让他们朝着医生的目标努力，然后看看什么事会发生，他们会发现自己的. 如果他们不努力，就不能发现. 即使入错行，只要你肯努力工作，你还是会发现自己的. 在学生时代，我确实非常努力用功，我以为，年轻人，例如高中生，应该好好想想，什么对他们本身最好，而不是一脑子哪一个科系能赚钱. 当他们成长以后，生活水准已经大幅度提高了. 生命的问题在于如何使工作更有意义.

教授乙：生命比生活更重要. 在这样一个世界大体系里，应该怎样学习呢？

广中：重要的是在努力贡献中学习，这样你可以学到更多，不仅仅是些科技成果，而且是学会了别人的心态或态度.

教授乙：文化立国的意义越来越清楚了.

广中：文化无声无息地影响着人民的心态，这是文化重要的地方. 如果文化贫乏，经济繁荣，总有一天会出大问题的. 文化包含工作的态度、幸福及快乐的定义等. 总之一句话，在日本，理论科学对我而言，特别是数学，越来越重要. 而理论科学与工业应用的时间差距越来越短，工业技术越来越需要理论科学的基础. 日本应花更多的人力与金钱来从事基础科学的研究，数学是文化的一部分，也许是较小的部分. 当一个国家有优良的数学教育、充沛的数学新概念，则所有国民都普受滋润，不论他们从事哪一行业，都会从一些新的数学观点来看问题，这就是说文化提升了，大家都早有准备，不必回学校重新读数学，于是文化内化了，在你我心中.

# 数学大师也抄书吗[①]

第25章

学数学要理解，不能死记硬背，这好像是一个共识.

问题是，理解不了咋办？

那就先死记硬背吧. 好比小时候学诗词，真的理解么？

你想不到数学大师小平邦彦也有这样的抄书经历.

天才如此，何况凡人！

## 1. 身世

小平邦彦于1915年3月15日在东京出生，是小平权一(Kodaira Gonichi，1884—1976)的长子. 权一是长野县米

① 摘编自公众号：好玩的数学，2018－1－6，作者颜一清.

泽村的人，1884 年出生. 当时小学有寻常小学四年，高等小学四年. 而米泽村的小学只到高等小学二年级，权一便每天来回徒步十六公里到就近的北诹访町读高小三、四年级.

走长路使他练得一身好体魄. 随后他念诹访中学，第一高等学校，东京帝国大学(简称东大)农学部，毕业后又转念东大法学部. 读完书就职后权一当了农林省官员，曾任经济更生部首任部长(1932 年)，农林省次长(1938 年)，工作都非常忙碌. 他白天听农民们的陈情到下午五点，这才开始办公，回到家常常已经是半夜. 这期间正逢世界性大萧条，加上日本人口过剩，他便促成了一批一批日本人移民到南美洲做农业开垦.

权一在 1942 年竞选成功，成为众议员，出任大政翼参会(沟通政府与民间意见的机构)总务局长，1943 年辞职. 虽然这个职位没有机会参与战事，但是战后权一被美国占领军点名，禁止出任公职.

在当农林省官员时权一在繁忙的工作中偷闲著述，写了一千多页的《农业金融论》而取得博士学位，并在一生中留有著述四十本，论文三百五十余篇. 其中大部分都在他公忙中完成. 这一直到 20 世纪 80 年代出现两本父亲的传记后邦彦才知晓，他父亲精力之盛实在可佩.

有一次权一带孩子们去动物园，小邦彦还以为哪里来的奇怪的伯伯要带他们出去玩呢. 邦彦的母亲 Ichi(1894－1993)是长野县北诹访町人，为人亲切、大方，也很务实. 日本战败后她说："从今以后我们要好好学英语."她自己跟外国人可以用英语对话. 外祖父金井汲治当过上诹访小学校长，诹访町长、长野县县议

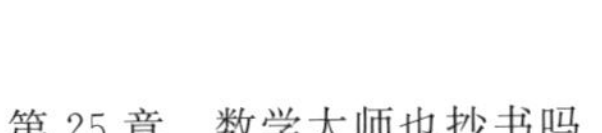



员，为当地的一位风云人物. 他本人通晓汉学，喜爱动物学，常常走遍山野采集蝴蝶、鸟兽等做成标本.

邦彦四岁时有一个晚上跟父母亲一起睡觉. 醒来时却睡在另一个房间. 他走进父母的房间，要坐在包着白布包的东西上时被骂得很凶. 原来那白布包里面有婴儿，是前一个晚上出生的他的唯一同胞弟弟 Nobuhiko.

在母亲的记忆里小时候的邦彦对数特别有兴趣，常常数着豆荚里的豆子玩.

稍长，邦彦和弟弟合养一只母狗 Sero，后来 Sero 生了六只小狗. 邦彦把六只小狗全藏了起来. Sero 好伤心，到处寻找小狗. 但是还它一只小狗，它就心满意足，不再找其他小狗了，于是邦彦认定狗没有数的概念.（事实上有单只小狗，母狗便能发挥母爱，心就定下来了. 依据动物生态学的研究报告，动物对 4 的概念还有，5 以上就不行了.）

### 2. 求学时代

在 1922 年小平邦彦读“帝国小学”. 它是一所当时稀有的男女同校，很开明，男生也有裁缝课. 小平算术好，其他科不行，尤其是体育课更不行. 作文课时他想不出好题材，也就写不出来. 他对老师的问话都有些口吃，声音又小，没法子答好. 就这样，他变得很不爱去上学.

考中学他考取了府立（公立）第五中学，它是一所尊重学生的自主性，有自由风气的学校.

一年级的数学课是算术，二、三、四年级有代数与几何学，三年期间各用一本教科书. 五年级学立体解析几何(当时的中学是旧制,读五年).

三年级时小平与同学西谷真一合读代数与几何,并作习题.结果不到半年工夫书全念完了.这么一来小平想念更深一层的书,就去书店买藤原松三郎(FujiwaraMatsusabro,1881－1946)写的《代数》(I,II)来读.第一册的内容有有理数域、有理数域数论、无理数、连分数、行列式和二次型等.第二册从群论开始,有伽罗瓦方程论、分圆多项式、矩阵、一次变换、不变式论、数论及超越数论等.小平学得很辛苦,不懂的证明反复再三地看,还抄在笔记上背下来.这么一来好像懂了.不过伽罗瓦定理很难.

中学的课程中数学和物理小平都会,化学还好,但是英文、国语、史地都不行,尤其是体育和军事操练更糟.因此在教室里他尽量让自己不起眼.他自认自己不行,不过中学四年级时教化学的导师倒不这么认为.因为化学课计算多,小平题目做得不错,导师还劝他四年级念完就去考高等学校(中学是五年制,但是读完四年就有资格考高一层次的高等学校)呢.可是小平不愿意.他希望把日子过得逍遥自在.

五年级念完小平考第一高等学校,这是一所全日本最难考的学校,他以为考坏了,不会上榜,便在放榜前躲到好朋友津守元太在镰仓的别墅里.结果他母亲打电报来说“考取了,回来吧.”他还是他考的类别理乙(1)(理科中语文以德文为主的班次)的第一名呢.

在高等学校,学校当时还会点学生的名.不过老师们的样子看起来很潇洒,小平想,将来当高等学校的老师也不错呵.二、三年级时数学教微分、积分学,由荒又秀夫(AramataHideo,1905－1947)教.小平和朋友们

有时候会去荒又老师家打扰.学声乐的师母便以啤酒，晚餐招待他们.看老师自自在在的生活方式，小平的志向由学工程转变成学数学.

因为自学过《代数学》，学校的数学课难不倒小平，他就继续看藤原松三郎的《代数学》与高木贞治(TakakiTeiji，1875－1960)的《初等整数论讲义》.但是文科方面小平还是学得不如意.有一个例外是，经济学的老师矢内原忠雄讲师(后来当过东大校长)非常赏识他对问题的答法，劝他："大学一定来念经济系哦."

1935 年小平进东京帝国人学数学系.当时考数学系的学生往往会挨家长骂，说以后难混饭吃，不过小平的父亲没意见.

大学的课程除了力学以外都是数学课程，即使力学也像数学课.就这样，进了大学以后小平的自卑感才消失了.

当时数学系的教授有高木贞治、中川铨吉(NakagawaSenkichi，1876－1942)、挂谷宗一(KakeyaSoichi，1886－1947)、竹内端三(TakewuchiTanzo，1887－1945)和末纲恕一(SuetsunaJoichi，1898－1970).助教授有正次(TsujiMasatsugu，1894－1960)与弥永昌吉(IyanagaShokichi).那时候时势已经在变.

2 月 26 日发生了一群青年军官的叛变事件.刚好当天要考末纲教授的课.考试也就停止了，学生们好高兴！成群到上野公园去玩.

一年级时小平还认真上课.二年级时他觉得上课的效率太低了.比如，一周两个小时的课一年中上八个月，那差不多是上六十四小时.如果每天读八个小时书，八天就够念完它了.于是他长期溜课，在学期末考试前数周才向同学河田敬义(KawataKeigi,1916— )借笔记来抄.仔细抄时讲义的内容也就自然进入脑中了.

河田敬义是一位好学生,从来不翘课,笔记又写得很完整.后来河田跟末纲学代数,成为代数学的大家.

溜课空下来的时间小平就去书店找书,买洋书回来看.他读的书有 Alexandrof－Hopf 的 *Topologie* Ⅰ,M. Deuring 的 *Algebraen*(1932)等.他的读书感想是:"对我来说,没有比数学书更难念的了.数百页的书从头到尾念完至难.因为知道'数学'读懂了,也就成为最简单不过的事而已.所以只念定理,努力想了解它.证明就自己想.而在一般情形之下是想不透的,只好看书上的证明.但是读一两次也不觉得懂,便把证明写在笔记上看看.这回注意到证明有不中意的地方,就想有没有别的证明方法?这样好不容易读完一章时前面的部分已经忘了.没法子,又从头复习.这回倒在意起整本书章节的排列方式来."(《数学 Seminar》,1970 年 8 月)

最后一年的三年级(日本旧制大学只有三年)本来要跟末纲专攻代数,结果末纲把小平转给弥永学几何.可是他对当时的事情已经没有印象了.

小平在 1938 年数学系毕业后又考东大物理系.这有一些原因:他读了韦尔的《群论与量子力学》和冯·诺依曼的《量子力学的数学基础》,由于对他们的崇敬使他觉得他应该多了解数学与物理间的关系.而且他是一个 moratorium 的人,想把毕业年限延长.又有一个理由是,当时抗日战争已经发生,没有学籍就会有兵役问题.

考物理系也要考化学科目.小平去请教物理系系主任.听说化学考零分也有机会录取,小平也就准备去应试,并且考上了.

念物理系时与数学有关的课程小平请求开该科的老师让他免修,老师也都答应了.虽然念物理系,小平并不常去上课,还是念数学书,有什么心得便写成论文.在数二至物三这五年间他一共写了七篇短论文和一篇长论文,都发表在日本的学志上.其中两篇分别与安培亮(AbeMakoto,1914－1945)与弥永昌吉合写.

### 3.在东京帝大任职

1941 年 3 月小平从物理系毕业,成为物理系的委托研究员,教物理系学生数学课程.同年 9 月他兼为东京文理科大学助教授.

早在小平七岁时他父亲出差德国,买回一架钢琴和一盒可组合的玩具.多年后小平觉得构成数学理论与组合玩具相似.双方的材料都各自给定,要想法子才能做得出期盼的事物出来.小平中学三年级时开始练钢琴.过后因钢琴老师的安排时而帮小提琴手伴奏.他也替老师弥永昌吉的妹妹 Sei 伴奏过.他们就这样结缘,1943 年 5 月 30 日他们结婚,次年 3 月生下长子和彦.

Sei 有一位姊姊 Tae,她与数学系晚小平一届的安培亮结婚.安培是一位难得的才子,可惜因物质缺乏体质虚弱又因工作劳累过度而早逝.

Sei 的三位兄弟都很杰出.后来,小平与弥永两家人到了轻井泽(日本观光、避暑胜地,海拔一千多公尺).寒假小平也去了那里.但是在食物缺乏与取暖物少的轻井泽，冬天特别冷，他们只好盖多层棉被取暖.

1944 年 1 月小平升为东大物理系助教授.

早在 1940 年小平在当年的 *Duke Mathematical-Journal* 上读到韦尔的《黎曼面的概念》后一直想着能不能把它推广到高维上？尝试的结果他发现用德·拉姆(de Rham)定理、阿达玛(Hadamard)的偏微分基本解与韦尔的正交射影的方法便毫无困难地可以把韦尔的定理推广到 $n$ 维. 他就把结果先写成《黎曼流形的调和张量场》，分三次发表在 1944 年的《日本学士院欧文记要》上.

虽然那时日本生活条件不好，学生们还是很用功，表现得很好. 即使绞尽脑汁出难题考他们，还是会有几个学生考满分. 一伙人还是照常开讨论会到夜里八点多. 当然没有吃晚饭. 东西不够吃怎么大家还那么有精神求学问，实在是件不可思议的事.

由于这些讨论会，小平对二次常微方程的特征值感到兴趣而发现了特征函数展开的一般式. 利用它可以有各种应用方法. 他就把结果写成《二阶常微分方程的特征值与 Heisenberg 的 S 矩阵理论》，在 1943 年 8 月托将去普林斯顿高等研究所的汤川秀树(Yukawa-Hideki，1907—1981)带去给韦尔. 韦尔来信说已经有梯奇马什使用另外的方法得到同样的定理. 不过他还是帮小平把论文刊载在 *American Journal of Math*. (1949)上.

在那个年代外国的杂志都无法进入日本. 唯有 Heisenberg 的 S 矩阵理论是一个例外. 它是由德国潜水艇辗转带入东大物理系的一篇论文，而给了小平写上篇论文的灵感.

1948 年小平托角谷静夫(Kakutani Shizuo)认识的驻日美军军人带他的论文 *Harmonic fields in Riemannian manifolds* (*generalized potentialtheory*) 到 *Annals of Math*. 投稿. 该刊编辑来信通知这篇论文被接受了,并在 1949 年的 10 月刊登出来(它成为小平得东京大学博士的论文). 韦尔看后认为它是一篇好论文,就聘请小平去普林斯顿高等研究所,为期一年.

4. **赴美**

1949 年 8 月 10 日小平和也要去普林斯顿高等研究所的物理学家朝永振一郎(Tomonaga Shinichiro, 1965 年诺贝尔物理学奖得主)一起搭 Wilson 总统号赴美. 船路过夏威夷,两星期后到达旧金山. 小平晕船晕得厉害,都觉得要死掉了. 他们从旧金山坐飞机到芝加哥,又从芝加哥换火车到纽约. 9 月 9 日从普林斯顿有车子来纽约接他们到普林斯顿,而终于见到 Oppenheimer 与韦尔.

当时 Oppenheimer 是高等研究所(以下简称高研所)所长. 而数学所的教授有韦尔,西格尔,Veblen, Morse 与冯·诺依曼. 哥尔德,Selberg,Montgomery, Alexander 是永久所员. 像小平一样的短期所员有 40 名左右. 爱因斯坦也在,常跟哥尔德一起散步.

韦尔身材高大、圆脸、眼睛也圆圆的,满脸笑容,是一位好爷爷般的大数学家. 他看小平的英语那么差,吃了一惊,仔细看看后他说:“第二学期英语好些以后在 seminar 上讲调和张量吧.”

从生活困难的日本来到美国好比来到童话故事中的美好国度. 普林斯顿虽然冷暖变差大,在冷天室温却会自动调整到 22 ℃，这在当时的日本是不能想象的好环境.

在高研所大家没有任何义务，唯一的条件是学期内人要住在普林斯顿.小平和朝永每天差不多 10 点到高研所，从住处不坐交通车走路也只要 25 分就可到那儿.小平在办公室读书或写论文，到 12 点便到 4 楼的餐厅用餐.韦尔也会跟大家一起吃中餐、说笑.他虽然是德国人，英语很溜，常常让大家笑成一团，只有小平愣在一旁.欧洲人大概觉得写英文比讲的难，有人还问小平："你论文的英文真的是你自己写的吗?"，韦尔觉得有趣，就说："明年要请你在 seminar 上讲哦，哈哈哈."

办事方面可是一点困难都没有.秘书 Miss Eiglhart 很善解人意，只要小平站在她的旁边，她就会领会他的意思，替他办好事.说来有缘，Miss Eiglhart 在日本轻井泽出生，还当过小平太太的学校香兰女学校的音乐老师.

高研所从 4 月上旬至 9 月下旬是暑假.9 月底开始逐渐有课或开 seminar.1949 年秋天西格尔讲三体问题(three-body problem)，每周三小时.他每学期讲不一样的题目，讲课时从来不看笔记，多难的式子都记在脑中.他慢慢地讲，每回还会复习上回讲的内容 15 分钟，所以他的课容易听懂.据说西格尔为讲 1 个小时课要准备 6 个小时，他又常开不同的课，所以他很用功.

有一回与小平闲谈时西格尔说他早上 9 点开始念书，有时候太专注了，到半夜 12 点都忘记吃东西.然后半夜里吃一天的份，搞得胃怪怪的.这是常人做不到

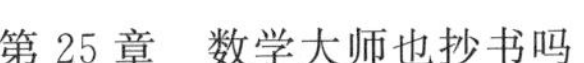


的.他一生单身,生活毫无牵挂才会这样吧.同年 10 月初普林斯顿大学的 D. C. Spencer 教授说要见小平.一见小平,他说想组织一个 seminar 讨论有关小平调和张量的论文.小平以"不会讲英语,不行的"来拒绝.Spencer 便说:"你现在不是讲英语了吗?"

就这样,10 月中旬开始与 Spencer 开讨论班,本来以为是别人帮小平讲他的论文,结果不是,是小平自己讲自己的论文,没有想到这就是小平往后与 Spencer 共同研究的开始.

D. C. Spencer 是科罗拉多州人.1912 年生,MIT 毕业后去英国剑桥大学跟李特伍德(Littlewood)作研究.得到博士学位要离开剑桥时李特伍德送他到车站,叮咛他:"不要放弃呵!"回美后 Spencer 在斯坦福大学研究函数论,来到普林斯顿大学后转向复流形的研究.刚来普林斯顿时他才知道有调和张量场,觉得它应该有什么重要性,就像学生般下功夫读起来.Spencer 有先见之明,想作层(sheaf)的讨论也是他.他的为人充满善意与热诚,还会把这些传染给他周围的人,形成一个热心的研究团体.1950 年代普林斯顿研究复流形的人急速增加,它的原动力非 Spencer 的热心莫属.

1949 年 11 月 4 日汤川秀树获得诺贝尔物理学奖(日本首位),第二天小平与朝永赶去纽约向他道贺.

1950 年 2 月 3 日(第二学期)开始,每周五 9:40 am—11:00 am在韦尔与西格尔的指导之下有调和微分形式的 seminar,它持续到 4 月.起先由韦尔讲数回历史性的话.第一次有数名学生坐在最前面边抽烟边听讲.第二次西格尔拿了一个"No Smoking"的牌子放在黑板边.他说"This is my only contribution to-this seminar”，原来韦尔很讨厌有人抽烟. 再来是德·拉姆讲了七八回依据新想法的调和微分形式，接着小平讲了它在复流形上的应用.

德·拉姆是瑞士人，专攻代数拓扑学(原文如此. 德·拉姆是一位微分拓扑学家)，他还是一位登山专家并为某登山杂志社的编辑. 有一次，一位物理学家说爬岩石没有意思，把生命悬挂在一条绳索上. 结果德·拉姆回答他说:“不，把生命悬挂在脑筋上.”

在 seminar 中听说大数学家阿廷音乐造诣很深，闲余研磨天文镜片.

有一天难得地有爱因斯坦的演讲，公布栏上只写演讲题目，没有写演讲者以免造成轰动. 演讲时爱因斯坦在黑板上写数式，还一边喃喃自语. 仔细一听，原来他在用德语念式子中的 $A, B, C, \cdots$. 当时依据微分几何学的统一场理论已经过时了，年轻人不屑一顾. 如今又盛行这种研究. 学问也有流行，真不可思议.

4 月过后普林斯顿高研所便放暑假了. 这时候 O. Zariski 请小平去哈佛大学演讲三天，每天一小时. 演讲时 Zariski 与霍奇两位大师还坐在最前排听讲，令小平很不自在.

Zariski 是俄国人. 年轻时在意大利念代数几何学. 他对意大利学派的证明不严谨很有意见. 意大利派学者的定理往往是正确的，他们的证明可是不对劲. 而像 F. Enriques 就曾经跟 Zariski 讲过这种话:“像我这样的贵族用不着去证明定理. 证明由你们一介平民去做就行.”这句话很让 Zariski 很反感. 他给 Enriques-Severi 的有名引理以严密的证明，过后它称之为 Enriques-Severi-Zariski 引理.

朝永振一郎终于在 1950 年 7 月要回日本了，他预计与嵯峨野辽吉在艾奥瓦州的大学城 Ames 会合，6 月 27 日出发做汽车旅行，7 月 9 日到达旧金山. 小平也同行. 一路上他们过沙漠，看了洛基山，大峡谷等自然名胜. 但是两个人对风景不热衷，要小平下车去“侦察”一番，等到说景色好，他们才肯下车去看.

在旧金山小平遇到才要去普林斯顿高研所的岩泽健吉(Iwasawa Kenkichi)，便一起去芝加哥大学. 小平刚来美国时也去过那里，认识了韦依. 那一次韦依还带着鬼面具从三楼窗口探出头来. 过后他们通信讨论过问题. 这回因韦依的安排他们两人还得到芝加哥大学数学系的办公室，并跟韦依一起住在国际学舍一个月. 三个人每天可以见到几次面，中餐常在一起. 韦依的家人回法国去，所以他一个人自自在在的.

韦依随时会提出问题使人吃不消. 这个人脑筋惊人得好，凡是别人想到的问题他差不多都想过了. 两个人对韦依实在没辙. 不过这么一来小平学到的东西有在普林斯顿时的三倍多，岩泽也说他从来没有那么用功过.

韦依喜欢散步走数公里路. 他走得猛快，而且他还有一个特技：一下子跑过川流不息的公路上的车流，而笑着看过不来的小平与岩泽. 他一路走一边还讲数学的话. 这种散步一点也不轻松. 他待年轻人很好，但有随时会发脾气.

1950 年 8 月底至 9 月初在哈佛大学有战后第一届国际数学家会议. 法国的施瓦兹与普林斯顿的 Selberg 得菲尔兹奖.

国际数学家会议后 F. Conforto 在高研所待了一

阵.有一次小平与他在散步时说,小平的黎曼一罗赫定理中含有代数曲面上完备性线性型的 superabundance 的公式. Conforto 说:“我来实验看看”,就以各种代数曲面的例子来做心算,过后他说“大概是对的.”(他的心算工夫实在惊人!)他的想法是单凭证明不够,还得实验看看才行.从这儿好像可以见到意大利代数几何学派秘密的一端了.难怪 A. Todd 在 1930 年曾经说过“代数几何学是一门实验科学”.

本来在 1950 年暑假前小平已经答应韦尔续聘一年,但是 Baltimore 的 Johns Hopkins 大学数学系系主任周炜良很热心地邀请小平去那里当一年客座副教授,年薪有 6 000 美元(在高研所小平第一年有 2 500 美元,第二年预计有 4 000 美元).于是小平跟回瑞士的韦尔商量过后决定去 Baltimore 一年.

1950 年 10 月初小平到 Johns Hopkins 大学任教.他对学生用英语讲课还可以,可是学生的发问就听不太懂了.由于小平对自己的英语发音没有把握,上课时就连叙述的文章也写在黑板上.结果学生们很高兴地说看得懂.他们说不是去听课,而是去看课.

东京大学方面在 1951 年把小平从物理系助教授升为数学系教授,可是当年 4 月小平辞掉了东大的差使. 1951 年 6 月中旬小平从巴尔的摩回到普林斯顿来.这回他已经负担得起家人的生活费用了,便在 6 月底让太太从日本带两个小女儿(长女康子(Yasuko)在 1947 年 5 月出生,次女 Mariko 在小平来美后出生)过来.

高研所携眷的短期研究员住在研究所旁边的六排宿舍里.这些房舍以前矿工们使用过,叫作 monkey-

houses，相当简陋. 但是比起东京烧迹上造就的陋屋要好得多. 小平也分到一间. 小平太太好感动可以买到大块牛肉. 宿舍边的森林里可以采到野草莓，有时候还有鹿会出现，这让孩子们好快乐.

小平在家里的工作地点是餐桌，他一向喜欢在那儿做事. 小平花了 60 美元买到一座低半音命无法调整的钢琴，太太买到 10 美元的小提琴，便常常和附近的几位数学家凑合，演奏室内乐.

高级研究所后院有冯・诺依曼的研究室. 他用一万四千个真空管做成的第一代电脑占去了研究室的一半. 它的性能当然远不及现在的电脑，不过冯・诺依曼的卓见是值得敬佩的.

1952 年 9 月开始由于 Spencer 的介绍，小平也到普林斯顿大学教书. 大学是前半年，教一门科，高研所是后半年，这样的情形持续了 5 年. 当时普林斯顿大学数学系系主任是 Solomon Lefschetz. 他本来是工程师，因事故失去两手后才成为数学家. 他懂许多事，连日本的事也懂得不少.

小平夫妇参加的普林斯顿大学数学系初次宴会时 Lefschetz 瞧他们夫妇半天，说出来的第一句话便是："夫人比先生高哦！"

在 Lefschetz 当系主任期间他很照顾小平. 当时担任日本学习院（日本战败前专为皇胄贵族设立的学校）院长的安培能成来普林斯顿，想见见爱因斯坦，谈谈世界和平的问题. 他总算见到了爱因斯坦，据说爱因斯坦对世界和平抱着非常悲观的态度.

在 Specncer 提议之下，小平与 Spencer 等人开始做层（Sheaf）的研讨. 起先小平只觉得"层"这个东西既抽象,又奇怪.直到 1953 年春天才发觉它真好用.

有一天小平照常跟 Spencer 吃午餐时讨论数学.结果发现用层可以简单地证明出 Severi 的猜想,即两种算术亏格 Pa 与 pa 会相等.这是在 1949 年 Severi 给意大利学派做代数几何演讲时提出的,他并说证明大概很难,就像远方的星星般遥不可及.

就这样,小平与 Spencer 合写了《有关代数流形的算术亏格》.

他们逐渐发现"层"在代数流形与复流形上极为好用.他们两个人应用"层"在各类问题上写出了几篇论文.

黎曼面上最重要的定理黎曼-罗赫定理推广到高维,是当时复流形的中心问题.它在 1953 年秋天被 Hirzebruch 解决了.看来复流形的一般理论告了一段落.

1952、1953、1954 年是小平出论文最丰盛的时期.他一年中差不多写出 100 页的论文来.1954 年的国际数学家会议在荷兰的阿姆斯特丹举行.小平本来想偷懒不参加,但是韦尔通过 Spencer 告知小平,他是这回菲尔兹奖得主之一(其实得奖的名单是不预先公布的).

于是小平与太太 Sei 在八月中旬从纽约出发,先观光意大利,在瑞士拜访了韦尔.到了阿姆斯特丹,要去会场途中小平迷路了,想起旅游导览说:在荷兰,连狗都听得懂英语.于是小平就问附近的一家蔬菜店,店里的一个小伙子用英语教他怎么走.

那回的菲尔兹奖由小平与塞尔获得.各人得金章与 1 500 美元奖金,由菲尔兹奖评审委员会主席韦尔

颁奖并详述得奖人的工作.小平在会场演讲《有关代数几何学的超越理论中的几个结果》,塞尔演讲《Cohomology 与代数几何学》.

会后荷兰女王在离宫的御花园宴请与会的主要人物.塞尔不经心抽起烟来.过后他说:"这个烟蒂该怎么办?"小平建议他:"藏在小石子下面吧."塞尔便笑着说:"就像猫那样?"

1955 年 3 月 15 日大家在高研所的餐厅吃中餐时有人说:"今天是小平 40 岁的生日".韦尔这个人心直口快,话无法收在心底.他便说:"依我看,数学家的成就到 35 岁,你要赶紧加油啊!"过后大概觉得说过了头,又加上:"也有例外,你可能是个例外."

又小平要给韦尔调和张量场的论文抽印本时,韦尔说:"我可能古板,不过总觉得我写的正交射影法不好.你把论文改写成不用正交射影法才好."诸如此类.其实韦尔是二十世纪最后一位领域广阔的大数学家,他的研究范围遍及数学、物理及哲学.

同年 4 月 18 日 1 点 15 分爱因斯坦去世.死因是动脉瘤破裂.遗体当天下午移去火葬场,由跟他有亲交的十数人聚集在一起,其中一人朗诵歌德的诗中一节.遗体火葬,骨灰撒在某不知名的地方.他去世的消息在研究所里只是大家的茶后余谈而已.

复流形的一般理论解决后,小平就想,这回该看看复流形的结构吧.他开始做的是二维紧致复流形的研究.而早在 1952 年他就跟周炜良证明出有两个代数独立的有理函数的曲面必为代数曲面.再来他便想:只有一个代数独立的有理函数的曲面该是什么呢?而在 1956 年他看到井草准一(Igusa Junichi)的猜想:"紧致复流形由代数流形与复环面组合而成”. 小平想，如果它是真的，那么具有单一代数独立有理函数的曲面便是椭圆曲面.

以此为契机，小平开始做椭圆曲面的研究. 他把古典椭圆函数论套上去用，得到一系列巧妙、有趣的结果来. 这便是他的椭圆曲面论. 他把这个发现过程以夏目漱石的著作《梦十夜》中工匠运庆雕刻仁王（哼哈二将）像的一节来做比喻：“运庆在一寸高处横刻粗眉后就把凿齿转直，斜斜地从上面打下锤子把坚硬的木头削掉. 随着锤子声厚厚的木屑跳起来，而留下的木头浮现出仁王膨胀鼻翼的怒相侧面来. 他刀子的下法毫不犹疑，一点都不掺杂疑念的样子. 我太感动了，像自语般地说：‘真有办法，那么不在乎地用凿子，就能刻出自己要的眉、鼻来！’结果先前在旁边的年轻人说：‘那不是刻出眉、鼻来，而是有这么样的眉、鼻埋在木头里面，他只是用凿子和锤子的力量把它们挖出来罢了. 就像从土中挖出石头那般，错不了.’”

小平说：“我的椭圆曲面论其实不是我想出来的，它本来就埋在‘数学’这种木头里面. 我只不过是借着纸和笔的力量把‘椭圆曲面论’挖掘出来而已. 这是我当时真正的感觉.”

《梦十夜》这一节的下文是：“我这才想到雕刻原来只是那么样简单！那谁都会啊. 于是我也想刻出仁王像来. 回家后我把堆积在后院的木柴一根一根拿起来雕刻看看. 但是，很不巧，每一块木头里面都找不到仁王像. 终于我了悟到原来明治（时代）的木头里面并没有埋着仁王像这个事实来.”

“紧致复流形是由有限个坐标邻域贴合而成的. 它

的复结构的变形不过是把贴合的方式改变而已.”这是小平与 Spencer 共同研究复结构的变形理论的基本想法.

令紧致复流形为 $M$,复流形对于时间 $t$ 变形的速度可用 cohomology 群 $H_1(M)$表示,为 $M$ 上的正则向量场的“层”.令 $M$ 的亏格为 $m$,则 $m$,$H_1(M)$间应有密切关系.计算几个例子的结果,$m=\dim H_1(M)$.想找反例来去掉这个巧合,但都找不到.那么就证明它是对的吧,却很不容易.就这样,在尝试中他们逐渐发展出变形理论来.

作这个研究的过程很有趣.每天跟 Spencer 见面,上街吃午餐后又回大学讨论变形理论,查看具体例子,这相当于物理学上的实验.变形理论的开端其实是实验科学.由于小平不开车,到普林斯顿大学都由 Spencer 接送.回程时他们一路上的讨论往往还没有结束,他们便坐在车内继续谈.所以小平的邻居们都认得 Spencer 这个人.

说来小平与 Spencer 不只是研究上的伙伴,他们在个性上还是相辅的.小平少话又害羞,Spencer 却有火爆脾气.在系里各种运作上 Spencer 用他的方式来保护小平,使小平能够发挥他的潜能.

在日本,小平在美国的数学成就很受重视.1957 年他被授予学士院奖,由他母亲代领.同年秋天小平看报才知道自己获得文化勋章(由日本天皇授予在文化、学术上有杰出表现人士的勋章).这一次不能由别人代领,宫内省派人把勋章送到家里来.小平的父母亲为儿子得到这个殊荣而高兴,还宴请亲友们表示庆贺.

有一天一伙数学家到普林斯顿郊外餐厅吃晚餐.

长方桌边坐了二十来名数学家. Spencer 与小平坐在一起,便谈起数学的话来. 结果普林斯顿长老教授之一的 Feller 嘲讽地说:“他们两个人很少见面,所以一见面就谈数学谈个没完.”Spencer 吃了一惊,说:“不知道我们受人注目.”坐在 Spencer 旁边的高研所的波莱尔教授说:“吃醋呀! 他怕你们在谈话中又会写出一篇新论文来. 不是么?”小平与 Spencer 这才知道他们成为长老教授们嫉妒的对象了.

在美国,教授的薪水是一个秘密. 有一回小平与 Brandeis 大学教授松阪辉久(Matsusaka Teruhisa)谈起薪水的事. 松阪听小平的薪水后说:“你才拿那么些? 普林斯顿大学这个地方好糟哦!”这才知道自从 Lefschetz 辞去系主任后小平不讨长老教授们喜欢.

1961 年 Zariski 邀请小平去哈佛大学教了一年. 在那里隔周在 Zariski 家有男人们的聚会. 客人有广中平佑,格罗滕迪克,Tate,Mumford,阿廷等人. 大家边喝酒边谈数学,由晚上 9 点多持续到 12 点多.

当年冬天广中平佑解决了多年未决的代数流形上奇点的消解问题.

1962 年 Johns Hopkins 大学的数学系系主任周炜良教授以年薪 18 000 美元要聘请小平. 普林斯顿大学方面商量过是否提出更高薪留住他? 后来作罢.

Spencer 非常气愤普林斯顿大学不留小平,便提出辞呈,一年后转去斯坦福大学. 1964 年 8 月间小平去斯坦福跟 Spencer 过,9 月又回 Baltimore. 当年 10 月初斯坦福大学数学系系主任 Gilbarg 邀请小平从 1965 年度到斯坦福.

虽然对不起周炜良教授一再的照顾,但是小平很

想跟 Spencer 就近在一起，也就打算转到斯坦福大学.同年 10 月中旬新任普林斯顿大学数学系系主任 John Milnor(当年 34 岁)来 Baltimore 找小平，请他回普林斯顿，并为当年没有留住他表示歉意.但是小平赴斯坦福的决心已决.

1965 年小平家搬到斯坦福，它是一个大学城，气候冬暖夏凉，非常宜人.

同年小平被选为日本学士院会员.

1966 年夏，小平为参加国际会议与 Spencer 一同回日本待了一个半月.结果东京大学的人一再来邀请小平回去教书，小平终于答应 1967 年回日本.回国的好处是小平可以在他的母校东大教到许多好学生，而他大女儿的话："爸爸，您在日本会比较快乐"促成了他回日本的决定.

在斯坦福第二年，小平的年薪已经是 24 000 美元(等于教九个月课的薪水)，年收入(年薪加学校补贴三个月的薪水，等于年薪×4/3)有 32 000 美元.日本人一向不屑开口讲钱，所以小平没有问待遇，回去的条件是不管杂事，不做什么"长".

小平被美国各名校争取去教学，除了他研究工作做得很好以外，教书也有他的特色.1955－1956 年 Atiyah 在普林斯顿高研所当研究员.他描述过小平讲课的情形："前排坐着一些年轻一代的几何学家，如 Hirzebruch，塞尔，Bott，Singer 等人.前排常是拥挤的，因为小平的声音近于耳语.幸好他写得很清楚，写得又慢.说来他的讲义是完美无瑕的."Spencer 的学生 J. J. Kohn 也修过小平的课.他说小平讲课的内容引人入胜，又能激发学生的思考.

不过在美国，小平指导的学生只有 W. L. BailyJr (Priceton)，A. Kas 和 J. Wavrik(从 Johns Hopkins 跟随小平到斯坦福)与 J. Morrow(斯坦福)四名而已.

在小平回日前二十来名数学家在斯坦福集会，他们决定把他们的论文做成专集(*Global Analysis*，1969 年出版)献给小平. 编辑者是弥永昌吉与 Spencer. 执笔者有小平在普林斯顿的老朋友，新生代的代数几何学家及小平的学生们. 过后小平回想起来，他待在美国的那十八年正是美国的升平时期，物价平稳，治安好. 以后那样的"好日子不再"了.

在美期间小平太太是先生的专用司机，小平一直都没有练过开车.

### 5. 回日本

1967 年 8 月中旬小平一家人回日本. 日本各大报都刊登他回来的好消息. 小平回日本后出任东大数学系教授，教四年级及研究所的课. 那里的学生很优秀. 有些学生的硕士论文可比美美国的博士论文. Hirzebruch 来日本时小平给他看上野健尔(UenoKenzi)的论文. Hirzebruch 说它有三篇博士论文的份量.

又，小平在东大数学系时的老同学河田敬义主持复流形研讨会，每周六从下午 1 时开始至 3 时止. 河田说："小平，你每周来坐着就好了."研讨会前后持续了近二十年，每回都有新的研究发表. 小平也提出了几个未解决的问题，如：第Ⅶ类曲面的第 2 贝蒂数是否为 0 等他关心的问题. 结果这些问题大半都被参与者数年内解决了.

1971 年 11 月 4 日教授会议时在小平缺席之下他

被选为理学院院长. 小平大吃一惊. 本来回国的条件中有不当什么“长”的. 但是当选者从来没有辞却的先例，只好就任. 这样下来开会多，可是没有什么决定权，只有附议权.

1972 年 3 月中旬有庆贺 Spencer 六十大寿的 Symposium. 小平带家人去普林斯顿（Spencer 又回普林斯顿大学）两个月. 那时候普林斯顿的治安已经恶化了，门、抽屉都要上锁.

在这期间小平也去过 Johns Hopkins 大学参加谈话会. 当晚的宴会中遇到 Evans 院长. 当年他劝过小平不要去斯坦福. Evans 看到小平，来握手说：“我不能相信你当了院长”，宴罢要回去时他又过来握手说：“我还是不能相信你当了院长”. 这是他观察小平一个晚上后下的结论. 这表示他比东大的教授们更有眼光知道小平不适合当院长. 理学院院长的任期到 1973 年 11 月 8 日.

由于实在疲于应付工作，小平得到教授会的首肯，提前在当年 4 月 1 日卸任. 但是当院长的压力确也停止住了小平一向有的充沛的研究创意.

两年后（1975 年）小平从东大退休. 在退休前一年的秋天依照惯例在谈话会中有一场演讲. 高木贞治当年讲的是“回顾与展望”，小平觉得他没有能力展望数学的将来，就讲成“回顾与……”. “……”的部分他说：“进步的形式应该都是一致的. 进步典型的例子便是生物的进化. 三四亿年前鱼类中比较幼稚的进化成两栖类. 在透明的水域中潇潇洒洒游着的鱼的子孙仍然是鱼，而幼稚形态的鱼类进化成两栖类；幼稚形态的两栖类进化成爬虫类，等等. 而幼稚形态的猿猴进化成人类. 数学也是一样. 在某一领域的进步不是来自最前端的,而是由它最基本的部分发展出来. 例如,平面几何学两千年来一直在进步,但是解析几何学不是由平面几何学的最前端产生,而是由最基本的部分发展出来. 我们研究数学时会决定某一个专门的方向. 如果在它最前端处研究,可以得到新颖的结果,但是不会有多大的突破. 而在泥沼、黑暗中摸索、寻觅,可能可以得到意想不到的结果来. ”1975 年 3 月中有庆贺小平还历(60 大寿)的 conference. 从美国有 Spencer 与小平最早的研究生、芝加哥大学的 Baily 教授来参加.

在 Baily 的回忆里当年小平讲课讲到得意处眼睛会闪闪发光. 他还会带着害臊的微笑,并露出一副很享受研究乐趣的神情来.

小平一向对别人的工作表示关心与尊重,他会倾听对方说的话,并给予迂回式的建议. 他讲话温和,不会咄咄逼人. 在小平回日本前就有仓颂夫(SasakuraNobuo)、河井壮一(KawaiSoichi)等人顺着小平的研究方向作研究. 在 1968 至 1974 年小平教出的优秀数学人材就有上野健尔、井上政久(Inoue-Masahisa)等 15 名.

小平退休后成为东大的荣誉教授. 他认为以前的荣誉教授有威严,他自觉无法达到那个境界,便请教别人给他秘传. 结果数学家山内恭彦写明信片给他说:“悒忧自惕”. 世纪末的荣誉教授无法“悠悠自适”(前四字与后四字在日文上同音).

小平在美国待了 18 年,想法多少变成美国式的. 在美国聘请人时会先讲好给多少薪水. 东大要求小平回去时薪水的事只字不提. 小平总以为他可以得到一

般人的待遇. 没想到他的薪水比别人少得多. 在日本薪水要算年资,而小平在美的年资并不算进去. 过了年,到了一月他才以特别升级方式得到与别人一样的薪水. 而退休金日本人有年金与退职金. 小平的退休金中退职金部分美国的年资是算进去了,但是年金只算他在日本的 7 年份,只领到一点点钱. 拿到这样的退休金小平好泄气. 朋友们知道后给他当顾问什么的,让他增加一些收入.

这一年(1975 年)他被授予藤原奖(日本藤原科学财团所设,一年给一名(或两名)科学领域上有杰出成就者),缘由是 1957 年小平得文化勋章以来一直有杰出表现,如写出复解析曲面理论与复结构变形理论等.

从东大退休后当年 4 月小平去学习院大学教书. 学校从家里走路 25 分钟可到达. 当时的学习院大学理学院院长是小平念物理系时的同学木下是雄,便请他开立证明不当院长之类的职务.

教了学习院大学,小平才知道学生的数学能力逐年下降. 据说其他学科也是一样. 看着学生的学习能力越来越差而无能为力,他觉得是件憾事. 教了 10 年后,小平在 1985 年 3 月底从学习院大学退休.

同年 5 月小平与 Hans Lewy 同时被授予沃尔夫奖,它等于肯定他们终生贡献的一种奖,由沃尔夫财团给予.

沃尔夫奖每年授给数名科学(数学、物理、化学、医学和农学)家与艺术家. 授予对象不论他们的国籍、人种、宗教与性别,只论他们是否事迹显著,并对人类福祉有所贡献.

沃尔夫(Richard Wolf, 1887－1981)是生在德国

Hanover 的化学家，第一次世界大战时移居古巴. 他研究从溶矿炉中的残渣回收铁分近 20 年而终于成功. 这个方法后来被全世界使用，他因而致富. 1961 年他被古巴 Castro 政权派往以色列任大使，一直到 1973 年两国断交为止. 过后他留在以色列至去世. 他投入他的财产成立沃尔夫财团，而它从 1978 年开始设奖.

小平带大女儿康子去以色列领沃尔夫奖. 康子看到另一位得奖者 Lewy(80 岁高龄)说："您看起来很健康哦！"Lewy 回答："大家都这么说. "他的健康法是散步与弹琴. 他的琴艺大概很好，因为他一度想成为音乐家. 但被他父亲说："要当就要当一流的！"这才作罢. 他只自己弹，不听别人的演奏，因为早年听过名家的演奏，一直记得那种琴音，而现今的钢琴家的弹法不对味.

1982 年 12 月 6 日，小平被请去参加日本教育审议会. 小平对当前的教育很有意见. 依他的看法，现今大学生素质的低落该从小学教育检讨起. 小学课程太早加入社会科和理科是不对的. 小学低年级该加强的是国语与算术.

而中学该重视的是基础教育，不要一窝蜂流行什么新式教育(小平的长女在普林斯顿就身受其害). 如今不再教欧几里得几何学，因而也失去它所带来的数学逻辑的训练. 这是一种大错误与大损失.

至于大学生的程度低落问题，它应该跟入学考试的出题与考试方式很有关系. 小平认为数学的初等教育是培养学生数学式的思考力与感性，而不是给他们强塞各种领域的片断知识.

教育当局并没有全听进去小平的建言，倒是删掉

中学数学教科书中的“初级集合论”. 小平的反应便是写了一些中学数学教科书，以便增进日本的数学教育.

1983 年 ICM(国际数学家会议)90 筹备委员会成立. 会议时预计将有 3 000 多名数学家聚在一起，会期为 10 天，会议中颁发菲尔兹奖，其他还有一些社交活动. 这些都会引起全世界的注目. 所以开会的筹备工作很要紧. 开会地点决定在京都国立京都国际会馆. 运作的责任体系却很难建立起来. 为了能够让日本数学家们同心协力合作，大家想请众人所尊崇的小平邦彦为 ICM 营运委员会主席. 这回小平竟答应下来这个为筹措开会基金费心的事.

数学界和企业界人士敬佩小平的名望与为人，捐得大方. 数学家捐款者有 1 300 人，总额为日币 4 000 万元. 企业界的捐款数目超出 ICM 86 的美国企业界的捐款数额. 但是签发谢函等细碎的工作让小平气喘的毛病加重，健康情形显著衰退. 等到 ICM 开会时他已经无法亲身到会场了.

ICM 90 的参与者有 4 000 人以上，而京都大学的森重文得菲尔兹奖，距离小平得奖有 36 年.

小平的两位女儿长得爽朗、可爱. 如小平的学生 Baily 有一回造访小平的家，刚问小平：“大小姐几岁了?”结果从窗口当事人伸出小手来，叫道：“七岁呀!”

长女康子学钢琴，次女 Mariko 学小提琴，在美国她们都受名师指导(学费并不贵). 一家人时而演奏自娱. 小平的悲观与自卑感因贤惠的太太和温馨、和乐的家庭而得以抚平.

小平在普林斯顿、纽约、波士顿等地听了不少音乐演奏，他也会看电影. 他自称他是懒惰的数学家.

有一回小平在 Life 的 *Nature Library* 里看到一段记载，说中南美洲的树獭（日文叫懒惰者）是古代 megatherium 唯一的后代. 这种动物悬挂在树上一动不动，以至于身上长出藓苔来而与植物毫无分别. 它就这样成功地存活下来. 看后小平感动得大叫："这才是我所要的理想境界！"

小平创造了"数觉"这个名词. 他说：了解数学是看出数学的现象来. 这种"看"不是用眼睛，而是凭某种感觉来意会的. 他叫这种意会数学的感觉为"数觉". 有"数觉"的人念起数学来就得心应手得多.

### 6. 结语

小平邦彦在数学上的贡献主要是在代数几何学方面. 有二维黎曼一罗赫定理的证明，Severi 算术亏格猜想的证明，解析层理论，cohomology 消灭定理，小平一塞尔对偶定理(dualitytheorem)，霍奇流形为射影流形的证明，复结构的变形理论，复解析曲面的分类与结构理论，椭圆曲面的结构理论，一般性曲面的结构理论与高维 Nevanlinna 理论等.

小平说他的遭遇是一连串命运的偶然："如果我没有写那毫无发表指望的'调和张量场'的论文，即使写了如果没有角谷静夫托驻日美军军人把论文送到美国，我就没有机会去普林斯顿. 又到了普林斯顿后如果没有遇到 Spencer，我的研究工作就无法进展得那么顺利. 数学研究是用脑筋想的. 研究时总觉得自己自主地在行动. 但是回想起来，我自己毕竟只是被命运支配着罢了. 我不过是随着命运之流做了数学世界的流浪之旅而已."这便是小平邦彦对自己所有成就的结语.

小平邦彦于 1997 年 7 月 26 日过世，享年 82 岁 4 个月余. 他的葬礼没有宗教仪式，灵柩上放着日皇送的花，旁边环绕着花簇. 在他最喜爱的肖邦的乐曲中参加葬礼的数百人各自献上了一朵白色康乃馨给逝者.

小平邦彦是日本第一位菲尔兹奖得主，也是为数不多的几位同时获得菲尔兹奖和沃尔夫数学奖的大数学家之一. 1954 年获得相当于数学诺贝尔奖的菲尔兹奖，为东方人得此奖的第一人.

# 第八编
## 制度篇

# 断裂与承续——从江户日本到明治维新[①]

第26章

2018年1月29日 *The Economic Observer*(《经济观察报》)发表了一篇长文专栏《从江户日本到明治维新:断裂与承续——关于日本政治思想史的一些日文阅读书单》,是由蔡孟翰撰文的.现介绍给各位读者:

现在我将2017年阅读的一些,再加上一些过去读过的整理汇合成一文,希望能有所方便学习日文或懂日文的读者理解日本政治思想史与明治维新.

**1.明治维新不是全盘西化**

去年东京大学两位教授分别出版

① 摘编自:经济观察报,2018—1—29.

了《从思想史来谈明治维新》;沟口雄三的后任,研究中国思想史的小岛毅写了《儒教支撑的明治维新》,顾名思义,就是很直白地主张儒学如何导致日本走向明治维新以及如何主导明治维新.他同意阳明学是幕末变革的动力,但是他同时强调明治时期的能吏,换句话说就是政府的治理能力,所呈现出来的是朱子学的素养,即使对兰学·西学的吸收,朱子学都扮演重要的作用.小岛毅的说法令人想起明治后期同样是东京大学的教授,日本国家体制的发言人井上哲次郎,在解释明治维新时对阳明学与朱子学的重视,但是有所不同的是,井上哲次郎当时还注意到日本古学派,尤其是荻生徂徕的重要性,这在小岛毅的书里居然缺席,这不能不说是个遗憾.

然而,小岛毅此书特别回顾了日本何时以及经由何种方式接受朱子学,某个程度修正渡边浩的成名作《近世日本社会与宋学》里,所主张在江户初期朱子学不是日本体制内学问的说法,因为朱子学早在室町时代就随着禅宗从中国进入日本,长期寄身在禅宗临济宗的寺庙里,后来的阳明学亦然,此外,更由于临济宗是日本镰仓时代以来,武家政权体制内的宗教,即使到了江户初期亦然,如此看来,又怎能将朱子学与江户初期的体制一刀两断呢?

这就想起同样去年名古屋大学教授池内敏的《绝海的硕学——近世日朝外交史研究》,在其书里,详细记载日本在江户时期从初期直到幕末,由德川幕府派遣到对马藩负责与朝鲜外交的主要人员,就是临济宗京都五山中的天龙寺,相国寺,建仁寺,东福寺僧人轮流值班.所以,谈江户时代,尤其是初期,不能不谈禅

宗，不谈所谓"五山文学"承先启后的角色. 这个历史黄遵宪是十分熟知的，在《日本杂事诗》中有云："斯文一脉记传灯，四百年来付老僧，始变儒冠除法服，林家孙祖号中兴". 非常精当.

小岛毅在去年稍早出版的另一本书《儒教的历史》，则是从古至今，从整个东亚的格局，回顾儒教历史，时间上，从先秦孔子、孟子、荀子说起，到汉代经书的确立与儒教国家的成立，再到宋代儒家各派，尤其是朱子学的兴起，之后再言及明代阳明学，清代考据学，再到 19 世纪，20 世纪东业各国面对西方的冲击. 地理上涵盖东亚的中国、日本、朝鲜、越南，呈现多彩多姿的儒学史. 此外，言简意赅，有图有表，有专门用语解说，有人名索引，有书名索引，全部浓缩在一册书里，非常好用，对于理解东亚的历史文化，理解日本的助益，善莫大焉. 更可以从侧面看到为何小岛毅认为儒教支撑了明治维新，他去年出版这两本书最好合而观之.

虽然，小岛毅提到阳明学在明治维新前后所扮演的重要动力，他自己也写过一本《近代日本的阳明学》的书，我以为要更深入理解阳明学在明治维新前后的情况，则需要参考英年早逝，荻生徂徕的后裔荻生茂博，他去世后才出版的《近代・亚细亚・阳明学》一书. 此书，第一部分讨论江户初期阳明学学者与幕府体制教学朱子学成立过程的关系，第二部分，则是深入探讨江户后期最重要的阳明学学者大盐中斋的思想以及与江户后期政治的关系，最后一部分，则是讨论幕末阳明学与明清思想史的对比，同时涉及明治以来的阳明学以及朝鲜的阳明学. 此书非常精彩，可以深入看到阳明学在近代日本所扮演的地位与功能.

另一本谈明治维新的书《走向“维新革命”之道——追求“文明”的十九世纪日本》，是东大法学院丸山真男曾经担任过日本政治思想史讲座的后继者苅部直. 在此书里，苅部直不局限在丸山真男认定的日本现代性起源——荻生徂徕的思想学问，而是广泛地论及日本在 19 世纪各方面，从政治，历史，商业，经济等思想领域，已经逐渐走向现代，与现代同步，所以，日本的“现代性”是从江户时期开始，并非始于明治维新，因此，与其将明治维新看成是一场革命，毋宁将十九世纪看成是日本漫长的革命路程则更为贴近史实.

这样将明治维新与江户日本看成是一个连续的历史，而非断裂的两个时代，正是小岛毅与苅部直两书最大的公约数. 这个公约数其实由来已久，如果将日本近二十年来的日本政治思想史一类的通史拿来比较，亦会发觉几乎都认为从江户到明治的政治思想史是一个基本上连续（当然不是全面全部）的发展，而不是活生生将古代现代打成两截，更不是从传统走向反传统的思想构图.

以先前大阪大学国际公共政策学院教授米原谦的《日本政治思想》一书来说，从 17 世纪末的伊藤仁斋，荻生徂徕的儒学一直到冷战后的 20 世纪 90 年代，无所不包，简洁扼要，对各个时期日本政治思想均有很好的交代，作者尤其擅长明治时期的政治思想. 设想如果江户时期的儒学与后来明治时期以后无关，又何必画蛇添足，加上对江户儒学的讨论. 总之，这是一本不可多得的日本政治思想史教科书，非常值得翻译为中文，成为基本参考书.

前面提到苅部直在东大法学院的前任教授渡边浩

在从东大退休前，出版了一本名为《日本政治思想史—— 十七世纪－十九世纪》的书，从标题看来，非常明显就是从江户时期到明治时期的政治思想史，为何谈明治时期的政治思想史要从江户时期谈起，这又要回到我上面提到的最大公约数——江户与明治时期的连续性.在这连续性的前提下，日本学者间的差别，主要是对儒学或强或弱或好或坏程度判断的不同，关于哪一门儒学影响较大断定不一，儒学以外其他学问·学派的角色为何的认知分歧，以及关于江户明治的连续性如何理解的差异等，而不是到了明治维新，就是打倒传统，全盘西化这么粗糙粗暴的认识.

而全面反传统，全盘西化的明治维新观，还真是中国的山寨日本史观，这不但在日本找不到一票像样的学者会如此说，在欧美的日本研究里，也几乎了无踪迹.

这两年来日本政治思想史研究里的一本巨著，就是立教大学法学院教授松田宏一郎的《拟制的论理自由的不安——近代日本政治思想论》.在此书里，基本是介绍明治时期的政治思想，尤其是与作为法人的国家论以及政治社会中的社团理论；这两者的关系，对于理解现代国家与自由以及自由主义错综复杂的关系，极其关键.

此书有三四章讨论福泽谕吉，但从来没有给人一个福泽谕吉就是明治维新最重要的思想家这样的说法，而是很细腻地探讨福泽谕吉的思想.包括提及在福泽谕吉的《福翁自传》中，就提到他年轻时非常爱读中国古典著作，从《文明论之概略》亦可以看到福泽谕吉如何受到中国古典著作影响，如何受到朱子“新民”

说的影响.

如果仔细阅读松田这本书,可以发现书中虽然主要是讨论明治时期的政治思想,却时常言及江户时期的文献,展现了他对江户时期的思想有绝对充分的掌握,这不也启人疑窦何以如此.其实,知道的人就知道松田的博士论文就是研究幕末朱子学学者佐久间象山的,当然不会感到意外.只是,真正的原因,还是要说三遍,便是江户与明治时期的连续性这个最大公约数的存在.任何想要研究明治时期的思想史,甚至大正与昭和初期日本思想史的人,如果对江户思想太生疏,很难真正登堂入室.

2.**江户日本是“周制”吗**?

尽管在很多方面从江户,尤其是江户后期到明治,有很强的连续性,但这绝对不是说江户日本与明治日本没有差异.这些差异,主要就在政治体制与社会制度有了一些显著的变化,问题是如何理解这些变化.

首先,日本江户时期,可以用“周制”概括吗?可以,也不可以.可以,是因为江户日本的确是封建制,诸侯林立,江户的儒者比如太宰春台也将当时的日本明确形容为周代封建(他说“宛然三代之制”,出于氏著《封建论》).但千万不要忘了,江户的儒者也深知这个封建的统治者是武家,只要稍微翻一翻荻生徂徕的《政谈》便知道.因此也说不可以,乃因日本是一个武国,而武国是什么呢?

上面提到渡边浩的《日本政治思想史》一书的第三章,就是讨论武家统治的理论——所谓的“公仪的御威光”.懂了这个就知道为何周制或封建制不能完整概括

江户日本.一言以蔽之,因为江户日本是个武家政治主导的封建,有武家统治的逻辑,这不是一个一千多年来文人横行的中国所能轻易理解的,如果从中唐以后,藩镇割据的情况持续了七八百年,或许就与日本情况距离不远.

近年来在日本很受欢迎的历史学家,国际日本文化研究中心的副教授磯田道史,其历史研究的书已经拍成两部电影,票房极佳的是 2010 年《武士的家用账》(武士の家计簿)这部电影,讲的是幕末加贺藩专门管帐武士世家开源节流的轶事.他去年出版的小书《德川创造的先进国家日本》里,对武家的统治有毫无掩饰的描述,简言之,就是残暴性.比如有一个村子发生农民暴动,就杀全村男女老少,一个都不留,当时的日文叫"一村亡所",后来在 1637 年九州爆发的基督教徒暴动,世称岛原之乱,德川幕府的做法就是杀无赦,屠杀了至少三四万人.这个叫"武断政治".尽管如此,从此书书名,就可以看出磯田道史,如同研究日本政治思想史的学者,将江户时代与明治时代看成一个连续过程,明治时代以来取得的成就,仍要归功于江户时代.

武国日本从江户一开始,就对兵学特别有兴趣,尤其是对《孙子兵法》的研究与注释,而不是对法家有浓厚兴趣.京都大学教授富谷至在法学院讲义改写而成的《韩非子——不信与打算的现实主义》中就说了,即使江户时期有荻生徂徕的《读韩非子》,到后来太田全斋写了不输任何中国注释韩非子的《韩非子翼毳》,其实连太田全斋的思想与韩非子有什么关系都看不出来.至于其他,比如福山藩的治理模式,虽然有些蛛丝马迹,但实在是说不清楚,因此是他今后的研究课题,可是这本书成于 2003 年，十多年了，富谷至仍未交出答案.

与此相反的是，兵学，包括孙子兵法的研究，从江户到明治再到二战结束，都是相当显赫的学问. 前神户大学教授野口武彦在《江户的兵学思想》一书，涵盖了从江户初期的林罗山，山鹿素行，新井白石，荻生徂徕，赖山阳，林子平，一直到吉田松阴，在野口的叙事中，荻生徂徕的兵学如同丸山真男《日本政治思想史研究》中的荻生徂徕，乃是江户兵学的高峰，江户兵学与《孙子兵法》的研究亦是如影随形，不可二分. 然而，孙子兵法的缺陷在完全没有水战，更遑论海战的想法，这严重影响到江户兵学，使得周遭四海包围的日本竟然严重缺乏海战思想.

这一点在大阪大学教授汤浅邦弘的《军国日本与孙子》一书里提到明治时期的海军中将秋山真之，在《海军基本战术・第一篇》提到中国兵法家时，居然没有提到孙子，而是吴子(吴起)，原因就在《孙子兵法》不提水战，而《吴子兵法》在应变篇里提到水战，讲到水的战术. 尽管如此，汤浅邦弘仍然从几个地方分析，认为秋山真之的海战战术基本上还是可以说受到孙子的影响. 比如在《海军基本战术・海军应用战术》就强调不战而屈人之兵，这毫无疑问就是来自《孙子兵法》. 另外更为具体的是在日俄战争，日本海海战时，日本联合舰队采取秋山真之的丁字法，就是来自《孙子・势篇》的奇正兵法.

《军国日本与孙子》这本书在时间点刚好接上《江户的兵学思想》一书，形成一个从江户初期到二战结束，日本以孙子兵法为中心的兵学思想史，这就是武国

日本的一大特色.这个特色,一桥大学教授若尾政希在《读〈太平记〉的时代——近世政治思想史的构想》里,从一个过去日本政治思想史少有触及,可是实际上在江户时代又广为流传教授的文本,试图勾勒武国日本的政治思想.这个文本就是《太平记评判秘传理尽抄》(简称《理尽抄》).

《太平记》就是日本南北朝时期的武家故事.《理尽抄》如此解释读《太平记》的目的:"《太平记》之评判者,武略之要术,治国之道也,非其器者,不可传授",这不就说地很清楚了,《理尽抄》把兵学与治国之道串联起来,看成相辅相成的关系.值得注意的是《理尽抄》不是一般所谓的儒学书籍(虽然有儒学影响的痕迹),而是武家物语的评论,不过却又有不少儒者参与阅读评论,比如著名的朱子学学者佐藤直方.若尾的论点是,从《理尽抄》更可以看到江户时期民众(以富农为主)的想法,更可以看到那个时代的实际情况,而这些在一般以汉文写的儒学著作里,很难看得出来蹊跷.再以若尾政希的话来说,就是以"读太平记"为主轴,从武士以及思想家到一般民众的思想,才能有整体的掌握.

除此之外,《读〈太平记〉的时代》也处理到江户时期政治体制与佛教的密切关系,在《尽理抄》中对(主要是非禅宗的)佛教虽然有批判,但仍然将佛教视为国家安稳的基础,因为佛法有利于教化,与儒教与神道一同使人知道践行三纲五常,但是佛教必须服从王法,接着以冈山藩为例子,说明冈山藩如何将佛教编入体制统治民众,如何成为禁止基督教的一环.在此,这又回到江户日本的国家性质问题.

前东大社会科学研究所教授平石直昭的《日本政

治思想史——以近世为中心》一书里，劈头就讨论江户初期的国家体制与意识形态建设与反基督教有关，而参与制定反基督教的人，早期以佛教僧人为主，特别是临济宗京都五山之上南禅寺的僧人以心崇传，起草禁止基督教的法令，其中提到的理由就是日本是神国，并且以所谓的本地垂迹说，说日本也是佛国，同时日本又古来学习儒教，因而成为三教之国，所以必须禁止与排除基督教.

至此不言而喻，江户日本可说是一个神道，佛教，儒家杂居体制内的宗教与教育之国，这岂又是“周制”可以概括？简单总结，江户日本是一个武家封建三教杂居的锁国体制，这没办法单纯地挪用中国历史比附来理解，在锁国这点日本反而与中国明清接近，属于日本学者荒野泰典所谓的东亚海禁体制的一部分.

### 3. 战前日本是“家族国家”

旧历 1867 年 12 月王政复古，一个月后在 1868 年 1 月京都南郊爆发鸟羽・伏见之战，前幕府军在几天内迅速败退，明治新政府正式成立；启动明治维新. 虽然，在思想上江户到明治有连续性，然而在政策上，有些却可能给人有巨变的观感，前年物故的一桥大学荣誉教授安丸良夫的《诸神的明治维新》就谈到明治初年，在日本掀起一阵“废佛毁释”的风暴，其中最大最引人关注的破坏，就是原来在奈良的兴福寺，除了原来属于兴福寺的春日社独立成为今日的春日大社（神佛分离政策），兴福寺被拆的所剩无几，剩下的一些凤毛麟角今天散落在奈良公园里，好像是劫后的断壁残垣.

安丸这本书交代整个“神佛分离”与“废佛毁释”的

来龙去脉,不消说也是从江户时期说起.从江户中期开始,儒学对佛教的批判逐渐高涨,到后来神道对佛教的批判,更形犀利,此起彼落,导致在江户时期,早已经有少数的藩实行神佛分离与去佛教化政策,比如水户藩,长州藩,冈山藩,会津藩,淀藩等,这些在江户时期就已经展开去佛教化的藩,几乎都是特别重视儒学的藩.所以,三教杂居的日本从江户后期,也大概是 19 世纪开始,就出现松动,只是重大的裂痕,到了明治初年才一下子因为改朝换代而呈现出来.

“废佛毁释”以后,佛教被排除在体制以外,留在体制内的儒教与神道,随后不久,其在体制内的教育垄断也被取消,明治政府不再独尊儒术,也并不厚爱神道或国学,很多人因此误以为儒教与神道就如同佛教被排除在体制之外,实则不然.法政大学法学院教授关口澄子(すみ子)在其书《国民道德与性别——福泽谕吉·井上哲次郎·和辻哲郎》分析这三位懂西学谈西学的思想家,其实他们的国民道德主张或多或少都类似儒教思想主导的《教育敕语》(1890),福泽谕吉也不例外.

而且,福泽谕吉从未表态反对《教育敕语》,更有意思的是关口的分析之下,留学德国的和辻哲郎,其思想与江户时期古学派的伊藤仁斋相当接近,关口更进一步发现和辻哲郎研读伊藤仁斋的证据(在和辻哲郎所藏伊藤仁斋的著作划线与笔记).因此可以看到日本明治维新以来在朝在野的知识人,都走向一个重视家庭伦理的国民道德论,最后,关口得出结论日本自明治以来成为一个自称的“家族国家”.

这个家族国家的主导意识形态,具体而言,就是国体论,国体论可见于《教育敕语》与《大日本帝国宪法》这两份战前日本宪法级的文件，在《教育敕语》正文里，更是直接提到国体一词. 国体论可以上溯到江户后期水户藩藩校、弘道馆初代首席教授会泽正志斋的《新论》(1825)一书. 在《新论》里，国体的内容，简单说，便是基于宗法大宗论的万世一系说法，这个说法来自会泽对公羊学的解释，在明治时期，上面提到松田宏一郎书里谈论的穗积八束，他对国体论的一个理解就是日本的国体为祖先教. 虽然，穗积八束不认为祖先教是日本或儒教所独有，他同时强调古代罗马亦是奉行祖先教. 然而在日本的历史情境，祖先教就只能是儒教而已.

祖先教在大阪大学荣誉教授加地伸行的畅销书《何谓儒教》里，就是儒教两种宗教性的一个(祖先祭祀)，另一个就是以孔子为中心而形成的宗教性(孔子教/孔庙)，而且作为祖先教的儒教(原儒)早于作为孔子教的儒教，同时亦更广为流传，不像孔子教只是读书人的宗教. 加地伸行的《何谓儒教》出版于 1990 年，当时全球包括日本研究儒学的人，绝大多数对儒学的宗教性或宗教维度，不是忽略，就是否定，所以《何谓儒教》相当有划时代的意义.

最有意思的提示是，加地伸行将儒教/儒学的宗教性分成祖先教与孔子教两种，其实很能有效解释儒教在日本明治维新以来的命运. 那即是尽管日本将儒教拆成两块，不再独尊以孔子为中心的儒教，日本却更加巩固作为祖先教的儒教，将祖先教看成是日本国体的内容，并且提高到宪法的地位. 其实，在会泽的国体论里，孔子的地位已经很暧昧而没有特别的安置，已经似乎预告后来孔子教的地位. 这里又可以看到从江户后

期到明治的连续性. 最后抄录日本文部省公布《教育敕语》汉文版全文,可以令读者细细咀嚼,反复思考明治维新所建立的战前日本究竟为何：

“朕惟我皇祖皇宗、肇國宏遠、樹德深厚. 我臣民克忠克孝、億兆一心、世濟其美. 此我國體之精華、而教育之淵源亦實存乎此. 爾臣民,孝於父母、友於兄弟、夫婦相和、朋友相信、恭儉持己、博愛及衆、修學習業、以啓發智能、成就德器；進廣公益、開世務、常重國患、遵國法、一旦緩急、則義勇奉公、以扶翼天壤無窮之皇運. 如是者、不獨爲朕忠良臣民、又足以顯彰爾祖先之遺風矣.

《徳川がつくった先進国日本》
(日)磯田道史 / 著
文藝春秋
2017 年 6 月

《日本政治思想史 － 近世を中心に》
(日)平石直昭 / 著
放送大学教育振興社
1997 年 6 月

《'維新革命'の道
-'文明'を求めた十九世紀日本》
(日)苅部直/著
新潮社
2017 年 3 月

《軍国日本と"孫子"》
(日)湯浅邦弘
筑摩書房
2015 年 10 月

斯道也,實我皇祖皇宗之遺訓、而子孫臣民之所當遵守、通諸古今而不謬、施諸中外而不悖.朕庶幾與爾臣民、俱拳拳服膺、咸一其德".

《近代日本の陽明学》
(日)小島毅/著
講談社
2006 年 8 月

# 第27章 一封来自日本的信——2018年日本社会和生活水平现状[①]

这是一个中国企业派驻到日本常驻工作的中国80后读者的来信，作者毕业于国内211院校，从2009年开始，长期负责日本区域的工作，由于工作性质需要和日本方方面面进行接触，对日本最新的情况非常了解．本章的文字为作者撰写，以及所有的照片都是作者本人拍摄．本章是从作者的视角系统介绍下2018年日本真实的现状，虽然限于篇幅原因无法过于展开，但是总体情况介绍的非常清晰．

来信全文如下：

现在来日本旅游的中国人越来越

① 摘编自公众号：宁南山读者，2018－2－21．

多，甚至赴日旅游不一定比去三亚或者东北雪乡贵. 在 2009 年我第一次来日本工作的时候，几乎没有什么朋友过来，这一次来日本约有两年时间，已经不同程度接待过好几拨国内来的朋友. 2017 年仅仅是来自中国大陆的游客就达到 730 万人，同比增长超过 15%，超过韩国的 714 万人，成为日本最大的客源地. 中国台湾和中国香港的游客总数也接近 700 万. 未来只要中日关系不发生严重对立，中国赴日游客破千万可能只是时间问题. 假设没有福岛核事故发生，我想现在可能就破千万了.

谁也不能否认中国人现在越来越有钱了，欧美澳太远，新马泰去过，文化相近、旅游资源丰富的日本对于很多人来说是个不错的选择，甚至很多游客都是回头客. 客观地说，日本是大多数中国游客“来了都说好”“来了还想来”的国家. 几乎所有第一次来日本的中国游客都惊叹日本的整洁有序，风景优美，轨道交通发达，服务童叟无欺(实际上有很多跟团游客在日本购物被宰，属于中国人骗中国人). 我的很多朋友第一次来日本都是赞不绝口，认为国内和日本差距很大.

确实这些都是事实，在一个中国游客眼里，日本几乎是完美的，从我在日本生活几年的感受来说，日本也是有很多值得我们学习的地方，但是我们的眼睛看到的往往只是局部，日本还有很多其他方面是普通游客难以发现的，也不像网络上很多吹捧日本的文章那样“无敌”. 先来说说日本现阶段较之国内的“先进之处”. 后面讲一讲日本的死穴在哪. 既要承认差距，也不能妄自菲薄.

国内游客来到日本，第一印象就是日本街头干净

整洁,路边连个垃圾桶都找不到.一个月不用擦皮鞋不是段子而是真实存在的.人到了一个特别干净有序的环境大都也变得注意自己的言行,一些朋友就出于不给祖国丢脸的想法而特别留意在日本言行举止有哪些禁忌,例如注意日本的垃圾回收分类方法等.我们在日本生活的中国人也大都能够按照日本的垃圾分类方式进行分类,周一、周四早上扔可燃垃圾,周五扔瓶瓶罐罐等资源垃圾,并没有觉得有多么烦琐,习惯成自然.

图 1 为东京街头的可燃垃圾回收点.

图 1

实际上在国内很多城市,人们的卫生习惯越来越好,纵向比较我们是有不小的进步的,但日本这方面确实是我们学习的榜样.从长远来看,我国垃圾分类回收应该试点建立垃圾分类回收体系,让垃圾真正变废为宝.从 2018 年 1 月 1 日起中国颁布了洋垃圾禁令,原来包括日本等国的很多洋垃圾是作为可再生资源被进口到中国的，现在是中国充分消化本国垃圾的时候了.

有朋友到东京来，我一般会带他们登高俯瞰东京，在东京最繁华的涉谷附近就有一个高高的烟囱，那就是涉谷区的垃圾焚烧工厂. 一个垃圾焚烧工厂就建在最繁华的市中心，而且几乎看不到烟囱里冒烟，这个垃圾处理厂已经彻底融入社区了，几乎没有人觉得它有什么违和感. 实际上日本几十年前在建设垃圾焚烧厂的时候也面临过市民抵制运动，后来公开透明的运营体制化解了民众的对立情绪，甚至一些垃圾处理厂成了环保教育的基地向市民和学生开放参观. 在涉及社会关切的问题时，公开透明接受社会监督是最好的解药.

中国游客在日本会发现日本的街头异常安静，几乎没有汽车鸣笛，司机们开车不急不躁，路上交通秩序井然. 这也让不少人叹服. 说实话在日本开车觉得非常省心，不用时时刻刻留意有没有加塞强行，该让别人就让，别人该让你也会让，并线的时候都是两个车道的车依次交替. 有人以为日本司机驾车这么规矩是不是摄像头很多，实际上却完全相反，从直观上感觉东京街头的摄像头数量并不多. 东京街头一些路口有时候能看到一些警方设置的寻找交通事故目击者的看板，就是因为摄像头不够才无法锁定嫌疑车辆. 不按喇叭也成为司机们的心照不宣的做法.

图 2 为东京道路，一般都不怎么堵车.

日本交通事故死者人数逐年走低，去年降至不到 4 000 人，而且其中很大一部分肇事者都是老年司机，2016 年 75 岁以上老年司机肇事致人死亡的比例占到了全体的 13.5%. 日本电视上常出现七八十岁的老年

图 2

司机开车撞死、撞伤中小学生的新闻.除了对老年司机进行严格体检外,日本警方还呼吁老年司机主动上交驾照.日本的现状是都市的年轻人不买车,农村的老年人反而出行更多地依靠汽车.日本 75 岁以上老年人中有约 500 万人持有驾照,上交驾照虽然安全,但对于很多老年人来说带来的却是出行不便.由于年轻人集中在大都市圈,公共交通发达,虽然车价便宜但养车成本不菲,因此日本年轻人对汽车并不感冒,日本的新车销量连连下滑,能达到 500 万辆就是好业绩了.2017 年中国汽车销量接近 2 900 万辆,同比增长 3%,再创历史新高,连续九年居全球第一.未来日本车企将越来越倚重于中国市场.在家电、消费电子等行业全面败退的情况下,汽车及其相关行业成为日本经济的顶梁柱,撑起日本经济的半边天.

现在到日本旅游的人越来越多地选择民宿,由于价格上相对酒店便宜不少,不少中国人在日本开设民宿,甚至很多人在东京等地买房投资用于出租或者做民宿.

实际上近些年随着国内房价的飙升,相比较日本的房价显得相对唾手可得,尽管随着东京奥运会的临近,东京的房价这几年也有超过 10%的上升幅度. 近年来在日本买房投资的中国人越来越多,现在 5 000 万日元(约合 290 万元人民币)在东京远郊还能买到大约 80 平方米的房子. 由于交通发达,东京周边到山手线(相当于北京二环)的池袋、新宿、品川等地也用不了半个小时,所以很多东京的上班族住在横滨.

另外,日本的房产是永久产权,也没有什么建筑面积一说,就是实际的使用面积,而且都是精装修,在日本买房你不用成为装修行家. 日本的房产要征收固定资产税和都市计划税,这里面有一套十分复杂的征收办法,整体来说征收额约为千分之四,5 000 万日元的房产一年差不多需要缴纳 20 万日元的税. 按照人民币汇率的话,就是大约 296 万人民币的房子一年要缴纳 1.18 万元的税.

换句话说,一个深圳、上海或者北京的居民执行同样的标准,居住的房子如果是 600 万人民币的话,一年需缴纳 3.37 万元人民币.

日本官方统计在日华人有约 70 万人,加上每年 700 多万的中国大陆游客,虽然中国人在日本大举买房置地,日本的房价近些年也随着东京奥运会的临近而上涨,但同时大量空宅却成为日本一大社会问题. 东京目前就有约 80 万户空宅,约占全国总数的 10%. 日本野村综合研究所一项研究称,到 2033 年,日本全国空宅将达到约 2 150 万户,届时几乎达到三室一空的程度,可见日本的老龄化多么严重.

图 3 为东京市区的废弃房屋,马路对面就是威斯丁酒店.

图 3

日本的出生人口已经连续两年低于 100 万,而死亡人口每年要比出生人口多出三四十万.日本现有人口约 1.27 亿,根据日本国立社会保障人口问题研究所的推测,50 年后日本人口将减少至约 8800 万,只有目前的三分之二.

很多游客玩够了日本的都市景点之后,向往日本的乡村游,网上也能看到一些赞美日本农村的文章.日本确实是城乡差距极小的国家,乡村甚至比城市还要干净整洁.

图 4 为北海道农村.

图 4

图 5 为日本富士山附近农村.

图 5

日本农民的地位和收入也都不低,在很多地方手握选票的农民成为政党争相讨好的对象,长期执政的自民党一直极力维护农民的利益,因此日本农村被认为是自民党的重要票仓.但即使风景如画的日本农村,

也留不住日本年轻人，日本人口向三大都市圈集中的趋势一直无法逆转，很多农村地区愈发凋敝. 日本政府为了避免首都一极集中，计划禁止东京核心的23个区的大学增加招生名额，并新设补助金项目支持其他地方大学. 但是这一计划遭到了东京都知事小池百合子的反对.

据日本农林水产省的一项统计，2015年日本农业人口约有209万，比5年前减少20%. 农业人口的平均年龄为66.3岁. 2016年日本自民党一项研究分析，到2050年日本总人口勉强超过1亿，其中农业人口将减少至100万，其中85岁以上者占到农业人口的30%. 这一数字非常可怕，很多地方将陷入人口流失的恶性循环，人口越流向大城市，当地的基础设施和活力越不足，越加剧人口流失. 可以说广大日本农村地区将漂漂亮亮地、慢慢地泯灭. 中国的很多农村也面临着和日本一样的问题，只有老年人才留下来种地，我已经很久没有回到农村的老家了，两三年前夏天回去时几乎只能见到老人还在留守. 但中国的农村土地一旦顺利流转，将在现代农业大规模集约化管理下创造巨大的价值，这一点是日本农村无法比拟的.

日本农业由于自然环境所限，经营比较分散，缺乏国际竞争力，长期的农业保护政策让日本的农产品价格特别的高，在冬季气候不好的时候，一颗大白菜竟能卖到800日元(约合46元人民币). 所以在日本超市里白菜基本上是切成一半或者四分之一卖的. 夏天超市里的西瓜大约1 500至2 000日元一个(约90元人民币至 120 元人民币),再加上城市里很多单身者,所以西瓜也有切成丫卖的,一般一丫卖二三十元人民币.其他的日本国产蔬菜水果等也都较贵,大米 5 公斤一袋约 2 000 日元(约 120 元人民币),黄瓜、土豆、胡萝卜通常需要 3 元人民币一个.

图 6 为日本超市的蔬菜.

图 6

在国内通常进口产品比较贵,但是在日本却相反,进口货(豪车、奢侈品除外)却相对便宜,因此日本商家常常以"国产"为卖点.例如,日本较便宜的水果是从菲律宾进口的香蕉、菠萝等热带水果,平均一个香蕉只一两块钱,一个大菠萝也仅要 20 多元人民币.肉类也是进口的便宜,比如巴西鸡肉、澳洲牛肉、美国猪肉、智利水产品等.来自中国的农产品售价也远低于日本同类产品,例如,一个日本蒜头的价格能够买好几个进口蒜

头.进口花生的价格也远低于日本国产花生.

图 7 为进口香蕉,100 日元一袋,非常便宜.

图 7

据中国商务部报告,2017 年 1—5 月,中国对日出口食品金额约为 35.5 亿美元.这一数字看似不少,但在超市购物中感觉实际接触到的中国食品并不太多,原因主要在“业务店”里,也就是消费中国食品的主要是日本的餐饮业.

说到物价就要说到日本人的收入,日本人平均年收入约 420 万日元(约合 25 万元人民币),男性平均收入(521 万日元)约为女性(276 万日元)的 2 倍.而且正社员和派遣员工的收入也有很大的差距.东京的平均年收入较高,达到约 600 万日元(约合 35 万元人民币).日本人的收入通常跟年龄资历挂钩,一般刚毕业的学生年收入不到 300 万日元,30 多岁的人平均收入为 400 多万日元,50 多岁的人平均收入超过 500 万日元. 相较中国人的平均年收入来说,这个收入并不低,但对于大多数日本上班族来说手头并不宽裕.

虽然汽车、服装、消费电子产品价格和中国差不多甚至还要便宜,但是日常消费物价还是很贵的,一般男性理发需要 4 000 日元(约合 240 元人民币)左右,最便宜就是理发千元店,税后 1 080 日元(约合 64 元人民币). 短距离电车费一次通常需要 200 日元(约合 12 元人民币),去远点的地方就要好几百日元. 日本的通信费也非常高,我的苹果两年合约机每月需要近 1 万日元(约合 590 元人民币). 在东京租房每个月轻松花费 10 万日元(约合 5 900 元人民币). 由于在日本国内生活不易,一些日本年轻人选择出国,日本电视上曾经播放过日本年轻人到菲律宾等东南亚国家工作的节目,虽然收入只有不到在日本的三分之一,但是生活水准却高出一大截. 多年前日本 NHK 电视台就制作过一档专题节目,讲述日本年轻人到中国寻找机会并拼命留下的故事.

老龄化和少子化是日本社会面临的最为严重的问题,最直观的感受是,在日本老年人满街跑,孕妇难得看到一个. 去年[①]日本出生人口仅有 94 万,还不如总人口 8 000 多万的四川省(图 8). 虽然日本政府多年来极为重视,却难见成效.

---

① 编校注:此处及图 8 数据为 2017 年数据.

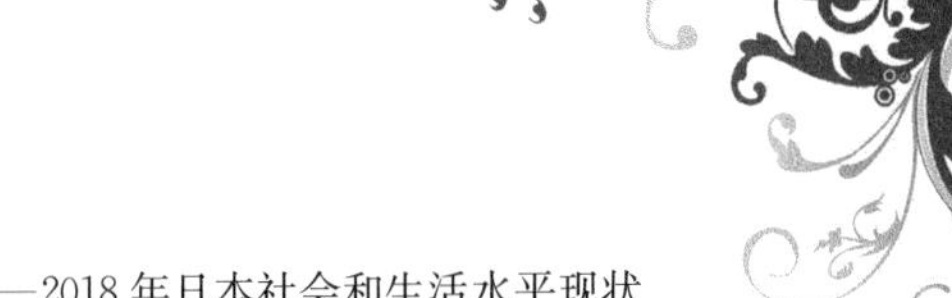



| 日本与中国各省市新生人口数量比较 | | | | |
|---|---|---|---|---|
| 排名 | 省市 | 出生人口 | 总人口 | 出生率 |
| 1 | 山东 | 177 | 9946 | 1.78% |
| 2 | 河南 | 161 | 9532 | 1.69% |
| 3 | 广东 | 129.4 | 10999 | 1.18% |
| 4 | 四川 | 95.4 | 8262 | 1.15% |
| | 日本 | 94 | 12681 | 0.74% |
| 5 | 湖南 | 92.3 | 6822 | 1.35% |
| 6 | 河北 | 84 | 7470 | 1.12% |
| 7 | 安徽 | 79 | 6195 | 1.28% |
| 8 | 江苏 | 77.9 | 7998 | 0.97% |
| 9 | 广西 | 77 | 4838 | 1.59% |
| 10 | 湖北 | 76.3 | 5885 | 1.30% |
| 11 | 浙江 | 62.4 | 5590 | 1.12% |
| 12 | 江西 | 61.59 | 4592 | 1.34% |
| 13 | 云南 | 61 | 4770 | 1.28% |
| 14 | 福建 | 56 | 3874 | 1.45% |
| 15 | 贵州 | 47.4 | 3555 | 1.33% |
| 16 | 陕西 | 41.8 | 3812 | 1.10% |
| 17 | 重庆 | 38.3 | 3048 | 1.26% |
| 18 | 山西 | 37.8 | 3681 | 1.03% |
| 19 | 新疆 | 36.8 | 2398 | 1.53% |
| 20 | 甘肃 | 31.8 | 2609 | 1.22% |
| 21 | 辽宁 | 28.9 | 4377 | 0.66% |
| 22 | 黑龙江 | 25.1 | 3799 | 0.66% |
| 23 | 北京 | 23.97 | 2172 | 1.10% |
| 24 | 内蒙古 | 22.7 | 2520 | 0.90% |
| 25 | 上海 | 21.84 | 2419 | 0.90% |
| 26 | 吉林 | 15.28 | 2733 | 0.56% |
| 27 | 海南 | 13.4 | 917 | 1.46% |
| 28 | 天津 | 11.5 | 1562 | 0.74% |
| 29 | 宁夏 | 9.2 | 674 | 1.36% |
| 30 | 青海 | 8.7 | 593 | 1.47% |
| 31 | 西藏 | 5.2 | 330 | 1.58% |

图 8

日本是健康长寿大国，2016 年日本人的平均寿命，男性为 80.98 岁，女性为 87.14 岁. 相比上一年，男性的平均寿命增加了 0.23 岁，女性增加了 0.15 岁，均创下最高纪录. 日本男女的平均寿命均紧随中国香港排名世界第二. 日本光是百岁以上老人就超过 250 万人，养老产业成为日本的一大产业，就连索尼、松下这样的企业都大举进军养老产业，经营养老院，并视其为重要的业务增长点.

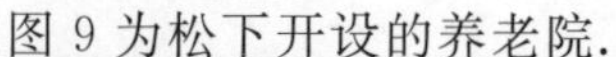

图 9 为松下开设的养老院.

图 9

日本政府债务问题在全球属于最恶化的国家之一，去年年底日本国家债务总额接近 1 086 万亿日元，约合 10 万亿美元，相当于人均负债约为 78 600 美元. 高负债让日本政府的财政状况捉襟见肘，尤其是养老金压力方面很大，政府预算的近三分之一拨给主管社会福利的厚生劳动省，养老支出的比例高了，自然支持育儿的力度就“相对不足”. 虽然日本政府在女性育儿方面给予了一定的支持，例如提供 42 万日元(约合2.5

万元人民币)生产育儿补助金等生育补贴使得生孩子个人负担费用很少,此外还提供每月 1 万日元(590 元人民币)的儿童津贴直到初中毕业,由于小孩在日本读书,就连作为外国人的我也能得到每月 1 万日元的儿童津贴.但这些费用相对于庞大的育儿教育支出几乎杯水车薪,对提高生育率的实际作用不大.

日本若想要真正实现生育率的大幅提高,必须采取更加给力的补贴政策,就像网上流传的一则谣言一样,生一个孩子给 1 000 万日元(约合 59 万元人民币).但由于财力有限,加上手握选票的老年人众多,日本政府不敢轻易削减养老支出以补贴育儿.实际上日本政府不敢削减任何一个群体的福利保障,反而要不断开出"支票",否则选票不保,例如自民党最新开出的支票是"免费上大学".可见和当前巨大的生活成本相比,少量的金钱育儿奖励只能是锦上添花,绝不会雪中送炭.不仅日本少子化,主要发达国家和地区也一样,少子化是社会发展到一定阶段的必然现象,几乎还没有一个国家或地区能逃脱这一自然规律.

细看日本少子化的原因,年轻人不婚是一个重要因素.约四分之一的日本男性 50 岁之前从未结过婚,约七分之一的女性亦是如此.日本著名广告公司博报堂 2017 年一项调查显示,日本人的"终生未婚率"还将持续攀升,到 2035 年日本男性的"终生未婚率"将接近 30%,女性将接近 20%."超单身社会"和"单身大国"正在成为日本的新"标签".到 2035 年日本 15 岁以上人口中约有 4 805 万是单身者,有配偶者约为 5 279 万,即约有一半日本人会过单身生活.

据日本社人研统计,预计日本 2035 年的人口比现在减少 1 500 万人，下降到 1.12 亿，其中 50 岁以上人口占 55%以上，日本正在迅速变成一个老年人国家.

经济发展趋于停滞、收入下滑是导致很多人不想和不能结婚的重要原因，尤其是非正规就业和收入下降导致很多男性无力结婚. 日本人要么不结婚生子，要么就生两三个，以我了解的情况，我的孩子在日本学校的同学大都有兄弟姐妹.

个人感受是日本的育儿环境很好. 加入国民健康保险儿童医疗全免费，小孩生病不用挤大医院，去最近的儿科诊所即可，医药分开，医生收入仅靠诊疗费（和政府结算），所以不存在过度医疗的问题，每次去儿科诊所看病，医生给开一个处方单，再去外面的药局取药，往往就是给几粒药丸而已，连一整盒都不会给. 和国内 3 岁起上幼儿园不同，在日本 0 岁即可上保育所，因为日本通常不存在爷爷奶奶帮忙带孙辈，孩子基本上都是父母自己带，我曾在保育所看到过还在襁褓中的几个月大的婴儿.

传统的日本式家庭是男主外女主内，由于经济环境不佳，日本夫妻都工作的比例越来越高，目前夫妇都工作的家庭有约 1 100 万户，而专业主妇家庭约有 660 万户，这一数字和 1980 年几乎正好颠倒. 因此对保育所的需求也更多了，保育设施不足导致“待机儿童”问题也成了日本的一大社会问题，日本政府想要扩充育儿设施的努力一直迟迟难以兑现.

短暂到日本游玩的中国游客确实可以看到一个近乎理想的日本，空气清新，物美价廉（一些商品比在国内购买便宜），服务一流（一些人的感受是服务水准也有所下降），一尘不染（小部分繁华地段也不干净），路

不拾遗(偷窃事件很少,失物找回的概率很大),旅游资源丰富且门票不贵,城乡差别不大.

除了严重的少子化和高政府负债以外,日本目前存在的一些现象:

1. **日本经济原地踏步 20 年.**

从 1995 年前后日本 GDP 就达到 5 万亿美元,至今 20 多年日本 GDP 几乎原地踏步,2017 年约为4.88 万亿美元. 而中国自 2010 年超过日本后,中国 2017 年 GDP 总值为 82.7 万亿元,在短短 7 年时间里,中国 GDP 翻一番,达到日本的 2.65 倍.

日本人均 GDP 也从 1995 年世界第 3 位大幅下滑到目前世界第 25 位.

仅仅在二三十年前,中国的人均 GDP 还几乎只有日本的百分之一,也就是日本人均是中国的 100 倍,2010 年时日本人均 GDP 还是中国的近 10 倍,2017 年时日本只是中国的 4 倍. 未来中日两国人均 GDP 的差距还将不断缩小.

十几年前很多中国人还向往到日本做“研修生”(实际上的外来劳工),如今中国国内的工作机会和收入都有大幅提高,中国赴日研修生人数也降至约 8.5 万人,而在 10 年前约有 15 万人. 虽然中国基尼系数很大,但是在庞大的人口基数下,富裕阶层和广大中产阶层的海外消费能力还是让各国垂涎. 有关中日两国经济形势的比较,我就不再赘述.

图 10 为松下电视机的生产线.

图 10

**2. 日本科技和高等教育水平在不断下滑.**

英国权威刊物《泰晤士高等教育》公布的 2018 年亚洲大学排名显示,与去年相同,日本仅东京大学进入前十,但从去年第 7 位降至第 8 位. 在不久的将来亚洲前十没有一所日本大学将是大概率事件. 东京大学的"退步"也是日本整体科技实力退步的一个缩影. 东京大学诞生于 1877 年,一百多年来是毫无疑问的亚洲第一名校,在日本社会有着举足轻重的历史性地位. 东京大学迄今共培养了 11 位诺贝尔奖得主,15 位日本首相,远远超过其他日本名校. 自 2013 年《泰晤士高等教育》开始发布排行榜起,东京大学曾连续 3 年居首位,但 2016、2017 年降至第 7 位,今年更是后退至第 8 位. 日本媒体称随着中国高校的崛起,东京大学的第 8 位今后可能也难以保住.

在这份榜单中,跻身前 100 位的日本大学包括东京大学、京都大学、大阪大学等 11 所,较上一年减少 1

所.自 2013 年《泰晤士高等教育》开始发布排行榜起，东京大学确实“当之无愧”地三连冠，那么在同一份排行榜中，东京大学为何在 2016 年后出现大幅度滑坡呢？这主要还是日本在教育科研上的投入相对不足.

虽然有人指出这些指标对日本大学不公平，例如东京大学在“国际视野”上吃亏，没有香港和新加坡高校那样的国际化环境，有些日本研究人员的论文发表在国内期刊上，等等.但日本大学和研究机构的衰落是日本人自己都看在眼中急在心里的.2018 年 2 月 10 日期日本《东洋经济》杂志发表了题为“大学崩溃”的特辑，大篇幅报道了日本大学面临的危机等，指出日本的科学研究在过去十几年间无论从质还是从量上来说都在急剧下落.主要发达国家中只有日本科技论文全球排名下跌，从 1993 年以来的第 2 位跌落至 2013 年至 2015 年的第 5 位，高引用的论文数量也同期从第 4 位跌至第 10 位.而中国的这两项排名都有了巨大飞跃，截至 2013 年至 2015 年跻身世界第二.

**3. 日本对中国经济、科技发展成就的关注越来越多.**

和好几年前相比，这一次到日本在日本媒体上有一个很直观的感受就是报道中国的经济和科技的新闻越来越多，特别是《日本经济新闻》对中国的经济、科技报道最为客观全面.例如，中国的航空航天成就，歼 20 等军事装备服役，中国发射量子通信卫星，中国移动支付迅速普及加快无现金化，中国共享单车进军日本，等等.以前是日本首发的一些“黑科技”，现在反而是频频出现在中国，日本人反而成了“乡巴佬”.就连一向敌视中国的《产经新闻》也不得不承认日本与中国差距明显.《产经新闻》报道称中国科学院是“世界上最大的大脑集团”,与日本理化学研究所(相当于日本的中科院)相比,中国科学院的研究人员近乎日本理化学研究所的 20 倍,年预算是日本理化学研究所的 10 倍.中国近年来发展势头迅猛,与科学技术显著衰落的日本差距显而易见.

图 11 为 2018 年 2 月 15 日日本《读卖新闻》关于深圳高科技革命的报道.

深圳発ハイテク革命

改革・開放 40年

第1部 「新時代」へ ①

夢の先に統制の

图 11

日本很强,但国人应该逐渐适应日本已经在部分领域落后中国的现实.

国内网络上有很多吹捧日本科技如何发达的文章,严重偏离事实,一种是不了解日本,未踏足日本半步,在几十年来各种日本神话光辉下产生了崇拜心理,实际上日本战后能取得这样的成就确实堪称伟大,但时代已经变化.

还有一种是很了解日本，例如少数在日华人等，有些甚至跟日本人一样不能接受中国大踏步超越日本，日本人自己都承认的失败和衰退他们不承认. 在他们眼中日本不会失败，永远都是中国的老师.

实际上，在日本，一向强大的日本电子品牌公司在终端产品上几乎完败，日本人购买的智能手机，苹果手机占据了一半以上的手机份额，苹果和华为的平板电脑在日本市场份额也是看不到对手. 一些沦为零部件供应商的日企日子并不好过. 例如，目前日本唯一量产显示面板的日本显示器公司(JDI)公布的 2017 财年前三财季(4 至 12 月)财报，净亏损为 1 006 亿日元(约合人民币 60 亿元)，这家公司或有可能被京东方收购.

近年很多日本公司在国际竞争中败下阵来，不得不将一些产业出售给中国公司，例如东芝，NEC，富士通，高田气囊，夏普等.

4. **日本社会的保守化，在新产业方面落后中国.**

日本没有像样的互联网巨头，唯一拿得出手的互联网公司就是日本雅虎，去年的营业利润不到 20 亿美元. 到现在还有不少日本人在使用翻盖手机，近日台湾地震日本首相安倍晋三给台湾送祝福写"台湾加油"时，桌上就放着一部翻盖机. 就连日本人最常用的即时通信软件 LINE 也不是日本人搞出来的，而是由韩国互联网集团 NHN 的日本子公司推出的. 在中国路边摊都能扫码支付的时候，日本的个人消费现金支付依然超过一半.

且 2017 年底日本一项调查显示，反对无现金化的人数过半达到 51.4%，可见日本社会的保守性和僵化.整个社会的老化让日本在创新领域行动保守而缓慢.

人工智能领域,2017 年底,本田公司宣布和中国商汤科技公司签订了为期 5 年的联合研发协议,研发自动驾驶 AI 技术.汽车巨头本田公司为何要和一个 2014 年才成立的中国创业公司合作,显然中国公司在这方面拥有本田需要的技术,而日本国内还找不到一家这样的人工智能公司.

《日本经济新闻》等曾统计过 2012 年至 2016 年各国研究机构及大学等有关 AI 的论文被引用的次数.结果发现中国大学等被引用次数迅速增加,美国微软和谷歌等公司以及麻省理工等大学名列前茅.在前 100 位中美国的大学和研究机构达到 30 家,中国也有 15 家,中美两强的存在感正在加强,而日本只有一家东京大学排在第 64 位,日本在人工智能领域的研究明显落后.

《日本经济新闻》日前报道称:"从基于风险投资和并购的对金融科技企业投资额来看,美国具有压倒性优势,2017 年达到约 150 亿美元.欧洲各国和中国次之,而日本还不到美国的 1%,令人遗憾."到 2030 年,美国可能仍然力压其他国家.另外,中国的存在感迅速提高.在金融科技的全球最新排名中,阿里巴巴集团旗下 3 家企业垄断了前 3 位.在前 10 位中,中国企业也有 5 家榜上有名.

**5. 日本在汽车,文化和旅游产业依然有强大优势.**

在美国《财富》杂志公布的"2017 世界 500 强企业"排名中,中国上榜公司数量继续增长达到了

115 家，上榜公司仅次于美国，美国上榜公司数量为 132 家，排名第 3 的日本有 51 家公司上榜. 其中丰田公司高居世界第 5，营业收入达 2 547 亿美元，利润达 169 亿美元，排名 29 位的本田公司营业收入达 1 292 亿美元，利润也有 56.9 亿美元. 44 位的日产公司营收约 1 081 亿美元，利润约 61 亿美元. 这个榜单的前 30 名中日本只有丰田和本田两家公司.

日本最赚钱的几家公司就是这三大汽车公司加上通信行业的日本电报电话公司和软银公司. 庞大的日本邮政虽然高居全球第 33 位，但却是负利润. 尤其是三大汽车公司的产业带动作用巨大. 此外日本在工业机器人、半导体、材料等领域还有相当的国际竞争力.

一些熟悉中日两国国情的日本人也承认，日本的体量完全和中国没法比，日本也不应该跟中国比，而是应该做好小而美的日本，并跟中国合作而不是对抗.

日本的文化软实力，日本的文化娱乐产业的影响力无需多言，日本的历史文化、动漫产业、日餐文化等在全世界依然有着非常高的人气，日本政府的目标是到 2020 年吸引 4 000 万人访日，旅游业在日本经济中的比重将越来越大. 日本观光厅 2018 年 1 月 16 日发布的访日外国游客消费动向调查显示，2017 年访日外国游客累计旅行消费额同比增长 18%，达到4.416 1 万亿日元(约合 2 628 亿元人民币)，连续 5 年创历史新高. 从各国情况来看，中国游客的消费额最高，达到 1.694 6万亿日元(约合 1 000 亿元人民币)，不断增加的个人游拉动了在日本的消费. 预计 2019 年春节长假出境游将达 650 万人次，再创历史新高，日本成为排在泰国之后最受中国游客青睐的出境游目的地. 日本商家为了迎接中国客人，纷纷开通支付宝和微信支付.

少子化、高龄化的日本目前发展趋于停滞，日本经历失去的二十年，未来既有可能继续失去，这是日本人自己都承认的不争事实，偏偏有很多人吹捧日本“低调的可怕”，“强大到让人窒息”，“产业转型升级”，“为下个一百年蓄力”，“海外还有一个日本”，“藏富于民”，等等，这是背离事实的.

我们当然要承认日本这个老牌发达国家几十年来的领先发展的巨大成就，上面那些日本的优秀之处都是日本充分发展后的成果，但也要看到日本正在衰老，国际竞争力下降的铁的事实. 中国巨大的人口规模和较高的人口素质是支撑中国经济腾飞的基石，但同时也要看到中国存在的像日本一样少子化、高龄化的陷阱，如果说日本的少子化、高龄化是日本社会充分发展之后的自然规律，那么中国的少子化、高龄化则是几十年来人为压制干涉的结果，日本的少子化没有回头路，中国如何避免重蹈日本覆辙，是一个迫切需要全社会集思广益解决的难题，这关系到中华民族的国运兴衰.

宁南山评论：

日本确实是个环境优美，整洁有秩序的国家，犯罪率低，无外来移民问题，城乡差距也小，服务业总体态度好，但是同时也是个年轻人看不到发展希望的国家，这是目前日本面临的最大问题.

为什么说看不到希望？一个日本年轻人，要论资排辈的等待年龄和资历的增长来实现收入的提升，等到了三四十岁，才达到日本收入的平均水平.

这个平均水平是多少呢？日本男性平均税前收入 30.74 万人民币，如果老婆在家全职的话，以日本的高

物价，还要养孩子，其实并不宽裕，无怪乎四分之一的日本男性到 50 岁还从未结婚，因为养不起老婆孩子.

比方说，你是个日本中年男性，年入 521 万日元(30.74万人民币)，税后 20 多万人民币，如果你房子价值 5 000 万日元(296 万人民币)，你还要交大约 1.18 万人民币的税. 再扣掉几万人民币房贷，剩余也就 20 万人民币左右，还要在日本高物价环境下养活一家四口人(老婆和 2 个小孩)，很难说经济上很宽裕. 如果不幸中年失业了，以日本那种比中国保守的多的就业环境，也很难跳槽找到合适的工作. 所以越来越多日本人选择不婚、不育来逃避经济压力，一人吃饱全家不饿.

对于日本女性来说，上班就更为不划算了，日本中年女性平均收入为 276 万日元(16.3 万人民币)，远低于日本男性平均收入，中国在缩小男女收入差距方面，做的是远远比日本好的.

日本社会出现低欲望，食草男，少子化，本质上还是日本经济发展停滞的结果，因为年轻人发现了一眼能看到头的未来，而且这个未来还并不吸引人，于是丧失了奋斗的动力，玩游戏，看动漫，反正以工资收入，吃穿是完全没问题的.

和日本相比，中国的薪资水平还有较大差距，但是上涨变化很快，应届毕业生三五年内薪资上涨 50%甚至 100%都是常见的，一个应届生毕业时候月薪5 000 元人民币，五年后月薪达到 1 万人民币实现 100%增长，并不会让多少旁人吃惊，这在日本就不可能了，要赚钱还是要在中国更有机会.

除了经济停滞，日本最严重的问题是不可逆转的老龄化，2035 年 55%的日本人年龄在 50 岁以上，这是非常可怕的，老年人的学习能力和可塑性都比不过年轻人，思想和思维方式都已经固化了，你可以尝试下说服广场舞大妈不要占着篮球场跳舞，我曾经尝试过让我家长辈不要存一年或者三年定期而是买余额宝，基本上完全无法说服.

老龄化会对科技创新和企业创新带来极大的负面影响.

下表为《知识分子》杂志上的对诺贝尔奖取得成果年龄的统计(表 1)，时间为 1901－1992 年，可以看出 26－45 岁是黄金年龄. 我国诺贝尔奖得主屠呦呦做出成果的时间就是 41 岁左右.

**表 1**

| 年龄组 | 化学 | 物理学 | 生理学或医学 | 所有领域 |
|---|---|---|---|---|
| 21～25 | 0.8 | 7.1 | 0.6 | 2.9 |
| 26～30 | 15.3 | 19.1 | 10.3 | 14.7 |
| 31～35 | 26.3 | 27.0 | 25.2 | 26.1 |
| 36～40 | 29.7 | 18.4 | 24.5 | 23.9 |
| 41～45 | 16.9 | 17.7 | 24.5 | 20.0 |
| 46～50 | 5.9 | 7.1 | 5.8 | 6.3 |
| 51～55 | 0.8 | 1.4 | 6.5 | 3.1 |
| 56～60 | 3.4 | 1.4 | 1.3 | 1.9 |
| 61～65 | 0.8 | 0.7 | 1.3 | 1.0 |
| 平均年龄 | 37.8 | 36.0 | 39.0 | 37.6 |
| 中位年龄 | 36.8 | 34.5 | 38.0 | 37.0 |
| 样本人数 | 118 | 141 | 155 | 414 |

同样还有企业创新，阿里，百度，华为，腾讯，比亚迪，网易，吉利，京东方，大疆，小米，……这些当代中国的领军企业，没有一个成立时创始人或核心创办人年龄超过 50 岁，年轻的互联网企业不要说了，王传福创

办比亚迪时 29 岁，汪滔创办大疆时 26 岁，1996 年吉利集团成立时李书福 33 岁，美的集团现任董事长方洪波在美的担任空调事业部总经理时也才 33 岁，任正非 43 岁创办华为，已经算是大龄创业者了.

年轻人是创新的主要基数，基数急剧减少意味着社会创新和科技创新动力迅速衰退，不只是日本，老龄化也是中国面临的严重问题.

# 日本何以能[①]

## 第28章

### §1　日本开国、维新的中国因素

1853年7月8日，四艘黑色外国巨舰突然出现在锁国已久的日本江户湾(今东京湾)水面.这是美国东印度舰队司令官佩里(Matthew Calbraith Perry)准将率领的4艘军舰组成的舰队，此行使命是将美国总统要求日本开国的信交给日本政府.佩里得到指令，如果日本最后拒绝，可以使用武力迫使日本开国.这是日本历史上划时代的事件，由

① 摘编自公众号:东方历史评论，2017－12－22，作者:雷颐.

此，日本被迫开国，进而维新，大踏步迈入“现代国家”. 在日本的开国和维新过程中，恰恰是中国起了西方了解日本、日本了解西方这种双向互动的窗口、中介作用. 这种窗口和中介作用，对日本的开国和维新起了重要的推动作用.

此时，中国的大门被打开已经整整十三年，中外贸易迅速增长，上海成为正在崛起的东方大都市. 这时，太平洋彼岸的加利福尼亚正式并入美国已经五年，同时，俄勒冈领土正在大规模开发. 美国已然成为太平洋国家，如能横跨太平洋，将大大缩短到中国的航行时间，大大减少正在快速增长的对华贸易成本，甚至有可能与对华贸易独占鳌头的英国一争高下；同时，美国捕鲸船队在大西洋竭尽全力但所获递减，逐渐将作业中心移到太平洋深处渔场，靠近日本附近的海域. 无论是跨洋贸易的商船、海军的炮舰还是捕鲸船，都需要日本提供港口，作为补给食品、水、燃料和避险之用. 然而，日本此时仍在实行有两百余年历史的严厉的“锁国”政策，只有长崎一港因历史原因允许中国和荷兰商船进入贸易，当然也有严格管制. 1825 年，幕府还颁布了《异国船只驱逐令》，规定在任何情况下，只要异国船只靠近海岸线，就要设法驱逐，可以使用武力，与其进行任何沟通、提供补给都是违法的. 如何尽快打开日本大门，成为美国的急迫要求.

打开日本大门，首先要了解日本. 日本严密锁国，很难管窥一斑，中国的澳门、广州和香港，于是早早成为西方了解日本的窗口和中心.

鸦片战争之前，葡萄牙占据的澳门是传教士的重点，广州允许欧美商人在城外设立商馆，虽然规定外商只能临时居住，而且有严格的活动范围限制，但一些传教士也来到商馆，寻找机会向中国内陆传教. 鸦片战争后，香港被英国占据，成为传教重点.

1829 年秋，美国传教士裨治文(Elijah Coleman Bridgman)来到广州，在黄埔港的美国商馆内住下. 他在 1832 年 5 月创办了英文刊物《中国丛报》(Chinese Repository)，旧译《澳门月报》，作者主要是传教士，是第一份向西方介绍中国的英文刊物，也是第一份“汉学”刊物. 文章内容包括中国政治、历史、社会、经济、地理、法律、博物、贸易、语言等方面，《中国丛报》共发表各类文章近一千四百篇，关于中国的文章占 90%，也有少数关于东亚其他国家的文章. 关于日本的文章虽然不多，却成为西方了解日本的重要信息源. 这些文章介绍了日本的地理位置、区划、山川、物产、人种、政治、法律、风俗、宗教，介绍了本土的神道教和外来的佛教，介绍了日本高官去世后有活人或者用泥人陪葬的习俗，对天皇制度的历史渊源和现在与幕府的关系也作了介绍分析，澄清了西方的许多误解. 但日本严厉锁国，传教士也难以进入日本. 如何进入日本，更详细地了解日本，传教士一直在寻找机会.

1831 年 11 月，日本的一艘运粮船从爱知航向江户，途中遭遇风暴失去控制，在水上漂流. 一年多以后，漂到美国俄勒冈一处海岸，原来的 17 名水手只有三人生存. 这三名水手被印第安人俘获为奴，直到 1834 年 5 月，他们被一名好心的美国商人解救出来，将他们经英国送到中国澳门，希望他们能从澳门回到日本. 1835 年底，他们到达澳门，被安排在德国传教士郭实腊(Karl Gutzlaff)家中. 郭实腊对语言一直感兴趣，不仅

学习中文，还学朝鲜语，正好跟这三位日本人学习日语. 1837 年 3 月，又有四名日本水手因海难漂流到马尼拉被送到澳门，仍被安排在郭实腊家中，为郭学日语提供了更好的条件.

1837 年 7 月，《中国丛报》发表了郭实腊的介绍、分析、评论日语的长文. 经过几年的日语学习，他对日语的语音、词汇的基本情况作了简要介绍，并对名词、动词、形容词、数量词的构成和用法作了详细说明. 有意思的是，郭实腊此文提出日语是东亚最精致完美的语言，比汉语更容易吸收西方知识，相信拥有日语这样的民族一定会拥有高度的文明. 不知从语言论断一个民族是否开放、是否可能拥有高度文明之论有多少语言学依据，反正后来的历史证明他至少“蒙着了”、“猜对了”.

就在发表关于日本文章的 1837 年 7 月中旬，郭实腊和美国传教士卫三畏(Samuel Wells Williams)等人乘“马礼逊号”前往日本，想把流落在外的七名日本水手送回日本，同时他们也借此踏上日本国土. 为了表示友好，“马礼逊号”没带任何武器，经琉球于 7 月 30 日到达日本江户湾水面，但没想到在登陆时不断遭到日本海岸炮击，一发炮弹还落到甲板上，只得放弃江户湾登陆计划. 在返航途中，又想从鹿儿岛登陆，仍被炮击，最终无功而返，于 8 月底回到澳门.

回到澳门后，卫三畏即在《中国丛报》上发表了长文《“马礼逊”号琉球、日本航行记》，对琉球、日本作了最直观的介绍. 卫三畏是最早来华的美国新教传教士之一，早在 1833 年 6 月就来到广州，在广州城外为美国公理会创办印刷所，随后又接管了英国东印度公司在澳门的印刷所. 当时清政府不允许外国人在广州城居住,也不允许中国人教外国人汉语,但卫三畏还是想方设法通过种种途径学习汉语,并曾与郭实腊一起向那几位日本水手学习日语. 他曾协助裨治文编辑《中国丛报》,负责广州地区的发行,1847 年接替裨治文成为主编.

1852 年 11 月,佩里的舰队从美国弗吉尼亚州的诺福克港启航,经加那利群岛、开普敦、新加坡,于 1853 年 4 月初到达澳门、香港,停留达二十天之久. 除了添加补给外,这是近距离进一步了解日本的机会. 到达港澳后,佩里向卫三畏详细打听日本情况. 他知道日本虽然锁国,但对中国、荷兰网开一面,一直用汉字,所以将美国总统的信交给卫三畏,由卫三畏提供了汉译本. 离开港澳,佩里舰队又驰向上海. 在上海他停留了近半个月的时间,为了稳妥可靠,他又请上海美国领事馆一位在荷兰出生的外交官将总统的信译为荷兰文.

在上海停留后,佩里舰队直驰琉球,卫三畏也从澳门乘船来到琉球与佩里会合,然后前往日本,卫三畏担任舰队翻译.

佩里舰队出现在日本海面的 1853 年毕竟不是“马礼逊号”被日本炮击的 1837 年,这 16 年间发生了一件震撼日本的大事,即中国的鸦片战争. 日本听说比它强大得多、先进得多、一直是它景仰、学习对象的中国,在鸦片战争中居然被小小岛国英国打败、被迫打开大门的消息,不能不震惊异常.

日本朝野有识之士想方设法,通过种种渠道获取中国鸦片战争的情报. 虽然长期闭关锁国,但日本一直注重海外情报搜集,规定长崎港的中国和荷兰商人必

须向长崎地方最高官员报告海外消息，这种报告被称为“风说书”. 中国鸦片战争的消息，最初就是通过风说书传到日本的. 日本将鸦片称为“阿片”，有关鸦片的风说书就被称为“阿片风说书”. 这些风说书属于官方秘密文件，由长崎地方官上交幕府，只有幕府高级官员才能阅读. 但阿片风说书的内容还是通过种种渠道，传到民间. 日本朝野，此时急迫了解中国鸦片战争的情形，尽量搜集有关情报.

日本对中国鸦片战争的一个直接的制度性反应是1841 年放宽了《异国船只驱逐令》，规定如果外国船只提出要求，地方官可提供燃料、淡水和食品. 1842 年，正式废除《异国船只驱逐令》.

郭实腊 1833 年在广州外国商馆创办的中文报纸《东西洋考每月统记传》也传入日本，引起重视.《东西洋考每月统记传》是中国境内最早的中文报纸，郭实腊创办的目的当然是为了向中国人传教，但他发现当时中国人有强烈的“华夷之辨”的观念，认为非华夏文明都是野蛮不文的，因此不可能接受基督教. 如果要让中国人接受基督教，首先要破除其他文化、文明都是“蛮夷”的观念，接受西方文化是与中国文化并存的另一种文明、文化，这是中国人接受基督教的前提. 所以，这张报纸主要内容是介绍西方科学知识和历史文化知识. 这份中文报纸 1838 年因经费问题停刊，五年来一直未引起中国人重视. 鸦片战争后，仍未引起更多重视. 相反，零星传入日本后，在鸦片战争大背景下，却引起了日本的重视. 前述英文《中国丛报》是西方了解近代中国、日本的窗口，此张中文《东西洋考每月统记传》则是中国、日本了解西方的窗口. 可惜，这张在中国境内创办的中文报纸，对中国了解外部世界的“窗口”作用有限，却成为日本的“窗口”.

参加过鸦片战争的魏源写的《圣武记》在 1842 年出版，不久就传到了日本，引起了日本朝野的注意.魏源曾入两江总督裕谦幕，直接参加了鸦片战争，亲身体验了战争的失败，裕谦的战败自杀给他刺激尤其强烈.为总结战败教训，立志著书，在 1842 年出版了《圣武记》，叙述从清初到道光年间的征战史，分析军事制度、军事地理等因素，探究防御强敌之法.这本书传到日本，引起幕府高官重视，当时的政治家和一些后来对明治维新起了重要作用的佐久间像山、吉田松阴等都认真读过此书，其中一些章节还被翻刻.

日本对鸦片战争信息的搜集甚至包括中国的笔记诗文.例如中国的竹枝词、棹歌体诗保存大量的地方史料，可以“补志乘之不足，备采风之选录”.1846 年，浙江平湖沈筠辑刊《乍浦集咏》十六卷，其中有英国侵略军攻入乍浦城后种种暴行的竹枝词 80 余首.此书当年就流入日本，有人又专门将这 80 余首谴责英军暴行的“英吉利夷船”编为《乍川纪事咏》、《乍浦集咏钞》作为“警世之书”于 1848 年出版.日本正值被西方列强“叩关”前夜，此书记述英军能在中华大地上如此恣意妄为，确对日本起到警醒、启蒙作用.竹枝词、棹歌体向不为中国的文人雅士所重，但日本对此书却如此重视，足见其了解鸦片战争的急迫.

1844 年荷兰国王专门通过荷兰商馆致信日本幕府，正式促请日本注意英国战胜的事实，世界形势已经大变，西方的政治和通商活动将遍及全球，日本无法独善其身，也将面临大变，应当主动开放，积极参与世界

之变.虽然幕府仍坚持闭关锁国,通知荷兰商馆此类信今后不用拆开即直接退回,毕竟通过正式渠道知道了以中国国门被暴力打开为标志的世界形势的剧变.

中日一衣带水.对鸦片战争的了解越多,日本越强烈感觉到自己的大门马上也要被列强暴力打开,朝野越来越焦虑.如何应对、抵抗即将到来的西方挑战,一时成为有识之士讨论、争论的焦点.他们首先“求教”的,竟是明朝抗倭名将戚继光的《纪效新书》和《练兵实纪》这两本在明代就传入日本的兵书.

对日本来说,戚继光当然不陌生,但并非因为他“抗倭”,是自己的敌人,而是因为他的兵法对自己“有用”.早在1727年,学者荻生徂徕有感于当年丰臣秀吉在朝鲜大败于明军,详细介绍、分析、总结了以戚继光为代表的明代兵学思想,希望改革日本军制.他再三论述戚氏兵法主张以士兵军律、训练为中心.他强调军队整体战的重要性,希望改变日本以武士“独斗”为主的传统兵法.强调军队整体战,自然否定了武士的单打独斗,大大降低了武士的作用和地位.戚继光强调对士兵要精选,“城市游滑之人”、“奸巧之人”不可选用,须选“乡野老实之人”、“乡野愚钝之人”.

明代倭寇主要是从海上侵犯,戚继光、明末浙江吴兴人、茅元仪和“俞家军”首领、几乎一生都在抗倭、尤擅海战的俞大猷有关海战的内容也早早引起日本有识之士的兴趣和讨论.戚继光等认为海战决定胜负的主要不是人力,而是船的大小:“福船(福建所造船)高大如城,非人力驱使,全仗风势.倭舟自来矮小如我小苍船,故福船乘风而下,如车碾螳螂.斗船力而非斗人力,是以每每取胜.”茅元仪也强调船的重要性:“御倭者,必御之于海．所以设会战之法，谨战艘之修，仍事贵在有备．”俞大猷明确写道：“夫倭奴长于陆战，彼但见造船不备水兵，且为小舟．我则集大舰，造高大楼船，聚鸟铳于其上，又设炮石，遇倭船则发，辄令其摧压焦烂，此固我兵所长也．”

如果说在鸦片战争前二百多年间日本对戚继光等人兵法的介绍、引进还多少有些“纸上谈兵”、防患未然的意味，那么鸦片战争后，日本的有识之士则感到是迫在眉睫的当务之急了．许多人认为戚继光的“防倭”方法、兵法，大可用于自己现在防御西洋的军事侵略．虽然还没有直接面对西方军队，但通过中英鸦片战争的了解，他们对以操练为中心、强调整体作战的西洋也开始有所了解，认为现在的形势不能依靠传统武士仅凭个人忠勇独斗抵御西方的军事侵略．在他们的观念中，西洋兵法与戚继光的兵学理论、思想、方法是相通的，甚至是相同的，以戚氏和西洋兵法改革军事体制的主张突然强烈．

这种改革当然引起一些武士反对，指责“学习中国人之军法，并模仿西洋人进行操练，此有悖于我皇国武士之风”，是对建立在武士勇武荣誉基础上的“独斗”的否定．但从上到下，识时务者仍是主流，幕末针对西方的军制改革，就组成了炮阵，一些藩国也迅速转学西洋兵法．在这个转变过程中，戚继光的兵法理论，起了关键作用．

对鸦片战争的了解使他们认识到西洋列强主要是从海上进攻，依靠船坚炮利，无往不胜．所以他们不仅主张改革陆军制度，更呼吁要打破三百多年禁造大船的命令．禁止建造大船，始于 1635 年宽永十二年，三代

将军德川家光执政，颁布了《武家诸法度》，规定禁教、禁止与海外通航，幕府相应地禁止建造五百石以上的船只. 现在主张解禁的理论根据，主要还是中国明朝戚继光、俞大猷、茅元仪防“倭寇”、“倭奴”的论述. 此时的有识之士则强调：“戚南塘书中有云，水战斗舟不斗人，舟大者必胜，即指此事也. 今天意欲于吾国土与异国决战，则必造大船，以顺此理.”还有人以戚继光水战兵法为依据，再三上书幕府，要求解除禁造大船令. 中国明代抗倭的海战理论与“佩里舰队”的出现，使幕府终于在 1853 年秋宣布解除建造大船的禁令，并通过荷兰人购进西洋式大型蒸汽船.

用了西方武器，下一步顺理成章就是仿制西方武器，典型代表是萨摩藩第十一代藩主岛津齐彬兴建的“集成馆事业”. 他 1851 年继位，采用西式练兵方法，并以鹿儿岛地区为中心开始了日本第一个近代西式工厂群的建设，生产新式武器和民用物品. 岛津齐彬是领导萨摩藩执行富国强兵政策、最终在幕末崛起的领袖人物，并培养出了诸如西乡隆盛、大久保利通等一批后来发动明治维新的英才.

中国的鸦片战争，使日本在“开国”前就开始了使用、制造洋枪洋炮的“洋务运动”，而经历了鸦片战争的中国，则迟至 1863 年才开始洋务运动. 日本能主动“洋务”，在于以他人教训为自己借鉴，大大减低了日本转型的代价.

对他人经验，日本重实际而轻虚文. 戚继光、俞大猷等明代抗倭名将绝不会想到，自己防御、抵抗“倭寇”、“倭奴”的兵法战法，几百年后竟为“倭寇”“倭奴”所用. 日本并未以“倭寇”、“倭奴”这种对自己的侮辱性词汇而坚决拒绝、批判戚氏等人理论. 正是他们的兵法战法,成为日本幕末引入西方现代兵法的中介,对日本幕末接受西方军制改革起到重要铺垫作用,推动日本社会转型迈出了关键的第一步.

“风说”为虚眼见为实,说曹操曹操到,“鸦片战争”真的降临日本. 佩里率领的美国舰队果然来到大门口,其军舰比日本最大的帆船还要大二十多倍,恐慌的幕府最终破天荒决定允许几百名美国官兵上岸,并按佩里的要求派官阶相等的官员隆重接受美国总统的信件. 对信中所提要求,幕府表示要请示天皇才能决定. 佩里同意了日方请求,告知日本政府自己来年春天将率一支更加庞大的舰队再来听取答复,然后启程返航,于 8 月底回到香港.

中国的鸦片战争与美国舰队展示的实力,使日本终于“开国”.

1854 年 2 月 11 日,从香港启航的佩里舰队再次来到日本江户海面. 这次有七艘军舰,炮火更强. 3 月 8 日,幕府与佩里在横滨开始谈判;3 月 21 日,双方达成协议,签署了两国亲善条约,即《神奈川条约》. 幕府几乎接受了佩里提出的全部要求,开放下田和箱馆两处港口,向美国船只提供淡水、食品和煤炭,双方为流民提供救助,日本承认美国在下田设立领事馆的权利. 此后,其他西方国家纷纷跟进,日本的锁国时代正式结束.

佩里舰队此番到日本再次的“叩关”之行,除了美国传教士卫三畏依然随行担任翻译外,还有一位中国人、卫三畏的好友罗森. 卫三畏与罗森是全舰队仅有的两个会汉语的人,这次与日本的“对话”,主要靠此二人

与日方彼此书写汉字交流．在日本期间，日本官员、文人、学者、僧侣对这位中国人非常感兴趣，纷纷与他交往，很多人与他唱和汉诗，互赠书画，更多的人则请他题字、写扇面，更主要的是通过笔谈，了解鸦片战争后中国的信息．

佩里舰队这次在前往日本的途中，又在琉球短暂停留．不知是卫三畏还是罗森，因为整个舰队只有他们二人懂中文，将创刊不久的中文杂志《遐迩贯珍》二册送给当地人．《遐迩贯珍》是 1853 年 8 月由英国伦敦会传教士麦都思(W. H. Medhurst)在香港创办发行的中文杂志，“遐迩”是“远近”之意，创刊号的题词有两首五言诗，其中写道：“创论通遐迩，宏词贯古今．妙解醒尘目，良工费苦心．吾儒稽古今，赖尔作南针．”

很明显，杂志的宗旨就是以贯通域外过去与现代知识为主，启蒙中国儒林士人．杂志译有伊索寓言等古代知识，更主要是介绍大量西方科学、技术知识，当时的国际形势新变化，最近发生的新闻．其中包括土耳其现状、瑞典现状、美国黄金产量、旧金山社会教育、克里米亚战争等，无怪乎后来有研究者将其称为当时中文世界最迅速、最全面的世界信息总汇．杂志也有中国报道，除了各种香港新闻外，就是对太平天国的报道、对清军与太平军的战况报道迅速准确．

这两本杂志，马上由琉球传到日本，引起了幕府的高度重视，将其复刻，要高官阅读，民间读书人也非常重视这本杂志．随佩里舰队到日本“叩关”返港后，罗森还将访日见闻以“日本日记”为名，交《遐迩贯珍》从 1854 年 11 月起连载．1856 年这本杂志停刊，但此前的旧刊仍是随后一些年日本的搜求对象．然而，这本创刊于中国香港、为日本所重视的中文杂志，在中国却不被重视，尤其不被掌握话语权的儒家士子、官员所看重.

对日本影响至大至深、起到震撼作用的，则是魏源受林则徐之托编撰的《海国图志》. 1839 年底，林则徐组织翻译英国人慕瑞(Hugh Murray)1836 年在伦敦出版的《世界地理大全》，译名为《四洲志》. 此书介绍了关于世界几大洲的新知，对近代中国"走向世界"起了重要的启蒙作用. 同时，为了克敌制胜，林则徐还组织编译了有关西方近代船舰、火炮的资料，有"师夷"仿造之意. 作为高官，林则徐深谙国情，知道此书如果出版将会遭到严批，所以未将《四洲志》付梓. 可是此书仍传了出去，受到责难. 但林则徐已经感到中国将面临一个全新的敌人，必须了解这个敌人、了解世界，并"师夷长技"，最后才能战而胜之.

1841 年夏秋，已被革职遣戍新疆伊犁的林则徐路过镇江，与好友魏源同宿一室，对榻畅谈. 林则徐将《四洲志》等编译的有关外夷资料交给魏源，嘱其编撰成书. 魏源不负重托，于《南京条约》订立后不久整理成《海国图志》于 1842 年出版.

《海国图志》对世界五大洲和许多国家的历史、政治、地理、经济、宗教、教育等方方面面的情况作了详细的介绍. 魏源在序言中开篇就说:"是书何以作? 曰为以夷攻夷而作，为以夷款夷而作，为师夷长技而作."以夷攻夷，就要了解各夷，即了解世界，才能利用诸夷之间的矛盾、让其相互进攻;以夷款夷，就是利用诸夷之间的矛盾来维持和局，其中重要一点就是中国应与各夷通商，使有关各夷为了自己利益而彼此牵制，达到息兵休战的目的;师夷长技，就是指学习、仿制夷之先进

武器. 他强调善师夷就能制夷，不善师夷者则被夷所制.

两国交战，知己知彼百战不殆，如果敌人武器强于己方，自己一定要千方百计学习、仿制，这本是常识，但在当时的中国，这却是万不可行的罪过. 林则徐提出“悉夷”就承受了巨大压力，及至魏源提出“师夷长技”，受到的抨击更为猛烈，群情汹汹，指责其为“溃夷夏之防”、“以夏变夷”、为“倡乱之阶”……当时即有人说“举世讳言之，一魏默深独能著书详求其说，已犯诸公之忌”. 很快，此书被禁.

1851 年，《海国图志》传入日本，传入数量极少，只有几本. 由于在介绍欧美各国时必然要提到有的国家信天主教、基督教，虽然有关内容非常少，但因幕府严厉禁教，此书被禁. 1854 年，日本被迫开国，对世界茫然无知的日本急切需要了解世界，此书成为不二之选，随即解禁，幕府要求各级官员熟读. 这本书强烈震撼了日本，到 1856 年各种版本就达 23 种之多，有的是原文翻印，有的为了让更多文化程度不高的人阅读，在汉文上下旁边加上训读符号或假名，还有一些日文译本，被称为“和解本”.

面对西方列强侵略，是“锁国攘夷”还是“开国攘夷”，在日本国内也有激烈争论.《海国图志》对世界大势的介绍和“师夷长技以制夷”的观点，使“开国攘夷”成为主导性意见. 所谓“开国攘夷”，就是“师夷长技以制夷”的翻版. 佐久间象山是开国攘夷的代表人物之一，早在读魏源的《圣武记》时就激动地写道:“呜呼! 予与魏，各生异域不相识姓名，感时著言，同在是岁. 而其所见，亦有暗合者，一何奇也. 真可谓海外同志矣.”

《海国图志》解禁后，他更是认真阅读，写了大量读书笔记. 他开设了“象山书院”，《海国图志》是指定的重点读物，培养了吉田松阴等一批开国攘夷的志士.

吉田松阴后来主持“松下村塾”，《海国图志》也是指定的重点读物. 虽然吉田松阴主持松下村塾才短短两年，但这里却成为幕府末期培养倒幕维新人才的大学校. 两年间学生不到百名，但明治维新的风云人物高杉晋作、久坂玄瑞、木户孝允、伊藤博文、山县有朋、井上馨、前原一诚等却都出自这里. 因主张“倒幕”，在幕府为镇压尊王攘夷志士而制造的“安政大狱”事件中，吉田松阴于 1859 年 11 月被处死，年仅 29 岁. 后来明治政府奖赏维新功臣时，松下村塾的不到百名学生中，有 37 名获得各级爵位或被追赠官位，吉田松阴本人被追封正四位，1908 年由伊藤博文发起在松下村塾旁建立松阴神社.

与佐久间象山一同主张、提倡开国的横井小楠曾参与熊本藩、福井藩的开国、改革事业，成效卓著，广获名声. 明治维新后，新政府邀横井小楠担任“参与”之职，参与权力中枢. 在新政府的领导人中，因他年岁最高且有改革实践经验，所以他的建议多被采纳，对明治政府的改革大有贡献.

但最初，他却是赞同、主张“锁国攘夷”的，正是在认真阅读《海国图志》后，才一转而变为坚决的开国论者. 他不仅主张使用、仿制西方武器，还主张学习其政治制度. 由于日本是被美国打开的大门，所以《海国图志》中的“美国篇”引起日本思想家的格外重视，横井小楠对美国制度赞赏备至，称赞美国“顺天意息宇内战争”、“求智识于世界万国”、“大总统之权柄让贤不传

子",华盛顿所追求的共和政治"废君臣之义以求公共和平",开拓了一条"通往以基于公论的公共之政为目标的国家之路",推崇华盛顿为"白面碧眼之尧舜".由器物、制度,他进入到信仰、文化层面.1869 年 1 月,身居高位的横井小楠下班回家被保守派几名刺客杀害.

桥本左内是幕府末期著名志士,在 18 岁时就认真阅读了魏源的《圣武记》,并写有读后感.《海国图志》解禁后,他认真阅读并向他人推荐,对美国和英国部分尤其用心.得益于书中有关美国、英国的介绍,他的思想超越其他升国攘夷论者之处在于,他不仅主张仿制西洋武器,而且强调美国英国等欧美国家是以商立国,强调商业、贸易的重要性.他还介绍分析了外贸中出口与进口关系,提出不仅出口有利于本国,而且进口也有利于本国.尤其难能可贵、甚至超越时代地提出与外国人交易不仅限于物品交易,"智慧之交易更为重要"."智慧之交易"就是知识、思想的交流.有感于日本社会的固化,下层难以进入上层,才学之士仅因出身下层而无法担任官职,他破天荒提出应以"选举之法"来选拔、作用官员.不幸的是,在 1859 年"安政大狱"中,他也被捕入狱,于当年 10 月被处死,年仅 25 岁.

从 1854 年解禁到 1868 年明治维新的十几年中,《海国图志》起了巨大的启蒙作用,正如梁启超 1902 年在日本写作的《论中国学术思想变迁之大势》中所说:"魏氏又好言经世之术,为《海国图志》,奖励国民对外之观念.此书在今日,不过束阁覆瓿之价值,然日本之平象山(即佐久间象山)、吉田松阴、西乡隆盛辈,皆为此书所激刺,间接以演尊攘维新之活剧."有感于此书在中日两国命运、作用的大不相同,梁氏紧接此句写道:“不龟手之药一也,或以霸,或不免于洴澼絖,岂不然哉!”

其实,日本有识之士早就对此书在中国被禁大为不解,大发感慨.盐谷宕阴在 1854 年翻刻《海国图志》的序言中就感叹道:“呜呼,忠智之士,忧国著书,未为其君所用,反落他邦.吾不独为默深(魏源字默深)悲矣,亦为清帝悲之.”

1862 年 6 月,幕府准备与中国通商,派商船“千岁丸”来到上海,这是德川幕府实行锁国政策 200 多年来官方正式派遣的第一艘船只.连水手共有六十余名,有商人,还有一些以年轻下级武士为主的各藩藩士,来华目的各不相同,有的为了通商,有的为了解中国情况、获得中国最直接信息,由于隔绝甚久,日本当时对中国仍有推崇.23 岁的藩士高杉晋作是吉田松阴的学生,一直在为维新奔走活动,对中国也非常推崇,希望了解、学习中国应对西方的经验.但到上海一段时间后,他不解地发现在鸦片战争被列强的先进武器打开大门二十余年后,清政府竟然仍禁止学习、仿造洋枪洋炮,禁止仿造军舰.他酷爱读书,尤其推崇《海国图志》,在上海尽可能多访问书店.他惊讶地发现,书店老板们和接触到的诸多读书人居然没有听说过《海国图志》!他沉痛又鄙夷地写道:中国的衰败在于不能造能闯万里波涛之军舰,也不造能防御敌人于数十里之外的大炮,“并使彼国志士所译之《海国图志》绝版.因循苟且,空渡岁月,徒然提倡固陋之说”.高杉晋作此论相当有代表性,自此,日本的中国观发生了根本性变化,认为中国不足为榜样,不能学习中国,更坚定了日本有识之士推动维新的决心.

1868 年 1 月 3 日，明治天皇颁布了“王政复古”诏书，标志明治维新的开始.

《海国图志》原来是为了打开中国人的眼睛，使中国人“睁眼看世界”的初级启蒙读物，但却被当时的中国拒绝，无意中启蒙了日本人，对明治维新起到催化作用. 明治维新后，日本走上富国强兵道路，反过来一次次侵略中国.

《海国图志》在中日不同的命运，可作为两国对现代化挑战不同反应的象征.

从开国到维新，“中国事情”对日本起了重要的中介、催化作用. 然而 1840 年发生在中国的鸦片战争，并没有使清政府警醒，仍沉浸在天朝上国的迷梦中，迟至 1863 年，才由一些地方官员发动了仿制洋枪洋炮的洋务运动. 制度变革，更加困难、凝滞. “中国事情”相当长时间内未能成为中国教训、经验，未能成为“中国知识”，反而迅速成为日本经验，成为“日本知识”.

## §2　日本学士院

日本学士院是日本最高学术机关，前身为东京学士会院和帝国学士院. 1879 年，日本仿照法兰西科学院成立东京学士会院，1906 年改称帝国学术院. 第二次世界大战后，1947 年改名为日本学士院. 1949 年附属于日本学术会议，1956 年脱离学术会议独立，直属文部省. 分为人文科学和自然科学两部. 为奖励各科学士研究员，学士院每年均进行学术评议，对学术上有重大贡献者，授予学士院赏；对其中特别优秀者，由皇室授予恩赐赏.

日本学士院位于日本东京都台东区上野恩赐公园内的文部科学省所属的特别机关.该院是根据以优待学术上取得功绩显著的学者,促进学术的发达为目的《日本学士院法》第 1 条而设立.对于日本的学者来说,成为日本学士院的会员是仅次于获得日本文化勋章或者日本文化功劳者的荣誉.学士院会员可以获得低于文化功劳者的薪水(上述法律第 9 条),这属于非常勤国家公务员的待遇.会员的评选是根据各部分科会员的投票所进行的.会员为终身制(3 条 2 项),名额为 150 名(2 条 2 项).学士院既是荣誉机构又是研究机构.外国的科学院经常进行科学研究,与此相比,日本学士院主要进行对目前国内研究的成果进行评价和归纳,作为研究机构的色彩不是特别浓厚.该院也颁发"日本学士院恩赐奖","日本学士院奖"以及"爱丁堡公爵奖".爱丁堡公爵是日本学士院的名誉会员.

1. **沿革**

1879 年——东京学士会院设立(会员定额 40 名).

1890 年——东京学士会院规程公布.

1906 年——帝国学士院规程公布(会员定额 60 名).

1911 年——开设日本学士院恩赐赏.

1911 年——帝国学士院赏成立.

1919 年——加入国际学士院联合会(UAI)

1947 年——改称日本学士院.

1949 年——成为日本学术会议的附属机构(会员

定额 150 名).

1956 年——公布日本学士院法,独立于日本学术会议.

1987 年——开设爱丁堡公爵奖.

2. **会员的构成**

第 1 部——人文科学・社会科学部门.

第 1 分科 一文学・史学・哲学・人类学・语言学・宗教学(定额 30 人).

第 2 分科 一法学・政治学(定额 24 人).

第 3 分科 一经济学・商学(定额 16 人).

第 2 部——自然科学部门.

第 4 分科——理学(天文学・物理学・数学・地球科学・化学・生物学・矿物学)(定额 31 人).

第 5 分科——工学(定额 17 人).

第 6 分科——农学(定额 12 人).

第 7 分科——医学・药学・齿学(定额 20 人).

3. **历任院长**

东京学士会院时代(会长)

| 任数 | 姓名 | 任期 | 出身大学 | 所属部门 |
|---|---|---|---|---|
| 第 1 任 | 福泽谕吉 | 1879.1 — 1879.6 | 应庆大学 | |
| 第 2 任 | 西周 | 1879.6 — 1880.12 | 养老馆 | 法学・哲学 |
| 第 3 任 | 加藤弘之 | 1880.12 — 1882.6 | 东京大学 | 政治学 |
| 第 4 任 | 西周 | 1882.6 — 1886.6 | 养老馆 | 法学・哲学 |
| 第 5 任 | 加藤弘之 | 1886.6 — 1895.12 | 东京大学 | 政治学 |
| 第 6 任 | 细川润次郎 | 1895.12 — 1897.12 | 文武馆 | 法学 |
| 第 7 任 | 加藤弘之 | 1897.12 — 1906.6 | 东京大学 | 政治学 |

帝国学士院时代(院长)

| 任数 | 姓名 | 任期 | 出身大学 | 所属部门 |
|---|---|---|---|---|
| 第 8 任 | 加藤弘之 | 1906.7 — 1909.6 | 东京大学 | 政治学 |
| 第 9 任 | 菊池大丽 | 1909.7 — 1917.8 | 东京大学 | 数学 |
| 第 10 任 | 穗积陈重 | 1917.10 — 1925.10 | 东京大学 | 法学 |
| 第 11 任 | 冈野敬次郎 | 1925.11 — 1925.12 | 东京大学 | 商学・法学 |
| 第 12 任 | 樱井锭二 | 1926.2 — 1939.1 | 东京大学 | 化学 |

日本学士院时代(院长)

| 任数 | 姓名 | 任期 | 出身大学 | 所属部门 |
|---|---|---|---|---|
| 第 13 任 | 长冈半太郎 | 1939.3 — 1948.6 | 东京大学 | 物理学 |
| 第 14 任 | 山田三良 | 1948.6 — 1961.11 | 东京大学 | 法学 |
| 第 15 任 | 柴田雄次 | 1961.11 — 1970.11 | 东京大学 | 化学 |
| 第 16 任 | 南原繁 | 1970.11 — 1974.5 | 东京大学 | 政治学 |
| 第 17 任 | 和达清夫 | 1974.10 — 1980.10 | 东京大学 | 物理学 |
| 第 18 任 | 有泽广巳 | 1980.10 — 1986.10 | 东京大学 | 经济学・数学 |
| 第 19 任 | 黑川利雄 | 1986.12 — 1988.2 | 东京大学 | 医学 |
| 第 20 任 | 胁村义太郎 | 1988.6 — 1994.3 | 东京大学 | 经济学 |
| 第 21 任 | 藤田良雄 | 1994.4 — 2000.4 | 东京大学 | 物理学 |
| 第 22 任 | 市古贞次 | 2000.4 — 2001.10 | 东京大学 | 文学 |
| 第 23 任 | 长仓三郎 | 2001.10 — 2007.10 | 东京大学 | 化学 |
| 第 24 任 | 久保正彰 | 2007.10 — 2013.10 | 东京大学 | 文学・史学 |
| 第 25 任 | 杉村隆 | 2013.10—2016.10 | 东京大学 | 医学 |
| 第 26 任 | 监野宏 | 2016.10—2019.10 | 东京大学 | 行政法 |
| 第 27 任 | 井村裕夫 | 2019.10—至今 | 京都大学 | 医学 |

### 4. 主要活动

(1)颁奖：
日本学士院恩赐奖.
日本学士院奖.
爱丁堡公爵奖.
(2)编辑发行纪要：
日本学士院纪要.
(3)进行其他奖励学术研究的活动：
国际交流.
研究费补助活动.
公开演讲会.

# 第九编
## 奋起直追

# 中国数学的起步与追赶——20世纪前半叶现代数学在中国的发展[①]

## 第29章

本章以我国数学家在国外发表论文数为依据，研究这些数字变化的内涵，认为20世纪前半叶，现代数学在中国基本完成了从引入、播种，到开花、结果的一个过程.虽然数学研究的力量仍然很薄弱，但从当时的国情而言，成绩是巨大的.

中国古代数学曾经有过辉煌时期，14世纪后逐渐衰落.1840年鸦片战争后，中国沦为半殖民地，到处处于"落后挨打"的境地，激起了不少爱国志士对发展科学、增强国力的渴求.数学是发展科学的基础学科，19世纪末维新变法首领之一谭嗣同认为，变法的急务在

① 张友余.中国数学会通讯(2012第一期).

“教育贤才”，求才的第一步在“兴算学”. 这是因为算学是用途十分广泛的一门科学，人们了解了算学就能了解其他自然科学. 20 世纪初，一批批归国留学生，逐步系统地将西方现代数学引入中国. 笔者对 20 世纪前半叶中国数学家在国外期刊上发表的论文和博士论文(不包括在国内发表的论文)按年代、分国别作一数字统计，研究这些数字变化的内涵，认为 20 世纪前半叶，现代数学在中国基本完成了从引入、播种，到开花、结果的一个过程. 从当时世界数学总体水平而言，中国数学的研究力量仍然很薄弱，然而从那 50 年中国的国情来看：连续不断的战乱、内忧外患、教育科研经费短缺，取得这样的成绩相当不容易，相比较而言，成绩是巨大的. 同时也反映了数学是中国人民擅长的科学，只要给予一定条件，它会迅速发展.

本章仅限于在国外发表的论文数字为主线索进行探讨. 根据中国当时国情将这 50 年粗略分为 5 个阶段阐述.

一、1901 年—1916 年，中国全面系统学习西方数学的起始阶段.

这一阶段在引进西方数学起过重要作用的主要数学家有：周达，字美权(1879—1949)，早年学习中国传统数学，后对西方数学产生浓厚兴趣. 1902 年，他东渡日本，专门考察日本的数学教育和数学书刊，回国后，用现代数学内容修改他 1900 年创建的“扬州知新算社章程”，同时与日本数学家建立联系，之后又 3 次到日本取经，自费购回大量现代数学书刊. 20 世纪 20 年代末，他将家中多年收藏的中、英、日文书刊总共 546 种、2 350 册捐赠给中国科学社，专门设立“美权算学图书

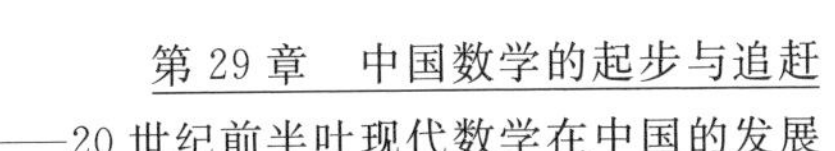



室”,1935 年该室成为中国数学会最早的会址.周达对中西数学的传播起了承前启后的作用.

王季同,又名季锴,字孟晋(1875—1948 年),早年在京师同文馆天文算学馆学习数学,1895—1900 年任该馆教习.1909 年被派赴英国,任清廷驻欧洲留学生监督署随员.其间,继续学习研究西方现代数学,于 1911 年 7 月在《爱尔兰皇家学会会报・A 辑》上发表他的研究论文:《四元函数的微分法》(*The Differentiation of Quaternion Functions*,Proc. Roy,Irish Acad・A,1911,29(4)).这是目前发现的,我国学者在外刊上发表的最早的论文.王季同回国后任工程师,后在中央研究院工程研究所专任研究员.

早期回国在新创办的现代高等学校传播现代数学的主要留学生有:杨若坤,约 1907 年前后留日,在日本宏文学院暨东京高等师范学校数学研究科毕业,1915 年到成都高师教现代数学,先后任成都高师数理部主任、教务主任,1917 至 1918 年任该校校长等职,是当年六所高师校长中唯一的一位数学教授,1919 年作为欧美考察教育团团员赴美考察,以后归宿不清楚.其余大家比较熟悉的有:黄际遇,1902 年留日;胡浚济,1903 年留日;冯祖荀,1904 年留日;秦汾,1906 年留美;胡敦复和郑之蕃,1907 年留美;钱宝琮,1908 年留英;王仁辅,1909 年留美等.除秦汾、王仁辅获得硕士学位外,其余都是本科,也有专科毕业或肄业的,他们都在 1916 年以前回国.其共同任务是传授现代数学;他们曾经辗转多个单位,最后都落足于新创办的现代高等学校.1909 年,胡敦复应召回国,在新设立的游美学务处主管教务,3 年主持考选了 3 批直接留美学生,共 180 人. 1911 年,游美肄业馆改名清华学堂,胡被任命为清华学堂的首任教务长. 1913 年,我国创办第一个高等学校数学系,即北京大学数学系,7 年以后才有第二个即南开大学数学系. 在这期间(1912—1922),全国的几所高等师范学校数理部也培养数学人才,是大学专科程度. 冯祖荀、胡浚济、秦汾、王仁辅先后集中在北大数学系任教,兼北京高师数理部的数学教学,其余几位分布在武汉、成都、上海和江浙一带. 由于是初创,建系、教材等都由自己决定,多从借鉴外国经验开始. 北大数学系最初几届,每届招进的学生不足 10 人,毕业时仅剩 2 到 3 人;高师略为多一些,也不过 20 余人. 这期间学生虽然不多,受这批归国留学生的教育和影响,出现了我国早期的一批数学精英. 如胡明复、姜立夫、陈建功、曾昭安、杨武之、孙光远等. 他们被推荐选送出去留学,才有了我国早期的一批数学博士.

二、1917 年—1930 年,从我国出现第一篇博士论文开始,到清华大学数学研究所正式设立之前的这 14 年,是我国广泛建立高校数学系,较大范围培养大学本科人才阶段.

1917 年胡明复在美国哈佛大学完成了中国人的第一篇数学博士论文:*Linearintegro-differential equations with a boundary condition*,并被推荐到美国数学年会上交流. 1918 年,世界第一流数学期刊 *Trans. Amer. Math. Soc.* 用 45 页篇幅刊登了他的这一长篇论著,这是中国留学生学习西方数学由单纯吸收到消化研究的转折. 1919 年姜立夫也在哈佛大学完成了他的博士论文. 1921 年,陈建功在日本的 *Tohoku Math J.* 上发表了他的第一篇创造性研究论文,是中

国学者在日本发表的第一篇数学学术论文.至 1930 年,我国留学生在国外完成论文至少有 96 篇,主要集中在美国和日本,其中日本最多,有 56 篇,占总数的 58.3%,但作者仅有 3 位:苏步青 39 篇、陈建功 15 篇,只在 1930 年才有孙光远的 2 篇.这些论文集中刊登在日本有影响的 4 种期刊上,即:*Japan Math. J.* 22 篇、*Tohoku Math. J.* 20 篇、*Sci. Rep. Tohoku Imp. Univ.* 9 篇、*Proc. Imp. Acad. Japan* 4 篇,苏、陈二位因此成了当时数学界的知名人物.

这期间有 17 位中国学者在国外获得数学专业的博士学位,其中在美国获得学位的有 12 人、德国 2 人、法国 2 人、日本 1 人(苏步青 1931 年获得博士学位,未计其内),17 位中有 13 位学成后立即归国,他们共同的心愿是尽快改变祖国数学落后的面貌,在高等学校设立数学系是当务之急.从 1920 年姜立夫在南开大学创办我国的第二个数学系开始,发展迅速,到 1930 年,全国至少有 22 所高等学校设立了数学系或数学专业的系科.现在我国主要大学的数学系,都是那个时期成立的.除归国博士建系外,还有一批归国硕士也加盟其中,突出事例是最早到法国留学的 4 位:何鲁、熊庆来、段子燮、郭坚白,获得硕士学位后,全部于 1920 年前后回国,在祖国的东西南北中近 10 所大学里,都有他们首创数学系的足迹.留学生们在这些数学系除通过教学传授知识外,还指导学生或师生联合成立某校数理专业学会,创办数理普及刊物,以此锻炼提高学生的研究能力,普及数学知识.1929 年,以归国留学生为主体,在北京成立的中国数理学会,是我国数学、物理专业的第一个全国性的学术组织,以上这些活动为以后中国数学会的成立做了组织准备.

三、1931 年—1937 年,我国数学进入发展阶段.

在国外发表的研究论文总数达 179 篇,这 7 年的论文数接近于前 14 年(1917—1930)总数的两倍,分布的国别、作者都有扩大,在日本的论文数由占总数的 58.3%下降到 40.2%,而作者人数却从 3 人增加到 11 人,这期间,英国增长最快,由 1 篇增长到 13 篇,主要集中在 1936 年、1937 年. 究其原因,1933 年中英庚款开始资助中国学生到英国留学,吴大任、周鸿经、唐培经、李华宗、柯召、许宝騄、华罗庚等这期间都到了英国,1937 年有 4 人在英国完成博士论文,他们是:柯召、李华宗、唐培经和林致平. 法国也增长较快,由 3 篇增至 23 篇,主要有熊庆来 6 篇、周绍濂 6 篇、庄圻泰 4 篇等. 除上述的主要 5 国外,我国学者在波兰、荷兰、瑞典、印度、比利时和苏联的期刊上也有论文发表.

1931 年—1937 年间,中国数学界主要有 4 大重要变化:

(1)开始培养高层次人才. 1931 年,清华大学数学研究所正式开班招收研究生,陈省身成为在我国本土取得硕士学位的第一个研究生. 北京大学、中央大学也相继成立数学研究所,我国人才培养更上了一个台阶.

(2)请进来. 请外国一流数学家到中国讲学,使国内更多的师生开阔了眼界,提高了研究水平. 这期间来华的数学家主要有:德国汉堡大学著名几何学家布拉施克(W. Blaschke,1885—1962),美国哈佛大学数学系主任奥斯古德(W. F. Osgood,1864—1943),法国著名数学家阿达玛(J. Hadamard,1865—1963),控制论创始人维纳(N. Wiener,1894—1964)等.

(3)走出去.在更高层次上走出去.此时出国的留学生大部分是在国内研究班学习,或有过几年教学实践,经过出国考试或特别推荐的青年学者,他们到国外相关专业的大师处学习、深造,很快就出研究成果,一般两年便拿到博士学位.还有一部分出国者是早期归国留学生,当时中国数学界的骨干力量,利用休假出国进修提高,如熊庆来,姜立夫,江泽涵、杨武之等.

(4)成立中国数学会.中国数学会的成立标志着中国数学界已经有了相当的人数和学术研究水平,成立后直接推动了中国数学研究的发展.其主办的学术期刊《中国数学会学报》刊登的论文引起世界数学界的注意和重视.这是 20 世纪前半叶在中国本土创办的唯一的一份数学学术研究期刊.

这 7 年是现代数学系统进入中国后的黄金时期,此时国内的文化教育界相对比较稳定,多渠道的科研经费,主要是各国退还的庚款,激活了一些学术交流.这个环境为中国数学进一步发展积蓄了力量,为开辟新领域做了准备.

四、1938 年—1945 年,日本大举侵略中国,中华民族面临生死存亡的抗战时期.

中国数学家在国外发表的研究论文和博士论文共 314 篇,是 1931 年—1937 年总篇数 179 篇的 1.75 倍,在全国自然科学各学科中起了表率作用,创造了历史的辉煌.为什么会取得这样的丰硕成果呢?

首先是因为前 37 年专业人才的积累,此时至少完成了 3 代人的接力,一代远比一代强.特别是在 1931 年—1937 年间,中国数学界的领袖人物远见卓识,妙识人才,破格培养提拔;“请进来,送出去”使第 3 代人才学到了国际水平的最新知识，成长迅速．其次是在民族危难的紧要关头，激起了饱受帝国主义列强欺凌近百年的中国人民空前大觉醒，高昂的爱国热情产生出异常强大的民族凝聚力．老少数学家随学校辗转迁徙到大后方，在艰苦的环境中更加努力，教学、科研毫不懈怠；一批正在国外留学的青年，放弃了取得博士学位的机会，如华罗庚、吴大任、周鸿经等；不接受优厚的留外工作条件，如陈省身、许宝騄、柯召等，他们冒着生命危险回到战火纷飞的祖国，尽一份抗战救国的力量．在中国西部的云、贵、川等地，集中了中国的主要数学家，大家团结一致，为提高中国数学水平，培养数学人才，以实际行动报效祖国，抗击敌寇．这个阶段有以下重要事件：

(1)西南联大集中了 3 校 10 多位教授和一大批优秀好学的青年，特别是陈省身、华罗庚、许宝騄等回国时带回一批前沿学科的新资料，在昆明跑警报、躲空袭的环境中，开设新课，组织各种学术讨论班，促进了整个数学系的学术研究氛围，使其科研成果在全校例外地胜过战前，写出的研究论文在 120 篇以上，有几项达到国际水平，引起了国外数学界的瞩目．

(2)迁到贵州湄潭的浙江大学数学系，在苏步青、陈建功领导下，1941 年该校数学研究所奇迹般地诞生在黔北的穷乡僻壤，在研究所成立的庆祝大会海报上，竟公布了百余篇交流论文目录，抗战期间授予了 4 位硕士．李约瑟把这里誉为“东方的剑桥”．

(3)为方便在大后方开展学术交流活动，1940 年在昆明成立了“新中国数学会”，该会成立后，每年召开年会，每次年会都有许多篇论文交流．经过多年酝酿，

1941 年在昆明成立了中央研究院数学研究所筹备处，姜立夫任主任，聘研究员若干人，每年度都完成研究论文数十篇. 另外，1941 年起开展的“国家学术奖励金的评选”和“部聘教授”的选聘等活动都促进了学术研究. 在其他学校如武汉大学、四川大学等校工作的数学家，也有不少重要研究成果.

此时,《中国数学会学报》仅在 1940 年初出版第二卷第二期，刊登 17 篇论文，便停刊了. 大量的研究成果由苏步青、华罗庚、陈省身等教授推荐到国外的一流期刊，基本都发表了. 前 4 年(1938—1941)在英国发表的论文最多，共 46 篇，这些论文绝大多数是此前留英学者的研究成果，其中许宝騄 12 篇、华罗庚 8 篇、黄用諏 7 篇、周鸿经 5 篇、柯召 4 篇等. 在这 46 篇论文中，有 20 篇刊登在 *J. London Math. Soc* 上. 在第二次世界大战中，西欧(主要是德国)不少著名数学家迁往美国，美国逐渐成为世界数学中心，中国学者的论文也主要转向美国，后 4 年(1942—1945)由前 4 年的 26 篇增至 121 篇，且作者广泛. 这些论文主要刊登在 5 种一流期刊上，有 *Bull. Amer. Math. Soc.* 27 篇，*Duke Math. J.* 20 篇，*Amer. J. Math.* 15 篇，*Ann. of. Math.* 13 篇，*Ann. Math. Statist.* 10 篇，合计 85 篇，占 121 篇的 70%. 抗日战争中的这 8 年，在英美两国的研究论文共有 205 篇，占总数 314 篇的 65.3%.

五、1946 年—1950 年. 这一阶段的论文总数 299 篇，略少于前一阶段，若按年平均数计算接近于 60 篇，又大大高于前一阶段. 1938 年—1945 年阶段年平均论文数为 39.3 篇，1931 年—1937 年阶段年平均数是 25.6 篇，1917 年—1930 年阶段的年平均数仅有 6.9

篇，这 5 个阶段年平均前后对比节节上升较快. 此时的中国数学呈现出将有大发展的势头，其特点如下：

(1)抗战期间培养出一批数学人才，经受过战争环境的艰苦锻炼，特别顽强且特别能吃苦，热爱祖国，作为中国现代数学人才的第 4 代，他们人数超过前 3 代. 其中十多位被陈省身邀请到中央研究院数学研究所继续研读，个个是精英. 另外，此时掀起的又一轮出国浪潮中，这一代人先后被推向国外，多数在世界一流专家指导下攻读博士学位，学术思想活跃，成绩显著，他们即将成为中国数学界的栋梁.

(2)第 3 代数学家有些研究成果已经达到或接近世界水平，年龄正处于科研旺季，此时都接受邀请出国讲学，或与世界级数学家接轨研究，前途无量.

(3)1946 年—1950 年论文年平均数实际超过 60 篇，因为 1950 年大陆数学家与欧美基本上割断了学术交往，论文主要发表在国内，未计入本章统计内. 刊登论文的质量可从被录用的期刊水平衡量. 除以上列举的各重要期刊之外，1950 年，美国数学会新创办了著名的 *Proc. Amer. Math. Soc.*. 在海外的中国数学家就有 5 篇论文发表在该刊上. 1950 年国际数学家大会会议录中收入了他们 9 篇论文摘要；与此同时，华罗庚率领中国代表团到匈牙利参加的国际数学会议，会上的演讲和带去的论文，至少 6 篇都受到与会者重视. 这些事例说明，此时中国海内外数学家的学术思想已经十分活跃，成果累累，大发展在望.

**本章参考的资料：**

[1] 李喜所. 谭嗣同评传. 郑州：河南教育出版社，

1986:106.

[2] 任南衡、张友余. 中国数学会史料. 南京:江苏教育出版社,1995:43-44.

[3] 郭金海. 王季同与《四元函数的微分法》. 中国科技史料,2002,23(1):65-70.

[4] 参见四川大学档案馆高师第 29 卷.

[5] 清华大学校史编写组. 清华大学校史稿. 北京:中华书局,1981:7-11.

[6] 袁同礼. Bibliography of Chinese Mathematics. Washington,1963(李文林提供).

[7] 李熙汉. 中华民国科学志(一):数学志. 中华文化出版事业委员会,1951(李文林提供).

[8] 科学家传记大辞典编辑组. 中国现代科学家传记. 第 1—6 集. 北京:科学出版社,1991-1994 年.

[9] 程民德. 中国现代数学家传:第 1—5 卷. 南京:江苏教育出版社,1994-2002 年.

[10]中国科协. 中国科学技术专家传略. 理学编. 数学卷 1. 石家庄:河北教育出版社,1996.

说明:

1. 笔者在多种资料对照中,有的论文出现各种矛盾,多数经查证核实,个别文章限于条件,难以确定,未收入,尚需再请教有关专家. 也可能有少数论文遗漏,待今后补充.

2. 本章第一稿文字部分曾发表在《高等数学研究》(2004,7(1):54—57)中. 这次修改,主要在文字部分的第 1 阶段,增添了王季同和胡敦复的简介等文字;首次发表各阶段的论文数字统计表.

3. 在分年归类论文目录时,发现《中国现代数学家传》第四卷第 122—133 页施祥林传中论著目录的第 1 篇:*The Geometry of Isotropic Surfaces*, *Annals of Maths*. 1942, 43(3): 545—559,与陈省身的一篇论文完全相同,经查原刊原著,此文作者确系陈省身,而不是施祥林. 施祥林传稿的作者陆文钊教授也查证证实了此事. 此处提出,是为了避免继续误传.

**20 世纪前半叶中国数学家在国外期刊发表论文和博士论文数统计表** (单位:篇)

| 年代 | 国别 | | | | | | |
|---|---|---|---|---|---|---|---|
| | 美 | 英 | 日 | 德 | 法 | 其他 | 合计 |
| 1911 年 | 0 | 0 | 0 | 0 | 0 | 1 | 1 |
| 1917 年 | 1 | 0 | 0 | 0 | 0 | 0 | 1 |
| 1918 年 | 1 | 0 | 0 | 0 | 0 | 0 | 1 |
| 1919 年 | 1 | 0 | 0 | 0 | 0 | 0 | 1 |
| 1920 年 | 1 | 0 | 0 | 0 | 0 | 0 | 1 |
| 1921 年 | 1 | 0 | 0 | 0 | 0 | 0 | 2 |
| 1922 年 | 2 | 0 | 0 | 0 | 0 | 0 | 2 |
| 1923 年 | 1 | 0 | 0 | 0 | 0 | 0 | 1 |
| 1924 年 | 0 | 0 | 0 | 0 | 0 | 0 | 0 |
| 1925 年 | 0 | 0 | 0 | 1 | 0 | 0 | 1 |
| 1926 年 | 4 | 0 | 0 | 1 | 0 | 0 | 5 |
| 1927 年 | 2 | 0 | 10 | 1 | 0 | 0 | 13 |
| 1928 年 | 6 | 0 | 19 | 0 | 2 | 0 | 27 |
| 1929 年 | 4 | 1 | 15 | 0 | 1 | 0 | 21 |
| 1930 年 | 9 | 0 | 11 | 0 | 0 | 0 | 20 |
| 1911—1930 年合计 | 33 | 1 | 56 | 3 | 3 | 1 | 97 |

续表

| 年代 | 国别 | | | | | | |
|---|---|---|---|---|---|---|---|
| | 美 | 英 | 日 | 德 | 法 | 其他 | 合计 |
| 1931 年 | 4 | 0 | 2 | 0 | 0 | 0 | 6 |
| 1932 年 | 7 | 0 | 1 | 0 | 0 | 0 | 8 |
| 1933 年 | 9 | 0 | 7 | 3 | 2 | 1 | 22 |
| 1934 年 | 6 | 0 | 10 | 5 | 4 | 1 | 26 |
| 1935 年 | 8 | 0 | 26 | 2 | 3 | 4 | 43 |
| 1936 年 | 10 | 0 | 19 | 2 | 6 | 0 | 40 |
| 1937 年 | 2 | 10 | 7 | 4 | 8 | 3 | 34 |
| 1931—1937 年合计 | 46 | 13 | 72 | 16 | 23 | 9 | 179 |

# 西风东渐——一篇编辑手记[①]

第30章

这是为日本著名数学家竹内端三的名著《函数论》重新出版所写的一篇编辑手记.这本书是一本名著,作者是日本著名数学家竹内端三(Takenouchi Tanzo,1887～1945).竹内端三,日本人,1910年毕业于东京大学,后留该校任教.主要研究整数论,特殊函数论,积分方程等.竹内端三著有《积分方程论》(1934)、《椭圆函数论》(1936),《函数论》(Ⅰ、Ⅱ)等.

译者是我国老一辈的数学家胡浚济,据胡氏后人讲:

胡氏族人多在各地城市经商,文化教育方面的视野比较开阔,十七岁的观海卫三官殿街胡氏和房(六房)胡浚济,

① 摘编自《函数论》,哈尔滨工业大学出版社,2018年3月.

就在观海卫安定学堂读书并留教.

受西学救国思想的影响,胡浚济的父亲想办法让儿子到日本留学.清末第一批出国自费留学日本的浙江人就有 13 人,宁波府只有 2 人,胡浚济便是其中一个.

清光绪三十一年(1905 年),浙江巡抚张曾扬奏请创建全浙师范学堂,1906 年获准,后改名为浙江第一师范.一批现代教育学者志士,如钱家治(钱学森之父)、夏丏尊、鲁迅等先后在此执教,胡浚济则负责教授数学和物理.优秀的教师群体,使得学校成为浙江新文化运动的中心.

辛亥革命后,北京京师大学堂改名为北京大学,胡浚济受北大聘请,与从日本留学归国的冯祖荀一起创办北京大学数学门(系).

20 世纪初,德国是世界数学中心之一,日本的数学也主要向德国学习.胡浚济与冯祖荀在数学教材选择、课程设置方面依据德国大学的模式,引进现代科学的数学教材.

由两名老师和两名学生起步的北大数学门(系),开创了中国现代高等数学教育先河.

更详细的资料可参见一份由胡浚济之长孙亲自参与,一起提供原始资料.由飞雁无影执笔,经共同讨论审定而成的胡氏后人的回忆录:

> 我的祖父叫胡浚恒,生于 1884 年;叔祖父是胡浚济,生于 1886 年.他们俩是亲兄弟.
>
> 1903 年兄弟俩一起到日本自费留学.据先辈认定,两人是一起去的.他们先到东京高等学堂理科学习.至今我们不敢断定这究竟是什么

性质的学校，有可能是设有大学预科的高中性质的学校．也有可能是：成立于 1883 年现称之为东京理科大学的前身——东京理科学院．总之，浚恒公与浚济公在那里学习两年，完成了大学预科以及日语，打好了语言基础和课程基础．然后到东京帝国大学学习本科．可以肯定的是：胡浚济在东京帝国大学采矿冶金系学习，在当时这是个时髦专业，并具有很好的数学基础．

在日本东京他们兄弟住在一起．那时浚济年纪小，只有十七岁，哥哥浚恒自己做饭，饮食起居方面给弟弟无微不至的关怀．

胡浚济在读完本科两年之后，患了腿疾．一条小腿突发红肿灼痛，并伴有高烧寒战等全身症状，立即到帝国大学医务所就医．我们知道，这就是现在称之为丹毒的病症．丹毒是皮肤及其网状淋巴管的急性炎症，主要由 A 族 B 型溶血性链球菌引起的急性细菌感染，并有脓性白细胞浸润，起病急，下肢是好发部位．现在用青霉素等抗生素静脉注射，疗效很好，可以医治痊愈．但是在 110 年前，由于医疗药物等水平的局限，病情控制不住，越来越严重．情急之下，东京帝国大学医务所的医生诊断为需要截肢，否则危及生命．不得已只能遵医嘱截去了这条腿．现实是多么的残酷！在此艰难困苦时期，哥哥胡浚恒不顾一切亲自护理照顾，挺过这个难关．当然他的学业也因此有所耽误．在弟弟肢体伤口长好稍能行走之后，胡浚恒亲自送浚济回到观海卫三官殿胡氏宗居，在家中疗养．痊愈后，胡

浚济开始在浙江省工作，主要在全浙师范学堂(后改名为浙江第一师范)执教，有数年.

1912 年夏，胡浚济由钱玄同(钱三强之父)推荐进入北京大学教书.北京大学原名京师大学堂，1912 年 5 月 4 日刚改名.冯祖荀是 1904 年京师大学堂选派官费留学的 47 人之一，被送往日本京都大学学习数学，后在东京帝国大学数学系毕业，就在那时归国，受命筹建数学系(当时称门).胡浚济有幸和冯祖荀协同工作，一起创建数学门.几年后胡浚济遇到机会，也得到冯祖荀的支持，再次赴日本进修学习，完成了东京帝国大学更高层次的数学教程，毕业归国.此后任北大数学系教授，且教学水准相当高.我亲自听玉芬姑说过：1930 年代浚济公的月薪确实为 400 大洋.不少数学界的名人都受过他的教益.

据我父亲回忆，爷爷胡浚恒曾在日本留学四年，学的是理科.现在看来，由于其弟突发的伤病截肢，以致他在日本也没有完成学士学位.不过，有一点可以肯定：浚恒公在日本至少学了两年大学预科，两年以上大学本科，打下了很好的数理基础.

在辛亥革命之前，欧洲的工业已非常发达，尤其是德国，发电已普及全国.而日本的工业化是向欧洲借鉴学习的，当时远远不如德国.我祖父怀着工业救国的梦想，希望改变中国的落后面貌，立志让中国实现电气化，于是决心到德国学习电机电气.于 1909 年至 1910 年间赴德国留学，进入柏林理工大学电气工程系，主要攻读电机专业.

柏林理工大学创建于 1879 年. 这是一所研究性大学，是德国最负盛名的研究和教育机构之一. 也是具有外国留学生比例最高的大学. 至今其下有七所学院，据 2009 年 1 月统计，共计在校本科生 28 200 人；2010 年 3 月统计，教授各类研究人员和研究生共计 8 455 人. 百年来培养了许多优秀人才，其中诺贝尔奖获得者 10 名.

一百余年前，爷爷曾自豪地告诉家人，他们在柏林"西门子"公司实习. 如今西门子公司已经枝繁叶茂，在不少城市设立了分公司，但是其总部仍在柏林. 当年胡浚济已经工作，为报答哥哥之恩情，尽力资助胡浚恒在德国攻读电机工程专业. 经过四年，浚恒公也完成了专业课程毕业，于 1914 年第一次世界大战刚发生之时，学成归国. 当年轻的电机学者踏上国土时，连北京还都点着煤油灯呢！

胡浚恒和胡浚济的求学之路并不平坦，并不一帆风顺，但是他们无私无畏共同走向成功.

我们遵循先祖的科学理想，都学业有成. 我有两个儿子，他们都在北京大学本科毕业，直接到美国攻读博士学位. 大儿子 27 岁获得"生物化学"博士学位，如今已是生物医学专家. 小儿子 18 岁在瑞典获得国际数学奥林匹克竞赛金牌，早已是信息技术专家. 我教导他们：要向胡浚恒和胡浚济两位曾祖学习，两兄弟相互爱护，

相互帮助,无私无畏,一生无比亲密.也要学习先祖们的报国精神.

胡浚恒和胡浚济的兄弟情谊,当为后人楷模.

注:

关于胡浚济 1902 年独自赴日留学之事,存疑.

根据先辈肯定,当年情况是:我们曾祖父胡承镛有六子,按他原定规划:一三五子求学;二四六子经商.据说他此前打算让胡浚济到上海南洋公学中学部学习.南洋公学当时隶属于招商局,是一所高等实业学堂.应选时,人家认为这孩子不适宜经商搞实业,没有被选上.于是承镛太公决定:让浚济随同其五哥浚恒一起到日本留学.

由于译者所处年代中国正处于文言文和白话文交替时期.所以本书中许多地方留有浓重的文言文痕迹,为了尊重历史,我们没做过多修改保留了原貌.

至于为什么要引介这样一本日本数学名著,理由是即使是在今天这样一个我们自认为已经十分强大的时代,在许多方面还是要向其他国家学习,特别是日本,特别是在数学方面,因为日本已经有了好几位菲尔兹奖得主:高木贞治、小平邦彦、广中平祐、森重文,而我们至今还是零.

笔者自知人微言轻,所以特引用同样是菲尔兹奖的得主丘成桐先生 2009 年 12 月 17 日下午在清华大学的讲演来加以说明,题目就是:从明治维新到二战前后中日数学人才培养之比较.

在牛顿和莱布尼兹发明微积分以后，数学产生了根本性的变化. 在 18 到 19 世纪 200 年间，欧洲人才辈出，在这期间诞生的大数学家不可胜数，重要的有：欧拉，高斯，阿贝尔，黎曼，庞加莱，希尔伯特，格拉斯曼(Grassmann)，傅立叶，伽罗瓦，嘉当(E. Cartan)，伯努利，克莱姆(G. Cramer)，克莱罗(A. Clairaut)，达朗贝尔(d'Alembert)，兰伯特(J. Lambert)，华林(E. Waring)，范德蒙德(Vandermonde)，蒙日(Monge)，拉格朗日，拉普拉斯，勒让德(Legendre)，阿冈(R. Argand)，柯西，麦比乌斯(Mobius)，罗巴切夫斯基(Lobachevsky)，格林(Green)，波尔约(J. Bolyai)，雅可比，狄利克雷(Dirichlet)，哈密尔顿(W. Hamilton)，刘维尔(Liouville)，库默尔(Kummer)，魏尔斯特拉斯，布尔，斯托克斯(G. Stokes)，凯莱(Cayley)，切比雪夫(Chebyshev)，埃尔米特(Hermite)，爱森斯坦(Eisenstein)，克罗内克(Kronecker)，开尔文(Kelvin)，麦克斯威尔(J. Maxwell)，富克斯(L. Fuchs)，贝尔特拉米(E. Beltrami)等.

他们将数学和自然科学融合在一起，引进了新的观念，创造了新的学科. 他们引进的工具深奥而有力，开创了近 300 年来数学的主流. 数学的发展更推进了科学的前沿，使之成为现代文化的支柱.

在这期间，东方的数学却反常地沉寂. 无论中国、印度或是日本，在 17 世纪到 19 世纪这 200 年间，更无一个数学家的成就可望上述诸大师之项背. 其间道理，值得深思. 数学乃是科学的基础，东方国家的数学不如西方，导致科学的成就不如西方，究竟是什么原因呢？这是一个大问题.

这里我想讨论一个现象：在明治维新以前，除了江户时代关孝和（Takakazu Seki Kowa，1642—1708）创立行列式外，日本数学成就远远不如中国，但到了 19 世纪末，中国数学反不如日本，这是什么原因呢？在这里，我们试图用历史来解释这个现象.

1.19 世纪中日接受西方数学的过程.

1859 年，中国数学家李善兰（1811—1882）和苏格兰传教士伟烈亚力（Alexander Wyle，1815—1889）翻译了由英国人 De Morgan（1806—1871）所著 13 卷的《代数学》和美国人 Elias Loomis 所著 18 卷的《代微积拾级》. 他们将欧几里得的《几何原本》全部翻译出来，完成了明末徐光启（1562—1633）与利玛窦未竟之愿，在 1857 年出版.

就东方近代数学发展史来说，前两本书（《代数学》、《代微积拾级》）有比较重要的意义，《代数学》引进了近代代数，《几何原本》、《代微积拾级》则引进了解析几何和微积分.

李善兰本人对三角函数、反三角函数和对数函数的幂级数表示有所认识，亦发现所谓尖锥体积术和费马小定理，可以说是清末最杰出的数学家，但与欧洲大师的成就不能相比，没有能力在微积分基础上发展新的数学.

此后英人傅兰雅（John Fryee）与中国人华蘅芳也在 1874 年翻译了英人华里司（William Wallis）所著的《代数术》25 卷和《微积溯源》8 卷，他翻译的书有《三角数理》12 卷和《决疑数学》10 卷，后者由英国人 Galloway 和 Anderson 著作，是介绍古典概率论的重要著作，在 1896 年出版.

这段时期的学者创造了中国以后通用的数学名词，也建造了一套符号系统（如积分的符号用禾字代替）. 他们又用干支和天地人物对应英文的 26 个字母，用二十八宿对应希腊字母.

这些符号的引进主要是为了适合中国国情，却也成为中国学者吸收西方数学的一个严重障碍. 事实上，在元朝时，中国已接触到阿拉伯国家的数学，但没有吸收它们保存的希腊数学数据和它们的符号，这是一个憾事.

当时翻译的书籍使中国人接触到比较近代的基本数学，尤其是微积分的引进，更有其重要性. 遗憾的是在中国洋务运动中占重要地位的京师同文馆（1861）未将学习微积分作为重要项目.

而福州船政学堂（1866）则聘请了法国人 L. Medord 授课，有比较先进的课程. 1875 年，福州船政学堂派学生到英法留学，如严复在 1877 年到英国学习数学和自然科学，郑守箴和林振峰到法国得到巴黎高等师范的学士学位，但对数学研究缺乏热情，未窥近代数学的奥秘.

日本数学在明治维新（1868 年）以前虽有自身之创作，大致上深受中国和荷兰的影响. 1862 年日本学者来华访问，带回李善兰等翻译的《代数学》和《代微积拾级》，并且广泛传播. 他们迅即开始自己的翻译，除用中译本的公式和符号外，也利用西方的公式和符号.

明治天皇要求国民向全世界学习科学，他命令“和算废止，洋算专用”，全盘学习西方数学. 除了派留学生到欧美留学外，甚至有一段时间聘请了 3 000 个外国人到日本帮忙. 日本和算学家如高久守静等虽然极力

抵制西学,但政府坚持开放,西学还是迅速普及,实力迅速超过中国.

日本人冢本明毅在 1872 年完成《代数学》的日文译本,福田半则完成《代微积拾级》的日文译本,此外还有大村一秀和神田孝平. 神田在 1865 年已经完成《代微积拾级》的译本,还修改了中译本的错误,并加上荷兰文的公式和计算. 日本人治学用心,由此可见一斑.

此后日本不但直接翻译英文和荷兰文的数学书,Fukuda Jikin 还有自己的著作,例如他在 1880 年完成的《笔算微积入门》.

日本早期数学受荷兰和中国影响,明治维新期间则受到英国影响,其间有两个启蒙的数学家,第一个是菊池大麓(DairokuKikuchi),第二个是藤沢利喜太郎(Rikitaro Fujisawa),他们都在日本帝国大学的科学学院做教授,这间大学以后改名为东京大学(日本京都帝国大学到 1897 年才成立).

菊池在英国剑桥大学读几何学,他的父亲是江户时代的兰学家,当时英国刚引进射影几何,他就学习几何学,并在班上一直保持第一名,他和同班同学虽然竞争激烈,却彼此尊重.

根据菊池的传记,他一生不能忘怀这种英国绅士的作风,以后他位尊权重,影响了日本学者治学的风骨.

他在剑桥得到学士和硕士,在 1877 年回到日本,成为日本第一个数学教授,日本的射影几何传统应该是由他而起,以后中国数学家苏步青留日学习射影、微分几何,就是继承这个传统.

菊池家学渊源,亲戚、儿子都成为日本重要的学者,他在东京帝国大学做过理学院长、校长,也做过教育部长、京都帝大校长、帝国学院的院长.

他对明治维新学术发展有极重要的贡献,他思想开放,甚至有一阵子用英文授课.

藤沢利喜太郎在 1877 年进入日本帝国大学学习数学和天文,正好也是菊池在帝大开始做教授的那一年.他父亲也是兰学家,在菊池的指导下,他在东京大学学习了五年时间,然后到伦敦大学念书,数个月后再到德国柏林和法国的 Strasbourg.在柏林时,他师从库默尔、克罗内克和魏尔斯特拉斯,这些人都是一代大师.

藤沢利喜太郎 1887 年回到日本,开始将德国大学做研究的风气带回日本.他精通椭圆函数论,写了 14 篇文章,并于 1925 年成为日本参议员,于 1932 年当选为日本的院士.

菊池和藤沢利喜太郎除了对日本高等教育有重要贡献外,也对中学和女子教育有贡献,编写了多本教科书.

2. 20 世纪初叶的日本数学和中国数学.

(1)日本数学.

20 世纪初叶最重要的日本数学家有林鹤一和高木贞治.林鹤一创办了东北帝国大学的数学系,并用自己的收入创办了 Tohoku 数学杂志.

但日本近代数学的奠基人应该是高木贞治.他在农村长大,父亲为会计师.他在 1886 年进中学,用的教科书有由 Todhunter 写的 *Algebrafor Beginners* 和由 Wilson 写的 *Geometry*.到了 1891 年,他进入京都的第三高中,三年后他到东京帝大读数学.

根据高木的自述，他在大学的书本为 Durègi 写的《椭圆函数》和 Salmon 写的《代数曲线》，他不知道这些书籍与射影几何息息相关．当时菊池当教育部长，每周只能花几个小时授课，因此由藤沢主管，用德国式的方法来教育学生．他给学生传授克罗内克以代数学为中心的思想．高木从塞尔写的 *Algebra Supérieure*（法语）书中学习阿贝尔方程，并且学习 H. Weber 刚完成的两本关于代数学的名著．

1898 年，高木离开日本到德国柏林师从 Frobenius，当时 Fuchs 和施瓦兹还健在，学习的内容虽然和日本相差不大，但与名师相处，气氛确实不同．

1900 年，高木访问哥廷根，见到了数学大师克莱因和希尔伯特．欧洲年轻的数学家大多聚集在此，讨论自己的创作．高木自叹日本数学不如此地远甚，相距有半个世纪之多．然而一年半以后，他大有进步，能感觉自如矣．可见学术气氛对培养学者的重要性．

高木师从希尔伯特，学习代数数论，印象深刻．他研究 Lemniscate 函数的 complex multiplication．他在 1903 年完成博士论文，由东京大学授予博士学位（1900 年时东京大学已经聘请他为副教授）．

1901 年，高木回到东京，将希尔伯特在哥廷根领导研究的方法带回东京大学，他认为研讨会这种观念对于科研至为重要，坚持数学系必须有自己的图书馆和喝茶讨论学问的地方．1904 年他升为教授，教学和研究并重．他的著作亦包括不少教科书，对日本数学发展有很深入的影响．

1914 年第一次世界大战爆发，日本科学界与西方隔绝，他不以为苦，认为短期的学术封闭对他反而有很大的帮助,可以静下心来深入考虑 classfield 理论.在这期间,他发现希尔伯特理论有不足之处,在 1920 年 Strasbourg 世界数学大会中,他发表了新的理论.两年后他的论文得到西格尔的赏识,建议阿廷去研读,阿廷因此推导了最一般的互反律,完成了近代 classfield 理论的伟大杰作.

高木的学生弥永昌吉于 1931 年在东京帝国大学毕业,到过法、德两国,跟随过阿廷,在 1942 年成为东京大学教授.他的学生众多,影响至巨.

日本在 20 世纪 30 年代以后 60 年代以前著名的学者有如下几位:

东京大学毕业的有:吉田耕作(Kosaku Yoshida),中山传司(Tadashi Nakayama),伊藤清(KiyoshiIto),岩堀永吉(Nagayoshi Iwahori),小平邦彦,加藤敏夫(TosioKato),佐藤斡夫(Mikio Sato),志村五郎(Goro Shimura),铃木道雄(Michio Suzuki),谷山丰(Yutaka Taniyama),玉河恒夫(Tsuneo Tamagawa),佐竹一郎(IchiroSatake),伊原康隆(YasutakaIhara);京都大学毕业的有:冈洁(Kiyoshi Oka),秋月康夫(Yasuo Akizuki),中野重雄(Shigeo Nakano),户田芦原(Hiroshi Toda),山口直哉(Naoya Yamaguchi),沟畑茂(Sigeru Mizohata),荒木不二洋(Fujihiroraki),广中平佑(Heisuke Hironaka),永田雅宜(Masayoshi Nagata);名古屋大学毕业的有:角谷静夫(Shizuo Kakutani),仓西正武(Masatake Kuranishi),东谷五郎(Goro Azumaya),森田纪一(Ki-itiMorita);东北大学毕业的有:洼田忠彦(Tadahiko Kubota),茂雄佐佐木(Shigeo Sasaki);大阪大学毕业的有:村上真悟(Shingo Mu-

rakami)，横田洋松(Yozo Matsushima).

东京大学和京都大学的学者继承了高木开始的传统，与西方学者一同创造了 20 世纪中叶数学宏大的基础，这些学者大都可以说是数学史上的巨人.

其中小平邦彦和广中平佑都是菲尔兹奖的获得者，他们都在美国生活了相当长的一段时间，广中平佑在哈佛大学得到博士学位，20 世纪 90 年代后回日本. 小平邦彦则在 1967 年回国，他在美国有 4 位博士生，而在日本则有 13 位之多，著名的有 K. Ueno，E. Horikawa，I. Nakamura，F. Sakai，Y. Miyaoka，T. Fujita，T. Katsura 等，奠定了日本代数几何的发展.

M. Sato 的学生有 T. Kawai，T. Miwa，M. Jimbo 和 M. Kashiwara，都是代数分析和可积系统的大师. Nagata 的学生有 S. Mori，S. Mukai、M. Maruyama. 其中 Mori 更得到菲尔兹奖.

(2)中国数学.

李善兰和伟烈亚力翻译 Loomis 的《微积分》以后，数学发展不如日本，京师同文馆(1861 年创办)和福州船政学堂(1866 年创办)课程表都有微积分，但影响不大.

严复毕业于福州船政学堂后到朴茨茅斯和格林威治海军专门学校读数学和工程，却未遇数学名家. 容闳在 1871 年带领幼童赴美留学，以工程为主，回国后亦未能在数学和科技上发展所长.

甲午战争后，中国派遣大量留学生到日本留学，在 1901 年张之洞和刘坤一上书光绪皇帝："……切托日本文部参谋部陆军省代我筹计，酌批大中小学各种速成教法，以应急需."

1906 年，留日学生已达到 8 000 人，同时又聘请大量日本教师到中国教学. 冯祖荀大概是最早到日本念数学的留学生，他在 1904 年就读于京都帝国大学，回国后，他在 1913 年创办北京大学数学系.

1902 年，周达到日本考察其数学，访问日本数学家上野清和长泽龟之助，发表了《调查日本算学记》，记录了日本官校三年制理科大学的数学课程：

第一年：微分、积分、立体及平面解析几何，初筹算学、星学及最小二乘法、理论物理学初步，理论学演习、算学演习.

第二年：一般函数论及代数学、力学、算学演习、物理学实验.

第三年：一般函数论及椭圆函数论、高等几何学、代数学、高等微分方程论、高等解析杂论、力学、变分法、算学研究.

这些课程，除了没有包括 20 世纪才出现的拓扑学外，其内容与当今名校的课程不遑多让. 中国当时大学还在萌芽阶段，更谈不上这样有深度的内容.

周达又从与上野清交流中得知华蘅芳翻译《代数术》时不应删除习题. 周达的三子周炜良以后成为中国 20 世纪最伟大的代数几何学家.

现在看来，全面学习日本不见得是当年洋务运动的一个明智选择，日本在 19 世纪末与 20 世纪初期间的科学虽然大有进步，但与欧洲还有一大段距离. 中国为了节省费用，舍远求近，固可理解，然而取法乎其中，鲜有得乎其上者.

紧接着中国开始派学生到美国，其中有胡敦复和郑之蕃，前者在哈佛念书，后者在康奈尔大学再到哈佛

访问一年，他们两人先后（1911 和 1920 年）在清华大学任教，1927 年清华大学成立数学系时，郑之蕃任系主任.

在哈佛大学读书的学生亦有秦汾，曾任北京大学教授，1935 年中国数学会之发起人中有他们三人，胡敦复曾主持派送三批留美学生，共 180 人.

1909 年美国退回庚子赔款，成立中国教育文化基金，列强跟进后，中国留学欧美才开始有严谨的计划.严格的选拔使得留学生质素提高.哈佛大学仍然是当时中国留学生的主要留学对象，胡明复是中国第一个数学博士，从事积分方程研究，跟随奥斯古德和 Bücher.第二位在哈佛读书的中国数学博士是姜立夫，他跟随 Coolidge，念的是几何学.

俞大维也在哈佛哲学系跟随 Sheffer 和 Lewis 读数理逻辑，在 1922 年得到哲学系的博士学位.刘晋年跟随 Birkhoff 在 1929 年得到博士学位.江泽涵跟随 Morse 学习拓扑学，1930 年得到博士学位.申又枨跟随 Walsh 学习分析，1934 年得到博士学位.

芝加哥大学亦是中国留美学生的一个重要地点，其中杨武之师从 Dickson 读数论，1926 年获得博士.孙光远跟随 Ernest Lane 读射影微分几何，1928 年获得博士学位.胡坤升跟随 Bliss 学分析，1932 年获得博士学位.此外在芝加哥获得博士学位的还有曾远荣和黄汝琪，先后在 1933 和 1937 年得到博士学位.

除了哈佛和芝加哥两所大学外，中国留学生在美国获得数学博士学位的还有：20 世纪 20 年代，孙荣（1921，Syracuse）、曾昭安（1925，Columbia）；30 年代，胡金昌（1932，加州大学）、刘叔廷（1930，密歇根）、张鸿基(1933,密歇根)、袁丕济(1933,密歇根)、周西屏(1933,密歇根)、沈青来(1935,密歇根).

留法的博士有:刘俊贤在里昂大学研究复函数;范会国在巴黎大学研究函数论;赵进义在里昂大学研究函数论.

留法诸人中最具影响力的是熊庆来,1926 年他到清华任教,1928 年做系主任,1932 年到法国留学,1933 年获得法国国家理科博士学位后,在 1934 年回国继续任清华大学数学系主任.他的著名的学生有杨乐和张广厚,奠定了中国复变函数的基础.

德法两国当时的数学领导全世界,Courant 在哥廷根大学带领了不少中国数学家,例如魏时珍、朱公谨、蒋硕民,论文都在微分方程这个领域.

曾炯之在哥廷根大学师事诺特,1934 年获得博士学位,他的论文在数学上有重要贡献.程毓淮亦在哥廷根获得博士学位,研究分析学.1935 年夏,吴大任到德国汉堡,与陈省身第三次同学,在布拉施克教授指导下做研究,1937 年回国.

留学日本的有陈建功,在东北大学师从藤原松三郎研究三角级数,1929 年获得博士学位;苏步青在东北大学师从洼田忠彦学习射影微分几何,1931 年获得博士学位,回国后陈建功和苏步青先后任浙江大学数学系主任.

苏步青的著名学生有熊全治、谷超豪、胡和生.留日的还有李国平、杨永芳、余潜修、李文清等人.

总的来说,中国第一批获得博士学位的留学生大部分都回国服务,对中国数学起了奠基性的作用.在代数方面有曾炯之,在数论方面有杨武之,在分析方面有

熊庆来、陈建功、胡明复、朱公谨，在几何方面有姜立夫、孙光远、苏步青，在拓扑学方面有江泽涵.

江泽涵后来成为北京大学系主任，姜立夫在 1920 年创办南开大学数学系，孙光远成为中央大学系主任，陈建功成为浙江大学系主任，曾昭安成为武汉大学系主任.

通过他们的关系，中国还邀请到阿达玛、Weiner、布拉施克、Sperner、G. D. Birkhoff、奥斯古德等大数学家访华，对中国数学发展有极大影响力. 在此以前，法国数学家 Painlevé 和英国数学家罗素在 1920 年和 1921 年间访问中国，但影响不如以上诸人.

紧跟着下一代的数学家就有陈省身、华罗庚、周炜良等一代大师，他们的兴起意味着中国数学开始进入世界数学的舞台. 许宝騄在 1935 年毕业于清华大学，成为中国统计学的创始人，他的工作在世界统计学界占有一席地位. 在西南联大时，他们也培养了一批优秀的数学家，其中包括王宪忠、万哲先、严志达、钟开莱等人. 冯康则在中央大学毕业，成为有限元计算法的创始人之一.

稍后浙江大学则有谷超豪、杨忠道、夏道行、胡和生、王元、石钟慈等. 在中央研究院时，培养的杰出学生还有吴文俊等人. 其中陈省身、华罗庚、许宝騄等都是清华大学的学生. 陈省身在海外的学生有廖山涛、郑绍远等. 华罗庚则在解放初年回国后，带领陆启铿、陈景润等诸多杰出学者，成为新中国数学的奠基者.

3. 结语.

与日本比较，中国近代数学的奠基可以说是缓慢而迟滞的，微积分的引进早于日本，却被日本反超. 这与日本政府在 1868 年明治维新公开要求百姓全面向西方学习有一定的关系. 中国人直到现在还不能忘怀“中学为体,西学为用”的信念,因此在追求真理的态度上始终不能全面以赴.

菊池等在英国除了学习几何和分析外,也将英国的绅士精神带回本国学术界,高木贞治师从德国大师,成功地将哥廷根的数学研究和研究方法传到东京大学,回国 15 年后,他本人的研究亦臻世界一流,他对数学的热情非当时中国诸公可比拟. 事实上,中国留学生在 1935 年以前的论文能够传世的,大概只有曾炯之的曾氏定理. 不幸的是,曾炯之回国后未受到重视,很早就去世了.

从菊池开始,留学生回日本国后得到政府重用,从基础数学做起,无论对中学还是对大学的教育都极为尽力(高木以一代大师之尊,竟然著作中学教科书 14 本之多). 到 20 世纪 40 年代已经有多样开创性工作,与欧美诸国不遑多让了. 有一点值得中国注意的:基本上所有日本的名学者在做副教授以前都到欧美访问一段时间,直接接触学问的最前沿.

本人接触过的日本数学大师有伊藤清、岩泽健吉、小平邦彦、加藤敏夫、志村五郎、佐竹一郎、广中平佑等,都是谦谦君子,谈吐言行都以学问为主题,弥足敬佩.

反观中国,早期学习西方,以应用科技为主,缺乏对数学的热情,一直到上世纪 20 年代,中国留学生还没有认识到当代最先进的数学,而在 19 世纪来华的传教士,对数学认识不深,中国学者没有寻根究底,始终未接触到学问的前沿. 在教育年轻学者方面也不如日

本学者.中国留学生在甲午战争后以留日为主,在庚子赔款早期则以美国为主,亦有到德法留学的.

在 20 世纪早期日美数学远不如德法,而中国留学生却以日美为主,可见当时留学政策未有把握到求学的最佳方向.幸而这些早期留学生学成后都回国服务,到 40 年代中国数学已经奠基成功.

值得注意的是,日本和美国数学的迅速兴起和他们的学习方法有密切的关系.一方面接受英国式的绅士教育,一方面又接受德国式研究型大学的精神,在以研究为高尚目标的环境下,学者对学问投入浓厚的兴趣.

举例来说,中国留学生在哈佛留学的同时,哈佛的学生有 Whitney 和 Morse 研习拓扑,Morrey 和 Doob 研究方程学和概率论,他们都成为一代大师,但他们的中国同学回国后在数学上的造诣不及他们远甚.

新中国成立后在华罗庚教授带领下,中国数学在某些方向已开始进入国际水平,"文革"后则元气大伤,近 30 年来在本国产生的数学研究难与西方相比,而留学生中杰出者远不如陈、华、周诸大师,又不愿全面回国.本国培养的博士生,质素好的有相当大部分放洋去国,造成今日数学界的困境.

人才的引进需要与本国的精英教育挂钩.美国大学成功的重要因素在于本科生和研究生的培养,也就是孔子说的教学相长,有大师而无杰出的年轻学生,研究是无法深入的.没有做学问的热情,没有崇高的志愿,也不可能产生杰出的研究,这些热情不是金钱可以购买的.

这一段历史给我们看到很多重要的事情,求学必须到精英荟萃之处认真学习、不慕名利，教学相长，庶几近之.

近年来韩国和越南政府开始大量投入基础科学的研究，2017 年世界数学家大会就有从这些国家出身的年轻数学家得到菲尔兹奖.他们的文化，与中国息息相关，中国何时才能够在本土培养出这种水平的数学家，固然是政府和我们老百姓所关心的事情.

反过来说，得到国际大奖固是一个重要指标，但在基础学问或研究上，我们要看得更远更崇高，才能成就大事业，儒家说“天人之际”，中国学者能够达到这个境界，始无负于古圣先贤的教诲!

作为一个中国数学家，看着我们有些有能力有才华的学者为了蝇头小利，竞争得头破血流，不求上进，使人感伤.很多有权位的学者，更以为自己代表泱泱大国，可以傲视一切，看不起第三世界的学者.然而“学如逆水行舟，不进则退”，学问的评判自有其客观性，我们面对有学问的专家时，自然知道自己的长处和缺点.

汉唐时代，中国不单是经济军事大国，也是文化大国，亚洲国家称中国为父母之国.经过 60 年的建设，中国终于成为经济大国，在世界强国环伺下，举足轻重.然而在数学研究上，我们远远比不上上世纪 40 和 60 年代陈、华领导的光景.

今日中国数学的前途，端赖于年轻一代数学家的培养，研究生的培养则溯源于中学生的教育.历史上数学名家都在 30 岁前发表过重要工作，望政府留意焉.

多年前我读《红楼梦》，虽然“不解其中意”，但是贾宝玉说“何我堂堂须眉，诚不若彼裙钗哉?”使我感慨良深.

我们数学工作室长期致力于世界数学名著的引介工作,因为我们觉得这是一件有意义的事,一项研究人类长寿问题的结果表明:

如果大脑无法永生的话,身体的长寿是没有意义的,所以真正的永生应该是多做有益的事情,让世界记住你的贡献.就像热门电影《寻梦环游记》里所说的那样:真正的死亡是世界上再也没有一个人记得你了.

# 中国数学界辉煌的“大时代”[①]

第31章

## 1. 文理兼修的民国才子

三十年前在贵州，
曾因奇异点生愁.
如今老去申江日，
喜见故人争上游.

这首颇有杜工部之沉郁的七绝，并非出自哪位文人之手，作者是大名鼎鼎的数学家苏步青. 1972 年 12 月 7 日，苏步青的学生、著名数学家张素诚，因《数学学报》复刊之需，到上海拜访老师，苏老在赠给门生的《射影几何概论》(英文版)一书扉页上，题了这首诗.

苏步青在科研和教学上取得了令世人叹服的光辉业绩，26 岁就发现了四

① 摘编自公众号：算法与数学之类，2017－8－17.

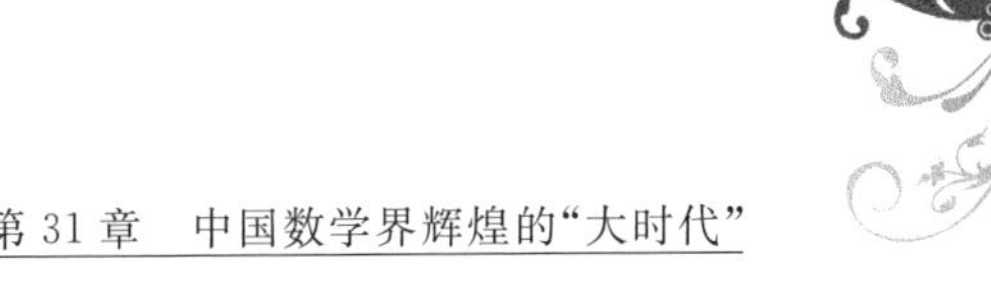



次(三阶)代数锥面,被学术界誉称为“苏锥面”. 后在“射影曲线论”“射影曲面论”“高维射影空间共轭网理论”“一般空间微分几何学”和“计算几何”等方面都取得世界同行公认的成就,特别在著名的戈德序列中的第二个伴随二次曲面,被国内外同行称为“苏的二次曲面”. 他还证明了闭拉普拉斯序列和构造(T4),被世界学术界誉称为“苏(步青)链”. 因此,德国著名数学家布拉施克称苏步青是“东方第一个几何学家”.

在苏步青崭露头角的 20 世纪二三十年代,中国数学界涌现了一批新星. 从内因来看,当时国内积贫积弱已久,经历一系列文化启蒙运动,有志青年愈加感到经史子集于救国无益,弃文从理,转而投身现代科学,而“数学为现代科学之先锋”,吸引了不少优秀人才. 从外部条件来看,自 1910 年开始,一些优异学子陆续获得官派留学的资格,得以师从世界级数学大师,接触系统性的现代数学教育,开拓视野,因此出现了一批有国际影响的数学家.

苏步青在浙江省立第十中学读书时,他的数学老师曾留学日本,开启了他对数学的兴趣. 当时苏步青用 20 种不同的方法证明了一条几何定理,展露出极高的数学天赋,被保送日本留学.

1924 年,他以第一名的成绩考入日本东北帝国大学数学系,师从著名几何学家洼田忠彦教授. 1927 年大学毕业后,他免试升入该校研究生院. 在研究生时期,苏步青在一般曲面研究中发现了四次(三阶)代数锥面,论文发表后,在日本和国际数学界产生很大反响.

在苏步青求学日本的同一时期,1922 年,朱公谨进入德国哥廷根大学哲学院数学系攻读博士学位.哥廷根大学是当时的世界数学中心,世界数学巨匠高斯、黎曼、希尔伯特等先后在这里执教,由他们形成的“哥廷根学派”在近代数学史上长期处于主导地位.

朱公谨在哥廷根师从希尔伯特的大弟子柯朗(Courant).柯朗也是世界著名数学家,长期在哥廷根大学执教.朱公谨不仅受业于柯朗,还亲耳聆听过数学大师希尔伯特、龙格(Runge)和兰道的教诲.经过近5年的发奋攻读,1927年他在柯朗指导下,以论文《关于某些类型的单变量函数方程解的存在性证明》取得博士学位.

稍晚一些时候,另一位注定大放异彩的数学家踏上了留学之途.1935年,数学家诺伯特·维纳(Norbert Wiener)访问中国,他注意到华罗庚的潜质,向当时英国著名数学家哈代(Hardy)极力推荐.1936年,华罗庚前往英国剑桥大学,度过了关键的两年.这时他已经在华林问题上有了一些成果,并受益于英国的哈代—李特伍德学派.他有至少15篇文章是在剑桥时期发表的,其中一篇关于高斯的论文为他赢得了世界性声誉.

更难能可贵的是,这些佼佼者都谢绝了国外优厚的研究条件,毅然回国,投身于中国的数学教育和研究事业.

1931年3月,苏步青以优异的成绩荣获理学博士学位,国内外的聘书像雪片似的飞来,苏步青一一谢绝.因为两年前陈建功获理学博士学位时,曾约苏步青到条件较差的浙江大学去.苏步青说:“你先去,我毕业后再来.让我们花上20年时间,把浙大数学系办成世

界第一流的数学系……”

他的确实现了诺言. 自 1931 年到 1952 年，苏步青在浙大培养了近 100 名学生，在国内 10 多所著名高校中任正副系主任的就有 25 位，有 5 人被选为中国科学院院士. 欧美、日本的数学家称他和他的同事们为“浙大学派”.

朱公谨选择了上海交通大学. 获数学博士学位后，朱公谨怀着为祖国效力的抱负和志向，当年就回到上海.

1928 年交通大学成立数学系，朱公谨受聘教授并首任系主任. 朱公谨长于数学分析，其研究偏重于实用及结合物理方面，如偏微分方程、积分方程、理论力学等，当时国内数学界对此有专长者为数不多，加上他受到希尔伯特、柯朗等著名数学大师的真传，所研究的变分问题又是新学科，故深受国内学者推崇.

1937 年，华罗庚也学成归国，回到清华大学担任正教授，后来抗战爆发，他随学校迁至昆明，在国立西南联合大学执教，直至 1945 年.

民国时期的那一辈数学家，爱国之心拳拳，醒世之才昭昭，不仅数学造诣不俗，赖于从小打下扎实的文史功底，具有良好的国学素养，几乎个个是文理通才.

苏步青诗词造诣深厚，13 岁学写诗，读初小时常骑在牛背上诵读《千家诗》，每次出差，提包里总放一两本诗集，如《杜甫诗选》等. 浙江大学内迁湄潭时期，他和数学大师钱宝琮等创设湄潭吟社，在国难当头的日子里，学者们在诗中寄托忧国思乡的情怀. 1944 年，苏步青以“游七七亭”为题作一诗：单衣攀路径，一杖过灯汀. 护路双双树，临江七七亭. 客因远游老，山是故乡青.北望能无泪,中原战血腥.

他们还自费出版了《湄潭吟社诗存(第一辑)》,收录各家诗词约 100 首.在苏步青 96 岁高龄时,北京群言出版社出版了《苏步青业余诗词钞》,共收近体诗 444 首,词 60 首.

苏步青以吟诗作对为长,朱公谨则有一支生花妙笔,善于撰写数学小品文,刊于报纸,为老百姓"普盲".

朱公谨回国之初,人们普遍教育水平较低,数学基础相当薄弱,他在教学之余,自 1927 年起在《光华学报》连续发表"数理丛谈"的文章,这些文章通过学者和商人的对话,以通俗的语言,深入浅出地介绍实数理论、复数、群、射影几何、几何学原理及来源、微积分以及统计方法等.文章后来结集成册,由商务印书馆列为"算学小丛书"和"新中学文库"出版,自 1935 年出版后,到 1948 年 8 月已印 6 次,深受读者欢迎,具有广泛影响.

当时的中学生几乎无人不知这套书,著名数学家冯康就是其中一个.冯康在高三期间仔细阅读了"数理丛谈",令他眼界大开.他首次窥见了现代数学的神奇世界,深深为之着迷,而这无疑成为冯康后来献身数学并成为著名数学家的重要原因.著名艺术家、文学家丰子恺先生在谈到他的早年生活时,也曾经说到他对"数理丛谈"的喜爱和痴迷.

近代有名的教育家胡敦复、胡明复兄弟,也以博学多才著称.胡敦复被誉为"全能教授",在创办私立大同大学的困难时期,哪门课没有人教,他就去顶,凡"数学""物理""国文""英文""哲学""拉丁文"甚至"声韵学",他都能教.

据长子胡新南回忆，胡敦复唯一不懂的是化学，也只有化学系没有他可教授的课程. 因此胡新南报考大同大学时，特意选了化学系，以避开父亲的严格管教. 谁知他最终还是没能逃掉，因为大一新生有一门必修课——逻辑，教授这门课的正是父亲.

**2. 战火中的课桌**

抗战前，学者教授的生活是体面而优裕的，清华哲学教授冯友兰之女宗璞在《野葫芦引》中描摹过当时的生活，一清早家里会来几拨人，菜园子送新鲜蔬菜来，冰室送来一天所需的冰块，还有小贩挑着各种零食上门来卖.

这样的静好岁月随着战争爆发戛然而止. 抗战十年，中国高校与国家民族同呼吸、共命运，知名学者陈平原以“摧不毁的大学”来形容战时中国大学西迁的颠沛历史. 数学教授们和其他同行一样，在艰苦的环境下继续研究和教学.

战争期间，浙江大学西迁贵州湄潭. 举校西迁时，苏步青接到一封加急电报：岳父松本先生病危，要苏步青夫妇去日本仙台见最后一面. 苏步青没有离开战火中的家园，他的妻子苏松本也不愿离开丈夫独自回国. 但因妻子刚分娩不久，不能随行内迁，苏步青把妻子送到平阳乡下避难，直到 1940 年暑假，由竺可桢校长特批一笔路费，才将妻子和女儿接到湄潭.

在艰苦环境下，浙大的教学和科研依然有条不紊地进行. 苏步青走上讲台，当他回身在黑板上画几何图形时，学生们就会议论苏老师衣服上的“三角形、梯形……”的补丁，还有屁股上的“螺旋形曲线”. 晚上，苏步青把桐油灯放在破庙的香案上写教材，完成了《射影曲线概论》一书.

湄潭生活艰苦，苏步青的一个小儿子因营养不良，出世不久就死去了. 竺可桢特许苏步青两个读中学的儿子吃在中学、住在家里.

在上海不少高校同样在烽火之中历经西迁、两地办学、东返复员等艰难曲折，以赓续文化命脉、保存和培养战后重建所需的人才.

1937 年"八一三"淞沪会战开始，上海交通大学徐家汇校舍在当年 11 月被日本宪兵队占领. 交大迁入租界，借爱麦虞限路（今绍兴路）的中华学艺社上课. 那时朱公谨正在交大执教，交大 1946 届毕业生钱钟彭曾听过他讲课，50 多年后他这样回忆当年的情景：

"有一次朱公谨先生讲课，题目是偏微分方程的特殊解. 他没有照一般地分成抛物线形、椭圆形、双曲线形那么讲，而是由边界条件出发，指出可以用各种方法，如逐步逼近、变分法等方法达到目的，触类旁通，充分发挥，显示了'条条道路都可以通向罗马'的妙谛. 朱先生平时说话略有些口吃，但在课堂上讲课，不仅条理清晰，还口齿流利，滔滔不绝. 我在听这次讲课时，如痴如醉，大有孙猴子在听菩提祖师说法时得闻大道的那份喜悦."

随着日军全面占领上海，上海高校陆续西迁：同济大学迁至李庄；复旦大学和交通大学迁至重庆；大夏大学迁至贵阳；上海医学院迁至昆明、重庆……

### 3. 飘零的学科

新中国成立之初，数学曾出现短暂的欣欣向荣之

机，内迁的高校东返复员，海外的学者纷纷回国，开局一片向好，但随着各种政治运动深入，数学萌芽没有得以发展.

抗战结束不久，华罗庚到美国访问，1948 年被美国伊利诺伊大学聘为正教授. 随着新中国成立，1950 年春，华罗庚毅然决定放弃在美国的优厚待遇，携夫人、孩子从美国经香港抵达北京，回到了清华园，担任清华大学数学系主任.

他是中国解析数论、矩阵几何学、典型群、自守函数论与多元复变函数论等多方面研究的创始人和开拓者，并被列为芝加哥科学技术博物馆中当今世界 88 位数学伟人之一. 国际上以华氏命名的数学科研成果有“华氏定理”“华氏不等式”“华—王方法”等.

20 世纪 50 年代开始，国内对学科的衡量标准渐渐归于一条——实用性，对生产建设有促进作用的学科受到鼓励发展，不能直接转化为生产力的学科被边缘化. 而数学在基础性阶段看似是一种实用工具，数学本质上是一种世界观，一种解读世界的哲学，并不能以方法论的眼光去看待.

理论数学的研究变得尤其不合时宜，相对实用的工程数学还有存在价值. 华罗庚作为数论研究者，却不得不顺应风潮，从事一些离题千里的工作. 他凭个人的声誉，到各地借调了得力的人员组建“推广优选法、统筹法小分队”，亲自带领小分队到全国各地去推广“双法”.

何为统筹法？举个简单的例子，一个忙碌的早上，一个人要做完烧水、刷牙洗脸、听广播、做早饭等几件事，怎么安排先后顺序最高效？这就是统筹法要解决的问题.统筹法是工程管理类的内容,并不算是数学.

华罗庚所到之处,掀起了科学实验与实践的群众性活动,取得了一定的经济效益和社会效益.1969 年,他推出《优选学》一书,并将手稿作为国庆 20 周年的献礼送给了国务院.1970 年 4 月,国务院根据周总理的指示,邀请了七个工业部的负责人听华罗庚讲优选法、统筹法.

在当时人看来,数学是无用的学科,无论是两点之间直线最短,还是三角形内角和为 180°,都不能促进粮食和钢铁产量.数学学者们无穷无尽地去证明一些看似显而易见的定理,在许多人看来是愚蠢而没有意义的,数学作为"无用"的学科,渐渐被边缘化.

20 世纪 70 年代末掀起过一阵子"数学热",源于一篇报告文学.徐迟 1978 年在《人民文学》第 1 期上发表了一篇《哥德巴赫猜想》,让中国老百姓认识了一个叫"陈景润"的数学家,并且感动和激励着一代人为"科学的春天"而奋斗.

陈景润和上一代大师相比,起点不高,没有留学光环.他曾是北京四中的一名数学教师,因口齿不清,被停职回乡养病,后来经当时厦门大学的校长王亚南推荐,回母校厦门大学数学系任助教.1956 年,陈景润发表《塔内问题》,改进了华罗庚在《堆垒素数论》中的结果,因此受到华罗庚的重视,次年调入中国科学院数学研究所任研究实习员.这个转折改变了他的人生.

1973 年陈景润发表了《表达偶数为一个素数及一个不超过两个素数的乘积之和》,简称"1+2"的详细证明,被公认为是对哥德巴赫猜想研究的重大贡献.1977 年,世界数学家大会邀请陈景润作分组的 45 分钟报

告,这对于当时的中国而言是件大事.但因为当时中国在国际数学家联合会的席位一直被台湾占据,陈景润最后没有接受邀请.同一年,攻克“卡拉比猜想”的美籍华裔数学家丘成桐在大会上做了一小时报告.

与外界打交道顾虑重重、谨慎、不自信、容易错失机会,是那个年代中国数学家的群体写照.

1979 年,陈景润应美国普林斯顿高级研究所的邀请,去美国做短期的研究访问工作.国内环境使然,加上本身性格原因,陈景润并不擅于向美国同行分享自己的研究成果.这位木讷、内向、羞涩的中国学者,以后再也没接到类似的邀请,虽然他多次表示这样的交流对自己的启发很大.

1976 年 10 月后,美国研究机构派了一支数学家团队考察中国数学的发展状况,中方向对方介绍了学科现状,他们回国后写了长篇报告.其中提到,中国排斥“没有用的数学”,对拓扑、几何等理论数学并不重视,也不存在西方意义上的应用数学研究,只有工程数学被保留.但少数数学家在艰苦简陋环境下取得单个领域的重大成就.

在华罗庚归国的前一年,几何学家陈省身任职的南京中央研究院数学研究所迁往台湾,陈省身无意赴台,应普林斯顿高级研究所所长奥本海默之邀举家迁往美国,很快在国际数学界声名鹊起.有人根据丢多涅的纯粹数学全貌和岩波数学百科全书、苏联出版的数学百科全书综合量化分析,得出的 20 世纪数学家排名,陈省身排在第 31 位,华罗庚排在第 90 位,陈景润进入前 1500 名.

4. **空虚的菲尔兹奖台**

目前为止共有两位华裔数学家获得过菲尔兹奖，第一位是美籍华裔数学家丘成桐，他在 27 岁时攻克了世界数学难题“卡拉比猜想”，1983 年获得菲尔兹奖，时年 34 岁. 另一位是澳大利亚籍华裔数学家陶哲轩，他很小就表现出超高的数学天赋，2006 年他因对偏微分方程、组合数学、调和分析和堆垒数论方面的贡献获奖，当时只有 31 岁.

每年菲尔兹奖名单上几乎都有美国、法国、俄罗斯数学家，也有过日本数学家. 丘成桐曾向媒体坦言，相对于欧美的数学水平，中国数学还有差距. “中国数学界最伟大的大师只有陈省身、华罗庚和周炜良，应用数学家则有林家翘和冯康，周、林两位学者长期在美国，不能够代表中国. 我在伯克利读书时，大师甚多，一所大学就比得上中国数学最辉煌的时候. ”伯克利走出八个菲尔兹奖获得者.

丘成桐曾在以自己名字命名的数学奖评审中发现了一些很有能力的孩子，“中学生的数学水平相当于研究生”. 而这些优秀少年渐渐和国外拉开差距的原因在于，缺乏创造力. “我觉得中国很多小孩念书方法有问题. 家长望子成龙很正常，但以考试、分数为主不能培养创造能力，跟外国人相差很远. ”

举个例子，中国最优秀的数学人才往往从事计量经济学. 宏观经济学家提出一些经济概念，比如 GDP 是该国消费和投资总和，需要大量的数据模型去量化，确定各个参数，每个变量的系数等，这就需要计量学的模型. 也就是说，中国人善于研究这些模型，本质上是

适合做解题类的事情.而对于需要探索性研究的宏观经济学领域,相当于出题类的工作,中国人的身影并不多.

当然,随着信息化、全球化对国内教育产生影响,人们的理念也在发生转变,创新性的数学教育离现实越来越近,中国数学人才会走得越来越远.

# 获得“数学突破奖”的两位中国年轻数学家[①]

## 第32章

美国当地时间2017年12月3日，“科学突破奖”颁奖典礼在位于旧金山的美国国家航空航天局（NASA）Ames研究中心揭晓，共颁发2 200万美元奖金，其中，旨在表彰生命科学、基础物理及数学领域最杰出的成就的“突破奖”单项奖金为300万美元，是科学界第一巨奖.

今年，5名生命科学家各自获得“生命科学突破奖”，奖金300万美元. 5名“基础物理突破奖”获得者共享300万美元，2名“数学突破奖”获得者分享300万美元. 此外，共有3名青年物理

① 摘编自公众号：澎湃新闻，2017－12－04.

学家各自获得“新视野奖”，4 名青年数学家共享 3 个“新视野奖”，其中包括两名中国数学家恽之玮和张伟（图 1），他们均毕业于北京大学. 最后，还有 1 名“突破挑战奖”得主获得 40 万美元奖金.

图 1　两名中国青年数学家恽之玮（左）和张伟（右）获得本届“新视野奖”

五个价值 300 万美元的生命科学突破奖主要是奖励研究生命系统和延长人类生命方面的革命性进步. 他们分别是：

乔安妮·乔瑞（Joanne Chory），来自沙克生物学研究所、哈佛休夫医学研究所.

获奖理由：发现了植物从光照和阴影中提取信息进行光合作用的一种分子机制，这种新机制可以修改植物枝叶生长的过程.

唐·克利夫兰(Don W. Cleveland),来自加州大学圣迭戈分校路德维希癌症研究所.

获奖理由:阐述了遗传性肌萎缩性侧索硬化症(ALS)的分子发病机制,包括神经退行性病变中神经胶质细胞的作用,以及建立了 ALS 和亨廷顿疾病的反义寡核苷酸疗法动物模型.

森和俊(Kazutoshi Mori),来自东京大学.

获奖理由:阐明了未折叠的蛋白质反应,细胞质量控制系统,并阐述了细胞纠正措施的方法.

金·内史密斯(Kim Nasmyth),来自牛津大学.

获奖理由:阐明了细胞分裂过程中,重复染色体危险分离的复杂机制,从而防止癌症等遗传疾病.

彼得·沃特(Peter Walter),来自加州大学旧金山分校.

获奖理由同样是:阐明了未折叠的蛋白质反应,细胞质量控制系统,并阐述了细胞纠正措施的方法.

基础物理突破奖的 300 万美元奖金将由 27 名成员组成的 WMAP 实验团队共享,其中包括 5 位获奖团队领导.

他们分别是:

查尔斯·L·班尼特(Charles L. Bennett),来自约翰霍普金斯大学;

加里·欣肖(Gary Hinshaw),来自不列颠哥伦比亚大学;

诺曼·雅罗西克(Norman Jarosik),来自普林斯顿大学;

里曼·佩奇(Lyman Page Jr),来自普林斯顿大学;

大卫·斯珀格尔(David N. Spergel)来自普林斯顿大学.

获奖理由是,该团队绘制了早期宇宙的详细地图,大大提高了我们对宇宙演化以及对星系形成起伏波动的认识.

数学突破奖由两名获奖者共享,分别是:

克里斯朵夫·哈克(Christopher Hacon),来自犹他大学.

詹姆斯·迈克凯南(James McKernan),来自加州大学圣迭戈分校.

本届基础物理突破奖得主班尼特表示,走在红毯上并不是他“典型”的生活,但他觉得这种方式棒极了,能让科学家们得到应有的关注.在多年探索宇宙的过程中,他最大的感悟是“宇宙很大,我们生活的星球真小”,他希望能唤起更多人关注宇宙,认识到人类的共同命运.

本届数学“新视野奖”得主阿伦·纳博(AaronNaber)同样说道:“这对我来说是独一无二的一天,我们数学家平时可不这样生活.”当被问及他将如何处理10 万美元奖金时,纳博脱口而出:“还房贷啊! 我有三个孩子呢.”

有“科学界奥斯卡”之称的科学突破奖自 2012 年开始颁发,以奖励在生命科学、数学和基础物理学领域做出杰出贡献的科学家.单项奖金 300 万美元,是科学界第一巨奖.马化腾与谷歌创始人之一谢尔盖·布林(Sergey Brin)、俄罗斯富翁尤里·米尔纳(Yuri Milner,DST 基金创始人)及夫人茱莉亚·米尔纳(Julia Milner)、Facebook 创始人马克·扎克伯格

(Mark Znckerberg)及夫人普莉希拉·陈和 23andMe 创始人安妮·沃希斯基(Anne Wojcicki)共同捐赠该奖项.

有意思的是,在科学突破奖颁奖前,举办方组织了走红毯环节,让科学家如摇滚明星一般享受镁光灯.颁奖环节也会邀请明星和科学家共同颁奖.2017 年颁奖仪式由奥斯卡获奖男演员摩根·弗里曼(Morgan Freeman)主持.嘻哈音乐家威茨·卡利法(Wiz Khalifa)、欧阳娜娜、章泽天、美国游泳奥运冠军凯蒂·莱德基(Katie Ledecky)、美国橄榄球明星约翰·尤索(John Urschel)等也出现在红毯上.

# 关于数学突破奖——告诉你一个真实的数学研究[①]

## 第33章

科学是目前人类探知客观世界最好的方式.尽管投入科学不能一蹴而就地得到切实有用的成果,但从长远来看却是技术发展最好的动力源.与技术开发不同,对科学的投入更像是公益活动,因为科学研究得到的成果属于全人类.而数学作为科学的"语言",也有着类似的性质.

在目前富豪争相投身公益事业的社会潮流下,我们能听到的科学奖项也越来越多.除去老牌的菲尔兹奖、诺贝尔奖以外,我们时不时还能听到一些新的奖项.2014年,又有一个新的奖项横空出世,它名为"数学突破奖",它的目

① 摘编自公众号:数学中国,2017-8-12.

标是"认可本领域内的重要进展,向最好的数学家授予荣誉,支持他们未来的科研事业,以及向一般公众传达数学激动人心之处".

这个奖项引人注目的原因之一是它的奖金来源:Facebook 的创始人扎克伯格以及数码天空科技的创始人之一米尔诺.此前他们还设立了"基础物理突破奖"与"生命科学突破奖",合作者还包括 Google 创始人之一布林以及阿里巴巴的创始人马云.他们都是互联网造就的新贵,大概也正因如此,他们更理解科学的重要性:正是科学的飞速发展,带来了日新月异的信息技术,才给他们带来了庞大的财富.

另一个引人注目之处则是高昂的奖金:300 万美元.这是诺贝尔奖的 2.5 倍有余,与解决 3 个克雷研究所千年难题所能获得的金额相同.这是目前科学奖项最高的奖金,它很好地完成了吸引公众眼球的任务.

**那么,这次(2014 年)的获奖者都有哪些呢?**
**他们的贡献又是什么呢?**

西蒙·唐纳森(Simon Donaldson),来自石溪大学以及伦敦帝国学院,他因"四维流形革命性的新不变量,以及在丛和法诺簇两方面,对其中代数几何与全局微分几何中稳定性之间联系的研究"而获奖.

马克西姆·孔采维奇(Maxim Kontsevich),来自法国高等科学研究院,他因"在包括代数几何、形变理论、辛拓扑、同调代数以及动力系统等在数学众多领域中产生深刻影响的工作"而获奖.

雅各布·劳瑞(Jacob Lurie),来自哈佛大学,他因"有关高阶范畴论和导出代数几何方面基础性的工作,

对全扩展拓扑量子场论的分类，以及对椭圆上同调的参模理论解释”而获奖.

陶哲轩(Terence Tao)，来自加州大学洛杉矶分校，他因“在调和分析、组合学、偏微分方程以及解析数论中的众多突破性贡献”而获奖.

理查德·泰勒(Richard Taylor)，来自普林斯顿高等研究院，他因“在自守形式理论方面的多项突破性工作，包括谷山一韦伊猜想、一般线性群上的局部郎兰兹(Langlands)猜想以及佐藤一泰特猜想”而获奖.

看着这些简介，你现在的脑海里一定充满了各种“这些字每一个我都认识，但是合起来是啥?”又或者“哇！好厉害、好高深啊！他们干的到底是啥?”之类的念头. 不要急，先让我带大家分析他们的主要贡献.

**理查德·泰勒:代数数论**

我们从理查德·泰勒开始. 他的名字可能不太为人熟知，但如果说起费马大定理以及安德烈·怀尔斯，大部分人可能都略有耳闻. 泰勒是怀尔斯的学生. 在当年怀尔斯证明费马大定理的故事中有一个小插曲，怀尔斯最初发布的证明其实是不正确的，其中存在一个漏洞. 大家一开始看不出来，但随着数学界慢慢审视这项重要的工作，漏洞很快就被发现了. 怀尔斯花了一年的时间找到了绕过漏洞的方法，而与他一起完成这项工作的，就是泰勒.

在代数数论中，$j$ 不变量是一个具有基础地位的模形式.

泰勒主要研究的领域是自守形式理论，这是代数数论——用代数结构研究自然数的一门数学分支——

的一个重要部分.要理解自守形式,最好先从模形式开始.模形式是一种特殊的复值函数,它定义在复平面的上半部分,满足一定的增长条件,而最重要的是它有着高度的对称性,在一个被称为"模群"的特殊变换群的各种变换下仍然保持不变.这个群中的元素都是所谓的"麦比乌斯变换"

$$z \to \frac{az+b}{cz+d}, a,b,c,d \in \mathbf{Z}, ad-bc=1$$

这里的 $a,b,c,d$ 都是整数,也正因如此,模形式与数论天生就具有密不可分的关系.许多数论中的问题,甚至最耀眼的黎曼猜想,都能在模形式中找到联系,特别是一类被称为"椭圆曲线"的特殊曲线,与之关系更为密切,而这正是泰勒与他的合作者证明的谷山-韦伊猜想(现在又被称为模性定理)的内容.不仅是费马大定理,许多形式类似的方程解是否存在的问题,最终也能归结到有关某类椭圆曲线与模形式之间的关系,经过谷山-韦伊猜想指示的联系,从而得到解决.

除此之外,椭圆曲线除了是代数数论研究的轴心之一,也是计算数论中重要的研究对象,从而在实际生活中的应用占据着一席之地,特别是与每个人密切相关的密码学.与椭圆曲线有关的不对称加密协议,已经成为密码学的重要分支之一.这类加密协议虽然速度较慢,但在相同的密钥长度下,可以提供更可靠的保护.而这些加密协议的有效性以及具体应用,反过来又与椭圆曲线的理论研究息息相关.有许多加密时使用的工具,比如说泰特配对,就来源于理论研究.另外,椭圆曲线本身就能用于整数的因子分解,这也是 RSA 密码体系的命门.

至于泰勒研究的自守形式，则是模形式的一种推广，而椭圆曲线的对应推广又被称为超椭圆曲线. 对于这些“升级版”的研究可以说根本停不下来. 它们结构之精致、地位之重要、内涵之丰富，再加上应用的潜力，实在使数学家们欲罢不能.

**陶哲轩：解析数论、调和分析**

对于陶哲轩，我们熟悉得多. 他是华裔，也是神童，研究的领域之一——解析数论——也早已经由陈景润与哥德巴赫猜想而在中国家喻户晓.

同样研究自然数，陶哲轩的思路跟泰勒相去甚远. 泰勒研究的代数数论，是尝试通过代数结构来理解自然数；而陶哲轩研究的解析数论，则是尝试通过函数的解析性质（例如有关上下界的估计）来进行探索.

在解析数论中，能用到的工具很多. 除了经典的微积分（也就是高数中能学到的东西），还涉及更复杂的调和分析、代数数论以及组合中的一些工具. 解析数论中的两大方法，筛法与圆法，前者可以看成组合学中容斥原理的巧妙应用，后者则是复分析与调和分析的集大成者.

陶哲轩在解析数论领域的重要贡献之一，就是引入了新的工具与技巧. 他与本·格林证明了，存在任意长（而不是无限长）的等差数列，其中的每一项都是素数. 在这个证明之中，他们用圆法拓展了组合中一个由斯泽梅雷迪发现的深刻定理，利用了有关加性组合的新思想解决解析数论的问题. 这也使人们更多地关注有关加性组合的研究.

除此之外，陶哲轩在调和分析、偏微分方程方面也有重要的贡献，这两个领域对实际应用的影响更大. 在工程中经常使用的小波分析，其实就是调和分析的一种应用. 而陶哲轩对调和分析的研究，也直接催生了一门新的技术——压缩感知.

压缩感知，其实就是如果我们知道信号的某些特殊性质，那么即使只进行少量的测量，在合适的情况下仍然能大体还原整个信号. 在工程学中，我们经常需要测量某些信号，比如在摄影中，测量就是照相，而信号就是要成像的物体. 利用这种方法，已经有人制作了只需单个像素感光元件的照相机，效果还不错，而需要记录的数据量则大大降低. 这项技术在医疗诊断、人脸识别等广泛的领域都有重要的应用.

陶哲轩在组合学方面的工作，除了与解析数论有关的加性组合以外，还有代数组合. 他与艾伦·克努森(Allen Knutson)发现的蜂窝模型给出了李特伍德-理查森系数的又一个组合解释，这些系数与一般线性群的表示论以及格拉斯曼簇的上同调有关，他也借此解决了代数组合中的一些猜想.

**更广阔的数学**

还有剩下三位获奖者的工作又是什么呢?

剩下的这三位获奖者，他们研究的领域都与“代数几何”这一数学分支有关. 虽然代数和几何大家都很熟悉，但“代数几何”作为一个整体，听说过的人可说是寥寥无几. 代数几何奠基于希尔伯特的零点定理，之后经过格罗滕迪克之手一发不可收拾，目前已经发展为数学中一门非常重要而又高度抽象的分支，与数学的其他分支有着各种各样深刻的联系.

所以说到他们具体的研究内容，很遗憾，谁也不清楚.

先不要急着，这也是有原因的：

1. 数学的专门性.

数学的跨度实在太广了，而每个领域都太深奥了，现在，即使穷尽一个人的一生，也难以涉猎数学的所有领域，而这些专家的所有工作横跨各种各样的领域，要一一详细解释更是难上加难. 即使是数学系学生，对于很多没有钻研过的领域的理解，也只是"听说过大概是那么一回事"的程度而已. 实际上，现在整个科学体系经过数百年的不断积累，已经发展为一个庞大的整体.

在牛顿的时代，一个人可以跨越数个不同的学科同时有所建树；

在居里夫人的时代，一个人最多只能在一个学科的许多领域都有贡献；

在现代，一个人最多只能在一个学科的几个领域得到重大的成果，而绝大部分的研究者熟悉的仅仅是他们主攻的一两个领域.

学科的细分前所未有，这也是一种必然，科学体系经过一代又一代研究者成年累月的积累，迟早会突破个人所能掌握的极限，即使是天才. 专业化、细分化，这是唯一的出路. 而数学研究领域之广阔，研究对象之丰富，研究方法之多样，更是其他学科中少见的. 这也造成了数学分支之间前所未有的隔膜.

2. 数学的抽象性.

除了专门化之外，数学还有一个其他学科少有的特点：高度的抽象化.

在欧拉的时代，数学表现成那种人人熟悉的数学式子；

在希尔伯特的时代，数学家们已不满足于这种略显简单的抽象，决意利用更为抽象的语言将数学精确化，于是诞生了公理集合论；

在代数拓扑与代数几何兴起的时代，随着代数拓扑与代数几何的发展，公理集合论已经略显烦琐，数学家们引入更抽象的范畴，推广出高阶范畴（即使是无比复杂的结构，也被抽象为点与箭头、箭头之间的箭头、箭头之间的箭头之间的箭头，层次永无止尽）；

到了现在，兴起了对一种名为“拓扑斯”的特殊而又更为抽象的范畴，某些数学家甚至希望用它来代替公理集合论作为数学的基础.

数学的这种高度的抽象性决定了它很难被普通大众所理解，有时甚至包括领域不相同的其他数学家们.

研究量子群论的数学家，丝毫不会担心公理集合论中不可达基数的存在性会不会影响他的研究；埋头钻研纳维-斯托克斯偏微分方程的研究生，多半也永远不会用到范畴论中有关自伴逆变算子的结论；即使是代数几何的大拿，如果被问起随机幂律图的直径分布，大概也只能摇摇头.

正因如此，数学中跨领域的合作弥足珍贵，一个领域的数学工具如果能用在另一个领域中，常常也会带来意想不到的惊喜.

3. 数学的传播困难.

由于数学的专门性和抽象性，向一般大众传播有关数学的新知，常见的结局无非两种：传达的信息正确无误，但读者只能不明觉厉；传达的信息过度简化甚至歪曲，读者读得高兴，自以为理解，实际上却是谬种流

传.而在科技日新月异的今天,即使是身边的技术,其中包含的数学也早已非一般人能够掌握.

对于现代的数学研究而言,高中数学不过是玩具,而大学中传说无数人考试不及格的高数,也只不过是基础中的基础.但对于绝大多数人来说,高数已经远远超过他们所需要掌握的数学.在保持正确性的前提下,现代的数学研究即使经过高度简化也难以为大众所理解,这也是非常正常的事情.如何逾越这个障碍,将数学的美、数学的作用以及研究数学的乐趣向大众传播,走出新的道路,这是一个难题,也是一个必须思考的问题.

互联网新贵们设立这个数学巨奖来奖励数学家,也是这种数学传播的一种尝试.他们希望能将公众的注意力吸引到数学研究上,让更多的人关注数学、喜欢数学,从而间接地鼓励未来的数学研究,还有未来的科技发展.

# 第34章

# 丘成桐先生的一次演讲[①]

今天林松山叫我讲关于应用数学的问题,我想一想,讲做学问的经验也好.因为我来台湾也差不多五年了,我想很多研究人员做研究的方法并不见得是最好,尤其是我觉得很多年轻人为什么在国外能够念的好?这是很值得思考的. 所以,我想讲讲我自己的经验,或是我对数学的看法,让大家参考一下.

我想最重要的当然是要有热忱,最主要的就是求真的精神,是始终要培养的.我们做学问是为了求真,无论是对自然界的了解或是从数学方面来讲,我们有不同的观念,可是真和美就数学来讲是最重要的.追求真和美的热忱很重

① 摘编自公众号:数学中国,2017-12-27.

要，因为我们整个做学问的路上要碰到很多不同的困难，假如我们没有热忱的话，就没有办法继续下去．所以追求学问的最崇高目标，无过于真和美，追求的目标无误，热情才不会熄灭．我们非想办法培养自己对追求学问的热忱不可．几天前我在去看我父亲的遗作，其中有屈原：

路漫漫其修远兮，吾将上下而求索．

做学问的路很长很远，我们一定要看得很远，因此我们要上下去求索，要想尽办法去求真．怎么去找真与美，能够始终不断地坚持下去，这是成功的　个很重要因素，如果没有热忱的话，就永远达不到做大学问的地步．

我们再举一个国外的例子，在一个有组织的系统里，我们的竞争很厉害，尤其在物理方面或其他实验科学方面的研究，真是分秒必争；有一个题目刚好出来的时候，大家知道其他人也会做这个问题，很多博士后或者是教师聚在一起往往工作到深夜，甚至整个晚上不睡觉．这上面当然有一个竞争性在里面，就是希望达到一个目标，比人家快了一点；可是另一方面也是因为求真的热忱很大，刺激着我们使我们不肯放松．否则的话，有很多的终身教师没有必要这样拼命，可是很多教师还是愿意这样做，我想热忱很重要．我们要知道，作研究的路是很远的，我们要在中间低潮的时候还能够坚持做下去．

很多作研究的人，他往往觉得若不在中心的地方，他不敢去做．有些人去到过最好的地方，他也不敢去碰难的题目．这有很多不同的原因，等一下我们再慢慢谈，可是一个最要紧的我想是基本的功夫要做好．基本功夫没做好往往会出现上述问题.中学的时候,大学的时候或者在研究院做研究生的时候,很多基本功都要培养,很多学生在年轻的时候不将基本功做好,以后做研究就很吃力.

交通大学着重应用数学,可是我们知道应用数学主要的工具是从纯数学来的;很多的学生认为既然是应用数学就不用学纯数学或者是应用物理就不必学基本的物理,这是很大的错误.很多基本的功夫非在作学生的时候学不可,为什么呢?我们要做习题,并且要大量的去做,这是学习基本功的必要过程.我想很多现在毕了业拿了博士学位的人看一本书的时候不再去做习题.遇到一些比较复杂的计算的时候往往不愿意去算,可是很多基本的想法就是从计算里领会来的.我们所做的命题,最后的时候可能留下很简单很漂亮的结果,可是中间往往要花大量的计算,我们才知道这个结果是怎么得到的.

做好的研究不是一朝一夕得来的,往往做了一百次,九十九次是错的,最后一次是成功的.但成功的时候,我只跟你讲成功的结果,不会跟你讲九十九次失败的经验.错误的经验往往是很好笑的,因为经常犯很明显的错误,要在做完的时候才知道.可是当讲给别人听的时候很少会跟人家讲错误的那部分,其实做错误的结果让你眼睛明亮,它帮你忙,让你向前走.其实你能做错的结果,已经是很不错的了,因为很多初学的人连怎么去做这个题目都不能够做到.譬如说,你给我一个化学上的问题,我从什么地方开始做我都不知道,因为我没有这基本的功夫,我根本不知道要从什么地方开始.

一个好的数学家至少要能够掌握两门以上很基本的功夫. 基本功不是一朝一夕学来的. 譬如讲,有代数的方法、有分析的方法、有几何的方法等种种不同的方法,我们在中学的时候就开始学. 有些人喜欢几何,觉得代数没有什么意思不想学,或者是学代数的人不想学几何,各种想法都有,可是最后我们发现真的做研究的时候全部都要用到.

有人说我只做一个特殊的题目就永远只去做这方面的题目,结果连这方面的问题也不见得做得好. 因为数学的发展是不停地在改变,不断地在改变. 自然界能够提供给我们的问题,不会因为你是几何学家就继续不断地提供几何方面的问题,而往往是与几何结合在一起的问题. 到了题目来的时候,要用到其他工具,我没办法去了解,我就比其他人吃亏了.

例如,很重要的一门“群表示理论”,一般来讲很多地方不教这门课,可是在应用科学或者理论科学要用到,“群表示理论”在物理里也要用到. 有些好的数学家可以很技巧地运用“群表示理论”分析很多问题. 我们可能没有这些办法,这就是因为我们基本功没有做好的缘故. 我想“群表示理论”大概是进了研究院或者大学后半期的时候学的.

中国数学家在这方面的训练不够,因此不如国外学者,可见有些基本学科一定要学好,同时要很早就学. 我们学数学的不单是要学数学上的基本功,在物理上的基本功也要学,这是在大学时就要学的. 力学、电磁学我们都要有一定的了解,因为物理跟数学这几十年来的发展越来越接近,很多问题是从物理上提供的. 我们假如对这些基本的观念完全不认得的话,我们看到题目就比不上其他懂得这方面的数学家，能够很快得融会贯通.

到了这个年代，很多的数学问题往往是从其他的学科如理论物理、应用数学或其他的学科里来的，他们甚至提供直觉和方法. 我们想了很久的一些问题，往往因此得到解决，假使我们从来都不接触其他学科的话，就完全落伍了.

举个例子来讲，代数几何学家这二十年来已有长远的发展. 可是到了这几年来用古典的方法或者纤维丛的方法，都没有办法解决的问题，结果理论物理帮助我们看到以前看不到的可能. 由于本身知识的局限，很多代数几何学家遇到这个困难的时候没有办法接受这些专家的看法，遇到理论物理就不敢去碰它. 可是物理提供了、解决了我们基本问题的方向，代数几何学家又觉得很难为情，因为他们没有办法去了解，所以这是一个很困扰的问题. 假使你不肯学物理学上的基本功，你就很难接受这个新的挑战.

记得我看过一本书，序言里讲作者很感谢代数学家艾伯特(Albert)，他为什么感激他呢？他说艾伯特教我代数，使得我坐下来的时候，看代数问题不会恐慌，使我能够坐下来好好地对待代数上的问题. 就是讲我们基本功能不能做到如此，我坐下来，看到几何问题或应用数学的问题，可不可以坐下来就想个办法来对付他，我想这是很重要的. 我们往往看到问题，坐下来的时候，恐慌的不知道怎么办，因此就算了，我想大家都有这个经验. 你做基本功一定要做到你看一个题目，明明是未知的、未解决的问题，你还是可以坐下来，然后花工夫去解决它. 即使你不能够解决它，可是你至少

知道怎样去想办法，同时不会恐慌、放弃，我想这是最重要的.

往往我们因为基本功没做好，当一个深的题目或看法出现的时候，我们就拒绝去接受，认为这些题目不重要，这是去解释自己为什么不能够去做某一个问题的时候最自然的方法. 训练基本功要在研究生、大学生或中学生的时候. 基本功怎样学好呢? 有时看一本书完了就放在一边，看了两三本书后就以为懂了，其实单看书是不够的，最重要的是做习题，因为只有在做习题的时候，你才能知道什么命题你不懂，也理解到古人遇到的困难在哪里. 习题不单在课本里找，在上课和听研讨会时也可以找.

我们很多学生上课的时候不愿意去写笔记，不做笔记的话根本不可能去念任何学科. 尤其是有时候演讲的人讲的题目是根本不在书本里的，或者是还没有发表的. 我常觉得很奇怪，为什么学生不去做笔记，他认为他懂了，其实明明不懂. 因为可能连讲课的人自己都还没搞懂，可是听讲的人不愿意去做笔记，也不会去跟演讲的人谈，也不会去跟其他老师讨论. 往往你花了一个钟头在那边听，听完了以后就全部忘掉了. 因为你没有一个写下的笔记可以温习，怎么可能不忘掉呢?

另一个训练基本功的方法就是要找出自己最不行的地方在哪里. 我们来看“群表示理论”的时候，我们有一大套理论. 单看理论是不够的，在应用时往往要知道群表示是怎么分解的，你不能够将它写下来则理论对你一点用处都没有. 又例如一个方程式的估计问题，你有没有办法了解其中的方法，就全靠你实际的计算经验，不光念一两本书就足够的.

举例来说，我的儿子最近刚学因式分解这个问题，老师教他一大堆怎么分解整数方程的问题. 他学了. 也学得很好，也学了怎么找根的方法. 可是有一次考试是他不知道怎么因式分解！我跟他说，你明明知道怎么找根，为什么不能够因式分解？主要是他学的时候没想到找根跟因式分解是同一件事. 问题就在于训练基本功的时候，要想清楚数学命题间的关系，了解清楚为什么要解这些命题.

我们去看很多人写以前人的事，写了很多很漂亮的介绍和批评. 可是你自己没有经历过这一条路的话，你事实上很难了解困难在什么地方，为什么人家会这样想. 要得到这个经验，不单要做习题，还要做比较难的习题. 做困难的习题有什么好处呢？困难的习题往往是几个比较基本的问题的组合.

我自己看书的时候，常常会一本书一下子就看完了，觉得很高兴，因为看完了；可是重新再看，反而什么都不懂. 我想大家都有这个经验，主要的原因是什么呢？我们没有学好这门学科，做比较难的题目的时候，你就会发觉会遇到困难. 尤其是我们做一些题目的时候，往往就觉得似是而非，在脑子里面想，以为已经懂了、可以解决了、就一厢情愿地很快地解决它，很快地看完那一本书，事实上这是欺骗自己，也不是训练基本功夫的方法.

一个好的题目，你应当坐下来用笔写下来一步一步地想，结果你会发现很多基本的步骤你根本没有弄清楚. 当你弄清楚的时候，你去看你以前需要的定理在哪里、怎么证的、我想你会慢慢了解整个学问的精义在哪里. 所以说，动笔去做题目是很重要的，我们做大学

生的时候还愿意做这个事，往往做研究生的时候，就以为了不起，毕业以后更不用讲，不会动手去写.一个题目在那里，我们很了不起地以为自己懂了，有些是很明显，但有些是似是而非，好像差不多了，事实上不是，里面有很多技巧在里面.我们一定要动手去做，当你在一门课里面，基本功搞得很清楚以后，你就发现书里面很多是错的.在发现书本里的错误时，你的基本功也不错了.

我们这个时代的学生不看课外书，连本身的教科书也不看，很使人失望.做研究大家知道，自己要去找自己的思路.单单上课听听，听完以后不看书，做几个习题就算了，怎么用都做不好.因为你没有想自己的思路要怎样走.我做大学生刚开始第一年半的时候，因为刚开始将数学严格化，我觉得很高兴.因为从整个逻辑看去，可以一点一点地推导，从前有些几何或分析上的问题，我觉得可以慢慢将它连起来，我觉得很高兴.

我讲这个事情是什么原因呢？我觉得现在很多大学生或研究生对于宏观的数学看法并不热情.就想课本上有题目拿来，能够做完它，你就觉得很高兴.你没有整体地去想整个数学，或者整个几何，或者整个代数，我们需要研究的是什么事情？我们需要追求的是什么对象？我想去考虑这些事情其实并不会花费你太多时间，可是你要有一个整体性的想法.整体性的想法是非要有基本功夫不可，就算很琐碎的事情你都要晓得以后，才能对整个科学有一个基本的看法、一个大范围的看法.

现在谈谈我个人的经验，我记得我念中学的时候学了平面几何.大家都晓得平面几何很漂亮，我觉得很有意思.书本上的平面几何问题大概我都懂得怎么做.可是我觉得还是不太够,所以我将很多基本的问题连在一起,之后开始慢慢想.去发现一些书本上没有的问题,去想书本的方法能够有什么用处,是不是大部分平面几何上的问题都可以解决?我想找一些命题是这些方法没有办法解决的.

我记得我初中的时候想过一个问题,我发觉没有办法去解决它.花了很多工夫去想,看了很多课外的书来帮忙,最后很高兴地找到一本书讲那个问题不可能用圆规和直尺来解决,可以用代数的方法来证明.因为经过很多不同的想法,有半年的时间,完全不晓得圆规和直尺解决不了这个问题,因此看到别人将这个问题解释清楚,就觉得很高兴;那时候是中学生,没有了解伽罗瓦理论,所以还是搞不太清楚是怎么证明的.可是我至少知道了有些问题是不能用圆规和直尺解决的.也因为经过很长时间的思考,所以我开始对这类问题的了解清楚得多.也开始欣赏到做数学的精义.

我想我们做一个习题或研究,我们最好花些工夫去想想整个问题的来龙去脉,也多看一些参考书,这对你的帮助很大.因为数学无非是很多方法放在一起解决很多不同的问题.这是一个工具,我们了解一下这整个方法的局限,对基本功有很大的帮忙.基本功是一个工具,不是一个终点,是一个起步.基本功没搞清楚的话,没有办法去讲某个学问好,某个学问不好.

记得从前在香港念大学的时候,当时的环境比现在差得很多,图书馆根本没有什么书,也没有什么很好的导师,但是还是看了很多课外书,也看了很多文章.但现在看来浪费了很多精力,这是眼界太浅,坐井观

天,不知数学的发展与方向的缘故.以后我到伯克利,也看了很多文章,得益良多.一方面当地图书馆收藏丰富,一方面与良师益友的交往,心中开始建立对数学的看法.

我中学的时候,老师跟我们讲:好的书要看,不好的书也要看.数学里面不好的书我也看,你可能奇怪为什么不好的书我也看;我是觉得这样子,你一定要晓得什么是好的书,什么是不好的书,所以你看文章的时候,一定要搞清楚这个作者写文章并不见得是了不起的.有些作者,你知道他的著作是了不起的可以多看,可是从不好的文章里面,你也可以看到许多现代的发展.因为有时候,从简单的写法里面,你反而看得比较容易一点,可是你一定要知道他里面所讲的命题并不见得是有意思的,你一定要经过你自己大脑去搞清楚.可是他里面的组织往往是有的,普通水平的文章里面往往会引出有名的文章,也会介绍出有名的文章里面讲些什么事情,同时往往会写的比较容易看一点.因为它的水平比较低,它可以学一些大数学家的文章,你看了以后,很快就知道怎么进出不同的地方,可以和好的文章比较.

这是我自己的经验,你不一定要这样做.我的建议是大部分的时间看大数学家的作品,小部分时间浏览一般作品,并做比较.我读研究生的时候,有时候从早到晚都在图书馆里面看期刊、看书.当时因为在伯克利没有研究室,研究生没有研究室很好,整天在图书馆里面坐着.几乎主要期刊的文章我都看过,看过并不表示仔细地看,但至少有些主要的定理都看过.当时大部分都看不懂.看不懂没有什么关系.往往你要花很多工夫才能够在细节的部分搞清楚一篇好的文章.因为你第一眼看得懂的文章并不见得太好.并不是讲一定不好,简单的文章有时也有创见,多看文章让你知道当时的人对于哪一个方向的问题有兴趣,对你有很大的帮助.

有很多学生跑来问我问题,我跟他讲某某年有谁做过、做到什么阶段,他们听了很惊讶,为什么我知道?没有谁讲给我听,是我自己在文章上看到的.这很重要,因为你做研究的时候,你要知道什么人做过、解过哪些问题,对你的帮助很大.因为往往做研究的时候,你需要知道的只是谁做过、在什么地方可以找到这个方面的文献,你以为有了这个帮助以后,你可以跑回去找这个文件.甚至你只要知道哪一年代谁碰到过这个问题,对你也有很大的好处.有很多名家的文章往往比人做得快一步,就是因为他知道谁做过这件事情,他可以去找这方面的文章,或者去找某个数学家帮忙,否则的话,做数学的有十几万人,你根本不知道谁做过这个方面的问题,谁没有做过.

所以在这方面多学一些别人做过的问题,无论出名的文章也好,差的文章也好,都看一看.我当然是建议你多看一些出名的文章,因为差的文章等于是消遣性,看武侠小说一样,看完就放在一边.

你有追求的热情以后,慢慢地再将不同的看法放在一起.到了这一步,我觉得你可以开始找自己的题目.因为你开始知道整个数学界主要在看什么问题.一个好的数学家怎么找自己的问题是很重要的.当然有不同的找法,有些人要发展一套理论,有些人要解决难题,理论的目标最后还是要解决问题的,所以解决重要问题是发展一般理论中一个很重要的一环.

举例来说，像庞加莱猜想，它是三维拓扑中最主要的猜想，我们知道前人花了很多心血去解决它，到了现在有很多不同的尝试方法，各自成一个气候．这个命题已经变成一门学科而不再是一个独立的问题．这是三维空间的结构问题，需要彻底解决此猜想才算圆满．另有些人为什么对庞加莱猜想有兴趣，对其他问题兴趣不大，那是因为它是公认的难题．我想选题方面每个人有不同的看法．我有很多朋友是很出名的数学家，他们只想解决出名的问题，我认为数学上这是错误的选题方法，我们应该有整体的有系统的想法，想整个数学目的在哪里，应当解决什么样的问题．

你们可能都读过王国维讲的做大学问的三个阶段，第一阶段是晏殊说的“昨夜西风凋碧树，独上西楼，望尽天涯路．”这是王国维讲做大学问的第一个阶段，要解释这一段话，我要再说明基本功的重要性．如果基本功没有做好，你根本望不远．

你叫中学生去望尽天涯路，根本是不可能的事，最后讲一些空谈的话．对数学或者科学上的历史不了解的话，你根本没有资格去谈以后的事．不是叫你去全部了解，至少有一定的了解．现在很多学生，尤其是研究生，我觉得比较头痛，教他做一个小题目，做了以后，一辈子不愿意放．不停地写小文章，写了文章当然可以发表，对某些年轻人来讲，他认为这样子很好，不想重要的问题，今天能够写一篇小文章，明天能够写一篇小文章，就可以升级，假如不写出来的话，生活上会受到困扰．这都是对的，可是你真的要做一个好的题目，其实也不见得那么难．一些研究生的论文是历史上有名的著作．为什么他们能够花三四年的工夫，做出这么出色的工作？他们是从不懂到懂，然后还要再向前进．表示真的要做好的题目，并不是像你想象要花很多很多的时间才能够做到，问题是你的决心是怎么样的．

“昨夜西风凋碧树”，就是说你要望很远的话，要将前面的小树去掉，才能看得远．假如我们眼界里面看的都是小题目，永远都看不远．我们要懂得怎么放弃些渣滓，才能够做一些好的题目，我想这是一个很重要的事．你不愿意放弃你明明知道不会有前途的问题，就永远做不到好的问题．这是一个困难的选择，因为你觉得毕业、升级的问题，而不愿放弃你明明知道不会有前途的问题，那你永远不会成就一个大学问的．我记得我刚学几何学的时候，当时流行的度量几何，所有工具都是由三角比较定理来的，我始终觉得对几何的刻画不够深刻，后来我和我的朋友和学生开始一系列用微分方程做工具的几何研究，我也很庆幸当时愿意放弃一些小的成果，走一条自己的路．

我们选题的时候，可以跟出名的数学家、跟导师或者是从书上去看，可是最后的思考一定要有自己的想法才能做成大学问．因为你自己没有你自己的想法，你始终跟着别人走，是没有办法做好学问的．可是你可能没有资格做这一件事情，因为你对于这一门学问还不懂．我一开始讲了一大堆，就是因为我希望你们去想一想基本功夫要做好，要你对这一门学问里的不同命题要知道．就像你去买货，你要知道百货公司里面有可能出现什么东西，你才去挑．

王国维谈学问的第二阶段是柳永的诗：“衣带渐宽终不悔，为伊消得人憔悴．”寻找真理的热情就如年轻的恋人对自己的对象的追慕，那是很重要的事．在追求

一个好的命题的时候,中间要花很多工夫,有时候甚至是很痛苦的. 可是我们只要知道,最后的成果是值得的,我们就会花很多工夫去做,就像爱情一样. 很多年轻人找对象时,朝思暮想,当作学问时却没有这种态度. 假如你对做学问没有热情没有持久力的话,你就不可能做成大学问. 其实屈原说"亦余心之所善兮,虽九死其犹未悔."比柳永更来得彻底.

接下来大家都知道王国维的第三阶段是:"梦里寻他千百度,蓦然回首,那人却在灯火阑珊处."当然这是辛弃疾的诗,不是我讲的,可是基本上我们都有这种感觉. 你真的做过一个好的文章的时候,就有这种感觉. 我们花很多工夫做一个好的命题,有想法的时候,你考虑这个想法对不对有时候晚上睡不好,想得很辛苦. 有时候想的辛苦了,就一睡睡很久,假如你做学问做到这个地步,你会解决很多意想不到的问题.

我想没有人是特别聪明的,可是你花了很多工夫,能够进入交通或清华大学,应当资质都不会太差. 我想你花了那么多工夫进研究院,一定希望有一些成果. 我们做学问跟爱情不太相同,有时候不一定看到一个目标,而是看到其他. 就像我刚才讲的,我们要解决庞加莱猜想,最后还没解决它,可是解决了其他的命题,这是数学历史上常常有的. 每一个人都有这个经验,你明明要解决这个问题,结果发现解决了其他的问题. 这是因为我们做这个题目的时候,不知道方法对不对,可是你将这个工具全部搞好以后,基本的想法、有意思的想法你自己知道以后,就可以解决很多问题了.

在这条路上走的时候,思想不要太顽固. 你要知道还有其他有意思的问题. 就是你发展了一套想法以后,往往有其他的问题你刚好可以解决. 可是也因此你要知道,你在整个做研究的过程里面,你眼睛要睁开,眼睛怎么睁开呢? 很多学生不愿意去听讨论会,也不愿意去听其他人的研讨会. 不听研讨会就不知道人家在做什么东西. 明明你的方法可以解决他们在做的问题,但你眼睛闭起来、看不到,这是一个很大的困难. 很多学生尤其是中国学生,讲我的论文是做这个,这个研讨会与我的论文无关,我不愿意去听、不愿意去看、不愿意去跟人家来往、不愿意去跟人家谈. 结果你做的论文可能不是你能解决的问题,可能你的方法刚好可以解决人家的问题. 因为你不愿意去听、去看,你就解决不了问题.

一个人的思维有限、能力有限,你不可能不靠别人的帮忙. 什么是别人的帮忙呢? 一方面是看文章,听研讨会,一方面就是请教名家. 你自己去请教别人的时候,百分之九十五别人不知道你在做什么,也不可能提供给你直接的意见. 假如能够直接提供给你意见,帮你直接地解决问题的话,你这个问题不见得是很重要的问题.

可见你刚开始没有搞清楚这个问题有多重要. 但不要紧. 多请教别人总是有好处的,至少知道这个问题有多好,还是不好. 假如你怕发问,就在研讨会或讨论会的时候要多听,多听对你的好处多得不得了. 你在研讨会里面就算听不懂的话,至少你在看他写的头两个字,你就知道最近人家在做什么事情. 你可能觉得莫名其妙,可是事实上你可以得到好处,这是很要紧的. 所以能够有机会尽量去听不同的课,对你是有很大的好处;念纯数学的也应当去听应用数学或物理方面的课.

听研讨会时，即使放松一天，也没有什么关系，反正总比在家里面无聊或看电视好. 怎么在一个孤立的地方，也能够做一个好的学问.

我举个例子来讲，十四年前，复旦大学有一位学生，他要来跟我，我答应了收他. 结果因为当时复旦大学的校长怕留学生全部走掉了，所以不准他出国，因此他没有办法来跟我. 但是他将我 80 年写的问题集，大概有一百题的样子，选了其中的一个题目去做，拼命地在做. 我不知道他拼命地在做这一个题目，虽然他在一个比较孤立的地方，可是十多年来只做这一个题目，最后去年做出很重要的结果. 我觉得很高兴，因为这一个题目是一个很不简单的问题. 可见你只要找对了题目，同时你拼命的花工夫去做，就算你不跟人家来往的话，也不见得做不出来. 当然我不知道他是不是完全不跟人家来往，因为复旦大学里面也有一些很不错的数学家. 我想不可能全部都不跟人家来往.

可是在交大、清华这些地方是不能讲是全部孤立的地方. 在这个条件之下，我觉得绝对是可以做好的学问，只要我们将整个思路搞清楚、整个问题搞清楚.

今天讲的主要是我觉得来了五年，我想讲一讲我读书的经验，希望你们能够参考，我是这样子的做法. 可是不见得每一个人都要有这样子的做法，因为每一个数学家都有对学问不同的看法. 你可以追随不同的路线，可是我想最开始所讲的基本功要做好，是永远少不了的. 然后要尽量去开发自己的领域，题目一定要做重要的. 后来真的做得到的可能是比较小的结果. 可是总比一开始只想做不重要的题目来得好. 到了解决整个主要的问题以后，你的看法或对于整个学问的看法又不同，你会有不同的想法. 今天就讲到这里，谢谢大家.

# 中国数学家对 ABC 猜想之探索

第 35 章

中国数学工作者关于 ABC 猜想的论文寥寥无几,下面这篇是山东大学数学学院的扈培础和香港科技大学数学系的杨重骏两位教授在 2009 年将罗斯定理与 ABC 猜想作比较,介绍了研究 ABC 猜想的一个方法,并发表在 2009 年《山东大学学报(理科版)》(44 卷第 8 期)上的文章.

1. Notations

Let $\kappa$ be a number field which is a finite extension of the field $\mathbf{Q}$ of rational numbers, let $\overline{\kappa}$ be an algebraic closure of $\kappa$, let $\mathscr{O}_k$ be the integral closure of the integer ring $\mathbf{Z}$ in $\kappa$, and let $M_\kappa$ be the set of all places (or primes) of $\kappa$, and so the normalized absolute values

$\|\cdot\|_v$ associated to each $v\in M_\kappa$ satisfy the product formula

$$\prod_{v\in M_\kappa}\|x\|_v=1, x\in\kappa_*=\kappa-\{0\}$$

Let $M_\kappa^0$ be the subset of $M_\kappa$ consisting of all finite (or non-Archimedean) places in $M_\kappa$, let $M_\kappa^\infty$ be the subset of $M_\kappa$ consisting of all infinite (or Archimedean) places in $M_\kappa$, and $S$ be a finite subset of $M_\kappa$.

Here we explain the normalized absolute values $\|\cdot\|_v$ as follows. A non-Archimedean places $v\in M_\kappa^0$ corresponds to a nonzero prime ideal $\mathfrak{p}_v\subset\mathscr{O}_x$, and we set

$$\|x\|_v=\begin{cases}\mathscr{N}(\mathfrak{p}_v)^{-\mathrm{ord}_v(x)}, x\in\kappa_*\\ 0, x=0\end{cases}$$

where $\mathscr{N}(\mathfrak{p}_v)=(\mathscr{O}_k:\mathfrak{p}_v)$ denotes the number of residue classes of $\mathfrak{p}_v$ in $\mathscr{O}_g$, called the absolute norm of $\mathfrak{p}_v$. If $v$ is an Archimedean place, then $v$ corresponds to a real embedding $\sigma:\kappa\to\mathbf{R}$ or a complex conjugate pair of complex embeddings $\sigma,\bar{\sigma}:\kappa\to\mathbf{C}$, and we set $\|x\|_v=|\sigma(x)|$ or $\|x\|_v=|\sigma(x)|^2$, respectively. On the other hand, each $v\in M_\kappa$ induces an absolute value $|\cdot|_r$ on $\kappa$ extending the $p$-adic (or ordinary) absolute valeue on $\mathbf{Q}$. Let $n_v$ be the local degree at $v\in M_g$. Then we have

$$\|x\|_v=|x|_v^{n_v}, x\in\kappa$$

For convenience, we also write

$$|\,\|x\|\,|_v=\|x\|_v^{1/[\kappa:\mathbf{Q}]}, x\in\kappa$$

Take

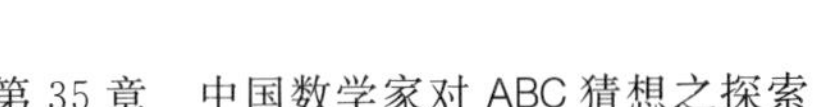



$$\xi=(\xi_0,\cdots,\xi_n)\in\kappa^{n+1}$$

We can obtain norms associated to each $v\in M_\kappa$ as follows

$$|\xi|_v=\begin{cases}(|\xi_0|_v^2+\cdots+|\xi_n|_v^2)^{1/2}, \text{if } v\in M_\kappa^\infty\\ \max\limits_{0\leqslant i\leqslant n}|\xi_i|_v, \text{if } v\in M_\kappa^0\end{cases}$$

$$|\xi|_{*,v}=\max_{0\leqslant i\leqslant n}|\xi_i|_v$$

We then define the normalization

$$\|\xi\|_v=|\xi|_v^{n_v},\ \|\ |\xi|\ \|_v=\|\xi\|_v^{1/[k:\mathbf{Q}]}$$

$$\|\xi\|_{*,v}=|\xi|_{*,v}^{n_v},\ \|\ |\xi|\ \|_{*,v}=\|\xi\|_{*,v}^{1/[k:\mathbf{Q}]}$$

Let $\mathbf{P}^n(\kappa)$ be the projective space over $\kappa$, and let $\mathbf{P}$: $\kappa^{n+1}-\{0\}\rightarrow\mathbf{P}^n(\kappa)$ be the natural projection. Take $x=\mathbf{P}(\xi)\in\mathbf{P}^n(\kappa)$. The relative (multiplicative) height

$$H_\kappa(x)=\prod_{v\in M_\kappa}\|\xi\|_v$$

$$H_{*,\kappa}(x)=\prod_{v\in M_\kappa}\|\xi\|_{*,v}$$

the absolute(multiplicative) height

$$H(x)=\prod_{v\in M_\kappa}\|\ |\xi|\ \|_v$$

$$H_*(x)=\prod_{v\in M_\kappa}|\ \|\xi\|\ |_{*,v}$$

and the absolute (logarithmic) height

$$h(x)=\log H(x)$$

$$h_*(x)=\log H_*(x)$$

are well defined. In particular, if $x\in\kappa$, we can define heights of $x$ by taking $\xi=(1,x)$.

2. Roth's theorem

In a relatively early version of determining the

best approximations of algebraic numbers by rational numbers, Liouville's theorem implies that if $\alpha$ is a real algebraic number of degree $n\geqslant 2$, the inequality

$$\left|\alpha-\frac{x}{y}\right|<\frac{1}{y^{\mu}} \tag{1}$$

has only finitely many rational solutions $\frac{x}{y}$ if $\mu>n$. The great Norwegian mathematician Thue showed that (1) has only finitely many rational solutions if $\mu>\frac{1}{2}n+1$. Then Siegel in his thesis showed that this is already true if $\mu>2\sqrt{n}$. A slight improvement to $\mu>\sqrt{2n}$ was made by Dyson. In 1958, K. F. Roth received a Fields prize for his result:

**Theorem** 2.1 If $\alpha$ is algebraic and $\varepsilon>0$, there are only finitely many rational numbers $\frac{x}{y}$ with

$$\left|\alpha-\frac{x}{y}\right|<\frac{1}{y^{2+\varepsilon}}$$

In 1842, Dirichlet proved that given $a\in\mathbf{R}$ and $N>1$, there exist integers $x,y$ with $1\leqslant y\leqslant N$ and $|\alpha y-x|<1/N$, which means that when $\alpha$ is irrational, there are infinitely many reduced fractions $\frac{x}{y}$ with

$$\left|\alpha-\frac{x}{y}\right|<\frac{1}{y^{2}}$$

Hence Dirichlet's theorem shows that Roth's result is best possible. An unknown conjecture is the following: If $\alpha$ is algebraic and $\varepsilon>0$, there are only finitely

many rational numbers $\frac{x}{y}$ with

$$\left|\alpha-\frac{x}{y}\right|<\frac{1}{y^{2}(\log y)^{1+\varepsilon}}$$

A theorem due to A. Khintchine shows that this is true for almost all $\alpha$.

In 1955, Ridout extended Roth's theorem to $p-$adic numbers and LeVeque did so for approximations by elements from some fixed number field $\kappa$. In 1960, Lang formulated the following common generalization. The set of algebraic numbers, that is, the algebraic closure of $\kappa$, is denoted by $\overline{\kappa}$.

**Theorem** 2.2　Let $\kappa$ be a number field, let $S\subset M_{\kappa}$ be a finite subset of absolute values on $\kappa$, and assume that each absolute value in S has been extended in some way to $\overline{\kappa}$. Let $\varepsilon$ be a positive constant. For each $v\in S$, fix a number $a_{k}\in\overline{\kappa}$. Then there are only finitely many $x\in\kappa$ such that

$$\prod_{v\in S}\min\{1,\ |\ \|x-a_{v}\|\ |_{v}\}<\frac{1}{H_{*}(x)^{2+\varepsilon}}\qquad(2)$$

S. Lang noted that if $a_{v}, a'_{v}$ are two distinct elements of $\overline{\mathbf{Q}}$ for some $v$, and if $x$ approximates $a_{v}$, the $x$ stays away from $a'_{v}$. As $x$ approaches $a_{v}$, its distance from $a'_{v}$ approaches the distance between $a_{v}$ and $a'_{v}$. Hence it would add no greater generality to the statement if we took a product over several $a_{v}$ for each $v$. Based on this observation, we have the following fact:

**Theorem** 2.3　Let $S$ be a finite subset of $M_{\kappa}$.

For each $v\in S$, let $P_v(X)$ be a polynomial in $\kappa[X]$ (one variable) and assume that the multiplicity of their roots is at most $r$ for some integer $r>0$. Take $\varepsilon>0$, Then there are only finitely many $x\in\kappa$, such that

$$\prod_{v\in S}\min\{1,\|P_v(x)\|_v\}<\frac{1}{H_{*,\kappa}(x)^{r(2+\varepsilon)}} \tag{3}$$

**Proof** We may assume that $P_v$ has leading coefficient 1 for each $v\in S$, and say

$$P_v(X)=\sum_{j=1}^{q_v}(X-a_{vj})^{r_{vj}}$$

is a factorization in $\overline{\mathbf{Q}}$. The expression on the left hand side of our inequality is greater or equal to

$$\prod_{v\in S}\prod_{j=1}^{q_v}\min\{1,\|x-a_{vj}\|_v\}^{r_{vj}}$$

which is itself greater or equal to the expression obtained by replacing $r_{vj}$ by $r$ for all $v$ and $j$. Now we are in the situation of Theorem 2.2, taking into account the above remark following it, the solutions $x$ of the inequality

$$\prod_{v\in S}\prod_{j=1}^{q_v}\min\{1,\|x-a_{vj}\|_v\}^{r}<\frac{1}{H_{*,x}(x)^{r(2+\varepsilon)}} \tag{4}$$

are only finite in number, hence the same is true for the solutions of original inequality.

Particularly, take $r=1$; $q_v=q$, $a_{vj}=a_j$ for each $v\in S$; and hence

$$P_v(X)=P(X)=\prod_{j=1}^{q}(X-a_j)$$

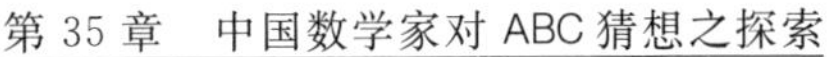


The inequality (4) implies that all but finitely many $x \in \kappa$ satisfy

$$\sum_{v \in S} \sum_{j=1}^{q} \log^{*} \frac{1}{| \| x - a_j \| |_v} \leqslant (2+\varepsilon) h_{*}(x) + O(1) \tag{5}$$

where

$$\log^{*} x = \max\{0, \log x\}$$

If we assume $M_\kappa^\infty \subseteq S$, the inequality (5) can be rewritten into the following form

$$\sum_{j=1}^{q} m(x, a_j) \leqslant (2+\varepsilon) h_{*}(x) + O(1) \tag{6}$$

or equivalently

$$(q-2) h(x) \leqslant \sum_{j=1}^{q} N(x, a_j) + \varepsilon h(x) + O(1) \tag{7}$$

where

$$m(x, a_j) = \sum_{v \in S} \log^{*} \frac{1}{| \| x - a_j \| |_v}$$

$$N(x, a_j) = \sum_{v \in M_\kappa - S} \log^{*} \frac{1}{| \| x - a_j \| |_v}$$

S. Lang observed that there is no reason not to let $x$ approach infinity. For example, we can change Theorem 2.3 into the following form:

**Theorem** 2.4　Let $\kappa$ be a number field, let $S \subset M_\kappa$ be a finite subset of absolute values on $\kappa$, and assume that each absolute value in $S$ has been extended in some way to $\bar{\kappa}$. Let $a_1, \cdots, a_q$ be distinct elements in $\bar{\kappa}$. Let $\varepsilon$ be a positive constant. Then there are only finitely many $x \in \kappa$ such that

$$\prod_{v\in S}\left(\min\left\{1,\frac{1}{\| x\|_v}\right\}\prod_{j=1}^{q}\min\{1,\| x-a_j\|_v\}\right)<\frac{1}{H_{s,\kappa}(x)^{2+\varepsilon}} \tag{8}$$

Next we assume $M_\kappa^\infty\subseteq S$. Similar to the arguments of (7), we can prove that all but finitely many $x\in\kappa$ satisfy

$$(q-1)h(x)\leqslant\sum_{j=0}^{q}N(x,a_j)+\varepsilon h(x)+O(1) \tag{9}$$

where $a_0=\infty$. Without loss of generality, we may assume $a_j\in\kappa$ for $j\geqslant 1$. We find

$$N(x,a_j)=\frac{1}{[\kappa:\mathbf{Q}]}\sum_{v\in S^c(x-a_j)}\mathrm{ord}_v(x-a_j)\log\mathcal{N}(\mathfrak{p}_v)+O(1) \tag{10}$$

for each $j=1,\cdots,q$, and

$$N(x,\infty)=\frac{1}{[\kappa:\mathbf{Q}]}\sum_{v\in S^c(x^{-1})}\mathrm{ord}_v(x^{-1})\log\mathcal{N}(\mathfrak{p}_v)+O(1) \tag{11}$$

where

$$S^c(y)=\{v\in M_\kappa-S\mid \mathrm{ord}_v(y)>0\}$$

Define

$$\overline{N}(x,a_j)=\frac{1}{[\kappa:\mathbf{Q}]}\sum_{v\in S^c(x-a_j)}\log\mathcal{N}(\mathfrak{p}_v) \tag{12}$$

and

$$\overline{N}(x,\infty)=\frac{1}{[\kappa:\mathbf{Q}]}\sum_{v\in S^c(x^{-1})}\log\mathcal{N}(\mathfrak{p}_v) \tag{13}$$

It was conjectured that the inequality (9) could be strengthened as follows:

**Conjeture** 2.5 Let $a_0,a_1,\cdots,a_q$ be distinct ele-

ments in $\bar{\kappa} \cup \{\infty\}$. Let $\varepsilon$ be a positive constant. All but finitely many $x \in \kappa$ satisfy the inequality

$$(q-1)h(x) \leqslant \sum_{j=0}^{q} \overline{N}(x,a_j) + \varepsilon h(x) + O(1) \tag{14}$$

3. The ABC—conjecture for integers

The radical of a non-zero integer $A$ is defined to be

$$r(A) = \prod_{p \mid A} p$$

i. e. the product of distinct primes dividing $A$. After being influenced by Stothers-Mason's theorem, and based on considerations of Szpiro and Frey, Oesterle and Masser formulated the ABC—conjecture for integers as follows:

**Conjecture** 3. 1　Given $\varepsilon > 0$, there exists a number $C(\varepsilon)$ having the following property. For any nonzero relatively prime integers $a,b,c$ such that $a+b=c$, we have

$$\max\{|a|, |b|, |c|\} \leqslant C(\varepsilon) r(abc)^{1+\varepsilon} \tag{15}$$

An interesting discussion illustrates how one is naturally led from Stothers—Mason's theorem to the formulation of the ABC conjecture. In this setting Stewart and Tijdeman proved that the conjecture would be false without the $\varepsilon$. In other words, it is not true that

$$\max\{|a|, |b|, |c|\} \leqslant Cr(abc)$$

However, we note that the statement

$$\max\{|a|,|b|,|c|\}\leqslant r(abc)^2$$

has in fact been conjectured by several authors.

To prove or disprove the ABC conjecture would be an important contribution to number theory.

Although the ABC conjecture seems completely out of reach, there are some results towards the truth of this conjecture. In 1986, C. L. Stewart and R. Tijdeman proved

$$\max\{|a|,|b|,|c|\}\leqslant \exp\{Cr(abc)^{15}\}$$

where $C$ is an absolute constant. In 1991, C. L. Stewart and Kunrui Yu obtained

$$\max\{|a|,|b|,|c|\}\leqslant \exp\{C(\varepsilon)r(abc)^{2/3+\varepsilon}\}$$

In 1996, C. L. Steward and Kunrui Yu further proved

$$\max\{|a|,|b|,|c|\}\leqslant \exp\{C(\varepsilon)r(abc)^{1/3+\varepsilon}\}$$

The ABC conjecture is unsatisfactory because it does not make precise the constant $C(\varepsilon)$. A. Baker proposed the following more explicit statement:

**Conjecture** 3.2 There exists an absolute constant $\mathcal{K}$ having the following property. For any nonzero relatively prime integers $a,b,c$ such that $a+b=c$, the inequality

$$\max\{|a|,|b|,|c|\}\leqslant \frac{\mathcal{K}}{\varepsilon^{d(1+\varepsilon)}}r(abc)^{1+\varepsilon} \quad (16)$$

holds for every $\varepsilon$ with $0<\varepsilon\leqslant 1$ where $d$ denotes the number of distinct prime factore of $abc$.

**Conjecture** 3.3(Erdös and Woods) There exists an absolute constant $k>2$ such that for every positive integers $x$ and $y$, the conditions

$$r(x+i)=r(y+i), i=0,1,2,\cdots,k-1$$

imply $x=y$.

This conjecture cannot hold with $k=2$ since $75=3\times5^2, 1\ 215=3^5\times5; 76=2^2\times19, 1\ 216=2^6\times19$ However, it is believed that $k=3$ is an admissible value. Langevin proved that the ABC conjecture implies the Erdös-Woods conjecture with $k=3$ except perhaps a finite number of counter examples. Applying the ABC conjecture with $a=x(x+2), b=1$, and $c=(x+1)^2$ leads to

$$(x+1)^2\leqslant C(\varepsilon)r(x(x+1)(x+2))^{1+\varepsilon} \quad (17)$$

We suppose that $x>y$ and show that in this case there are only finitely many $x$ for which the statement of the Erdös-Woods conjecture with $k=3$ holds, i. e.

$$r(x+i)=r(y+i), i=0,1,2$$

As an immediate consequence of the latter condition one finds

$$x-y=(x+i)-(y+i)\equiv0 \bmod r(x+i), i=0,1,2$$

Since the greatest common divisor of any two of the three numbers $r(x), r(x+1), r(x+2)$ is one or two, it follows that $r(x(x+1)(x+2))$ divides $2(x-y)$. This yields in (17)

$$x^2\leqslant C(\varepsilon)r(x(x+1)(x+2))^{1+\varepsilon}\leqslant C(\varepsilon)(2x)^{1+\varepsilon}$$

and so

$$x\leqslant(2^{1+\varepsilon}C(\varepsilon))^{\frac{1}{1-\varepsilon}}$$

Thus $x$ is bounded by some constant.

4. Equivalent ABC conjecture

Next we show that the ABC conjecture is equivalent to the following:

**Conjecture** 4.1 Let $A,B$ be fixed nonzero integers. Take positive integers $m,n$ with

$$\alpha=1-\frac{1}{m}-\frac{1}{n}>0 \tag{18}$$

Let $x,y,z\in\mathbf{Z}$ be variables such that $x,y$ are relatively prime and

$$Ax+By=z\neq 0$$

Assume that for a prime $p$(resp. $q$), $p|x$ (resp. $q|y$) implies $p^m|x$ (resp. $q^n|y$). Then for any $\varepsilon>0$ there exists a number $C=C(\varepsilon,m,n,A,B)$ such that

$$\max\{|x|^\alpha,|y|^\alpha,|z|^\alpha\}\leqslant Cr(z)^{1+\varepsilon} \tag{19}$$

Here we first show that Conjecture 3.1 implies Conjecture 4.1. To simplify notation in dealing with the possible presence of constant $C$, if $a,b$ are positive functions, we write

$$a\ll b$$

to mean that there exists a constant $C>0$ such that $a\leqslant Cb$. Thus $a\ll b$ means $a=O(b)$ in the big oh notation. By the ABC conjecture, we get

$$\max\{|x|,|y|,|z|\}\ll\{|x|^{\frac{1}{m}}|y|^{\frac{1}{n}}r(z)\}^{1+\varepsilon}$$

If, say, $|Ax|\leqslant|By|$ the $|x|\ll|y|$. We substitute this estimate for $x$ to get an inequality entirely in terms of $y$, namely

$$|y|\ll\{|y|^{\frac{1}{m}+\frac{1}{n}}r(z)\}^{1+\varepsilon}$$

We first bring all powers of $y$ to the left-hand side, and take care of the extra $\varepsilon$, so we obtain

$$|y|^{a} \ll r(z)^{1+\varepsilon}$$

and then also

$$|x|^{a} \ll r(z)^{1+\varepsilon}$$

because the situation is symmetric in $x$ and $y$. Again by the ABC conjecture, we have

$$|z| \ll \{|x|^{\frac{1}{m}} |y|^{\frac{1}{n}} r(z)\}^{1+\varepsilon}$$

By using the estimate for $|xy|$ coming from the product of the inequalities above we find

$$|z|^{a} \ll r(z)^{1+\varepsilon}$$

Conversely, Conjecture 3.1 can be derived from Conjecture 4.1. To do this, we see that Conjecture 4.1 contains obviously the following generalized Szpiro conjecture:

**Conjecture** 4.2　Take integers $x$ and $y$ with $D=4x^{3}-27y^{2}\neq 0$ such that the common factor of $x,y$ is bounded by $M$. Then for any $\varepsilon>0$, there exists a constant $C=C(\varepsilon,M)$ satisfying

$$\max\{|x|^{3}, y^{2}, |D|\} \leqslant Cr(D)^{6+\varepsilon} \tag{20}$$

This is trivial if $x,y$ are relatively prime. Suppose that $x$, $y$ have some common factor, say $d$, bounded by $M$. Write

$$x=ud, y=vd$$

with $u,v$ relatively prime. Then

$$D=4d^{3}u^{3}-27d^{2}v^{2}$$

Now we can apply the inequality (19) with $A=4d^{3}$, $m=3$; $B=-27d^{2}$, $n=2$, and we find the same inequality (20), with the constant depending also on $M$.

Further, it is well known that the generalized Szpiro conjecture implies the ABC conjecture. Here we introduce the proof roughly. Let $a+b=c$, and consider the Frey elliptic curve

$$y^2=x(x-a)(x+b)$$

The discriminant of the right-hand side is the product of the differences of the roots squared, and so

$$D=(abc)^2$$

We make a translation

$$\xi=x+\frac{b-a}{3}$$

to get rid of the $x^2$ -term, so that the equation can be rewritten

$$y^2=\xi^3-\gamma_2\xi-\gamma_3$$

where

$$\gamma_2=\frac{1}{3}(a^2+ab+b^2)$$

$$\gamma_3=\frac{1}{27}(a-b)(2a+b)(a+2b)$$

The discriminant does not change because the roots of the polynomial in $\xi$ are translations of the roots of the polynomial in $x$. Then

$$D=4\gamma_2^3-27\gamma_3^2$$

One may avoid the denominator 27 by using the curve

$$y^2=x(x-3a)(x+3b)$$

so that $\gamma_2,\gamma_3$ then come out to be integers, and one can apply the generalized Szpiro conjecture to the discriminant

$$D=3^6(abc)^2=4\gamma_2^3-27\gamma_3^2$$

and obtain

$$\max\{\sqrt[3]{|abc|},\sqrt{|\gamma_2|},\sqrt[3]{|\gamma_3|}\}\ll r(abc)^{1+\varepsilon}$$

A simple algebraic manipulation shows that the estimates on $\gamma_2$, $\gamma_3$ imply the desired estimates on $|a|$, $|b|$.

The following conjecture by Hall, Szpiro, and Lang-Waldschmidt becomes a special case of Conjecture 4.1:

**Conjecture** 4.3　Let $A,B$ be fixed nonzero integers and take positive integers $m$ and $n$ satisfying (18). Let $x,y,z\in\mathbf{Z}$ be variable such that $x,y$ are relatively prime and

$$Ax^m+By^n=z\neq 0$$

Then for any $\varepsilon>0$ there exists a number $C=C(\varepsilon,m,n,A,B)$ such that

$$\max\{|x|^{m\alpha},|y|^{n\alpha},|z|^{\alpha}\}\leqslant Cr(z)^{1+\varepsilon}\quad(21)$$

In particular, take nonzero integers $x$, $y$ with $z=x^3-y^2\neq 0$. If $x,y$ are relatively prime, then Conjecture 4.3 implies that there exists a constant $C=C(\varepsilon)$ such that

$$\max\{|x|^{\frac{1}{2}},|y|^{\frac{1}{3}}\}\leqslant C(\varepsilon)r(x^3-y^2)^{1+\varepsilon}\quad(22)$$

which further yields

$$|x|^{\frac{1}{2}}\ll|x^3-y^2|^{1+\varepsilon}\quad(23)$$

This is just the content of Hall's conjecture:

**Conjecture** 4.4　There exists a constant $C=C(\varepsilon)$ such that

$$|x^3 - y^2| > C(\varepsilon)|x|^{\frac{1}{2}-\varepsilon} \tag{24}$$

holds for integers $x, y$ with $x^3 \neq y^2$.

The inequality (24) is equivalent to the form (23). Danilov has proved that 1/2 is the best possible exponent, who proved that $0 < |x^3 - y^2| < 0.97|x|^{1/2}$ has infinitely many solutions in integers $x, y$. Actually, the original conjecture made by M. Hall Jr. states the following: There exists a constant $C$ such that

$$|x^3 - y^2| > C|x|^{\frac{1}{2}} \tag{25}$$

holds for integers $x, y$ with $x^3 \neq y^2$. The final setting of the proofs in the simple ABC context which we gave above had to await Mason and the ABC conjecture a decade later.

Another special case of Conjecture 4.3 is the following Hall-Lang-Waldschmidt's conjecture:

**Conjecture** 4.5 For all integers $m, n, x, y$ with $x^m \neq y^n$

$$\max\{|x|^{m\alpha}, |y|^{n\alpha}\} < C(\varepsilon)|x^m - y^n|^{1+\varepsilon} \tag{26}$$

where $C(\varepsilon)$ is a constant depending on $\varepsilon$.

5. The ABC conjecture over number fields

Let $\kappa$ be a number field and take a positive integer $n$. Let $X$ be the hyperplane of $\mathbf{P}^{n+1}$ defined by

$$\xi_0 + \xi_1 + \cdots + \xi_{n+1} = 0$$

To simplify statements, and element $[a_0, a_1, \cdots, a_{n+1}] \in \mathbf{P}^{n+1}$ will be called an ABC point if $a_0 a_1 \cdots$

$a_{n+1} \neq 0$, and if

$$a_0 + a_1 + \cdots + a_{n+1} = 0 \tag{27}$$

such that no proper subsum of (27) is equal to 0.

The complementary set of ABC－points in $X$ is called ABC－exceptional set, denoted by $E_{abc}^n$, which is just the subset of $X$ defined by

$$\sum_{i \in I} \xi_i = 0$$

where $I$ is a subset of $\{0, 1, \cdots, n+1\}$ with at least one, but not more than $n+1$, elements. Thus $E_{abc}^n$ is an algebraic subset of $X$. For example

$$E_{abc}^1 = \{[0, 1, -1], [1, 0, -1], [1, -1, 0]\}$$

Take a point

$$x = [a_0, a_1, \cdots, a_{n+1}] \in \mathbf{P}^{n+1}(\kappa)$$

We may assume that each $a_i$ is integral over $\mathbf{Z}$. Further, we may suppose that the elements $a_0, a_1, \cdots, a_{n+1}$ are relatively prime. Such $(a_0, \cdots, a_{n+1}) \in \mathcal{O}_\kappa^{n+2}$ is called a reduced representation of $x$, which is unique up to integral units.

Let $x \in \mathbf{P}^{n+1}(\kappa)$ be an ABC－point with a reduced representation $(a_0, \cdots, a_{n+1}) \in \mathcal{O}_\kappa^{n+2}$ and fix an positive integer $m$. Let $\mathscr{X}$ be a model of $X$ over Spec $\mathcal{O}_\kappa$. Denote by $H_i$ the hyperplane of $\mathbf{P}^{n+1}$

$$H_i = \{\xi_i = 0\}, 0 \leqslant i \leqslant n+1$$

Let $E_i = H_i|_X$ and let $\overline{E}_i$ be the Zariski closure of $E_i$ in $\mathscr{X}$. Then $x \in X(\kappa)$ gives a section $\overline{x}$: Spec $\mathcal{O}_\kappa \to \mathscr{X}$ with an extension $\overline{x}: \mathbf{M}_\kappa \to \mathscr{X}$, where $\mathbf{M}_\kappa$ is an arithmetic scheme consisting of Spec $\mathcal{O}_\kappa$, with finitely many points added, corresponding to the Archimedean places. Therefore, one can think of $\mathbf{M}_\kappa$ as an object whose closed points are in canonical bijection with $\mathbf{M}_\kappa$. By using the canonical bijection, we have

$$\overline{x}^* \overline{E}_i = \sum_{v\in M_\kappa^0} \mathrm{ord}_v(a_i)\mathfrak{p}_v + \sum_{v\in M_\kappa^\infty} \log \frac{1}{\| a_i \|_v}\mathfrak{p}_v$$

Thus the truncated valence function

$$N_m(x, E_i) = \frac{1}{[\kappa:\mathbf{Q}]}\sum_{v\in M_\kappa^0} \min\{m, \mathrm{ord}_v(a_i)\}\log\mathcal{N}(\mathfrak{p}_v) \tag{28}$$

of $x$ to multiplicity $m$ is well defined.

Let $H$ be the divisor

$$H = H_0 + H_1 + \cdots + H_{n+1}$$

on $\mathbf{P}^{n+1}$. Let $E = H\mid_X$ and let $\overline{E}$ be the Zariski closure of $E$ in $\mathcal{K}$. Then we have

$$\overline{x}^* \overline{E} = \sum_{v\in M_\kappa^0} \mathrm{ord}_v(a_0\cdots a_{n+1})\mathfrak{p}_v + \sum_{v\in M_\kappa^\infty} \log \frac{1}{\| a_0\cdots a_{n+1} \|}\mathfrak{p}_v$$

Hence the truncated valence function

$$N_m(x, E) = \frac{1}{[\kappa:\mathbf{Q}]}\sum_{v\in M_\kappa^0} \min\{m, \mathrm{ord}_v(a_0\cdots a_{n+1})\}\log\mathcal{N}(\mathfrak{p}_v) \tag{29}$$

of $x$ to multiplicity $m$ is obtained.

Now we can formulate the $(n+1)$-term ABC-conjecture for integers into the uniform $(n+1)$-term ABC-conjecture for $\kappa$ as follows:

**Conjecture** 5.1 There exists a positive increasing function $\psi$ with $\psi(h) = o(h)$ such that

$$h(x) \leqslant d_{\kappa/\mathbf{Q}} + \mathfrak{x}_{n+1}(m)\sum_{i=0}^{n+1} N_m(x, E_i) + \psi(h(x)) \tag{30}$$

$$h(x) \leqslant d_{\kappa/\mathbf{Q}} + \mathfrak{y}_{n+1}(m) N_m(x, E) + \psi(h(x)) \tag{31}$$

hold for every abc—point $x \in \mathbf{P}^{n+1}(\kappa)$.

Here

$$d_{\kappa/\mathbf{Q}} = \frac{1}{[\kappa : \mathbf{Q}]}\log \mid D_{\kappa/\mathbf{Q}} \mid$$

is the absolute logarithmic discriminant of $\kappa$ in which $D_{\kappa/\mathbf{Q}}$ is the discriminant of $\kappa$, and $\mathfrak{x}_{n+1}(m)$, $\mathfrak{y}_{n+1}(m)$ are two constants. Originally, we formulated the $n$-term ABC conjecture for $\kappa = \mathbf{Q}$ with $\varepsilon h(x) + C$ instead of $\psi(h(x))$. These formulations are equivalent, proved $C = C(\varepsilon)$ is explicitly known as a function of $\varepsilon$. Indeed, in that case we determine for every value of $h$

$$\psi(h) = \min_{\varepsilon>0}\{\varepsilon h + C(\varepsilon)\}$$

On the other hand, if $\psi(h) = o(h)$ is known, then for $\varepsilon > 0$ we determine

$$C(\varepsilon) = \max_{h>0}\{\psi(h) - \varepsilon h\}$$

In particular, Conjecture 5.1 contains the following uniform ABC conjecture for $\kappa$:

**Conjecture** 5.2　There exists a positive increasing function $\psi$ with $\psi(h) = o(h)$ such that

$$h(x) \leqslant d_{\kappa/\mathbf{Q}} + \overline{N}(x, E) + \psi(h(x)) \tag{32}$$

holds for every ABC point $x \in \mathbf{P}^2(\kappa)$.

The function $\psi$ may depend on the number field, however, conjectured that $\psi$ does not depend on $\kappa$.

Computationally, formulation (32) is not the most useful, but one can easily derive a more useful inequality

$$h(x) \leqslant \overline{N}(x, E) + \psi(h(x)) \qquad (33)$$

Note that $\psi(h) = o(h)$ implies $h \leqslant 2\overline{N}$ for $h \gg 0$, and this in turn implies

$$h(x) \leqslant \overline{N}(x, E) + \psi(2\overline{N}(x, E)) \qquad (34)$$

This formulation, which is equivalent to Conjecture 5.2, is most useful in applications.

## 6. A relation between Conjecture 2.5 and ABC conjecture

Conjecture 2.5 implies the ABC conjecture. In fact, taking an ABC point $y \in \mathbf{P}^2(\kappa)$ with a reduced representation $(a, b, c) \in \mathcal{O}_\kappa^2$ and applying (14) to $x = a/c$, we obtain

$$h\left(\frac{a}{c}\right) \leqslant N\left(\frac{a}{c}, 0\right) + \overline{N}\left(\frac{a}{c}, -1\right) + \overline{N}\left(\frac{a}{c}, \infty\right) + \varepsilon h\left(\frac{a}{c}\right) + O(1) \qquad (35)$$

Since $a + b + c = 0$, and the elements $a, b, c$ are relatively prime, we obtain

$$\overline{N}\left(\frac{a}{c}, 0\right) = \frac{1}{[\kappa : \mathbf{Q}]} \sum_{v \in S^c(a)} \log \mathcal{N}(\mathfrak{p}_v)$$

$$\overline{N}\left(\frac{a}{c}, -1\right) = \frac{1}{[\kappa : \mathbf{Q}]} \sum_{v \in S^c(b)} \log \mathcal{N}(\mathfrak{p}_v)$$

$$\overline{N}\left(\frac{a}{c}, \infty\right) = \frac{1}{[\kappa : \mathbf{Q}]} \sum_{v \in S^c(c)} \log \mathcal{N}(\mathfrak{p}_v)$$

Thus (35) becomes

$$h\left(\frac{a}{c}\right)\leqslant \overline{N}(y,E)+\varepsilon h\left(\frac{a}{c}\right)+O(1) \qquad (36)$$

Similarly, we can obtain

$$h\left(\frac{b}{c}\right)\leqslant \overline{N}(y,E)+\varepsilon h\left(\frac{b}{c}\right)+O(1) \qquad (37)$$

It is easy to show that

$$h(y)=\max\left\{h\left(\frac{a}{c}\right),h\left(\frac{b}{c}\right)\right\}+O(1)$$

Combining(36) and (37), we finally obtain

$$h(y)\leqslant \overline{N}(y,E)+\varepsilon h(y)+O(1) \qquad (38)$$

and so the ABC conjecture follows.

Conversely, for $x\in\kappa_*$, applying the ABC conjecture to $y=[x,-1-x,1]$ and noting that

$$h(y)=h(x)+O(1)$$

it is easy to find

$$h(x)\leqslant \overline{N}(x,0)+\overline{N}(x,-1)+\overline{N}(x,\infty)+\varepsilon h(x)+O(1) \qquad (39)$$

Hence the inequality in the ABC conjecture is equivalent to (39).

7. Ramification term

We choose distinct elements $a_1,\cdots,a_q(q\geqslant 2)$ in a number filed $\kappa$ and consider the following rational function

$$Q(X)=\sum_{j=1}^{q}\frac{1}{X-a_j}$$

Set

$$\delta_v=\min_{1\leqslant i<j\leqslant q}|a_i-a_j|_v$$

We have

$$m(Q(x),\infty) \geqslant \sum_{j=1}^{q} m(x,a_j) - C_S$$

Where

$$C_S = \frac{1}{[\kappa:\mathbf{Q}]}\sum_{v\in S}\left(qn_v\log^+\frac{2q}{\delta_v} + n_v\log 2\right)$$

On the other hand, for some $x' \in \kappa_*$, we have

$$\begin{aligned} m(Q(x),\infty) &\leqslant m(x'Q(x),\infty) + m(x',0) \\ &\leqslant m(x'Q(x),\infty) + h(x') - \\ &\quad N(x',0) + O(1) \end{aligned}$$

Note that

$$\begin{aligned} h(x') &= m(x',\infty) + N(x',\infty) \\ &\leqslant m(x-a_1,\infty) + N(x',\infty) + \\ &\quad m\left(\frac{x'}{x-a_1},\infty\right) + O(1) \\ &= h(x) + N(x',\infty) - N(x,\infty) + \\ &\quad m\left(\frac{x'}{x-a_1},\infty\right) + O(1) \end{aligned}$$

Therefore

$$\begin{aligned} & m(x,\infty) + \sum_{j=1}^{q} m(x,a_j) \\ & \leqslant 2h(x) - N_{x'}(x) + S_{x'}(x) + O(1) \qquad (40) \end{aligned}$$

where

$$N_{x'}(x) = 2N(x,\infty) - N(x',\infty) + N(x',0)$$

$$S_{x'}(x) = m\left(\frac{x'}{x-a_1},\infty\right) + m(x'Q(x),\infty)$$

It is easy to show that if (40) is true for all algebraic integers $a_j$, then it is true for all algebraic numbers $a_j$.

In(40), $N_{x'}(x)$ serves as the ramification term. We can choose a good element $x' \in \kappa$ satisfying

$$(q-1)h(x) \leqslant \sum_{j=0}^{q} \overline{N}(x, a_j) + S_{x'}(x) + O(1) \tag{41}$$

where $a_0 = \infty$. Along this approach routine to the ABC conjecture, the key point is the following problem.

**Problem** 7.1　Let $a_0, a_1, \cdots, a_q$ be distinct elements in $\bar{\kappa} \cup \{\infty\}$, which define $Q(X)$. Let $\varepsilon$ be a positive constant. Are there good elements $x' \in \kappa$ associated to all but finitely many $x \in \kappa$ satisfying the inequality

$$S_{x'}(x) \leqslant \varepsilon h(x) + O(1) \tag{42}$$

Acknowledgement: The authors would like to thank Professor Shun-Hua Zhang for nice suggestions.

# 清华硕士论数域 *K* 上的 ABC 猜想

第 36 章

ABC 猜想对普通读者来说是陌生且新鲜的，但对于我国数学界来说早就有人在关注了，甚至还有人以此为课题指导了硕士研究生，我们发现清华大学的硕士论文中有一篇题为《超椭圆曲线的算术性质》的文章，作者是 Liu Chunhui，指导教师是 Yin Linsheng 教授，为了避免“常凯申”式的误译，我们暂且以拼音代替，本章在承认 ABC 猜想的情况下，将在超椭圆曲线上的施皮罗猜想推广到了更一般的情况.

# §1　引　　言

## 1. 背景及意义

超椭圆曲线，作为一类特殊的代数曲线，有着丰富的算术和几何性质. 并且由于其不具备莫德尔-韦依群结构，所以和椭圆曲线相比其性质又有很多不同. 超椭圆曲线的算术性质在计算数论和编码、密码理论中有着广泛的应用，研究其性质有着广泛而深刻的应用背景.

## 2. 文献综述

我们简单介绍一些超椭圆曲线的基本性质.

**定义 1.1**　设 $C$ 是域 $K$ 上的代数曲线，如果存在一个可分的二重覆盖映射 $C \to \mathbf{P}_K^1$，则称之为超椭圆曲线.

可知 $C$ 的方程可以写成 $y^2 + Q(x)y = P(x)$ 的形式，这里 $\deg Q \leqslant g+1$，$\deg P \leqslant 2g+2$. 如果 $z^2 + T(u)z = S(u)$ 是该曲线的另一个方程，那么 $K(u) = K(x)$，而且存在

$$\begin{pmatrix} a & b \\ c & d \end{pmatrix} \in \mathrm{GL}_2(K), e \in K^*, H(u) \in K[u]$$

使得

$$x = \frac{au+b}{cu+d}, y = \frac{ez + H(u)}{(cu+d)^{g+1}}$$

我们重点讨论具有如下性质的超椭圆曲线. 令

$D \in \mathrm{Div}(C)$，令 $L(D)=\{f \in K(C)^{*} \mid \mathrm{div}(f) \geqslant -D\}$. 当 $D$ 具有 $2P$ 的形式，$P \in C(K)$，意味着群 $L(D)$ 由那些唯一可能的极点是点 $P$ 的有理函数组成，而且该奇点的阶数不超过 2. 曲线 $C$ 上的一个点 $P$ 被称作是魏尔斯特拉斯点，如果 $\dim L(2P)>1$. 如果 $C$ 有一个 $K-$ 有理的魏尔斯特拉斯点 $P$，我们就称 $C$ 是魏尔斯特拉斯型的，用$(C,P)$ 来表示这条曲线.

又可知，亏格为 $g$ 的魏尔斯特拉斯型的超椭圆曲线$(C,P)$，具有方程

$$E: y^2+Q(x)y=P(x)$$

这里 $\deg Q \leqslant g$，$P(x)$ 是首一多项式，且度数为 $2g+1$. 该结论的证明使用了黎曼－罗赫定理.

我们令 $E$ 和 $E'$ 都是曲线$(C,P)$ 的方程，并且

$$E: y^2+Q(x)y=P(x)$$

$$E': y'^2+Q'(x')y'=P'(x')$$

这样 $E$ 和 $E'$ 的关系由如下关系给出

$$x=u^2x'+r$$

$$y=u^{2g+1}y'+t(x')$$

这里 $u \in K^{*}$，$r \in K$，$t \in K[x]$，且 $\deg t \leqslant g$.

如果域 $K$ 的特征不等于 2，令 $y'=y-\frac{1}{2}Q(x)$，这样就可以把方程化简为 $y^2=f(x)$ 的形式，$f(x)$ 是一个 $2g+1$ 交的首一多项式. 这时，上面的坐标变换可简写成

$$x=u^2x'$$

$$y=u^{2g+1}y'$$

这时，设 $E: y^2=x^{2g+1}+a_{2g}x^{2g}+\cdots+a_0$，$E': y'^2=x'^{2g+1}+b_{2g}x'^{2g}+\cdots+b_0$. 容易验证 $E$ 和 $E'$ 之间的系

数有如下的关系

$$u^{2i}a_i=b_i, i=0,\cdots,2g$$

下面我们定义超椭圆曲线的判别式.

**定义 1.2**　超椭圆曲线 $y^2+Q(x)y=P(x)$ 的判别式 $\Delta$ 定义为

$$\Delta=2^{4g}\mathrm{Disc}(P(x)+\frac{1}{4}Q(x)^2)$$

若方程的形式是 $y^2=f(x)$，则 $\Delta=2^{4g}\mathrm{Disc}(f(x))$. 而容易验证，曲线 $C$ 是奇异的，当且仅当 $\Delta=0$.

如果 $E: y^2+Q(x)y=P(x)$，$E': y'^2+Q'(x')y'=P'(x')$ 都是超椭圆曲线 $C$ 的方程，对应的判别式分别记作 $\Delta_E$ 和 $\Delta_{E'}$. 在坐标变换

$$x=u^2x'+r$$
$$y=u^{2g+1}y'+t(x')$$

下，有关系

$$\Delta_E=u^{4g(2g+1)}\Delta_{E'}$$

成立. $(C,P)$ 是一个以 $P$ 为有理魏尔斯特拉斯点的魏尔斯特拉斯型超椭圆曲线，定义在域 $K$ 上，有魏尔斯特拉斯方程 $y^2+q(x)y=p(x)$. 又可知，$(C,P)$ 的全纯微分形式 $H^0(C,\Omega_{C/K})$ 有一组基 $\omega_i=\dfrac{x^{i-1}dx}{2y+q(x)}, 1\leqslant i\leqslant g$. 由塞尔对偶可知，$\dim H^0(C,\Omega_{C/K})=\dim H^1(C,O_C)=g$.

下面我们关注带有离散赋值的域上的椭圆曲线的性质，这样我们的注意力就转移到了该曲线的判别式 $\Delta$ 上.

设 $K$ 是一个局部域，具有离散赋值 $v$，极大理想 $\mathfrak{p}$ 和赋值环 $O_K$，其剩余类域为 $k$. 设 $(C,P)$ 是局部域 $K$ 上的具有魏尔斯特拉斯点 $P$ 的超椭圆曲线，其魏尔斯特拉斯

特拉斯方程为 $E$. 由前面的结论可知，可以通过一个恰当的坐标变换，使得 $E$ 中的系数都在 $O_K$ 中取值. 这样必然有 $v(\Delta_E) \geqslant 0$ 成立. 于是我们自然有如下的定义：

**定义** 1.3 $(C,P)$ 的魏尔斯特拉斯方程 $E$ 被称为是极小的，如果在 $(C,P)$ 的所有的整系数魏尔斯特拉斯方程中 $v(\Delta_E)$ 是最小的. 我们称理想 $\mathfrak{p}^{v(\Delta_E)}$ 是 $(C,P)$ 的极小判别式.

进行 $E \rightarrow E'$ 的坐标变换

$$x = u^2 x' + r$$
$$y = u^{2g+1} y' + t(x')$$

我们有 $v(\Delta_E) = \lambda v(u) + v(\Delta_{E'})$，这里 $\lambda = 4g(2g+1)$，而且要求 $v(u) \geqslant 0$. 所以魏尔斯特拉斯方程 $E$ 是极小的，当且仅当 $0 \leqslant v(\Delta_E) < 4g(2g+1)$ 成立. 易知 $(C, P)$ 是非奇异的当且仅当 $v(\Delta_E) = 0$.

以下我们讨论整体域上的超椭圆曲线的判别式可能出现的性质. 设 $K$ 是一个数域，其整数环为 $O_K$，和上面同样的理由，我们可以通过坐标变换，使得 $K$ 上的超椭圆曲线的魏尔斯特拉斯方程的系数都在 $O_K$ 中. 这样，$\forall v \in M_K^0$，都有该方程在 $K_v$ 上是整的，这里 $M_K^0$ 表示 $K$ 所有的有限素点，$K_v$ 表示 $K$ 在 $v$ 处的完备化. 这样我们可以给出如下的定义：

**定义** 1.4 令 $E$ 是 $(C,P)$ 在 $K$ 上的魏尔斯特拉斯方程. 如果 $v \in M_K^0$，我们称 $E$ 在 $v$ 处是整的(极小的)，如果 $E$ 被看作是 $K_v$ 上的魏尔斯特拉斯方程具有此性质. 一个 $K$ 上的魏尔斯特拉斯方程 $E$ 被称为是整的(极小的)，如果它在所有的 $v \in M_K^0$ 处是整的(极小的). $(C,P)$ 在 $K$ 上的整体极小判别式为

$$\mathfrak{D}_{C/K} = \prod_{v \in M_K^0} \mathfrak{p}_v^{v(\Delta_v)}$$

这里 $\mathfrak{p}_v$ 为素点 $v$ 所对应的素理想，$\Delta_v$ 是该纤维上的极小判别式.

一般来说，整体的极小魏尔斯特拉斯方程存在，当且仅当 $Cl(K)=1$.

**定义** 1.5　设 $S$ 是一个包括 $K$ 中某些素点的集合，它包括 $K$ 中的所有无限素点和有限个有限素点. 我们称超椭圆曲线 $(C,P)$ 的魏尔斯特拉斯方程是 $S-$ 极小的，如果 $E$ 对于所有的 $v\notin S$ 的素点 $v$ 是极小的.

当 $Cl(K)>1$ 的时候，我们有如下的结果：

**性质** 1.6　给定一个数域 $K$，存在一个固定的集合 $S$，使得对于所有 $K$ 上的超椭圆曲线 $(C,P)$，存在一个 $(C,P)$ 的 $S-$ 极小魏尔斯特拉斯方程.

当 $g=1$(即椭圆曲线的情况)时，整体的极小判别式和原点 $P$ 的选取无关. 当 $g>1$ 的时候，这个性质就不再成立. 我们后面所需要讨论的情况，都是要固定一个点 $P$ 的.

### 3. 本章结构与方法

本章的结构和方法如下.

在 §2，我们介绍具有超椭圆曲线纤维的曲面的部分算术性质. 由于超椭圆曲线上不再具有莫德尔－韦依群，所使用的方法和得到的结论都发生了一些变化. 这种变化某种程度上反映了莫德尔－韦依群的作用，以及把椭圆曲线作为阿贝尔簇和作为有一个度数为 2 的覆盖映射的曲线的性质分开来讨论.

在 §3，我们把椭圆曲线上的施皮罗猜想推广到超椭圆曲线上，并在假设 ABC 猜想的情况下给出其证明. 为达到此目的，我们讨论了在域的扩张下，超椭圆曲线极小判别式可能发生的变化，并用 $\delta$ - 不变量来定量讨论奇点的奇异性.

## §2 带有超椭圆曲线纤维的算术曲面

在本节中，我们讨论所谓的超椭圆曲面的算术理论. 由于超椭圆曲线上不再具有莫德尔 - 韦依群，所以部分性质和技术发生了变化.

设 $k$ 是一个域，$k[t]$ 是一个多项式环，$k(t)$ 是其有理函数域. 我们考查 $k(t)$ 上的超椭圆曲线的相关性质. 由前面的结论易知，这一类超椭圆曲线具有如下形式的魏尔斯特拉斯方程

$$y^2+P(t,x)y=Q(t,x)$$

这里 $P(t,x)=\sum_{l=0}^{g}a_l(t)x^l$，$Q(t,x)=\sum_{l=0}^{2g+1}b_l(t)x^l$ 并且 $b_{2g+1}(t)=1$，其中 $a_l(t),b_l(t)\in k(t)$.

平行的，判别式为 $\Delta=2^{4g}\mathrm{Disc}(Q(t,x)+\frac{1}{4}P(t,x)^2)\in k(t)$，如果 $a_l(t),b_l(t)\in k[t]$，那么 $\Delta\in k[t]$.

设 $C$ 是一个 $k$ 上的联通的不可约的非奇异光滑射影曲线，我们可以按照如下方式来建立一个 $\mathbf{P}^2\times C$ 的子簇

$$\varepsilon=\{([X,Y,Z],t)\in\mathbf{P}^2\times C \mid Y^2Z^{2g-1}=\sum_{l=0}^{2g+1}b_l(t)X^kZ^{2g-l+1}\}$$

可以证明 $\varepsilon$ 是二维的，而且它是一个曲线.

**定义** 2.1(**超椭圆曲面**) 设 $C$ 是一个 $k$ 上的非奇异不可约的射影曲线，一个 $C$ 上的超椭圆曲面由如下

信息组成：

1. 一个曲面 $\varepsilon$，保证它是一个二维的射影代数簇.

2. 一个态射

$$\pi:\varepsilon\to C$$
$$([X,Y,Z],t)\to t$$

使得除有限多个点 $t\in C(\bar{k})$，纤维

$$\varepsilon_t=\pi^{-1}(t)$$

是一个非奇异的超椭圆曲线.

3. 一个到 $\pi$ 的截面

$$\sigma_0:C\to\varepsilon$$

**定义** 2.2　令 $\pi:\varepsilon\to C$ 和 $\pi':\varepsilon'\to C$ 是两个 $C$ 上的超椭圆曲面. 一个从 $\varepsilon$ 到 $\varepsilon'$ 的有理映射 $\phi:\varepsilon\to\varepsilon'$，并且使得如下交换

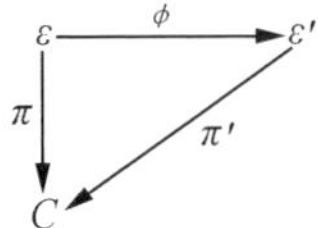


$\varepsilon$ 和 $\varepsilon'$ 是在 $C$ 上双有理等价的，如果存在一个双有理同构 $\phi:\varepsilon\to\varepsilon'$ 使得上面的交换成立.

**性质** 2.3　以下性质成立：

1. 给定一个 $K(C)$ 上的超椭圆曲线 $E$，对于 $E$ 的每一个形如 $y^2=\sum_{k=0}^{2g+1}b_kx^k(b_{2g+1}=1)$ 的魏尔斯特拉斯方程，我们将其和超椭圆曲面 $\varepsilon(b_0,\cdots,b_{2g})=\{([X,Y,Z],t)\in\mathbf{P}^2\times C\mid Y^2Z^{2g-1}=\sum_{k=0}^{2g+1}b_kX^kZ^{2g+1-k}\}$ 相关联，这样对于 $\varepsilon(b_0,\cdots,b_{2g})$ 中所有的元素，都是在 $C$ 上 $K$－双有理等价的.

2. 令 $\varepsilon$ 是一个定义在域 $K$ 上的曲线 $C$ 上的超椭圆

曲面. 那么 $\varepsilon$ 在 $C$ 上双有理等价于曲面 $\varepsilon(b_0,\cdots,b_{2g})$，对于 $b_0,\cdots,b_{2g}\in K(C)$. 进一步的，$K(C)$ 上的超椭圆曲线

$$y^2=\sum_{k=0}^{2g}b_kx^k$$

在 $K(C)$ 同构的意义下唯一确定了曲面 $\varepsilon$.

3. 令 $E$ 是一个定义在 $K(C)$ 上的超椭圆曲线，$\varepsilon\to E$ 是由定义 2.1 定义的超椭圆曲面，那么

$$K(\varepsilon)\cong K(C)(E)$$

作为 $K(C)$－代数同构. 这里投影映射 $\pi:\varepsilon\to C$ 诱导出域的包含映射 $K(C)\to K(\varepsilon)$ 使得 $K(\varepsilon)$ 成为一个 $K(C)$— 代数同态. 我们称 $E/K(C)$ 是曲面 $\varepsilon\to C$ 的 generic 纤维.

我们只要证明如下命题，则以上性质成立. 如果此性质成立，我们就给出了通过函数域上的超椭圆曲线去构造超椭圆曲面的一般方法.

**性质** 2.4　设 $E$ 是一个 $K(t)$ 上的超椭圆曲线，$P$ 是 $E$ 的有理魏尔斯特拉斯点，$C$ 是一个不可约的射影曲线，$\varepsilon\to C$ 是如上定义的超椭圆曲面. 则 $\forall t\in C$，除有限多个 $t$ 之外，$P_t$ 是 $\varepsilon_t$ 的魏尔斯特拉斯点.

**证明**　设 $f\in K(t)(E)$，且 $f$ 是一个以 $P$ 为唯一极点且该极点的阶数等于 2，由魏尔斯特拉斯点的定义可知这种函数 $f$ 一定存在. 由有理函数的定义可知，当 $t$ 取遍 $C$ 中的点时，$f$ 是一个 $\varepsilon$ 上的有理函数. 我们考查 $\varepsilon_t$ 是超椭圆曲线时候的情形，这时除了有限多个 $t$ 之外，$f_t$ 是 $\varepsilon_t$ 上的一个有理函数，且以 $P_t$ 为唯一的极点，阶数为 2.（一般情况下 $P_t$ 的阶可能超过 2，但是这只对于有限多个 $t$ 成立.）故除了有限多个点之外，$P_t$

是 $\varepsilon_t$ 的魏尔斯特拉斯点.

下面我们证明性质 2.3.

**证明**　(性质 2.3)1. 设 $E/K(C)$ 的另一个魏尔斯特拉斯方程是 $y'^2=x'^{2g+1}+b'_{2g}x'^{2g}+\cdots+b'_0$, $b_0,\cdots,b_{2g}\in K(C)$, 这样存在一个 $u\in K(C)^*$, 使得 $u^{2i}b'_i=b_i$, $i=0,\cdots,2g$. 这样映射

$$\varepsilon(b'_0,\cdots,b'_{2g})\to\varepsilon(b_0,\cdots,b_{2g})$$
$$([X,Y,Z],t)\mapsto([u^2X',u^{2g+1}Y',Z'],t')$$

这样便证明了 $\varepsilon(b_0,\cdots,b_{2g})$ 和 $\varepsilon(b'_0,\cdots,b'_{2g})$ 在 $C$ 上是 $K$－双有理等价的.

2. 设映射 $\pi:\varepsilon\to C$ 是以通常的方式所诱导的函数域的嵌入映射 $K(C)\to K(\varepsilon)$, $f\mapsto f\circ\pi$. 进一步的, $\varepsilon$ 是一个 $K$ 上的曲面, 而且 $C$ 是 $K$ 上的曲线, 所以 $K(\varepsilon)/K$ 的超越度数为 2, $K(C)/K$ 的超越度数为 1. 这样, $K(\varepsilon)/K(C)$ 的超越度数为 1, 所以存在在 $K(C)$－同构下唯一的曲线 $E/K(C)$, 其函数域 $K(C)(\varepsilon)$ 作为 $K$－代数同构同构于 $K(\varepsilon)$.

我们要证明曲线 $E$ 的亏格为 $g$. 为了证明这一点, 我们把 $E$ 写作 $\mathbf{P}^n$ 的一个子代数簇, 所以 $E$ 是一系列齐次多项式 $\{f_i(\boldsymbol{x})\mid 1\leqslant i\leqslant r\}$ 的公共零点, 其系数在 $K(C)$ 中. 我们注意到对于几乎所有的(即除了有限个之外) $t\in C$, 我们可以估计 $f_i$ 的系数, 从而得到一些系数在 $K$ 中的多项式. 我们将 $f_i$ 写作 $f_i(t,\boldsymbol{x})$ 来表明 $f_i$ 的系数依赖于 $t$. 这样, 我们就可以考查如下定义的 $\mathbf{P}^n\times C$ 中的代数簇

$$V:=\{(\boldsymbol{x},t)\in\mathbf{P}^n\times C\mid f_i(t,\boldsymbol{x})=0,1\leqslant i\leqslant r\}$$

将第二个变量投影下去, 给出了一个映射 $V\to C$, 它使得 $K(V)$ 成为一个 $K(C)$－代数, 由如上的构造过程,

我们发现 $K(V)$ 作为 $K(C)$－代数同构于 $K(C)(E)$. 因此 $K(V)$ 作为 $K(C)$－代数同构于 $K(\varepsilon)$，可知 $V$ 和 $\varepsilon$ 在 $C$ 上是双有理等价的. 特别的，对于几乎所有的 $t\in C$，纤维 $V_t$ 和 $\varepsilon_t$ 是同构的，所以几乎所有的 $V_t$ 都是亏格等于 $g$ 的曲线.

现在，我们假设 $\omega\in\Omega_{E/K(C)}$ 是一个 $E$ 上的微分形式. 所有这样的微分形式都可以写成 $\omega=\sum u_j dv_j$，$u_j$，$v_j\in K(C)(E)$. 对于几乎所有的 $t\in C$，我们可以让 $u_j$ 和 $v_j$ 在 $t$ 处取值，使其成为一个在 $V_t$ 上的微分形式 $\omega_t=\omega(t,\boldsymbol{x})$. 进一步的，如果 $\omega$ 是 $E$ 上的一个全纯微分形式，那么 $\omega_t$ 对于几乎所有的 $t\in C$ 在 $V_t$ 上全纯.

令 $\omega_1,\cdots,\omega_g,\omega_{g+1}\in\Omega_{E/K(C)}$ 是非零的全纯微分形式，$\omega_1,\cdots,\omega_g$ 线性无关，可以证明 $\omega_1,\cdots,\omega_g,\omega_{g+1}$ 一定 $K(C)$－线性相关. 这样，我们证明了 $\Omega_{E/K(C)}$ 作为 $K(C)$－线性空间维数至多为 $g$，这由于 $E$ 的亏格至多为 $g$. 如果 $E/K(C)$ 的亏格不超过 $g-1$，我们下面将证明 $E(K(C))$ 是非空的，这样纤维 $V_t\simeq E_t$ 的亏格就不超过 $g-1$，和 $V_t\simeq\varepsilon_t$ 对于几乎所有的 $t$ 的亏格都是 $g$ 矛盾. 所以 $E/K(C)$ 的亏格是 $g$.

进一步，截面 $\sigma_0:C\to E$ 对应一个点 $P_0\in E(K(C))$. 为了证明这一点，由 $V$ 和 $\varepsilon$ 在 $C$ 上是双有理等价的事实，我们可得到一个截面 $\sigma'_0:C\to V$. 这个截面具有形式 $\sigma'_0=[h_0,\cdots,h_n]$，$h_0,\cdots,h_n\in K(C)$，这里和说 $P_0=[h_0,\cdots,h_n]\in\mathbf{P}^n(K(C))$ 是 $E(K(C))$ 中的一个点是一致的. 令 $P_0$ 是性质 2.4 中的魏尔斯特拉斯点，则 $E$ 是一个定义在 $K(C)$ 上的超椭圆曲线.

我们现在已经证明了 $E/K(C)$ 是超椭圆曲线，我们可以取其一个魏尔斯特拉斯方程，记作

$$E: y^2 = x^{2g+1} + \sum_{i=1}^{2g} b_i x^i, \text{使得 } b_0, \cdots, b_{2g} \in K(C)$$

这样对应的曲面 $V$，就是 1 中所描述的超椭圆曲面 $\varepsilon(b_0, \cdots, b_{2g})$，并且我们已经证明了 $V$ 和 $\varepsilon$ 在 $C$ 上是双有理等价的. 这样我们证明了 2 的前半部分，即证明了所有 $C$ 上的超椭圆曲面都和一个 $\varepsilon(b_0, \cdots, b_{2g})$ 双有理等价. 进一步的，我们上面证明了如下的一个 $K(C)$ - 代数同构

$$K(\varepsilon) \cong K(V) \cong K(C)(E)$$

这样就证明了 3.

我们下面要证明在 $K(C)$ - 同构意义下，$E$ 是由 $\varepsilon$ 来决定的. 设 $\varepsilon$ 双有理等价于 $\varepsilon(b'_0, \cdots, b'_{2g})$. 那么 $\varepsilon(b'_0, \cdots, b'_{2g})$ 和 $\varepsilon(b_0, \cdots, b_{2g})$ 在 $C$ 上就是双有理等价的. 这就意味着，对于几乎所有的 $t \in C$，在纤维上有同构

$$\{y^2 = x^{2g+1} + \sum_{i=0}^{2g} b_i(t) x^i\} \to \{y^2 = x^{2g+1} + \sum_{i=0}^{2g} b'_i(t) x^i\}$$

由 §1 中的相关性质可知，这个同构可以由 $(x, y) \mapsto (\alpha_t x, \beta_t y)$ 给出，$\alpha_t, \beta_t \in K$. 但是双有理等价 $\varepsilon(b'_0, \cdots, b'_{2g}) \to \varepsilon(b_0, \cdots, b_{2g})$ 是一个代数映射，所以 $\alpha$ 和 $\beta$ 是 $\varepsilon(b_0, \cdots, b_{2g})$ 上仅仅依赖于 $t$ 的函数. 换句话说，$\alpha, \beta \in K(C)$，这就证明了对应的超椭圆曲线在 $K(C)$ 上是同构的.

**注**　对于椭圆曲线的情况，可以选取点 $P$ 为$([0,1,0], t)$，这样 $\pi(P) = [0,1,0]$ 是一个常值函数. 所以椭圆曲线的情况讨论起来要更简单. 进一步，椭圆曲线上的莫德尔 - 韦依群，可以通过这种方式，被延拓到整个曲面上来.

## §3 超椭圆曲线上的施皮罗猜想

在本节中，我们在承认 ABC 猜想的情况下，对于大多数超椭圆曲线给出其上的施皮罗猜想的证明. 为此，我们首先讨论超椭圆曲线的极小判别式在域的扩张下可能发生的变化.

### 1. 超椭圆曲线极小判别式在域的扩张下的变化

设 $K$ 是一个局部域，$L/K$ 是一个有限扩张，$(C, P)$ 是一个 $K$ 上带有魏尔斯特拉斯点 $P$ 的超椭圆曲线. 如果这个扩张是一个非分歧扩张，我们有如下结果：

**性质** 3.1　令 $(C,P)$ 是一个局部域 $K$ 上的魏尔斯特拉斯型的超椭圆曲线，$L/K$ 是一个非分歧扩张. $(C, P)$ 的极小判别式等于 $(C_L,P)$ 的极小判别式，这里 $C_L = C\times \operatorname{Spec} K \operatorname{Spec} L$.

**证明**　令 $\mathfrak{P}$ 是 $O_K$ 的极大理想. 那么 $\mathfrak{P}O_L$ 是 $O_L$ 的极大理想，因为 $L/K$ 是一个非分歧扩张. 令 $v_L$ 和 $v_K$ 是域 $L$ 和域 $K$ 的正规化赋值，并且令 $E$ 是 $(C,P)$ 在 $K$ 上的极小方程. 我们有

$$0 \leqslant v_K(\Delta_E) = v_L(\Delta_E) < 4g(2g+1)$$

所以 $E$ 在 $L$ 上也是极小的.

如果 $L/K$ 是一个分歧扩张，分歧指数为 $e>1$，显然 $ev_K(\Delta_E) \geqslant v_L(\Delta_{E'})$，这里 $E'$ 是 $(C,P)$ 在 $L$ 上的极小方程. 所以 $v_L(\Delta_{E'})$ 等于 $ev_K(\Delta_E)$ 除以 $4g(2g+1)$ 所得到的余数.

我们可以考虑估计 $c = v_K(\Delta_E) - \frac{1}{e} v_L(\Delta_{E'})$ 的大

小. 显然有 $c \geqslant 0$. 而我们又有

$$0 \leqslant c \leqslant v_K(\Delta_E) < 4g(2g+1)$$

这个平凡的估计在下面会使用到.

整体的极小判别式是由每个素点上的纤维所决定的,换句话说,这个判别式是在这个属于上的每一个素点都是极小的(如果必要的话要出去有限多个素点). 我们假设 $L/K$ 是一个数域的有限扩张,并且 $E$ 是$(C,P)$ 在 $K$ 上的 $S-$极小方程,这里我们假设 $S$ 包括所有的无限素点和在扩张 $L/K$ 下分歧的所有素点.

**性质** 3.2　设 $E$ 是$(C,P)$ 的整体 $S-$极小魏尔斯特拉斯方程. 那么 $E$ 同时也是$(C,P)$ 在 $L$ 上的整体 $S'-$极小魏尔斯特拉斯方程,这里 $S'$ 是 $L$ 中所有 $S$ 之上的素点.

**证明**　任给 $v \in M_L^0 \backslash S'$ 在 $w \in M_K^0 \backslash S$ 之上,我们有 $\mathrm{ord}_v(\Delta_v) = \mathrm{ord}_w(\Delta_w)$. 所以 $0 \leqslant \mathrm{ord}_v(\Delta_v) < 4g(2g+1)$,这表明它在 $v$ 处是极小的. 这表明这个方程是 $S'-$极小的.

接下来我们介绍 $\delta-$不变量,该不变量可以用来描述超椭圆曲线奇点的阶数. 因为整体的极小判别式是在每一个纤维上定义的,我们可以只针对局部的情况来建立这套理论.

设 $K$ 是一个局部域,$v$ 是 $K$ 上的一个赋值,其赋值环为 $O_K$,剩余类域是 $k$. 令 $t$ 是其归一化子. 对于任意 $a \in O_K$,令 $\tilde{a} \in k$ 是通常的约化.

假设 $W$ 是超椭圆曲线 $C$ 的整模型. 容易知道任何一个 $\mathrm{Spec}\, k[x]$ 中的元素都对应 $W_k = W \times_{\mathrm{Spec}\, O_K} \mathrm{Spec}\, k$ 中的一个闭点 $P_0$. 我们用 $m_{P_0} = m_{P_0}(x)$ 来记这个不可约多项式.

任给 $0 \neq h(x) \in k[x]$，我们定义 $\delta(P_0, h(x)) = \mathrm{ord}_{m_{P_0}}(h(x))$，以及 $\delta(P_0, 0) = +\infty$，容易验证这是适定的. 假设 $y^2 = P(x)$ 是 $C$ 的一个整魏尔斯特拉斯方程. 如果 $W_k$ 是即约的(reduced)，我们定义

$$\delta(P_0, y) = \delta(P_0, \widetilde{P}(x))$$

否则的话，我们有 $P(x) \in tO_K[x]$，这时我们定义

$$\delta(P_0, y) = \delta(P_0, \widetilde{P}_1(x))$$

这里 $P_1(x) = P(x)/t \in O_K[x]$. 注意到 $\delta(P_0, y)$ 不依赖于 $y$ 的选取，所以接下来，我们记 $\delta(P_0) = \delta(P_0, y)$. 对于 $Q \in \widetilde{C}$，我们有 $d_Q = \delta(Q)$.

**性质** 3.3　任何一个 $C$ 中的奇异点对应一个 $k[x]$ 中的不可约多项式，这个不可约多项式的阶大于或等于 2 如果 $\mathrm{char}(k) \neq 2$.

**证明**　因为 $\mathrm{char}(k) \neq 2$，曲线 $C$ 可以写成 $C = k[x, y]/(y^2 - f(x))$ 的形式，$f(x) \in k[x]$. 由雅可比行列式判别法则，一个点 $P$ 是奇异的当且仅当矩阵 $[2y, -f'(x)]$ 的秩为 0，这样就有 $2y$ 和 $-f'(x)$ 属于由 $P$ 生成的极大理想. 因为 $y^2 - f(x)$ 在这个极大理想中，$(y^2 - f(x), 2y, -f'(x)) = (y, f(x), f'(x))$ 也属于它，这就意味着 $f(x)$ 至少有一个不可约因子的阶数大于等于 2.

**2. 超椭圆曲线上的施皮罗猜想**

下面我们来陈述相应的结论，并在承认 ABC 猜想的情况下，给出更一般的施皮罗猜想的形式并证明之.

令 $K$ 是一个数域，设 $(C, P)$ 是一个数域 $K$ 上亏格为 $g$ 的带有魏尔斯特拉斯点 $P$ 的超椭圆曲线. 令 $M_K^0$

和 $M_K^\infty$ 分别表示 $K$ 上的全体有限素点和全体无限素点，并且令 $M_K=M_K^0\cup M_K^\infty$. 对于任意的 $v\in M_K^0$，令 $C_v=C\times_{\mathrm{Spec}\,K}\mathrm{Spec}\,K_v$，这里 $K_v$ 是 $K$ 在 $v$ 处的完备化. 令 $k_v$ 是 $K_v$ 的剩余类域，$\widetilde{C}_v=C_v\times_{\mathrm{Spec}\,K_v}\mathrm{Spec}\,k_v$，换句话说，$\widetilde{C}$ 是 $C$ 在 $v$ 处的约化. $-N=N_{K/\mathbf{Q}}$，是 $K$ 在 $\mathbf{Q}$ 上的范数.

令 $O_K$ 是 $K$ 的整数环. 对于任意的 $v\in M_K^0$，我们令 $O_{K,v}$ 是 $K_v$ 的赋值环，并且 $\mathfrak{p}_v$ 是 $O_{K,v}$ 的极大理想，令 $q_v=N\mathfrak{p}_v$. 我们将 $v\in M_K$ 所对应的绝对值记作 $|\cdot|_v$. 对于 $(x_1,\cdots,x_n)\in K^n$，我们记 $|(x_1,\cdots,x_n)|_v=\max\limits_{1\leqslant i\leqslant n}|x_i|_v$.

令 $S$ 是包含 $M_K^\infty$ 的和一些有限素点的有限集，并令 $O_{K,S}$ 是 $K$ 的 $S-$整数环，$O_{K,S}^*$ 是 $S-$单位乘法群. 对于 $x_1,\cdots,x_n\in K$，我们按照如下的方式定义通常的典范高度

$$H_K(x_1,\cdots,x_n)=\prod_{v\in M_K}|(x_1,\cdots,x_n)|_v$$

对于 $x\in O_{K,S}$，我们定义

$$\mathrm{rad}_{S,K}(x)=\prod_{v\notin S,v|x}q_v$$

现在我们陈述数域 $K$ 上的 ABC 猜想，这个猜想在 1985 年由麦瑟尔和厄斯特勒提出. 这个猜想和有理数域上经典的 ABC 猜想是等价的.

**猜想** 3.4 设 $a,b,c\in O_{K,S}$，满足 $a+b+c=0$. 那么对于任意的 $\varepsilon>0$

$$H_K(a,b,c)\ll \mathrm{rad}_{S,K}(abc)^{1+\varepsilon}$$

这里的隐性常数只依赖于 $K,S$ 和 $\varepsilon$.

**注** 一般代数数域上的 ABC 猜想，还有如下的

表达形式

$$H_K(a,b,c)\leqslant C_\varepsilon^{[K:\mathbf{Q}]}(|D_{K/\mathbf{Q}}|\operatorname{rad}_{S,K}(abc))^{1+\varepsilon}$$

这里的常数 $C$ 只和 $\varepsilon$ 和 $S$ 有关，$D_{K/\mathbf{Q}}$ 表示数域 $K$ 的共轭差积(discrim mnant).

ABC 猜想被证明和施皮罗猜想等价. 施皮罗猜想由施皮罗在 1983 年的一次演讲中首次提出. 施皮罗猜想对于一个定义在 $\mathbf{Q}$ 上的椭圆曲线，对其整体的极小判别式 $\Delta$ 用其导子 $N$，给出了如下的估计

$$|\Delta|\ll N^{6+\varepsilon}$$

这里的隐性常数只和正实数 $\varepsilon$ 有关. 施皮罗猜想和 ABC 猜想都可以被推广到一般的代数数域 $K$ 上，并且仍然等价. 事实上，对于这两个猜想，在一般代数数域 $K$ 上的情况都可以被很平凡的证明和其在 $\mathbf{Q}$ 上的情况等价.

下面所陈述的猜想是经典的椭圆曲线情形的施皮罗猜想在超椭圆曲线上的推广.

**猜想** 3.5　存在一个非负整数 $n_v$ 只依赖于 $C_v$ 约化的情况，使得

$$N\mathfrak{D}_{C/K}^{(S)}\ll\Big(\prod_{v\in M_K^0\setminus S}q_v^{n_v}\Big)^{1+\varepsilon}$$

这里常数只依赖于 $K,g,S$ 和 $\varepsilon$. 若 $\widetilde{C}_v$ 是非奇异的，则取 $n_v=0$. 进一步，常数 $n_v$ 由如下方式给出

$$n_v=\sum_{Q\in\widetilde{C}_v}n(d_Q)$$

这里 $d_Q$ 是点 $Q$ 的阶，$n(d)$ 只依赖于 $g,d$. 进一步的，$n(1)=0$，因此上面的求和可由 $\widetilde{C}_v$ 的奇异性取到.

经典的椭圆曲线的施皮罗猜想等价于常数 $n'_vs$ 满足

$$n(d)\leqslant\begin{cases}0,\widetilde{C}_v \text{ 非奇异}\\6,\widetilde{C}_v \text{ 具有结点(node)}\\12,\widetilde{C}_v \text{ 具有尖点(cusp)}\end{cases}$$

在承认 ABC 猜想的情况下，就可部分证明了上面的猜想 3.5.

**性质 3.6**　令 $C$ 是一个数域 $K$ 上的给定的具有 $y^2=f(x)$ 形式的 $S-$极小魏尔斯特拉斯方程. 在如下的情况下，ABC 猜想推出猜想 3.2：

(1) $f(x)$ 只有三个非零分量，并且 $n(d)'s$ 满足

$$n(d)\leqslant\begin{cases}0,d=1\\4g+2,2\leqslant d\leqslant 2g\\2g(4g+2),d=2g+1\end{cases}$$

(2) $f(x)$ 可以完全分解成为 $K[x]$ 中的线性因子，并须 $n(d)'s$ 满足

$$n(d)\leqslant\begin{cases}d(d-1)(6g-2d+1),d\leqslant 2g\\2g^2(4g+2),d=2g+1\end{cases}$$

我们用注释 3.1 中的 ABC 猜想的形式来重写施皮罗猜想的证明，表达形式和原文中的有所不同.

**性质 3.7**　设 $S$ 是一个使得超椭圆曲线 $(C,P)$ 的 $S-$极小魏尔斯特拉斯方程存在的集合，且该极小方程可以完全分裂成为线性因子的乘积. 则我们有

$$N(\mathfrak{D}_{C/K})\leqslant N(2^{4g})C_\varepsilon^{2g(4g^2-1)[K:\mathbf{Q}]}\cdot \left|D_{K/\mathbf{Q}}\right|^{2g(4g^2-1)(1+\varepsilon)}\left(\prod_{v\notin S}q_v^{n_v}\right)^{1+\varepsilon}$$

这里 $C_\varepsilon$ 是一个只和 $\varepsilon$ 有关的常数. $n_v$ 可以表达成

$$n_v=\sum_{\alpha\in\mathfrak{C}_v}n(d_\alpha)$$

的形式. 而

$$n(d)=\begin{cases}d(d-1)(6g-2d+1),d<n\\2g^2(4g+2),d=n\end{cases}$$

为了证明此性质,我们引用一个引理:

**引理** 3.1 令 $x_1,\cdots,x_n,x\in K$,则

$$\frac{N(x_1,\cdots,x_n)}{N(x_1,\cdots,x_n,x)}\leqslant H_K(x_n,x)$$

**证明** 设 $y^2=\prod_{i=1}^{n}(x-\alpha_i)$ 是超椭圆曲线$(C,P)$的一个$S$—极小魏尔斯特拉斯方程,这里$n=2g+1$.令$a_{ij}=\alpha_i-\alpha_j$,则

$$\Delta_E=2^{4g}\prod_{i<j}a_{ij}^2$$

令 $F=(a_{ij})$是个分式理想.$v(F)\leqslant 1$,且 $v(F)=1$ 当且仅当 $E$ 有一个 $n$ 阶的奇点.容易知道 $a_{ij}+a_{jk}+a_{ki}=0$,由 ABC 猜想可知

$$H_K(a_{ij},a_{jk},a_{ki})\leqslant C_\varepsilon^{[K:\mathbf{Q}]}(|D_{K/\mathbf{Q}}|\operatorname{rad}_K(a_{ij}a_{jk}a_{ki}))^{1+\varepsilon}$$

这里 $C_\varepsilon$ 是一个只和 $\varepsilon$ 有关的常数.

我们有

$$Na_{12}=\frac{N(a_{12})}{N(a_{12},a_{23})}\times\frac{N(a_{12},a_{23})}{N(a_{12},a_{23},a_{34})}\times\cdots\times\frac{N(a_{12},a_{23},\cdots,a_{n-2,n-1})}{N(a_{12},\cdots,a_{n-1,n})}\times N(a_{12},\cdots,a_{n-1,n})$$

可知

$$Na_{12}\leqslant H_K(a_{12},a_{23},a_{31})\cdot\cdots\cdot H_K(a_{n-2,n-1},a_{n-1,n},a_{n,n-2})\cdot N(F)$$

显然 $H_K(a,b)=H(a,b,-a-b)$,这样我们有

$$Na_{12}\leqslant N(F)C_\varepsilon^{(n-2)[K:\mathbf{Q}]}(|D_{K/\mathbf{Q}}|^{n-2}\cdot\prod_{i=1}^{n-2}\operatorname{rad}(a_{i,i+1},a_{i+1,i+2},a_{i+2,i}))^{1+\varepsilon}$$

我们对于所有可能的 $a_{ij}$ 用上面的方法去估计其范数，得到

$$\prod_{i<j} a_{ij}^{2(n-2)!} \leqslant N(F)^{n!} C_{\varepsilon}^{(n-2)n!\,[K:\mathbf{Q}]} \mid D_{K/\mathbf{Q}} \mid^{(n-2)n!\,(1+\varepsilon)} \cdot \left(\prod_{i<j<k} \operatorname{rad}(a_{ij}a_{jk}a_{ki})\right)^{6(n-2)!\,(1+\varepsilon)}$$

于是，我们有

$$\prod_{i<j} Na_{ij}^{2} \leqslant N(F)^{n(n-1)} C_{\varepsilon}^{n(n-1)(n-2)[K:\mathbf{Q}]} \mid D_{K/\mathbf{Q}} \mid^{n(n-1)(n-2)(1+\varepsilon)} \cdot \left(\prod_{i<j<k} \operatorname{rad}(a_{ij}a_{jk}a_{ki})\right)^{6(1+\varepsilon)}$$

由此，我们有

$$N(\Delta_E) \leqslant N(2^{4g}) C_{\varepsilon}^{n(n-1)(n-2)[K:\mathbf{Q}]} \mid D_{K/\mathbf{Q}} \mid^{n(n-1)(n-2)(1+\varepsilon)} \cdot \left(\prod_{v\notin S} q_v^{n_v}\right)^{(1+\varepsilon)}$$

这里

$$n_v = n(n-1)v(F) + 6\sum_{i<j<k} \begin{cases} 1, v(a_{ij}a_{jk}a_{ki}) > 0 \\ 0, \text{其他情况} \end{cases}$$

令 $T = \#\{i,j,k \mid 1 \leqslant i < j < k \leqslant n, v(a_{ij}a_{jk}a_{ki}) > 0\}$，那么

$$n_v = \begin{cases} n(n-1) + 6T, \widetilde{E} \text{ 有度数为 } n \text{ 的奇异约化} \\ 6T, \text{其他情况} \end{cases}$$

$\widetilde{E}$ 表示 $E$ 模理想 $\mathfrak{p}_v$ 的约化.

我们用一些图论的记号来进行最后的计算. 图 $G$ 是一个以 $\alpha_i$ 为顶点的完全图，用 $\widetilde{a}_{ij}$ 来标记连接 $\alpha_i$ 和 $\alpha_j$ 的边. 这样 $T$ 就是三个边上标记的数字都为 0 的三角形的个数. 可以证明，$G$ 中的满足这种条件的边，形成了一个个互不相交的完全图，每一个对应一个 $\widetilde{f}$ 中的重根. 换句话说，$\widetilde{f}$ 中的一个 $d$ 重根会对应一个完全图 $K_d$，$K_d$ 中的所有边都被用数 0 标记. $T$ 因此可以分裂

成为 $\tilde{f}$ 中一些重根的和的形式，这就能反应 $\tilde{C}_v$ 的奇异情况. 我们有 $\sum_{\alpha\in\tilde{C}_v} T(d_\alpha)$，这里 $T(d)$ 是 $G$ 中有边在 $K_d$ 中的三角形的个数. 特别的，$T(1)=0$. 所以我们有

$$\begin{aligned}T(d) &= C_d^2(n-2)-2C_d^3\\ &= \frac{1}{6}d(d-1)(3n-d-2)\end{aligned}$$

这样我们有

$$n_v=\sum_{\alpha\in\tilde{C}_v} n(d_\alpha)$$

这里

$$n(d)=\begin{cases}d(d-1)(3n-2d-2),d<n\\ n(n-1)^2,d=n\end{cases}$$

令 $n=2g+1$，这就证明了我们所需要的结论.

现在我们开始证明我们的主要结果，这个结果所要求的条件比性质 3.3 更一般. 令 $y^2=f(x)$ 是数域 $K$ 上的超椭圆曲线 $(C,P)$ 的一个 $S-$ 极小的魏尔斯特拉斯方程，并且令 $L$ 是 $f(x)$ 在 $K$ 中的分裂域. 假设 $S$ 包含了所有的无限素点、所有 2 之上的素点以及其他一些素点，保证 $S-$ 极小魏尔斯特拉斯方程存在. 令 $S'$ 为所有 $L$ 中 $S$ 之上的素点，我们假设 $S'-$ 极小魏尔斯特拉斯方程也是存在的. 那么我们有如下结论：

**引理** 3.2　令 $n=[L:K]$. 令 $S\subset M_K$ 如上定义，$S'\subset M_L$ 是所有 $S$ 之上的素点. 那么

$$(N\mathfrak{D}_{C/K}^{(S)})^n\leqslant C\cdot N\mathfrak{D}_{C/L}^{(S')}$$

这里 $C$ 是一个和 $K$ 有关的常数.

**证明**　设 $E$ 是 $C$ 在属于 $K$ 上的整体 $S-$ 极小魏尔斯特拉斯方程. 容易知道，对于 $w\in M_K^0$，$v\in M_L^0$，且 $v$ 是 $w$ 之上的素点，这样我们有

$$\sum_{v|w,v\in M_L^0} e_v \frac{\log q_v}{\log q_w}=[L:K]$$

由此事实，我们有

$$\begin{aligned}
(N\mathfrak{D}_{C/K}^{(S)})^n &= \Big(\prod_{w\in M_K^0\backslash S} q_w^{\mathrm{ord}_w(\Delta_w)}\Big)^n \\
&= \prod_{w\in M_K^0\backslash S} q_w^{n\cdot \mathrm{ord}_w(\Delta_w)} = \prod_{w\in M_K^0\backslash S}\prod_{v|w} q_v^{e_v \mathrm{ord}_w(\Delta_w)} \\
&\leqslant \prod_{v\in M_L^0\backslash S'} q_v^{\mathrm{ord}_v(\Delta_v)+e_v 4g(2g+1)} \\
&= \prod_{v\in M_L^0\backslash S'} q_v^{e_v 4g(2g+1)} \prod_{v\in M_L^0\backslash S'} q_v^{\mathrm{ord}_v(\Delta_v)} \\
&= \prod_{v\in M_L^0\backslash S'} q_v^{e_v 4g(2g+1)} N\mathfrak{D}_{C/L}^{(S')}
\end{aligned}$$

考查 $\prod_{v\in M_L^0\backslash S'} q_v^{e_v 4g(2g+1)}$，由于 $e_v\leqslant n, q_v\leqslant q_w^n$，而 $n\leqslant(2g+1)!$. 故 $\prod_{v\in M_L^0\backslash S'} q_v^{e_v 4g(2g+1)}$ 可以被一个只与数域 $K$ 有关的常数 $C$ 所控制. 满足 $C\geqslant \prod_{v\in M_L^0\backslash S'} q_v^{e_v 4g(2g+1)}$ 的常数，这样就得到了我们需要的结论.

对于任意的 $w\in M_K^0\backslash S$ 具有 $\mathrm{char}\, k_w\neq 2$，假设 $Q$ 是 $\widetilde{C}_w$ 的一个奇点. 那么 $Q$ 对应一个不可约多项式 $\phi(x)\in k_w[x]$. 与前文一致，我们记点 $Q$ 的阶为 $d_Q=\delta(Q)$. 我们必有 $\phi(x)\mid \widetilde{f}(x)$，$\widetilde{f}(x)=f(x)\otimes k_w$. 因为 $k_w$ 是一个完全域(perfect field)，$\phi(x)$ 能够分裂成 $[k_w(Q):k_w]$ 个不同的线性因子，而且这些线性因子的系数在 $L$ 在 $v$ 处的剩余类域中，而且有 $[k_w(Q):k_w]$ 个不同的奇点在 $Q$ 之上. 所以 $d_Q=d_P$ 对于所有的 $Q$ 之上的奇点 $P$ 成立. 因此

$$\sum_{P\in \mathfrak{C}_v \text{ over } Q} n(d_P)=[k_w(Q):k_w]n(d_Q)$$

这里 $v\in M_L^0$ 在 $w$ 之上. 令 $n'(d_Q)=[k_w(Q):k_w]n(d_Q)$. 我们有

$$\prod_{P\in \mathfrak{C}_v \text{ over } Q} q_v^{n(d_P)}=q_v^{n'(d_Q)}$$

这里 $q_v$ 表示 $k_v$ 中元素的个数. 因此

$$\begin{aligned}&\prod_{v\mid w}\prod_{P\in \mathfrak{C}_v, P \text{ over } Q} q_v^{n(d_P)}\\&=\prod_{v\mid w}q_v^{n'(d_Q)}=\prod_{v\mid w}q_w^{\frac{\log q_v}{\log q_w}n'(d_Q)}=q_w^{\sum_{v\mid w}\frac{\log q_v}{\log q_w}n'(d_Q)}\\&\leqslant q_w^{\sum_{v\mid w}e_v\frac{\log q_v}{\log q_w}n'(d_Q)}=q_w^{n\cdot n'(d_Q)}\end{aligned}$$

这里 $e_v$ 是 $v$ 在 $w$ 之上的分歧指数.

令 $n_v=\sum_{P\in \mathfrak{C}_v, P \text{ over } Q} n(d_P)$,并且 $n_w=\sum_{Q\in \mathfrak{C}_w} n'(d_Q)$,则这个不等式变成

$$\prod_{v\mid w}q_v^{n_v}\leqslant q_w^{n_w\cdot n} \tag{3.3}$$

这里 $v\in M_L^0, w\in M_K^0$. 现在我们开始陈述并证明主定理:

**定理** 3.8 令 $K$ 是一个数域,$C$ 是 $K$ 上具有魏尔斯特拉斯方程 $y^2=f(x)$ 的超椭圆曲线. 令 $S$ 是 $K$ 中所有素点的有限子集,$S$ 包括所有的无限素点,$S'$ 包括所有 $S$ 之上的素点,并假设 $S'$ 一极小的魏尔斯特拉斯方程存在. 假设 ABC 猜想成立. 对于任意的 $\varepsilon>0$,我们有

$$N\mathfrak{D}_{C/K}^{(S)}\leqslant C_K\mid D_{L/\mathbf{Q}}\mid^{2g(4g^2-1)(1+\varepsilon)}\Big(\prod_{w\in M_K^0\setminus S}q_w^{n_w}\Big)^{1+\varepsilon}$$

这里 $C_K$ 是一个和 $K, g, S$ 和 $\varepsilon$ 有关的常数,$L$ 是 $C$ 的 $S$ 一极小魏尔斯特拉斯方程 $y^2=f(x)$ 中 $f(x)$ 的分裂

域.

**证明**　令 $L$ 是 $f(x)$ 的分裂域. 假设 ABC 猜想成立

$$N(\mathfrak{D}_{C/L}) \leqslant N(2^{4g}) C_{\varepsilon}^{2g(4g^2-1)[L:\mathbf{Q}]} \cdot |D_{K/\mathbf{Q}}|^{2g(4g^2-1)(1+\varepsilon)} \left(\prod_{v \notin S} q_v^{n_v}\right)^{1+\varepsilon}$$

因为 $\frac{1}{C} N\mathfrak{D}_{C/L}^{(S')} \leqslant (N\mathfrak{D}_{C/K}^{(S)})^n$，由引理 3.1 和不等式(3.3)，我们有

$$\prod_{v \in M_L^0 \setminus S'} q_v^{n_v} = \prod_{w \in M_K^0 \setminus S} \prod_{v \mid w} q_v^{n_v} \leqslant \prod_{w \in M_K^0 \setminus S} q_w^{n_w \cdot n}$$

所以我们得到

$$(N\mathfrak{D}_{C/K}^{(S)})^n \leqslant C \cdot C_{\varepsilon}^{2g(4g^2-1)[L:\mathbf{Q}]} \cdot |D_{K/\mathbf{Q}}|^{2g(4g^2-1)(1+\varepsilon)} \left(\prod_{w \in M_K^0 \setminus S} q_w^{n_w \cdot n}\right)^{1+\varepsilon}$$

由于 $n \leqslant (2g+1)!$，故令 $C_K = C \cdot C_{\varepsilon}^{2g(4g^2-1)[L:\mathbf{Q}]}$，就得到了我们需要的结论.

# 中国数学天才的华美四重奏：统一数论与几何[①]

## 第37章

四位年轻的中国数学家，在喧嚣的时代保持着对数学之美的敬畏与追求，联手奏响数论与几何大一统的华美乐章……

2004年的秋天，在纽约，张伟到哥伦比亚大学读数学博士，早来一年的袁新意带他去办社会安全号. 这是他们为数不多的一次合作失败经历——张的材料不全，两人白跑了一趟.

如今，张伟已经是哥伦比亚数学系的正教授，而袁则是加州大学伯克利分校的助理教授. 他们和斯坦福的恽之玮

① 摘编自公众号：知社学术圈，2015－12－11. 原作者：凯文·哈雷特，编译：舒布宫.

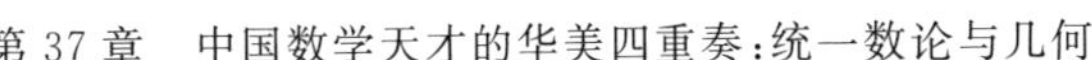

以及加州理工的朱歆文,刚刚完成了数学四重奏的华美乐章,将数论与几何统一在一起,实现了一个历史性突破,引起了数学界的极大兴趣与关注.而他们,都是北大数学系的同学.

从一所大学的同一个年级,涌现出一批精英数学家,是非同寻常的一件事,但也并非史无前例.最近的一个例子是 Bhargava,Kedlaya 和 Ng,他们都是哈佛的同学,并且一直保持着友谊.去年,Bhargava 荣获菲尔兹奖的时候,Kedlaya 和 Ng 都飞到首尔去祝贺.和他们不同的是,中国的这四位数学家,在各自成名之后仍然保持着密切的合作,并取得了巨大的成功.

“他们不仅优异,而且钻研几乎一样的领域,”普林斯顿的张寿武说,“他们一起学习,而且互相影响、合作,保持至今.”他与这四人都相熟,此前在哥伦比亚教书,并且在将袁新意和张伟招到哥伦比亚这件事上发挥了重要影响.

恽之玮和朱歆文研究代数几何,而袁和张则专注于数论.这种结合,给了他们独特的视角,用以攻克也许是数学领域中最大的项目——朗兰兹工程.这一工程由朗兰兹在 20 世纪 60 年代提出,他试图建立数论与几何之间的内在关联,用一个领域的工具和方法,研习另一个领域的问题.“这是数学家的大一统理论”,伯克利数学家 Edward Frenkel 说.

然而,一方面,任何一个数学家,都难以透彻了解数论和几何这两个领域.另一方面,不同领域的数学家,相互交流往往会有困难.好的合作,不仅需要深刻理解不同领域的数学家,也需要他们之间有足够的共同点,能够顺畅交流与沟通.而这,正是这四位年轻数学家的优势.他们不仅各具天赋,而且背景一致,相知多年.这使得他们能够互相学习、促进、挑战、合作,完成个人无法完成的工作.而最近的成果,就是张和袁即将发表的论文,被称之为数论领域30年来最振奋人心的突破.

## 1.青葱岁月

这四个人成长在中国不同的地区,是数学将他们联系在一起.朱来自西南的成都,恽则是常州人,最初对书法更有兴趣.但三年级的时候,他的数学老师意识到恽的潜力,向他解释0.999…无限重复下去,就是1.这让恽困惑许久,从此迷上数学.袁生长在武汉边上贫困的乡村,条件艰苦,很难想象能培养出数学天才."一二年级的时候,数学老师就非常喜欢我,"袁说,"他们经常惊讶于我的能力,常常在考试中得满分."后来,袁进入了声誉卓越的黄冈中学.

和世界上许多其他国家一样,在中国,有这样的机制,能够让数学天才最终聚集在一起.张的家乡距离成都很远,在十年级的夏令营第一次遇见朱.而恽和袁两人都是中国数学奥林匹克国家队的队员.2000年8月,四人都进入了北大数学系.他们的同学都长于数学,但大多都追求实用的职业生涯,如金融和计算机.到了三年级的时候,班级按个人兴趣分开,这四个人都选择了纯数学.

四个人的友谊与典型的大学同学无异,一起看电影、爬山、踢球.袁最具运动天赋,常常赢得他们之间的体育比赛.这一时期,他们也常常一起讨论数学问题.当他们逐渐接触更高级的数学时,他们意识到,他们都

被同样的数学研究所吸引."大四的时候,我很清楚地发现,我们四个人数学品味相投,都欣赏基于结构的数学."袁说,"我们都对大图像感兴趣,试图找到有趣的例子,展示普适的原理,而不只是计算."

袁是四人之中最早留学的,在 2003 年就来到哥伦比亚,师从张寿武. 他在哥伦比亚的经历显然远超预期——不但和最优秀的数学家共同参加学术会议和讲座,而且能与这些数学家近距离接触,并深深感受到了数学领域的巨大潜力.

张伟最终选择现代数论最有意思的中心问题之一$L$－函数作为博士论文题目. 他对推广适用于一些$L$－函数的 Gross－Zagier 公式特别感兴趣. 这一问题与张寿武自己的研究密切相关,但并不为之所局限. 能够自由追寻自己感兴趣的研究题目是吸引张伟到美国的重要原因——"在中国,你 100%地听从导师意见,做他们研究所剩下的问题." 张寿武说,"在美国,你可以听取导师建议,并做相应调整."

在张探索 $L$－函数的同时,袁正在研究数论,而恽和朱则钻研代数几何. 研究生期间以及毕业后,四人都保持着密切联系,路径经常相交于世界的数学中心——剑桥,恽在 MIT 做博后,而朱则在哈佛;在普林斯顿,袁和恽在 2008－2009 年也有过一年的交集. 他们常常在一起讨论,袁向恽解释数论的精妙之处. 他们都说普通话,没有语言障碍,袁很明了恽知道什么,不知道什么;恽则可以随意提问——即便是非常简单的问题——而不必担心自己显得幼稚."因为他向我解释了许多东西," 恽说,"让我发现数论不像以前感觉得那么难".

这些讨论,连同 2010 年菲尔兹奖得主 Chau 的工作,让恽意识到,代数几何里的很多技巧,可以用于数论研究,而这正是朗兰兹工程的目标.现在,他们只需要找一个相关的问题.

**2. 突破**

2014 年 12 月,张从纽约飞到伯克利,参加哥伦比亚数学家 Michael Harris 的 60 岁祝寿会,并与恽和袁碰面.更重要的是,他有一个想法,要与朋友们分享.这个想法源于 2011 年他与恽的一次交谈.恽告诉张他之前关于朗兰兹工程的算术基本引理的工作,其中一些点子可以与代数几何的技巧相结合.但恽并不肯定这是否可行."我有一些几何的想法,可能是对的,"恽说,"但我不能精确表述,因为我缺乏数论的眼光.我问张伟,你觉得这是对的么?他也不肯定."

几年过去了,2014 年,张意识到恽的直觉是对的,并开始着手证明所需的准备工作.这一问题涉及 $L$-函数,他的博士论文课题.虽然 $L$-函数最初是纯数论问题,不过也可以有几何上的诠释,能够用代数几何的方法予以研究.$L$-函数可做泰勒级数展开,在 1986 年 Gross 和 Zagier 已经成功计算了展开级数的第一项.恽猜想泰勒展开的每一项,都有几何上的解释,而张则精确定义了这一几何解释.前人得到了泰勒展开第一项和第二项的精确公式,而新的工作则可以得到每一项的几何表述.

张在袁的家里向恽和袁解释了他的想法."他具有这种全局的视野,把我头脑里面模糊的概念如此精确地描述出来."恽说,"这让我震惊——一切如此完

美,必然是对的."

那晚之后,张和恽花了 9 个月时间去证明他们的想法. 到今年 9 月,论文稿基本成形,他们也开始在报告中提及这一工作. 11 月底的时候,论文已经完稿. 张寿武估计,如果仅凭张伟一个人去做这项工作,进度至少延后一年.

这个工作虽然还需经受同行评议的检验,但已经在数学圈引起波澜. 它带来了诸多的可能性,其中之一就是著名的 Birch 和 Swinnerton－Dyer 猜想——即千禧年数学难题之一,首先解决的人可以得到 100 万美元的奖金.

但是张和恽的工作影响超乎了数学本身. 他们在十几岁的时候就相识,和朱以及袁在两个大陆一起成长,逐渐成为成熟的数学家. 现在这份友谊所隐含的价值正把他们推向数学世界的边界.

"他们四人风格各异,方法不同."张寿武说,"当结合起来攻克难题时,这简直妙极了……"

# 第三部分
# 人物编

# 第十编

## 代数几何教皇

## ——亚历山大·格罗滕迪克

# 亚历山大·格罗滕迪克

## 第38章

### §1 亚历山大·格罗滕迪克——一个并不广为人知的名字

我在孤独工作中掌握了成为数学家的要素……我从内心就知道我是一位数学家,做数学的人.这好像是种本能.

——亚历山大·格罗滕迪克

他不是新闻人物——至少生前不是——因此并非家喻户晓.但是在全世界数学家眼中,他是殿堂级的人物,名叫亚历山大·格罗滕迪克.

格罗滕迪克于 2014 年 11 月 13 日辞世. 法国前总统奥朗德(Hollande)在悼词中称赞他为"当代最伟大的数学家之一". 英国《每日电讯报》在讣告中评价说"他是 20 世纪后半叶最伟大的纯粹数学家. 他的名字在数学家中所赢得的尊敬,就像爱因斯坦的名字在物理学家中所赢得的尊敬一样崇高".

格罗滕迪克小时候没有机会接受正规教育. 他 1928 年 3 月 28 日出生于德国柏林. 1938 年格罗滕迪克十岁,随家庭以难民身份移居法国. 1942 年,父亲被杀害,他和母亲一同被送进集中营,直至 1945 年才恢复了自由. 之后,格罗滕迪克随母亲定居于蒙彼利埃(Montpellier)的一个小村庄. 他很少去学校上课,喜欢自学,还独自研究体积的概念,从中他"发现"了测度. 1947 年,格罗滕迪克有幸获得了法国大学互助会奖学金,来到了巴黎. 这时他才从大学数学教授那里得知,他的测度概念早在 1902 年就由数学家勒贝格引进了. 他有幸获大数学家亨利·嘉当推荐,进入了巴黎高等师范学院(École normale supérieure)开办的研究班. 后来,格罗滕迪克师从布尔巴基学派成员洛朗·施瓦兹教授.

格罗滕迪克读书和做研究工作都十分努力. 后来他的同窗数学家 Paulo Ribenboim 回忆说,有一次导师施瓦兹建议他和格罗滕迪克交个朋友,一起出去玩玩,这样格罗滕迪克就不会没日没夜地工作了.

1953 年,格罗滕迪克在提交博士论文时遇到了另一次犹豫——委员会要求他只能从手中的六篇文章里挑选一篇提交——但是他的每一篇论文都有足够的水准和分量. 最后他选定了"拓扑张量积和核空间". 毕业

后,由于国籍记录被战火毁灭了,格罗滕迪克无法在法国找到一个正式的研究员位置.当时如果想取得国籍,得先去服兵役,但那是他不可能接受的.于是他离开法国,在巴西逗留了一段时间,然后访问了美国堪萨斯大学和芝加哥大学.期间,他在泛函分析方面取得了卓越成果,但随后转向研究代数几何学.

1956年,他回到巴黎,在法国国家科学研究院(Centre national de la recherche scientifique,CNRS)谋得一个位置.那时,他致力于拓扑学和代数几何的研究.普林斯顿高等研究院的著名数学家阿曼德·波莱尔回忆说,"我当时就很确定某些一流的工作必将出自其手.最后他做出来的成果远远超出了我的预想:那就是他的黎曼-罗赫定理,一个相当美妙的定理,真是数学上的一个杰作."简单地说,格罗滕迪克给出了这个定理的一种新描述,揭示了代数簇的拓扑和解析性质之间极其隐蔽而重要的关系.波莱尔评价说,"格罗滕迪克所做的事情,就是将某种哲学原理应用到数学中一个很困难的论题上去……单单那个陈述本身,就已经领先了其他人十年."在一些相关定理的证明过程中,格罗滕迪克引入了现在被称为格罗滕迪克群的概念.这些群从本质上提供了一类新型拓扑不变量.格罗滕迪克称之为K群,取自德文单词Klasse(分类).该理论为拓扑K理论的产生提供了起点,后来拓扑K理论又为代数K理论的研究提供了原动力.

由于童年的苦难经历,格罗滕迪克一直与母亲相依为命.1957年底母亲去世,他悲伤得停止了所有的数学研究和学术活动.他说要去寻回自我,还想改行做个作家.但数月后,他又决定重返数学.那是1958年,格罗滕迪克认为"可能是我数学生涯中最多产的一年".

1958 年的确是不平凡的一年. 在这一年,著名的法国高等科学研究院(Institut des Hautes Etudes Scientifiques,IHES)成立,格罗滕迪克是其创始成员之一. 据说曾经有访客因没见到研究所里陈放什么书籍而感到惊讶. 格罗滕迪克解释说:"在这里我们不读书,我们写书."事实上,在 IHES 期间,他开辟了自己的代数几何王国. 后来被誉为代数几何"圣经"的《代数几何原理》(*Elements de Geometrie Algebrique*)前八卷就是在 1960～1967 年间他与丢多涅在这里合作完成的. 格罗滕迪克因此也被奉为代数几何的"教主". IHES 当时成为世界上最重要的代数几何学研究中心,很大程度上归功于格罗滕迪克和他的工作.

20 世纪 60 年代中,格罗滕迪克在 IHES 的工作状态和今天许多数学教授没有什么两样:整天和同事探讨问题、与来访专家交流、指导学生研究、撰写文章书稿,等等. 他这十年中无日无夜地工作,研究代数几何的基础理论,此外便没有别的爱好和兴趣.

功夫不负有心人,格罗滕迪克在代数几何学领域成就辉煌、博大精深,主要贡献在于对代数几何学发展的推动和影响. 他奠定了这门学科的理论基础,引入了很多非常有用的数学工具. 代数几何通过代数方程去研究几何对象,如代数曲线和曲面. 而代数方程的性质,则是用环论的方法去研究. 格罗滕迪克将几何对象的空间和环论作为研究的主要对象,为代数几何提供了全新的视野. 他发展的概形理论是当今代数几何学的基本内容之一. 除了前面提到的 K 群,他还构建了

上同调理论，用代数技术研究拓扑对象，在代数数论、代数拓扑以及表示论中有重要作用和深远影响. 格罗滕迪克强调不同数学结构中共享的泛性质，将范畴论带入主流，成为数学中的组织原则. 他的阿贝尔范畴概念，后来成为同调代数的基本框架和研究对象. 他创造的拓扑斯理论，是点集拓扑学的范畴论推广，影响了集合论和数理逻辑. 他还构想了 motif 理论，推动了代数 K 理论、motif 同伦论、motif 积分的发展. 他对几何学的贡献，也促进了数论的发展. 他发现了上同调的第一个例子，开启了证明韦伊猜想的思路，启发了他的比利时学生皮埃尔·德利涅(Pierre Deligne)完成猜想的全部证明. 值得提及的是，德利涅后来囊括了几乎全部最有名的数学大奖：他在 1978 年获菲尔兹奖、1988 年获克拉福德奖、2008 年获沃尔夫奖、2013 年获阿贝尔奖.

可以说，20 世纪 60 年代是格罗滕迪克数学生命中至关重要的十年. 但是到了 60 年代末期，40 岁出头的他突然间来了一个华丽转身，开始接触社会和政治. 据说 1968 年，他去看电影了——那是十年来的第一次. 1966 年，格罗滕迪克获菲尔兹奖. 但是他拒绝前往在莫斯科召开的国际数学家大会去接受颁奖，以此抗议苏联对东欧一些国家的军事干预. 1969 年，格罗滕迪克愤然离开了 IHES，原因是研究院创始人 Leon Motchane 接受了来自军方的研究经费，将他的代数几何方法用于军事密码的编制.

格罗滕迪克放弃数学研究而投入政治活动，突然而且坚决，没有人知道为什么. 1970 年 6 月，他在巴黎第十一大学的一次讲演中，没有如观众所期待的那样去讲述他的代数几何，而是激昂地批评核武器对人类生存的威胁，并呼吁科学家们不要以任何形式和军方合作. 同年 7 月，他又成立了名为"生存与生活"(Survivre et vivre)的反战、反帝和环境保护运动的组织. 不过，他的政治活动并没有在社会上造成多大影响. 稍微回顾历史，当时除了在法国，世界上有很多数学家在政治上都很活跃.

1973 年，格罗滕迪克获聘为蒙彼利埃大学(Université de Montpellier)终身教授，在那里一直工作到 1988 年六十岁时退休. 随后，他隐居在附近的 Les Aumettes 村庄，过着与世无争的生活. 认识格罗滕迪克的人都说，尽管个人生活中有时放荡不羁，但从小在极度困厄中长大的他，一生对受迫害者和穷困人群的命运充满同情，常常为他们提供力所能及的援助.

同年，也就是 1988 年的 4 月，格罗滕迪克拒绝了瑞典皇家科学院授予他和学生皮埃尔·德利涅的克拉福德奖，背后原因比较复杂. 同年，他也拒绝接受一些数学家为祝贺他六十岁生辰而编辑的文集 *The Grothendieck Festschrift*，说最好别把他的工作如同"婚礼上的五彩纸花"那样拿去到处张扬. 于是文集被搁置了许多年，第一、二集到 2006 年才正式面世，而第三集则于 2009 年出版.

在与外界隔绝多年后，2010 年 1 月格罗滕迪克忽然写了一封信给他的学生吕克·伊吕西(Luc Illusie，巴黎第十一大学教授)，宣布不许出版或再版他的数学著作，也不许以电子版的形式传播，并说过去没有征得他同意而出版他的著作、包括日后同类的出版计划均属非法. 他还要求书店停止出售、图书馆停止收藏他的

著作.后来,一个由他的学生和追随者们建立并活跃参与的"格罗滕迪克圈"(Grothendieck Circle)网站,遵嘱把他的电子版著作和手稿全部删除了,尽管迄今为止格罗滕迪克的数学论著和手稿中还有很多重要思想有待挖掘.事实上,格罗滕迪克的手稿 *Esquisse d'un Programme* 从 1984 年起就已经在数学家手中流传了,但到 1994 年才正式发表.时至今日,仍有许多同事和学生继续探究他深邃的数学思想,希望成就他那未竟之业.

2014 年 11 月 13 日,格罗滕迪克在法国 Saint-Girons 医院中辞世,享年 86 岁.

格罗滕迪克留给世人的除了光辉的代数几何及其相关数学理论,还有他近千页关于自己生平的手稿《收获与播种:一个数学家对过去的回顾和证词》(*Récoltes et semailles—Réflexions et témoignage sur un passé de mathématicien*),在 1983 年 6 月到 1986 年 2 月间写成,其中一段话可以用作本节的结语:

"每一门科学,当我们不是将它作为能力的炫耀和管治的工具,而是作为我们人类世代努力追求知识的探险历程的时候,它是那样的和谐.从一个时期到另一个时期,或多或少,巨大而丰富……它展现给我们微妙而精致的各种对应,仿佛来自虚空."

## §2　格罗滕迪克自传

Promenade Through a Life's Work: The Child and its Mother.

1 . The Magic of Things

When I was a child I loved going to school. The same instructor taught us reading, writing and arithmetic, singing (he played upon a little violin to accompany us), the archaeology of prehistoric man and the discovery of fire. I don't recall anyone ever being bored at school. There was the magic of numbers and the magic of words, signs and sounds, and the magic of rhyme, in songs or little poems. In rhyming there appeared to be a mystery that went beyond the words. I believed this until the day on which it was explained to me that this was just a 'trick': all one had to do in making a rhyme was to end two consecutive statements with the same syllable. As it by miracle, this turned ordinary speech into verse. What a revelation! In conversations at home I amused myself for weeks and months in spontaneously making verses. For awhile everything I said was in rhyme. Happily that's past. Yet even today, every now and then, I find myself making poems-but without bothering to search for rhymes when they do not arise spontaneously.

On another occasion a buddy who was a bit older than me, who was already going to the primary school, instructed me in negative numbers. This was another amusing game, yet one which lost its interest more quickly. And then there were crossword

puzzles. I passed many a day in making them up, making them more and more complicated. This particular game combined the magic of forms with those of signs and words. Yet this new passion also passed away without a trace.

I was a good student in primary school, in Germany for the first year and then in France, although I wasn't what would be considered 'brilliant'. I became thoroughly absorbed in whatever interested me, to the detriment of all else, without concerning myself with winning the appreciation of the teacher.

I can still recall the first "mathematics essay", and that the teacher gave it a bad mark. It was to be a proof of "three cases in which triangles were congruent". My proof wasn't the official one in the textbook he followed religiously. All the same, I already knew that my proof was neither more or less convincing than the one in the book, and that it was in accord with the traditional spirit of "gliding this figure over that one". It was self-evident that this man was unable or unwilling to think for himself in judging the worth of a train of reasoning. He needed to lean on some authority, that of a book which he held in his hand. It must have made quite an impression on me that I can now recall it so clearly. Since that time, up to this very day, I've come to see that personalities like his are not the exception but the rule. I have lots to say about that subject in *Récoltes et Se-*

*mailles*. Yet even today I continue to be stunned whenever I confront this phenomenon, as if it were for the first time.

What struck me above all at the "College Cevenol"(where I was enrolled) was the extent to which my fellows had no interest in anything they were learning. As for myself I devoured all of my textbooks right from the beginning of each school year, convinced that this year, at last, we were really going to learn really interesting. Then for the rest of the year I had to figure out ways to employ my time as the program unfolded itself with tedious slowness over the course of the semester. However I should say that there were some really great teachers. Monsieur Friedal our instructor for Biology, was a man of high personal and intellectual qualities. However he was totally incapable of administering discipline, so that his class was in an interminable turmoil. So loud was the ruckus that it was impossible hear his voice rising above the din. No doubt that explains why I didn't become a biologist!

Much of my time, even during my lessons, (shh!) was spent working on math problems. It wasn't long before the ones I found in the textbook were inadequate for me. This may have been because they all tended to resemble each other; but mostly because I had the impression that they were plucked out of the blue, without any idea of the context in

which they'd emerged. They were 'book problems', not'my problems'. However, there were questions that arose naturally. For example, when the lengths $a$, $b$, $c$ of the three sides of a triangle are known, then the triangle itself is determined (up to its position in space), therefore there ought to be some explicit formula for expressing the area of that triangle as a function of $a$, $b$ and $c$. The same had to be true for a tetrahedron when the 6 sides are known: what is its volume? That caused me no little difficulty, but in the end I did derive the formula after a lot of hard work. At any rate, once a problem "grabbed me", I stopped paying attention to the amount of time I had to spend on it, nor of all the other things that were being sacrificed for its sake does (This remain true to this day).

What I found most unsatisfactory in my mathematics textbooks was the absence of any serious attempt to tackle the meaning of the idea of the arc-length of a curve, or the area of a surface or the volume of a solid. I resolved therefore to make up for this defect once I found time to do so. In fact, I devoted most of my energy to this when I became a student at the University of Montpellier, between 1945 and 1948. The courses offered by the faculty didn't please me in the least. Although I was never told as much, I'd the impression that the professors had gotten into the habit of dictating from their texts, just like they used to do in the lycée at Mende. Consequently I stopped showing up at the mathematics department, and only did so to keep in touch with the official 'program'. For this purpose the textbooks were sufficient, but they had little to do with the questions I was posing, To speak truthfully, what they lacked was insight, even as the textbooks in the lycée were lacking in insight. Once delivered of their formulae for calculating lengths, areas, volumes in terms of simple, double or triple integrals (higher dimensions carefully avoided), they didn't care to probe further into the intrinsic meaning of these things. And this was as true of my professors as it was of the books from which they taught.

On the basis of my very limited experience I'd the impression that I was the only person in the entire world who was curious to know the answers to such mathematical questions. That was, at least, my private and unspoken opinion during all those years passed in almost total intellectual isolation, which, I should say, did not oppress me overmuch. ( * ) I don't think I ever gave any deep thought to trying to findout whether or not I was the only person on earth who considered such things important. My energies were sufficiently absorbed in keeping the promise I'd made with myself: to develop a theory that could satisfy me.

(＊) Between 1945 and 1948 my mother and I lived in a small hamlet about a dozen kilometers from Montpellier, named Mairargues (near Vendargues), surrounded by vineyards (My father disappeared in Auschwitz in 1942). We lived marginally on the tiny government stipend guaranteed to college students in France. Each year I participated in the grape harvests ("vendanges". Translators Note: I worked in these briefly, in the summer of 1970, in the region around Dijon). After the harvests there was the gathering up of the loose remains of the grapes in the fields (grapillage), from which we made a more or less acceptable wine (apparently illegally). There was in addition, our garden, which, without having to do much work in it, furnished us with figs, spinach and even (in the late Fall) tomatoes, which had been planted by awell-disposed neighbor right in the middle of a splendid field . It was 'the good life'. Although a little on the short side when it came to getting a new pair of glasses, or having to wear out one's shoes down to the soles. Luckily my mother, chronically invalided from her long term in the internment camps, had the right to free medical care. There was no way we could have paid for doctors.

---

I never once doubted that I would eventually succeed in getting to the bottom of things, provided only that I took the effort to thoroughly review the things that came to me about them, and which I took pains to write down in black and white. We have, for example, an undeniable intuition of volume. It had to be the reflection of some deeper reality, which for the moment remained elusive, but was ultimately apprehensible. It was this reality, plain and simple, that had to be grasped a bit, perhaps, the way that the "magic of rhyme" had been grasped one day in a moment of understanding. In applying myself to this problem at the age of 17 and fresh out of the lycée, I believed that I could succeed in my objective in a matter of weeks. As it was, it preoccupied me fully three years. It even led me to flunk an examination, during my second year in college-in spherical trigonometry! (for an optional course on 'advanced astronomy') because of a stupid mistake in arithmetic. (I should confess here that I've always been weak in arithmetic, ever since leaving the lycée.)

Because of this I was forced to remain for a third year at Montpellier to obtain my license( * ) rather than heading immediately up to Paris the only place, I was told, where one found people who really knew what was important in modern mathematics. The person who said this to me, Monsieur Soula, also assured me that all outstanding issues in mathematics had been stated and resolved, twenty or thirty years before, by a certain"Lebesgue"! (Translator's Italics). In fact he'd developed a theory of integration

and measure (decidedly a coincidence!), beyond which nothing more needed to be said. Soula, it should be said, was my teacher for differential calculus, a good-hearted man and well disposed towards me. But he did not succeed at all in persuading me to his point of view. I must already have possessed the conviction that Mathematics has no limit in grandeur or depth. Does the sea have a "final end"? The fact remains that at no point did it occur to me to dig out thc book by Lebesgue that M. Soula had recommended to me, which furthermore he himself had never looked at! To my point of view, I could see little connection between what one might find in a book and the work I was doing to convince my own curiosity on issues that perplexed and intrigued me.

---

(*)Translator's Note: the basic undergraduate degree in the French university system, not quite the same as our B. A.

---

2 . The importance of Solitude

A few years after I finally established contact with the world of mathematics at Paris, I learned, among other things, that the work I'd in my little niche with the means at my disposal had (essentially) been long known to the whole world under the name of "Lebesgue's theory of measure and integration".

In the eyes of my mentors, to whom I'd described this work, and even shown them the manuscript, I'd simply "wasted my time", merely doing over again something that was "already known". But I don't recall feeling any sense of disappointment. At that time the very notion of "taking credit" for my own work, either to receive compliments or even the mere interest of anyone else, was furthest from my thoughts. My energies at that time were completely taken up with adjusting to a totally unfamiliar environment, above all with learning what one had to know to be treated like a mathematician. ( * )

( * )I talk briefly about this transitional period, which was rather rough, in the first part of Recoltes et Semailles(R&S I), in the section entitled "Welcoming the Stranger".

However, rethinking those three years (1945-1948), I realize that they weren't wasted in the least. Without recognizing it, I'd thereby familiarized myself with the conditions of solitude that are essential for the profession of mathematician, something that no-one can teach you. Without having to be told, without having to meet others who shared my thirst for understanding, I already knew "in my guts", that I was indeed a mathematician. Quite simply, mathematics had become a mistress, ever receptive to grat-

ifying my desire. These years of isolation laid the foundation for a faith that has never been shaken-neither by the discovery (arriving in Paris at the age of 20), of the full extent of my ignorance and the immensity of what I would be obliged to learn; nor (20 years later) by the turbulent events surrounding my final departure from the world of mathematics; nor, in recent years, by the thoroughly weird episodes of a metaphorical "Burial" of my person and my work, so perfectly orchestrated by those who were formerly my closest friends …

To state it in slightly different terms: in those critical years I learned how to be alone. ( * )

( * )This formulation doesn't really capture my meaning. I didn't, in any literal sense learn to be alone, for the simple reason that this knowledge had never been unlearned during my childhood. It is a basic capacity in all of us from the day of our birth. However these 3 years of work in isolation, when I was thrown onto my own resources, following guidelines which I myself had spontaneously invented, instilled in me a strong degree of confidence, unassuming yet enduring, in my ability to do mathematics, which owes nothing to any consensus or to the fashions which pass as law. I come back to this subject again in the note: "Roots and Solitude".

By this I mean to say: to reach out in my own way to the things I wished to learn, rather than relying on the notions of the consensus, overt or tacit, coming from a more or less extended clan of which I found myself a member, or which for any other reason laid claim to be taken as an authority. This silent consensus had informed me, both at the lyé and at the university, that one shouldn't bother worrying about what was really meant when using a term like "volume", which was "obviously self-evident", "generally known", "unproblematic", etc. I'd gone over their heads, almost as a matter of course, even as Lebesgue himself had, several decades before, gone over their heads. It is in this gesture of "going beyond", to be something in oneself rather than the pawn of a consensus, the refusal to stay within a rigid circle that others have drawn around one-it is in this solitary act that one finds true creativity. All others things follow as a matter of course. Since then I've had the chance, in the world of mathematics that bid me welcome, to meet quite a number of people, both among my "elders" and among young people in my general age group, who were much more brilliant, much more "gifted" than I was. I admired the facility with which they picked up, as if at play, new ideas, juggling them as if familiar with them from the cradle-while for myself I felt clumsy even oafish, wandering painfully up a ar-

duous track, like a dumb ox faced with an amorphous mountain of things that I had to learn (so I was assured), things I felt incapable of understanding the essentials or following through to the end. Indeed, there was little about me that identified the kind of bright student who wins at prestigious competitions or assimilates, almost by sleight of hand, the most forbidding subjects.

In fact, most of these comrades who I gauged to be more brilliant than I have gone on to become distinguished mathematicians. Still, from the perspective of 30 or 35 years, I can state that their imprint upon the mathematics of our time has not been very profound. They've all done things, often beautiful things, in a context that was already set out before them, which they had no inclination to disturb. Without being aware of it, they've remained prisoners of those invisible and despotic circles which delimit the universe of a certain milieu in a given era. To have broken these bounds they would have had to rediscover in themselves that capability which was their birth-right, as it was mine: the capacity to be alone.

The infant has no trouble whatsoever being alone. It is solitary by nature, even when it's enjoying the company surrounding him or seeks his mother's tit when it is in need of it. And he is well aware, without having to be told, that the tit is for him, and knows how to use it. Yet all too often we have lost touch with the child within us. And it's often the case that we pass by the most important things without bothering to look at them ….

If, in *Récoltes et Semailles* I'm addressing anyone besides myself, it isn't what's called a "public". Rather I'm addressing that someone who is prepared to read me as a person, and as a solitary person. It's to that being inside of you who knows how to be alone; it is to this infant that I wish to speak, and noone else. I'm well aware that this infant has been considerably estranged.

It's been through some hard times, and more than once over a long period. It's been dropped off Lord knows where, and it can be very difficult to reach. One swears that it died ages ago, or that it never existed and yet I am certain it's always there, and very much alive.

And, as well, I know how to recognize the signs that tell me I'm being understood. It's when, beyond all differences of culture and fate, what I have to say about my person finds an echo and an resonance in you, in that moment when you see, your own life, your own experience, in a light which, up to that moment, you'd not thought of paying attention to. It's not a matter of some sort of "re-identifying" something or someone that was lost to you. It means that you have rediscovered your own life, that which

is closest to you, by virtue of the rediscovery that I've made of mine in the course of my writing these pages of R 8 # 233 coltes et Semailles, and even in those pages that I am in the process of setting down at this very moment.

3. The Interior Adventure or Myth and Witnessing

Above all else, Récoltes et Semailles is a reflection on myself and only my life. At the same time, it is also a testimonial, and this in two ways. The testimonial on my past takes up the major portion of this reflection. Yet at the same time it is a testimonial to my immediate present that is to say, up to the moment at which I'm writing it, in which the pages of *Récoltes et Semailles* are taking shape by the hour, night and day. These pages are the faithful witnesses of this long meditation on my life, as it is unfolding in real time (and as it is unfolding even at this actual moment …).

These pages make no claim to literary excellence. They should be seen as a form of documentation on myself. I have refrained from touching it up in any way (certainly not for stylistic reasons), save in a very restricted sense( * ).

---

( * )Thus, the rectification of mistakes (factual or interpretive) is not revised in the draft itself but appear as footnotes at the bottom of the page, or on those occasions when I return to the discussion of an earlier subject matter.

---

If there is any affection on my part, it is the affectation of speaking the truth. And that's already quite a lot Furthermore one shouldn't look upon this document as some kind of "autobiography". You won't learn anything about my date of birth (which can only be of interest to someone engaged in casting my horoscope), nor the names of my father nor mother, or what they did in their lives, nor the name of my wife, or of other women who've been important in my life, or that of the children born from these loves, or what any of these people have done with their lives. It's not that these things haven't had their importance in my life, or have lost any of their importance. It is only that from the moment I began to work on this reflection I've felt under no compulsion to talk about these things directly, simply touching on them from time to time when they became relevant, nor have I felt impelled to cite names or vital statistics. It has never been my impression that doing so would add something meaningful to whatever I was engaged in examining at one time or another. (Thus, in the small selection of pages preceding this one I've included more of such details than in the 1000 pages that follow it.)

And, if you want to know, what is the "proposal" that I've laid out in over a thousand pages, my reply is: to tell the story, and by doing so to make the discovery of the interior adventure which has been and which continues to be the story of my life. This documentation-testament of my adventure is being conducted simultaneously on the two levels that I've speak about. There is first of all an exploration of the past adventure, its roots and origins in my childhood. And, secondly, there is the continuation and the rejuvenation of that "same" adventure, in line with the days and even the instants of the composition of Récoltes et Semailles, as a spontaneous response to a violent provocation into my life coming from the external world. ( * * ) External events enrich this reflection only to the extent that they arouse a return to the interior adventure, or contribute to its clarification. Such a provocation has arisen from the long standing burial and plundering of my mathematical opus. It has aroused in my very powerful reactions of an unabashedly egocentric character, while at the same time revealed to me the profound ties which, unbeknownst to me continue to bind me to my opus.

The fact that I happen to be one of the strong figures in modern mathematics does not, it is true, supply any reason why others should find my interior adventure interesting; nor does the fact that I'm on the outs with my colleagues after having totally changed my social environment and life style. Besides, there are any number of these colleagues, and even supposed friends, who don't hesitate, in public, to ridicule my so-called 'spiritual states'. What counts to them is 'results' and nothing else. The "soul", (which is to say that entity within us which experiences the "production" of these "results", or its direct effects (such as the life of the "producer", as well as that of his associates)) is systematically despised, often with overtly promulgated derision.

Such attitudes are often labeled "humility"! To me this is merely a symptom of denial, of a strange sort of alienation, present in the very air we all breathe. It is a certainty that I don't write for the kind of person afflicted with this sort of disdain, who presumes to denigrate that which is the very best of what I have to offer him. A disdain, moreover, for what in fact determines his own life, as it has determined mine: those movements, superficial or profound, gross or subtle that animate the psyche, that very "soul" which lives experience and reacts upon it, which congeals or evaporates, which with draws into itself or opens up ….

The recital of an interior adventure can only be made by he who has lived it, and by none other. But, even if this recital has only been intended for one's own benefit, it is rare that it doesn't fall into

the category of myth whose hero is the narrator. Such myths are born, not from the creative imagination of a culture or a people, but merely from the vanity of somehow who dare not accept a humbling reality, who has substituted for this reality some self-conceived fabrication. However, a true account, (if it is so) of an interior adventure as it has been truly lived is a precious thing. Not because of the prestige (rightly or wrong) that surrounds the narrator, but solely from the fact that something with that degree of truthfulness really exists. Such a testament is priceless, whether it comes from a person deemed illustrious or notorious, or from some insignificant wage earner responsible for his family with little hope for the future, or even from a common criminal.

If this recitation of the facts has any value for others, it is to make them come face-to-face with their own selves, by means of an unvarnished testament of someone else's experience. Or, to state the case differently, to efface in himself (even in the short time that it takes to read it), the contempt he holds for his own adventure, and for that "soul" which is both the passenger and the pilot.

---

4. The novel of manners

In speaking of my mathematical past, and in the

course of doing so uncovering (as if it were a matter of rescuing my own body) the mysterious turns taken by the colossal Burial of my life's work I have been led, without having intended it, to draw up a portrait of a certain milieu in a certain time in history a time marked by the disintegration of certain timeless values which give meaning to all human endeavor. This is the aspect of the 'novel of manners', developing around a historical event which in no doubt unique in the "Annals of "Science? What has already been stated must make it clear that one shouldn't expect to find in Récoltes et Semailles, the "police report" or "dossier" of some celebrated "affair", written solely for the purpose of bringing one up to date. Any friend looking for such a report will go through it with his eyes closed, having seen nothing of any of the flesh and blood substance of Récoltes et Semailles.

As I explain, in much greater detail, in The Letter, the "police investigation" (or the "novel of manners") is to be found principally in Parts Ⅱ and Ⅳ: "The Burial(1)-or the Robe of the Emperor of China? and: "The Burial (3) -or the Four Operations". In the course of writing these pages I have stubbornly brought to light a multitude of "juicy" findings (to say the least), which I've attempted, for better or for worse, to "spruce up". Bit by bit I've found a coherent picture slowly emerging from the mists, one whose colors grow in intensity, one whose contours are becoming progressively sharper. In the notes that I've made on a daily basis, the "raw facts" which surface are inextricably mixed with personal reminiscences, comments and reflections on psychology, philosophy and even mathematics. That's the way it is and I can't do anything about it!

On the basis of the work already done, which has absorbed me for over a year, anyone wishing to extract a "dossier", in the mode of an investigative "wrap-up", will have to spend many additional hours, if not days, depending on the interest or curiosity of the reader, in working it out. At one point I myself tried to extract such a dossier. This when I began the long footnote now known as "The Four Operations". (*)

(*) What was intended as a footnote exploded into all of Part Ⅳ (with the same title of "The Four Operations"), comprising 70 notes stretching over 400 pages.

Ultimately it wasn't possible. I failed totally! It's not my style, certainly not in my elderly years. In my present estimation, I've done enough, with the production of *Récoltes et Semailles*, for the benefit of the mathematics community to be able, without regrets, to leave for others (who may perhaps be found among my colleagues) the work of putting together the dossier it contains.

---

5 . The Inheritors and the Builder

The time has come to say a few words about my work in mathematics, something which at one point I held (and to my surprise still is) to be of some importance. I return more than once in Récoltes et Semailles to consider that work, sometimes in a manner that ought to be clear to everyone, though at other times in highly technical terms. ( * )

---

( * ) Once in awhile one will discover, in addition to my observations about my past work, a discussion of some contemporary mathematical developments. The longest among these is in "The 5 photographs (Crystals and D-Modules)"in R&S Ⅳ, note #171 (ix).

---

The latter passages will no doubt, for the most part, be 'over the heads' not only of the lay public, but also of those mathematical colleagues who aren't involved in this particular branch of mathematics. You are certainly more than welcome to skip any passages which impress you as being too 'specialized'. Yet even the layman may want to browse them, and by doing so perhaps be taken by the sense of a 'mys-

terious beauty' (as one of my non-mathematician friends has written) moving about within them like so many "strange inaccessible islands" in the vast and churning occasions of thought.

As I've often said, most mathematicians take refuge within a specific conceptual framework, in a "Universe" which seemingly has been fixed for all time-basically the one they encountered "ready made" at the time when they did their studies. They may be compared to the heirs of a beautiful and capacious mansion in which all the installations and interior decorating have already been done, with its living-rooms, its kitchens, its studios, its cookery and cutlery, with everything in short, one needs to make or cook whatever one wishes. How this mansion has been constructed, laboriously over generations, and how and why this or that tool has been invented (as opposed to others which were not), why the rooms are disposed in just this fashion and not another-these are the kinds of questions which the heirs don't dream of asking. It's their "Universe", it's been given once and for all! It impresses one by virtue of its greatness (even though one rarely makes the tour of all the rooms), yet at the same time by its familiarity, and, above all, with its immutability.

When they concern themselves with it at all, it is only to maintain or perhaps embellish their inheritance: strengthen the rickety legs of a piece of furniture, fix up the appearance of a facade, replace the parts of some instrument, even, for the more enterprising, construct, in one of its workshops, a brand new piece of furniture. Putting their heart into it, they may fabricate a beautiful object, which will serve to embellish the house still further.

Much more infrequently, one of them will dream of effecting some modification of some of the tools themselves, even, according to the demand, to the extent of making a new one. Once this is done, it is not unusual for them make all sorts of apologies, like a pious genuflection to traditional family values, which they appear to have affronted by some far-fetched innovation.

The windows and blinds are all closed in most of the rooms of this mansion, no doubt from fear of being engulfed by winds blowing from no one knows where. And, when the beautiful new furnishings, one after another with no regard for their provenance, begin to encumber and crowd out the space of their rooms even to the extent of pouring into the corridors, not one of these heirs wish to consider the possibility that their cozy, comforting universe may be cracking at the seams. Rather than facing the matter squarely, each in his own way tries to find some way of accommodating himself, one squeezing himself in between a Louis XV chest of drawers and a rattan rocking chair, another between a moldy grotesque statue and an Egyptian sarcophagus, yet another who, driven to desperation climbs, as best he can, a huge heterogeneous collapsing pile of chairs and benches!

The little picture I've just sketched is not restricted to the world of the mathematicians. It can serve to illustrate certain inveterate and timeless situations to be found in every milieu and every sphere of human activity, and (as far as I know) in every society and every period of human history. I made reference to it before, and I am the last to exempt myself: quite to the contrary, as this testament well demonstrates. However I maintain that, in the relatively restricted domain of intellectual creativity, I've not been affected(*)by this conditioning process, which could be considered a kind of'cultural blindness'? an incapacity to see (or move outside) the "Universe" determined by the surrounding culture.

---

(*) The reasons for this are no doubt to be found in the propitious intellectual climate of my infancy up to the age of 5. With respect to this subject look at the note entitled "Innocence"(R&S Ⅲ, # 107).

---

I consider myself to be in the distinguished line of mathematicians whose spontaneous and joyful vocation it has been to be ceaseless building new mansions. (* *)

---

(* *)This archetypal image of the "house" under construction appears and is elaborated for the first time in the note "Yin the Servant, and the New Masters" (R&S Ⅲ #135)

---

We are the sort who, along the way, can't be prevented from fashioning, as needed, all the tools, cutlery, furnishings and instruments used in building thenew mansion, right from the foundations up to the rooftops, leaving enough room for installing future kitchens and future workshops, and whatever is needed to make it habitable and comfortable. However once everything has been set inplace, down to the gutters and the footstools, we aren't the kind of worker who will hang around, although every stone and every rafter carries the stamp of the hand that conceived it and put it in its place.

The rightful place of such a worker is not in a ready-made universe, however accommodating it may be, whether one that he's built with his own hands, or by those of his predecessors. New tasks forever call him to new scaffoldings, driven as he is by a need that he is perhaps alone to fully respond to. He belongs out in the open. He is the companion of the winds and isn't afraid of being entirely alone in his task, for months or even years or, if it should be

necessary, his whole life, if no one arrives to relieve him of his burden. He, like the rest of the world, hasn't more than two hands yet two hands which, at every moment, know what they're doing, which do not shrink from the most arduous tasks, nor despise the most delicate, and are never resistant to learning to perform the innumerable list of things they may be called upon to do. Two hands, it isn't much, considering how the world is infinite. Yet, all the same, two hands, they are a lot …

I'm not up on my history, but when I look for mathematicians who fall into the lineage I'm describing, I think first of all of Evariste Galois and Bernhard Riemann in the previous century, and Hilbert at the beginning of this one. Looking for a representative among my mentors who first welcomed me into the world of mathematics( * ),Jean Leray's name appears before all the others, even though my contacts with him have been very infrequent. ( * * )

---

( * )I talk about these beginnings in the section entitled "The welcome stranger "(R&S Ⅰ, # 9).

( * * )Even so I've been (following H. Cartan and J. P. Serre),one of the principal exploiters and promoters of one of the major ideas introduced by Leray, that of the bundle. It has been an indispensable tool in all of my work in geometry. It also provided me with the key for enlarging the conception of a (topological) space to that of a topos, about which I will speak further on.

Leray doesn't quite fill this notion that I have of a 'builder', in the sense of someone who 'constructs houses from the foundations up to the rooves'. However, he's laid the ground for immense foundations where no one else had dreamed of looking, leaving to others the job of completing them and building above them or, once the house has been constructed, to set themselves up within its rooms (if only for a short time) …

---

I've used large brush strokes in the making of my two sketches: that of the 'homebody' mathematician who is quite happy in adding a few ornaments to an established tradition, and that of the pioneer-builder( * ), who cannot be restrained from crossing the 'imperious and invisible boundaries' that delimit a Universe. ( * * )

---

( * ) Convenience has led me to form this hyphenated compound with a masculine resonance, "pioneer-builder (" batisseur" and " pionnier"). These words express different phases in the impulse towards discovery whose connections are in fact too delicate to be satisfactorily expressed by them. A more satisfactory discussion will appear following this 'walking meditation', in the section "In search

of the mother-orthe two aspects". (#17)

(* *) Furthermore, at the same time, and without intending to, he assigns to the earlier Universe (if not for himself then at least for his less mobile colleagues), a new set of boundaries, much enlarged yet also seemingly imperious and invisible than the ones he's replaced.

---

One might also call them using names that are perhaps less appropriate yet more suggestive, the "conservators" and the "innovators". Both have their motivations and their roles to play in the same collective adventure that mankind has been pursuing over the course of generations, centuries and millennia. In periods when an art or a science is in full expansion, there is never any rivalry between these two opposing temperaments(* * *). They differ yet are mutually complementary, like dough and yeast.

---

(* * *) Such was the situation in mathematics during the period 1948-69 which I personally witnessed, when I was myself a part of that world. A period of reaction seems to have set in after my departure in 1970, one might call it a 'consensual scorn' for 'ideas' of any sort, notably for those which I had introduced.

---

Between these two types at the extremes

(though there is no opposition in nature between them) one finds a spectrum of every kind of person. A certain "homebody" who cannot imagine that he will ever leave his familiar home territory, or even contemplate the work involved in setting up somewhere else, will all the same put his hand to the trowel for digging out a cellar or an attic, add on another story, even go so far as to throw up the walls for a new, more modest, building next to his present one. ( * * * * )

---

( * * * * )Most of my mentors (to whom I devote all my attention in "A welcome debt", Introduction, 10), have this in-between temperament. I'm thinking in particular of Henri Cartan, Claude Chevalley, André Weil, Jean-Pierre Serre, and Laurent Schwartz. With the exception perhaps of Weil, they all, at last, cast an "auspicious eye" without "anxiety or private disapproval" at the lonely adventures in which I was engaged.

---

Without having the character of a true builder, he will frequently express sympathy for one who does, or at least feel no anxiety or private disapproval towards one who has shared the same dwelling with him, even when he does strange things like setting up pillars and building blocks in some outlandish setting, with the attitude of someone who already sees a

palace in front of him.

6. Visions and Viewpoints

But I must return to myself and my work.

If I have excelled in the art of the mathematician, it is due less to my facility or my persistence in working to find solutions for problems delegated to me by my predecessors, than to the natural propensity which drives me to envisage questions, ones that are clearly critical, which others don't seem to notice, and to come up with "good ideas" for dealing with them (while at the same time no-one else seems to suspect that a new idea has arrived), and "original formulations" which no-one else has imagined. Very often, ideas and formulations interact in so effective a manner that the thought that they might be incorrect does not arise (apart from touching them up a bit). Also as well, when it's not a matter of putting the pieces together for publication, I take the time to go further, or to complete a proof which, once the formulation and its context have been clarified, is nothing more than what is expected of a true "practitioner", if not simply a matter of routine. Numberless things command our attention, and one simply cannot follow all of them to the end! Despite this it is still the case that the theorems and propositions in my written and published work that are cast into the proper form of a demonstration number in the thousands. With a tiny number of exceptions they have all joined the patrimony of things accepted as "known" by the community, and are used everywhere.

Yet, even more than in the discovery of new questions, notions and formulations, my unique talent appears to consist of the entertainment of fertile points of view which lead me to introduce and to, more or less, develop completely original themes. It is that constitutes my most essential contribution to the mathematics of my time. To speak frankly, these innumerable questions, notions and formulations of which I've just spoken, only make sense to me from the vantage of a certain 'point of view'-to be more precise, they arise spontaneously through the force of a context in which they appear self-evident: in much the same way as a powerful light (though diffuse) which invades the blackness of night, seems to give birth to the contours, vague or definite, of the shapes that now surround us. Without this light uniting all in a coherent bundle, these 10 or 100 or 1 000 questions, notions or formulations look like a heterogeneous yet amorphous heap of "mental gadgets", each isolated from the other and not like parts of a totality of which, though much of it remains invisible, still shrouded in the folds of night, we now have a clear presentiment.

The fertile view point is that which reveals to us, as so many parts of the same whole that surrounds them and gives meaning to them, those burning questions that few are aware of (perhaps in response to these questions), thoroughly natural notions yet which none had previously conceived, and formulations which seem to flow from a common source, which none had dared to pose despite their having been suggested for some time by these questions, and for which the ideas had yet to emerge. Far more indeed, than what are called the "key theorems" of mathematics, it is these fertile viewpoints which are, in our particular craft( * ) the most powerful tools for discovery- rather they are not tools exactly, but the very eyes of the researcher who, in a deeply passionate sense, wishes to understand the nature of mathematical reality.

---

( * )This is not only the case in"our art", but, so it seems to me, in all forms of discovery, at least in the domain of intellectual knowledge.

---

Thus, the fertile viewpoint is nothing less than the"eye" which, at one and the same time, enables us to discover and, at the same time, recognize the simple unity behind the multiplicity of the thing discovered. And, this unity is, veritably, the very breath of life that relates and animates all this multiplicity.

Yet, as the word itself suggests, a "viewpoint" implies particularity. It shows us but a single aspect of a landscape or a panorama out of a diversity of others which are equally valuable, and equally "real". It is to the degree that the complementary views of the same reality cooperate, with the increasing population of such "eyes", that one's understanding of the true nature of things advances. The more complex and rich is that reality that we wish to understand, the more the necessity that there be many "eyes" (* *)for receiving it in all its amplitude and subtlety.

---

(* *)Every viewpoint entails the development of a language appropriate to itself for its expression. To "have several eyes", or several "viewpoints" for comprehending a certain situation, also requires (at least in mathematics), that one has at one's disposal several distinct languages with which to grasp it.

And it often happens that a light-beam composed of many viewpoints focusing on a single immense landscape, by virtue of that gift within us which can apperceive the One within the diversity of the Many, gives birth to something entirely new; to something which transcends each of the partial perspectives, in the same way that a living organism transcends its appendages and organs. This new thing may be

named a Vision. It is vision which unites the various viewpoints that compose it, while revealing to us other viewpoints which up to then had been ignored, even as the fertile viewpoint permits one to both discover and apprehend as part of a single Unity, a multiplicity of new questions, notions and formulations.

Otherwise stated: Vision is, to the viewpoints from which it springs, and which it unites, like the clear, warm light of day is to the different frequencies of the solar spectrum. A vision that is both extensive and profound is like an inexhaustible wellspring, made to inspire and illuminate the work, not only of the person in whom it first sees the light of day and becomes its servant, but that of generations, fascinated perhaps (as he was also) by those distant boundaries which it opens up.

---

7. "The Great Idea or the forest and the trees"

The so-called "productive period" of my mathematical activity, which is to say the part that can be described by virtue of its properly vetted publications, covers the period from 1950 to 1979, that is to say 20 years. And, over a period of 25 years, between 1945 (when I was 17), and 1969 (approaching my 42nd year), I devoted virtually all of my energy to research in mathematics. An exorbitant investment, I would agree. It was paid for through a long period of spiritual stagnation, by what one may call an burdensome oppression which I evoke more than once in the pages of *Récoltes et Semailles*. However, staying strictly within the limited field of purely intellectual activity, by virtue of the blossoming forth and maturation of a vision restricted to the world of mathematics alone, these were years of intense creativity

During this lengthy period of my life, the greater part of my energy was consecrated to what one might call "piece work": the scrupulous work of shaping, assembling, getting things to work, all that was essential for the construction of all the rooms of the houses, which some interior voice (a demon perhaps?) exhorted me to build, the voice of a master craftsman whispering to me now and then depending on the way the work was advancing. Absorbed as I was by the tasks of my craft-brick-layer, stone-mason, carpenter, plumber, metal worker, wood worker-I rarely had the time to write down in black and white, save in sketching the barest outlines, the invisible master-plan that except (as it became abundantly clear later) to myself underlined everything, and which, over the course of days, months and years guided my hand with the certainty of a somnambulist. (*)

(*) The image of the "somnambulist" is inspired

by the title of the remarkable book by Arthur Koestler, *The Sleepwalkers* (published in France by Calman Levy), subtitled, "A history of conceptions of the universe" from the origins of scientific thought up to Newton. An aspect of this history which particularly impressed Koestler was the extent to which, so often, the road leading from one point of our knowledge of the world to some other point, seemingly so close (and which appears in retrospect so logical), passes through the most bizarre detours almost to the point of appearing insane; and how, all the same, through these thousand-fold detours in which one appears to be forever lost, and with the certainty of "Sleepwalkers", those persons devoted to the search for the "keys" to the Universe fall upon, as if in spite of themselves and without always being aware of it, other "keys" which they did not anticipate, yet which prove in the long run to be the correct ones.

On the basis of what I've been able to see around me at the level of mathematical discovery, these incredible detours of the roads of discovery are characteristic of certain great investigators only. This may be due to the fact that over the last two or three centuries the natural sciences, and mathematics even more so, have gradually liberated themselves from all the religious and metaphysical assumptions of their culture and time, which served as particularly severe brakes on the universal development (for better or worse) of a scientific understanding of the universe. It is true, all the same, that some of the most basic and fundamental notions in mathematics (such as spatial translation, the group, the number zero, the techniques of calculus, the designation of coordinates for a point in space, the notion of a set, of a topology, without even going into negative and complex numbers), required millennia for their emergence and acceptance. These may be considered so many eloquent signs of that inherent "block", implanted in the human psyche, against the conceptualization of totally new ideas, even when these ideas possess an almost infantile simplicity, and which one would think would be obvious based on the available evidence, over generations, not to say millennia…

To return to my own work, I've the impression that the "hand waving" (perhaps more numerous than those of my colleagues) has been largely over matters of detail, usually quickly rectified by my own careful attention. These might be called simple "accidents of the road" of a purely local character without any serious effects on the validity of the underlying intuitions of the specific situation. On the other hand, at the level of ideas and large-scale intuitions, I feel that my work stands the test of time, as incredible as that may seem. It is this certainty without hesitation of having grasped at every instant, if not exactly the ends to which my thought leads (which often enough lie hidden), but at least the most fertile directions which ought to be explored that will lead directly to that which is most essential. It is this quality of "certitude" which has brought to my mind Koestler's image of the "sleepwalker".

---

It must be said that all of this piece work to which I've devoted such loving attention, was never in the least disagreeable. Furthermore, the modes of mathematical expression promoted and practiced by my mentors gave pre-eminence (to say the least!) to the purely technical aspect of the work, looking askance at any "digressions" that would appear to distract one from his narrow "motivations", that is to say, those which might have risked bringing out of the fogs some inspiring image or vision but which, because it could not be embodied right away into tangible forms of wood, stone or cement, where treated more appropriate to the stuff of dreams rather than the work of the conscientious or dedicated artisan.

In terms of its quantity, my work during these productive years found its concrete expression in more than 12 000 published pages in the form of articles, monographs or seminars. (*)

---

(*) Starting with the 60's a portion of these publications were written in collaboration with colleagues (primarily J. Dieudonne) and students.

---

And by hundreds, if not thousands of original concepts which have become part of the common patrimony of mathematics, even to the very names which I gave them when they were propounded. (* *)

---

(* *) The most significant of these ideas have been outlined in the Thematic Outline (Esquisse Thematique) and in the Historical Commentary that accompanies it, included in Volume 4 of the *Mathematicalet Reflections*. Some of their labels had been suggested to me by students or friends, such as the term "smooth morphism" (morphisme lisse) (J. Dieudonne) or the combine "site, stack, sheaf, connection" ("site, champ, gerbe, lien") developed in the thesis of Jean Giraud.

---

In the history of mathematics I believe myself to be the person who has introduced the greatest number of new ideas into our science, and at the same time, the one who has therefore been led to invent the greatest number of terms to express these ideas accurately, and in as suggestive a manner as possible.

These purely "quantitative" indicators give no more, admittedly, than a crude overview of my work, to the total neglect of those things which gave

it life, soul and vigor. As I've written above, the best thing I've brought to mathematics has been in terms of original viewpoints which I've first intuited, then patiently unearthed and developed bit by bit. Like the notions I've mentioned, these original viewpoints, which introduced into a great multiplicity of distinct situations, are themselves almost without limit.

However, some viewpoints are more extensive than others, which along have the capacity to encapsulate a multitude of other partial viewpoints, in a multitude of different particular instances. Such viewpoints may be characterized as "Great Ideas". By virtue of their fecundity, an idea of this kind give birth to a teeming swarm of progeny, of ideas inheriting its fertility, which, for the most part(if not all of them) do not have as extensive a scope as the mother-concept.

When it comes to presenting a "Great Ideas", to "speak it", one is faced with, almost always, a problem as delicate as its very conception and slow gestation in the person who has conceived it-or, to be more precise, that the sum total laborious work of gestation and formation is the"expression" of the idea: that work which consists of patiently bringing it to light, day after day, from the mists that surround its birth, to attain, little by little, some tangible form, in a picture that is progressively enriched, confirmed and refined over the course of weeks, months and years. Merely to name the idea in terms of some striking for mulation, or by fairly technical key words, may end up being a matter of a few lines, or may extend to several pages. Yet it is very rare to find anyone who, without knowing it in advance, is able to "hear" this "name", or recognize its face. Then, when the idea has attained to its full maturity, one may be able to express it in a hundred or so pages to the full satisfaction of the worker in whom it had its birth. Yet it may also be the case that even a thousand pages, extensively reworked and thought over, will not suffice to capture it. ( * )

( * ) When I left the world of mathematics in 1970, the totality of my publications (many of which were collaborations) on the central theme of schemas came to something like ten thousand pages. This, however, constitutes only a modest portion of a gigantic program that I envisaged about schemas. This program was abandoned sine die with my departure, and that despite the fact that, apart from minor and inconsequential matters, everything that had already been developed and published was available to everyone, and had entered into the common heritage of notions and results normally deemed to be "well known":

That piece of my program on the theme of sche-

mas, their prolongations and their ramifications, that I'd completed at the time of my departure, represents all by itself the greatest work on the foundations of mathematics ever done in the whole history of mathematics (Italics added by the translator so that there should be no misunderstanding of who is speaking), and undoubtedly one of the greatest achievements in the whole history of Science.

---

And, in one case as in the other, among those who, in order to make it their own, have become acquainted with the work involved in bringing the idea to its full presentation, like a great forest that has miraculously sprung up in a desert I would dare to bet that there are many among them who will, seeing all these healthy and vigorous trees, be inspired to avail themselves of them (whether for climbing, to fabricate planks and pillars, or to feed the fires in their hearths…). Yet there are few indeed who ever get tosee the forest…

---

8. The Vision or 12 Themes for a Harmonization

Perhaps one might say that a "Great Idea" is simply the kind of viewpoint which not only turns out to be original and productive, but one which introduces into a science an extraordinary and new theme. Every science, once it is treated not as an instrument for gaining dominion and power, but as part of the adventure of knowledge of our species through the ages, may be nothing but that harmony, more or less rich, more or less grand depending on the times, which unfolds over generations and centuries through the delicate counterpoint of each of its themes as they appear one by one, as if summoned forth from the void to join up and intermingle with each other.

Among the numerous original viewpoints which I've uncovered in Mathematics I find twelve which, upon reflection, I would call"Great Ideas". ( * )

---

( * ) For the sake of the mathematical reader, here is the list of these 12 master ideas, or "master-themes" of my work, in chronological order:

Topological Tensor Products and Nuclear Spaces

"Continuous" and"Discrete" dualities (Derived Categories, the"6 operations")

The Riemann-Roch-Grothendieck Yoga (K-Theory and its relationship to Intersection Theory)

Schemes

Topos Theory

Etale Cohomology and 1-adic Cohomology

Motives, Motivic Galois Groups ( * -Grothendieck categories)

Crystals, Crystalline Cohomology, yoga of the DeRham coefficients, the Hodge c oefficients.

"Topological Algebra":(infinity) -stacks; derivations; cohomological formalism of topoi, insipiring a new conception of homotopy.

Mediated topology

The yoga of un-Abelian Algebraic Geometry. Galois-Teichmüller Theory

Schematic or Arithmetic Viewpoints for regular polyhedra and in general all regular configurations. Apart from the themes in item 12, a goodly portion of which first appeared in my thesis of 1953 and was further developed in the period in which I worked in functional analysis between 1950 and 1955, the other eleven themes were discovered and developed during my geometric period, starting in 1955.

---

To appreciate my work as a mathematician, to "sense it", is to appreciate and to sense, as best one can a certain number of its ideas, together with the grand themes they introduce which form the framework and the soul of the work.

In the nature of things, some of these ideas are "grander than others"! others "smaller". In other words, among these new and original themes, some have alarger scope, while others delve more deeply into the mysteries of mathematical verities. ( * * )

---

( * * )To give some examples, the idea of greatest scope appears to me to be that of the topos, because it suggests the possibility of a synthesis of algebraic geometry, topology and arithmetic. The most important by virtue of the reach of those developments which have followed from it is, at the present moment, the schema (With respect to this subject see the footnotes from to the previous section(#7)). It is this theme which supplies the framework, par excellence, of 8 of the others in the above list. (that is to say, all the others except 1,5 and 10) which at the same time furnishing the central notion fundamental to a total reformation, from top to bottom, of algebraic geometry and of the language of that subject.

At the other extreme, the first and last of these 12 themes are of much less significance. However, vis-a-vis the last one, having introduced a new way of looking at the very ancient topic of the regular polyhedra and regular configurations in general, I am not sure that a mathematician who gives his whole life to studying them will have wasted his time. As for the first of these themes, topological tensor products, it has played the role of a handy tool, rather than as the springboard for future developments deriving from it. Even so I've heard, particularly in recent years, sporadic echoes of research resolving (20 or 30 years later!)some of the issues that were left open by my discoveries.

Among the 12 themes, the deepest is that of the

motifs, which are closely tied to those of an Abelian Algebraic Geometry, and that of Galois-Teichmüller Yoga.

In terms of the effectiveness of the tools I've created, laboriously polished and brought to perfection, now heavily used in certain"specialized research areas" in the last 2 decades, I would single out schemas and étale and I-adiccohomologies. For the well-informed mathematician I would claim that, up to the present moment, it can scarcely be doubted that these schematic tools. Suchas 1-adic cohomology, etc. , figure among the greatest achievements of this century, and will continue to nourish and revitalize our science in all following generations.

---

Among these grand ideas one finds 3 (and hardly the least among them) which, having appeared only after my departure from the world of mathematics, are still in a fairly embryonic state: they don't even exist"officially", since they haven't appeared in any publication (which one might consider the equivalent of a birth certificate)( * ).

---

( * )The only "semiofficial"text in which these three themes are sketched, more or less, is the Outline for a Program, edited in January 1984 on request from a unit of CNRS. This text (which is also discussed in section 3 of the Introduction," Compass and Luggage"), should be, in principle, included in volume 4 of *Mathematicalet Reflections*.

---

The twelve principal themes of my opus aren't isolated from each other. To my eyes they form a unity, both in spirit and in their implications, in that one finds in them a single persistent tone, present in both "officially published" and "unpublished" writings. Indeed, even in the act of writing these lines I seem to recapture that same tone- like a call! -persisting through 3 years of "unrewarded" work, in dedicated isolation, at a time when it mattered little to me that there were other mathematicians in the world besides myself, so taken was I by the fascination of what I was doing… This unity does not derive alone as the trademark of a single worker. The themes are interconnected by innumerable ties, both subtle and obvious, as one sees in the interconnection of differing themes, each recognizable in its individuality, which unfold and develop in a grand musical counterpoint in the harmony that assembles them together, carries them forward and assigns meaning to all of them, a movement and wholeness in which all are participants. Each of these partial themes seems to have been born out of an all engulfing harmony and to be reborn from one instant to the next, while at the same time this harmony does not appear as a mere "sum" or "resultant" of all the themes that make it up, that in some sense are pre-existent within it. And, to speak truly, I cannot avoid the feeling (cranky as it must appear), that in some sense it is actually this "harmony", not yet present but which already "exists" somewhere in the dark womb of things awaiting birth in their time, that it is this and this alone which has inspired, each in its turn, these themes which acquire meaning only through it. And it is that harmony which called out to me in a low and impatient voice, in those solitary and inspired years of my emergence from adolescence …

It remains true that these 12 master-themes of my work appear, as through a kind of secret predestination, to abide concurrently within the same symphony -or, to use a different image, each incarnates a different "perspective" on the same immense vision.

This vision did not begin to emerge from the shades, or take recognizable shape, until around the years 1957, 1958-years of enormous personal growth. (*)

---

(*) 1957 was the year in which I began to develop the theme "Riemann-Roch" (Grothendieck version)-which almost overnight made me into a big "movie star". It was also the year of my mother's death and thereby the inception of a great break in my life story. They figure among the most intensely creative years of my entire life, not only in mathematics. I'd worked almost exclusively in mathematics for 12 years. In that year there was the sense that I'd perhaps done what there was to do in mathematics and that it was time to try something else. This came out of an interior need for revitalization, perhaps for the first time in my life. At that time I imagined that I might want to be a writer, and for a period of several months I stopped doing mathematics altogether. Finally however I decided to return, just long enough to give a definitive form to the mathematical works I'd already done, something I imagined would take only a few months, perhaps a year at most …

The time wasn't ripe, apparently, for a complete break. What is certain is that in taking up my work in mathematics again, it took possession of me, and didn't let go of me for another 12 years!

The following year(1958) is probably the most fertile of all my years as a mathematician. This was the year which saw the birth of the two central themes of the new geometry through the launching of the theory of schemes (the subject of my paper at the International Congress of Mathematicians at Edinborough in the summer of that year) and the appearance of the concept of a "site", a provisional technical form of the crucial notion of the topos. With a perspective of thirty years I can say now that this was the year in which the very conception of a new geom-

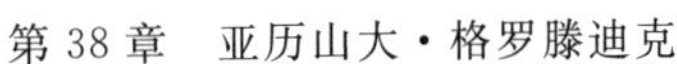

etry was born in the wake of these two master-tools: schemes (metamorphosed from the anterior notion of the"algebraic variety")and the topos (a metamorphoses, even deeper, of the idea of space).

It may appear strange, but this vision is so close to me and appeared so"selfevident", that it never occurred to me until about a year ago to give a name to it. ( * )

( * )It first occurred to me to name this vision in the meditation of December 4th, 1984, (in subnote# 136-1) to the footnote "Yin the Servant" ( 2 )-or "Generosity" (*Récoltes et Semailles*).

(Although it is certainly one of my passions to be constantly giving names to things that I've discovered as the best way to keep them in mind…) It is true that I can't identify a particular moment at which this vision appeared, or which I can reconstruct through recollection. A new vision of things is something so immense that one probably can't pin it down to a specific moment, rather it takes possession of one over many years, if not over several generations of those persons who examine and contemplate it. It is as if new eyes have to be painfully fashioned from behind the eyes which, bit by bit, they are destined to replace. And this vision is also too immense for one to speak of "grasping" it, in the same way that one "grasps" an idea that happens to arise along the way. That's no doubt why one shouldn't be surprise that the idea of giving a name to something so enormous, so close yet so diffuse, only occurred to me in recollection, and then only after it had reached its full maturity. In point of fact, for the next two years my relationship to mathematics was restricted (apart from teaching it) to just getting it done to giving scope to a powerful impulse that ceaselessly drew me forward, into an"unknown" that I found endlessly fascinating. The idea didn't occur to me to pause, even for the space of an instant, to turn back and get an overview of the path already followed, let alone place it in the context of an evolving work. (Either for the purpose of placing it in my life, as something that continued to attach me to profound and long neglected matters; or to situate it in that collective adventure known as"Mathematics")

What must appear even more strange, in order to get me to stop for a moment and re-establish acquaintance with these half-forgotten efforts (or to think of giving a name to the vision which is its heart and soul), I had to face a confrontation with a "Burial" of gigantic proportions: with the burial, by silence and derision, of that vision and of the worker who conceived it …

9. Structure and Form or the Voice of Things

Without intention on my part this "Avant-Propos" is turning, bit by bit, into a kind of formal presentation of my opus, designed above all for the non-mathematical reader. I'm too involved by now to change orientations, so I'll just plug ahead and try to bring all these "presentations" to an end! All the same, I'd like to say at least a few words on the substance of these "fabulous great ideas" (otherwise called "master themes") which I've depicted in the preceding pages, as well as something about the nature of this proclaimed "vision" within which these master themes are floating about. Without availaling myself of a highly technical language the most I can do is invoke the image of an intense sort of flux (if in fact one can speak of 'invoking' something)…(*)

---

Although this image must remain "fluid" does not mean that it isn't accurate, or that it doesn't faithfully convey something essential of the thing contemplated (in this case my opus). Conversely, it is possible to make a representation of something that is static and clear that can be highly distorted or touch only on its superficial aspects. Therefore, if you are "taken" by what I see as the essence of my work (and something of that "image" abiding in me must have been communicated to you), you can flatter yourself to have grasped more about it than any of my learned colleagues!

---

It is traditional to distinguish three kinds of "qualities" or "aspects" of things in the Universe which adapt themselves to mathematical reflections. These are(1) Number ( * * );(2)Magnitude and (3) Form.

---

By this is meant the"natural numbers" 0,1,2,3, etc. , or (at most) the numbers (such as rational fractions) which are expressed in terms of them by the elementary operations. These numbers cannot, (as can the "real numbers") be used to measure quantities subject to continuous variation, such as the distance between two arbitrary points on a straight line, in a plane or in space.

---

One can also speak of them as the"arithmetical aspect", the"metric aspect" and the" geometric aspect" of things. In most of the situations studied in mathematics, these three aspects are simultaneously present in close interaction. Most often, however, one finds that one or another of them will predominate. It's my impression that for most mathematicians its quite clear to them (for those at least who are in touch with their own work) if they are"arithmeticians","analysts", or "geometers", and this remains the case no matter how many chords they have on their violin, or if they have played at every register and diapason imaginable. My first solitary reflections, on Measure Theory and Integration, placed me without ambiguity under the rubrique of Analysis. And this remained the same for the first of the new themes that I introduced into mathematics, (which now appears to me to be of smaller dimensions than the 11 that followed). I entered mathematics with an"analytic bias", not because of my natural temperament but owing to " fortuitous circumstances":it was because the biggest gap in my education, both at the lycee and at the university, was precisely in this areaof the " analytic aspect " of things.

The year 1955 marked a critical departure in my work in mathematics: that of my passage from "analysis" to "geometry". I well recall the power of my emotional response (very subjective naturally):it was as if I'd fled the harsh arid steppes to find myself suddenly transported to a kind of "promised land" of superabundant richness, multiplying out to infinity wherever I placed my hand in it, either to search or to gather… This impression, of overwhelming riches has continued to be confirmed and grow in substance and depth down to the present day. ( * )

---

( * ) The phrase " superabundant richness " has

this nuance: it refers to the situation in which the impressions and sensations raised in us through encounter with something whose splendor, grandeur or beauty are out of the ordinary, are so great as to totally submerge us, to the point that the urge to express whatever we are feeling is obliterated.

---

That is to say that, if there is one thing in Mathematics which (no doubt this has always been so) fascinates me more than anything else, it is neither "number", nor "magnitude" but above all "form". And among the thousand and one faces that form chooses in presenting itself to our attention, the one that has fascinated me more than any other, and continues to fascinate me, is the structure buried within mathematical objects. One cannot invent the structure of an object. The most we can do is to patiently bring it to the light of day, with humility in making it known it is "discovered". If there is some sort of inventiveness in this work, and if it happens that we find ourselves the maker or indefatigable builder, we aren't in any sense "making" or "building" these structures. They hardly waited for us to find them in order to exist, exactly as they are! But it is in order to express, as faithfully as possible, the things that we've been detecting or discovering, to deliver up that reticent structure, which we can only grasp at, perhaps with a language no better than babbling. Thereby are we constantly driven to invent the language most appropriate to express, with increasing refinement, the intimate structure of the mathematical object, and to"construct" with the help of this language, bit by bit, those"theories" which claim to give a fair account of what has been apprehended and seen. There is a continual coming and going, uninterrupted, between the apprehension of things, and the means of expressing them, by a language in a constant state improvement, and constantly in a process of recreation, under the pressure of immediate necessity.

As the reader must have realized by now, these "theories", "constructed out of whole cloth", are nothing less than the "stately mansions" treated in previous sections: those which we inherit from our predecessors, and those which we are led to build with our own hands, in response to the way things develop. When I refer to"inventiveness" (or imagination) of the maker and the builder, I am obliged to adjoin to that what really constitutes it soul or secret nerve. It does not refer in any way to the arrogance of someone who says "This is the way I want things to be!"and ask that they attend him at his leisure, the kind of lousy architect who has all of his plans ready made in his head without having scouted the terrain, investigated the possibilities and all that is required.

The sole thing that constitutes the true "inventiveness" and imagination of the researcher is the quality of his attention as he listens to the voices of things. For nothing in the Universe speaks on its own or reveals itself just because someone is listening to it. And the most beautiful mansion, the one that best reflects the love of the true workman, is not the one that is bigger or higher than all the others. The most beautiful mansion is that which is a faithful reflection of the structure and beauty concealed within things.

---

10. The new Geometry: or, the Marriage of Number and Magnitude

But here I am, digressing again! I set out to talk about the "master-themes", with the intention of unifying them under one "mother vision", like so many rivers returning to the Ocean whose children they are. This great unifying vision might be described as a new geometry. It appears to be similar to the one that Kronecker dreamed of a century ago. (*)

---

(*) I only know about "Kronecker's Dream" through hearsay, in fact it was when somebody (I believe it was John Tate) told me that I was about to carry it out. In the education which I received from

my elders, the historical references were very rare indeed. I was nourished, not by reading the works of others, ancient or modern, but above all through communication, through conversations or exchanges of letters, with other mathematicians, beginning with my teachers. The principal, perhaps the only external inspiration for the sudden and vigorous emergence of the theory of schemes in 1958, was the article by Serre commonly known by its label FAC (Faisceaux algebriques coherents) that came out a few years earlier. Apart from this, my primary source of inspiration in the development of the theory flowed entirely from itself, and restored itself from one year to the next by the requirements of simplicity and internal coherence, and from my effort at taking into account in this new context, of all that was "commonly known" in algebraic geometry (which I assimilated bit by bit as it was transformed under my hands), and from all that this "knowledge" suggested to me.

But the reality is (which a bold dream may sometimes reveal, or encourage us to discover) surpasses in every respect in richness and resonance even the boldest and most profound dream. Of a certainty, for more than one of these revelations of the new geometry, (if not for all of them), nobody, the day before it appeared, could have imagined it-neither the worker nor anyone else.

---

One might say that "Number" is what is appropriate for grasping the structure of "discontinuous" or "discrete" aggregates. These systems, often finite, are formed from "elements", or "objects" conceived of as isolated with respect to one another. "Magnitude" on the other hand is the quality, above all, susceptible to "continuous variation", and is most appropriate for grasping continuous structures and phenomena: motion, space, varieties in all their forms, force fields, etc. Thereby, Arithmetic appears to be (overall) the science of discrete structures while Analysis is the science of continuous structures.

As for Geometry, one can say that in the two thousand years in which it has existed as a science in the modern sense of the word, it has "straddled" these two kinds of structure, "discrete" and "continuous". (*)

---

(*) In point of fact, it has traditionally been the "continuous" aspect of things which has been the central focus of Geometry, while those properties associated with "discreteness", notably computational and combinatorial properties have been passed over in silence or treated as an afterthought. It was therefore all the more astonishing to me when I made the discovery, about a dozen years ago, of the combinatorial

theory of the Icosahedron, even though this theory is barely scratched (and probably not evenunderstood) in the classic treatise of Felix Klein on the Icosahedron. I see in this another significant indicator of this indifference (of over 2000 years) of geometers vis-a-vis those discrete structures which present themselves naturally in Geometry: observe that the concept of the group (notably of symmetries) appeared only in the last century (introduced by Evariste Galois), in a context that was considered to have nothing to do with Geometry. Even in our own time it is true that there are lots of algebraists who still haven't understood that Galois Theory is primarily, in essence, a geometrical vision, which was able to renew our understanding of so-called "arithmetical" phenomenon.

---

For some time in fact one can say that the two geometries considered to be distinct species, the discrete and the continuous, weren't really "divorced". They were rather two different ways of investigating the same class of geometric objects: one of them accentuated the "discrete" properties (notably computational and combinatorial) while the other concerned itself with the "continuous" properties (such as location in an ambient space, or the measurement of "magnitude" in terms of the distances between points, etc.).

It was at the end of the last century that a divorce became immanent, with the arrival and development of what came to be called "Abstract (Algebraic) Geometry". Roughly speaking, this consisted of introducing, for every prime number $p$, an algebraic geometry"of characteristic $p$", founded on the model (continuous) of the Geometry (algebraic) inherited from previous centuries, however in a context which appeared to be resolutely "discontinuous", or "discrete". This new class of geometric objects has taken on a growing significance since the beginning of the century, in particular owing to their close connections with arithmetic, which is the science par excellence of discrete structures. This appears to be one of the notions motivating the work of André Weil (* *), perhaps the driving force (which is usually implicit or tacit in his published work, as it ought to be): the notion that the"Geometry (algebraic)", and in particular the"discrete" geometries associated with various prime numbers, ought to supply the key for a grand revitalization of Arithmetic.

---

(* *)André Weil, a French mathematician who emigrated to the United States, is one of the founding members of the"Bourbaki Group", which is discussed in some length in the first part of *Récoltes et Semailles* (as is Weil himself from time to time).

---

It was with this perspective in mind that he announced, in 1949, his famous "Weil conjectures". These utterly astounding conjectures allowed one to envisage, for these new "discrete varieties" (or "spaces"), the possibility for certain kinds of constructions and arguments(*) which up to that moment did not appear to be conceivable outside of the framework of the only"spaces" considered worthy of attention by analysts-that is to say the so-called "topological"spaces (in which the notion of continuous variation is applicable). One can say that the new geometry is, above all else, a synthesis between these two worlds, which, though next-door neighbors and in close solidarity, were deemed separate: the arithmetical world, wherein one finds the (so-called) spaces without continuity, and the world of continuous magnitudes, "spaces"in the conventional meaning of the word. In this new vision these two worlds, formerly separate, comprise but a single unity.

---

(*) (For the mathematical reader) The"constructions and arguments" we are referring to are associated with the Cohomology of differentiable and complex varieties, in particular those which imply the Lefschetz fixed point theorems and Hodge Theory.

---

The embryonic vision of this Arithmetical Geometry (as I propose to designate the new geometry) is to be found in the Weil conjectures. In the development of some of my principal ideas ( * * ) these conjectures were my primary source of inspiration, all through the years between 1958 and 1969.

---

( * * ) I refer to four "intermediate" themes (nos. 5 to 8) that is to say, the topos, etale and 1-adic cohomology, motives and (to a lesser extent) crystals. These themes were all developed between 1958 and 1966.

---

Even before me, in fact, Oscar Zariski on the one hand and Jean-Pierre Serreon the other hand developed, for certain "wild" spaces in "abstract" Algebraic Geometry, some "topological" methods, inspired by those which had formerly been applied to the "well behaved spaces" of normal practice. ( * * * )

---

( * * * )(For the mathematical reader) The primary contribution of Zariski in this sense seems to me to be the introduction of the"Zariski topology" (which later became an essential tool for Serre in FAC), his "principle of connectedness", and what he named the"theory of holomorphic functions"-which in his hands became the theory of formal schemes, and the theorems comparing the formal to the alge-

braic (with, as a secondary source of inspiration, the fundamental article by Serre known as GAGA). As for the contribution by Serre to which I've alluded in the text, it is, above all, his introduction into abstract Algebraic Geometry of the methodology of sheaves, in FAC (Faisceaux algébriques cohérents) the other fundamental paper already mentioned.

In the light of these "reminiscences", when asked to name the immediate "ancestors" of the new geometric vision, the names that come to me right a way are Oscar Zariski, André Weil, Jean Leray and Jean-Pierre Serre.

Serre had a special role apart from all the others because of the fact that it was largely through him that I not only learned of his ideas, but also those of Zariski, Weil and Leray which were to play an important role in the emergence and development of the ideas of the new geometry.

---

Their ideas, without a doubt, had played an important part from my very first steps towards the building of the new geometry: furthermore, it's true, as points of departure and as tools (which I had to reshape virtually from scratch in order to adapt them to a larger context), and a sources of inspiration which would continue to nourish my projects and dreams over the course of months and years. In any case, it's self-evident that, even in their recast state, these tools were insufficient for what was needed in making even the first steps in the direction of Weil's marvelous conjectures.

---

11. The Magical Spectrum or Innocence

The two powerful ideas that had the most to contribute to the initiation and development of the new geometry are schemes and toposes, having made their appearance in a somewhat symbiotic fashion at more or less the same time.

The concept of a locale or of a "Grothendieck topology" (a preliminary form of the topos) can clearly be discerned in the wake of the scheme. This, in its turn, supplies the needed new language for ideas such as "descent" and "localization", which are employed at every stage in the development of this theme and of the schematic tools. The more inherently geometric notion of the topos, which one found only implicitely in the work of the following years, really began to define itself clearly from about 1963, with the development of étale cohomology bit-by-bit however it took its rightful place as the more fundamental of the two notions. To conclude this guided tour around my opus, I still need to say a few more words about these two principal ideas.

The concept of the scheme is the natural one to start with. As "self-evident" as one could imagine, it

comprises in a single concept an infinite series of versions of the idea of an (algebraic) variety, that were previously used (one version for each prime number (*).

(*)It is convenient to include as well the case $p$="infinity", corresponding to algebraic varieties of "nul characteristic".

In addition, one and the same"scheme" (or "variety" in the new sense) can give birth, for each prime number p, to a well-defined "algebraic variety of characteristic $p$". The collection of these different varieties with different characteristics can thereby be seen as a kind of" (infinite) spectrum of varieties", (one for each characteristic). The "scheme" is in fact this magical spectrum, which connects between them, as so many different "branches", its "avatars", or"incarnations" in all possible characteristics. By virtue of this it furnishes an effective"principle of transition" for tying together these "varieties", arising out of geometries which, up until that point, seemed more or less isolated, cut off from each other. For the present they are all ensconced within a common "geometry" that establishes the connections between them. One might call it Schematic Geometry, the first draft of the "Arithmetic Geometry", which was able to blossom in the coming years.

The very notion of a scheme has a childlike simplicity so simple, so humble in fact that no one before me had the audacity to take it seriously. So"infantile" in fact, that for many years afterwards, and in spite of all the evidence, for so many of my"learned" colleagues, it was treated as a triviality. In fact I needed several months of lonely investigation to fully convince myself that the idea really "worked"-that this new language (which, however infantile it might appear, I, in my incurable naivete continued to insist upon as something to be tested) was quite adequate for the understanding of, in a new light, with increased subtletly and in a general setting, some of the most basic geometric intuitions associated with these "geometries of characteristic $p$". It was a kind of exercise, prejudged by every "well informed" colleague as something idiotic and had the imagination to propose, and even (nurtured by my private demon…) follow through against all opposition!

Rather than allowing myself to be deterred by the consensus that had laid down the law over what was to be"taken seriously", and what was not, my faith was invested (as it had been in the pas) in the humble voice of phenomena, and that faculty in me which knew how to listen to it. My reward was immediate and above all expectation. In the space of only a few months, without intending to do so, I'd put my finger on several unanticipated yet very powerful

tools. They've allowed me, not only to recast (as if it were play) some old results deemed difficult, in a penetrating light that went far beyond them, but also to approach and solve certain problems in "geometries of characteristic $p$" that until that moment had appeared inaccessible through all known methods. (*)

---

(*) The "proceedings" of this "forced inauguration" of the theory of schemes was the topic of my lecture at the International Congress of Mathematicians at Edinborough in 1958. The text of that talk would seem to me to be one of the best introductions to the subject from the aspect of schemes, and such as to perhaps influence a geometrician who reads it to make himself familiar, for better or worse, with the formidable treatise that followed it: *Eléments of Algébraic Géométry* ("*Elements de Geometrie Algebrique*"), which treats in a detailed (without going into technicalities!), the new foundations and the new techniques of Algebraic Geometry.

---

In our acquisition of knowledge of the Universe (whether mathematical or otherwise) that which renovates the quest is nothing more or less than complete innocence. It is in this state of complete innocence that we receive everything from the moment of our birth. Although so often the object of our contempt and of our private fears, it is always in us. It alone can unite humility with boldness so as to allow us to penetrate to the heart of things, or allow things to enter us and taken possession of us.

This unique power is in no way a privilege given to "exceptional talents"-persons of incredible brain power (for example), who are better able to manipulate, with dexterity and ease, an enormous mass of data, ideas and specialized skills. Such gifts are undeniably valuable, and certainly worthy of envy from those who (like myself) were not so endowed at birth, "far beyond the ordinary".

Yet it is not these gifts, nor the most determined ambition combined with irresistible will-power, that enables one to surmount the "invisible yet formidable boundaries" that encircle our universe. Only innocence can surmount them, which mere knowledge doesn't even take into account, in those moments when we find ourselves able to listen to things, totally and intensely absorbed in child play.

---

12. Topology or how to survey the fogs

The innovative notion of the "scheme", we've seen, allows one to establish connections between the different geometries associated with each prime number (or "characteristics"). These geometries, however, are all of an essentially 'discontinuous' or 'discrete' nature, as opposed to the traditional ge-

ometry which is our legacy from previous centuries, 9 back to Euclid). The new concepts introduced by Zariski and by Serre have restored, to some extent, a 'continuous dimension' concept for these geometries, which was automatically picked up by the "schematic geometry" that had just been invented to unify them. However the "fabulous conjectures" of Weil were still a long way off. These "Zariski topologies" were, seen from this perspective, so crude that one might just as well have remained at the "discrete aggregate" stage.

It was clear that what was still lacking was some new principle that could connect these geometric objects (or "varieties", or "schemes") to the usual "well behaved" (topological) "spaces": those, let us say, whose points are clearly distinguished one from the other, whereas in the "harum-scarum" spaces introduced by Zariski, the points have a sneaky tendency to cling to one another ….

Most certainly it was through nothing less than through this "new principle" that the marriage of "number and magnitude", (or of "continuous and discontinuous" geometry) could give birth to the Weil conjectures.

The notion of space is certainly one of the oldest in mathematics. It is fundamental to our "geometric" perspective on the world, and has been so tacitly for over two millenia. Its only over the course of the

19th century that this concept has, bit-by-bit, freed itself from the tyranny of our immediate perceptions (that is, one and the same as the "space" that surrounds us), and of its traditional theoretical treatment (Euclidean), to attain to its present dynamism and autonomy. In our own times it has joined the ranks of those notions that are most freely and universally employed in mathematics, and is familiar, I would say, to every mathematician without exception. It has become a concept of multiple and varied aspects, of hundreds of thousands of faces depending on the kinds of structures one chooses to impose on a space, from the most abundant and rich (such as the venerable 'Euclidean' structures, or the 'affine' or 'projective' ones, or again the 'algebraic' structures of similarly designated 'varieties' which generalize and extend them), down to the most 'impoverished': those in which all , quantitative information has been removed without a trace, or in which only a qualitative essence of "proximity" or of "limit" (*), (and, in its most elusive version, the intuition of form (called 'topological spaces')), remains.

---

(*) When I speak of the idea of a "limit" it is above all in terms of passage to a limit, rather than the idea that most non-mathematicians, of a "frontier".

---

The most "reductive" of all these notions over the course of half a century down to the present, has appropriated to itself the role of a kind of conceptual englobing substrate for all the others, that of the topological space. The study of these spaces constitutes one of the most fascinating and vital branches of geometry: Topology. As elusive as it might appear initially, the "qualitatively pure" structure encapsulated in the notion of "space" (topological) in the absence of all quantitative givens, (notably the metric distances between points) which enables us to relate it to habitual intuitions of "large" and "small", we have, all the same, over the last century, been able to confine these spaces in the locked flexible suitcases of a language which has been meticulously fabricated as the occasion arose. Still better, as the occasion arose, various 'weights and measures' have been devised to serve a general function, good or bad, of attaching "measures" (called 'topological invariants'), to those sprawled-out spaces which appear to resist, like fleeting mists, any sort of metrizability. Most of these invariants, its true, certainly the most essential ones, are more subtle than simple notions like 'number' and 'magnitude' often they are themselves fairly delicate mathematical structures bound (by rather sophisticated constructions) to the space in question. One of the oldest and most crucial of these invariants, introduced in the last century (by the Italian mathematician Betti) is formed from the various "groups" (or'spaces'),called the"Cohomology" associated with this space. ( * )

---

( * )Properly speaking, the Betti invariants were homological invariants. Cohomology is a more or less equivalent or"dual"version that was introduced much later. This has gained pre-eminence over the initial "homological" aspect, doubtless as a consequence of the introduction, by Jean Leray, of the viewpoint of sheaves, which is discussed further on. From the technical point of view one can say that a good part of my work in geometry has been to identify and develop at some length, the cohomological theories which were needed for spaces and varieties of every sort, above all for the"algebraic varieties" and the schemes. Along the way I was also led to a reinterpretation of the traditional homological invariants in cohomological terms, and through doing so, to reveal them in an entirely new light.

There are numerous other "topological invariants" which have been introduced by the topologists to deal with this or that property or this or that topological space. Next after the"dimension" of a space and the (co) homological invariants, come the "homotopy groups". In 1957, I introduced yet another one, the group (known as Grothendieck) $K(X)$, which has known a sensational success and whose im-

portance (both in topology and arithmetic) is constantly being re-affirmed. A whole slew of new invariants, more sophisticated than the ones presently known and in use, yet which I believe to be fundamental, have been predicted by my "moderated topology" program (one can find a very summary sketch of this in the "Outline for a Program" which appears in Volume 4 of the *Mathematical Reflections*). This program bases itself on the notion of a "moderated theory" or "moderated space", which constitutes, a bit like the topos, a second "metamorphosis of the concept of space". It is at the same time more self-evident and less profound than the latter. I predict that its immediate applications to topology "properly speaking" will be decidedly more incisive, that in fact it will turn upside down the "profession" of topological geometer, through a far-reaching transformation of the conceptual context appropriate to it. (As was the case with Algebraic Geometry with the introduction of the point-of-view of the scheme) Furthermore, I've already sent copies of my "Outline" to several of my old friends and some illustrious topologists, yet it seems to me that that haven't been inclined to take any interest in it …

---

It was the Betti numbers that figure ("between the lines" naturally) in the Weil conjectures, which are their fundamental "reason for being" and which (at least for me, having been"let in on the secret" by Serre's explications) give them meaning. Yet the possibility of associating these invariants with the "abstract" algebraic varieties that enter into these conjectures, in such a manner as to response to the very precise desiderata demanded by the requirements of this particular cause that was something only to be hoped for. I doubt very much that, outside of Serre and myself, there isn't anyone else (including André Weil!) who really believes in it. ( * )

---

( * )It is somewhat paradoxical that Weil should have an obstinate, even visceral block against the formalism of cohomology, particularly since it had been in large part his "famous" conjectures that inspired the development, starting in 1955, of the great cohomological theories of algebraic geometry (launched by J. P. Serre with his foundational article "FAC", already alluded to in a footnote).

It's my opinion that this"block" is part of a general aversion in Weil against all the global formalisms (whether large or small), or any sort of theoretical construction. He hasn't anything of the true"builder" about him, and it was entirely contrary to his personal style that he saw himself constrained to develop, starting with the 30's, the fundamentals of "abstract" algebraic geometry, which to him (by his own dispositions), have proved to be a veritable"Procrustean bed" for those who use them.

I hope he doesn't hold it against me that I chose to go beyond him, investing my energy in the construction of enormous dwelling places, which have allowed the dreams of a Kronecker, and even of himself, to be cast into a language and tools that are at the same time effective and sophisticated. At no time did he ever comment to me about the work that he saw me doing, or which had already been done. Nor have I received any response from him about *Récoltes et Semailles*, which I sent to him over three months ago, with a warm hand-written personal dedication to him.

---

Soon afterwards our understanding of these cohomological invariants was profoundly enriched and renovated by the work of Jean Leray (carried out as a prisoner of war in Germany in the early part of the 40's). The essential novelty in his ideas was that of the (Abelian) sheaf over a space, to which Leray associated a corresponding collection of cohomology groups (called "sheaf coefficients"). It is as if the good old standard "cohomological metric" which had been used up to them to "measure" a space, had suddenly multiplied into an unimaginablely large number of new "metrics" of every shape, size and form imaginable, each intimately adapted to the space in question, each supplying us with very precise information which it alone can provide. This was the dominant concept involved in the profound transformation of our approach to spaces of every sort, and unquestionably one of the most important mathematical ideas of the 20th century.

Thanks above all to the ulterior work of Jean-Pierre Serre, Leray's ideas have produced in the half century since their formulation, a major redirection of the whole theory of topological spaces, (notably those invariants designated as "homotopic", which are intimately allied with cohomology), and a further redirection, no less significant, of so-called "abstract" algebraic geometry (starting with the FAC article of Serre in 1955). My early work in geometry, from 1955 onwards, was conceived of as a continuation of the work of Serre, and for that reason also a continuation of the work of Leray.

---

13. Toposes or the Double Bed

The new perspective and language introduced by the use of Leray's concepts of sheaves has led us to consider every kind of "space" and "variety" in a new light. These did not however have anything to say about the concept of space itself, and was content if it enabled us to refine our understanding of the already traditional and familiar "spaces". At the same time it was recognized that this way of looking at space was

insufficient for taking into account the "topological invariants" which were most essential for expression the "form" of these "abstract algebraic varieties" (such as those which figure in the Weil Conjectures), let alone that of general "schemes" (for the most part the classical varieties). For the desired "marriage" of "Number and Magnitude" one would have a rather narrow bed, one in which at most one of the future spouses (for example, the bride) could accommodate herself for better or worse, but never both at the same time! The "new principle" that needed to be found so that the marriage announced by the guardian spirits could be consummated, was simply that missing spacious bed, though nobody at the time suspected it. This "double bed" arrived (as from the wave of a magic wand) with the idea of the topos. This idea encapsulates, in a single topological intuition, both the traditional topological spaces, incarnation of the world of the continuous quantity, and the so-called "spaces" (or "varieties") of the unrepentant abstract algebraic geometers, and a huge number of other sorts of structures which until that moment had appeared to belong irrevocably to the "arithmetic world" of "discontinuous" or "discrete" aggregates.

It was certainly the sheaf perspective that was my sure and quiet guide, the right key (hardly secret) to lead me without detours or procrastination towards the nuptial chamber and its vast conjugal bed. A bed so enormous in fact (like a vast, deep and peaceful stream) in which.

"Tous Les Chevaux du RoiY pourraient boire ensemble"-as the old ballad that you must surely have heard or sung at one point tells us. And he who was the first to sing it was he who has best savored the secret beauty and passive force of the topos, better than any of my clever students and former friends ….

It was the same key, both in the initial and provisional approach via the convenient, yet unintrinsic, concept of a "site", as with the topos. I will now attempt to describe the topos concept.

Consider the set formed by all sheaves over a (given) topological space or, if you like, the formidable arsenal of all the "rulers" that can be used in taking measurements on it. ( * )

---

( * )(For the mathematician)Properly speaking, one is speaking of sheaves of ensembles, not the Abelian sheaves introduced by Leray as generalized coefficients in the formation of "cohomology groups" I believe that I'm the first person to have worked systematically with sheaves of ensembles (starting in 1955 at the University of Kansas, with my article *A general theory of fibre spaces with structure sheaf*) We will treat this"ensemble", or "arsenal" as one equipped with a structure that may be considered

"self-evident", one that crops up "in front of one's nose": that is to say, a Categorical structure. (Let not the non-mathematical reader trouble himself if he's unaware of the technical meanings of these terms, which will not be needed for what follows).

It functions as a kind of "superstructure of measurement", called the "Category of Sheaves" (over the given space), which henceforth shall be taken to incorporate all that is most essential about that space. This is in all respects a lawful procedure, (in terms of "mathematical common sense") because it turns out that one can "reconstitute" in all respects, the topological space (* *) by means of the associated "category of sheaves" (or "arsenal" of measuring instruments)

---

(* *) (For the mathematical reader) Strictly speaking, this is only true for so-called "tame" spaces. However these include virtually all of the spaces one has to deal with, notably the "separable spaces" so dear to functional analysts.

(The verification of this is a simple exercise-once someone thinks to pose the question, naturally) One needs nothing more (if one feels the need for one reason or another), henceforth one can drop the initial space and only hold onto its associated "category" (or its "arsenal"), which ought to be considered as the most complete incarnation of the "topological (or spatial) structure" which it exemplifies As is often the case in mathematics, we've succeeded (thanks to the crucial notion of a "sheaf" or "cohomological ruler") to express a certain idea (that of a "space" in this instance), in terms of another one (that of the "category"). Each time the discovery of such a translation from one notion (representing one kind of situation) to another (which corresponds to a different situation) enriches our understanding of both notions, owing to the unanticipated confluence of specific intuitions which relate first to one then to the other. Thus we see that a situation said to have a "topological" character (embodied in some given space) has been translated into a situation whose character is "algebraic" (embodied in the category); or, if you wish, "continuity" (as present in the space) finds itself "translated" or "expressed" by a categorical structure of an "algebraic" character, (which until then had been understood only in terms of something "discrete" or "discontinuous".)

Yet there is more here. The first idea, that of the space, was perceived by us as a "maximal" thing-a notion already so general that one could hardly envisage any kind of "rational" extension to it. On the contrary, it has turned out that, on the other side of the mirror. (＊)

---

(＊) The "mirror" referred to, as in Alice in

Wonderland, is that which yields as the "image" of a space placed in front of it, the associated"category", considered as a kind of "double" of the space, on the other side of the mirror( * ) these "categories", (or "arsenals") one ends up with in dealing with topological spaces, are of a very particular character. Their collection of traits is in fact highly specific( * * ), and tend to join up in patchwork combinations of an unbelievably simple nature those which on can obtain by taking as one's point of departure the reduction of a space to a single point.

---

( * * ) (For the mathematical reader) We're speaking about primarily the properties which I introduced into Category Theory under the name of "exact characteristics"(along with the categorical notions of general projective and inductive limits). See *On several points of homological algebra*, Tohoku Math journal, 1957,119-221).

Having said this, a "space defined in the new way" (or topos) one that generalizes the traditional topological space, can be simply described as a "category" which, without necessarily deriving from an ordinary space, nevertheless possesses all of the good properties (explicitly designated once and for all, naturally) of the"sheaf category".

---

This therefore is the new idea. Its appearance

may perhaps be understood in the light of the observation, a childlike one at that, that what really counts in a topological space is neither its "points" nor its subsets of points( * ), nor the proximity relations between them, rather it is the sheaves on that space, and the category that they produce.

---

( * ) Thus, one can actually construct "enormous" topoi with only a single point, or without any points at all!

---

All that I've done was to draw out the ultimate consequences of the initial notion of Leray-and by doing so, lead the way. As even the idea of sheaves (due to Leray), or that of schemes, as with all grand ideas that overthrow the established vision of things, the idea of the topos had everything one could hope to cause a disturbance, primarily through its "self-evident" naturalness, through its simplicity (at the limit naive, simp leminded, "infantile")-through that special quality which so often makes uscry out: "Oh, that's all there is to it!", in a tone mixing betrayal with envy, that innuendo of the "extravagant", the"frivolous", that one reserves for all things that are unsettling by their unforseen simplicity, causing us to recall, perhaps, the long buried days of our infancy …

---

## 14. Mutability of the Concept of Space or Breath and Faith

The notion of the scheme constitutes a great enrichment of the notion of the "algebraic variety". By virtue of that fact it has successful renovated, from top to bottom, the subject of Algebraic Geometry left to me by my predecessors. The notion of the topos however constitutes an altogether unsuspected extension, more accurately a metamorphoses of the concept of space. Thereby it holds the promise to effect a similar renovation of the subject of Topology and, beyond that, Geometry. Furthermore, at present it has already played a crucial role in the growth and development of the new geometry (above all by means of the methods of $p$-adic and crystalline cohomology which have come out of it and, thereby, the proofs of the Weil conjectures.) As its elder sister (quasi twin) it contains the pair of complementary characteristics essential to every fertile generalization, to wit: Primo, the new concept isn't too large, in the sense that within these new "spaces", (or, for the sake of overly delicate ears [1], "toposes") the most essential "geometric" intuitions [2] and constructions, familiar to us from the old traditional spaces, can be easily transposed in an evident manner. In other words, one has at one's disposal in these new objects the rich collection of images and mental associations, of ideas and certainly some techniques, that were formerly confined to objects of the earlier sort.

Secundo, the new concept is large enough to encapsulate a host of situations which, until now, were not considered capable of supporting intuitions of a "topologic-geometric" nature-those intuitions, indeed, which had been reserved in the past exclusively for the ordinary topological spaces (and for good reason…).

What is crucial, from the standpoint of the Weil conjectures, is that the new ideas be ample enough to allow us to associate with every scheme such a "generalized space" or "topos" (called the "etale topos" of the corresponding scheme). Certain "cohomological invariants" of this topos (nothing can be more "childishly simple"!), then appeared to furnish one with "what was needed" in order to bring out the full meaning of these conjectures, and perhaps (who knew then!) supply the means for demonstrating them.

It's in the pages that I'm in the process of writing at this very moment that, for the first time in my life as a mathematician, I can take the time needed to evoke (if only for myself) the ensemble of the master themes and motivating ideas of my mathematical work. It's lead me to an appreciation of the role and the extensions of each of these themes and the "view-

points" they incarnate, in the great geometric vision that unite them and from which they've issued. It is through this work that the two innovative ideas of the first powerful surge of the new geometry first saw the light of day: that of schemes and that of the topos.

It's the second of these ideas, that of the topos, which at this moment impresses me as the more profound of the two of them. Given that I, at the end of the 50's, rolled up my sleeves to do the obstinate work of developing, through twelve long years, of a "schematic tool" of extraordinary power and delicacy, it is almost incomprehensible to me that in the ten or twenty years that have since followed, others besides myself have not carried through the obvious implications of these ideas, or raised up at least a few dilapidated"prefabricated" shacks as a contribution to the spacious and comfortable mansions that I had the heart to build up brick by brick and with my own bare hands.

At the same time, I haven't seen anyone else on the mathematical scene, over the last three decades, who possesses that quality of naivete, or innocence, to take (in my place) that crucial step, the introduction of the virtually infantile notion of the topos (or even that of the "site"). And, granted that this idea had already been introduced by myself, and with it the timid promise that it appeared to hold out, I know of noone else, whether among my former friends or among my students, who would have had the "wind", and above all the "faith", to carry this lowly notion [3] to term (so insignificant at first sight, given that the ultimate goal appeared infinitely distant…): since its first stumbling steps, all the way to full maturity of the "mastery of etale cohomology", which, in my hands, it came to incarnate over the years that followed.

---

[1] Nomenclature: the name "topos" was chosen (with its associations to "topology" and "topological"), to imply that it was the "principal object" to which "topological intuition" inheres. Through the rich cloud of mental images that this name evokes, one ought to consider it as more or less equivalent to the term "space" (topological), with the requirement that the notion of the "topological" be more precisely specified. (In the same way that one has "vectorial spaces", but on "vectorial toposes", at least for the moment!) It's important to maintain both expressions together, each with its proper specificity.

[2] Among these "constructions" one finds the familiar "topological invariants", including the cohomological invariants. For these I've done all that's necessary in the article previously cited ("Tohoku" 1955) in order to give them a proper meaning for each "topos".

[3] (For the mathematical reader) When I speak of "wind" and of "faith", I'm referring to characteristics of a nontechnical nature, although I consider them to be essentially necessary characteristics. At another level I might add that I have referred to the "cohomological flair", that is to say the sort of aptitude that was developed in me through the erection of theories of cohomology. I believed that I was able to transmit this to my students in cohomology. With a perspective of 17 years after my departure from the world of mathematics, I can say that not a one of them had developed it.

---

15. Tous les Chevaux du Roi …

Verily, the river is deep, and peaceful and vast are the waters of my infancy, in a kingdom which I'd believed to have left so long ago. All the king's horses may come and drink at their leisure, quenching of their thirst without the waters ever drying up! They descend from the glaciers, full of the ardor of distant snows, with the sweetness of the clay of the plains. I've just written about one of those horses, which were led to drink by a child and which drank at length to its full content. And I saw another that came to drink for a moment or two, in search of that same youngster, but it did not linger. Someone must have chased it off. And, to speak truly, that's all.

Yet I also see numberless herds of horses who wander the plains, dying of thirst, as recently as this morning their whinnying dragged me from my bed, and at an unaccustomed hour, although I am on the verge of my 60's and cherish my tranquility. There was no help for it; I was obliged to get up. It gave me pain to see them, horridly raw-boned and skinny, although there was no lack of abundance of good water or green pasture. Yet one might speak of a kind of malignant magical spell that has fallen over the land that I once found so accommodating, contaminating its generous waters. Who knows? One could imagine that some kind of plot had been hatched by the horse traders of the land to bring down prices! Or it may be that this country no longer possesses any children for leading the horses to water, and that the horses will remain thirsty until there is a child who rediscovers the road that leads to the stream….

---

16. Motives, or the Inner heart

The "topos" theme came from that of "schemes" in the year of their appearance; yet it has greatly surpassed the mother notion in its extent. It is the topos, not schemes, which is the "bed", or that "deep river", in which the marriage of geometry, topology and arithmetic, mathematical logic, the theory of categories, and that of continuous and discontinuous or"discrete" structures, is celebrated. If the theme of schemes is at the heart of the new geometry, the theme of the topos envelopes it as a kind of residence. It is my grandest conception, devised in order to grasp with precision, in the same language rich in resonances of geometry, an "essence" common to the most disparate situations, coming from every region of the universe of mathematical objects.

Yet the topos has not known the good fortune of the schemes. I discuss this subject in several places in *Récoltes et Semailles*, and this is not the place at which to dwell upon the strange adventures which have befallen this concept. However, two of the principal themes of the new geometry have derived from that of the topos, two "cohomological theories" have been conceived, one after the other, with the same purpose of providing an approach to the Weil conjectures: the etale (or 1-adic) theme, and the crystalline theme.

The first was given concrete form in my hands as the tool of 1-adic cohomology, which has been shown to be one of the most powerful mathematical tools of this century.

As for the crystalline theme (which had been reduced since my departure to a virtually quasi-occult standing), it has finally been revitalized (under the pressure of necessity), in the footlights and under a borrowed name, in circumstances even more bizarre than those which have surrounded the topos.

As predicted, it was the tool of 1-adic cohomology which was needed to solve the Weil conjectures. I did most of the work, before the remainder was accomplished, in a magistral fashion, 3 years after my departure, by Pierre Deligne, the most brilliant of all my "cohomological" students.

Around 1968 I came up with a stronger version, (more geometric above all), ofthe Weil conjectures. These are still "stained" (if one may use that expression) with an "arithmetical" quality which appears to be irreducible. All the same, the spirit of these conjectures is to grasp and express the "arithmetical" (or discrete) through the mediation of the "geometric" (or the"continuous"). (*)

---

(*) (For the mathematical reader) The Weil conjectures are subject to hypotheses of an essentially arithmetical nature, principally because the varieties involved must be defined over finite fields. From the point of view of the cohomological formalism, this results in a privileged status being ascribed to the Frobenius endomorphism allied with such situations. In my approach, the crucial properties (analogous to 'generalized index theorems') are present in the various algebraic correspondences, without making any arithmetic hypotheses about some previously assigned field.

In this sense the version of these conjectures which I've extracted from them appears to my mind to be more"faithful" to the "Weil philosophy" than those of Weil himself! -a philosophy that has never been written down and rarely expressed, yet which probably has been the primary motivating force in the extraordinary growth and development of geometry over the course of the last 4 decades. (*)

---

(*)Since my departure in 1970 however, a reactionary tendency has set in, finding its concrete expression in a state of relative stagnation, which I speak of on several occasions in the pages of *Récoltes et Semailles*.

---

My reformulation consisted, essentially, in extracting a sort of "quintessence" of what is truly valuable in the framework of what are called "abstract" algebraic varieties, in classical"Hodge theory", and in the study of "ordinary" algebraic varieties. (*)

---

(*)Here the word 'ordinary' signifies:"defined over complex fields". Hodge theory (for "harmonic integrals") was the most powerful of the known cohomological theories in the context of complex algebraic varieties.

---

I've named this entirely geometric form of these celebrated conjectures the "standard conjectures".

To my way of thinking, this was, after the development of 1-adic cohomology, a new step in the direction of these conjectures. Yet, at the same time and above all, it was also one of the principal possible approaches towards what still appears to me to be the most profound of all the themes I've introduced into mathematics(*), that of motives (themselves originating in the "1-adic cohomology theme").

---

(*)This was the deepest theme at least during my period of mathematical activity between 1950 and 1969, that is to say up to the very moment of my departure from the mathematical scene. I deem the themes of an abelian algebraic geometry and that of Galois-Teichmuller theory, which have developed since 1977, to be of comparable depth.

---

This theme is like the heart, or soul, that which is most hidden, most completely shielded from view within the "schematic" theme, which is itself at the very heart of the new vision. And several key phenomena retrieved from the standard conjectures (**)can also be seen as constituting a sort of ultimate quintessence of the motivic theme, like the "vital breath" of this most subtle of all themes, of this "heart within the heart" of the new geometry.

---

( * * )(For the algebraic geometer). Sooner or later there must be a revision of these conjectures. For more detailed commentary, go to "The tower of scaffoldings" (R&S Ⅳ footnote # 178, p. 1215-1216), and the note at the bottom of page 769, in "Conviction and knowledge" (R&S Ⅲ, footnote # 162).

---

Roughly speaking, this is what's involved. We've come to understand, for a given prime number $p$, the importance of knowing how to construct "cohomological theories" (particularly in light of the Weil conjectures) for the "algebraic varieties of characteristic $p$". Now, the celebrated "cohomological 1-adic tool"supplies one with just such a theory, and indeed, an infinitude of different cohomological theories, that is to say, one associated with each prime number different from $p$. Clearly there is a "missing" theory, namely that in which 1 and $p$ are equal. In order to provide for this case I conceived of yet another cohomological theory (to which I've already alluded), entitled "crystalline cohomology". Furthermore, in the case in which $p$ is infinite, there are yet 3 more cohomological theories. ( * * * )

---

( * * * )(For the benefit of the mathematical reader) These theories correspond, respectively, to

Betti cohomology (by means of transcendental, and with the help of an embedding of the base field into the field of the complex numbers), Hodge cohomology, and de Rham cohomology as interpreted by myself. The latter two date back to the 50's (that of Betti to the 19th century).

---

Furthermore there is nothing to prevent the appearance, sooner or later, of yet more cohomological theories, with totally analogous formal properties. In contradistinction to what one finds in ordinary topology, one finds oneself in the presence of a disconcerting abundance of differing cohomological theories. One had the impression that, in a sense that should be taken rather flexibly, all of these theories "boiled down" to the same one, that they "gave the same results". (* * * *)

---

(* * * *)(For the benefit of the mathematical reader)For example, if $f$ is an endomorphism of the algebraic variety $X$, inducing an endomorphism of the cohomology space Hi($X$), then the fact that the "characteristic polynomial" of the latter must have integrer coefficients does not depend on the kind of cohomology employed (for example, 1-adic for some arbitrary 1). Likewise for algebraic correspondences in general, which $X$ is presumed proper and smooth. The sad truth(and this gives one an idea of the depo-

rable state in which the cohomological theory of algebraic varieties of characterstic $p$ finds itself since my departure), is that there is no demonstration of this fact, as of this writing, even in the simplest case in which $X$ is a smooth projective surface, and $i=2$. Indeed, to my knowledge, nobody since my departure has deigned to interest himself in this crucial question, which is typical of all those which are subsidiary to the standard conjecture. The doctrine a-la-mode is that the only endomorphism worthy of anyone's attention is the Frobenius endomorphism. (which could have been treated by Deligne by the method of boundaries …)

---

It was through my intention to give expression to this "kinship" between differing cohomological theories that I arrived at the notion of associating an algebraic variety with a"motive". My intention in using this term is to suggest the notion of the "common mo five" (or of the"common rationale") subsidiary to the great diversity of cohomological invariants associated with the variety, owing to the enormous collection of cohomologies possible apriori. The differing cohomological theories would then be merely so many differing thematic developments (each in the "tempo", the "key", and "mode" ("major" or"minor") appropriate to it), of an identical "basic motive" (called the "motivic cohomological theory"), which would also be at the same time the most fundamental, the ultimate "refinement" of all the differing thematic incarnations (that is to say, of all the possible cohomological theories).

Thus the motive associated with an algebraic variety would constitute the ultimate invariant, the invariant par excellence from the cohomological standpoint among so many musical "incarnations", or differing "realizations". All of the essential properties of the cohomology of the variety could already be read off (or be"extended to") on the corresponding motive, with the result that the properties and familiar structures of particular cohomological invariants, (1-adic, crystalline for example) would be merely the faithful reflection of the properties and structures intrinsic to the motive( * ).

---

( * )(For the benefit of the mathematical reader) Another way of viewing the category of motives over a field $k$, is to visualize it as a kind of"covering Abelian category" of the category of distinct schemes of finite type over $k$. Then the motive associated with a given schema $X$ ("cohomological motive" of $X$ which I notate as $H^*$ (mot) ($X$)) thereby appears as a sort of "Abelianized avatar" of $X$. The essential point is that, even as an Abelian variety $X$ is susceptible to "continuous variation" (with a dependence of its' isomorphism class on "continuous parameters",

or"modules"), the motive associated with $X$, or more generally, a "variable" motive, is also susceptible to continuous variation. This is an aspect of motivic cohomology which is in flagrant contrast to what one normally has with respect to all the classical cohomological invariants (including the 1-adic invariants), with the sole exception of the Hodge cohomology of complex algebraic varieties.

This should give one an idea of to what extent "motivic cohomology" is a more refined invariant, encapsulating in a far tighter manner the "arithmetical form" (if I can risk such an expression) of $X$, than do the traditional invariant s of pure topology. In my way of looking at motives, they consitute a kind of delicate and hidden"thread" linking the algebraic geometric properties of an algebraic variety to the properties of an "arithmetic" nature incarnated in its motive. The latter may then be considered to be an object which, in its spirit, is geometric in nature, yet for which the "arithmetic" properties implicit in its geometry have been laid bare.

Thus, the motive presents itself as the deepest "form invariant" which one has been able to associate up to the present moment with an algebraic variety, setting aside its "motivic fundamental group". For me both invariants represent the "shadows" projected by a "motivic homotopy type" which remains to be discovered (and about which I say a few things in the footnote:"The tower of scaffoldings or tools and vision" (R&S Ⅳ, #178, see scaffolding S (Motives), and in particular page 1214)).

It is the latter object which appears to me to be the most perfect incarnation of the elusive intuition of "arithmetic form" (or "motivic"), of an arbitrary algebraic variety.

---

Here we find, expressed in the untechnical language of musical metaphor, the quintessence of an idea (both delicate and audacious at once), of virtually infantile simplicity. This idea was developed, on the fringes of more fundamental and urgent tasks, under the name of the "theory of motives", or of "philosophy" (or "yoga") of the "motives", through the years 1967—1969. It's a theory of a fascinating structural richness, a large part of which remains purely conjectural. ( * )

---

( * ) I've explained my vision of motives to any who wished to learn about them all through the years, without taking the trouble to publish anything in black and white on this subject (not lacking in other tasks of importance). This enabled several of my students later on to pillage me all the more easily, and under the tender gaze of my circle of friends who were well aware of the situation. (See the following footnote)

IN R &S I often return to this topic of the "yoga of motives", of which I am particularly fond. There is no need to dwell here on what is discussed so thoroughly elsewhere. It suffices for me to say that the "standard conjectures" flow in a very natural way from the world of this yoga of motives. These conjectures furnish at the same time a primary means for effecting one of the possible formal constructions of the notion of the motive.

The standard conjectures appeared to me then, and still do today, as one of the two questions which are the most fundamental in Algebraic Geometry. Neither this question, nor the other one (known as the "resolution of singularities") has been answered at the present time. However, whereas the second of them has a venerable history of a century, the other one, which I've had the honor of discovering, now tends to be classified according to the dictates of fad-and-fashion (over the years following my departure from the mathematical scene (and similarly for the theme of motives)), as some kind of genial "grothendieckean" fol-de-rol. Once more I'm getting ahead of myself …(*)

(*) In point of fact, this theme was exhumed (one year after the crystalline theme), but this time under its own name (and in a truncated form, and only in the single case of a base field of null characteristic), without the name of its discoverer being so much as mentioned. It constiutes one example among of its discoverer being so much as mentioned. It constiutes one example among so many others, of an idea and a theme which were buried at the time of my departure as some kind of "grothendieckean fantasmagoria", only to be revived, one after another, by certain of my students over the course of the next 10 to 15 years, with shameless pride and (need one spell it out?) never a mention of its originator.

---

17. In Quest of the Mother-Two Views

Speaking truthfully, my thoughts about the Weil conjectures in and of themselves, that is to say with the goal of solving them, have been sporadic. The panorama that opened up before me, which I was obliged to make the effort to scrutinize and capture, greatly surpassed in scope and in depth the hypothetical needs for proving these conjectures, or indeed all the results that would follow from them. With the emergence of the themes of the schemes and topos, an unsuspected world suddenly opened up. Certainly the"conjectures" occupy a central place, in much the way as the capital city of a vast empire or continent, with numberless provinces, most of which have only the most tenuous relations with the brilliant and prestigious metropolis. Without having to make it explicit, I knew that henceforth I was to be the servant of a great enterprise: to explore this immense and unknown world, to depict its frontiers however far distant: to traverse it in all directions, to inventory with obstinate care the closest and most accessible of these provinces; then to draw up precise maps in which the least little village and tiniest cottage would have their proper place …

It is the later task, above all, which absorbed most of my energy-a long and patient labor on foundations, which I was the first to see with clarity and, above all, to "know in my guts". It is this which took up the major part of my time between 1958 (the year in which one after another, the schemes and the topos made their respective appearances), and 1970, (the year of my departure from the mathematical scene.) It often happened also that I chaffed at the bit to be constrained in this fashion, like someone pinned down by an immovable weight, by those interminable tasks which (once the essentials had been understood) seemed more of a routine character than a setting forth into the unknown. I had constantly to restrain the impulse to thrust forward-in the manner of a pioneer or explorer, occupied somewhere far distant in the discovery and exploration of unknown and nameless worlds, crying out for me to become acquainted with them and bestow names upon them.

This impulse, and the energy I invested in them(partially, in my spare time), were constantly held in abeyance.

However I knew very well that it was this energy, so slight, (in a manner of speaking) in comparison with what I gave to my "duties", that was the most important and advanced; in my "creative" work in mathematics it was this that was involved; in that intense attention given to the apprehension of, in the obscure folds, formless and moist, of a hot and inexhaustibly nourishing womb, the earliest traces and shapes of what had yet to be born and which appeared to be calling out to me to give it form, incarnation and birth … This work of discovery, the concentrated attention involved, and its ardent solicitude, constituted a primeval force, analogous to the sun's heat in the germination and gestation of seeds sown in the nourishing earth, and for their miraculous bursting forth into the light of day.

In my work as a mathematician I've seen two primary forces or tendencies of equal importance at work, yet of totally different natures- or so it seems to me. To evoke them I've made use of the images of the builder, and of the pioneer or explorer. Put alongside each other, both strike me somehow as really quite "yang", very "masculine", even "macho"! They possess the heightened resonance of mythology, of "great events". Undoubtably they've been in-

spired by the vestiges within me of my old "heroic" vision of the creative worker, the "super-yang" vision. Be that as it may, they produce a highly colored image, if not totally pictorial yet "standing at attention" to be viewed, of afar more fluid, humble and "simple" reality -one that is truly living. However, in this "male" "builder's" drive, which would seem to push me relentlessly to engineer new constructions I have, at the same time, discerned in me something of the homebody, someone with a profound attachment to"the home". Above all else, it is "his" home, that of persons"closest" to him- the site of an intimate living entity of which he feels himself a part. Only then, and to the degree which the circle of his"close associates" can be enlarged, can it also be an"open house" for everyone.

And, in this drive to "make" houses there is above all, tenderness. There is furthermore the urge for contact with those materials that one shapes a bit at a time, with loving care, and which one only knows through that loving contact. Then, once the walls have been erected, pillars and roof put in place, there comes the intense satisfaction of installing the rooms, one after the other, and witnessing the emergence, little by little, from these halls, rooms and alcoves, of the harmonious order of a living habitation *n*-charming, welcoming, good to live in. Because the home, above all and secretly in all of us, is the Mother-that which surrounds and shelters us, source at once of refuge and comfort; and it is even (at a still deeper level, and even as we are in the process of putting it all in place), that place from which we are all issued, which has housed and nourished us in that unforgettable time before our birth … It is thus also the Busom.

And the other spontaneously generated image, going beyond the inflated notion of a "pioneer", and in order to grasp the hidden reality which it conceals, is itself devoid of all sense of the "heroic". There once again, it is the archetypal maternal image which occurs-that of the nourishing "matrix" and of its formless and obscure labors…

These twin urges which appeared to me as being "totally different" have turned out to be much closer than I would have imagined. Both the one and the other have the character of a "drive for contact", carrying us to the encounter with "the Mother": that which incarnates both that which is close and "known", and that which is "unknown". In abandoning myself to either one or the other, it is to"rediscover the Mother", it is in order to renovate contact with that which is near, and"more or less known", and that which is distant, yet at the same time sensed as being on the verge of being understood.

The distinction is primarily one of tone, of quantity, but not of an essential nature. When I"con-

struct houses", it is the "known" which dominates; when I "explore", it is the "unknown". These two "modes" of discovery, or to better state the matter, these two aspects of a single process, are indissolubly linked. Each is essential and complementary to the other. In my mathematical work I've discerned a coming-and-going between these two ways of approaching things, or rather, between those moments (or periods) in which one predominates, then the other. ( * )

---

( * ) What I've been saying about mathematical work is equally true for "meditative" activity (which is discussed more or less throughout *Recoltes et Semailles*). I have no doubts that it is innate to all forms of discovery, including those of the artist (writer or poet for example). The two "faces" which I've described here might also be seen as being, on the one hand that of expression and its "technical" requirements, while the other is that of reception (of perceptions and impressions of all sorts), turning into inspiration as a consequence of intense concentration. Both the one and the other are present at every working moment, as well as that "coming-and-going", in which first the one predominates, then the other.

---

Yet it is also clear that, at every instant, one or the other mode will be present. When I construct, furnish, clear out the rubble or clean the premises, or set things in order, it is the "mode", or "face" of the "yang", the "masculine" which sets the tone of my work. When I explore, groping around that which is uncomprehended, formless, that which is yet without any name, I'm following the "yin" aspect, or "feminine" side of my being. I've no intention of wishing to minimize or denigrate either side of my nature, each essential one to the other: the "masculine" which builds and engenders, or the "feminine" which conceives, which shelters the long and obscure pregnancies. I am either one or the other-"yang" and "yin", "man" and "woman". Yet I'm also aware that the more delicate, the subtler in unraveling of the secretive processes is to be found in the "yin" or "feminine" aspect-humble, obscure, often mediocre in appearance.

It's this side of my labor which, always I would say, has held the greatest fascination for me. The modern consensus however had tried to encourage me to invest the better part of my energy in the other side, in those efforts which affirm themselves by being incarnated in "tangible" products, if not always finished or perfected-products with well-defined boundaries, asserting their reality as if they'd been cut in stone… I can now see, upon reflection, how heavily this consensus weighed on me, and also how I "bore the weight of the accusation"-with submis-

sion! The aspect of "conception" or "exploration" of my work was accorded a meager role by me, even up to the moment of my departure. And yet, in the retrospective overview I've made of my work as a mathematician, the evidence leaps out to me that the thing that has constituted the very essence and power of this work, has been the face which, in today's world, is the most neglected, when it is not frankly treated as an object of derision or disdainful condescension: that of the ideas, even that of dreams, never that of results.

In attempting in these pages to discern the most essential aspects of my contribution to the mathematics of our time, via a comprehensive vision that chooses the forest over the trees-I've observed, not a victorious collection of "grand theorems", but rather a living spectrum of fertile ideas, which in their confluence have contributed to the same immense vision. (＊)

(＊)That does not my work is lacking in major theorems, including those theorems which resolve questions posed by others, which noone before me had known how to solve. (Some of these are reviewed in the note at the bottom of the page(＊＊＊) p. 554 or the note "The rising sea…:" (R&S, #122)Yet, as I've already emphasized right at the beginning of this "promenade" (#6 "Vision and points of view"), these theorems assume meaning for me only within the nourishing context of a grand theme initiated by one of those"fertile ideas". Their demonstration follows from them, as from a spring and effortlessly, even from their very nature, out of the "depths" of the theme that carries them-like the waves of a river appear to emerge calmly from the very depths of its waters, without effort or rupture. I've expressed the same idea, though with different images, in the footnote cited above, "The rising sea …".

---

18. The Child and its Mother

When, in the course of writing this "preface", I began this promenade through my work as a mathematician, (with its brief sketches of"inheritors" (authentic), and "builders" (incorrigible)), a name suggested itself by which this incomplete preface could be suitably designated. Originally it was "The child and the builders". Over the course of several day however, it became apparent that "the child" and "the builder" were one and the same person. This appellation thereby became, simply, "the child builder"; a name, indeed, not lacking in charm, with which I was well pleased. Yet it was revealed further along in the course of this reflection that this haughty "builder" or (with more modesty), The child who plays at making houses was nothing more than one of the two avatars of the child-who-plays. There is, in addition, the child-who-loves-to-investigate-all-things, who delights in digging in and being buried by the sands, or in the muddy sludge, all those exotic, impossible surroundings… To indicate this change (if only for myself), I started to speak of him by means of the flashy word, the"pioneer"; followed by another more down to earth, though not lacking in prestige, the "explorer". I was then led to ask which, between the "builder" and the "pioneer-explorer", is the more masculine, the more enticing of the two? Heads or tails?

Following which, scrutinizing ever more closely, I beheld our intrepid "pioneer" who finds himself ultimately become a girl (whom I would have liked to dress up as a boy)-sister to pools, the rain, the fogs and the night, mute and virtually invisible from the necessity of staying always in the shadows-she whom one always forgets (when one is not inclined to mock her)…And I as well found opportunities as well, for days at a time, to forget her-to do so doubly, one might say: I tried to avoid seeing anything but the boy (he who plays at making homes)-and even when it became impossible all the same to deny the other, I still saw her somehow in the guise of a boy …

As a suitable name for my "promenade" in fact, it doesn't work at all. It's a phrase which is totally "yang", totally"macho", and it's lame. Not to appear biased it would have to also include the other. But, strange as it may seem, the "other" really doesn't have a name. The closest surrogate would be "the explorer", but that too is a boy's name, and there's no hope for it. The language itself has been prostituted, it lays traps for us without our being aware of it, it goes hand in glove with our most ancient prejudices.

Perhaps one could make do with "the child-who-builds and the child-who-explores". Without stating that one is a "boy", the other a "girl", that it's a kind of single boy/girl who explores while building and while exploring builds… Yet just yesterday, in addition to the double-sided yin-yang that both contemplates and explores, another aspect of the whole situation emerged.

The Universe, the World, let alone the Cosmos, are basically very strange and distant entities. They don't really concern us. It is not towards them that the deepest part of ourselves is drawn. What attracts us is an immediate and tangible Incarnation of them, that which is close, "physical", imbued with profound resonances and rich in mystery-that which is conflated with the origins of our being in the flesh, and of our species-and of that which at all times awaits us, silently and ever welcoming, "at the end of the road". It is She, the Mother, She who gives us birth as she gives birth to the World, She who subdues the urges or opens the floodgates of desire, carrying us to our encounter with Her, thrusting us forwards towards Her, to a ceaseless return and immersion in Her.

Thus, digressing from the road on this unanticipated "promenade", I found, quite by accident, a parable with which I was familiar, which I'd almost forgotten-the parable of The Child and the Mother. One might look upon it as a parable of "Life in Search of Itself". Or, at the simple level of personal existence, a parable of "Being, in its quests for things".

It's a parable, and it's also the expression of an ancestral experience, deeply implanted in the psyche-the most powerful of the original symbols that give nourishment to the deepest levels of creativity. I believe I recognize in it, as expressed in the timeless language of archetypal images, the very breath of the creative power in man, animating flesh and spirit, from their most humble and most ephemerable manifestations to those which are most startling and indestructible.

This "breath", even like the carnal image that incarnates it, is the most unassuming of all things in existence. It is also that which is most fragile, the most neglected and the most despised …

And the history of the vicissitudes of this breath

over the course of its existence is nothing other than your adventure, the "adventure of knowledge" in your life. The wordless parable that gives it expression is that of the child and the mother.

You are the child, issued from the Mother, sheltered in Her, nourished by her power. And the child rushes towards the Mother, the Ever-Close, the Well-Understood-towards the encounter with Her, the Unlimited, yet forever Unknowable and full of mystery…

This ends the "Promenade through the life's work of a mathematician"

## §3 仿佛来自虚空
## ——亚历山大·格罗滕迪克的一生(一)[①]

"在我们这个时代如果有一个数学家值得让全人类知晓,那就是格罗滕迪克. 他不仅带来了新的数学,他还带来了告诉大家如何做学问的《九阴真经》."曾经在清华大学高等研究院工作、目前就职于美国新罕布什尔大学数学与统计系的孔良老师曾如是说.

"我在想如果能够让更广泛的中国读者接触到格罗滕迪克就好了. 这也是我一直不遗余力所做的事

① 本节摘编自公众号:知识分子,2017-1-29. 撰文:Allyn Jackson(*AMS Notices* 高级作家和编辑),翻译:欧阳毅(中国科学技术大学数学系教授).

情”，孔良因此向《知识分子》主编、北京大学教授饶毅推荐了格罗滕迪克的传记，也是传世的经典之作《仿佛来自虚空——亚历山大・格罗滕迪克的一生》.

本文是 *Comme Appelé du Néant — As If Summoned from the Void: The Life of Alexandre Grothendieck* 的翻译，标题为编者所拟. 原著分为两部分分别发表在 2004 年 10 月、11 月的美国数学协会的杂志 *Notice* 上.《知识分子》获中文译者、中国科学技术大学数学系欧阳毅教授授权，分为六篇陆续分享给广大读者，以了解一位伟大的数学家，他的精神和风范.

亚历山大・格罗滕迪克是一位对数学对象极度敏感，对它们之间复杂而优美的结构有着深刻认识的数学家. 他生平中的两个制高点——他是高等科学研究院(IHES)的创始成员之一，并在 1966 年荣获菲尔兹奖——就足以保证他在二十世纪数学伟人殿里的位置. 但是这样的叙述远不足以反映他工作的精华，它深深植根于某种更有机更深层的东西里面. 正如他在长篇回忆录《收获与播种》中所说：“构成一个研究人员的创造力和想象力的品质的东西，正是他聆听事情内部声音的能力”(原书第 27 页). 今天格罗滕迪克自己的声音，蕴含在他的著作中，到达我们耳中，就如来自虚空：76 岁高龄的他已经在法国南部的一个小村落里隐居十多年了.

用密歇根大学海曼・巴斯的话来说，格罗滕迪克用一种“宇宙般普适”的观点改变了整个数学的全貌. 如今这种观点已经如此深入地吸收到数学研究里面，以至于对新来的研究者来说，很难想象以前并不是这样的. 格罗滕迪克留下最深印迹的是代数几何学，在其中他强调通过发现数学对象间的联系来理解数学对象本身. 他具有一种极其强大、几乎就是来自另外一个世界的抽象能力，让他能够从非常普适的高度来看待问题，而且他使用这种能力又是完美无缺的精确. 事实上，从二十世纪中叶开始，在整个数学领域里不断加深的一般化和抽象化的潮流，在很大程度上归功于格罗滕迪克. 同时，那些为一般化而一般化，以至于去研究一些毫无意义或者没有意思的数学问题，是他从来不感兴趣的.

格罗滕迪克在第二次世界大战期间的早期生活充满混乱和伤害，并且他的教育背景并不是最好的. 他如何从这样缺乏足够教育的开始脱颖而出，成为世界上的领袖数学家之一，是一出精彩的戏剧——同样，在1970 年，正当他最伟大的成就在数学研究领域开花结果，而且数学研究正深受他非凡个性影响的时候，他突然离开了数学研究，也是富有戏剧性的.

**早期生活**

对于我来说，我们高中数学课本最令人不满意的地方，是缺乏对长度、面积和体积的严格定义. 我许诺自己，当我有机会的时候，我一定得填补这个不足.

——《收获与播种》，第 3 页

2003 年 8 月以八十岁高龄过世的普林斯顿高等研究院的阿曼德 · 波莱尔曾回忆起他在 1949 年 11 月在巴黎一次布尔巴基讨论班上第一次见到格罗滕迪克时的情形. 在讲座的空歇时间，当时二十多岁的波莱尔正与时年 45 岁，那时法国数学界的一位领袖人物查尔

斯・爱尔斯曼聊天.波莱尔回忆说,此时一个年轻人走到爱尔斯曼面前,不作任何介绍,当头就问:“你是拓扑群方面的专家吗?”为了显示自己的谦虚,爱尔斯曼回答说:是的,知道一点点关于拓扑群的知识.年轻人坚持说:“可我需要一个真正的专家!”这就是亚历山大・格罗滕迪克,时年 21 岁——性急,热情,确切说不是无礼,但对社交礼仪差不多一无所知.波莱尔记得格罗滕迪克当时问了一个问题:每个局部拓扑群是否是整体拓扑群的芽?波莱尔自己恰好知道一个反例.这个问题表明格罗滕迪克那个时候就已经考虑用很普适的观点来考虑问题了.

20 世纪 40 年代末,在巴黎度过的时期是格罗滕迪克首次和数学研究世界的真正接触.在此之前,他的生活——至少就我们所知道的情况而言——几乎没有什么可以预示他注定成为这个世界一位具有统治地位的人物.大多关于格罗滕迪克的家庭背景和早期生活的情节都是粗略或者未知的.穆斯特大学的温弗雷德・沙劳正在撰写一部格罗滕迪克的传记,因而对他的这段历史作了详细研究.下面我对格罗滕迪克生平的简略描述的大部分信息来自于对沙劳的一次访谈或者来自于他收集的关于格罗滕迪克生平的资料.

格罗滕迪克的父亲,其名字或许叫亚历山大・沙皮诺,于 1889 年 10 月 11 日生于乌克兰诺夫兹博科夫的一个犹太人家庭.沙皮诺是一个无政府主义者,参加过 20 世纪早期沙皇俄国多次暴动.在 17 岁的时候他被捕,尽管成功逃脱了死刑的判决,但是数次越狱又被抓获,让他一共在狱中待了大约 10 年时间.格罗滕迪克的父亲,有时候常常被人混淆为另外一个更有名的亚历山大·沙皮诺，他也参加过多次政治运动. 那位沙皮诺，曾在约翰·里德(John Reed)的名著《震撼世界的 10 天》里面出现过，移民去了纽约并于 1946 年去世，那时候，格罗滕迪克的父亲已经过世 4 年了. 另外一个关于格罗滕迪克父亲的显著特征是他只有一只手. 根据贾斯汀·巴姆比(她在 1970 年代曾经与格罗滕迪克生活过一段时间，并且和他育有一个儿子)的话来说，他的父亲是在一次逃避警察抓捕而尝试自杀时失去了他的一只胳膊. 格罗滕迪克本人可能不知情地帮助造成这两个沙皮诺的混淆：举个例子，高等科学研究院的皮埃尔·卡迪耶尔(Pierre Cartier)提到格罗滕迪克坚持里德的书里面的一个人物是他父亲.

1921 年，沙皮诺离开俄国，从那时起，终其一生他都是一个无国籍人. 为了隐瞒他的政治过去，他获得了一份名叫亚历山大·塔纳洛夫的身份证明，从此他就用这个新的名字. 他在德国、法国和比利时都待过一段时间，和无政府主义者及其他革命团体均有联系. 在二十世纪二十年代中期的一个激进分子圈里面，他认识了格罗滕迪克的母亲，汉卡(琼娜)·格罗滕迪克. 她于 1900 年 8 月 21 日出生在汉堡一个中产阶级路德教徒家庭里. 出于对她所受的传统教育的反叛，她被吸引来到柏林，当时那里是先锋派和社会革命运动的温床. 她和沙皮诺都渴望成为作家. 他从没有发表过什么东西，而她在报纸上发表过一些文章. 在二十世纪四十年代，汉卡写了一本自传小说 *Eine Frau*(《一个小女人》)，不过从未发表. 在他一生的大部分时间，塔纳洛夫是一位街头摄影师，这项工作让他可以独立生活，又不用违背自己的无政府主义信仰去被人雇佣. 他和汉卡曾经

都结过婚，而且都各有一个前次婚姻所生的孩子，她有个女儿，而他有个儿子. 亚历山大·格罗滕迪克于 1928 年 3 月 28 日出生于柏林，其时他们家由汉卡、塔纳洛夫，汉卡的女儿、比亚历山大大四岁的麦娣组成. 他被家人和后来的密友们叫作舒瑞克；他父亲的昵称叫萨沙. 尽管他从来没有见到过他同父异母的哥哥，格罗滕迪克将他在二十世纪八十年代完成的手稿 *ALa Poursuitedes Champs*(《探索 Stacks》)献给了他.

1933 年，德国民族社会主义工人党上台后，沙皮诺从柏林逃到了巴黎. 同年 12 月，汉卡决定追随丈夫，于是她将儿子留在汉堡附近布兰肯尼斯的一个寄养家庭里面；麦娣则留在柏林一个收养残疾人的机构里，尽管她并不是残疾人(《收获与播种》，472－473 页). 这个寄养家庭的家长是威尔海姆·海铎，他的不平凡的一生在他的传记 *Nur Mensch Sein* 里面有详细描述；同书里面有格罗滕迪克 1934 年的一张照片，而且在书中他被简要提起. 海铎曾经是路德教会的牧师和军官，随后他离开教会，成为小学教师，同时是一位 Heipraktiker(这个词现在可以粗略翻译为“另类医学的从业者”，或者为“江湖医生”). 1930 年他创立了理想主义政党人道主义党，此党后来被德国民族社会主义工人党认定非法. 海铎自己有 4 个孩子，他和妻子代格玛，出于他们信仰的基督教义务，又收养了好几个孩子，他们都因第二次世界大战前那段混乱日子而不得不与自己的家庭分开.

格罗滕迪克从 5 岁到 11 岁，在海铎家里待了 5 年多，并且开始上学. 代格玛·威尔海姆在回忆录里面说小亚历山大是一位非常自由，特别诚实，毫无顾忌的小孩.在他生活在海铎家的这几年里,格罗滕迪克只从他母亲那里收到几封信,他父亲根本就没有给他写过信.尽管汉卡仍然还有些亲戚在汉堡,从没有人来看过他.突然和父母分离,对格罗滕迪克来说是非常伤心的事情,这可以从《收获与播种》中看出(473 页).沙劳认为小亚历山大可能在海铎家里过得并不愉快.从两个无政府主义者作家长的不受拘束的家里出来,海铎家里比较严肃的氛围可能比较让他觉得郁闷.事实上,他和海铎家附近其他一些家庭更亲近些,成年以后他仍然多年坚持给他们写信.他也给海铎家写信,并且数次回来拜访汉堡,最后一次是在二十世纪八十年代中期.

1939 年,战争迫在眉睫,海铎夫妇所承受的政治压力也越来越大,他们不能够再抚养这些孩子了.格罗滕迪克这个情况更困难些,尽管他父母的确切地址不为人知,但是代格玛·海铎写信给法国驻汉堡领事馆,设法给时在巴黎的沙皮诺和时在尼姆兹的汉卡带去消息.联系到他父母以后,11 岁的格罗滕迪克被送上从汉堡到巴黎的火车.1939 年 5 月他和父母团聚,他们在一起度过了第二次世界大战前的短暂时光.

目前我们并不确切知道当格罗滕迪克在汉堡的时候,他的父母做了些什么,但可以肯定他们在政治上仍然很活跃.他们跑到西班牙参加了西班牙内战,当佛朗哥获胜后又逃回法国.由于他们的政治活动,汉卡和她的丈夫在法国被当作危险的外国人.格罗滕迪克回到他们身边不久,沙皮诺就被送入 Le Vernet 的国际集中营,此地是所有法国集中营中最糟糕的.很可能从那以后他再也没有看到他的妻子和儿子了.1942 年 8 月,他被法国政府驱逐到奥斯维辛,在那里他被杀害.

麦娣那段时期如何度过我们并不清楚，但最终她和一位美国士兵结婚，并移居美国.

1941 年汉卡和她的儿子被送入 Mende 附近 Rieucros 的战俘收容所. 就战俘收容所而言，Rieucros 的这个算比较好的，格罗滕迪克被允许到 Mende 去读高中. 然而，这种生活被剥夺了自由，又很不确定. 他告诉巴姆比说，他和他母亲时常被那些不知道汉卡是反对德国民族社会主义工人党的法国人故意躲开. 有一次他从收容所跑了出去，想去刺杀希特勒，但他很快就被抓获，送了回来. “这很可能让他丢了性命的”，巴姆比说. 格罗滕迪克一直都很强壮，是一个很优秀的拳击手，他将此归功于这段时期，因为他常常是被伏击的对象. 两年后，母子俩又分开了：汉卡被送到另一个战俘收容所，而她的儿子则最终被送到小镇 Chambon-sur-Lignon. 安德烈·特洛克姆，一位新教徒牧师，将这个山区休假胜地 Chambon 镇变成了反抗德国民族社会主义工人党占领的据点和犹太人及其他被战争危及生命的人们的避难所. 在那里格罗滕迪克被送到由一个瑞士组织成立的儿童之家. 他在 Chambon 镇专门为年轻人的教育而设立的 Cevenol 学院上学并得到业士学位(即通过中学毕业会考). Chambon 人的英雄行为给了逃难者安全，但是生活却是很不稳定的. 在《收获与播种》(第 2 页)里，格罗滕迪克提到当时周期性的抓捕犹太人的行动迫使他和其他同学在森林里躲藏好几天.

在此书中，他也提到些对 Mende 和 Chambon 上学情况的回忆. 很显然，尽管少年时遇到的诸多困难和混乱的生活，使他从很小的时候起就有很强的内在理解能力. 在他的数学课上，他不需要老师的提示就能区分什么东西是深层的、什么是表面的、什么是正确的、什么是错误的. 他发现课本上的数学问题老是重复，而且经常和那些可以赋予它意义的东西隔离开. “这是这本书的问题，不是我的问题”，他写道. 当有问题引起他注意时，他就完全忘我地投入到问题中去，以至于忘记时间（《收获与播种》，第 3 页）.

> 我的微积分老师舒拉先生向我保证说数学上最后一个问题已经在二三十年前就被一个叫勒贝格的人解决了. 确切地说，他发展了一套测度和积分的理论（真是很令人惊讶的巧合!），而这就是数学的终点.
>
> ——《收获与播种》，第 4 页

1945 年 5 月第二次世界大战欧洲战事结束的时候，亚历山大・格罗滕迪克 17 岁. 他和母亲居住在蒙彼利尔郊外盛产葡萄地区的一个叫 Maisargues 的村子里. 他在蒙彼利尔大学上学，母子俩靠他的奖学金和葡萄收获季节打零工来生活；他母亲也做些清扫房屋的工作. 不久以后他待在课堂的时间就越来越少了，因为他发现老师全是照本宣科. 根据让・丢多涅的话来说，那时的蒙彼利尔是“法国大学里面教授数学最落后的地区之一”.

在这种不那么令人激昂的环境下，格罗滕迪克将他在蒙彼利尔三年的大部分时间放在弥补他曾经觉察到的高中教科书的缺陷上，即给出令人满意的长度、面积和体积的定义. 完全靠自己的努力，他实际上重新发现了测度论和勒贝格积分的概念. 这个小故事可以说是格罗滕迪克和阿尔伯特・爱因斯坦两个人生平中几条平行线之一：年轻的爱因斯坦根据自己的想法发展

了统计物理理论，后来他才知道这已经由约舒亚・维拉德・吉布斯发现了！

1948 年，在蒙彼利尔完成理学学士课程后，格罗滕迪克来到了巴黎，法国数学的主要中心. 1995 年，在一篇发表于一法文杂志上关于格罗滕迪克的文章中，一位名叫安德烈・马格尼尔的法国教育官员回忆起格罗滕迪克的去巴黎求学的奖学金申请. 马格尼尔让他说明一下在蒙彼利尔干了些什么. “我大吃一惊，”文章引用马格尼尔的话说，“本来我以为 20 分钟会面就足够了，结果他不停地讲了两个小时，向我解释他如何利用‘现有的工具’，重新构造前人花了数十年时间构建的理论. 他显示出非凡的聪慧. ”马格尼尔接着说：“格罗滕迪克给了我这样的印象：他是一位才气惊人的年轻人，但是所受的苦痛和自由被剥夺的经历让他的发展很不均衡. ”马格尼尔立刻推荐格罗滕迪克得到这个奖学金.

格罗滕迪克在蒙彼利尔的数学老师，舒拉先生推荐他到巴黎去找他以前的老师嘉当. 不过到底是父亲，时年快八十岁的埃里・嘉当，还是他的儿子，四十多岁的亨利・嘉当，格罗滕迪克并不知道(《收获与播种》，第 19 页). 在 1948 年秋天到达巴黎后，他给那里的数学家看自己在蒙彼利尔做的工作. 正如舒拉所说，那些结果已经为人所知，不过格罗滕迪克并不觉得沮丧. 事实上，这段早期孤独一人的努力可能对他成为数学家起了至关重要的作用. 在《收获与播种》中，格罗滕迪克谈到这段时期时说：在根本不知情的情况下，我在孤独工作中学会了成为数学家的要素——这些是没有一位老师能够真正教给学生的. 不用别人告诉我，然而我却从内心就知道我是一位数学家.

他开始参加亨利·嘉当在高等师范学校开设的传奇性的讨论班.这个讨论班采用了一种格罗滕迪克在以后的职业生涯中更严格化的模式:每一年所有的讨论围绕一个选定的主题进行,讲稿要系统地整理出来并最终出版. 1948—1949 年嘉当讨论班的主题是单形代数拓扑和层论——当时数学的前沿课题,还没有在法国其他地方讲授过.事实上,那时离让·勒雷(Jean Leray)最初构想层的概念并没有多久.在嘉当讨论班上,格罗滕迪克第一次见到了许多当时数学界的风云人物,包括克劳德·夏瓦雷(Claude Chevalley),让·德尔萨(Jean Delsarte),让·丢多涅,罗杰·荀德曼(Roger Godement),洛朗·施瓦兹和安德烈·韦伊.其时嘉当的学生有让·皮埃尔·塞尔.除参加嘉当讨论班以外,他还去法兰西学院听勒雷开设的一门介绍当时很新潮的局部凸空间理论的课程.

作为几何学家埃里·嘉当的儿子,自己本人又是一位杰出的数学家,并且又是巴黎高师的教授,从多个方面来看亨利·嘉当都是巴黎精英数学家的中心.而且他还是战后少数几位努力创造条件与德国同行们交流的法国数学家之一,尽管他自己很清楚战争带来的惨痛:他的弟弟参加了抵抗德国占领的地下运动,结果被德国人抓获并斩首.嘉当和当时的许多一流数学家——比如爱尔斯曼,勒雷,夏瓦雷,德尔萨,丢多涅和韦伊——都有一个共同的背景,他们是“高师人”,即为法国高等教育最高学府巴黎高等师范学校的毕业生.

当格罗滕迪克加入嘉当讨论班的时候,他还是个外来人:这不仅仅是说他居住在战后法国而又讲德语,

而且因为他与其他参加者比较起来显得特别贫乏的教育背景.然而在《收获与播种》里,格罗滕迪克说他并不觉得像是圈子里面的陌生人,并且叙述了他对在那受到的“善意的欢迎”的美好回忆(第 19—20 页).他的坦率直言很快就引起大家的注意:在给嘉当 100 岁生日的颂词中,Jean Cerf 回忆说,当时在嘉当讨论班上看到“一个陌生人(即格罗滕迪克),此人从屋子后部随意向嘉当发话,就如同和他平起平坐一样”.格罗滕迪克问问题从不受拘束,然而,他在书上写道,他也发现自己很难明白新的东西,而坐在他旁边的人似乎很快就掌握了,就像“他们从摇篮里就懂一样”(第 6 页).这可能是其中一个原因,促使他在嘉当和韦伊的建议下,于 1949 年 10 月离开巴黎的高雅氛围去了节奏缓慢的南锡.另外,如丢多涅所言,格罗滕迪克那时候对拓扑线性空间比对代数几何更感兴趣,因此他去南锡恰当不过了.

### 南锡的学习生涯

(我在这里受到的)欢迎弥漫开来…… 从 1949 年首次来到南锡的时候我就受到这样的欢迎,不管是在劳伦和 H.施瓦兹的家(那儿我就好像是一个家庭成员一样),还是在丢多涅的或者戈德门特的家(那里也是我经常出没的地方之一).在我初次步入数学殿堂就包容在这样挚爱的温暖中,这种温暖虽然我有时易于忘记,对我整个数学家生涯非常重要.

——《收获与播种》,第 42 页

1940 年后期,南锡是法国最强的数学中心之一;事实上,虚构人物尼古拉·布尔巴基据说是“Nancago

大学"的教授，就是指在芝加哥大学的韦伊和在南锡大学的他的布尔巴基同伴. 此时南锡的教员包括德尔萨，戈德门特，丢多涅和施瓦兹. 格罗滕迪克的同学包括 Jacques-Louis Lions 和 Bernard Malgrange，他们和格罗滕迪克一样均是施瓦兹的学生；以及 Paulo Ribenboim，时年 20 岁，差不多与格罗滕迪克同时来到南锡的巴西人.

根据现在是(加拿大)安大略省 Queens 大学名誉教授 Ribenboim 的话来说，南锡的节奏不象巴黎那么紧张，教授们也有更多时间来指导学生. Ribenboim 说他感觉格罗滕迪克来到南锡的原因是因为他基础知识缺乏以致很难跟上嘉当的高强度讨论班. 这不是格罗滕迪克出来承认的，"他不是那种会承认自己也会不懂的人！"Ribenboim 评论说. 然而，格罗滕迪克的超凡才能是显而易见的，Ribenboim 记得自己当时将他作为完美化身来景仰.

格罗滕迪克可能会变得非常极端，有时候表现得不太厚道. Ribenboim 回忆说："他不是什么卑鄙的人，只是他对自己和别人都要求很苛刻." 格罗滕迪克只有很少几本书；他不是从读书中去学习新的知识，而是宁愿自己去重新建构这些知识. 而且他工作得很刻苦. Ribenboim 还记得施瓦兹告诉他：你看上去是个很友善、均衡发展的年轻人；你应该和格罗滕迪克交个朋友，一起出去玩玩，这样他就不会整天工作了.

其时丢多涅和施瓦兹在南锡开设了关于拓扑线性空间的讨论班. 如丢多涅所说，那时候巴拿赫空间及其对偶已经理解得很清楚了，不过局部凸空间的概念当时刚刚引入，而关于他们的对偶的一般理论还没有建

立起来.在这个领域工作一段时间后,他和施瓦兹遇到了一系列的问题,他们决定将这些问题交给格罗滕迪克.数月之后,他们大吃一惊地得知格罗滕迪克已经将所有的问题都解决了,并在继续研究泛函分析的其他问题."1953 年,应当给予他博士学位的时候,有必要在他写的六篇文章中选取一篇做博士论文,可每一篇都有好的博士论文的水准,"丢多涅写道.最后选定作为论文的是"拓扑张量积和核空间",这篇文章显示出他的一般性思考的初次征兆,而这将刻画格罗滕迪克的整个数学生涯.核空间的概念,在目前已经得到了广泛应用,就是首先在这篇文章里面提出的.施瓦兹在巴黎一次讨论班上宣传了格罗滕迪克的结果,其讲稿"格罗滕迪克的张量空间"发表于 1954 年.此外,格罗滕迪克的论文作为专著于 1955 年在美国数学会的 Memoir 系列出版;此书在 1990 年第七次重印.

格罗滕迪克在泛函分析方面的工作"相当出色",加州大学洛杉矶分校的 Edwards E. Effors 评论说."他可能是第一个意识到二战后迅猛发展的代数和范畴工具可以用来研究如此高度解析的数学分支泛函分析的人了."从某些方面来说,格罗滕迪克走在他的时代的前面,Effors 注意到至少花了 15 年时间,格罗滕迪克的工作才结合到主流的巴拿赫空间理论中去,这其中部分原因是大家对采用他的更代数的观点不积极.Effors 还说道,近年来由于巴拿赫空间理论的"量子化",而格罗滕迪克的范畴论的方法特别适用于这种情况,他的工作的影响进一步得到加强.

尽管格罗滕迪克的数学工作已经得到很有前途的开始,他的个人生活还没有安定下来.在南锡他和母亲住在一起，根据 Ribenboim 的回忆，她由于肺结核偶尔会卧床不起. 她是在收容所染上这种疾病的. 就在这时候她开始写自传《小女人》的. 格罗滕迪克和管理他和他母亲寄住的公寓的一位年老妇人的关系让他有了第一个孩子，一个名叫塞吉的儿子：塞吉主要由母亲抚养. 完成他的博士学位后，格罗滕迪克找到永久职位的希望很小：他是无国籍人，而那时在法国非公民很难找到永久工作. 想成为法国公民就得去参军，而格罗滕迪克拒绝这样做. 从 1950 年起他通过国家科学研究中心(CNRS)找到个职位，不过这个职位更像奖学金，而不是永久性的. 有段时间他甚至考虑去学做木匠来赚钱谋生(《收获与播种》，第 1246 页).

L. 施瓦兹于 1952 年访问了巴西，给那里的人说起他这个才华横溢的学生在法国找工作遇到的麻烦. 结果格罗滕迪克收到圣保罗大学提供给他的访问教授职位的提议，他在 1953 年和 1954 年保持了这个职位. 根据当时为圣保罗大学学生、现在是 Rutgers 大学名誉教授的 Jose Barros-Neto 的话来说，格罗滕迪克(和大学)做了特别安排，这样他可以回巴黎参加那里秋天举行的讨论班. 由于巴西数学界的第二语言是法语，教学和与同事交流对格罗滕迪克来讲是件很容易的事情. 通过去圣保罗，格罗滕迪克延续了巴西和法国的科学交流的传统：施瓦兹之外，韦伊、丢多涅和德尔萨都在二十世纪四五十年代访问过巴西. 韦伊在 1945 年一月到圣保罗，在那里一直待到 1947 年秋天他转赴芝加哥大学的时候. 法国和巴西的数学交流一直延续到现在. 里约热内卢的纯粹与应用数学研究所(IMPA)就有一个促成许多法国数学家到 IMPA 去的法一巴合

作协议.

在《收获与播种》一书中，格罗滕迪克将 1954 年形容为“令人疲倦的一年”(163 页). 整整一年时间，他不成功地试图在拓扑线性空间上的逼近问题上获得一些进展，而这个问题要到整整 20 年后才被一种和格罗滕迪克尝试的办法完全不同的方法解决. 这是“我一生唯一一次感觉做数学是如此繁重!”他写道. 这次挫折给了他一个教训：不管何时，要有几个数学“铁器在火中”，这样如果一个问题被发现很难解决，就可以在别的问题上下功夫.

现在为圣保罗大学教授的 Chaim Honig，当格罗滕迪克在那儿的时候是数学系的助教，他们成了好朋友. Honig 说格罗滕迪克过着一种斯巴达式的孤独生活，靠着牛奶和香蕉过日子，将自己完全投入到数学中. Honig 有次问格罗滕迪克他为什么选择了数学. 格罗滕迪克回答说他有两个爱好，数学和音乐，他选择了数学是因为他觉得这样可能更容易谋生些. 他的数学天赋是如此显而易见，Honig 说，“我当时相当惊讶他竟然在数学和音乐间犹豫不决.”

格罗滕迪克计划和当时在里约热内卢的 Leopoldo Nachbin 一起合写一本拓扑线性空间的书，不过这本书从来没有实质化过. 然而，格罗滕迪克在圣保罗教授了拓扑线性空间这门课程，并撰写了讲义，这个讲义后来由大学出版了. Barros-Neto 是班上的学生，他写了讲义上的一个介绍性章节，讲述一些基本的必备知识. Barros-Neto 回忆说：当格罗滕迪克在巴西的时候说起过要转换研究领域. 他“很雄心勃勃”，Barros-Neto 说道，“你可以感觉到这个行动——他应该做些很根本、重要而又基础的东西.”

## §4 仿佛来自虚空
## ——亚历山大·格罗滕迪克的一生(二)[①]

### 新星升起

这个最本质的东西就是每次塞尔会强烈感觉到某个陈述下隐含着的丰富意义,而这个陈述在字面意义上讲,无疑让我既不感到兴奋,也不觉得无味——而且他可以“传输”这种对如此内蕴丰富、实在而又神秘的实质的感知——这种感知在同一时间就是理解这个实质的渴望,以至看透它的本质.

——《收割与播种》,第 556 页

格勒诺贝尔大学的 Bernard Malgrange 回忆起当格罗滕迪克写完论文后,他宣称自己不再对拓扑线性空间感兴趣了.“他告诉我,‘这里面不再有东西可做了,这个学科已经死了,’”Malgrange 回忆道.当时学生按要求需要准备一份“第二论文”,此文不必包含原创性的工作,其用意在于让学生展示对和自己博士论文研究相隔很远的一门数学领域的理解深度.格罗滕迪克的第二论文是关于层论的,这个工作或许埋下了他对代数几何的兴趣的种子,而这将是他做出最伟大成就的地方.在巴黎完成格罗滕迪克的论文答辩后,

① 摘编自公众号:知识分子,2017－1－30.撰文:Allyn Jackson,翻译:欧阳毅.

Malgrange 记得他自己、格罗滕迪克和亨利·嘉当挤在一辆出租车上去施瓦兹家里吃午饭. 他们坐出租是因为 Malgrange 在滑雪的时候摔断了腿. “在车上, 嘉当告诉格罗滕迪克他叙述层论时犯的一些错误,” Malgrange 回忆说.

离开巴西后, 格罗滕迪克 1955 年在堪萨斯大学度过, 可能是受到 N. Aronzajn 的邀请. 在那里格罗滕迪克开始投入到同调代数研究中去. 正是在堪萨斯他写了《关于同调代数的若干问题》这篇文章, 此文在专家圈子里面被非正式地称为“Tohoku 文章”, 由于此文发表在 *The Tohoku Mathematical Journal*(《东北数学期刊》)上. 此文是同调代数的经典, 发展了嘉当和艾伦伯格关于模的工作. 也是在堪萨斯的时候, 格罗滕迪克写了《带结构层的纤维空间的一般理论》一文, 此文作为国家科学基金(National Science Foundation, NSF)的一个报告发表. 这个报告发展了他关于非交换上同调的初步想法, 此领域在后来他会在代数几何的架构下再次触及.

就是在这时候, 格罗滕迪克开始和法兰西学院的让·皮埃尔·塞尔通信. 他起初和塞尔在巴黎相识, 而后来在南锡时又见过面. 他们信件的精选在 2001 年出版了法文原版, 在 2003 年出版了法英对照版. 这是一段长期而又硕果累累的交流的开始. 这些信件显示了两个非常不同的数学家的深厚而又充满活力的数学联系. 格罗滕迪克表现出天马行空般的想象力, 而它又常常被塞尔的深刻理解和渊博知识带回到地面. 有时候在信中格罗滕迪克会表现出很令人惊讶的无知: 比如说, 有一次他询问塞尔, 黎曼 zeta－函数是否有无穷多零点."他的经典代数几何知识实质上等于零,"塞尔回忆说,"我自己的经典代数几何知识比他稍微好点,但好得不多,但是我试着去帮助他.可是……有这么多未解决的问题,所以这不是很重要."格罗滕迪克不是那种了解最新文献的人,很大程度上他依靠塞尔来了解目前数学界正在干些什么.在《收获与播种》里,格罗滕迪克写道,他学习到的大部分几何知识,除去他自学的外,全学自于塞尔(第 555—556 页).不过塞尔不仅仅是教给格罗滕迪克知识;他能够将要点融会贯通,然后用一种格罗滕迪克发现非常具有说服力的方法叙述出来.格罗滕迪克将塞尔叫作"引爆器",一个提供火花,将导火索点燃,促使观点大爆炸的人.

确实,格罗滕迪克将他工作的许多中心主题都归因于塞尔.比如说,就是塞尔在 1955 年将韦伊猜想用上同调的语言介绍给格罗滕迪克——这种语言在韦伊最初提出猜想的时候是没有明显给出的,而它却正是可以吸引格罗滕迪克的地方(《收获与播种》,840 页).通过对韦伊猜想做"凯莱"类比的想法,塞尔也促使了格罗滕迪克的所谓"标准猜想"的提出,此猜想更加一般化,而韦伊猜想只是其中一个推论(《收获与播种》,第 210 页).

在堪萨斯待了一年后,格罗滕迪克在 1956 年回到法国的时候,在 CNRS 谋得了一个位置,大部分时间里他待在巴黎.他和塞尔继续通信,并且经常通电话讨论问题.就在此时格罗滕迪克开始更深入地研究拓扑和代数几何.他脑子里"充溢着想法,"阿曼德·波莱尔回忆说,"我很确定某些一流的工作必将出自于他.不过最后(从他那里)出来的比我想象的甚至还要高出很

多. 这就是他的黎曼－罗赫定理，一个相当美妙的定理. 它真是数学上的一个杰作.”

经典形式的黎曼－罗赫定理在 19 世纪中叶得到证明. 它讨论的问题是：在一个紧致黎曼曲面上，由那些极点在给定的有限多个点上，且具有最多给定次数的阶的亚纯函数构成的空间的维数是多少？问题的答案就是黎曼－罗赫公式，它将维数用曲面的不变量来表达——从而提供了曲面的解析性质和拓扑性质的丰富联系. 弗里德里希－赫兹布鲁克(Friedrich-Hirzebruch)在 1953 年做出了一个巨大的进展，其时他将黎曼－罗赫定理推广到不仅适用于紧致曲面，而且适用于复数域上的射影非奇异簇的情况. 整个数学界都在欢呼这项伟业，它可能是这个问题的盖棺之语了.

“此时格罗滕迪克走了出来，说道：‘不，黎曼－罗赫定理不是一个关于簇的定理，而是一个关于簇间态射的定理’，”普林斯顿大学的尼克莱斯·卡兹说，“这是一个根本性的新观点……整个定理的陈述完全改变了.”范畴论的基本哲学，也就是大家应该更加注意的是对象间的箭头(态射)，而不是对象自身，才刚刚开始在数学上取得一点影响.“格罗滕迪克所做的事情就是将这种哲学应用到数学上很困难的一个论题上去，”波莱尔说，“这真的很符合范畴和函子的精神，不过人们从没有想过在如此困难的论题上使用它…… 如果人们已经知道这个陈述，并且明白它在说什么，可能别的某个人可以证明这个陈述. 不过单单这个陈述本身就已经领先别的任何人 10 年时间.”

这个定理，其后也被 Gerard Washnitzer 在 1959 年证明，不仅适用于复代数簇——基域特征零的情况——而且也适用于任何本征光滑代数簇而不必在乎基域是什么. 赫兹布鲁克－黎曼－罗赫定理即作为特殊情况推出. 1963 年黎曼－罗赫定理一个影响深远的推广出现了,它就是 Michael Atiyah 和 Isadore Singer 证明的 Atiyah-Singer 指标定理. 在证明的过程中,格罗滕迪克引入了现在叫作格罗滕迪克群的概念,这些群本质上提供了一类新型拓扑不变量. 格罗滕迪克自己将它们叫 $K$－群,他们提供了由 Atiyah 和赫兹布鲁克所发展的拓扑 $K$ 理论的起点. 拓扑 $K$ 理论接着又提供了代数 $K$ 理论的原动力,这两个领域从此均是研究很活跃的领域.

Arbeitstagung,字面意思即是“工作会议”,是由赫兹布鲁克在波恩大学所发起的,其作为数学前沿研究的论坛已经有四十多年历史了. 正是在 1957 年 7 月首次 Arbeitstagung 上格罗滕迪克讲述了他在黎曼－罗赫问题上的工作. 不过令人好奇的是,这个结果从没有在他名字下发表;它出现在波莱尔和塞尔的一篇文章上(这个证明作为一个报告,后来也出现在 SGA 6 中). 正当他在 1957 年秋访问 IAS(高等研究院)的时候,塞尔收到格罗滕迪克的一封信,里面包含了格罗滕迪克证明的概要(日期为 1957 年 11 月 1 日). 他和波莱尔组织了一个讨论班来试着理解这个定理. 因为格罗滕迪克正在忙很多别的事情,他建议他的同事们将讨论班记录下来发表. 不过波莱尔推测可能有别的原因让格罗滕迪克对将证明写下来不感兴趣.“格罗滕迪克主要的哲学思想是数学应该被简化为一系列很小而又很自然的步骤,”波莱尔说,“只要你还不能这么做,就说明你还没有理解里面真正的含义……他的黎曼－

罗赫证明使用了一个小窍门，une atuce. 因此他不喜欢这个证明，所以也就不想发表它. 正好他有别的很多事情要做，他对将这个窍门写下来没有兴趣.”

这并不是格罗滕迪克最后一次革命化一个学科研究问题的观点.“这样的事情一次又一次不停地发生，他会去考虑有些别人已经花了很长时间、在某些情况下甚至是 100 年的时间研究过的问题…… 最后他完全转变了人们当初认定的这个学科告诉我们的东西.”卡兹评论道. 格罗滕迪克不仅会去解决很困难的问题，他还会去继续研究引起这些问题的问题.

## 新世界大门开启

(我最后终于)意识到这种“我们，伟大而高贵的精神”思维方式，在一种特别极端和恶意的形式下，从我母亲的孩提时代开始，就让她情绪易于激动，并支配着她和别人的关系，让她总是居高临下，带着常常是倨傲甚至于轻蔑的怜悯来看待别人.

——《收获与播种》，第 30 页

根据 Honig 的说法，格罗滕迪克的母亲在他待在巴西的时候，至少有部分时间也在那里，尽管 Honig 说自己从没有见过她. 我们不清楚她是否跟随儿子去了堪萨斯. 当 1956 年格罗滕迪克回到法国的时候，他们可能就没有住在一起了. 在 1957 年 11 月于巴黎写给塞尔的信中，格罗滕迪克询问塞尔他是否可以租下塞尔正要搬出的一间巴黎公寓.“我想给我母亲租住这个公寓，她在 Bois-Colombes 过得不怎么好，而且觉得特别孤独，”格罗滕迪克这样解释. 事实上，他母亲在这年年底就去世了.

格罗滕迪克的朋友们和同事们都说当他谈及父母双亲的时候总是充满景仰，几乎到了吹捧的地步. 在《收获与播种》一书中，格罗滕迪克也表达了对他们的深厚的孺慕之情. 多年里他在办公室里挂了张很醒目的他父亲的肖像，此画是 Le Vernet 集中营里的难友描绘的. 据 Pierre Cartier 的描述，这幅肖像画描绘了一个剃着光头、双目“炯炯有神”的男人；很多年里格罗滕迪克自己也剃光头. 根据 Ribenboin 的话，汉卡 · 格罗滕迪克对她的杰出的儿子感到非常骄傲，反过来他也有一种对母亲特别深厚的依赖.

她过世后，格罗滕迪克经历了一段时间来寻找自我，期间他停止了所有的数学活动，还想过成为一位作家. 数月后，他决定重返数学，去完成和一些他已经开始发展的想法相关联的工作. 这一年是 1958 年，根据格罗滕迪克的话，这一年“可能是我数学生涯最多产的一年.”(《收获与播种》，第 24 页)这个时候他开始和一位叫 Mireille 的妇女同居，他在数年后与她结婚，并育有三个孩子：乔安娜，马修和亚历山大. Mireille 和格罗滕迪克的母亲曾经过往甚密，并且据熟悉他俩的人说，她比他大了不少.

德克萨斯大学奥斯汀分校的约翰 · 特德(John Tate)和他当时的妻子凯伦 · 特德(Karen Tate) 1957—1958 学年在巴黎度过，在那儿他们首次见到格罗滕迪克. 格罗滕迪克根本就没有表现过那种他归因于母亲的倨傲. “他很友好，同时相当天真和孩子气，” John Tate 回忆道，“很多数学家都相当孩子气，有时不通世务，不过格罗滕迪克犹有甚之. 他看上去就那么无辜——不工于心计，不伪装自己，也不惺惺作态. 他

想问题的时候相当清晰，解释问题的时候非常有耐心，没有自觉比别人高明的意思.他没有被任何文明、权力或者高人一等的作风所污染."Karin Tate 回忆说格罗滕迪克乐于享受快乐，他很有魅力，并喜欢开怀大笑.但他也可以变得很极端，用非黑即白的眼光来看待问题，容不得半点灰色地带.另外他很诚实："你和他在一起的时候总知道他要说的是什么，"她说，"他不假装任何事情.他总是很直接."她和她的弟弟，麻省理工学院的迈克尔·阿廷(Michael Artin)都觉察到格罗滕迪克的个性和他们的父亲埃米尔·阿廷(Emil Artin)很相似.

格罗滕迪克有着"令人难以置信的理想主义想法"，Karin Tate 回忆说.比如说，他不允许在他屋子里有地毯，因为他坚信地毯只是装饰用的奢侈品罢了.她还记得他穿着轮胎做的凉鞋."他认为这妙极了，"她说，"这些都是他所尊敬的事务的象征——人需要量体裁衣，量力而行."在他的理想主义原则下，有时候他可能变得特别不合时宜.在格罗滕迪克和 Mireille 1958 年首次访问哈佛之前，他给了 Mireille 一本他喜欢的小说让她来提高她相当贫乏的英语水平.这本小说就是 *Moby Dick*.

### 新几何的诞生

按照三十年后的后见之明，现在我可以说就是在 1958 年，伴随着两件主要工具，概型(scheme，它代表旧概念"代数簇"的一个变形)和拓扑斯(toposes，它代表空间概念的变体，尽管更加复杂)的苏醒，新几何的观点真正诞生了.

——《收获与播种》，第 23 页

1958 年 8 月，格罗滕迪克在爱丁堡举行的国际数学家大会上作了一个大会报告. 这个报告用一种非凡的先见之明，简要描述了许多他将在未来 12 年里工作的主题. 很清楚这个时候他的目标就是要证明安德烈·韦伊的著名猜想，其揭示了代数簇构成的离散世界和拓扑形成的连续世界的丰富联系.

在这个时候，代数几何的发展非常迅猛，很多未知问题并不需要很多背景知识. 起初的时候这个学科主要是研究复数域上的簇. 在 20 世纪初叶，这个领域是意大利数学家，诸如 Guido Casternuovo，Federigo Enriques 和 Francesco Severi 等的专长. 尽管他们发展了很多的独创思想，但他们的结果不都是通过严格证明得来的. 在 20 世纪三四十年代，其他一些数学家，包括范·德·瓦尔登、安德烈·韦伊和奥斯卡·扎里斯基，打算研究任意数域上的簇，特别是特征 $p$ 域上的簇，其在数论上很重要. 但是，由于意大利代数几何学派严谨性的匮乏，有必要在此领域建筑新的基础. 这就是韦伊在他 1946 年出版的《代数几何基础》(*Foundations of Algebraic Geometry*)中所做的事情.

韦伊的猜想出现在他 1949 年的文章中，由数论中某些问题的启发，韦伊研究了一类，其一些特殊情况是由 E. 阿廷引进的 zeta 函数；它被叫作 zeta 函数则是因为它是通过和黎曼 zeta 函数作类比定义得来的. 给定定义于特征 $p$ 的有限域上的一个代数簇 $V$，则可以计算 $V$ 上在此域上有理点的个数，以及在其每个有限扩域上有理点的个数. 将这些数放入一个生产函数中，就得到 $V$ 的 zeta 函数. 韦伊证明了在曲线和阿贝尔簇两种情况下，zeta 函数满足三条性质：它是一个有理函

数;它满足函数方程;它的零点和极点有某种特定的形式.这种(特定的)形式,经过换元后,恰好和黎曼假设相对应.韦伊更进一步观察到,如果 $V$ 是由某个特征零簇 $W$ 模 $p$ 得到的,那么当 $V$ 的 zeta 函数表示为有理函数时,$W$ 的贝蒂数就可以从 $V$ 的 zeta 函数上读出.韦伊猜想就是问,如果在射影非奇异代数簇上定义这样的 zeta 函数,是否同样的性质还是正确的.特别地,象贝蒂数这样的拓扑量是否会在 zeta 函数里面出现?这种猜想中的代数几何和拓扑的联系,暗示当时的一些新工具,比如说为研究拓扑空间而发展出来的上同调理论,可能适用于代数簇.由于和经典黎曼假设类似,韦伊猜想的第三条有时也叫作"同余黎曼假设";这个猜想后来被证实是三个中最难证明的.

"韦伊猜想一经问世,很显然它们会由于某种原因而将扮演一个中心角色,"Katz 说道,"这不仅因为它们就是作为'黑盒子'式的论断也是令人惊异的,而且因为看上去很清楚要解决它们将需要发展很多不可思议的新工具,这些工具它们自身将由于某种原因具有不可思议的价值——这些后来都被证明是完全正确的."高等研究院的皮埃尔・德利涅(Pierre Deligne)说(韦伊猜想)吸引格罗滕迪克的地方正是代数几何和拓扑的猜测联系.

他喜欢这种"将韦伊的这个梦想变成强大的机器"的想法,德利涅评论道.

格罗滕迪克不是由于韦伊猜想很有名、或者由于别人认为它们很难而对韦伊猜想感兴趣的.事实上,他并不是靠对困难问题的挑战来推动自己.他感兴趣的问题,是那些看上去会指向更大而又隐藏着的结构.

"他目标在于发现和创造问题的自然栖息之家,"德利涅注意到,"这个部分是他感兴趣的,尤甚于解决问题."这种方式和同时代另外一位伟大数学家约翰·纳什(John Nash)的方式形成鲜明对照.在他的数学黄金时代,纳什喜欢找那些被他同事们认为是最重要、最有挑战性的问题来做."纳什象一个奥运会的运动员,"密歇根大学的 Hyman Bass 评论道."他对众多的个人挑战感兴趣."如果纳什不算是一个善于解决问题的理想范例,格罗滕迪克绝对算是建构理论的完美范例. Bass 说,格罗滕迪克"有一种关于数学可能是什么的高屋建瓴般的观点."

1958 年秋,格罗滕迪克开始了他到哈佛大学数学系的多次访问的第一次访问.那时 Tate 正是那里的教授,而系主任是奥斯卡·扎里斯基.那时候格罗滕迪克已经用新发展的上同调的方法,重新证明了连通性定理,扎里斯基最重要的成果之一,于 1940 年代首次被其证明.根据当时是扎里斯基学生,现在布朗大学的大卫·曼福德的话,扎里斯基自己从没有学会这些新方法,但是他明白它们的能力,希望他的学生们受到新方法的熏陶,因此他邀请格罗滕迪克来访问哈佛.

曼福德注意到扎里斯基和格罗滕迪克相处得很好,尽管作为数学家他们是完全不同的.据说扎里斯基如果被一个问题难住的时候,就会跑到黑板前,画一条自相交曲线,这样可以帮助他将各种想法条理化."谣传他会将这画在黑板的一个角落里,然后他会擦掉它,继续做代数运算."曼福德解释说,"他必须通过创造一个几何图像、重新建构从几何到代数的联系来使自己思维清晰."根据曼福德的话,这种事格罗滕迪克是绝

对不会做的;他似乎从不从例子开始研究,除那些特别简单、几乎是平凡的例子外.除去交换图表外,他也几乎不画图.

当格罗滕迪克首次应邀到哈佛的时候,他和扎里斯基在访问前通过几次信,曼福德回忆道.这时离众议院非美活动委员会的时代不久,得到签证的一个要求是访问者宣誓自己不会从事推翻美国政府的活动.格罗滕迪克告诉扎里斯基他拒绝做这样的宣誓.当被告知他可能会因此进监狱时,格罗滕迪克说进监狱可以接受,只要学生们可以来探访他而且他有足够多的书可用.

在格罗滕迪克哈佛的讲座上,曼福德发现到抽象化的跃进相当惊险.有一次他询问格罗滕迪克某个引理如何证明,结果得到一个高度抽象的论证作为回复.曼福德开始时不相信如此抽象的论证能够证明如此具体的引理."于是我走开了,将它想了好几天,结果我意识到它是完全正确的."曼福德回忆道,"他比我见到的任何人都更具有这种能力,去完成一个绝对令人吃惊的飞跃到某个在度上更抽象的东西上去……他一直都在寻找某种方法来叙述一个问题,看上去很明显地将所有的东西都从问题里抛开,这样你会认为里面什么都没有了.然而还有些东西留了下来,而他能够在这看上去的真空里发现真正的结构."

## §5　仿佛来自虚空
## ——亚历山大·格罗滕迪克的一生(三)[①]

### 英雄岁月

> 在 IHES(高等科学研究所)的英雄岁月里,丢多涅和我是所里仅有的成员,也是仅有的可以给它带来信誉和科学世界听众的人…… 我觉得自己和丢多涅一起,有点像是我任职的这个研究所的"科学"共同创始人,而且我期望在那里结束我的岁月!我最终强烈地认同 IHES……
>
> ——《收获与播种》,第 169 页

1958 年 6 月,在巴黎索邦举行的发起人会议上,高等科学研究所(Institut des Hautes Scientifiques, IHES)正式成立. IHES 的创始人 Leon Motchane,一位具有物理博士学位的商人,设想在法国成立一个和普林斯顿的高等研究院类似的独立的研究型学院. IHES 的最初计划是集中做三个领域的基础研究:数学,理论物理和人类科学方法论. 尽管第三个领域从来没有在那立足过,在 10 年时间里,IHES 已经建设成为世界上最顶尖的数学和理论物理中心之一,拥有一群为数不多但素质一流的成员和一个很活跃的访问学者计划.

① 摘编自公众号:知识分子,2017-1-31. 撰文:Allyn Jackson,翻译:欧阳毅.

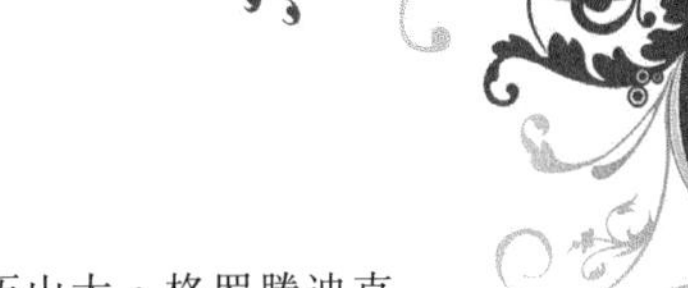



根据科学史家 David Aubin 的博士论文，就是在 1958 年爱丁堡数学家大会或者可能更前的时候，Motchane 说服丢多涅和格罗滕迪克接受新设立的 IHES 的教授职位. Cartier 说 Motchane 起初希望聘用丢多涅，而丢多涅则将格罗滕迪克的聘请作为他接受聘请的一个条件. 因为 IHES 从一开始就是独立于国家的，聘请格罗滕迪克不是一个问题，尽管他是无国籍人. 两位教授在 1959 年 3 月正式上任，格罗滕迪克在同年 5 月开始了他的代数几何讨论班. Rene Thom，1958 年人会菲尔兹奖章获得者，在 1963 年 10 月加入，而 IHES 的理论物理部随着 1962 年 Louis Michel 和 1964 年 David Ruelle 的加入开始进行活动. 就这样到 20 世纪 60 年代中期，Motchane 就已经为他的新研究所招募了一群杰出的研究人员.

到 1962 年的时候，IHES 还没有永久的活动场所. 办公场所是从 Thiers 基金会租用的，讨论班也在那里或巴黎的大学里举行. Aubin 报道说一位叫 Arthur Wightman 的 IHES 早期访问学者就被希望在他的旅馆房间里工作. 据说，当一位访问学者告之图书馆资料不足的时候，格罗滕迪克回答说："我们不读书的，我们是写书的！"的确在最初几年里，研究所的很多活动是围绕"Publications Mathematiques de l'IHES"进行的，它的起初几卷包括奠基性著作 *Elements de Geometrie Algebrique*，其以起首字面缩写 EGA 而闻名于世. 事实上 EGA 的撰写在丢多涅和格罗滕迪克正式于 IHES 上任前半年就已经开始了.

EGA 的著述者通常认为是格罗滕迪克，"与丢多涅的合作". 格罗滕迪克将笔记和草稿写好，这些然后由丢多涅充实和完善. 根据波莱尔的解释,格罗滕迪克是把握 EGA 全局的人,而丢多涅只是对此有逐行的理解. “丢多涅将它写得相当烦琐,”波莱尔评论说. 同时,“丢多涅当然又有令人难以置信的高效. 没有别的人可以将它写好而不严重影响自己的工作.”对于当时那些想进入这个领域的人来说,从 EGA 中学习是一件令人望而生畏的挑战. 目前它很少作为这个领域的入门书,因为有其他许多更容易入门的教材可供选择. 不过那些教材并没有做 EGA 打算做的事,也就是完全而系统地解释清楚研究概型所需要的一些工具. 现在在波恩的马克斯·普朗克数学研究所的法尔廷斯,当他在普林斯顿大学的时候,就鼓励自己的博士研究生去学 EGA. 对很多数学家而言,EGA 仍然是一本有用而全面的参考书. IHES 的所长 Jean-Pierre Bourguignon 说每年研究所仍然要卖掉超过 100 本的 EGA.

在格罗滕迪克的计划中 EGA 要包括的东西十分多. 在 1959 年 8 月给塞尔的信中,他给了个简要的大纲,其中包括基本群,范畴论,留数,对偶,相交数,韦伊上同调,加上“如果上帝愿意,一点同伦论”.“除非有不可预知的困难或者我掉入泥沼里去了,这个 multiplodocus 应该在三年内或最多四年内完成,”格罗滕迪克很乐观地说,此处他用了他和塞尔的玩笑用语 multiplodocus,其意是指一篇很长的文章.“我们接下去就可以开始做代数几何了!”格罗滕迪克欢呼道. 后来的情况表明,EGA 在经过近乎指数式增长后失去了动力:第一章和第二章每章一卷,第三章两卷,而最后一章第四章则达到了四卷. 它们一共有 1 800 多页. 尽管

EGA 没有达到格罗滕迪克计划的要求，它仍然是一项里程碑式的著作.

EGA 这个标题仿效布尔巴基的《数学原理》系列的标题不是偶然的，正如后者效仿欧几里得的《几何原本》也不偶然一样. 格罗滕迪克从 20 世纪 50 年代后期开始，数年内曾经是布尔巴基学派的成员，而且他和学派内很多成员关系密切. 布尔巴基是一群数学家的笔名，其大多数是法国人，他们在一起合作撰写数学方面一系列基础性的著作. 丢多涅和嘉当，谢瓦莱，J. 德尔萨特，韦伊一起，是布尔巴基学派的创始成员. 一般情况下学派有 10 名成员，其组成随着岁月而演化. 布尔巴基最早的书出版于 1939 年，而它的影响在 20 世纪 50 年代和 60 年代达到了顶峰. 这些书籍的目的是对数学的中心领域提供公理化的处理，使其一般性程度足以对最大数目的数学家有用处. 这些著作都是经过成员间激烈甚至火爆的辩论的严格考验才诞生的，而这些成员中的许多人都有很强的人格和非常个性化的观点. 曾是布尔巴基成员 25 年的波莱尔写道这个合作可能是“数学史上的独特事件”. 布尔巴基汇聚了当时许多的顶尖数学家的努力，他们无私的匿名奉献自己的大量时间和精力来撰写教材，使得这个领域的一大部分容易让大家理解. 这些教材有很大的影响，到 20 世纪 70 和 80 年代，有人埋怨布尔巴基的影响太大了. 还有人也批评这些书的形式过于抽象和一般化.

布尔巴基和格罗滕迪克的工作有一些相似之处，此表现在抽象化和一般化的程度上，也表现在其目的都是基本、细致而有系统. 他们间的主要区别是布尔巴基包括了数学研究的一系列领域，而格罗滕迪克主要关注在代数几何上发展新的思想，以韦伊猜想作为其主要的目标. 格罗滕迪克的工作差不多集中在他自己的内在观点上，而布尔巴基则是铸造他的成员们的不同观点的结合的合作努力. 波莱尔曾描述过 1957 年 3 月布尔巴基的聚会，他称之为“顽固的函子大会”，因为格罗滕迪克提议一篇关于范畴论的布尔巴基草稿应该从一个更范畴论的观点来重写. 布尔巴基没有采用这个想法，认为这将导致无穷无尽的基础建设的循环往复. 格罗滕迪克“不能够真正和布尔巴基合作，因为他有他自己的庞大机器，而布尔巴基对他而言，还不够一般化，”塞尔回忆说. 另外，塞尔评论道：“我认为他不是很喜欢布尔巴基这样的体系，在此我们可以真正详细讨论草稿并且批评它们……这不是他做数学的方式. 他想自己单干.”格罗滕迪克在 1960 年离开布尔巴基，尽管他继续和其中很多成员关系密切.

有些故事传说格罗滕迪克离开布尔巴基是因为他和韦伊的冲突，实际上他们在布尔巴基时间上仅仅有很短的重合：根据惯例，成员必须在 50 岁的时候退休，所以韦伊在 1956 年离开了学派. 然而，格罗滕迪克和韦伊作为数学家很不一样倒的确是事实. 根据德利涅的说法：“韦伊不知为何觉得格罗滕迪克对意大利几何学家们的工作和对经典文献阐明的结果太无知了，而且韦伊不喜欢这种建造巨大机器的工作方式……他们的风格相当不一样.

除去 EGA 以外，格罗滕迪克代数几何全集的另外一个主要部分是 *Seminaire de Geometrie Algebrique du Bois Marie*，简称 SGA，其中包括他的 IHES 讨论班的演讲的讲义. 它们最初由 IHES 分发. SGA 2

由 North Holland 和 Masson 合作出版的，而其他几卷则是由 Springer-Verlag 出版. SGA 1 整理自 1960—1961 年讨论班，而这个系列最后的 SGA 7 则来自 1967—1969 年的讨论班. 与目的是为了奠基的 EGA 不一样，SGA 描述的是出现在格罗滕迪克讨论班上的正在进行的研究. 他也在巴黎布尔巴基讨论班上介绍了很多结果，它们被合集为 FGA，即 *Fondements de la Geometrie Algebrique*，其出版于 1962 年. EGA，SGA 和 FGA 加起来大约有 7 500 页.

### 魔术扇子

> 如果说数学里有什么东西让我比对别的东西更着迷的话（毫无疑问，总有些让我着迷的），它既不是“数”也不是“大小”，而是型. 在一千零一张通过其型来展示给我的面孔中，让我比其他更着迷的而且会继续让我着迷下去的，就是那隐藏在数学对象下的结构.
>
> ——《收获与播种》，第 27 页

在《收获与播种》第一卷里，格罗滕迪克对他的工作作了一个解释性的概括，意在让非数学家能够理解（第 25—48 页）. 在那儿他写道，从最根本上来讲，他的工作是寻找两个世界的统一：“算术世界，其中（所谓的）‘空间’没有连续性的概念，和连续物体的世界，其中的‘空间’在恰当的条件下，可以用分析学家的方法来理解”. 韦伊猜想如此让人渴望正是因为它们提供了此种统一的线索. 胜于直接尝试解决韦伊猜想，格罗滕迪克大大地推广了它们的整个内涵. 这样做可以让他感知更大的结构，这些猜想所凭依于此结构，却只能给它提供惊鸿一瞥. 在《收获与播种》这一节里，格罗滕迪克解释了他工作中一些主要思想,包括概型、层和拓扑斯.

基本上说,概型是代数簇概念的一个推广.给定一组素特征有限域,一个概型就可以产生一组代数簇,而每一个都有它自己与众不同的几何结构."这些具有不同特征的不同代数簇构成的组可以想象为一个'由代数簇组成的无限扇面的扇子'(每个特征构成一个扇面),"格罗滕迪克写道."'概型'就是这样的魔术扇子,就如扇子连接很多不同的'分支'一样,它连接着所有可能特征的'化身'或'转世'."到概型的推广则可以让大家在一个统一方法下,研究一个代数簇所有的不同"化身".在格罗滕迪克之前,"我认为大家都不真正相信能够这样做,"迈克·阿廷评论说,"这太激进了.没有人有勇气哪怕去想象这个方法可能行,甚至可能在完全一般的情况下都行.这个想法真的太出色了."

从 19 世纪意大利数学家贝蒂的远见开始,同调和它的对偶上同调那时候已经发展成为研究拓扑空间的工具.基本上说,上同调理论提供一些不变量,这些不变量可以认为是衡量空间的这个或那个方面的'准尺'.由韦伊猜想隐含着的洞察力所激发的巨大期望就是拓扑空间的上同调方法可以适用于簇与概型.这个期望在很大程度上由格罗滕迪克及其合作者的工作实现了."就像夜以继日一样将这些上同调技巧带到代数几何中",曼福德注意到."它完全颠覆了这个领域.这就像傅里叶分析之前和之后的分析学.你一旦知道傅里叶分析的技巧,突然间你看一个函数的时候就有了完全深厚的洞察力.这和上同调很类似."

层的概念是由让·勒雷所构想,而后由亨利·嘉

当和让・皮埃尔・塞尔进一步发展的. 在他的奠基性文章 FAC(*Faisceaux algebriques coherents*,《代数凝聚层》)中,塞尔论证了如何将层应用到代数几何中去. 格罗滕迪克在《收获与播种》中描述了这个概念如何改变了数学的全貌:当层的想法提出来后,就好像原来的五好标准上同调"准尺"突然间繁殖成为一组无穷多个新"准尺",它们拥有各种各样的大小和形状,每一个都完美地适合它自己独特的衡量任务. 更进一步说,一个空间所有层构成的范畴包含了如此多的信息,本质上人们可以"忘记"这个空间本身. 所有这些的信息都包括在层里面——格罗滕迪克称此为"沉默而可靠的向导",引领他走向发现之路.

拓扑斯的概念,如格罗滕迪克所写,是"空间概念的变体". 层的概念提供了一种办法,将空间所依附的拓扑设置,转化为层范畴所依附的范畴设置. 拓扑斯则可以描述为这样一个范畴,它尽管无需起因于普通空间,然而却具有所有层范畴的"好"的性质. 拓扑斯的概念,格罗滕迪克写道,突出了这样的事实:"对于一个拓扑空间而言真正重要的根本不是它的'点'或者点构成的子集和它们的亲近关系等,而是空间上的层和层构成的范畴".

为了提出拓扑斯的概念,格罗滕迪克"很深入地思考了空间的概念",德利涅评价道."他为理解韦伊猜想所创立的理论首先是创立拓扑斯的概念,将空间概念推广,然后定义适用于这个问题的拓扑斯,"他解释说. 格罗滕迪克也证实了"你可以真正在其上面工作,我们关于普通空间的直觉在拓扑斯上仍然适用……这是一个很深刻的想法."

在《收获与播种》中格罗滕迪克评论道，从技术观点而言，他在数学上的大多工作集中在发展所缺乏的上同调理论. 平展上同调（Etale cohomology）就是这样一种理论，由格罗滕迪克、迈克·阿廷以及其他一些人所发展，其明确意图是应用于韦伊猜想，而它确实是最终证明的主要因素之一. 但是格罗滕迪克走得更远，发展了 motive 的概念，他将此描述为“终极上同调不变量”，所有其他的上同调理论都是它的实现或者化身. Motive 的完整理论至今还没有发展起来，不过由它产生了大量好的数学. 比如，在 20 世纪 70 年代，高等研究院的德利涅和朗兰兹猜想了 motives 和自守表示间的精确关系. 这个猜想，现在是所谓朗兰兹纲领的一部分. 多伦多大学的 James Arthur 认为彻底证明这个猜想将是数十年后的事情. 但他指出，怀尔斯的费马大定理的证明，本质上就是证明了这个猜想在椭圆曲线所产生的 2 维 motives 的特殊情况. 另外一个例子是高等研究院的 Vladimir Voevodsky 在 motivic 上同调的工作，由此他获得了 2002 年菲尔兹奖. 这个工作发展了格罗滕迪克关于 motive 的一些原始想法.

在此关于他数学工作的简短回顾中，格罗滕迪克写道，构成它的精华和力量的，不是大的定理，而是“想法，甚至梦想”（《收获与播种》，第 51 页）.

**格罗滕迪克学派**

直到 1970 年第一次“苏醒”的时候，我和我的学生们的关系，就如我和自己工作的关系一样，使我感到满意和快乐——这些是我生活的和谐感知的切实而无可

指责的基础之一——的一个源泉，至今仍有它的意义……

——《收获与播种》，第 63 页

在 1961 年秋访问哈佛时，格罗滕迪克致信塞尔：“哈佛的数学气氛真是棒极了，和巴黎相比是一股真正的清新空气，而巴黎的情况则是一年年里越来越糟糕. 这里有一大群学生开始熟悉概型的语言，他们别无所求，只想做些有趣的问题，我们显然是不缺有趣的问题的”. 迈克·阿廷，其于 1960 年在扎里斯基指导下完成论文，此时正是哈佛的 Benjamin Pierce 讲师. 完成论文之后，阿廷马上开始学习新的概型语言，他也对平展上同调的概念感兴趣. 当格罗滕迪克 1961 年来哈佛的时候，“我询问他平展上同调的定义，”阿廷笑着回忆说. 这个定义当时还没有明确给出来. 阿廷说道：“实际上，整个秋天我们都在辩论这个定义.”

1962 年搬到麻省理工学院后，阿廷开了个关于平展上同调的讨论班. 接下去两年大部分时间他在 IHES 度过，和格罗滕迪克一起工作. 平展上同调的定义完成后，仍然还有许多工作要做，来驯服这个理论，让它变成一个可以真正使用的工具.“这个定义看上去很美，不过它不保证什么东西是有限的，也不保证可计算，甚至不保证任何东西，”曼福德评论道. 这些就是阿廷和格罗滕迪克要投入的工作；其中一个结果就是阿廷可表定理. 与让·路易·沃迪耶尔(Jean-Louis Verdier)一起，他们主持了 1963—1964 年的讨论班，其主题即平展上同调. 这个讨论班写成 SGA 4 的三卷书，一共差不多 1 600 页.

可能有人不同意格罗滕迪克对二十世纪六十年代

早期巴黎数学氛围“糟糕”的评价，但毫无疑问，当他在1961年回到IHES，重新开始他的讨论班时，巴黎的数学氛围得到了相当大的加强．那里的气氛“相当棒”，阿廷回忆说．这个讨论班参加者人数众多，包括巴黎数学界的头面人物以及世界各地来访的数学家．一群出色而好学的学生围绕在格罗滕迪克周围，在他的指导下写论文（由于IHES不授予学位，名义上说他们是巴黎市内外一些大学的学生）．

1962年，IHES搬到它的永久之家，位于巴黎郊区Bures-sur-Yvette一个叫Bois-Marie，宁静而树木丛生的公园里．那个举行讨论班的舞台式建筑，及其大绘图窗户和所赋予的开放而通透的感觉，给这里提供了一种不凡而生动的背景．格罗滕迪克是所有活动的激情四射的中心．“这些讨论班是非常交互式的，”Hyman Bass回忆说，他于二十世纪六十年代访问过IHES，“不过不管格罗滕迪克是不是发言人，他都占着统治地位．”他特别严格而且可能对人比较苛求．“他不是不善心，但他也不溺爱学生．”Bass说道．格罗滕迪克发展了一套与学生工作的固定模式．一个典型例子是巴黎南大学的老耶律（Luc Illusie），他于1964年成为格罗滕迪克的学生．老耶律曾参加了巴黎的亨利·嘉当和洛朗·施瓦兹讨论班，正是嘉当建议老耶律或许可以跟随格罗滕迪克做论文．老耶律其时还只学习过拓扑，很害怕去见这位代数几何之“神”．后来表明，见面的时候格罗滕迪克相当友善，他让老耶律解释自己已经做过的事情．老耶律说了一小段时间后，格罗滕迪克走到黑板前，开始讨论起层、有限性条件、伪凝聚层和其他类似的东西．“黑板上的数学就像海一样，像那奔流的

激流一样,”老耶律回忆道.最后,格罗滕迪克说下一年他打算将讨论班主题定为 $L$-函数和 1-adic 上同调,老耶律可以帮助记录笔记.当老耶律抗议说他根本不懂代数几何时,格罗滕迪克说没关系:“你很快会学会的.”

老耶律的确学会了.“他讲课非常清楚,而且他花大力气去回顾那些必需的知识,包括所有的预备知识,”老耶律评价道.格罗滕迪克是位优秀的老师,非常有耐心而且擅于清楚解释问题.“他会花时间去解释非常简单的例了,来证明这个机器的确可以运行,”老耶律说.格罗滕迪克会讨论一些形式化的性质,那些常常被人归结到“平凡情况”因而太明显而不需要讨论的性质.通常“你不会去详述它,你不会在它上面花时间,”老耶律说,但这些东西对于教学非常有用.“有时有点冗长,但是它对理解问题很有帮助.”格罗滕迪克给老耶律的任务是记录讨论班一些报告的笔记——准确说,是 SGA 5 的报告Ⅰ,Ⅱ和Ⅲ.笔记完成后,“当我将它们交给他时全身都在发抖,”老耶律回忆道.几个星期后格罗滕迪克告诉老耶律到他家去讨论笔记;他常常与同事和学生在家工作.格罗滕迪克将笔记拿出来放在桌子上后,老耶律看到笔记上涂满了铅笔写的评语.两个人会坐在那里好几个小时来让格罗滕迪克解释每一句评语.“他可能评论一个逗号、一个句号的用法,可能评论一个声调的用法,也可能深刻评论关于一个命题的实质并提出另一种组织方法——各种各样的评论都有,”老耶律说道,“但是他的评语都说到点子上.”这样逐行对笔记做评论是格罗滕迪克指导学生很典型的方法.老耶律回忆起有几个学生因为不能忍受这样近距离的批评，最终在别人指导下写了论文. 有个学生见过格罗滕迪克一次后差点流眼泪了. 老耶律说："我记得有些人很不喜欢这样的方式. 你必须照这样做……但这些批评不是吹毛求疵."

Nicholas Katz 在他以博士后身份于 1968 年访问 IHES 时也被给了个任务. 格罗滕迪克建议 Katz 可以在讨论班上做个关于 Lefschetz pencils 的报告."我曾听说过 Lefschetz pencils，但除去听说过它们之外我对它们几乎一无所知，"Katz 回忆说."但到年底的时候我已经在讨论班上做过几次报告了，现在这些作为 SGA 7 的一部分流传了下来. 我从这里学到了相当多的东西，这对我的未来起了很多影响."Katz 说格罗滕迪克一周内可能会去 IHES 一次去和访问学者谈话."绝对令人惊讶的是他不知怎么可以让他们对某些事情感兴趣，给他们一些事情做，"Katz 解释说，"而且，在我看来，他有那种令人惊讶的洞察力知道对某个人而言什么问题是个好问题，可以让他去考虑. 在数学上，他有种很难言传的非凡魅力，以至于大家觉得几乎是一项荣幸被请求在格罗滕迪克对未来的远见卓识架构里做些事情."

哈佛大学的 Barry Mazur 至今仍然记得在二十世纪六十年代早期在 IHES 和格罗滕迪克最初一次谈话中，格罗滕迪克给他提出的问题，那个问题起初是 Gerard Washnitzer 问格罗滕迪克的.

问题是这样的：定义在一个域上的代数簇能否由此域到复数域的两个不同嵌入而得到不同的拓扑微分流形？塞尔早前曾给了些例子说明两个拓扑流形可能不一样，受这个问题的启发，Mazur 后来和阿廷在同伦

论上做了些工作.但在格罗滕迪克说起这个问题的时候,Mazur 还是个全心全意的微分拓扑学家,而这样的问题本来他是不会碰到的."对于格罗滕迪克,这是个很自然的问题,"Mazur 说道,"但对我而言,这恰好是让我开始从代数方面思考的动力."格罗滕迪克有种真正的天赋来"给人们搭配未解决问题.他会估量你的能力而提出一个问题给你,而它正是将为你照亮世界的东西.这是种相当奇妙而罕见的感知模式."

在和 IHES 的同事及学生工作外,格罗滕迪克和巴黎外一大群数学家保持着通信联系,其中有些正在别的地方在部分他的纲领上进行工作.例如,加州大学伯克利分校的 Robin Hartshorne 1961 年的时候正在哈佛上学,从格罗滕迪克在那所做的讲座里,他得到关于论文主题的想法,即研究希尔伯特概型.论文完成后 Hartshorne 给已经回到巴黎的格罗滕迪克寄了一份.在日期署为 1962 年 9 月 27 日的回信中,格罗滕迪克对论文做了些简短的正面评价."接下去 3 到 4 页全是他对我可能可以发展的更深定理的想法和其他一些关于这个学科大家应该知道的东西,"Hartshorne 说.他注意到信中建议的有些事情是"不可完成的困难",而其他一些则显示了非凡的远见.倾泻这些想法后,格罗滕迪克又回来谈及论文,给出 3 页详细的评语.

在他 1958 年爱丁堡数学家大会的报告中,格罗滕迪克已经概述了他关于对偶理论的想法,但由于他在 IHES 讨论班中正忙着别的一些主题,没有时间来讨论它.于是 Hartshorne 提出自己在哈佛开一个关于对偶的讨论班并将笔记记录下来.1963 年夏天,格罗滕迪克给了 Hartshorne 大约 250 页的教案(prenote),

这将成为 Hartshorne 这年秋天开始的讨论班的基础. 听众提出的问题帮助 Hartshorne 发展和提炼了对偶理论,他并开始将它系统记录下来. 他会将每一章都寄给格罗滕迪克来接受批评,“它回来的时候整个都布满了红墨水,”Hartshorne 回忆道,“于是我将他说的都改正了并即给他寄新的版本. 它被寄回时上面的红墨水更多.”意识到这可能是个无穷尽的过程后,Hartshorne 有天决定将手稿拿去出版;此书 1966 年出现在 Springer 的 *Lecture Notes* 系列里.

格罗滕迪克“有如此多的想法以至基本上他一个人让那时候世界上所有在代数几何上认真工作的人都很忙碌,”Hartshorne 注意到. 他是如何让这个事业一直运行下来的呢? “我认为这没有什么简单答案,”迈克·阿廷回答说. 不过显然格罗滕迪克的充沛精力和知识宽度是一些原因.“他非常的精力充沛,而且他涵盖很多领域,”阿廷说.“他能够完全控制这个领域达 12 年之久真是太不寻常了,这可不是个懒人集中营.”

在他 IHES 的岁月里,格罗滕迪克对数学的奉献是完全的. 他的非凡精力和工作能力,以及对自身观点的顽强坚持,产生了思维的巨浪,将很多人冲入它的奔涌激流中. 他没有在自己所设的令人畏惧的计划面前退缩,反而勇往直前地投入进去,冲向大大小小的目标.“他的数学议程比起一个人能做的要多出很多,”Bass 评价道. 他将其中很多工作分给他的学生们和合作者们来做,而自己也做了很大一部分的工作. 给予他动力的,如他在《收获与播种》里所解释,就只是理解事情的渴望,而确实,那些知道他的人证明他不是由于什么形式的竞赛来推动自己的.“在那时,从没有过这样

要在别人之前证明某个东西的想法,"塞尔解释道. 而且在任何时候,"他不会和别的任何人竞赛,一个原因是他希望按他自己的方式来做事情,而几乎没有别的人愿意也这样做. 完成它需要太多工作了."

格罗滕迪克学派的统治地位有些有害的效果. 甚至格罗滕迪克 IHES 的杰出同事,Rene Thom 也感到有压力. Thom 说道与其他同事的关系比较起来,他与格罗滕迪克的关系"不那么愉快". "他的技术优势太有决定性了,"Thom 道. "他的讨论班吸引了整个巴黎数学界,而我则没有什么新的东西可供给大家. 这促使我离开了严肃数学世界而去处理更一般的概念,比如组织形态的发生,这个学科让我更感兴趣,引导我走向一个很一般形式的'哲学'生物学."

在他 1988 年的教材《本科生代数几何》最后的历史性评论中,Miles Reid 写道:"对格罗滕迪克的个人崇拜有些严重的副作用:许多曾经花了一生很大一部分时间去掌握韦伊的代数几何基础的人觉得受到了拒绝和羞辱……整整一代学生(主要是法国人)被洗脑而愚蠢地认为如果一个问题不能放置于高效能的抽象框架里就不值得去研究."如此"洗脑"可能是时代时尚无法避免的副产品,尽管格罗滕迪克自己从来不是为抽象化而追求抽象化的.

Reid 也注意到,除去少数可以"跟上步伐并生存下来"的格罗滕迪克的学生,从他的思想里得益最多的是那些在一段距离外受影响的人,特别是美国,日本和俄国的数学家. Pierre Cartier 在俄国数学家,如 Vladimir Drinfeld, Maxim Kontsevich, Yuri Manin 和 Vladimir Voevodsky 的工作中看到了格罗滕迪克思想的传承. Cartier 说:"他们抓住了格罗滕迪克的真正精神,但他们能够将它和其他东西结合起来."

## §6 仿佛来自虚空
## ——亚历山大·格罗滕迪克的一生(四)[①]

### 一种不同的思考方式

对发现工作而言,特别的关注和激情四射的热情是一种本质的力量,就如同阳光的温暖对于埋藏在富饶土壤里的种子的蛰伏成长和它们在阳光下柔顺而不可思议的绽放所起的作用一样.

——《收获与播种》,第 49 页

格罗滕迪克有他自己一套研究数学的方式. 正如麻省理工学院的 M. 阿廷所言,在二十世纪五十年代晚期和六十年代"数学世界需要适应他,适应他抽象化思维的力量". 现在格罗滕迪克的观点已经如此深入地被吸收到代数几何里面,以至于对现在开始这个领域研究的研究生而言它是再正常不过的了,他们中很多人没有意识到以前的情形是相当不一样的. 普林斯顿大学的 Nicholas Katz 说在他作为一个年青数学家首次接触到格罗滕迪克思考问题的方式时,这种方式在他看来是与以前完全不同的全新的方式. 如 Katz 所指出,这种观念的转换是如此的根本和卓有成效,而且一旦得到采用后是如此完全的自然以至于"很难想象在

① 摘编自公众号:知识分子,2017-2-1. 撰文:Allyn Jackson,翻译:欧阳毅.

你这样考虑问题之前的时代是什么样子的”.

尽管格罗滕迪克从一个非常一般化的观点来研究问题,他并不是为了一般化而这样做的,而是因为他可以采用一般化观点而成果丰硕.“这种研究方式在那些天赋稍缺的人手里只会导致大多数人所谓的毫无意义的一般化,”Katz 评价说,“而他不知何故却知道应该去思考哪样的一般问题.”格罗滕迪克一直是寻找最恰好的一般情形,它正好能够提供正确的杠杆作用来领悟问题.“一次接一次地,他看上去就有一个诀窍,(在研究问题时)去掉恰当多的东西,而留存下来的不是特殊情况,也不是真空,”得克萨斯大学奥斯汀分校的 John Tate 评论道,“它如同行云流水,不带累赘.它就是恰如其分的好.”

格罗滕迪克思考问题模式的一个很显著的特征是他好像几乎从不依赖例子.这个可以从所谓的“格罗滕迪克素数”的传说中看出.在一次数学讨论中,有人建议格罗滕迪克他们应该考虑一个特殊素数.“你是说一个具体的数?”格罗滕迪克问道.那人回答说是的,一个具体的素数.格罗滕迪克建议道:“行.就选 57.”那格罗滕迪克一定知道 57 不是一个素数,对吧?完全错了,布朗大学的 David Mumford 说道.“他不从具体例子来思考问题.”与他对照的是印度数学家拉马努金,他对很多数的性质非常熟悉,其中有些相当巨大.那种类型的思考方式代表了和格罗滕迪克的方式正相对应的数学世界.“他真的从没有在特例里下功夫,”Mumford 观察到,“我只能从例子中来理解事情,然后逐渐让它们更抽象些.我不认为这样先看一个例子对格罗滕迪克有一丁点帮助.他真的是从绝对最大限度的抽象方式中思考问题来掌握局势的. 这是很奇怪的，但他的脑袋就是如此工作的.”巴塞尔大学的 Norbert A’Campo有次问及格罗滕迪克关于柏拉图体的一些情况，格罗滕迪克建议他小心点. 他说，柏拉图体是如此漂亮而特殊，人们不应该设想如此特别的美好东西在更一般情形下仍然会保持.

格罗滕迪克曾经这样说过，一个人从来就不应该试着去证明那些几乎不显然的东西. 这句话的意思不是说大家在选择研究的问题时不要有包袱. 而是，“如果你看不出你正在工作的问题不是几乎显然的话，那么你还不到研究它的时候，”加州大学伯克利分校的 Arthur Ogus 如此解释：“在这个方向再做些准备吧. 而这就是他研究数学的方式，每样东西都应该如此自然，它看上去是完全直接的.”很多数学家会选择一个描述清晰的问题来敲打它，这种方式格罗滕迪克很不喜欢. 在《收获与播种》一段广为人知的段落里，他将这种方式比喻成拿着锤子和凿子去敲核桃. 他自己宁愿将核桃放在水里将壳泡软，或者将它放在阳光和雨下，等待核桃自然爆裂的恰当时机(第 552－553 页). “因此格罗滕迪克所做的很多事情就像是事情的自然面貌一样，因为它看上去是自己长出来的，”Ogus 注意到.

格罗滕迪克有给新的数学概念选取印象深刻、引起大家注意的名字的才能；事实上他将给数学对象命名这种行为作为它们的发现之旅的一个有机组成部分，作为一种掌握它们的方式，甚至在它们还没有被完全理解之前(《收获与播种》，第 24 页). 一个这样的术语是 etale(平展)，在法语里它原是用来表示缓潮时候的海，也就是说，此时既不涨潮，也不退潮. 在缓潮的时

候海面就像展开的床单一样，这就会让人唤起覆盖空间的概念. 如格罗滕迪克在《收获与播种》中所解释的，他选用 topos 这个词，其在希腊文里的原意即“空间”，来暗示“拓扑直觉适用的‘卓越对象’”这样一个想法(《收获与播种》，第 40—41 页).

和这个想法相配，topos 就暗示了最根本、最原始的空间概念.“motif”(英文里的“motive”)这个概念意在唤起这个词的双重意思：一个反复出现的主题和造成行动的原因. 格罗滕迪克对取名的关注意味着他厌恶那些看上去不合适的术语：在《收获与播种》中，他说自己在第一次听到 perverse sheaf 这个概念时感到有种“本能的退缩”.“真是一个糟糕的想法，去将这样一个名字给予一个数学对象!”他写道，“或者给予任何事物或者生物，除去在苛责一个人的时候——因为显而易见，对于宇宙里所有‘东西’来说，我们人类是唯一这个术语可以适用的”(《收获与播种》，第 293 页).

尽管格罗滕迪克拥有伟大的技术能力，这一直都是第二位的；这只是他执行他的更大的观点的方式而已. 众所周知，他证明了某些结果并发展了某些工具，但他最大的遗产是创立了数学的一个新的观点. 从这方面来说，格罗滕迪克和伽罗瓦相似. 的确，在《收获与播种》很多处，格罗滕迪克写道他很强烈地认同伽罗瓦. 他也提到年青时候读过一本由 Leopold Infeld 撰写的伽罗瓦的传记.

最终来说，格罗滕迪克在数学上的成就的源泉是某种相当谦卑的东西：他对他所研究的数学对象的爱.

## 停滞的精神

从 1945 年(我 17 岁的时候)到 1969 年(我 41 岁的时候),二十四年里我几乎将我的全部精力都投入到数学研究中.这自然是过多的投入了.我为此付出了长期的精神上的停滞的代价,这种停滞越来越“缺乏活力”,这些我在《收获与播种》中不止一次提到过.

——《收获与播种》,第 17 页

在二十世纪六十年代,哈佛大学的 Barry Mazur 和他妻子访问过高等科学研究所(IHES).尽管那时候格罗滕迪克已经有了自己的家庭和房子,他仍然在 Mazur 居住的大楼里留了一间公寓,并且常常在那里工作到深夜.由于公寓的钥匙不能开外面的门,而这道门到晚上 11 点的时候就锁上了,在巴黎度过一个晚上后回到大楼就会有困难.但是“我记得我们从来没有遇到过麻烦,”Mazur 回忆道.“我们会乘末班火车回来,百分之百的确信格罗滕迪克还在工作,而他的书桌靠着窗.我们会扔点石子到他窗户上,他就会来为我们开门.”格罗滕迪克的公寓只是简单装修了一下;Mazur 记得里面有一只电线做的山羊雕塑和一个装满西班牙橄榄的缸子.

这种格罗滕迪克在一间斯巴达式的公寓里工作到深夜的略显孤独的形象刻画了二十世纪六十年代他的生活的一个方面.那个时候他不停地研究数学.他得和同事们讨论问题,指导学生们的学习,做讲座,和法国以外的数学家们保持广泛联系,还得去撰写看上去没有尽头的 EGA 和 SGA.毫不夸张地说他单枪匹马地领导了世界范围内代数几何里一个巨大而蓬勃发展的

部分.他在数学外似乎没有多少爱好;同事们说他从来不看报纸.就是在数学家中间,他们习惯于诚实而且高度投入对待工作,格罗滕迪克也是一个异类."整整十年里格罗滕迪克一周七天,一天十二个小时研究代数几何的基础,"他的 IHES 同事 David Ruelle 注意到."他已经完成了这座一定得有 10 层高的楼房的 $-1$ 层的工作,而正在第 0 层上工作……到一定时候很清楚你永远也盖不成这座大楼."

格罗滕迪克如此极度地醉心于数学研究是他在《收获与播种》里面提到的"精神上的停滞"的一个原因,这个接下来则是他在 1970 年离开他已经成为其中一个领袖人物的数学世界的一个原因.朝向他的离去迈出的一步是 IHES 内部的一次危机,此危机导致了他的辞职.从 1969 年末开始,格罗滕迪克卷入了和 IHES 创始人和所长 Leon Motchane 关于研究所来自军事方面的资助的冲突.如科学史家 David Aubin 的解释,在二十世纪六十年代,IHES 的经费很不稳定,有些年里研究所从一些法国军事机构获得它的一小部分预算,其额度从没有超过 5%.所有 IHES 的永久教授们对于军事资助都有疑虑,在 1969 年他们坚持要 Motchane 放弃接受这样的资助.Montchane 起初同意了,但是,Aubin 注意到,他在数月后收回了他的话,当 IHES 的预算岌岌可危的时候,他接受了陆军部长一笔基金.格罗滕迪克感到非常愤怒,他徒然地劝说其他教授和他一起辞职但是没有人同意去做.不到一年,很大程度上由于格罗滕迪克的推荐,德利涅作为永久教授加入 IHES,格罗滕迪克劝说他这位新任命的同事和他一起辞职.德利涅也拒绝了."因为我在数学上和他非常亲密，格罗滕迪克很惊讶而且深深失望这种数学思想上的亲密没有延伸到数学之外，"德利涅回忆道. 格罗滕迪克的辞职信写于 1970 年 5 月 25 日.

与 IHES 的决裂是格罗滕迪克生平所发生的意义深远的转向的最明显的标志. 接近 20 世纪 60 年代末期的时候还有其他一些信号. 有些很小，Mazur 回忆道当他在 1968 年访问 IHES 的时候，格罗滕迪克告诉他自己去看电影了——这可能是 10 年里的第一次. 有些则比较大，1966 年当他在莫斯科国际数学家大会上荣获菲尔兹奖的时候，格罗滕迪克拒绝参加来作为对苏联政府的抗议. 1967 年格罗滕迪克在越南旅行了 3 周，那里显然给他留下了很深印象. 他关于越南之行的书面记述描写了那些为数众多的空袭警报和一次让两位数学教师遇难的轰炸，以及越南人在他们的国度里培植数学生活的英勇行动. 和一位叫 Mitrea Dumitrescu 的罗马尼亚外科医生的友谊让格罗滕迪克在 20 世纪 60 年代后期做了一次相当严肃的学习生物学知识的冒险. 他还和 Ruelle 讨论过物理.

发生在不平凡的 1968 年的那些事情一定对格罗滕迪克也有影响. 那一年里全世界范围内经历了学生的抗议示威和社会的剧变，以及苏联对"布拉格之春"的残酷镇压. 在法国，1968 年 5 月，大学生们罢课的运动达到了沸点，政府的政策造成了大规模的示威活动，而示威很快就演变成为暴乱. 在巴黎，成千上万的学生、老师和工人上街抗议警察的暴力，而法国政府，出于对革命的害怕，在城市周围驻扎了坦克. 数百万的工人开始罢工，让整个国家瘫痪了两周时间. Karen Tate，她其时正和她当时的丈夫 John Tate 住在巴黎，

回忆起当时无处不在的混乱."铺路的石头,短棍和其他手边可以用来投射的东西在空中飞翔,"她说."很快整个国家陷入了停顿.没有汽油(卡车司机在罢工),没有火车(火车工人在罢工),垃圾在巴黎市内堆积如山(环卫工人在罢工),商店架子上没有多少食品."她和John 逃到 Bures-sur-Yvette,在那里她的弟弟 M.阿廷正在访问 IHES.在这次冲突中许多巴黎数学家站在学生一边.Karin Tate 说示威是统治她所知道的数学家之间交谈的话题,尽管她不记得是否和格罗滕迪克讨论过这个话题.

格罗滕迪克从 IHES 辞职后不久,他就投入了一个对他而言全新的世界,政治示威的世界.在 1970 年 6 月 26 日在巴黎南大学(Universite de Paris in Orsay)的讲演里,他没有说起数学,而是谈论了核武器不停增多对人类生存造成的威胁,并呼吁科学家们和数学家们不要以任何形式和军队合作.Nicholas Katz,他刚来 IHES 访问并惊讶地听到格罗滕迪克的辞职,参加了这次演讲,根据他的说法,演讲吸引了数百人,在一个非常拥挤的报告厅里举行.Katz 回忆道在讲演中格罗滕迪克甚至说,考虑到这些对于人类迫在眉睫的威胁,数学研究实际上也是"有害的".

这次讲演的一个书面版本,"当今世界学者的责任:学者和军事设备",作为一个未发表的手稿在世上传播.在其中一个附录里描述了参加讲演的学生的敌意反应,他们散发些小纸条嘲弄格罗滕迪克.其中一个纸条在附录里保留了下来;是一个典型的口号:"成功,僵化,自我毁灭:如何成为一个由格罗滕迪克遥控的小概型".很清楚他被认为是成功人士里令人憎恶的一员.

在这个手稿另一篇附录里，格罗滕迪克提议成立一个组织来为在环境恶化和军事冲突下人类的生存而战斗. 这个名叫“生存”的组织在 1970 年 7 月成立，正值格罗滕迪克在蒙特利尔大学一个代数几何暑期学校上第二次做他的 Orsay 讲演的时候.“生存”的主要活动是出版与它同名的时事通讯，其第一期由格罗滕迪克用英文撰写，时间为 1970 年 8 月. 这个时事通讯里描绘了一个雄心勃勃的日程，包括科学书籍的出版，以目标群为非专家的关于科学的公共课程的组织和对接受军事资助的科研机构的抵制.

第一期上刊登了这个组织成员的名字、职业和地址的名单，一共有 25 人. 名单上有一些数学家、格罗滕迪克的岳母和他的儿子 Serge. 这个组织的主持人是格罗滕迪克和其他三位数学家：Claude Chevalley，Denis Guedj 和 Pierre Samuel（《收获与播种》，第 758 页）.“生存”是骚动的 20 世纪 60 年代后涌现的许多左翼组织之一；在美国的一个类似组织是“数学行动组织”. 由于太小而且成员散得很开而不能获得很大影响，“生存”在巴黎比在美国和加拿大要活跃些，主要归因于格罗滕迪克的存在. 当他在 1973 年离开巴黎时，这个组织就逐渐消失了.

在 1970 年夏天尼斯的 ICM 大会上，格罗滕迪克试着为“生存”招募新的成员. 他写道，“我预期有大量的入会登记——结果（如果我没记错的话），有两到三个人”（《收获与播种》，第 758 页）. 然而，他的劝诱改宗引起了大量的注意.“首先，他是数学界那时候的世界明星之一，”参加了大会的 IHES 的 Pierre Cartier 说

道，“而且，你应该记得那时候的政治气氛.”许多数学家反对越南战争并同情“生存”的反军队立场. Cartier 说，在大会时，格罗滕迪克在展览区两家出版商摊位间偷偷地塞进一张桌子，并在他儿子 Serge 的帮助下，开始派发“生存”的时事通讯. 这导致了他与老同事和朋友丢多涅的激烈争吵，其时丢多涅是 1964 年成立的尼斯大学理学院的首任院长，并负责那里举行的 ICM 大会. Cartier 说道他和别的一些人不成功地劝说丢多涅允许这个“非官方摊位”.

最终格罗滕迪克将桌子挪到大会举行的大厅前面的街上. 但另一个问题出现了：在与尼斯市长协商后，大会组织者承诺不会有街头示威. 警察开始询问格罗滕迪克，最后警察首长也到了. 格罗滕迪克被要求只要将桌子移后几码，让它不在行人道上就可以了. “他拒绝了，”Cartier 回忆道，“他想被送到监狱去. 他真的想被送到监狱去！”最后，Cartier 说，他和一些其他人将桌子移后，足以让警察满意.

尽管格罗滕迪克投入政治很突然，他绝不是孤独的. 他的好朋友 Cartier 有着相当长的政治行动的历史. 比如说，他是那些利用华沙 1983 年 ICM 大会召开的时机协商以致波兰 150 位政治犯获得释放的数学家之一. Cartier 将他的行动主义归功于他的老师和（政治）导师 L. 施瓦兹树立的榜样，他是法国政治声音最响亮、活动最积极的学术界人员之一. 施瓦兹是格罗滕迪克的论文导师. 另一位格罗滕迪克熟悉的法国数学家 Pierre Samuel 是法国绿党的创始人之一. 在法国以外，很多数学家政治上也很活跃. 在北美最为人知的有 Chandler Davis 和 Stephen Smale，他们都深入卷入了反对越战的示威.

但是尽管他的信念强烈,格罗滕迪克从来没有在真实世界的政治中留下过印象."他内心里一直是个无政府主义者,"Cartier 观察到,"在很多情况下,我的基本立场和他的立场相差不远.但他是如此天真以致在政治上和他做点事情根本不可能."而且他还相当傲慢.Cartier 回忆道,1965 年法国一次不确定结果的总统大选后,报纸的头条是戴高乐还没有被选上.格罗滕迪克询问道这是否意味法国将不会有总统了.Cartier 不得不向他解释什么叫重选."格罗滕迪克是个政治文盲,"Cartier 说.但他的确想帮助大家:给那些无家可归者或者其他有需要的人士提供几周的住处对于格罗滕迪克并不是什么不寻常的事."他非常慷慨,他一直非常慷慨,"Cartier 说,"他记得他的少年时代,他困难的少年时代,那时候他母亲一无所有,他时刻准备着来给予帮助——但是这种帮助不是政治上的."

## §7 仿佛来自虚空 ——亚历山大·格罗滕迪克的一生(五)[①]

### 疯狂的 70 年代

1970 年我从一个环境进入到另一个环境——从"第一流"人士所处的环境来到"沼泽地";突然间,我的大多数新朋友们是一年前这个地区中我还心照不宣地

① 摘编自公众号:知识分子,2017-2-3.撰文:Allyn Jackson,翻译:欧阳毅.

置之于无名无貌的那群人.这个所谓的沼泽突然间动了起来,从这些和我共同历险——另外一个历险——的朋友们的脸上展现出生命的迹象.

——《收获与播种》,第 38 页

"荣誉勋位勋章(Legion d'Honneur)!荣誉勋位勋章!"格罗滕迪克从礼堂后部大喊,手里挥动着一张纸,上面描摹着荣誉军团十字勋章,由法国政府授予的殊勋.这个场景发生在一次关于模函数的暑期学校开幕当天,其于 1972 年夏天在安特卫普举行,并得到北大西洋公约组织(NATO)的资助.格罗滕迪克长期以来的朋友,塞尔,刚刚被授予荣誉勋位勋章,正在台上发表开幕演说.格罗滕迪克走近塞尔问道:"你是否介意我到讲台上说点事情?"塞尔回答说,"是,我很介意"然后离开了礼堂.格罗滕迪克走上讲台开始演说反对北约对这次大会的支持.别的一些数学家也同意这种观点:一个例子是 Roger Godement,他于 1971 年 4 月发表了一封公开信来说明他拒绝参加这次会议的理由.

其时不为格罗滕迪克所知的是,Cartier 和其他一些对于北约的资助感到不安的数学家已经做了详细的协商,请来一位北约代表与会和他们公开辩论.Cartier 和其他人将格罗滕迪克劝下讲台,但是损失已经产生了:Cartier 很快就收到这位北约代表打来的愤怒的电话,他已经听说了这次爆发而拒绝前来,深信作一次有序的辩论的条件已经被破坏了."对于我来说,这是件很悲哀的事,因为就我的记忆,我认为听众中大多数人政治上站在格罗滕迪克这一边."Cartier 注意到,"就是和他的政治观点或者社会观点接近的人也反对他这种行为……他表现得就像个十几岁的野孩子.”

到安特卫普会议的时候,格罗滕迪克已经切断了很多曾经围绕着他的专注于数学的有序生活的联系.首先,他不再有一个永久职位.在他 1970 年离开 IHES 后,塞尔给他在法兰西学院安排了一个为期两年的访问职位.这个精英学院和法国其他大学运作不一样(从这点来说,和别的任何地方都不一样).学院里每一位教授必须提交他或者她这一年里计划讲授的课程的提纲,给由所有教授组成的大会上来获得批准.塞尔回忆道格罗滕迪克提交了两个纲要:一个是关于数学的而另一个是关于“生存”组织所关心的政治主题.委员会批准了数学提纲而拒绝了另一个提纲.于是格罗滕迪克在数学讲演会前发表长篇政治演说.两年后,他申请法兰西学院一个由于 Szolem Mandelbrojt 的退休而空缺下来的永久职位.格罗滕迪克递交的 CV (curriculum vitae,简历)中明白地表示他计划放弃数学而专注于那些他认为远比数学更紧急的任务:“生存的需要和我们星球稳定而人道的秩序的提倡.”学院怎么可能给一个人数学职位而他却申明自己不再做数学了呢? “他被很正确地拒绝了,”塞尔说道.

也就是在格罗滕迪克离开 IHES 不久这段时期,他的家庭生活破碎了,他和妻子分居.在离开 IHES 两年内,格罗滕迪克花了很多时间在北美的大学数学系里讲演.他坚持只有也安排他作政治演说的时候他才会去作数学报告,通过这来传播他的“生存”信仰.在 1972 年 5 月一次这样的旅行中,他访问了 Rutgers 大学并遇见了 Justine Bumby(那时候的姓是 Skalba),她当时是 Daniel Gorenstein 的学生.被格罗滕迪克的

个人魅力所俘虏，Bumby 抛弃了她的研究生生活来追随他，先是陪他美国之行剩余的部分，然后来到法国，在那里她和他共同生活了两年."他是我见过的最聪明的人，"她说道，"我非常敬畏他."

他们的一起生活在某些方面象征了 20 世纪 70 年代那个反文化的年代. 有一次，在 Avignon 一次和平示威中，警察开始干预，骚扰并驱逐示威者. 当他们开始对付格罗滕迪克的时候，他变得非常愤怒，Bumby 回忆道."他是个好拳击手，因此很敏捷，"她说，"我们看到警察向我们走来，大家都很害怕，接下去我们看到的是这两个警察已经躺在地上了."格罗滕迪克徒手打发了两个警察. 其他警察将格罗滕迪克制伏后，Bumby 和他被捆着放在一辆货车里送到警察局. 当他的身份文件显示他是法兰西学院的教授后，他们俩被送去见警察局长，他和他们用英语交谈，因为 Bumby 不会说法语. 一段短暂的谈话后，在其中警察局长表达了他希望避免教授和警察发生冲突的愿望，警方没有提起控诉而释放了他们俩.

Bumby 来到法国和格罗滕迪克一起后不久，他在巴黎南面 Chatenay-Malabry 租下的一个大房子里组织了一个公社，他们一起住在那里. 她说他在房子的地下室售卖有机蔬菜和海盐. 这个公社是个忙乱的地方：Bumby 说格罗滕迪克在里面开会来讨论"生存"组织提出的一些问题，会议的参加者可能达百人之多，也吸引了相当的媒体关注. 然而，公社由于成员间相当复杂的个人关系而很快解散了. 就在这个时候格罗滕迪克在法兰西学院的位置结束了，在 1972 年秋天他接受了巴黎南大学一个临时的为期一年的教学职位. 这之后，格罗滕迪克得到了一个叫 professeur a titre personnel 的位置，这个位置是为个人设立的而可以带到法国任何大学里去. 格罗滕迪克将他的位置带到蒙彼利尔大学，在那里他一直待到 1988 年退休.

1973 年春天他和 Bumby 搬到法国南部一个叫 Olmetlesec 的乡村村庄里. 这个地区那时候是嬉皮士和其他那些在反文化运动中渴望回到一种靠近土地的简单生活方式中去的人的集中地. 在这里格罗滕迪克又尝试开办公社，但是个人矛盾导致了它的失败. 在不同的时候，格罗滕迪克的三个孩子在巴黎和在 Olmetle 开办的公社住过. 后面这个公社解散后，格罗滕迪克和 Bumby 及他的孩子搬到不远处的 Villeucun. Bumby 注意到格罗滕迪克很难适应这些被吸引到反文化运动中的人们的处事方式. “他数学上的学生都是很认真的，而且很有纪律，工作非常努力，”她说道，“在反文化运动中他则见到些整天晃荡听音乐的人.”曾经作为数学上无可置疑的领袖，格罗滕迪克发现自己正处在一个非常不同的环境里，在这里他的观点不是一直都被认真看待的. “在做代数几何的时候他习惯于别人认同他的观点，”Bumby 评价道，“当他转向政治时，所有那些以前应该会同意他的人突然间和他意见相左了……这可不是他习惯的事.”

尽管格罗滕迪克大部分时候非常温情，非常有爱心，Bumby 说，他有时候情绪会有激烈的爆发，接下去是一段时期内沉默冷淡. 也有些时候在烦扰时他会用德语自言自语，尽管她不懂德语. “他会不停地说下去就当我不在那一样，”她说道，“这有点让人害怕.”他很节俭，有时候是强制性地节俭：一次，为避免将剩下的

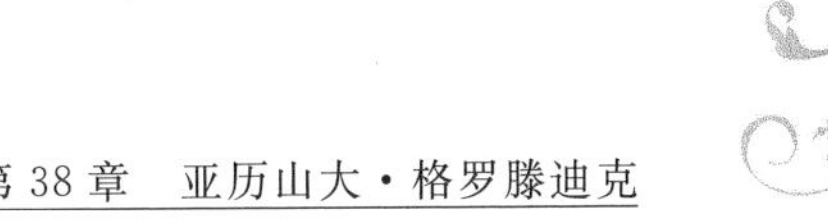



三夸脱的咖啡倒掉,他就喝了它——结果可想而知,他很快生了病. Bumby 说她认为他的说德语和过度节俭在心理学上可能和他童年时遭受的困苦、特别是他和母亲在战俘收容所生活的那段时期有关联.

格罗滕迪克曾经可能遭遇过某种形式的心理崩溃,如今 Bumby 还想知道当时她是否应该为他寻求治疗. 他是否会去接受这样的治疗我们也不清楚. 在他们的儿子约翰于 1973 年秋天降生后不久他们就分手了. 在巴黎待了一段时间后,Bumby 搬回美国. 她和 Rutgers 大学一位叫 Richard Bumby,丧偶的数学家结婚,他们共同抚养约翰和 Richard 的两个女儿. 约翰显示了高超的数学才能,他是哈佛大学数学专业的学生. 他在 Rutgers 完成统计学博士学位学业. 格罗滕迪克和他这个儿子没有联系.

在 20 世纪 70 年代早期,格罗滕迪克的兴趣和他抛在脑后的那个数学世界的人们很不一样. 但是那个世界在 1973 年夏天以一种高调的方式闯入了,此时在英国剑桥大学举行的向霍奇致敬的会议上,德利涅做了一系列的演讲,叙述他关于韦伊猜想中最后的也是最顽固的那个猜想的证明. 格罗滕迪克以前的学生老耶律参加了会议并写信告诉他这个消息. 出于想知道更多一些情况,格罗滕迪克由 Bumby 陪同在 1973 年 7 月访问了 IHES.

1959 年 Bernard Dwork 使用 $p$-adic 的方法证明了第一韦伊猜想(它是说有限域上的代数簇的 zeta 函数是有理函数). 格罗滕迪克 1964 年的 l-adic 证明则更一般并引入了他的“六种运算的形式化”. 在二十世纪六十年代,格罗滕迪克也证明了第二韦伊猜想(它是说代数簇的 zeta 函数满足函数方程). 去寻求方法来证明最后一个韦伊猜想(有时候也叫"同余黎曼假设")是他很多工作的主要推动力. 他提出了他所谓的"标准猜想",这些如果被证明了,则推出所有的韦伊猜想. 标准猜想在差不多同一时候也被 Enrico Bombieri 独立提出.

到现在,标准猜想还是不可接近的. 在证明最后韦伊猜想的时候,德利涅找到一个聪明方法让他可以绕过它们. 他使用的一个主要思想来自 R. A. Rankin 的一篇关于模形式经典理论的文章,而格罗滕迪克不清楚这篇文章. 如 John Tate 指出,"对于最后韦伊猜想的证明,你需要另外一个更经典的成分. 那是格罗滕迪克的盲点."

当 Bumby 和格罗滕迪克那个夏天出现在 IHES 的时候,其中一个访问学者是明尼苏达大学的William Messing. Messing 在 1966 年时首次见到格罗滕迪克,在他作为普林斯顿大学研究生参加格罗滕迪克在 Haverford 学院做的一系列报告的时候. 这些报告给 Messing 留下了深刻印象,格罗滕迪克成为他非正式的论文导师. 1970 年 Messing 在蒙特利尔会议上"生存"组织成立的时候加入了组织. 接下一年,当格罗滕迪克访问安大略省的 Kingston 大学(应该是 Queens 大学)时,他和 Messing 驾车去看望了 Alex Jameson,一位住在纽约市布法罗附近保留地的印第安人活动家. 格罗滕迪克正在追求一个堂吉德式的梦想来帮助印第安人解决关于土地条约的一个争端.

在 1973 年夏天,Messing 住在 Ormaille——为 IHES 访问者所提供的一组住房——的一个小单间

里.在数学家中间弥漫着对于德利涅的突破产生的兴奋气氛."格罗滕迪克正和 Justine(Bumby)一起,"Messing 回忆道,"他们过来吃晚饭,Katz 和我花了整个晚上解释给格罗滕迪克在德利涅关于最后韦伊猜想的证明中主要的、新的和不同的东西.他相当兴奋."同时,格罗滕迪克也显示出对证明绕开回答标准猜想是否正确这个问题的失望.

"我认为他当然会非常高兴,如果他自己能够证明所有的韦伊猜想,"Katz 评价道,"但是在他脑子里,韦伊猜想之所以很重要是因为它们是那座反映了他想发现和发展的数学上的一些根本结构的冰山的一角."标准猜想的证明则可以更加清楚地显示这些结构.

在这次访问中,格罗滕迪克后来也和德利涅本人见面来讨论这个证明.德利涅回忆道格罗滕迪克对这个证明的兴趣不如如果证明是用 motive 的理论引起的兴趣."如果我使用 motives 证明了它,他一定会非常兴奋,因为这意味着 motives 的理论得到发展了,"德利涅评论道,"由于这个证明使用了一个技巧,他就不那么关心了."为尝试发展 motives 的理论,格罗滕迪克遇到一个主要技术难题."最严重的问题是,要让他关于 motives 的想法工作,一定得能够构造足够多的代数链,"德利涅解释道,"我想他一定很努力地尝试过但是失败了.而从此以后没有人获得成功."根据德利涅的意思,发展 motives 理论遇到的这个技术障碍可能远比他不能够证明最后的韦伊猜想更让格罗滕迪克感到沮丧.

### 遥远的声音

我在 1970 年离开数学的“伟大世界”……在从事数年反对军用和维持社会生态的如“文化革命”形式的战斗后，关于这些毫无疑问你曾经在这儿或那儿听到过一些情况，我几乎从大家的视线里消失了，迷失在某个省份的一所大学里，天知道是在哪里. 谣言是说我去放羊或钻井来消磨时光. 实际上我不是去从事许多其他的职业，而是勇敢地，如同任何人一样，去系里面教课(这是我起初赚取面包的方式，到现在还是这样).

——《收获与播种》，第 L3 页

当格罗滕迪克在 1973 年来到蒙彼利尔大学时，Yves Ladegaillerie 时年 25 岁，三年前刚从巴黎庞加莱研究所获得博士学位，是那儿一位大学讲师. 格罗滕迪克提议 Ladegaillerie 跟他在拓扑方面做 these d'etat(第二论文，证明其可以从事某项职业)，因此花了大量时间来指导这位年轻数学家适应他的观点和方法. 在一个关于格罗滕迪克的简短回忆中，Ladagaillerie 写道：“我在巴黎时候曾经有那个时代一些伟大数学家，从施瓦兹到嘉当作为老师，但是格罗滕迪克完全不同，如同一个外星人. 他不是去将事情翻译成另外一种语言，而是直接用现代结构数学的语言来思考和叙述，这种结构数学的建立他作出过很大贡献”. 一次，为了验证某个关于辫子的代数计算，Ladegaillerie 用线和一个带孔的小木板做了个小小模型. 这个让格罗滕迪克开怀大笑：“那个时刻，他就像站在刚表演完戏法的巫师前面的一个孩子，他告诉我：‘我永远也不会想到这样去做’.”

格罗滕迪克在离蒙彼利尔 35 英里的 Villecun 一个没有电的老房子里面过着一种苦行僧式的的非传统的生活. Ladegaillerie 记得在那看到过 Justine Bumby 和她的小婴儿,不过很快她就走了. 许多朋友、熟人和学生去那里拜访过格罗滕迪克,包括那些在生态运动方面的人. 1974 年一位日本佛教传教团的领队去访问了格罗滕迪克,从那以后,很多佛教信徒造访过他家(《收获与播种》,第 759 页). 有一次,招待一位旅行证件不完整的和尚后,格罗滕迪克成为法国历史上第一位由于 1949 年通过的一条不引人注意的法律:"免费给处于非正常状态的陌生人提供住处和食物"非法,而受到起诉的人(《收获与播种》,第 53 页). 作为一个整个一生没有国籍的人,格罗滕迪克非常愤怒,他试着发起一项运动来反对这项法律. 他甚至去巴黎在一次布尔巴基讨论班上说起这个. 他的运动成了法国国家级报纸的头条新闻. 最终他支付了罚金并受到一个缓期判决.

就是在这个时候格罗滕迪克学会了开车. 他有部古老的雪铁龙,一个型号为 2CV 而以非正式地名称 deux chavaux 闻名的汽车. 他的一个学生,Jean Malgoire,现在蒙彼利尔大学的讲师,回忆起一次和格罗滕迪克在倾盆大雨中开车的恐怖经历. 除了是一位很蹩脚的司机外,格罗滕迪克更是集中精力向他的乘客论道而不是注意路况. "我确信我们不会活着到目的地的!"Malgoire 说道. "我明白亚历山大和现实生活有着一种特殊联系……与其去适应那些实在的东西,他宁可相信现实会去适应他. "一次,在驾驶一辆机动脚踏两用车时,格罗滕迪克和一辆汽车面对面撞上了. 根据 Ladegaillerie 的说法,他将目光从路上转到去从自己背后包里拿杏去了.尽管他一条腿骨折需要手术,他还是要求将针刺麻醉作为唯一的麻醉剂.只是在外科医生告诉他唯一的另一种选择是将断腿锯掉后他才同意使用抗生素.

在蒙彼利尔大学,格罗滕迪克有一个正式的教员职位并且在所有的级别上过课.尽管学生不如他以前在巴黎的学生那么强,他依然在教学上投入了大量的精力、热情和耐心.他有一种非传统式的教学方式.作为一次关于多面体的考试,他让学生提交用纸粘起来的模型,这让那些必须使用考试卷子来评分的人感到非常惊慌.一位曾经在蒙彼利尔上过他的大学课程的人现在是斯坦福大学统计学家 Susan Holmes."我发现他非常令人鼓舞,因为他对学生既不按传统办事,又很和蔼,他们真的一点也不知道他是一位伟大的数学家,"她回忆道.他穿着嬉皮士式的破烂服装来上课,并在班上分发他自家生产的有机苹果."他的确没有用大学生适应的线性思维形式来解释问题,但是他的教学非常令人鼓舞,大家会得到某个奇妙而神秘的'大图像'的印象."Holmes 说.

格罗滕迪克从来不是一个靠阅读来学习和理解数学的人.和别人聊天曾是他了解这个领域正在干什么的主要方式.在 IHES 时口头交流是他数学交流的主要模式,从那种热烈而富有刺激性的气氛中离去对他而言是个巨大的变化.与他二十世纪六十年代保持的步伐比较,格罗滕迪克后来的数学工作是零星的.尽管他在蒙彼利尔有一些博士生,他没有建立过象 IHES 时期那样以他为首的兴旺发达的学派.他巴黎时代一

些以前的学生和同事来过蒙彼利尔拜访他. 所有来访者中最频繁的是德利涅,在整个二十世纪七十年代他是让格罗滕迪克知晓最新数学进展的主要人物.

在蒙彼利尔,格罗滕迪克没有一个固定时间碰头的讨论班. 他和 Ladegaillerie, Malgoire 还有其他一些他的学生组成了一个小的学习团体,但根据 Ladegailleire 的说法这个团体事实上从来没有过活动. 在 1980 年到 1981 年,他组织了一个关于伽罗瓦群和基本群的关系的讨论班,其唯一的参加者是 Malgoire. 这个主题正是他 1981 年完成的 1 300 页的手稿《通过伽罗瓦理论的长征》的主题. 格罗滕迪克从来没有发表《长征》,但通过 Malgoire 的努力,它的一部分在 1995 年由蒙彼利尔大学出版. 那里也曾有过一个小型工作讨论班, Ladegaillerie 在上面给了几次关于 William Thurston 在泰希米勒空间上的工作的报告,这激起了格罗滕迪克在这个学科的兴趣.

到二十世纪八十年代,格罗滕迪克觉得他已经做了他所能做的事来试着激发蒙彼利尔这些不那么热心的学生,于是决定去申请科学研究国家中心(CNRS)的研究员职位. CNRS 是一个法国政府机构,雇用数学家和科学家来做研究. CNRS 的职位以大学或者研究所作为基地,通常都无需教课. 在二十世纪五十年代,他去 IHES 之前,格罗滕迪克曾经有过 CNRS 的职位. 在二十世纪七十年代他申请过重新进入 CNRS 但被拒绝了. 那时候,巴黎南大学的 Michel Raynaud 正在评价申请者的数学家委员会里. Raynaud 说 CNRS 的管理部门很犹豫将格罗滕迪克招募进来,争辩说不清楚他是否会继续数学研究. 委员会不能反驳这个说法，于是申请被拒绝了.

当格罗滕迪克在 1984 年重新申请 CNRS 时，他的申请又一次具有争议性. Jean-Pierre Bourguignon，如今 IHES 的所长，是负责评价数学方面申请者的委员会的主席，其中一位申请者就是格罗滕迪克. 根据 Bourguignon 的说法，在申请所要求的一封手写的信中，格罗滕迪克列举了一些他不会去执行的任务，比如指导学生研究. 因为 CNRS 的合约要求研究人员履行其中某些任务，这封信被 CNRS 管理部门看作是格罗滕迪克不符合条件的证据. Bourguignon 说他试着让格罗滕迪克去修改他的申请使得那些他拒绝执行的任务不要明显地写在那里，但是格罗滕迪克不愿意这样去做. 在很多人的大量努力下，格罗滕迪克最终被放到一种叫 position asteriquee（“加星号的职位”）的特殊职位上，这样安排让他和 CNRS 都能够接受. CNRS 实际上并没有雇用他而只是负责给他发薪水，而他仍保持他的大学雇佣关系. 因此 1988 年退休前在蒙彼利尔最后几年里，格罗滕迪克不用教课，他在大学里的时间也越来越少.

格罗滕迪克 1984 年在 CNRS 申请的数学部分就是现在著名的手稿《一个纲领的提纲》(*Esquisse d'un Programme*). 在其中，他用某种神秘的然而同时又很敏锐而具有远见的方式，略述了一个他称之为“anabelian 代数几何”的新领域. 他也思考了一般拓扑的不足而提出了一个以他称为“驯顺拓扑”的形式出现的更新概念的想法.《提纲》也包括了他的关于 dessins d'enfants（“儿童的想法”）的想法，这个想法他最初发展的时候是为了有个简单方式来给学生们解释代数几何的

一些概念，从那以后它已经激起了大量的研究. 格罗滕迪克将他的《提纲》寄给了那些他认为可能会感兴趣的数学家，这个手稿多年里以未出版形式在专家手中传播.

巴黎六大的 Leila Schneps 是在 1991 年的时候读到《提纲》的. 在此之前她是将格罗滕迪克和奠基性著作 EGA 和 SGA 等同起来，此时她发现《提纲》却完全不同. "这是数学想象力的狂热表现，"她回忆道："我太喜欢它了. 我被它击倒了，我希望马上在它上面工作." 她成为《提纲》上描述的研究纲领的热情的传道者，而她和其他人已经在其上取得了相当大的进展. 她说："其中有些东西初次看上去甚至觉得没有意义，不过等你工作两年后再回去看看，你就会说，'他知道这'." 她编辑了一本关于 dessins d'enfants 的书，于 1994 年出版，在 1995 年她和同属巴黎六大的 Pierre Lochak 一起组织了一个关于《提纲》的会议.《提纲》第一次以印刷形式出现在这次会议论文集上.

除去《提纲》和《长征》外，格罗滕迪克在二十世纪八十年代至少还写过另外一本数学著作. *Ala Poursuitedes Champs*（*Pursing Stacks*，《探索 Stacks》），长达 1 500 页，其开始于给牛津大学的 Daniel Quillen 的一封信. 此书完成于 1983 年，勾画了格罗滕迪克关于同伦代数、同调代数和 topos 理论的整合的观点.《探索 Stacks》在数学家手中广泛流传但从没有出版过. 尽管它的主题是数学，《探索 Stacks》的风格和他早先的数学写作风格完全不同. 它写得像是数学发现旅程的"日志"，其中包括所有的错误开始、错误转向和突然而来的灵感，这些东西刻画了数学发展的历程，但是在写好了的数学著作中经常被省略掉了的. 当非数学的事情引起他的注意时,这些事情也成了“日志”的一部分:比如,《探索 Stacks》中就包含一段关于他一个孙子的出生的事. 在二十世纪九十年代,他写了一本 2 000 页长的名叫 *Les Derivateurs* 的关于同伦论基础的数学著作,他在 1995 年将此书交给 Malgoire,现在它可以在网上获得.

当他在蒙彼利尔的时候,格罗滕迪克的不妥协,“反传统”的倾向看上去更明确了. Ladegaillerie 的论文完成后,格罗滕迪克给 Springer 写信建议它发表在其 *Lecture Notes* 系列上. 当他收到回信说这个系列不再发表论文的时候非常的愤怒. 不管怎样论文还是提交去发表了,但可想而知它被拒绝了. 根据 Lagegaillerie 的说法,格罗滕迪克给同事写信,计划建立起一个抵制 Springer 的运动. Ladegallairie 决定将论文作为几篇文章而不是作为一个整体发表,其中主要部分发表在 *Topology* 上. 格罗滕迪克责备他将这个工作分切成可发表的部分. 如 Ladegaillerie 指出,格罗滕迪克试着将他放到他“反对传统的战斗”的盟友名单上去. 但是 Ladegaillerie 抵制了这个尝试,认为这样的战斗不合理也不会被证明是正确的.

“尽管如此意见不一,我们还继续是朋友,关系时好时坏,”Ladegaillerie 说道. 关于他和格罗滕迪克一起的工作,Ladegaillerie 说,“和一个天才工作真让人入迷. 我不喜欢用天才这个词,但对格罗滕迪克而言没有别的可能的词来形容……真的很迷人,但也很令人害怕. 因为这个人不是普通人. ”在煤油灯下与格罗滕迪克做数学工作直到深夜的记忆,是“我作为数学家的

一生最伟大的记忆."

## §8　仿佛来自虚空
## ——亚历山大·格罗滕迪克的一生(六)[①]

### 收获与播种

在《收获与播种》里描述了很多事情,不同的人无疑会在里面看到许多不同的事情:过去发现的历险;对于存在的冥思;对于一个时代一个环境里精神的描绘(或者是对从一个时代到另一个时代的阴险而无情的变化的描绘……);一次侦查(在数学都市的薄弱部位里,有时几乎是侦探形式的而在别的时候则近乎间谍小说方式的侦查);一次大型的数学漫游(这个会让很多读者感到难以理解……);应用心理学的实用读本(或者,如果你愿意,一本"心理分析小说"类别的书);自身知识的吹捧;"我的自白书";一本私人日记;发现和创造的心理学;一次控诉(无情的但又是恰如其分的);甚至是和"精英数学世界"的清算(而且没有任何礼物).

——《收获与播种》,第 L2 页

在 1983 年 6 月到 1986 年 2 月间,格罗滕迪克写作了《收获与播种:一个数学家过去的回顾和证词》(*Recoltes et Semailles: Reflexions et temoignage sur un passé de mathematicien*). 这部著作不是很好归类

① 摘编自公众号:知识分子,2017-2-5. 撰文:Allyn Jackson,翻译:欧阳毅.

的. 它的题目揭示这是部回忆录,但《收获与播种》包含比一本回忆录更多的东西. 更多表现在它不仅包括他生平发生的事件的回忆,而且也包括对那些事件的道德和心理意义深入细致的分析和他用对自己和对世界的观点来调和那些意义的尝试. 这些分析导致了他对于发现和创造在数学或者更一般意义上扮演的角色的哲学冥思. 同时,《收获与播种》又比一般的回忆录少点东西,这个表现在它没有尝试去系统而全面地记述格罗滕迪克生平发生的事件. 他不是为未来的传记作家或者历史学家来写作的,而主要是为了他自己.《收获与播种》是对最靠近他内心的事情的探查. 他带给此书如他带给数学一样,是一种求索的好奇心,是一种到事情的最底部去寻求答案的方法. 其结果是一部厚重而多层次的著作,它揭示了一个伟大而有时又令人恐怖的头脑在执行试图理解自己和世界的艰巨任务.

不需要多说,《收获与播种》不是容易阅读的,格罗滕迪克给他的读者们设了很多条件. 书中很大一部分来自于他的日常感觉,在有些部分很明显他的想法是从一天演化到另一天时才固定下来. 因此在一页纸内就可能会有突然的有时候甚至令人不安的情绪和主题的变化. 书的组织很复杂. 主要的内容分成数字标记的几节,每一节都有一个细心选定的引人注意的标题. 在每一节内有到另外一节的交叉引用,还有众多的脚注,它们有一些相当长而且内容丰富,有时候甚至有脚注的脚注. 来源范围很广的词汇量对那些母语不是法语的人是个很特别的挑战,同样造成挑战的是他习惯使用口头语,其中某些还很庸俗. 自始至终格罗滕迪克写作得很细心、深具洞察力、清楚、带着一种辛辣而吸引

人的方式. 他常常成功地描绘出那些初看上去难以描述的事物.

《收获与播种》结构的复杂性和它的自发性的一个原因是格罗滕迪克写作的时候脑子里没有一个明确的计划. 他开始写的时候是作为《探索 Stacks》的导论，该书原本是标志着他的认真投入时间和精力研究和出版数学的回归. 这个导论计划用来解释他研究中的新精神，它不再是专注于他早期工作中精确而详尽的基础建设，而是将读者带到新数学世界的"发现之旅". 格罗滕迪克预想《收获与播种》作为一个叫作《回顾》的系列里面的第一卷，这个系列将包含他对数学和其他方面事情的看法和回顾. 第二卷会是《探索 Stacks》，而《通过伽罗瓦理论的长征》和《一个纲领的提纲》也打算包含在这个系列里.

在《收获与播种》的第一部分，这个部分他标题为"满足与复兴"，在此格罗滕迪克对于他工作的数学界做了很多自我反省. 在他 1948 年作为新来者加入数学界时受到的欢迎气氛开始消失了，他说道，由于数学家们开始利用他们的名声来将自己置于优势地位. 数学成为获得权力的一种方式，而现在的精英数学家们成了一群自鸣得意、让人害怕的人，他们利用获得的权力来阻碍和鄙视别人，如果这样做符合他们的利益的话. 他悔恨地回忆起在几个场合里他自己表现出的狂妄和傲慢的态度，意识到这样的态度已经成长为一种"好玩的"或者竞赛性的研究数学的方式，这种方式已经阻碍他将自己开放给数学对象的美丽的能力. 正是在完成"满足与复兴"后，他突然受到"这种关于我全部作品和与此同时我本人被埋葬的阴险现实，其在 1984 年 4 月

19 日突然以一种不可抗拒的方式并且带着同样的名字‘葬礼’强加于我”的影响(《收获与播种》,第 L8 页).在那一天他开始写作最终作为三部分组成的系列,名字就叫“葬礼”,其长度超过 1 000 页.在其中他强烈攻击了他一些昔日的学生和同事,那些人他认为试图通过盗窃他的思想和不给予他应得的荣誉而将他的工作和他做数学的方式“埋葬”.他也称赞了 Zoghman Mebktout 的工作,他在 20 世纪 70 年代发展了格罗滕迪克的一些想法,而格罗滕迪克认为他的工作被不公平地边缘化和忽视了.“葬礼”中提出了六个数学领域,或者叫作“建筑工地”,他说这些当他 1970 年离开 IHES 后就被放弃了,而他认为他的学生们本应该继续发展的.在“葬礼”这个系列,自始至终,他近距离地分析了他和德利涅的关系,其是所有他的学生中最杰出的而且和他有着最紧密的数学上的密切关系.

“葬礼(Ⅱ),或言到阴和阳的钥匙”与“葬礼”其他两部分相当不同,它不是那么直接关于对“葬礼”的调查.这个第二部分,格罗滕迪克解释为《收获与播种》中最个人也最深刻的部分,包含了对于很分散的主题,例如,创造性、直觉、暴力、冲突等的大范围思考.他使用“阴一阳”辩证法来分析做数学的不同方式,总结说他自己的方式是彻底的“阴”,也就是雌性的.他的这个方式记录在一个特别引人注目的章节,标题为“漫升的海洋……”.他将他研究数学的方式比喻为海:“海洋的前进无声无息,好像什么事情都没有发生,什么都没有被打搅,海水是如此之远人们几乎听不到它.但结果它却包围了最顽固的物体,其渐渐变成了半岛,然后是岛屿,然后是小岛,最终被淹没了,就好像被无边无际伸

展的大洋溶解了一样."(《收获与播种》,第 553 页).

在"葬礼"里他继续探索了一些在"满足与复兴"里已经建立的主题,即关于数学世界上层存在的竞争性和势利的态度.比如,他解释说他的大部分工作都标记着"服务的态度":出于对数学界的服务而去写作清楚而又全面的著作使得根本而基础性的思想广泛流传.尽管他坦率承认他的自负有时也导致他精英式态度,他说,但是他从没有忘记自发的服务意识,"对所有和我一起迈入共同历险的人的服务"(《收获与播种》,第 630 页).他认为,由于个人强化和排外的精英团体的形成成为现代社会的体制,数学界将服务意识丢失了.

除去"满足与复兴"和组成"葬礼"的三个部分外,《收获与播种》包含两卷引论,以及"到阴和阳的钥匙"的一个附录.大约 200 份复印件寄给了他的数学同事.尽管格罗滕迪克有意出版,《收获与播种》原本法文版从来就没有出版过,因为里面包含的强烈攻击可能有损名誉.然而,它被广泛流传.其复印件可以在世界各地、特别是法国的数学家的书架上,以及一些大学和数学研究所的图书馆里找到.Rennes 大学的 Alain Herreman 已经采取行动将包含全部法语原文的 html 文件放在网上,而部分英语、俄语和西班牙语翻译版本也已经放置在那里.《收获与播种》一大部分的日语翻译由通过"生存"组织而认识格罗滕迪克的 Yuchi Tsuji 完成,并在二十世纪九十年代由数学出版商 Gendaisugakusha 出版.根据 2001—2004 年担任法国数学会(SMF)会长的巴黎六大的 Michel Waldschmidt 的说法,学会在他担任会长时曾考虑是否出版《收获与播种》.这个问题引起了支持和反对双方强烈的意见,

Walschmidt 说，最终法国数学会决定不予出版.

很多数学家，特别是一些格罗滕迪克从前的学生，被《收获与播种》里的指责震惊，并觉得很受伤. 他们其中一个，巴黎南大学的老耶律曾经和另外一个昔日学生 Jean-Louis Verdier 谈论他们是否应该试着去和格罗滕迪克讨论这些指责. 根据老耶律的话，1989 年过世的 Verdier 觉得格罗滕迪克其时的想法不足以让讨论有个合理基础. 但是，老耶律说："我想，'格罗滕迪克不可能变成这样. 我会试着说服他，我会和他谈谈. 或许我和他能够在他的一些正确观点和一些错误观点上达成一致.'最终，我们在一些非本质观点上达成一致，但真正的东西则不了了之，而他仍然确信所有的人都反对他."

在《收获与播种》中，格罗滕迪克说，自从他在 1970 年离开数学世界后，他做数学的方式就被蔑视，而他开拓的许多道路没有得到拓展. 的确那个时代后，代数几何研究开始转向，将那种刻画他工作的高度一般化的方式和研究具体问题结合起来. 德利涅对韦伊猜想的证明，是 20 世纪 70 年代最伟大的发展之一，其很大程度上是格罗滕迪克思想的功劳，但也融入了许多新的思想. 伴随 D－模理论和德利涅的混合霍奇理论的发展，更大的注意力开始集中在更多的具体问题上，比如代数簇的分类问题和低维代数簇的一些问题. 还有，1972 年安特卫普会议后，代数几何和表示论的合作开始增加，导致了自守形式理论和朗兰兹纲领的发展. 如老耶律所指出，所有这些发展表明存在一个"相当程度上一般理论和具体例子间的相当自然的平衡，来丰富理论本身."《收获与播种》也包含了指控说

格罗滕迪克的工作不是一直都正确的.确实他的工作如此广为人知而且如此根本,很多荣誉不是那么具体地给予了他.“例如,确实所有人都知道他发明了 motives,或者 1-adic 上同调等,因此没有必要每次使用它们的时候都去引用他的名字,”塞尔评价说,“他的名字由于这个原因很少被人提到.

但另一方面,众所周知这是归功于他.没有人说它归功于别人.”塞尔解释说格罗滕迪克对缺乏足够荣誉的抱怨和他在 20 世纪 60 年代的行为形成鲜明对照,在那时他非常大方地分享想法,甚至在某些时候将别人的名字附在他自己提出的想法上.“由于这个原因阅读《收获与播种》真是让人感到悲伤.”

就算承认存在着从格罗滕迪克式数学的转向和荣誉不是总具体的归功于他,从此到他声称发生的有预谋的“埋葬”还是有一个巨大的跳跃.“回过头来看,很少有数学思想曾经如格罗滕迪克的思想一样被广泛使用,”老耶律说道,“所有现在在做代数几何或算术几何的人使用格罗滕迪克的语言、思想、定理等.他设想自己会被埋葬真是完全荒谬的.”

毫无疑问,在 1970 年格罗滕迪克中止他的研究生涯时,数学蒙受了巨大的损失.但是数学没有停止;其他人继续工作,追随他们自己的想法和兴趣.在 1986 年2 月,当收到一本《收获与播种》后,塞尔给格罗滕迪克写信说:“你很惊讶而且愤怒你从前的学生们没有继续你已经开始而且几乎完成的工作.但你没有问这个最明显的问题,这个所有读者希望你回答的问题:而你呢,为什么你放弃你的问题中提起的那些工作?”

尽管“葬礼”的指责恶名远扬,在《收获与播种》中有着更多的内容.那些曾经读过超过上述部分的人都被著作的美感和洞察力深深感动.格罗滕迪克对数学世界高度竞争的气氛如何导致了创造力的窒息和领域的更新的批评让很多人都认同.在《收获与播种》里,格罗滕迪克将促成创造的脉动诞生的这种天真的、如孩子般的好奇心赋予了最高的价值,他悲痛其被竞争及对权力和威望的渴求而惨遭蹂躏.

“我可能是相当少数的那些认为《收获与播种》是一部不可思议的文献的人之一,”William Messing 说道,“这不是说其中没有什么部分是过分的而且具有可能被认为是偏执狂的一些特征.但是非常令人震惊的是创作了 EGA 和 SGA 的人竟然会用这种形式来写作.这种系统而内省的方式是和他研究数学的方式一致的.那些真正读过它的人——和那些只是看了 5 页负面评价的人对比——更趋向认为它是一部很不寻常的文献.”

### 轻盈的降落

现在我不再,如我曾经那样,是繁重任务的囚徒,这些任务常常阻止我跳入到数学或者其他方面的未知世界里去.任务的时代对我而言已经结束了.如果说年纪带给我什么的话,那就是轻盈.

——《一个纲领的提纲》

“科学职业(特别在数学家之中)的道德规范已经退化到如此地步以至于同事间纯粹或者简单的盗窃(特别是以那些无力保卫自己的人为代价的)几乎成了一条普适法则,而且无论怎样都为大家所容忍,即使在最明目张胆和最不公正的情形.”格罗滕迪克在

1988 年4 月 19 日给瑞典皇家科学院拒绝接受 1988 年克利福德奖的信中如此写道. 他同时给皇家科学院寄去了《收获与播种》的引论卷. 皇家科学院决定将这个大约 20 万美元的奖项授予他和德利涅. 格罗滕迪克的这封信在 1988 年 5 月 4 日 *Le Monde*(《世界报》)上登出后广为人知. 去加入这个接受奖项和荣誉的游戏,格罗滕迪克写道,就意味去合法化"科学世界的一种精神和一种变化,其在我看来非常的不健康,而且谴责它并希望它尽快消失,它是如此的自杀性,既在精神上,也在智力上和物质上."很明显他的这种情绪和《世界报》许多读者有共鸣. 这家报纸一位新闻编辑告诉 Jean-Pierre Bourguignon 报纸收到的对格罗滕迪克信的反馈比起它之前别的信都要多,而且大部分反馈对一位科学家终于站起来承认科学世界已经变得如此腐败表示支持. 关于这封信的新闻出现在其他杂志和报纸上,在数学界它被热烈讨论过. 它的一个英语翻译发表在 *Mathematical Intelligencer* 上,其中一小部分发表在 *Notices* 上.

在回绝克利福德奖的同一年,他以 60 岁的年纪从蒙彼利尔大学退休. 也是在那一年,6 位数学家决定汇集一些文章来作为格罗滕迪克 60 岁的生日献礼("Festshrift")(*K*－*Theory* 杂志上也有专门一期献给格罗滕迪克). 这个 Festschrift 看上去是和格罗滕迪克和好的一次尝试,而且用来证明他没有如他在《收获与播种》中声称的那样被"埋葬". 贡献文章的其中一些人是他曾经给予最强烈批评的. 当 Festschrift 在 1990 年出版后,作为编者之一的老耶律给格罗滕迪克寄去一本,他的反应特别充满怨气. 在给老耶律的信中,他强烈反对卷首简短的前言和他没有被早点告知这本书会出版这件事. 他说他的工作如同“婚礼上的五彩纸屑”一样被使用,就像那亮亮的不值钱的辅币抛到空中去获得一种欢乐和庆祝的假象,而下面的不快则被忽视了. 格罗滕迪克将这封信提交给法国数学会 Bulletin 发表. 当法国数学会告诉他 Bulletin 只发表数学文章但这封信可以在法国数学会的 Gazette 上发表后,格罗滕迪克拒绝了. 这封信从没有出版过.

他退休后,格罗滕迪克几乎不在蒙彼利尔大学,尽管他继续住在那个地区,一个叫 Les Aumettes 的村庄. 在这个时候,Ladegaillerie 说,格罗滕迪克似乎经历了很深的精神危机,写一些“使得我们对他的身体状况做最坏担忧”的信. 在 1987 年到 1988 年期间,格罗滕迪克写了《梦或者和好上帝对话的要旨》,里面包含了关于格罗滕迪克早期生活的大量材料.《梦的要旨》有大约 300 页长,并伴随着另外大约 500 页的笔记. 根据 Munster 大学的 Winfred Scharlau 在 2004 年夏天的一次报告,格罗滕迪克将《梦的要旨》包括在他称作《深思》的一个作品集中,其中也包括构成《回顾》的那些材料,以及一本叫《乱伦的赞美》的诗集. 这本诗集和《梦的要旨》都没有广泛散发.

格罗滕迪克的许多朋友和同事都知道了他对精神方面的日渐沉迷,当他们收到“一封带来好消息的信”的时候,这封信日期署为 1990 年 1 月 26 日,而他给大约 250 个人寄了信. 信中宣称:“你是一群为数 200 到 300 的人中一员,每个人都亲自接触过我,其被上帝赋予了一个伟大的使命:宣布并且准备‘新时代’(或者解放时代……)的到来,它将在‘真理之日’,1996 年10 月

14 日开始.”他说上帝在 1986 年首次出现在他面前并和他通过梦境来联系.他也描述了遇到一位叫作 Flora 的神,她传授启示但也残酷考验他的忠诚.尽管信的内容不可理喻,但是它的书写却是完美般的清晰.三个月后格罗滕迪克寄来一个“更正”,宣称他自己不再确信“一封带来好消息的信”中描述的启示的真实性.他写道:“我是众多‘精神’(在他们中间我有限的能力无足轻重)中的一个的神秘举动的受害者,且被他将巨大的力量授予我的身体和心理,这件事情,我不再有最小的怀疑.”这两封信一起揭示了一种内心被深深打搅和备受煎熬的印象.

1990 年 7 月,格罗滕迪克请求 Malgoire 包管他所有的数学文章,包括书籍、预印本、通信以及处于不同准备阶段的手稿.如 Malgoire 指出,格罗滕迪克想给自己“减轻”很多东西.他烧了很大一堆材料,大部分是非数学的,其中包括他父母在 20 世纪 30 年代的通信.他给 Malgoire 看一个 200 升堆满灰烬的汽油桶,并估计说他大概烧了 25 000 页纸.格罗滕迪克也将一些文章和别的东西,包括他母亲死时的面部模型,留给一位叫 Yolande Levine 的朋友,在过去十年里他们非常亲密.然后他就消失在比利牛斯山中,在完全的孤独中生活.一小部分人知道他在哪里,而他也指示他们不要将大学里送达给他的邮件传给他.Malgoire 说即使今天,在格罗滕迪克隐居近 15 年后,大学里仍然收到大量寄给他的信.在 1995 年,格罗滕迪克正式将他数学著作的法律权益赠予 Malgoire.

在近 15 年里格罗滕迪克几乎和数学家没有什么联系.在少数几个见到他的人中包括 Leila Schneps 和

Pierre Lochak，他们在 20 世纪 90 年代中期见过他. 他们告诉了他关于他在《一个纲领的提纲》中勾画的纲领的进展情况，而他很惊讶大家仍然对他的工作感兴趣. 他对物理学产生了强烈兴趣，但是对那个领域严格性的缺乏表现失望. Lochak 和 Schneps 和他交换了数次信并给他邮寄了几本他要求的物理书. 在一封信里他问了一个毫无敌意的简单问题：米是什么？他的信件开始在温暖的友谊和冷淡的怀疑间摇摆，最终他断绝了和他们的所有联系. 尽管和格罗滕迪克的友谊不能维持下去，Lochak 和 Shneps 仍然对他和他的工作保持着一种炽热的景仰和深切的依恋. 他们一起辛苦地将手写的《通过伽罗瓦理论的长征》的一大部分打成 TeX. 他们也启用了一个网址：the Grothendieck Circle，其中包含许多关于格罗滕迪克、他的生平和著作内容丰富的材料.

### 跳舞之星

我告诉你们：一个人心中必有混沌，才能诞生跳舞之星. 我告诉你们：你们心中也有混沌.

——弗里德里希 · 尼采，《查拉斯图拉如是说》

亚历山大 · 格罗滕迪克的工作在现代数学上有着深远的影响，从更广范围说，它位列于 20 世纪人类知识最重要的进展之中. 格罗滕迪克的地位可以和，比如说阿尔伯特 · 爱因斯坦来相提并论. 他俩中每一个都开启了革命性的新观点而改变了探索的领域，而且每一人都寻求现象间最根本的、统一的联系. 格罗滕迪克研究数学对象如何相对地互相表现的习性回应着爱因斯坦提倡的相对论观点. 格罗滕迪克的工作也和另外

一个 20 世纪的伟大进展，量子力学有着平行联系，在量子力学中，它颠覆了传统概念，将点粒子用“概率云”来代替.“这些‘概率云’，其代替了以前可靠的物质粒子，很奇怪的提醒起我 topos 居于其上的那个难以描述的‘开邻域’，它好像容易消散的幻影，包围着想象中的‘点’，”他写道(《收获与播种》，第 60 页).

然而，不管格罗滕迪克的成就多么杰出，他将自己的创造力归因于一些很卑微的东西：一个孩子的天真而热情的好奇心.“发现是这个孩子的特权，”他在《收获与播种》(第 1 页)里面写道，“他不会由于老是犯错、看上去像个傻瓜、不认真或者不像别人那样做事情而去害怕.”对于发现和创造的工作，格罗滕迪克将天资和技术能力放在孩子希望明了事务的单纯渴望次要的位置上.这个孩子存在于我们每个人身上，尽管它可能被边缘化、忽视或者淹没了.“我们每个人都可以重新发现发现和创造究竟是什么，而没有人可以发明它们”(《收获与播种》，第 2 页).

这种孩子式的好奇心的一个方面是对于真理的严谨忠诚.格罗滕迪克教给他学生写数学文章时的一条重要戒律：永远不要说错误的东西.几乎或者本质上正确的陈述是不允许的.说不清楚可以接受，但在给出确切细节的时候，你就必须只说那些正确的东西.的确，格罗滕迪克的一生是对真理的不断追寻.从他的数学著作到《收获与播种》以至于“一封带来好消息的信”，格罗滕迪克都是以如孩子般不可动摇的诚实来写作的.他说真话——他自己的真话，如他所想的那样.甚至当他犯了实际错误或者被错误假定误导时，他也坦率说出他脑中所想.他从没有试着去隐瞒他是谁和他在想些什么.

格罗滕迪克对真理的追寻将他带到数学思想的最根源和人类心理感知的最远端. 他有过长长的旅行. “在经历过所有这些事情后,在比利牛斯山孤独的退休生活里,亚历山大·格罗滕迪克有权去休息了,”Yves Ladegaillerie 写道,“他值得我们的景仰和尊敬,但最重要的,想到我们所亏欠他的,我们应该让他得到安宁.”

**译者介绍**

欧阳毅,湖南衡阳人,中国科学技术大学数学系教授,研究方向是数论和算术代数几何. 1989 年 9 月进入中国科学技术大学数学系本科学习,1993 年提前攻读数学系基础数学方向研究生,师从冯克勤教授. 1995 年获得硕士学位,之后赴美国深造. 2000 年 5 月毕业于美国明尼苏达大学,获博士学位,研究方向是代数数论,导师为 Greg W. Anderson 教授. 论文获学校年度 Outstanding Thesis. 2000 年 7 月到 2003 年 6 月在加拿大多伦多大学 V. Kumar Murty 教授的指导下从事博士后研究工作. 2003 年回国,在清华大学工作,任副教授. 2007 年回中国科学技术大学数学系工作,任教授. 他曾多次访问法国高等科学研究院,巴黎十一大学,波尔多大学,荷兰莱顿大学,意大利帕多瓦大学,国际理论物理中心 (ICTP) 等地.

## §9　靠“挖矿”养活当今世界近一半数学家[①]

有人把研究数学比喻成“挖金矿”，研究数学的人是“矿工”，这个比喻还是蛮恰当的，因为你可能努力挖然后就挖到了金矿(研究成果)，也有可能挖了几十年，挖断几十根铲子但是什么都没挖到. 而在这些研究数学的“矿工”中也是分等级的. 在这些矿工中有两类人，是被无数矿工中崇拜的存在，第一类是自身功力强大，挖穿了别人挖不穿的岩石，找到了金子(比如佩雷尔曼矿工)，第二类是凭自己的学识，预测到了某个具体地点的下面有大金矿(比如希尔伯特矿工). 其实还有一类人，从遥远的曾经被流传下来，在所有矿工中代代相传，被称为传说级别的存在，他们自己发明了挖矿工具，然后又一举挖到了主矿脉.

有一天，整个世界所有“矿工”都震惊了，因为曾经的传说出现在了现实中，有一个人他用自己发明的挖矿工具不仅挖到了主矿脉，并且所挖的矿养活了当今全世界近一半的数学家!

什么?

“全世界?”“近一半?”

“几天不见你就把牛皮吹上了天，如果几周不见，你还不得吹上宇宙，吹出银河系.”

1945 年，他考上了当地的蒙彼利尔大学，他以为上了大学以后自己能学到点什么东西，但是他发现还

---

① 摘编自公众号:数学竞赛的那些事儿，2017－03－23.

是和中学一样,一切都是照本宣科,而且他上了大学以后才知道这所大学原来是法国最落后的大学,他差点崩溃了.

靠天靠地靠学校,那还不如靠自己,于是他开始了在家里自学并研究以前在教科书上发现的缺陷,他完全靠着自己一个人,重新发现了测度论和勒贝格积分的概念,1947 年,他申请到了法国大学互助会奖学金前往巴黎求学,来到了巴黎才从大学教授的口中得知他的测度概念早在 1902 年就由数学家勒贝格引进了,这可是法国著名数学家勒贝格一生的心血,他通过自学并且只用了三年的时间就发现这一切,那时候他才 20 岁不到,而这也是他和爱因斯坦人生中几条平行线之一,年轻时的爱因斯坦也根据自己的想法发展了统计物理理论,后来他才知道这已经由约舒亚·维拉德·吉布斯发现了.

他在巴黎高师被推荐给了大数学家嘉当的儿子亨利·嘉当,但是他一直以为自己是"世界上唯一的数学家",一脸的骄傲不仅写在脸上也表现在了语言上,有一次在讨论班上,他走到了查尔斯·爱尔斯曼(法国数学界那时的一位领袖人物)面前,他二话不说直接问道:"你是拓扑群方面的专家吗?",为了表示自己的谦虚,爱尔斯曼回答道:"是的,我懂那么一点点",刚想着在这小伙子面前露两手数学知识,没想到他接着回答道:"可我需要一个真正的专家!"

把爱尔斯曼气得不轻.

在巴黎求学的那段时间,他接触到了许多数学精英,他明白了自己曾经的狂妄是多么无知,但是因为对于社交礼节不懂加上不适应那里的氛围,于是他听从

建议来到了法国东部泛函分析领域的数学圣地南锡，在这里他感受到了他想要的数学氛围，说出来你可能不信，他几乎没看过几本书，对于基础的数学知识他几乎一无所知，到这里你可能会问没有一点数学基础，他怎么研究数学呢，说起来你可能更加不信，他喜欢用自己的抽象能力重新去构建这些知识.

在他 20 岁的时候，他撰写了六篇论文，每一篇论文都达到了博士论文的水准，准确地说不是达到，而是每一篇都高于博士论文的水准，并且都是他用自己的知识重新构建出来的，他的导师和同事全部都惊呆了，最后只能叫他选一篇他自己喜欢的论文，最后他选定了《拓扑张量积和核空间》这篇论文.

毕业之后，他本来想在法国找一份研究员的职位，但是由于他的国籍记录在战火中被毁了，当时如果想要重新取得国籍的话，他必须先去服兵役才行，由于对战争的极度厌恶，他果断地选择了拒绝，于是他离开了法国，开始了一段漂泊的学术生涯，他先是以一名客座教授的身份在巴西待了一段时间，在那里他过着一种"近乎炼狱般"的生活，仅仅靠着牛奶和香蕉，将自己完全投入到数学中.

有一次他的同事问他"为什么选择数学"，同事以为他会脱口而出说因为热爱数学，但是没想到他竟然犹豫了许久，然后说道他有两个爱好，一个是音乐，一个是数学，选择数学只是因为他这样选择可能更容易谋生.

那时候他在泛函分析这个领域已经可以算是顶尖的存在了，加州大学洛杉矶分校的 Edwards E. Effors 曾评论说道："他可能是第一个意识到第二次世界大战后迅猛发展的代数和范畴工具可以用来研究如此高度解析的数学分支泛函分析的人了”,他走在整个时代的前面,但是在这个时候他突然蹦出一句话,他所有的同事都以为他疯掉了,他说“他不再对拓扑线性空间和泛函分析感兴趣了,他想要改变研究方向了”,在数学领域改变研究方向这基本上属于“自杀行为”,但是他选择并且决定了,前后在巴西和美国堪萨斯大学以及芝加哥大学逗留了一段时间以后,他开始转向研究代数几何.

在堪萨斯的时候,他与法兰西学院的让·皮埃尔·塞尔开始通信,而他们的通信让整个数学界陷入了巨大的“恐慌”.他很大程度依靠着塞尔来了解目前数学界正在干些什么,塞尔将数学猎物的所在地标记给他,然后他开始尝试抓获猎物.

在信件中显示了两个非常不同的数学家深厚而又充满活力的联系,他的想象力天马行空仿佛来自另外一个星球,而塞尔就是负责将他带回地球的人.他对经典代数几何知识完全不懂,所以大部分几何知识都是来自于塞尔,他自己将塞尔称之为“引爆器”,塞尔负责提供火花,而他负责将火花变成大火并且燃烧整个数学界.

在这里提一下,让·皮埃尔·塞尔是迄今为止最年轻的菲尔兹奖得主(28 岁获得,现如今 91 岁,是至今为止唯一一个菲尔兹奖和阿贝尔奖的双料获得者).

塞尔的火花,他的大火,但是他可能觉得“火”在数学界烧的还不是特别旺,于是他决定用一把大火试试能不能将整个数学界都给烧毁.他用代数创造的黎曼一罗赫定理新的证明思路,近乎整个数学界都陷入

了他的大火之中，而且扑都扑不灭.震惊数学界？用震惊可能太轻了，颠覆，他完完全全颠覆了整个数学界对于这一问题的认知，他的这一把火，整个数学界长达二十多年才扑灭，他的这一证明思路直接或间接导致了：

1973 年，他的学生德利涅证明了韦伊猜想(获 1978 年菲尔兹奖).

1983 年，法尔廷斯证明了莫德尔猜想(获 1986 年菲尔兹奖).

1995 年，怀尔斯证明了谷山－志村猜想，进而解决了有三百五十多年历史的费马大定理(获 1996 年菲尔兹特别奖).

这些成就代表着当代数学的最高水平，足以光彪千古！

他如果顺着这一思路将这个定理解决，拿下菲尔兹奖几乎是势在必得，但是他感觉他在证明当中是用了一个小窍门，因此他觉得不完美，于是他的这一证明思路交给了塞尔，叫塞尔证明.

就在他们两个“野心勃勃”地想要把整个数学界都给“毁灭殆尽”的时候，一件事情的发生让他猝不及防.他最亲的人，也就是他的母亲去世了，这对他是无比巨大的打击，他几乎承受不住这样的打击，他停止了所有手上的数学工作，用来寻找自我，他甚至想要放弃数学，想要去当一名作家.数月后，在他经过无数次挣扎思考以后，他宣布重返数学界.接着整个数学界陷入了近乎无法停止的恐惧，因为一个统治数学界长达十二年的代数几何王国就此开启！

在他宣布重返数学界的那一刻，一个具有物理博士学位的商人 Léon Motchane 立马就坐不住了，马上跑过来找他，和他说想在法国成立一个和普林斯顿的高等研究院类似的独立的研究型学院，想要邀请他参与进来，他同意了.

在 1958 年 8 月，他应邀在爱丁堡举行的国际数学家大会做 1 小时报告，这个报告他用着仿佛来自虚空般的语言，告诉世人他在未来的 12 年里要做什么. 虽然报告没有几个人能听得懂，但是所有人还是知道他要证明代数几何中近乎最难的问题——韦伊猜想.

紧接着，法国高等科学研究所(IHES)正式成立. 他是研究所的第二个成员，也是最后一个，是的，整个研究所当时就只有两个人.(另外一个是迪厄多内，当初迪厄多内接受邀请的条件就是邀请他参加)一个研究所两个人，难道还能两个打一百个?

接着他就像是在说“不用两个人，我自己一个人就行”的行动来证明，他自己一个人要打无数个!

在 IHES 他开设了自己的讨论班，他的讨论班吸引了整个巴黎数学界，“他就像有一种特殊的天赋，能给人搭配未解决的问题，他会估量你的能力而提出一个问题给你，而这个问题会成为照亮你整个世界的东西”，哈佛大学的 Barry Mazur 如上说道.

“他有那种令人惊讶的洞察力，知道对某个人而言什么问题是好问题，他更有种难以言传的非凡魅力，以至于大家觉得被请求在他对未来的远见卓识架构里做些事情几乎是一项荣幸”，1968 年以博士后身份访问 IHES 的 Nicholas Katz 这样说道.

许多数学家在他那里得到问题，也得到了想法，“他是有如此多的想法，以至于基本上他一个人让那时候世界上所有在代数几何上认真工作的人都很忙碌”.

或许他觉得这把“火”还没有把整个数学界“毁灭殆尽”，于是他又往整个数学界洒满了“汽油”，顿时整个数学界“哀号遍野”.

从 1960 年到 1967 年，整整七年的“潜伏”，由他撰写的《代数几何基础》（法语 *Eacute; léments de géométrie algébrique*，简称“EGA”），前八卷终于问世，整个数学界陷入了海啸般的震动，“圣经，这就是代数几何的圣经啊！”不知道谁提出来了这句话，在追求真理的数学界说出这样的话肯定是有人要出来反对的，然而整个数学界竟然没有一个人站出来反对，全部认同了这句话.

不仅有“圣经 EGA”，还有“SGA”以及“FGA”加起来多达 7 500 页的“巨大机器”，建立了一套宏大而完整的“概型理论，他奠定了这门学科的理论基础，引入了很多非常有用的数学工具，而“EGA”被视为现代代数几何的奠基之作和基本参考书.

他让代数几何这个古老的数学分支焕发出了新的活力，IHES 在他的领导下迅速成为世界代数几何研究的中心，而他的名字也被无数代数几何学者称为神的存在——亚历山大·格罗滕迪克，而在名字之外人们又更喜欢称他为“上帝”、“代数几何教皇”. 代数几何这个领域一个人是很难掌控全局的，但是他统治代数几何这个领域长达十二年之久，20 世纪的代数几何学涌现了许多天才和菲尔兹奖获得者，但是“上帝”只有一个！

他有着一套自己研究数学的方式，正如麻省理工学院的 M. 阿廷所言“数学世界需要适应他，适应他抽象化思维的力量”，而现在他的观点是如此深入到了代数几何里面，以至于对现在开始这个领域研究的任何一个研究生而言它是再正常不过的了.不知道是塞尔还是德利涅曾经说过“在代数几何这个领域，大家是不太会争署名权，因为几乎所有有 idea 的源头，格罗滕迪克都提出过”.现在你应该知道同调代数、代数几何、范畴论里面很多东西都没有用人名命名的原因了吧，因为所有代数几何做得好的，没有一个不把自己的荣誉归于格罗滕迪克的，而格罗滕迪克提出的“motive 理论”(许晨阳教授说这也许是数学上最深刻最富有哲学意味的理论)，有人说能“坑”现代数学家上百年.1990 年获得菲尔兹的德林菲尔德，提到他时说：在他成为数学家的过程中，教皇对他来说就像神话中的英雄，说 500 年都挖掘不完.有人这样说道，他给全世界近一半数学家提供了研究饭碗.主要菲尔兹奖中因代数几何直接获奖的有四分之一，数论再四分之一.20 世纪 60 年代那个时候的他研究数学的脚步几乎没有停止，他和同事讨论问题，指导学生们的学习，做讲座，与法国外的数学家保持广泛联系，还撰写看上去似乎没有尽头的 EGA 和 SGA.整整十年，一周七天，一天十二个小时研究代数几何的基础，在某种意义上来说，他在数学上的成就的源泉是某种相当谦卑的东西，就是他对他所研究的数学对象的爱.

1966 年，国际数学联盟终于坐不住了，想着给他颁发菲尔兹奖，以表彰他在代数几何上的巨大贡献.他们心想着“你已经拒绝了一次，这一次你应该不会再拒绝了吧”，然后教皇笑了笑，回答道“拒绝”.

他拒绝出席在莫斯科举办的颁奖仪式.是的，他就这样拒绝了代表数学界最高荣誉的菲尔兹奖，整个数

学界目瞪口呆，接着他的下一个举动让整个数学界惊掉了下巴，

1970 年，他发现 IHES 接受了一笔来自法国国防部的资金，加上之前他已经得知有人将他的研究成果用于军事. 一怒之下，他宣布退出当时已经相当于数学界“航母”的 IHES，离开了这个他一手创造的地方，并宣布退出数学界！

是的，就这样没有半点征兆，就这样毅然决然地退出了数学界，几乎从大家的视野中消失了. 那年他 42 岁，正值自己数学的颠峰期.

然后他可能是失望了，他来到了曾经上学的地方蒙彼利尔大学（上文提到的大学）当一名教授. 实际上，他并没有放弃挚爱的数学，只是他不愿看到数学用在残酷的战争上，所以他拒绝将任何新的研究成果发表公布. 1988 年，年满 60 岁的他退休，并在一个叫 Les Aumettes 的村庄定居了下来.

同年，瑞典皇家科学院心想着一个改变数学界的人物，一生中连一个像样的奖项都没有，于是决定将 6 年一度的克拉福德奖（相当于另外一个诺贝尔奖，奖金大约 20 万美元）颁给他，没想到他竟然写了一封长信，将评委会臭骂了一顿，说自己教授的退休金足够生活，应该将奖项颁给更有前途的年轻人.

1990 年 7 月，他想给自己“减轻”些东西，他烧毁了将近 25 000 页的纸，同时请求 Malgoire 保管他所有的数学文章.

在与外界隔绝了将近十五年以后，2010 年 1 月，他忽然写了一封信给他的学生吕克·伊吕西（巴黎第十一大学教授），宣布不许出版或再版他的数学著作，也不许以电子版的形式传播，并说过去没有征得他同意而出版他的著作，包括日后同类的出版计划均属非法. 他还要求书店停止出售、图书馆停止收藏他的著作.

2014 年 11 月 13 日，格罗滕迪克在法国 Saint-Girons 医院辞世，享年 86 岁. 但是不管他的成就多么杰出，他将自己的创造力归因于一些很卑微的东西：一个孩子的天真而热情的好奇心，他在他近千页关于生平的手稿《收获与播种：一个数学家对过去的回顾和证词》中说道：

每一门科学，当我们不是将它作为能力的炫耀和管治的工具，而是作为我们人类世代努力追求知识的探险历程的时候，它是那样的和谐. 从一个时期到另一个时期，或多或少，巨大而丰富 ……它(数学)展现给我们微妙而精致的各种对应，仿佛来自虚空.

高傲的法尔廷斯曾经说，上帝与格罗滕迪克最伟大. 丘成桐也曾经为格罗滕迪克写了一首诗“代数泛函当世雄，几何算术铸新风. 犹存侠骨齐夷意，不朽千秋万代功”，或许他的一切对于我们来说像是某种广阔而陌生的风景，模糊不清，尽管我们到达他登陆的地方可能还尚须百年，尽管海平线上的彼方是更多的未知，但是我们依然可以去想象并为之感动.

我们的肉眼只能看到六等星的夜，真实的星空或许更加浩渺而闪耀，但是到最后我们终会发现，教皇照亮的正是我们平凡日子里每天脚下的路……其实，他从未远离，是我们不知不觉间与他一起，穿越了时空！

# 第十一编

## 代数几何教皇背后的人

## ——塞尔

# 代数几何教皇背后的人竟然是这样的[1]

## 第39章

之前，超模君介绍了拒绝菲尔兹奖、退出数学界的代数几何的“上帝”——格罗滕迪克，但是这位“上帝”却说，他学到的大部分几何知识，都来自一个人. 巧的是，格罗滕迪克的学生德利涅也与这个人有很深的渊源.

这故事似乎有点精彩呢.

今天，超模君就要揭开这位神秘人物的面纱，让你们见识下能够造就“上帝”的人是什么样的.

这个人是最年轻的菲尔兹奖得主，第一个获得阿贝尔奖的人，也是目前唯一的双料得主.

没错，他就是——让·皮埃尔·塞尔.

---

① 摘编自公众号：超级数学建模，作者超模君. 2017－12－30.

1926 年,让·皮埃尔·塞尔出生于法国南部的巴热.他的父母都是药剂师,塞尔的母亲很喜欢数学,当她还是蒙彼利尔大学的学生时,出于兴趣,选修了一年级的微积分课.重点是:她还精心保存了当年的微积分课本.于是在塞尔七八岁的时候,他的母亲便把自己珍藏的微积分书给塞尔看,让他从中学习数学知识.

塞尔顺利地读完高中,在数学方面也渐露锋芒,热爱数学的他便开始思考如何用数学知识谋生.

思考良久后,塞尔选择在巴黎高等师范学校学习."一开始,我一点也不知道做数学家可以谋生.只是到后来我才发现做数学也有报酬!我首先想到的是我将成为一名中学教师.于是,在十九岁时,我参加了高等师范学校的入学竞争考试.一进"高师",事情就清楚了,中学教师并不是我要干的,我要成为的是从事研究的数学家."

数学能力彪悍的塞尔一入"高师"就受到特别关注,于是他成了布尔巴基数学家团体中最年轻的成员.

这个小组包括自 20 世纪 30 年代中期以来一直参与其中的人物,比如昂利·嘉当,克劳德,迪厄多内和韦伊.塞尔加入布尔巴基的时候,罗杰·戈德门特、彼埃尔·塞缪尔和迪斯米埃也加入进来了.

后来,决心在数学领域潜心钻研的塞尔一路"开挂",在 1951 年,25 岁的塞尔便获得索邦大学的博士学位.

当时塞尔的博士论文是研究一个纤维化映射的勒雷一塞尔谱序列.这篇博士论文把同伦论发展到了新的高度,同时也开拓了拓扑学广泛的应用前景.

同伦论:代数拓扑学的一个主要组成部分.它研究

与连续映射的连续形变有关的各种课题.

事实上,在第二次世界大战之后,拓扑学发展很缓慢,虽然已有半个世纪的历史,但每一步都走的极为艰难,而关键问题就是同伦群的计算.许多大数学家,如苏联院士庞特里亚金都会计算出错.

于是塞尔通过发展纤维丛的概念解决了这个关键问题,他得出一般纤维空间概念;解决了纤维、底空间、全空间的同调关系问题,并由此证明了同伦论中最重要的一般结果:$\pi q(S)$除开 $q=n$ 以及 $q=2n-1$,$n$ 为偶数的情形,球面的同伦群都是有限群.这个结论一举解决了许多原则问题,并从根本上改变了同伦论乃至拓扑学的面貌.

塞尔的另一个重要贡献是将代数里一个有效的原理移植到拓扑学中来,即通过对一个问题的各个 $p$ 局部化($p$ 为素数)问题的解决来求得对原问题的整体解决.目前这种局部化以及完备化的思想在代数拓扑里已经成为一个带根本性的原理.也因此,年仅 28 岁的塞尔获得 1954 年的菲尔兹奖,这是该奖首次颁给代数学家,塞尔也成为最年轻的获奖者并一直保持着这个记录.

在解决了拓扑学里的这个大难题后,塞尔把目光转向了当时代数几何学的核心问题——韦伊猜想.

二十世纪四十年代,法国数学家韦伊证明了关于代数域上的黎曼猜想,并由此提出了一般簇的黎曼猜想,即著名的韦伊猜想.

也就是在这时候,塞尔和我们的代数几何上帝格罗滕迪克开始密切联系起来.

其实,塞尔很早就意识到须推广层上同调理论以解决韦伊猜想.但是凝聚层的上同调无法如整系数奇异上同调一般掌握代数簇拓扑性质.

不过后来塞尔还是做到了把代数簇的理论建立在层的概念上,并建立了凝聚层的上同调理论,这为格罗滕迪克后来建立概型理论奠定了基础.

与此同时,塞尔和格罗滕迪克也一起完成了很多代数几何的基础工作.例如,塞尔创作的"凝聚代数层"及"代数几何学与解析几何学",就成为现代数学的新"经典"文献.

而格罗滕迪克也由于在代数几何方面的杰出研究成果,在 1966 年被授予菲尔兹奖,不过他却拒绝了,后来还宣布退出数学界.

不过在塞尔与格罗滕迪克终止合作的时候,韦伊猜想还没有被成功证明,于是塞尔决定与格罗滕迪克的学生——皮埃尔·德利涅合作,继续证明韦伊猜想,后来直到 1973 年,德利涅才完成了韦伊猜想的全部证明,而由此发展出的成果是二十世纪七十年代纯数学领域中最辉煌的成就之一.

德利涅也因此在 1978 年荣获菲尔兹奖.(德利涅就是 80 后学霸恽之玮崇拜的对象哦)然而,到这里,我们的故事还没讲完……

解决完这个问题后,这个神一般的人又把目光转向了数论.

数论是纯粹数学的分支之一,主要研究整数的性质.

经过几年的研究,塞尔提出了 1-进上同调的伽罗瓦表示理论,这个理论和其他的一些工具成为解决数论中许多重要问题的关键.

同时,塞尔提出的 $\varepsilon$ 猜想也是证明费马大定理的

关键一步，英国数学家怀尔斯后来证明了塞尔的 ε 猜想，最终成功证明了费马大定理. 怀尔斯也因此获 1998 年的菲尔兹奖.

看到这里，要是你还是不明白塞尔有多厉害，那我必须要告诉你，塞尔不仅是最年轻的菲尔兹奖得主，他还是阿贝尔奖的首位得主.

阿贝尔奖是一项挪威政府为了纪念数学家阿贝尔诞辰二百周年而设立的数学界大奖，奖金的数额与诺贝尔奖相近.

在授奖决定中，挪威科学院称赞塞尔通过努力赋予了拓扑学、代数几何学和数字学等许多数学领域以"现代的形式"，成为"当代最杰出的数学家之一".

塞尔也是目前唯一的菲尔兹奖和阿贝尔奖的双料得主!

不仅如此，他还是法国科学院院士，美国科学院外籍院士，英国伦敦皇家学会外籍院士，在今年，清华大学授予塞尔荣誉博士学位.

没错，这个教科书级别的人物依旧健在，已经 91 岁高龄啦!

看完塞尔的故事，不禁感慨，果然只有这样神一般的人物才能成为上帝背后的人呀.

# 盘点当代世界大学主要数学学派

# 第40章

### 玻恩大学(德国)

数学家希策布鲁赫几十年的呕心沥血,数学家法尔廷斯几十年的耕耘付出,这两位德国前辈数学家几十年如一日的默默付出与坚守,为的就是培养出更多德国一流数学家,将玻恩大学数学系建设成世界一流学府,重现当年德国哥廷根大学的数学辉煌.

德国的数学应该说发展情况良好,后备力量充足,德国数学最好的玻恩大学,在科研和人才培养上已经达到国际顶尖水平.

在纯数学方向,代数几何和数论方面,应该说已经是全世界最强的之一,可以说已经超过了普林斯顿,波恩的代

数几何和数论有 Yuri Manin 和法尔廷斯两位大师坐镇，也有 Zagier，Huybrechts，Werner Müller，Rapoport 等名家，更有新星 Peter Scholze，此外如做非交换几何的 Lück、做调和分析的 Thiele、做表示论的 Stroppel 等都有很高的水平，而应用数学方面也有 Stefan Müller、Griebel 等名家，总体上说，玻恩的数学，已经是世界顶尖水准.

**巴黎高等师范学校(法国)**

作为几百年老牌数学强国的法兰西，从笛卡儿到格罗滕迪克，再到 21 世纪的孔涅，法国已经连续 500 多年都有超级天才数学家诞生，巴黎学派在数学历史上更是璀璨绚丽，而巴黎高师正是巴黎学派上的一颗明珠，法国数学精英教育的典范.

巴黎高师培养的数学家中有十位获得了菲尔兹奖，属于世界之最. 2018 年数学家大会上做一小时报告的数学家，就有四位巴黎高师校友，研究朗兰兹纲领的 Vincent Lafforgue，研究动力系统的 Nalini Anantharaman，另外两位 Catherine Goldstein 是研究数学史的，Sylvia Serfaty 的研究是偏物理方向的.

数学家人才产出率也是世界各大学之最，巴黎高师在概率论，偏微分方程，动力系统，代数几何等数学领域在世界上都具有非常强的统治力.

**法国高等科学研究院 (IHES) (法国)**

IHES 创立于 1958 年，它并不是传统意义上的研究型大学，而是一家研究机构. 没有任何教学任务，是专门独立做研究的机构，是一家从事数学和理论物理尖端研究的机构.

其对数学发展影响最大的是:法国布尔巴基学派的大本营和代数几何“教皇”格罗滕迪克做研究的地方.

格罗滕迪克与众多科学家建立了巴黎高等科学研究院(IHES),IHES 可以说是在他的领导下才逐步成为世界代数几何的中心.

那几年他完成了被誉为代数几何圣经的《代数几何基础》,给出了黎曼—罗赫—格罗滕迪克定理的代数证明,与塞尔一起创造性地提出了“概型”概念,却没有在学术杂志上发表太多文章,反而创造了一个强大的学派,引领了一次风潮.

其代数几何思想从法国高等科学研究院传播到了普林斯顿,剑桥,玻恩,东京,莫斯科等知名大学学府,对全世界数学研究产生了深远影响.

现在法国高等科学研究院有五位数学终身教授,其中四位都是影响当代世界数学发展的大人物,名誉满天下.分别是:

1.让·皮埃尔·塞尔(拓扑学,代数几何奠基人之一).

2.阿兰·孔涅(非交换几何创始人).

3.米哈伊尔·格罗莫夫(黎曼几何,微分几何大师,现代辛几何创始人,他一人代表辛几何的最高研究水准).

4.马克西姆·孔采维奇(导出非交换代数几何,几何物理纲领重要创始人之一,他一人代表世界几何物理纲领研究最高水准).

## 剑桥大学（英国）

剑桥大学数学系虽然不如德法那么耀眼，但作为牛顿的母校，其数学研究实力不容小觑，五位数学菲尔兹奖得主，更有当代几何学大师阿蒂雅坐镇，奠定了剑桥大学世界数学研究中心顶尖地位.

剑桥大学数学家的研究，特别是从霍奇对调和算子的研究到 Michael Atiyah, Singer 的指标定理再到 Atiyah 的学生 Hitchin, Donaldson, Peter Kronheimer 等对 Yang-Mills 规范理论的研究，并运用到三、四维微分拓扑学，开创了新时代. 构成了近几十年低维拓扑学的核心领域.

## 莫斯科大学（俄罗斯）

莫斯科大学创办人是罗蒙诺索夫.

“俄罗斯土地上也能诞生自己的牛顿和柏拉图”，罗蒙诺索夫的这句名言，反映了俄罗斯作为欧洲后进生在自然科学领域的雄心壮志，其数学也不例外.

二十世纪二十年代苏联数学家鲁金建立了莫斯科数学学派，培养了柯尔莫戈洛夫，亚历山德罗夫等一大批数学家，第二次世界大战后，莫斯科大学在二十世纪五十年代发展成为函数论，概率论，数学分析几大领域世界最强的研究中心，到二十世纪七十年代莫斯科数学学派步入辉煌的顶峰，Kirillov，Manin，诺维柯夫，阿诺尔德等数学家是其代表人物.

并且莫斯科大学至少在三个大领域的研究中有压倒性优势，一个是柯尔莫戈洛夫开创的概率与统计方面的巨大学派，还有一个是他和 Arnold，Sinai 以及

Anosov 及其后人在微分方程、动力系统及其相关方面的强力集团，第三个是一个当今世界两大核心领域之一的表示论，它的现代理论几乎就是盖尔方德及其两个弟子 Kirillov 与 Bernstein 所建立的. 除了这三个领域外，俄国还在最大的核心领域——代数几何领域的最前沿(更准确点说是最一般最普世的)方向处于垄断地位，还有数学物理领域，俄罗斯人虽不是一骑绝尘，但也基本上是首屈一指的.

苏联解体后，面临人才流失的困境，莫大研究实力下降，但仍然培养了一批优秀数学家，比如做代数几何的 Dmitry Orlov，做调和分析的 Sergei Konyagin，做微分几何的 Sergei Ivanov，做导出非交换代数几何的 Alexander Efimov，做动力系统的 Alexander Gaifullin 等.

总之在当今整个数学体系中最艰深的几大领域，如 Geometric Representation(几何表示论)，DAG(导出代数几何)，NCAG(非交换代数几何)等，莫斯科大学毕业的数学家均居于垄断地位.

**普林斯顿大学(美国)**

作为美国纯数学最有影响力的数学学府，诺伊曼，哥德尔，诺特，纳什，香农等数学大师都在这里留下了足迹，更是给普林斯顿留下了不可比拟的数学底蕴，普林斯顿数学系就是在这样的基础上发展起来的. 普林斯顿兼收并蓄，不仅自己培养了许多优秀数学家，更是吸收了其他国家的优秀数学家，论综合实力堪称世界数学第一学府，普林斯顿诞生的数学家不计其数，现在也有马尔古利斯，圭伦，曼福德，辛格，Sophie Morel

(朗兰兹猜想), Nicholas Katz(算术几何), János Kollár(双有理几何),Richard Taylor(朗兰兹猜想)等大师坐镇,几乎在数学各领域的研究都处于世界领先地位.

# 关于布尔巴基学派

# 第41章

## 与布尔巴基相处的二十五年(1949～1973)[①]

标题中所选定的时段是由我自身的经历决定的:它们大体上包含了我从内部对布尔巴基的工作有所了解的时期.最初通过和它的许多成员的非正式接触,尔后是当了二十年的成员直到按

① 作者 Armand Borel. 原题:*Twenty-Five Years with Nicolas Bourbaki*,1949～1973. 译自:*Notices of The AMS*, Vol. 45, No. 3, 1998,p. 373-380. 原注为:本文是由作者的两次演讲合成的,一次是1995年10月在德国Bochum大学为祝贺Remmert教授举办的集会上,另一次是1996年9月在意大利Trieste国际理论物理中心.经作者同意同时在*Notices*及*Miltelungen der Deutsche Mathematiker Vereinigung*上发表.胥鸣伟,译.袁向东,校.

规定在 50 岁退休为止.

由于我的报告很大程度上根据了个人的回忆,显然是主观的.当然,我把这些回忆对照着现存的文献进行过检验,然而这些文献在某些方面有所局限:许多有关方向性和总体目标性的讨论很少记录在案[①],因而其他成员可能会描绘出一幅不同的图景.

作为开场戏,我要简短谈一下布尔巴基的开初十五年.由于这些均已完好地记录存档了,故仅说一个概要.

在三十年代初的法国,大学的数学状况及研究水平的状况非常不尽如人意.第一次世界大战基本上摧垮了整整一代人.新出现的年轻数学家不得不依靠前辈的引导,他们包括了那个极其重视分析学科的称作 1900 学派的那些主要而著名的重要人物.然而,当一些青年数学家(赫伯兰德,谢瓦莱,韦伊,勒雷)到德国的一些数学中心去访问时(包括哥廷根,汉堡,柏林),他们发现在法国几乎完全不了解国外现代数学的进展,特别不了解欣欣向荣的德国学派.

1934 年,韦伊和嘉当在斯特拉斯堡大学任"Maitres de Conférences"之职(相当于助教).他们的主要职责之一自然是教授微积分.当时的标准教本是 E. Goursat的《分析教程》(*Traité d' Analyse*),他们发现这本书在许多方面是不合格的.嘉当常常不厌其烦

---

① *Archieves of Bourbaki at the Ecole Normale Superieure, Paris* 包含了报告,综述,依讨论结果写成的章节,注解的草稿或者反对意见的草稿,会议纪要等,统称为"Tribus".它们主要是属于计划,决议,写作的承诺等方面的记录,也有笑话,有时还有诗文.

地问韦伊，该如何处理这个资料，才能在某个时刻一劳永逸地摆脱它？韦伊建议他们自己写一本新《分析教程》. 建议传开来了并很快有一群约十来名数学家开始按时集会来策划这篇稿子. 不久他们决定：这个工作是集体的，不承认任何个人的贡献. 1935 年夏选定了笔名：Nicolas Bourbaki. 成员的状况随时间在变化；最初一组的某些成员很快就退出了，而另一些人又加入进来；后来有了一个加入和退出的正规的规定，我不想在此给出详细说明. 此刻让我来直截了当地提一下那些真正的"奠基之父"们，即那些将布尔巴基构造成形并将他们很多的时间和思想贡献给它直至他们退出为止的人们. 他们是：

H. 嘉当

C. 谢瓦莱

J. 德尔萨特

J. 丢多涅

A. 韦伊

他们分别生于 1904，1909，1903，1906，1906 年，均曾是巴黎高等师范大学的学生[①].

第一个要解决的是如何参考背景资料的问题. 大

---

① 他们全都做出过非常重要的贡献. 对嘉当，谢瓦莱，丢多涅及韦伊我还是现场的证人. 但对德尔萨特，当我登场之时他实际上已不再积极参与了. 然而在韦伊与我的交谈中一再强调他的重要性，特别要指出的，他在将布尔巴基转变为一个具有凝聚力的而又保持其为一个由那些坚强的，带有近乎神经质般活跃的个人构成的团体所起到的不可或缺的贡献. 当然，书Ⅳ，即单实变函数论的许多部分应归功于他. 另外一些值得注意的早期成员有 Szolem Mandelbrojt 及 René de Possel，他们对初期阶段的工作也有实质的贡献.

部分现存的书籍都不能令人满足，甚至像范·德·瓦尔登的《代数学》似乎也不符合他们的需要（不单因其是德文的），尽管此书给人留有深刻的印象．另外，他们需要采用一种比在法国传统上使用的书写风格更加准确，更加严格的风格．因此他们决定从头做起．在经过若干次讨论后将基本资料分为六部"书"，每部可以包含许多卷，即：

Ⅰ：集合论

Ⅱ：代数学

Ⅲ：拓扑学

Ⅳ：单实变函数论

Ⅴ：拓扑向量空间

Ⅵ：积分论

这些书是所谓线性排列的，即在书中任一处只需参考本书前面部分的内容或者所给排序较前的书，标题 *Élêments de Mathématique*（数学原理）是在 1938 年选定的．值得注意的是，他们选择了"Mathématique"而不是更为通常使用的"Mathématiques"．去掉这个"s"当然颇有深意．其一便是标志了布尔巴基对于数学统一性的信念．写出来的第一卷是《集合论的成果汇编》（*Fascicle of Results on Set Theory*，1939），而后是四十年代的《拓扑学》和《代数学》的三卷本．

那个时候，我作为在苏黎世的瑞士联邦技术学院（ETH）的一名学生（后来是助教），阅读并学习了这些书，特别是《多重线性代数》．虽然哪里都找不到与其相似的书，但我仍有一些保留的意见．它的不顾及读者的干巴巴的风格，它的拼命追求极端的一般性，它的既不参考书外的资料（除去"历史注释"这一节）而书内的参考系统又很呆板，常令我不想读下去. 对许多人来说，这种书写风格代表了数学中一种令人忧虑的可怕的倾向，即抛开明确特定的问题而为自身去追求一般性. 韦尔也是批评者之一，其意见我是间接地从他的老朋友，前同事 M. Plancherel 那里知道的，我与后者相处过一段时间，是他的助手. 1949 年秋我去巴黎接受了国家科学研究中心(CNRS)的特别研究员的职位，这得益于 CNRS 与 ETH 间的一个刚签订的交流协议. 我很快就与一些资深成员(嘉当，丢多涅，施瓦兹)熟悉了，对非正式交往更为有用的，是和一些年轻成员 R. Godement，P. Samuel，J. Dixmier 等也熟悉起来；其中特别重要的一个是塞尔，这是我与他热烈地讨论数学和亲密友谊的开始. 当然，我也参加了布尔巴基的讨论班，它每年集中三次，每次给出关于数学现代发展方面的六个讲座.

这些初次的邂逅迅速改变了我对布尔巴基的观感，所有这些人，不仅年长的也包括年轻的，都具有广阔的视角，他们知之甚多也知之甚深. 他们有一种共同的有效方式来消化数学，来径直走到其本质处，并以一种更为广泛和更加概念化的方式来重新诠释数学. 甚至当讨论到我比他们更为熟悉的专题时，他们的尖锐提问常常使我有自己并没有真正搞通这个专题的印象. 在布尔巴基讨论班的某些讲座中，其研究方法是明白易懂的，如像韦伊关于 theta 函数的，施瓦兹或 Kodaira 在 Annals 上的大部头的关于调和积分的文章. 当然，特殊的问题也没有被忘记，事实上它们是大多数讨论中不可或缺的黄油面包，但写书显然是一件不一

样的事.

后来,我应邀参加了一次布尔巴基会议(的一部分),我完全给搞得手足无措.这种会议(按规定,每年三次,其中二次各为一周时间,一次为两周)是关于内部事务的,专门讨论出书的事.通常这种会议会讨论某章的草稿或者关于一个准备收进书中的专题的准备报告.由一个成员逐行高声朗读,任何一个人可以在任意时间打断他,给出评论,提问或批评.屡屡地,这种"讨论"变成了乱七八糟的尖叫比赛.我时常留意到,在有丢多涅参加的任何谈话中他都会以他洪亮的声音和对最终陈述与极端意见的嗜爱,不知不觉地提高了谈话的分贝值.之前我还对于这些所见所闻没有任何准备:"两三个人的独白以最高音吼叫着,似乎他们互不相关",这便是我对于那个第一夜的印象的简短总结,丢多涅也独立地给出了如下的描述:

"一些应邀来旁观布尔巴基会议的外国人总是带着这样的印象离去:一群疯子,他们不能想象,这些人又喊又叫,有时同时有三到四个人在叫,怎么能同一些聪明理智的事同在……"

大约仅仅十年之前,在阅读 1961 年韦伊所作的关于数学中的有组织与无组织状态的演讲时,我才意识到这种无政府主义的特性(不是指那种喊叫),实在是预先设计了的.韦伊说,谈起布尔巴基,多少可以表达如下(翻译大意):

"……在我们的讨论中维持着一种谨慎的无组织特性,团体的会议中从来就没有主席,任何人讲他所要讲的而任何人有权打断他的话……

这种讨论的无政府状态的特性从团体存在起就一直保持着……

良好的会议组织无疑会要求每个人都被分派到一个课题或者一个章节，然而这样干的想法从来就没在我们中间出现过……

从那些经验中可以具体得到的教训是，对组织性方面的任何努力都会断送掉一篇论著，就像其他的事一样……”

蕴含于其中的基本思想显然应是，真正新的，开拓性的思想大概更多地来自面对面的争斗而不是有序的讨论. 当这种争斗确实出现时，布尔巴基就会说，“精气神鼓起来了”(I'esprit soufflé)，确有其事的是，在一场“精气神”的(我宁可说是暴风雨式的)讨论之后鼓起来的东西常常远较一场平静的讨论后多了许多.

布尔巴基运转的其他规则似乎也是尽量减少在有限时间内出版书的可能性.

在指定时间内仅有一份草稿可供阅读，而每一个人都期望参与到每一件事中去. 书的一章可能要有六次甚至更多次的草稿才能通过. 第一稿是由这方面的一个专家写成的，而任何一个人都可以被要求写后一稿，这样也常常白费力气. 布尔巴基总是改变主意. 一份草稿会被扯成碎片而一个新的计划又提出来了. 按照这些指导原则写成的下一个版本可能进展的不太好，那么布尔巴基又可能会挑选另一种方法，甚至会最终决定前面的一稿更加可取，等等，某些时候在某些地方其结果就像在一系列草稿中有 2 的周期律.

这里没有大多数人赞成就能出版的规矩，这似乎

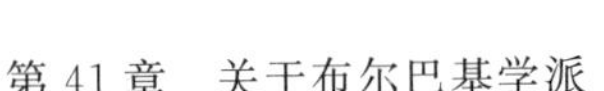


更加放慢了事情的进展：在这里所有的决定必须一致同意才行，任何人都有否决权.

然而，尽管有所有这些障碍，书还是一卷一卷地印出来了. 为什么如此一个烦琐的过程竟会收敛，这个问题多少有点神秘，甚至对于那些奠基人也是如此. 那么我也不会自以为能够给它一个完全的解释，但我仍想斗胆地举出两个理由来.

第一是成员们的无所畏惧的承诺，对事业价值的坚强的信念，虽然目标似乎遥远但是情愿献出自己的时间与精力. 一个典型的会议日要开三次会，总共要经过七个小时艰苦的，有时是紧张的讨论，简直是个耗尽精力的安排. 除此以外还有写书的事，有时写的稿子很长，需要花掉数个星期甚至数月的时间而等待着的将是劈头盖脸的批评，这还要是在稿子没有被打回的情况下；有时仅在阅读了几页便给整个否定了，有时还被暂缓处理（“放入冰箱”）. 有许多稿子，甚至读起来很有兴趣的那些，也不会被出版. 例子是韦伊的关于流形和李群的 260 多页的文稿，这是第二届会议上的压轴戏，我参加了这次会议. 文稿的标题是“无穷小运算初探”，其基本思想是所谓的“邻近点”，是 Ehresmann 的射(Jet)概念的推广. 随之而后的有戈德门特精心炮制的约 150 页的文稿，但是布尔巴基从来就没有出版过任何有关邻近点的东西.

另外，任何被接受出版的文章都归于集体合作而不记在作者的名下. 总而言之，这是一种真正无私的，隐姓埋名的，按人们要求去干的工作；这个要求是：努力给出基础数学尽可能好的诠释，而这种工作之所以得以推进，是出于成员们对基础数学的统一性和简明朴素性的信念.

我的第二条理由是丢多涅所具有的超人的效率.虽然我不曾具体数过，但我相信他所写的页数超过其他两三个人所写的总和.二十五年来他总是按常规为布尔巴基写上几页作为一天的开始(可能先要弹上一阵钢琴).特别但远非罕见地，他关心最后的定稿、习题和寻找这些书(大约三十卷)的承印商；这些书在他作为成员和稍稍超期的那个期间都印出来了.

这无疑解释了这些卷册在很大程度上保持了一致性的原因，消除了试图把某些贡献带上个人印迹的努力.但是这种风格并非真正是丢多涅的，不过是他宁愿为布尔巴基采用的风格；除了谢瓦莱外这也不是布尔巴基其他成员的个人风格.甚至对布尔巴基而言，谢瓦莱的写作风格也过于朴实无华了，他的稿件可能会因为“太抽象”而退回.韦伊在对谢瓦莱的一本书所写的评论中的描述是“严重地失去人类特性的书……”，这也是许多人会用在布尔巴基自身的一句评论.造成这种不带人情味的，不善待使用者的作品[①]的另一个因素是到达最后定稿的过程本身.有时一个能帮助读者的富有启发性的注解会出现在某一稿中，然而在这次和以后的某稿的诵读中，它的措辞会被仔细推敲，最后发觉它太笼统，太含糊，不能用几句话说准确，于是按几乎不变的办法，把它扔开了.

① 被 E.阿廷在他的代数评论中称作“抽象，无情地抽象”，然而他又加上了这样的句子：“能够克服最初困难的读者将会得到他付出努力的丰硕的回报，即更深刻的洞察力与更全面的理解力.”

作为一个副产品，可以说，布尔巴基内部的活动是在进行强有力的教育，是一个独特的训练场所，是广阔而犀利的理解力的主要来源地. 当我第一次与布尔巴基成员讨论时就曾被这种理解力所震惊.

对所有专题都要有兴趣的要求显然将成员们引向了开阔的地平线，但可能对韦伊并没有这么大的作用. 大家一般都认为他几乎一开始就在心中有了整个一套计划，或许对谢瓦莱也如此，但是对大多数其他成员而言，正如嘉当所特别承认的那样：

"与那些性格迥异，有强烈个性，并被对完美的共同渴求所驱使的人们共同工作，教会了我许多东西，我的数学文化中极大的部分应归功于这些朋友们[①]."

"在我的个人经历中，我相信如果我没有被委以起草那些我一点也不懂的问题的任务并获得成功，我一定不会干出我现在已经做出的数学的四分之一甚至十分之一."

但是成员受教育并不是自身的目标，倒更像是被布尔巴基的一句格言所强制实行的. 这个格言是"外行领导内行". 与我在前文提到的在苏黎世时所得到的早期印象相反，论著的目的其实不在本身所做到的竭尽可能的一般性而是在于它的最大的有效性，在于它大概最能满足在各个领域中潜在的运用者的需要. 定理的改进常常被删除掉，因为这种改进似乎主要为了讨专家们的欢心而并没有增加它应用的范围. 当然，今后

① 原注是这段话的法文原文. ——译注

的发展会表明布尔巴基没有做出最优的选择①，然而它确曾是一种指导原则.

除此以外，在会期外仍有许多的讨论，有关于个人研究的也有关于当前进展的. 总之，布尔巴基代表了一种锋芒显露，令人敬畏的数量极大的知识.

对布尔巴基而言，这显然使得它的当前研究与写作《原理》的工作成为几乎互不相关的很不相同的活动. 当然，这意味着后者为前者提供了基础，用一句最合适的教条的话来说，就是从一般到特殊. 但是，这不意味《原理》可以刺激研究工作，对它作建议或为它设计出蓝图. 有时我觉得是否应该在"使用说明"中把警告也写进去.

所有这些都结出了果实. 五十年代是布尔巴基的影响力扩展的时期，不仅因为著作而且还有成员的研究工作. 特别请记住在代数拓扑方面的所谓法兰西爆炸，解析几何中的凝聚层，复域上的代数几何，稍后，在抽象理论方面的同调代数. 所有这些都是非常代数化的，但是通过施瓦兹的分布论及其学生 B. Malgrange 和 J-L. Lions 在偏微分方程方面的工作，这些进展也踏上了分析这个领域. A. Weinstein 是一个"硬派分析学家"，在 1955 年初曾告诉我他感到在他的领域中能够避免布尔巴基的攻击. 但以后不到两年他便邀请了 Malgrange 和 Lions 访问在马里兰大学中他的研究所.

---

① 例如，在积分中没有强调局部紧致空间的问题，对此，P. Halmos 表示了强烈的保留意见. 它的确没有满足概率论的需要，因此导出了在积分这一卷中加上了第Ⅸ章.

我一点也无意宣称，所有这些进展只单独地归功于布尔巴基. 毕竟拓扑学上的巨大进展应源于 Leray 的工作，而且 R. Thom 做出了主要的贡献. 同样，Kodaira，Spencer 和 Hirzerbruch 在将层论应用于复代数几何的工作中起了决定性的作用，但是不可否认的事实是，布尔巴基的观念和方法论在其中起了主要作用. 韦尔早就认识到这点，尽管他有过批评性的评论（我在前面提到过）. R. Bott 有次曾告诉我，他曾听到韦尔在 1949 年对布尔巴基的负面评论（类似于我知道的那种），但到了 1952 年，后者告诉他“我收回那些话”. 然而，其他一些人（比如 W. Hurewicz，在 1952 年的一次谈话中）断言，关键在于他们是强有力的数学家，所以所做的那些工作与布尔巴基毫不相干. 当然，无疑他们是大数学家，但是在我这一代的许多人中，布尔巴基对一个人的工作及数学洞察力方面的影响是显而易见的.

对我们来说，嘉当是布尔巴基的一个显耀的例证，简直就是布尔巴基的化身. 他是多产的，令人惊奇地多，尽管他在高等师范还有许多的行政和教学工作. 他的工作（拓扑，多复变函数论，Eilenberg-MacLane 空间，早期与 Deny 在势论方面的合作，与戈德门特合作的局部紧致阿贝尔群上的调和分析）似乎说不上全新和具有开拓思想，但引人注目的是它所具有的真正的布尔巴基方式，它包括了一系统自然的引理，而突然间大定理便跟着出来了. 一次与塞尔在一起时，我正在评论嘉当的作品，对此他的回答是：“啊，是的，不过跟着布尔巴基混了二十年日子罢了，只此而已.”当然，他知道远不至此，而此番话语很好表达出了我们的感受：嘉当是布尔巴基方式的范例，而这种方式又是多么富有成果. 那时嘉当的影响正通过他的讨论班、论文、以及数学被广泛地感受到. 他的同代人 Bott 在庆祝嘉当 70 寿辰纪念会上说："他一直是我们的老师".

五十年代人们也看到了另一个人的出现，以他追寻最强大，最广泛和最基本的目标来看，他甚至更像是布尔巴基的化身. 这个人就是亚历山大·格罗滕迪克. 从 1949 年开始，他第一个感兴趣的是泛函分析. 很快他就把丢多涅和施瓦兹给他的关于拓扑向量空间的许多问题都彻底解决了，并着手建立一个影响深远的理论. 以后，他将注意力转向了代数拓扑，分析代数几何，不久便发现了黎曼－罗赫定理的另一种形式，这令每个人都惊讶不已，惊讶于他的明确无误的表达形式，他的充满了函子式的思维，还有他那别人没有使用过的方法. 结果虽然很重要，但它不过仅仅是他的代数几何的基本工作的一个开端罢了.

因此，五十年代是布尔巴基在外部世界的一个非常成功的时期，然而从内部来说却是相反的情形，它有相当多的困难，并且濒临危机.

对于布尔巴基的影响力当然会有一些抱怨. 但我们亲眼看到的事实是，通过运用更加老练（对那时而言），本质上是代数的方法，一大部分数学取得了进展，得到了统一. 巴黎当时最成功的讲座者是嘉当和塞尔，他们有一大群追随者. 数学的气候不适宜那些具有独特的气质和特殊的研究方式的数学家们. 这的确不幸，但是几乎没有发生过反对布尔巴基的成员的事，他们

从不强迫别人按他们的方式进行研究[①].

我要讨论的所出现的困难是与此不同的,内部性质的问题,部分地由布尔巴基非凡的成功而造成的,并与所谓"第二部分"(即在前六本书之后)的著作联系在一起的.在五十年代,这六本书实际上已经完成了,这可理解为布尔巴基的主要精力今后将集中在后续的著作上;从很早起这种想法就一直埋藏在布尔巴基心中(毕竟还没有写出"分析教程"(Traité d'Analyse)). 1940 年 9 月丢多涅就已经描绘过一个宏伟的写二十本书的计划(Tribu No. 3),它包含了大部分的数学.像通常一样,由丢多涅提出了超出了《原理》而又比较适中的计划,它正常地得到大会同意.许多关于未来章节的报告和草稿已经写出来了.但是,数学已经长得非常巨大,数学的风景线发生了相当大的变迁,这部分归于布尔巴基的工作.不争的事实是,我们不能再简单地沿袭着传统模式行事了.虽说并非打算这样干,但那些奠基者在作基本决策时确是些重砝码,现在他们正在

① 对此,我愿指出,分标题"布尔巴基的选择"下的内容非常容易引起误解.布尔巴基的成员不但在讨论班上给了许多演讲,也在讲座的选择上付出了很多.因而可以公平地说,大多数研讨的专题至少都有一些成员是感兴趣的;而许多同样有趣的专题结果却搁置起来,只是因为找不到现成的报告人.那么,讨论班绝对不能看成是由布尔巴基预先准备好,以提出一个他感兴趣的数学近期研究的包罗一切的综述,并罗列出所有贡献.丢多涅的这种结论只是他一个人的.他说,许多东西已包含在引言中了(Ⅺ页),但似乎值得重复一下.就像大多数数学家一样,布尔巴基成员们也有强烈的好恶,但对于他们来说绝不会发生这种事:通过布尔巴基把他们作为整体树立成为一个绝对的判断标准.甚至触及他对数学统一性的强烈信念时,布尔巴基也宁愿用行动来表现而不靠宣言.

经历退休的过程[①]而主要的责任正在转移到年轻的成员身上，一些基本原则必须重新审视.

比如，其一是线性排序和参考系统的问题，我们正关注的是些更加专门的课题.保持一种严格的线性排序会白白耽搁某些书的写作.另外当这种过程在开始阶段就被采用的话，则实在就没有什么合适的参考资料了.由于布尔巴基受到人们的欢迎，某些出版的书在风格上更加靠近布尔巴基，某些成员也在出版其他的书.忽视了这种情形就会出现很多像翻版一样的书从而浪费了精力.如果我们不这样排序，我们又如何能一边考虑到上述情形而又能不破坏著作的自主封闭的特点呢？另一种传统的基本教义是，每个人应该对每件事都感兴趣.坚持这个教义本身是很值得夸耀的事，但在写《原理》时它相对来说还比较容易些，因为《原理》是由基本数学组成，这些不过是那些最专业的数学家的行李堆中的一部分而已.然而当处理那些更加专门的更接近边缘的课题时，要实现这个教义可能就比较困难了.分开来或将一部分书的主要责任委派给布尔巴基的一个子集合等前景只能潜埋心里而不是我们能轻易采用的方法，对这些问题及其他一些问题都曾辩论过，一时还没有结果.问题总是多于答案.简言之，两种倾向两种方法出现了：一种（被我称之为理想主义的）是继续以自主的方式去建立广阔的基础，即按布尔巴基的传统方式；而另一种则更加现实，主张干那些我

---

① 早期曾明确同意退休年龄是 50 岁（最后期限）.但是当实行规则的时间来到时，从 1953 年起就没有人提到它，直到 1956 年韦伊写了一封给布尔巴基的信宣布了他的退休.从此以后这个规则被严格遵从了.

们感到有把握的专题,哪怕其基础在最一般的意义下还未曾完全规范好.

与其模模糊糊泛泛而谈还不如用例子来解释这种两难的处境.某个时候,一份关于初等层论的稿子写好了.这意味着它要为代数拓扑,纤维丛,微分流形,分析和代数几何提供基本的背景材料.但是格罗滕迪克反对道[①]:我们必须更加系统化一点,要提供这个专题本身的第一级的基础.他的反对建议导致要写后面的两部书:

书Ⅶ:同调代数

书Ⅷ:初等拓扑

后者暂时被细分为:

第Ⅰ章:拓扑范畴,局部范畴,局部范畴的黏合,层

第Ⅱ章:系数在层中的 $H^1$

第Ⅲ章:$H^n$ 及谱序列

第Ⅳ章:复盖

随后的书是:

书Ⅸ:流形

它已经策划好了.

他还加上一个更为详细的计划来写关于层的这章,我不再进一步讲了.这些确实富于布尔巴基的精神,反对它有点像在驳斥母权,所以不得不给予他申诉的机会.格罗滕迪克可不会荒废时间,大约三个月之后在下次大会上又呈上了两部稿子:第 0 章:流形这部书的预备知识.流形的范畴,计 98 页.第 1 章:微分流形,微分的形式论,计 164 页.他还警告说,要加进去更多

① 在 1957 年 3 月的大会上;这个会被称作“刚性函子会议”.

的代数，如超代数学(hyperalgebras). 像通常的格罗滕迪克的文章那样，它们在关键之处表现得很一般甚至令人沮丧，而在其他处则显得富于思想，富于洞察力. 然而十分清楚的是，如果我们随着这条路走下去，就将陷入建基础的泥淖中许多年，能有多少成果也全无把握. 他的构思如此恢宏，他的计划对准的不仅仅是为现存的数学提供基础，正如《原理》已经做的那样，而且也为了能预见到的未来的发展. 如果标签"第 0 章"算是一种标记的话，恐怕这种编号要向两头跑了，需要用第 －1 章，第 －2 章来表示基础的基础，不一而足.

另外，许多成员以为我们可以在有限时间内达到一些较为明确的目标，可能并不那么基础，但仍很有价值. 在相当多的领域中(代数拓扑，流形，李群，微分几何，分布论，交换代数，代数数论，这还只提了几个)，他们感到布尔巴基方式可以产生有用的东西而并不预先要求一个如此之宽的基础.

理想的解决办法是各走各的路，但是这显然超出了我们的现实情况. 必须做出选择，选哪一个？在一段时间里问题没有答案，造成了某种瘫痪状态. 一年之后出路最后来了：即写一本关于微分几何与解析流形成果的分册. 那么，关于基础引起的问题过去了，至少暂时如此，无论如何它曾是我们心中的主要课题. 毕竟，只要涉及流形，我们便知道需要哪些基本材料. 对我们自己说出需要什么并证明它，是相当方便的(完成起来确实相当快).

这个决定搬开了一块绊脚石，我们现在可以制定写一系列书的计划了，我们希望这些书主要能包含交换代数，代数几何，李群，整体分析和泛函分析，代数数

论以及自守形式.

这还是野心太大了,在第二个大约十五年的时间里,一批大部头的书还是出来了:

交换代数(分 9 章)

李群和李代数(分 9 章)

谱论(分 2 章)

除此之外还有些其他课题的初稿.

1958 年又作了一个决定,原则上解决了一个在相当长时间里折磨我们的问题:对《原理》的增补.在写一个新的章节时我们常常会意识到,对第一批六本书之一作补充该提到日程上了.怎么处理这种事?有时,如果某卷书已经绝版,则可将这些补充材料放到修改版中去.如果没有绝版,可以想象在新的一章后面加上个附录,但这有在参考文献中造成许多混乱的危险.在 1958 年决定了修订《原理》并出版"最终"的版本,至少十五年内不再改动.不幸的是,它花去了比预计更长的时间和更多的精力.事实上,现在也未完全结束.我感到它是被文章中那些有较多变革的部分减慢了进度,但是它肯定合乎布尔巴基的逻辑,因此很难避免.

上面列出的三本书中,《交换代数》显然很合于布尔巴基的规则范围.它能够,事实上也确实顺利运行,与我们曾经遇见过的两难局面的解决无关.但是关于流形上结果的那个分册则是李群和李代数这本书所要求的本质上的先决条件,后者还表明这种实用主义的办法可用来做出有用的工作.关于反射群和根系的第 4,5,6 章便是个好例证.

我们从关于根系的约 70 页的稿子说起.作者几乎要为将这样一种技巧性的特殊专题呈现在布尔巴基面

前感到歉意,但他断言后面的许多应用会使人们给它以公平的判断.当大约 130 页的第二稿交上来时,一个成员表示可以通过,布尔巴基实在花了太多的时间在这样一个小专题上了,其他人也勉强认可.最后的结果是广为人知的:288 页,布尔巴基最成功的书之一.它是真正的集体作品,涉及非常积极的我们七个人,我们中没有哪一个人能独自把它写出来.布尔巴基发展了一种很高明的技巧,用来指引专家与其他一些人的合作;这些人也对同一专题感兴趣而且从一种不同的角度看待它.我的感觉(并非全体共有的)是,我们可以写出更多的像这样的书而不是去无谓的讨论和争吵;在制订一个清晰的活动计划时产生的困难已造成丧失前进动力的状况,布尔巴基还没有从那种状况完全恢复过来.在布尔巴基的档案库中确实还有一大批没有用过的材料.

这种做法较之格罗滕迪克的计划胃口要小些.我并不认为只要全力朝那个方向努力,后者就会成功,当然也不能完全排除那种可能.数学的发展似乎并不是走的那条路,而那个计划的实现也会影响到它的进程.谁清楚呢?

当然,布尔巴基还远远没有实现它的所有梦想或者达到它的所有目标.据我看,通过对数学的统一性和全局性观念的培养,通过我们的表述风格和对符号的选择,来对数学的发展施加持久的影响就足够了.当然,我只是作为对此问题有兴趣的当事人来谈看法,而不是一名下断言的人.

在我心中留下的最为鲜明的是个性各异的数学家们多年的无私合作,朝着一个共同的目标前进;一个真

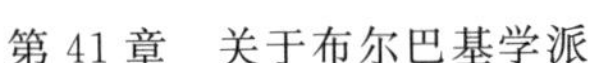



正独特的经历，或许也是数学史上唯一的事件．实现承诺与承担义务被当作是自然的事，甚至从不谈起它们；这样的事似乎越来越令我惊奇，几乎是不真实的了，因为这些事件隐入了逝去的时光．

# 第四部分
# 原始文献编

# 代脩四庫
# 稀見文獻刊

# About the ABC Conjecture and an alternative

**Machiel van Frankenhuijsen**

*In memory of Serge Lang*

**Abstract** After a detailed discussion of the ABC Conjecture, we discuss three alternative conjectures proposed by Baker in 2004. The third alternative is particularly interesting, because there may be a way to prove it using the methods of linear forms in logarithms.

**Key words** ABC Conjecture • error term in the ABC Conjecture • linear forms in logarithms

**Mathematics Subject Classification (2010):** Primary 11D75; Secondary 11J86

## 1 Introduction

I met Serge first around 1990 in Utrecht, when he gave a talk there and I was a student in Nijmegen. I asked him a question during the break, and at some point during the second half, he suddenly pointed a finger at me, asking "let's see what they teach in Nijmegen: when you have a meromorphic function with simple poles and integer residues, what do you do?" After the talk I was surprised and happy when he insisted that I join the group to a restaurant. On the way back in the train, we talked about mathematics, and about a week or two later I was even more surprised when a small box full of books arrived. Since then, we have been in contact regularly until Serge passed away.

M. van Frankenhuijsen (✉)
Department of Mathematics, Utah Valley University, Orem, Utah 84058–5999,
e-mail: vanframa@uvu.edu

During my thesis research, I asked Serge by email if I could visit him at Yale. He immediately called back by phone, saying "No, it's impossible, I cannot find a place for you to stay." Half an hour later he called again: he had found a place for me.

I fondly remember the lunches while at Yale. One day, I explained to him the theorem of Stewart and Tijdeman that the error term in the ABC Conjecture is of order $h^{1/2}$, and my idea that this should be related to the fact that the zeros of the Riemann zeta function have real part $1/2$. He looked at me for a moment and then said: "This is insight! Now you have to work until you prove it."

These and other experiences with Serge have been truly inspiring for me. I consider Serge to be one of the greatest teachers that I have had. He is the one who taught me how to do research ("Formulate the theorem and prove it!"), and how to write it up (when I asked him one time how he wrote so many books, he looked at me with a puzzled expression as if to say "just start and never stop!").

Serge had a great insight into the interconnection of questions of geometry and Diophantine analysis, thus contributing to the field of Diophantine geometry. One of his latest insights was to emphasize the difference between the error terms in the Vojta Height Inequality and the radicalized version of this inequality. This is well explained in the manuscript *Questions about the error term of Diophantine inequalities* [La05], which, I think, has been left unfinished. We were in contact about this shortly before Serge died. The paper [vF06] was initiated by his question whether the implication of the title is true (Serge's intuition shines through the fact that when he contacted me by phone about this question, I was not sure immediately if this could be proved, but soon I realized how the argument of [vF04] could be modified). Other papers were also inspired by Serge's generous sharing of ideas and enormous drive.

In this paper, we explore another of Serge's questions, asked around the same time, about an alternative to the ABC Conjecture proposed by Baker. We first explain the ABC Conjecture, and illustrate it with several diagrams. Then we explain and discuss Baker's alternative.

I sent an early draft of this paper to Serge shortly before he passed away. The draft contained some graphs and a very incomplete text, which quite upset Serge to my regret. The present paper explains much clearer the available data. The reader will see that no firm conclusion can be arrived at. More data, obtained by a larger exhaustive search of abc sums, is needed for a more definite conclusion. Such data is being assembled in the project *Reken mee met ABC* [LPS09].

**Acknowledgement** We thank the referee for suggesting a number of important improvements to this paper. David Masser and Joseph Oesterlé kindly shared their recollection of the origins of the ABC Conjecture, and Hendrik Lenstra improved the paper by asking some insightful questions.

## 2 The ABC Conjecture

In 1985, Masser attended a talk by Oesterlé that involved elliptic curves (and possibly Szpiro's conjecture, which is closely related, see (5) below). It reminded him of another recent development, a theorem for polynomials by Mason [Ma84] (see also [Si84, Sto81]), and he formulated the ABC Conjecture in July 1985 at a London conference in honour of Roth's sixtieth birthday. Only the "Open Problems" were published in some form,[1] but in 1986, as a possible approach to Fermat's Last Theorem, Oesterlé formulated the ABC Conjecture in the Bourbaki seminar [O88].

The *height* of an *abc sum* $P: a + b = c$ of coprime integers is

$$h(P) = \max\{\log |a|, \log |b|, \log |c|\}, \tag{1}$$

and the *(logarithmic) radical* of $P$ is defined by

$$r(P) = \sum_{p|abc} \log p. \tag{2}$$

With these definitions, the ABC Conjecture can be formulated as follows.

*Conjecture 1.* There exists a function $\psi$ such that $\lim_{h\to\infty} \psi(h)/h = 0$ and

$$h(P) - r(P) \leq \psi(h(P)) \tag{3}$$

for all abc sums $P$.

Smirnov explains in [Sm93] that the ABC Conjecture can be interpreted as a Riemann–Hurwitz inequality for rational numbers, interpreted as functions on spec $\mathbf{Z}$ (see also the appendix of [Mas02]).

In [StTi86], using an extension of Baker's theory of bounds for logarithmic forms, Stewart and Tijdeman obtain that the height of every abc sum is bounded by a power of its exponential radical:

$$h(P) \ll e^{15r(P)}. \tag{4}$$

Apart from subsequent improvements of the exponent 15 to eventually $1/3 + \varepsilon$ [StY01], this is still the best known result. With this result, one sees that if the radical is fixed, i.e., if $a$, $b$ and $c$ are to be formed using only prime factors from a fixed set of prime numbers, then $a$, $b$ and $c$ are bounded, and hence there exist only finitely

[1] See [GdS07], which is also of interest to non-Dutch readers for a photographic reproduction of the relevant page.

many such abc sums.[2] Equivalently, in every infinite sequence of abc sums, $r(P)$ is unbounded. However, (4) is too weak to imply Fermat's Last Theorem.

It is easy to deduce Fermat's Last Theorem from the ABC Conjecture, provided the function $\psi$ is explicitly known.[3] We will give the argument here, to make the point that, roughly speaking, the ABC Conjecture says that the exponents of the prime factors of $a$, $b$ and $c$ are at most $3+\varepsilon$ on average. Suppose that $x^n + y^n = z^n$ and $n \geq 4$. Then we have an abc sum $P$ of height $n \log z$ and radical

$$r(P) = \sum_{p|xyz} \log p \leq \log xyz < 3 \log z.$$

By the ABC Conjecture, $(n-3)\log z \leq \psi(n \log z)$. Since $\psi(h) = o(h)$, there exists an $h_0$ such that $\psi(h) < h/4$ for $h > h_0$. Then, for $z > e^{h_0/4}$ we have $n \log z > h_0$, and we conclude that $n-3 < n/4$, and hence $n < 4$. There remain only finitely many values for $z$ to check, and for each of these values, we need only check exponents $n \leq h_0/\log z$.

We see that the ABC Conjecture does not allow us to prove Fermat's Last Theorem for exponent 3. However, we can get arbitrarily close to exponent 3. Indeed, letting $z \to \infty$ in the above argument, we see that $n - 3 \leq o(1)$. Szpiro conjectured that

$$\limsup \frac{\log(abc)}{r(P)} = 3, \tag{5}$$

where the limsup is over all abc sums $P$.

Defining the *quality* of an abc sum $P$ as $q(P) = h(P)/r(P)$, one could state the ABC Conjecture alternatively as

$$\limsup q(P) = 1.$$

Also in the paper [StTi86], Stewart and Tijdeman prove that there exist infinitely many abc sums such that the height is larger than the radical. Their result was subsequently improved by the author [vF00] to

$$\text{for infinitely many abc sums } P: \quad h(P) - r(P) \geq 6.07 \frac{\sqrt{h(P)}}{\log h(P)}. \tag{6}$$

[2] In other words, (4) implies the classical result of Siegel and Mahler on the $S$-unit equation. The innovation of Stewart and Tijdeman was to use Baker's theorem on linear forms in logarithms, generalized to $p$-adic logarithms, to make this result effective.

[3] If $\psi$ is not explicitly known, one would deduce that there could only be finitely many counterexamples to Fermat's Last Theorem, but one would not know when to stop looking for one.

It follows that there exist infinitely many abc sums with $q(P) > 1$. We computed the quality from two tables. The first table, by Benne de Weger, lists all abc sums with $q(P) > 1.2$ up to $c = 2^{32}$ (i.e., up to height 22.18; our diagrams reflect this by a high density of data points up to this height), and the second table lists abc sums with $q(P) > 1.28$ up to a height of 50, compiled by the author from Abderrahmane Nitaj's tables [N09]. The first table is obtained by an exhaustive search, but the second table is not exhaustive.[4] These data indicate that the quality might be bounded by 1.6299, the quality of the abc sum $2+3^{10}\times 109 = 23^5$ of height 15.6775. However, at present, even a proof of a statement such as $q(P) < 1{,}000$ for every $P$ would be a great theorem.

The disadvantage of the quality is that for any bound $q > 1$, one expects only finitely many abc sums of quality larger than $q$. Thus up to height 22.18, and as Figure 1 suggests, probably well beyond this height, one finds many sums for which $q(P)$ is about 1.2. One would like to discard those and only record the more interesting sums with $q(P) > 1.4$. But for larger heights, probably when $h(P) > 100$, there may not be any point with $q(P) > 1.4$, and already examples with $q(P) > 1.2$ are interesting. Thus one would like to have a criterion that adapts with the height and would tell us which abc sums are interesting and which ones should be regarded as "common" or "too abundant", a criterion that becomes less restrictive as the height increases.

By (6), if a function $\psi$ as in Conjecture 1 exists, then $\psi(h) \geq 6.07\sqrt{h}/\log h$. This provides us with the kind of adaptive criterion as was mentioned at the end of the previous paragraph[5] (see the curved line in Figure 1). Thus, we regard an abc sum as *interesting* if $h - r \geq 6.07\sqrt{h}/\log h$. In terms of the quality, this means that interesting abc sums have a quality of at least

$$q(P) \geq \left(1 - \frac{6.07}{\sqrt{h(P)}\log h(P)}\right)^{-1}.$$

Thus up to height 22.18, interesting abc sums have a quality of at least 1.72 (hence in this sense, there are no interesting abc sums of height less than 22.18). The first interesting abc sum is

$$5^3 + 2^9 \times 3^{17} \times 13^2 = 11^5 \times 17 \times 31^3 \times 137,$$

with a height of 30.0446, and for heights between 30 and 50, a quality of 1.28 already makes an abc sum interesting.

[4]We have omitted from our table all abc sums with $h > 50$, since beyond a height of 50 our table is definitely not exhaustive and therefore useless. By November 2009, the project [LPS09] had resulted in an exhaustive search up to height 29.9337 (i.e., up to $c = 10^{13}$, apparently improved to $10^{20}$ [N09]). Schulmeiss has found some very large abc sums that satisfy (6), the largest of which has a height of 5,114. Since these sums were not obtained by an exhaustive search, they are less useful to check different versions of the ABC Conjecture.

[5]This criterion is closely related to the "merit", see [GdS07, dS09]. See also (7) below, which contains the same information as an inequality for the merit.

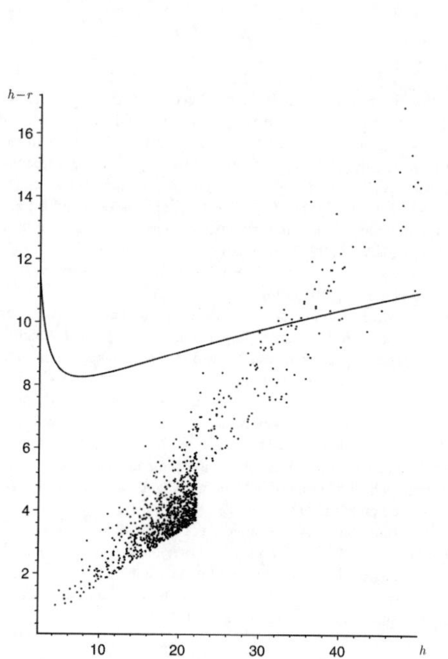


**Fig. 1** The points $(h(P), h(P) - r(P))$ and the graph of $6.07\sqrt{h}/\log h$.

In Figure 1, the points $(h(P), h(P) - r(P))$ are compared with the graph of $6.07\sqrt{h}/\log h$. This diagram seems to indicate that $h - r$ grows linearly in $h$ for infinitely many abc sums, which would contradict the ABC Conjecture. However, only a small portion of the sums in the tables satisfy the inequality (6). We expect that as more abc sums become available that satisfy (6), it will become clear that $h(P) - r(P)$ is never much larger than $\sqrt{h(P)}$. Indeed, in [vF95], the author has given a heuristic argument showing that

$$h(P) - r(P) \ll \sqrt{h(P)/\log h(P)} \tag{7}$$

for all abc sums $P$ (see also [StTe]).

Clearly, by (6),

$$\limsup \frac{\log(h(P) - r(P))}{\log h(P)} \geq \frac{1}{2}.$$

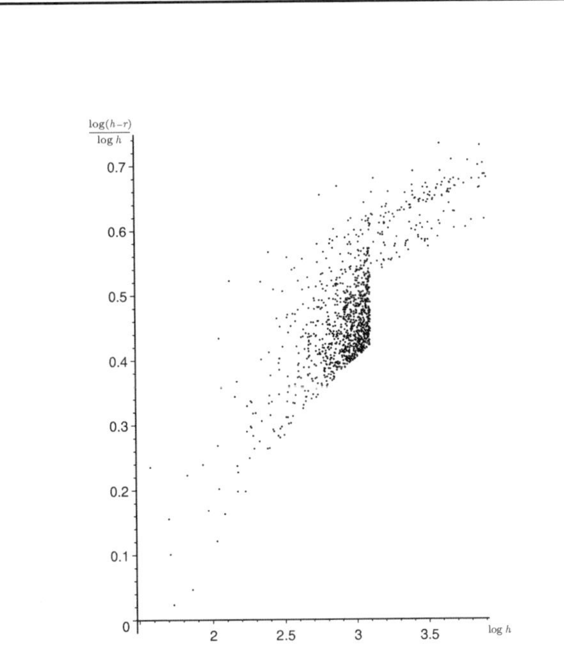


**Fig. 2** $\log(h - r)$ compared with $\log h$.

In view of the heuristic inequality (7), we expect that actually, equality holds here.[6] The double logarithmic plot in Figure 2 of the points

$$\left(\log h(P), \frac{\log(h(P) - r(P))}{\log h(P)}\right)$$

suggests that the maximum of $\log(h - r)/\log h$ is 0.733258, for the abc sum

$$19 \times 1307 + 7 \times 29^2 \times 31^8 = 2^8 \times 3^{22} \times 5^4,$$

[6] As alluded to in the introduction, the value $1/2$ may be related to the Riemann Hypothesis. Michel Waldschmidt pointed out to me that the most accessible approach to such a connection may be to construct a sequence of abc sums such that $h(P) - r(P) \geq h(P)^{\theta-\varepsilon}$, given a hypothetical zero of the Riemann zeta function with real part $\theta > 1/2$.

of height 36.1524, $\log h = 3.3877$. It is clear however that the available data is insufficient to reach a definite conclusion, and one expects more definite information to emerge from a complete table of abc examples up to a height of at least about 80.

## 3 Baker's alternative conjectures

Let $\omega(n)$ be the number of prime factors of the natural number $n$. By the prime number theorem, $\omega(n)$ is at most of size $\log n/\log\log n$, and by [HW60, Theorem 430], $\omega(n) \sim \log\log n$ on average. Clearly, for an abc sum $a+b=c$, the number of prime factors of $abc$ equals $\omega(abc) = \omega(a) + \omega(b) + \omega(c)$. In [B04], Baker proposes the following conjecture:

*Conjecture 2.* There exists a constant $K$ such that

$$h(P) - r(P) \leq \omega \log r(P) - (\omega + 1/2)\log \omega + \omega + K$$

for all abc sums $P: a+b=c$ composed of $\omega = \omega(abc)$ different prime numbers.

In Figure 3, we compare Baker's conjecture with the available data from our tables. Clearly, the diagram indicates that the constant $K$ in Conjecture 2 could probably be taken to be $-0.8$.

**Remark 1.** By Chen's theorem [C73, C78], there are infinitely many $n$ and prime numbers $p, q$ and $r$ such that $2^n = p + qr$. Thus, $\omega(abc)$ is bounded (by 4) for an infinite sequence of abc sums. In these examples, the radical $r(P) = \log(2pqr)$ is about $2h(P)$. On the other hand, for the examples in our table with $h(P) > r(P)$, especially those that satisfy (6), $\omega(abc)$ is always a relatively large value. Indeed, if Conjecture 2 holds, those abc sums are composed of at least $\omega(abc) = O(\sqrt{h}/(\log h)^{3/2})$ primes.

Our formulation of Conjecture 2 is not Baker's original formulation. Baker gives two formulations, one based on $\Theta(R)$, the number of integers $\leq R$ composed of prime factors of $R$. This is equivalent to Conjecture 2 (see [B96, §7]). Baker states this conjecture in an exponential form involving $\omega!$, where we have used Stirling's formula to replace $\log \omega!$ by $(\omega + 1/2)\log\omega - \omega$. Our formulation seems to exhibit more clearly the relative importance of the different terms. Ignoring all terms of lower order, one could rephrase the conjecture in a weaker form as follows:

*Conjecture 3.* There exists a constant $\kappa$ such that for all abc sums $P: a+b=c$ composed of $\omega = \omega(abc)$ different prime numbers,

$$h(P) - r(P) \leq \kappa\omega \log(r(P)/\omega).$$

At present, it seems hopeless to prove the ABC Conjecture itself. It derives its interest mainly from the fact that it allows us to test other conjectures. However, Baker continues by stating his most interesting conjecture. It has the same strength

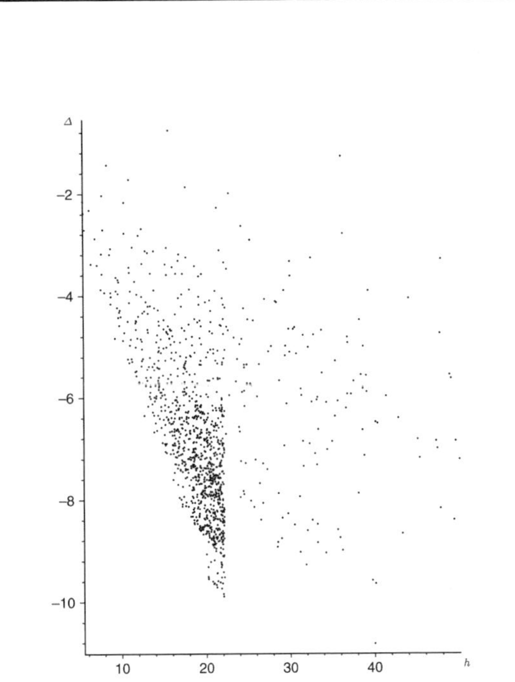


**Fig. 3** The size of $\Delta = (h - r) - (\omega \log(r) - (\omega + 1/2)\log(\omega) + \omega)$.

as the ABC Conjecture in the sense that it implies Fermat's Last Theorem, and it may be possible to prove it using the methods of linear forms in logarithms, as Baker explains in [B04, §2] and [B96].

*Conjecture 4.* There exists a constant $\kappa$ such that for all abc sums $P\colon a + b = c$,

$$h(P) - r(P) \leq \kappa\omega(ab)\log(r(P)/\omega(ab)).$$

**Remark 2.** The estimate for linear forms in logarithms that is discussed in [B96, §4] involves a product of logarithmic heights. If one could obtain a similar estimate with the product replaced by a sum of the logarithmic heights, one could deduce Conjecture 4. The reader can find an example where a product is successfully replaced by a sum in the Remark on page 37 of [LC90].

For the connection with linear forms in logarithms, it is essential that $\omega(ab)$ in Conjecture 4 only depends on two of the variables. Baker does not specify on which two variables, so permuting $a$, $b$ and $c$ (and adjusting the signs), the weakest form of Conjecture 4 is obtained when $\omega(ab)$ has the maximal value,

$$\omega(ab) = \omega_{\max} = \max\{\omega(ab), \omega(bc), \omega(ac)\},$$

and the strongest form is obtained for

$$\omega(ab) = \omega_{\min} = \min\{\omega(ab), \omega(bc), \omega(ac)\}.$$

Clearly, Conjecture 4 implies Conjecture 3 with the same value for $\kappa$, and Conjecture 4 with $\kappa = 1$ implies Conjecture 2. On the other hand, for the weakest form of Conjecture 4, with $\omega_{\max}$ for $\omega(ab)$, we have[7]

$$\omega(abc) \leq \frac{3}{2}\omega_{\max},$$

so Conjecture 2 implies Conjecture 3 with $\kappa = 3/2$ and $\omega(ab) = \omega_{\max}$.

In Figure 4, we graph $(h-r)/\big(\omega_{\min}\log(r/\omega_{\min})\big)$. Thus one could probably take $\kappa = 2.04$, even in the strongest form of Conjecture 4. The extreme example is the abc sum

$$1 + 2^6 \times 3 \times 5 \times 7 \times 13^4 \times 17 = 239^4,$$

of height 21.9058.

Reasoning as before, each one of the conjectures 2, 3 and 4 imply Fermat's Last Theorem. Indeed, let $x^n + y^n = z^n$. Then

$$\omega(abc) = \omega(xyz) \leq 3\log z/\log\log z.$$

Also $\omega(ab) \leq 3\log z/\log\log z$. Using Conjecture 3 or 4, one obtains

$$(n-3)\log z \leq 3\kappa \log z \log\log\log z/\log\log z.$$

It follows that $n - 3 \leq o(1)$, which implies, as before, that there remain only finitely many cases to check. And if $\kappa$ is explicitly known, this can be done in a finite search.

[7] If $\omega(c)$ is the least value among $\omega(a)$, $\omega(b)$ and $\omega(c)$, then $\omega_{\max} = \omega(a) + \omega(b)$ and $\omega(abc) = \omega_{\max} + \omega(c) \leq \omega_{\max} + \frac{1}{2}(\omega(a) + \omega(b))$.

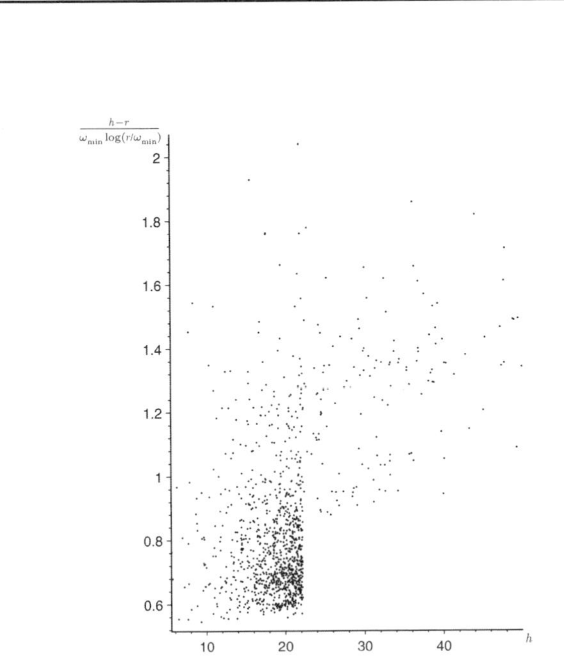


**Fig. 4** $h - r$ compared with $\omega_{\min} \log(r/\omega_{\min})$, plotted against the height.

## References


[B96] A. Baker, Logarithmic forms and the *abc*-conjecture, in: *Number theory (Diophantine, computational and algebraic aspects)*, Proceedings of the international conference, Eger, Hungary, July 29–August 2, 1996 (Győry, Kalman *et al.*, ed.), de Gruyter, Berlin, 1998, 37–44.

[B04] A. Baker, Experiments on the *abc*-conjecture, *Publ. Math. Debrecen* **65/3-4** (2004), 253–260.

[C73] J. R. Chen, On the Representation of a Large Even Integer as the Sum of a Prime and the Product of at Most Two Primes, *Sci. Sinica* **16** (1973), 157–176.

[C78] J. R. Chen, On the Representation of a Large Even Integer as the Sum of a Prime and the Product of at Most Two Primes, II, *Sci. Sinica* **21** (1978), 421–430.

[dS09] B. de Smit, http://www.math.leidenuniv.nl/~desmit/abc/, 2009.

[GdS07] G. Geuze, B. de Smit, Reken mee met ABC, *Nieuw Archief voor de Wiskunde* 5/8, no. 1, March 2007.

[HW60] G. H. Hardy and E. M. Wright, *An Introduction to the Theory of Numbers*, 4th ed., Oxford Univ. Press, Oxford, 1960.

[La05] S. Lang, Questions about the error term of Diophantine inequalities, preprint, 2005.

[LC90] S. Lang and W. Cherry, *Topics in Nevanlinna Theory*, Lect. Notes in Math. **1433**, Springer-Verlag, New York, 1990.

[LPS09] H. W. Lenstra, W. J. Palenstijn and B. de Smit, *Reken Mee met ABC*, http://www.rekenmeemetabc.nl/, 2009, and http://abcathome.com/.

[Ma84] R. C. Mason, *Diophantine Equations over Functions Fields*, London Math. Soc. LNS **96**, Cambridge, 1984.

[Mas02] D. Masser, On *abc* and discriminants, *Proc. Amer. Math. Soc.* **130** (2002), 3141–3150.

[N09] A. Nitaj, http://www.math.unicaen.fr/~nitaj/abc.html, 2009.

[O88] J. Oesterlé, Nouvelles approches du "Théorème" de Fermat, *Sém. Bourbaki* 1987–1988 no. **694**, Astérisque 161–162 (1988), 165–186.

[Si84] J. H. Silverman, The $S$-unit equation over function fields, *Math. Proc. Cambridge Philos. Soc.* **95** (1984), no. 1, 3–4.

[Sm93] A. L. Smirnov, Hurwitz inequalities for number fields, *St. Petersburg Math. J.* **4** (1993), 357–375.

[StTe] C. L. Stewart, G. Tenenbaum, A refinement of the ABC Conjecture, preprint.

[StTi86] C. L. Stewart and R. Tijdeman, On the Oesterlé-Masser conjecture, *Mh. Math.* **102** (1986), 251–257.

[StY01] C. L. Stewart and K. Yu, On the *abc* conjecture, II, *Duke Math. J.* **108** (2001), 169–181.

[Sto81] W. W. Stothers, Polynomial identities and hauptmoduln, *Quart. J. Math.* Oxford (2) **32** (1981), 349–370.

[vF95] M. van Frankenhuijsen, *Hyperbolic Spaces and the ABC Conjecture*, thesis, Katholieke Universiteit Nijmegen, 1995.

[vF00] M. van Frankenhuijsen, A lower bound in the ABC Conjecture, *J. of Number Theory* **82** (2000), 91–95.

[vF04] M. van Frankenhuijsen, The ABC conjecture implies Vojta's Height Inequality for Curves, *J. Number Theory* **95** (2002), 289–302.

[vF06] M. van Frankenhuijsen, ABC implies the radicalized Vojta height inequality for curves, *J. Number Theory* **127** (2007), 292–300.

# INTER-UNIVERSAL TEICHMÜLLER THEORY III: CANONICAL SPLITTINGS OF THE LOG-THETA-LATTICE

Shinichi Mochizuki

May 2020

Abstract. The present paper constitutes the third paper in a series of four papers and may be regarded as the *culmination* of the *abstract conceptual* portion of the theory developed in the series. In the present paper, we study the theory surrounding the **log-theta-lattice**, a *highly non-commutative* two-dimensional diagram of *"miniature models of conventional scheme theory"*, called $\Theta^{\pm \mathrm{ell}}$*NF-Hodge theaters*. Here, we recall that $\Theta^{\pm \mathrm{ell}}$NF-Hodge theaters were associated, in the first paper of the series, to certain data, called *initial* $\Theta$*-data*, that includes an *elliptic curve* $E_F$ over a *number field* $F$, together with a *prime number* $l \geq 5$. Each *arrow* of the log-theta-lattice corresponds to a certain *gluing operation* between the $\Theta^{\pm \mathrm{ell}}$NF-Hodge theaters in the domain and codomain of the arrow. The **horizontal arrows** of the log-theta-lattice are defined as certain versions of the *"*$\Theta$*-link"* that was constructed, in the second paper of the series, by applying the theory of *Hodge-Arakelov-theoretic evaluation* — i.e., evaluation in the style of the **scheme-theoretic Hodge-Arakelov theory** established by the author in previous papers — of the [reciprocal of the $l$-th root of the] **theta function** at $\boldsymbol{l}$**-torsion points**. In the present paper, we focus on the theory surrounding the $\mathfrak{log}$**-link** between $\Theta^{\pm \mathrm{ell}}$NF-Hodge theaters. The $\mathfrak{log}$-link is obtained, roughly speaking, by applying, at each [say, for simplicity, nonarchimedean] valuation of the number field under consideration, the *local* $p$*-adic logarithm*. The significance of the $\mathfrak{log}$-link lies in the fact that it allows one to construct **log-shells**, i.e., roughly speaking, slightly adjusted forms of the image of the local units at the valuation under consideration via the local $p$-adic logarithm. The theory of log-shells was studied extensively in a previous paper by the author. The **vertical arrows** of the log-theta-lattice are given by the $\mathfrak{log}$-link. Consideration of various properties of the log-theta-lattice leads naturally to the establishment of **multiradial algorithms** for constructing **"splitting monoids of logarithmic Gaussian procession monoids"**. Here, we recall that "multiradial algorithms" are algorithms that make sense from the point of view of an **"alien arithmetic holomorphic structure"**, i.e., the ring/scheme structure of a $\Theta^{\pm \mathrm{ell}}$NF-Hodge theater related to a given $\Theta^{\pm \mathrm{ell}}$NF-Hodge theater by means of a *non-ring/scheme-theoretic* horizontal arrow of the log-theta-lattice. These logarithmic Gaussian procession monoids, or **LGP-monoids**, for short, may be thought of as the log-shell-theoretic versions of the *Gaussian monoids* that were studied in the second paper of the series. Finally, by applying these multiradial algorithms for splitting monoids of LGP-monoids, we obtain **estimates** for the **log-volume** of these LGP-monoids. Explicit computations of these estimates will be applied, in the fourth paper of the series, to derive various *diophantine results*.

Typeset by $\mathcal{A}\mathcal{M}\mathcal{S}$-TEX

**Contents:**



**Introduction**

In the following discussion, we shall continue to use the notation of the Introduction to the first paper of the present series of papers [cf. [IUTchI], §I1]. In particular, we assume that are given an *elliptic curve* $E_F$ over a *number field* $F$, together with a *prime number* $l \geq 5$. In the first paper of the series, we introduced and studied the basic properties of $\Theta^{\pm\text{ell}}$*NF-Hodge theaters*, which may be thought of as miniature models of the conventional scheme theory surrounding the given elliptic curve $E_F$ over the number field $F$. In the present paper, which forms the third paper of the series, we study the theory surrounding the **log-link** between $\Theta^{\pm\text{ell}}$NF-Hodge theaters. The log-link induces an *isomorphism between the underlying* $\mathcal{D}$-$\Theta^{\pm\text{ell}}$*NF-Hodge theaters* and, roughly speaking, is obtained by applying, at each [say, for simplicity, nonarchimedean] valuation $\underline{v} \in \underline{\mathbb{V}}$, the *local* $p_{\underline{v}}$*-adic logarithm* to the local units [cf. Proposition 1.3, (i)]. The significance of the log-link lies in the fact that it allows one to construct **log-shells**, i.e., roughly speaking, slightly adjusted forms of the image of the local units at $\underline{v} \in \underline{\mathbb{V}}$ via the local $p_{\underline{v}}$-adic logarithm. The theory of log-shells was studied extensively in [AbsTopIII]. The introduction of log-shells leads naturally to the construction of *new versions* — namely, the $\Theta^{\times\boldsymbol{\mu}}_{\text{LGP}}$**-**/$\Theta^{\times\boldsymbol{\mu}}_{\text{lgp}}$**-links** [cf. Definition 3.8, (ii)] — of the $\Theta$-/$\Theta^{\times\boldsymbol{\mu}}$-/$\Theta^{\times\boldsymbol{\mu}}_{\text{gau}}$*-links* studied in [IUTchI], [IUTchII]. The resulting [*highly non-commutative*!] diagram of iterates of the log- [i.e., the *vertical arrows*] and $\Theta^{\times\boldsymbol{\mu}}$-/$\Theta^{\times\boldsymbol{\mu}}_{\text{gau}}$-/$\Theta^{\times\boldsymbol{\mu}}_{\text{LGP}}$-/$\Theta^{\times\boldsymbol{\mu}}_{\text{lgp}}$-links [i.e., the *horizontal arrows*] — which we refer to as the **log-theta-lattice** [cf. Definitions 1.4; 3.8, (iii), as well as Fig. I.1 below, in the case of the $\Theta^{\times\boldsymbol{\mu}}_{\text{LGP}}$-link] — plays a *central role* in the theory of the present series of papers.

$$
\begin{array}{ccccccc}
 & & \vdots & & \vdots & & \\
 & & \uparrow \log & & \uparrow \log & & \\
\dots & \xrightarrow{\Theta^{\times\mu}_{\text{LGP}}} & {}^{n,m+1}\mathcal{HT}^{\Theta^{\pm\text{ell}}\text{NF}} & \xrightarrow{\Theta^{\times\mu}_{\text{LGP}}} & {}^{n+1,m+1}\mathcal{HT}^{\Theta^{\pm\text{ell}}\text{NF}} & \xrightarrow{\Theta^{\times\mu}_{\text{LGP}}} & \dots \\
 & & \uparrow \log & & \uparrow \log & & \\
\dots & \xrightarrow{\Theta^{\times\mu}_{\text{LGP}}} & {}^{n,m}\mathcal{HT}^{\Theta^{\pm\text{ell}}\text{NF}} & \xrightarrow{\Theta^{\times\mu}_{\text{LGP}}} & {}^{n+1,m}\mathcal{HT}^{\Theta^{\pm\text{ell}}\text{NF}} & \xrightarrow{\Theta^{\times\mu}_{\text{LGP}}} & \dots \\
 & & \uparrow \log & & \uparrow \log & & \\
 & & \vdots & & \vdots & &
\end{array}
$$

Fig. I.1: The [LGP-Gaussian] log-theta-lattice

# INTER-UNIVERSAL TEICHMÜLLER THEORY III: CANONICAL SPLITTINGS OF THE LOG-THETA-LATTICE

Consideration of various properties of the log-theta-lattice leads naturally to the establishment of **multiradial algorithms** for constructing **"splitting monoids of logarithmic Gaussian procession monoids"** [cf. Theorem A below]. Here, we recall that "multiradial algorithms" [cf. the discussion of [IUTchII], Introduction] are algorithms that make sense from the point of view of an **"alien arithmetic holomorphic structure"**, i.e., the ring/scheme structure of a $\Theta^{\pm \mathrm{ell}}$NF-Hodge theater related to a given $\Theta^{\pm \mathrm{ell}}$NF-Hodge theater by means of a *non-ring/scheme-theoretic* $\Theta$-/$\Theta^{\times \boldsymbol{\mu}}$-/$\Theta^{\times \boldsymbol{\mu}}_{\mathrm{gau}}$-/$\Theta^{\times \boldsymbol{\mu}}_{\mathrm{LGP}}$-/$\Theta^{\times \boldsymbol{\mu}}_{\mathfrak{lgp}}$-link. These logarithmic Gaussian procession monoids, or **LGP-monoids**, for short, may be thought of as the log-shell-theoretic versions of the *Gaussian monoids* that were studied in [IUTchII]. Finally, by applying these multiradial algorithms for splitting monoids of LGP-monoids, we obtain **estimates** for the **log-volume** of these LGP-monoids [cf. Theorem B below]. These estimates will be applied to verify various *diophantine results* in [IUTchIV].

Recall [cf. [IUTchI], §I1] the notion of an *$\mathcal{F}$-prime-strip*. An $\mathcal{F}$-prime-strip consists of data indexed by the valuations $\underline{v} \in \underline{\mathbb{V}}$; roughly speaking, the data at each $\underline{v}$ consists of a *Frobenioid*, i.e., in essence, a system of *monoids* over a *base category*. For instance, at $\underline{v} \in \underline{\mathbb{V}}^{\mathrm{bad}}$, this data may be thought of as an isomorphic copy of the *monoid with Galois action*

$$\Pi_{\underline{v}} \curvearrowright \mathcal{O}^{\rhd}_{\overline{F}_{\underline{v}}}$$

— where we recall that $\mathcal{O}^{\rhd}_{\overline{F}_{\underline{v}}}$ denotes the multiplicative monoid of nonzero integral elements of the completion of an algebraic closure $\overline{F}$ of $F$ at a valuation lying over $\underline{v}$ [cf. [IUTchI], §I1, for more details]. The *$p_{\underline{v}}$-adic logarithm* $\log_{\underline{v}} : \mathcal{O}^{\times}_{\overline{F}_{\underline{v}}} \to \overline{F}_{\underline{v}}$ at $\underline{v}$ then defines a natural *$\Pi_{\underline{v}}$-equivariant* isomorphism of ind-topological modules

$$(\mathcal{O}^{\times \boldsymbol{\mu}}_{\overline{F}_{\underline{v}}} \otimes \mathbb{Q} \xrightarrow{\sim}) \quad \mathcal{O}^{\times}_{\overline{F}_{\underline{v}}} \otimes \mathbb{Q} \xrightarrow{\sim} \overline{F}_{\underline{v}}$$

— where we recall the notation "$\mathcal{O}^{\times \boldsymbol{\mu}}_{\overline{F}_{\underline{v}}} = \mathcal{O}^{\times}_{\overline{F}_{\underline{v}}} / \mathcal{O}^{\boldsymbol{\mu}}_{\overline{F}_{\underline{v}}}$" from the discussion of [IUTchI], §1 — which allows one to equip $\mathcal{O}^{\times}_{\overline{F}_{\underline{v}}} \otimes \mathbb{Q}$ with the *field structure* arising from the field structure of $\overline{F}_{\underline{v}}$. The portion at $\underline{v}$ of the **$\mathfrak{log}$-link** associated to an $\mathcal{F}$-prime-strip [cf. Definition 1.1, (iii); Proposition 1.2] may be thought of as the correspondence

$$\left\{\Pi_{\underline{v}} \curvearrowright \mathcal{O}^{\rhd}_{\overline{F}_{\underline{v}}}\right\} \quad \xrightarrow{\mathfrak{log}} \quad \left\{\Pi_{\underline{v}} \curvearrowright \mathcal{O}^{\rhd}_{\overline{F}_{\underline{v}}}\right\}$$

in which one thinks of the copy of "$\mathcal{O}^{\rhd}_{\overline{F}_{\underline{v}}}$" on the *right* as obtained from the field structure induced by the $p_{\underline{v}}$-adic logarithm on the tensor product with $\mathbb{Q}$ of the copy of the units "$\mathcal{O}^{\times}_{\overline{F}_{\underline{v}}} \subseteq \mathcal{O}^{\rhd}_{\overline{F}_{\underline{v}}}$" on the *left*. Since this correspondence induces an *isomorphism of topological groups* between the copies of $\Pi_{\underline{v}}$ on either side, one may think of $\Pi_{\underline{v}}$ as *"immune to"/"neutral with respect to"* — or, in the terminology of the present series of papers, **"coric"** with respect to — the transformation constituted by the $\mathfrak{log}$-link. This situation is studied in detail in [AbsTopIII], §3, and reviewed in Proposition 1.2 of the present paper.

By applying various results from **absolute anabelian geometry**, one may algorithmically reconstruct a copy of the data "$\Pi_{\underline{v}} \curvearrowright \mathcal{O}^{\rhd}_{\overline{F}_{\underline{v}}}$" from $\Pi_{\underline{v}}$. Moreover, by applying *Kummer theory*, one obtains natural isomorphisms between this *"coric version"* of the data "$\Pi_{\underline{v}} \curvearrowright \mathcal{O}^{\triangleright}_{\overline{F}_{\underline{v}}}$" and the copies of this data that appear on either side of the $\mathfrak{log}$-*link*. On the other hand, one verifies immediately that these Kummer isomorphisms are **not compatible** with the **coricity** of the copy of the data "$\Pi_{\underline{v}} \curvearrowright \mathcal{O}^{\triangleright}_{\overline{F}_{\underline{v}}}$" algorithmically constructed from $\Pi_{\underline{v}}$. This phenomenon is, in some sense, the *central theme* of the theory of [AbsTopIII], §3, and is reviewed in Proposition 1.2, (iv), of the present paper.

The introduction of the $\mathfrak{log}$-link leads naturally to the construction of **log-shells** at each $\underline{v} \in \underline{\mathbb{V}}$. If, for simplicity, $\underline{v} \in \underline{\mathbb{V}}^{\text{bad}}$, then the log-shell at $\underline{v}$ is given, roughly speaking, by the *compact additive module*

$$\mathcal{I}_{\underline{v}} \stackrel{\text{def}}{=} p_{\underline{v}}^{-1} \cdot \log_{\underline{v}}(\mathcal{O}^{\times}_{K_{\underline{v}}}) \subseteq K_{\underline{v}} \subseteq \overline{F}_{\underline{v}}$$

[cf. Definition 1.1, (i), (ii); Remark 1.2.2, (i), (ii)]. One has natural *functorial algorithms* for constructing various versions of the notion of a log-shell — i.e., **mono-analytic/holomorphic** and **étale-like/Frobenius-like** — from $\mathcal{D}^{\vdash}$-/$\mathcal{D}$-/$\mathcal{F}^{\vdash}$-/$\mathcal{F}$-prime-strips [cf. Proposition 1.2, (v), (vi), (vii), (viii), (ix)]. Although, as discussed above, the relevant Kummer isomorphisms are *not compatible* with the $\mathfrak{log}$-link *"at the level of elements"*, the log-shell $\mathcal{I}_{\underline{v}}$ at $\underline{v}$ satisfies the important property

$$\mathcal{O}^{\triangleright}_{K_{\underline{v}}} \subseteq \mathcal{I}_{\underline{v}}; \quad \log_{\underline{v}}(\mathcal{O}^{\times}_{K_{\underline{v}}}) \subseteq \mathcal{I}_{\underline{v}}$$

— i.e., it **contains** *the* **images** *of the Kummer isomorphisms* associated to both the domain and the codomain of the $\mathfrak{log}$-link [cf. Proposition 1.2, (v); Remark 1.2.2, (i), (ii)]. In light of the *compatibility* of the $\mathfrak{log}$-link with *log-volumes* [cf. Propositions 1.2, (iii); 3.9, (iv)], this property will ultimately lead to **upper bounds** — i.e., as opposed to *"precise equalities"* — in the computation of *log-volumes* in Corollary 3.12 [cf. Theorem B below]. Put another way, although iterates [cf. Remark 1.1.1] of the $\mathfrak{log}$-link *fail to be compatible* with the various Kummer isomorphisms that arise, one may nevertheless consider the *entire diagram* that results from considering such iterates of the $\mathfrak{log}$-link and related Kummer isomorphisms [cf. Proposition 1.2, (x)]. We shall refer to such diagrams

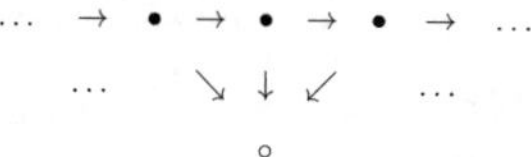

— i.e., where the *horizontal arrows* correspond to the $\mathfrak{log}$-links [that is to say, to the *vertical arrows* of the log-theta-lattice!]; the "•'s" correspond to the Frobenioid-theoretic data within a $\Theta^{\pm\text{ell}}$NF-Hodge theater; the "∘" corresponds to the *coric version* of this data [that is to say, in the terminology discussed below, *vertically coric* data of the log-theta-lattice]; the vertical/diagonal arrows correspond to the various *Kummer isomorphisms* — as **$\mathfrak{log}$-Kummer correspondences** [cf. Theorem 3.11, (ii); Theorem A, (ii), below]. Then the inclusions of the above display may be interpreted as a sort of **"upper semi-commutativity"** of such diagrams [cf. Remark 1.2.2, (iii)], which we shall also refer to as the **"upper semi-compatibility"** *of the* $\mathfrak{log}$-*link with the relevant Kummer isomorphisms* — cf. the discussion of the **"indeterminacy"** (Ind3) in Theorem 3.11, (ii).

By considering the $\mathfrak{log}$-links associated to the various *$\mathcal{F}$-prime-strips* that occur in a $\Theta^{\pm\mathrm{ell}}$*NF-Hodge theater*, one obtains the notion of a **$\mathfrak{log}$-link** *between* $\Theta^{\pm\mathrm{ell}}$*NF-Hodge theaters*

$$^{\dagger}\mathcal{HT}^{\Theta^{\pm\mathrm{ell}}\mathrm{NF}} \xrightarrow{\mathfrak{log}} {}^{\ddagger}\mathcal{HT}^{\Theta^{\pm\mathrm{ell}}\mathrm{NF}}$$

[cf. Proposition 1.3, (i)]. As discussed above, by considering the iterates of the $\mathfrak{log}$- [i.e., the *vertical arrows*] and $\Theta$-/$\Theta^{\times\boldsymbol{\mu}}$-/$\Theta^{\times\boldsymbol{\mu}}_{\mathrm{gau}}$-/$\Theta^{\times\boldsymbol{\mu}}_{\mathrm{LGP}}$-/$\Theta^{\times\boldsymbol{\mu}}_{\mathfrak{lgp}}$-links [i.e., the *horizontal arrows*], one obtains a diagram which we refer to as the **log-theta-lattice** [cf. Definitions 1.4; 3.8, (iii), as well as Fig. I.1, in the case of the $\Theta^{\times\boldsymbol{\mu}}_{\mathrm{LGP}}$-link]. As discussed above, this diagram is **highly noncommutative**, since the definition of the $\mathfrak{log}$-link depends, in an essential way, on both the *additive* and the *multiplicative* structures — i.e., on the *ring structure* — of the various local rings at $\underline{v} \in \underline{\mathbb{V}}$, structures which are *not preserved* by the $\Theta$-/$\Theta^{\times\boldsymbol{\mu}}$-/$\Theta^{\times\boldsymbol{\mu}}_{\mathrm{gau}}$-/$\Theta^{\times\boldsymbol{\mu}}_{\mathrm{LGP}}$-/$\Theta^{\times\boldsymbol{\mu}}_{\mathfrak{lgp}}$-links [cf. Remark 1.4.1, (i)]. So far, in the Introductions to [IUTchI], [IUTchII], as well as in the present Introduction, we have discussed various *"coricity"* properties — i.e., properties of *invariance* with respect to various types of "transformations" — in the context of $\Theta$-/$\Theta^{\times\boldsymbol{\mu}}$-/$\Theta^{\times\boldsymbol{\mu}}_{\mathrm{gau}}$-/$\Theta^{\times\boldsymbol{\mu}}_{\mathrm{LGP}}$-/$\Theta^{\times\boldsymbol{\mu}}_{\mathfrak{lgp}}$-links, as well as in the context of $\mathfrak{log}$-links. In the context of the log-theta-lattice, it becomes necessary to distinguish between various types of coricity. That is to say, coricity with respect to $\mathfrak{log}$-links [i.e., the vertical arrows of the log-theta-lattice] will be referred to as **vertical coricity**, while coricity with respect to $\Theta$-/$\Theta^{\times\boldsymbol{\mu}}$-/$\Theta^{\times\boldsymbol{\mu}}_{\mathrm{gau}}$-/$\Theta^{\times\boldsymbol{\mu}}_{\mathrm{LGP}}$-/$\Theta^{\times\boldsymbol{\mu}}_{\mathfrak{lgp}}$-links [i.e., the horizontal arrows of the log-theta-lattice] will be referred to as **horizontal coricity**. On the other hand, coricity properties that hold with respect to *all* of the arrows of the log-theta-lattice will be referred to as **bi-coricity** properties.

Relative to the analogy between the theory of the present series of papers and *p-adic Teichmüller theory* [cf. [IUTchI], §I4], we recall that a $\Theta^{\pm\mathrm{ell}}$*NF-Hodge theater*, which may be thought of as a miniature model of the *conventional scheme theory* surrounding the given elliptic curve $E_F$ over the number field $F$, corresponds to the *positive characteristic scheme theory* surrounding a hyperbolic curve over a positive characteristic perfect field that is equipped with a nilpotent ordinary indigenous bundle [cf. Fig. I.2 below]. Then the **rotation**, or **"juggling"**, effected by the **$\mathfrak{log}$-link** of the **additive** and **multiplicative** structures of the conventional scheme theory represented by a $\Theta^{\pm\mathrm{ell}}$NF-Hodge theater may be thought of as corresponding to the **Frobenius morphism** *in positive characteristic* [cf. the discussion of [AbsTopIII], §I1, §I3, §I5]. Thus, just as the Frobenius morphism is completely well-defined in *positive characteristic*, the $\mathfrak{log}$-link may be thought of as a phenomenon that occurs within a *single* **arithmetic holomorphic structure**, i.e., a *vertical* line of the log-theta-lattice. By contrast, the essentially *non-ring/scheme-theoretic* relationship between $\Theta^{\pm\mathrm{ell}}$NF-Hodge theaters constituted by the $\Theta$-/$\Theta^{\times\boldsymbol{\mu}}$-/$\Theta^{\times\boldsymbol{\mu}}_{\mathrm{gau}}$-/$\Theta^{\times\boldsymbol{\mu}}_{\mathrm{LGP}}$-/$\Theta^{\times\boldsymbol{\mu}}_{\mathfrak{lgp}}$-links corresponds to the relationship between the *"mod $p^n$" and "mod $p^{n+1}$"* portions of the ring of Witt vectors, in the context of a *canonical lifting* of the original positive characteristic data [cf. the discussion of Remark 1.4.1, (iii); Fig. I.2 below]. Thus, the **log-theta-lattice**, taken as a whole, may be thought of as corresponding to the **canonical lifting** of the original positive characteristic data, equipped with a corresponding **canonical Frobenius action/lifting** [cf. Fig. I.2 below]. Finally, the **non-commutativity** of the log-theta-lattice may be thought of as corresponding to the complicated **"intertwining"** that occurs in the theory of Witt vectors and canonical liftings between the Frobenius morphism in positive characteristic and the mixed characteristic nature of the ring of Witt vectors [cf. the discussion of Remark 1.4.1, (ii), (iii)].

One important consequence of this *"noncommutative intertwining"* of the two dimensions of the log-theta-lattice is the following. Since each *horizontal arrow* of the log-theta-lattice [i.e., the $\Theta$-/$\Theta^{\times\mu}$-/$\Theta^{\times\mu}_{\text{gau}}$-/$\Theta^{\times\mu}_{\text{LGP}}$-/$\Theta^{\times\mu}_{\mathfrak{lgp}}$-link] may only be used to relate — i.e., via various *Frobenioids* — the *multiplicative* portions of the ring structures in the domain and codomain of the arrow, one natural approach to relating the *additive* portions of these ring structures is to apply the theory of **log-shells**. That is to say, since each horizontal arrow is compatible with the **canonical splittings** [up to roots of unity] discussed in [IUTchII], Introduction, of the *theta/Gaussian monoids* in the domain of the horizontal arrow into *unit group* and *value group* portions, it is natural to attempt to relate the ring structures on either side of the horizontal arrow by applying the canonical splittings to

- relate the **multiplicative** structures on either side of the horizontal arrow by means of the **value group** portions of the theta/Gaussian monoids;
- relate the **additive** structures on either side of the horizontal arrow by means of the **unit group** portions of the theta/Gaussian monoids, **shifted once** via a *vertical arrow*, i.e., the $\mathfrak{log}$**-link**, so as to *"render additive"* the [*a priori*] multiplicative structure of these unit group portions.

Indeed, this is the approach that will ultimately be taken in Theorem 3.11 [cf. Theorem A below] to relating the ring structures on either side of a horizontal arrow. On the other hand, in order to actually implement this approach, it will be necessary to overcome numerous *technical obstacles*. Perhaps the most immediately obvious such obstacle lies in the observation [cf. the discussion of Remark 1.4.1, (ii)] that, precisely because of the *"noncommutative intertwining"* nature of the log-theta-lattice,

> any sort of algorithmic construction concerning objects lying in the *domain* of a horizontal arrow that involves **vertical shifts** [e.g., such as the approach to relating additive structures in the fashion described above] **cannot be "translated"** in any immediate sense into an algorithm that makes sense from the point of view of the *codomain* of the horizontal arrow.

In a word, our approach to overcoming this technical obstacle consists of working with objects in the *vertical line* of the log-theta-lattice that contains the *domain* of the horizontal arrow under consideration that satisfy the crucial property of being

**invariant** with respect to **vertical shifts**

— i.e., **shifts** via iterates of the $\mathfrak{log}$**-link** [cf. the discussion of Remarks 1.2.2, (iii); 1.4.1, (ii)]. For instance, *étale-like* objects that are **vertically coric** satisfy this invariance property. On the other hand, as discussed in the beginning of [IUTchII], Introduction, in the theory of the present series of papers, it is of crucial importance to be able to relate *corresponding Frobenius-like* and *étale-like structures* to one another via *Kummer theory*. In particular, in order to obtain structures

that are *invariant* with respect to *vertical shifts*, it is necessary to consider **log-Kummer correspondences**, as discussed above. Moreover, in the context of such log-Kummer correspondences, typically, one may only obtain structures that are invariant with respect to vertical shifts if one is willing to admit some sort of **indeterminacy**, e.g., such as the **"upper semi-compatibility"** [cf. the discussion of the *"indeterminacy"* (Ind3) in Theorem 3.11, (ii)] discussed above.

| *Inter-universal Teichmüller theory* | *p-adic Teichmüller theory* |
|---|---|
| **number field** $F$ | **hyperbolic curve** $C$ over a *positive characteristic perfect field* |
| **[once-punctured] elliptic curve** $X$ over $F$ | *nilpotent ordinary* **indigenous bundle** $P$ over $C$ |
| **Θ-link** arrows of the *log-theta-lattice* | **mixed characteristic extension** structure of a ring of *Witt vectors* |
| **log-link** arrows of the *log-theta-lattice* | the **Frobenius morphism** in *positive characteristic* |
| the entire **log-theta-lattice** | the resulting **canonical lifting** + **canonical Frobenius action**; **canonical Frobenius lifting** over the ordinary locus |
| relatively straightforward *original construction of* $\Theta^{\times\mu}_{\mathrm{LGP}}$**-link** | relatively straightforward *original construction of* **canonical liftings** |
| highly nontrivial *description of* **alien arithmetic holomorphic structure** via *absolute anabelian geometry* | highly nontrivial *absolute anabelian reconstruction of* **canonical liftings** |

Fig. I.2: Correspondence between inter-universal Teichmüller theory and $p$-adic Teichmüller theory

One important property of the $\mathfrak{log}$**-link**, and hence, in particular, of the construction of **log-shells**, is its **compatibility** with the $\mathbb{F}_l^{\rtimes\pm}$**-symmetry** discussed in the Introductions to [IUTchI], [IUTchII] — cf. Remark 1.3.2. Here, we recall from the discussion of [IUTchII], Introduction, that the $\mathbb{F}_l^{\rtimes\pm}$-symmetry allows one to relate the various *$\mathcal{F}$-prime-strips* — i.e., more concretely, the various copies of the data "$\Pi_{\underline{v}} \curvearrowright \mathcal{O}^{\rhd}_{\overline{F}_{\underline{v}}}$" at $\underline{v} \in \underline{\mathbb{V}}^{\mathrm{bad}}$ [and their analogues for $\underline{v} \in \underline{\mathbb{V}}^{\mathrm{good}}$] — associated to the various **labels** $\in \mathbb{F}_l$ that appear in the *Hodge-Arakelov-theoretic evaluation* of [IUTchII] in a fashion that is **compatible** with

· the **distinct nature** of distinct labels $\in \mathbb{F}_l$;

· the **Kummer isomorphisms** used to relate *Frobenius-like* and *étale-like* versions of the $\mathcal{F}$-prime-strips that appear, i.e., more concretely, the various copies of the data "$\Pi_{\underline{v}} \curvearrowright \mathcal{O}^{\rhd}_{\overline{F}_{\underline{v}}}$" at $\underline{v} \in \underline{\mathbb{V}}^{\mathrm{bad}}$ [and their analogues for $\underline{v} \in \underline{\mathbb{V}}^{\mathrm{good}}$];

· the structure of the **underlying $\mathcal{D}$-prime-strips** that appear, i.e., more concretely, the various copies of the *[arithmetic] tempered fundamental group* "$\Pi_{\underline{v}}$" at $\underline{v} \in \underline{\mathbb{V}}^{\mathrm{bad}}$ [and their analogues for $\underline{v} \in \underline{\mathbb{V}}^{\mathrm{good}}$]

— cf. the discussion of [IUTchII], Introduction; Remark 1.5.1; Step (vii) of the proof of Corollary 3.12 of the present paper. This compatibility with the $\mathbb{F}_l^{\rtimes\pm}$-symmetry gives rise to the construction of

· **vertically coric** *$\mathcal{F}^{\vdash\times\mu}$-prime-strips, log-shells* by means of the **arithmetic holomorphic** structures under consideration;

· **mono-analytic** *$\mathcal{F}^{\vdash\times\mu}$-prime-strips, log-shells* which are **bi-coric**

— cf. Theorem 1.5. These *bi-coric mono-analytic log-shells* play a central role in the theory of the present paper.

One notable aspect of the *compatibility* of the $\mathfrak{log}$*-link* with the *$\mathbb{F}_l^{\rtimes\pm}$-symmetry* in the context of the theory of *Hodge-Arakelov-theoretic evaluation* developed in [IUTchII] is the following. One important property of *mono-theta environments* is the property of **"isomorphism class compatibility"**, i.e., in the terminology of [EtTh], *"compatibility with the* **topology** *of the* **tempered fundamental group***"* [cf. the discussion of Remark 2.1.1]. This "isomorphism class compatibility" allows one to apply the Kummer theory of mono-theta environments [i.e., the theory of [EtTh]] relative to the **ring-theoretic basepoints** that occur on either side of the $\mathfrak{log}$**-link** [cf. Remark 2.1.1, (ii); [IUTchII], Remark 3.6.4, (i)], for instance, in the context of the $\mathfrak{log}$*-Kummer correspondences* discussed above. Here, we recall that the significance of working with such "ring-theoretic basepoints" lies in the fact that the full *ring structure* of the local rings involved [i.e., as opposed to, say, just the multiplicative portion of this ring structure] is necessary in order to construct the $\mathfrak{log}$-link. That is to say, it is precisely by establishing the *conjugate synchronization* arising from the *$\mathbb{F}_l^{\rtimes\pm}$-symmetry* relative to *these basepoints* that occur on either side of the $\mathfrak{log}$-link that one is able to conclude the crucial **compatibility** *of this conjugate synchronization with the* $\mathfrak{log}$*-link* discussed in Remark 1.3.2. Thus, in

summary, one important consequence of the "isomorphism class compatibility" of mono-theta environments is the **simultaneous compatibility** of

- the **Kummer theory** of **mono-theta environments**;
- the **conjugate synchronization** arising from the $\mathbb{F}_l^{\rtimes\pm}$**-symmetry**;
- the construction of the $\mathfrak{log}$**-link**.

This simultaneous compatibility is necessary in order to perform the construction of the [crucial!] *splitting monoids of LGP-monoids* referred to above — cf. the discussion of Step (vi) of the proof of Corollary 3.12.

In §2 of the present paper, we continue our preparation for the *multiradial construction of splitting monoids of LGP-monoids* given in §3 [of the present paper] by presenting a **global formulation** of the essentially *local theory* at $\underline{v} \in \underline{\mathbb{V}}^{\mathrm{bad}}$ [cf. [IUTchII], §1, §2, §3] concerning the interpretation, via the notion of **multiradiality**, of various **rigidity** properties of **mono-theta environments**. That is to say, although much of the [essentially routine!] task of formulating the local theory of [IUTchII], §1, §2, §3, in global terms was accomplished in [IUTchII], §4, the [again essentially routine!] task of formulating the portion of this local theory that concerns *multiradiality* was not explicitly addressed in [IUTchII], §4. One reason for this lies in the fact that, from the point of view of the theory to be developed in §3 of the present paper, this global formulation of multiradiality properties of the mono-theta environment may be presented most naturally in the framework developed in §1 of the present paper, involving the **log-theta-lattice** [cf. Theorem 2.2; Corollary 2.3]. Indeed, the **étale-like** versions of the mono-theta environment, as well as the various objects constructed from the mono-theta environment, may be interpreted, from the point of view of the log-theta-lattice, as **vertically coric** structures, and are **Kummer-theoretically** related to their **Frobenius-like** [i.e., Frobenioid-theoretic] counterparts, which arise from the [Frobenioid-theoretic portions of the] various $\Theta^{\pm\mathrm{ell}}$NF-Hodge theaters in a vertical line of the log-theta-lattice [cf. Theorem 2.2, (ii); Corollary 2.3, (ii), (iii), (iv)]. Moreover, it is precisely the **horizontal arrows** of the log-theta-lattice that give rise to the $\widehat{\mathbb{Z}}^\times$**-indeterminacies** acting on copies of "$\mathcal{O}^{\times\boldsymbol{\mu}}$" that play a prominent role in the local multiradiality theory developed in [IUTchII] [cf. the discussion of [IUTchII], Introduction]. In this context, it is useful to recall from the discussion of [IUTchII], Introduction [cf. also Remark 2.2.1 of the present paper], that the essential content of this local multiradiality theory consists of the *observation* [cf. Fig. I.3 below] that, since *mono-theta-theoretic cyclotomic* and *constant multiple rigidity* only require the use of the portion of $\mathcal{O}^\times_{\underline{F}_{\underline{v}}}$, for $\underline{v} \in \underline{\mathbb{V}}^{\mathrm{bad}}$, given by the *torsion subgroup* $\mathcal{O}^{\boldsymbol{\mu}}_{\underline{F}_{\underline{v}}} \subseteq \mathcal{O}^\times_{\underline{F}_{\underline{v}}}$ [i.e., the roots of unity], the *triviality* of the composite of natural morphisms

$$\mathcal{O}^{\boldsymbol{\mu}}_{\underline{F}_{\underline{v}}} \hookrightarrow \mathcal{O}^{\times}_{\underline{F}_{\underline{v}}} \twoheadrightarrow \mathcal{O}^{\times\boldsymbol{\mu}}_{\underline{F}_{\underline{v}}}$$

has the effect of **insulating** the **Kummer theory** of the **étale theta function** — i.e., via the theory of the mono-theta environments developed in [EtTh] — from the $\widehat{\mathbb{Z}}^\times$**-indeterminacies** that act on the copies of "$\mathcal{O}^{\times\boldsymbol{\mu}}$" that arise in the $\mathcal{F}^{\vdash\times\boldsymbol{\mu}}$-*prime-strips* that appear in the $\Theta$-/$\Theta^{\times\boldsymbol{\mu}}$-/$\Theta^{\times\boldsymbol{\mu}}_{\mathrm{gau}}$-/$\Theta^{\times\boldsymbol{\mu}}_{\mathrm{LGP}}$-/$\Theta^{\times\boldsymbol{\mu}}_{\mathfrak{lgp}}$-link.

$$\begin{array}{ccc} \mathrm{id} \curvearrowright & & \widehat{\mathbb{Z}}^{\times} \curvearrowright \\ \boxed{\mathcal{O}^{\mu}_{F_{\underline{v}}}} & \to & \boxed{\mathcal{O}^{\times\mu}_{F_{\underline{v}}}} \end{array}$$

Fig. I.3: Insulation from $\widehat{\mathbb{Z}}^{\times}$-indeterminacies in the context of mono-theta-theoretic cyclotomic, constant multiple rigidity

In §3 of the present paper, which, in some sense, constitutes the *conclusion* of the theory developed thus far in the present series of papers, we present the construction of the [splitting monoids of] **LGP-monoids**, which may be thought of as a **multiradial** version of the [splitting monoids of] **Gaussian monoids** that were constructed via the theory of *Hodge-Arakelov-theoretic evaluation* developed in [IUTchII]. In order to achieve this multiradiality, it is necessary to "multiradialize" the various components of the construction of the Gaussian monoids given in [IUTchII]. The first step in this process of "multiradialization" concerns the **labels** $j \in \mathbb{F}_l^*$ that occur in the Hodge-Arakelov-theoretic evaluation performed in [IUTchII]. That is to say, the construction of these labels, together with the closely related theory of $\mathbb{F}_l^*$**-symmetry**, depend, in an essential way, on the *full arithmetic tempered fundamental groups* "$\Pi_{\underline{v}}$" at $\underline{v} \in \underline{\mathbb{V}}^{\mathrm{bad}}$, i.e., on the portion of the *arithmetic holomorphic structure* within a $\Theta^{\pm \mathrm{ell}}$NF-Hodge theater which is *not shared* by an **alien** *arithmetic holomorphic structure* [i.e., an arithmetic holomorphic structure related to the original arithmetic holomorphic structure via a horizontal arrow of the log-theta-lattice]. One naive approach to remedying this state of affairs is to simply consider the *underlying set*, of cardinality $l^*$, associated to $\mathbb{F}_l^*$, which we regard as being equipped with the full set of *symmetries* given by arbitrary permutation automorphisms of this underlying set. The problem with this approach is that it yields a situation in which, for each label $j \in \mathbb{F}_l^*$, one must contend with an *indeterminacy of $l^*$ possibilities* for the element of this underlying set that corresponds to $j$ [cf. [IUTchI], Propositions 4.11, (i); 6.9, (i)]. From the point of view of the *log-volume computations* to be performed in [IUTchIV], this degree of indeterminacy gives rise to log-volumes which are *"too large"*, i.e., to estimates that are not sufficient for deriving the various *diophantine results* obtained in [IUTchIV]. Thus, we consider the following alternative approach, via **processions** [cf. [IUTchI], Propositions, 4.11, 6.9]. Instead of working just with the underlying set associated to $\mathbb{F}_l^*$, we consider the *diagram of inclusions* of finite sets

$$\mathbb{S}_1^{\pm} \hookrightarrow \mathbb{S}_{1+1=2}^{\pm} \hookrightarrow \dots \hookrightarrow \mathbb{S}_{j+1}^{\pm} \hookrightarrow \dots \hookrightarrow \mathbb{S}_{1+l^*=l^{\pm}}^{\pm}$$

— where we write $\mathbb{S}_{j+1}^{\pm} \stackrel{\mathrm{def}}{=} \{0, 1, \dots, j\}$, for $j = 0, \dots, l^*$, and we think of each of these finite sets as being subject to arbitrary permutation automorphisms. That is to say, we think of the set $\mathbb{S}_{j+1}^{\pm}$ as a **container** for the labels $0, 1, \dots, j$. Thus, for each $j$, one need only contend with an *indeterminacy of $j+1$ possibilities* for the element of this container that corresponds to $j$. In particular, if one allows $j = 0, \dots, l^*$ to vary, then this approach allows one to *reduce* the resulting label indeterminacy from a total of $(l^{\pm})^{l^{\pm}}$ possibilities [where we write $l^{\pm} = 1 + l^* =$

$(l+1)/2]$ to a total of $l^{\pm}!$ possibilities. It turns out that this reduction will yield just the right estimates in the log-volume computations to be performed in [IUTchIV]. Moreover, this approach satisfies the important property of *insulating the* **"core label 0"** *from the various label indeterminacies* that occur.

Each element of each of the containers $\mathbb{S}^{\pm}_{j+1}$ may be thought of as parametrizing an *$\mathcal{F}$- or $\mathcal{D}$-prime-strip* that occurs in the *Hodge-Arakelov-theoretic evaluation* of [IUTchII]. In order to render the construction multiradial, it is necessary to replace such *holomorphic* $\mathcal{F}$-/$\mathcal{D}$-prime-strips by *mono-analytic* $\mathcal{F}^{\vdash}$-/$\mathcal{D}^{\vdash}$-prime-strips. In particular, as discussed above, one may construct, for each such $\mathcal{F}^{\vdash}$-/$\mathcal{D}^{\vdash}$-prime-strip, a collection of **log-shells** associated to the various $\underline{v} \in \underline{\mathbb{V}}$. Write $\mathbb{V}_{\mathbb{Q}}$ for the set of valuations of $\mathbb{Q}$. Then, in order to obtain objects that are *immune* to the various label indeterminacies discussed above, we consider, for each element $* \in \mathbb{S}^{\pm}_{j+1}$, and for each [say, for simplicity, *nonarchimedean*] $v_{\mathbb{Q}} \in \mathbb{V}_{\mathbb{Q}}$,

· the *direct sum of the* **log-shells** associated to the prime-strip labeled by the given element $* \in \mathbb{S}^{\pm}_{j+1}$ at the $\underline{v} \in \underline{\mathbb{V}}$ that lie over $v_{\mathbb{Q}}$;

we then form

· the **tensor product**, over the elements $* \in \mathbb{S}^{\pm}_{j+1}$, of these *direct sums*.

This collection of tensor products associated to $v_{\mathbb{Q}} \in \mathbb{V}_{\mathbb{Q}}$ will be referred to as the **tensor packet** associated to the collection of prime-strips indexed by elements of $\mathbb{S}^{\pm}_{j+1}$. One may carry out this construction of the tensor packet either for *holomorphic* $\mathcal{F}$-/$\mathcal{D}$-prime-strips [cf. Proposition 3.1] or for *mono-analytic* $\mathcal{F}^{\vdash}$-/$\mathcal{D}^{\vdash}$-prime-strips [cf. Proposition 3.2].

The tensor packets associated to $\mathcal{D}^{\vdash}$-prime-strips will play a crucial role in the theory of §3, as **"multiradial mono-analytic containers"** for the principal objects of interest [cf. the discussion of Remark 3.12.2, (ii)], namely,

· the action of the **splitting monoids** of the **LGP-monoids** — i.e., the monoids generated by the **theta values** $\{\underline{\underline{q}}_{\underline{v}}^{j^2}\}_{j=1,\ldots,l^*}$ — on the portion of the *tensor packets* just defined at $\underline{v} \in \underline{\mathbb{V}}^{\mathrm{bad}}$ [cf. Fig. I.4 below; Propositions 3.4, 3.5; the discussion of [IUTchII], Introduction];

· the action of copies "$(F^{\times}_{\mathrm{mod}})_j$" of [the multiplicative monoid of nonzero elements of] the **number field** $F_{\mathrm{mod}}$ labeled by $j = 1, \ldots, l^*$ on the product, over $v_{\mathbb{Q}} \in \mathbb{V}_{\mathbb{Q}}$, of the portion of the *tensor packets* just defined at $v_{\mathbb{Q}}$ [cf. Fig. I.5 below; Propositions 3.3, 3.7, 3.10].

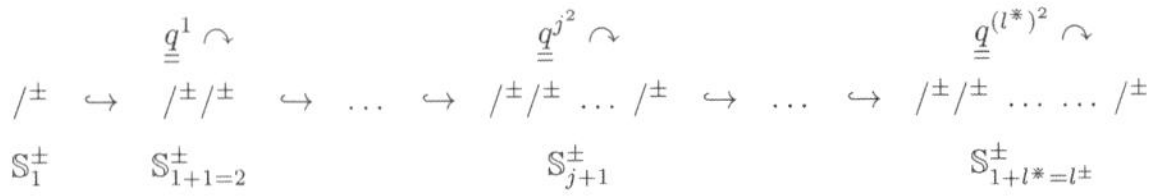

$$
\begin{array}{ccccccccccccc}
 & & \underline{\underline{q}}^{1} \curvearrowright & & & & \underline{\underline{q}}^{j^2} \curvearrowright & & & & \underline{\underline{q}}^{(l^*)^2} \curvearrowright \\
/^{\pm} & \hookrightarrow & /^{\pm}/^{\pm} & \hookrightarrow & \ldots & \hookrightarrow & /^{\pm}/^{\pm}\ \ldots\ /^{\pm} & \hookrightarrow & \ldots & \hookrightarrow & /^{\pm}/^{\pm}\ \ldots\ \ldots\ /^{\pm} \\
\mathbb{S}^{\pm}_{1} & & \mathbb{S}^{\pm}_{1+1=2} & & & & \mathbb{S}^{\pm}_{j+1} & & & & \mathbb{S}^{\pm}_{1+l^*=l^{\pm}}
\end{array}
$$

Fig. I.4: Splitting monoids of LGP-monoids acting on tensor packets

$$
\begin{array}{ccccccccccc}
 & & (F^{\times}_{\mathrm{mod}})_1 \curvearrowright & & & & (F^{\times}_{\mathrm{mod}})_j \curvearrowright & & & & (F^{\times}_{\mathrm{mod}})_{l^*} \curvearrowright \\
/^{\pm} & \hookrightarrow & /^{\pm}/^{\pm} & \hookrightarrow & \dots & \hookrightarrow & /^{\pm}/^{\pm} \dots /^{\pm} & \hookrightarrow & \dots & \hookrightarrow & /^{\pm}/^{\pm} \dots \dots /^{\pm} \\
\mathbb{S}^{\pm}_1 & & \mathbb{S}^{\pm}_{1+1=2} & & & & \mathbb{S}^{\pm}_{j+1} & & & & \mathbb{S}^{\pm}_{1+l^*=l^{\pm}}
\end{array}
$$

Fig. I.5: Copies of $F^{\times}_{\mathrm{mod}}$ acting on tensor packets

Indeed, these [splitting monoids of] **LGP-monoids** and copies "$(F^{\times}_{\mathrm{mod}})_j$" of [the multiplicative monoid of nonzero elements of] the **number field** $F_{\mathrm{mod}}$ admit *natural embeddings into/actions on* the various *tensor packets* associated to *labeled $\mathcal{F}$-prime-strips* in each $\Theta^{\pm\mathrm{ell}}$NF-Hodge theater ${}^{n,m}\mathcal{HT}^{\Theta^{\pm\mathrm{ell}}\mathrm{NF}}$ of the log-theta-lattice. One then obtains **vertically coric** versions of these splitting monoids of LGP-monoids and labeled copies "$(F^{\times}_{\mathrm{mod}})_j$" of [the multiplicative monoid of nonzero elements of] the number field $F_{\mathrm{mod}}$ by applying suitable **Kummer isomorphisms** between

- *log-shells/tensor packets associated to [labeled] $\mathcal{F}$-prime-strips* and
- *log-shells/tensor packets associated to [labeled] $\mathcal{D}$-prime-strips.*

Finally, by passing to the

- *log-shells/tensor packets associated to [labeled] $\mathcal{D}^{\vdash}$-prime-strips*

— i.e., by *forgetting the* **arithmetic holomorphic structure** associated to a *specific vertical line* of the log-theta-lattice — one obtains the desired **multiradial representation**, i.e., description in terms that make sense from the point of view of an **alien** *arithmetic holomorphic structure*, of the **splitting monoids of LGP-monoids** and *labeled copies of the* **number field** $F_{\mathrm{mod}}$ discussed above. This passage to the multiradial representation is obtained by admitting the following *three types of* **indeterminacy**:

(Ind1): This is the indeterminacy that arises from the *automorphisms of* **processions of $\mathcal{D}^{\vdash}$-prime-strips** that appear in the multiradial representation — i.e., more concretely, from *permutation automorphisms* of the label sets $\mathbb{S}^{\pm}_{j+1}$ that appear in the processions discussed above, as well as from the *automorphisms of the $\mathcal{D}^{\vdash}$-prime-strips* that appear in these processions.

(Ind2): This is the ["non-(Ind1) portion" of the] indeterminacy that arises from the *automorphisms of the $\mathcal{F}^{\vdash\times\boldsymbol{\mu}}$-prime-strips* that appear in the $\Theta$-/$\Theta^{\times\boldsymbol{\mu}}$-/$\Theta^{\times\boldsymbol{\mu}}_{\mathrm{gau}}$-/$\Theta^{\times\boldsymbol{\mu}}_{\mathrm{LGP}}$-/$\Theta^{\times\boldsymbol{\mu}}_{\mathfrak{lgp}}$-link — i.e., in particular, at [for simplicity] $\underline{v} \in \underline{\mathbb{V}}^{\mathrm{non}}$, the $\widehat{\mathbb{Z}}^{\times}$**-indeterminacies** acting on local copies of "$\mathcal{O}^{\times\boldsymbol{\mu}}$" [cf. the above discussion].

(Ind3): This is the indeterminacy that arises from the **upper semi-compatibility** *of the* $\mathfrak{log}$*-Kummer correspondences* associated to the specific vertical line of the log-theta-lattice under consideration [cf. the above discussion].

A detailed description of this multiradial representation, together with the indeterminacies (Ind1), (Ind2) is given in Theorem 3.11, (i) [and summarized in Theorem A, (i), below; cf. also Fig. I.6 below].

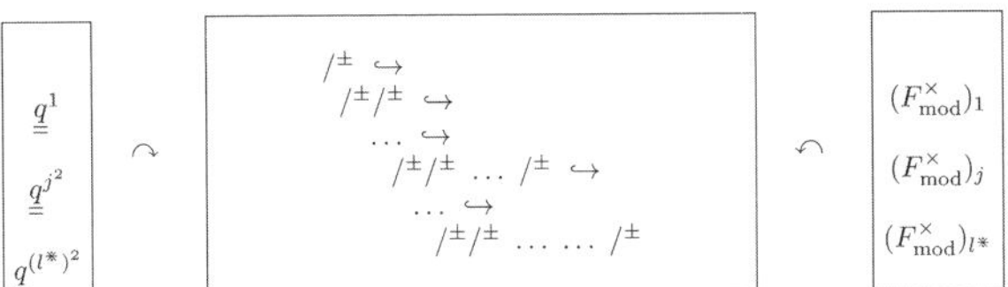


Fig. I.6: The full multiradial representation

One important property of the multiradial representation discussed above concerns the relationship between the three main components — i.e., roughly speaking, *log-shells, splitting monoids of LGP-monoids*, and *number fields* — of this multiradial representation and the **log-Kummer correspondence** of the specific *vertical line* of the log-theta-lattice under consideration. This property — which may be thought of as a sort of **"non-interference"**, or **"mutual compatibility"**, property — asserts that the multiplicative monoids constituted by the splitting monoids of LGP-monoids and copies of $F^{\times}_{\mathrm{mod}}$ *"do not interfere"*, relative to the various arrows that occur in the log-*Kummer correspondence*, with the *local units* at $\underline{v} \in \underline{\mathbb{V}}$ that give rise to the *log-shells*. In the case of splitting monoids of LGP-monoids, this *non-interference/mutual compatibility* property is, in essence, a formal consequence of the existence of the **canonical splittings** [up to roots of unity] of the *theta/Gaussian monoids* that appear into *unit group* and *value group* portions [cf. the discussion of [IUTchII], Introduction]. Here, we recall that, in the case of the theta monoids, these canonical splittings are, in essence, a formal consequence of the **constant multiple rigidity** property of mono-theta environments reviewed above. In the case of copies of $F_{\mathrm{mod}}$, this *non-interference/mutual compatibility* property is, in essence, a formal consequence of the well-known fact in elementary algebraic number theory that any nonzero element of a number field that is **integral** at every valuation of the number field is necessarily a **root of unity**. These mutual compatibility properties are described in detail in Theorem 3.11, (ii), and summarized in Theorem A, (ii), below.

Another important property of the multiradial representation discussed above concerns the relationship between the three main components — i.e., roughly speaking, *log-shells, splitting monoids of LGP-monoids*, and *number fields* — of this multiradial representation and the $\Theta^{\times\mu}_{\mathrm{LGP}}$**-links**, i.e., the *horizontal arrows* of the log-theta-lattice under consideration. This property — which may be thought of as a property of **compatibility** with the $\Theta^{\times\mu}_{\mathrm{LGP}}$-link — asserts that the *cyclotomic rigidity isomorphisms* that appear in the Kummer theory surrounding the splitting monoids of LGP-monoids and copies of $F^{\times}_{\mathrm{mod}}$ are *immune* to the $\widehat{\mathbb{Z}}^{\times}$*-indeterminacies* that act on the copies of "$\mathcal{O}^{\times\mu}$" that arise in the $\mathcal{F}^{\vdash\times\mu}$*-prime-strips* that appear in the $\Theta^{\times\mu}_{\mathrm{LGP}}$-link. In the case of splitting monoids of LGP-monoids, this property amounts precisely to the *multiradiality* theory developed in §2 [cf. the above discussion], i.e., in essence, to the **mono-theta-theoretic cyclotomic rigidity** property reviewed in the above discussion. In the case of copies of $F^{\times}_{\text{mod}}$, this property follows from the theory surrounding the construction of the cyclotomic rigidity isomorphisms discussed in [IUTchI], Example 5.1, (v). These compatibility properties are described in detail in Theorem 3.11, (iii), and summarized in Theorem A, (iii), below.

At this point, we pause to observe that although considerable attention has been devoted so far in the present series of papers, especially in [IUTchII], to the theory of *Gaussian monoids*, not so much attention has been devoted [i.e., outside of [IUTchI], §5; [IUTchII], Corollaries 4.7, 4.8] to [the multiplicative monoids constituted by] copies of $F^{\times}_{\text{mod}}$. These copies of $F^{\times}_{\text{mod}}$ enter into the theory of the *multiradial representation* discussed above in the form of various types of *global Frobenioids* in the following way. If one starts from the *number field* $F_{\text{mod}}$, one natural Frobenioid that can be associated to $F_{\text{mod}}$ is the Frobenioid $\mathcal{F}^{\circledast}_{\text{mod}}$ of [stack-theoretic] *arithmetic line bundles* on [the spectrum of the ring of integers of] $F_{\text{mod}}$ discussed in [IUTchI], Example 5.1, (iii) [cf. also Example 3.6 of the present paper]. From the point of view of the theory surrounding the *multiradial representation* discussed above, there are *two natural ways* to approach the construction of "$\mathcal{F}^{\circledast}_{\text{mod}}$":

($\circledast_{\text{MOD}}$) **(Rational Function Torsor Version)**: This approach consists of considering the category $\mathcal{F}^{\circledast}_{\text{MOD}}$ of $F^{\times}_{\text{mod}}$*-torsors* equipped with *trivializations* at each $\underline{v} \in \underline{\mathbb{V}}$ [cf. Example 3.6, (i), for more details].

($\circledast_{\mathfrak{mod}}$) **(Local Fractional Ideal Version)**: This approach consists of considering the category $\mathcal{F}^{\circledast}_{\mathfrak{mod}}$ of collections of *integral structures* on the various completions $K_{\underline{v}}$ at $\underline{v} \in \underline{\mathbb{V}}$ and morphisms between such collections of integral structures that arise from multiplication by elements of $F^{\times}_{\text{mod}}$ [cf. Example 3.6, (ii), for more details].

Then one has *natural isomorphisms of Frobenioids*

$$\mathcal{F}^{\circledast}_{\text{mod}} \stackrel{\sim}{\to} \mathcal{F}^{\circledast}_{\text{MOD}} \stackrel{\sim}{\to} \mathcal{F}^{\circledast}_{\mathfrak{mod}}$$

that induce the respective *identity morphisms* $F^{\times}_{\text{mod}} \to F^{\times}_{\text{mod}} \to F^{\times}_{\text{mod}}$ on the associated *rational function monoids* [cf. [FrdI], Corollary 4.10]. In particular, at first glance, $\mathcal{F}^{\circledast}_{\text{MOD}}$ and $\mathcal{F}^{\circledast}_{\mathfrak{mod}}$ appear to be "essentially equivalent" objects.

On the other hand, when regarded from the point of view of the *multiradial representations* discussed above, these two constructions exhibit a number of significant differences — cf. Fig. I.7 below; the discussion of Remarks 3.6.2, 3.10.1. For instance, whereas the construction of ($\circledast_{\text{MOD}}$) depends only on the **multiplicative** structure of $F^{\times}_{\text{mod}}$, the construction of ($\circledast_{\mathfrak{mod}}$) involves the *module*, i.e., the **additive**, structure of the localizations $K_{\underline{v}}$. The global portion of the $\Theta^{\times\boldsymbol{\mu}}_{\text{LGP}}$*-link* (respectively, the $\Theta^{\times\boldsymbol{\mu}}_{\mathfrak{lgp}}$*-link*) is, by definition [cf. Definition 3.8, (ii)], constructed by means of the *realification* of the Frobenioid that appears in the construction of ($\circledast_{\text{MOD}}$) (respectively, ($\circledast_{\mathfrak{mod}}$)). This means that the construction of the global portion of the $\Theta^{\times\boldsymbol{\mu}}_{\text{LGP}}$-link — which is the version of the Θ-link that is in fact ultimately used in the theory of the multiradial representation — depends only on the *multiplicative* monoid structure of a copy of $F^{\times}_{\text{mod}}$, together with the various valuation

homomorphisms $F^{\times}_{\mathrm{mod}} \to \mathbb{R}$ associated to $\underline{v} \in \underline{\mathbb{V}}$. Thus, the *mutual compatibility* [discussed above] of copies of $F^{\times}_{\mathrm{mod}}$ with the *$\mathfrak{log}$-Kummer correspondence* implies that one may perform this construction of the global portion of the $\Theta^{\times\boldsymbol{\mu}}_{\mathrm{LGP}}$-link in a fashion that is *immune* to the *"upper semi-compatibility" indeterminacy* (Ind3) [discussed above]. By contrast, the construction of $(\circledast_{\mathfrak{mod}})$ involves integral structures on the underlying local *additive* modules "$K_{\underline{v}}$", i.e., from the point of view of the multiradial representation, integral structures on *log-shells* and *tensor packets* of log-shells, which *are* subject to the "upper semi-compatibility" indeterminacy (Ind3) [discussed above]. In particular, the $\mathfrak{log}$-Kummer correspondence subjects the construction of $(\circledast_{\mathfrak{mod}})$ to *"substantial distortion"*. On the other hand, the essential role played by local integral structures in the construction of $(\circledast_{\mathfrak{mod}})$ enables one to compute the *global arithmetic degree* of the arithmetic line bundles constituted by objects of the category "$\mathcal{F}^{\circledast}_{\mathfrak{mod}}$" in terms of **log-volumes** on **log-shells** and **tensor packets** of log-shells [cf. Proposition 3.9, (iii)]. This property of the construction of $(\circledast_{\mathfrak{mod}})$ will play a *crucial role* in deriving the **explicit estimates** for such log-volumes that are obtained in Corollary 3.12 [cf. Theorem B below].

| $\mathcal{F}^{\circledast}_{\mathrm{MOD}}$ | $\mathcal{F}^{\circledast}_{\mathfrak{mod}}$ |
|---|---|
| biased toward<br>**multiplicative** structures | biased toward<br>**additive** structures |
| easily related to<br>**value group/non-coric** portion<br>"$(-)^{\Vdash\blacktriangleright}$" of $\Theta^{\times\boldsymbol{\mu}}_{\mathrm{LGP}}$-link | easily related to **unit group/coric**<br>portion "$(-)^{\vdash\times\boldsymbol{\mu}}$" of $\Theta^{\times\boldsymbol{\mu}}_{\mathrm{LGP}}$-/$\Theta^{\times\boldsymbol{\mu}}_{\mathfrak{lgp}}$-link,<br>i.e., **mono-analytic log-shells** |
| admits<br>**precise $\mathfrak{log}$-Kummer<br>correspondence** | only admits<br>**"upper semi-compatible"<br>$\mathfrak{log}$-Kummer correspondence** |
| **rigid**, but not suited<br>to explicit computation | subject to **substantial distortion**,<br>but suited to **explicit estimates** |

Fig. I.7: $\mathcal{F}^{\circledast}_{\mathrm{MOD}}$ versus $\mathcal{F}^{\circledast}_{\mathfrak{mod}}$

Thus, in summary, the natural isomorphism $\mathcal{F}^{\circledast}_{\mathrm{MOD}} \xrightarrow{\sim} \mathcal{F}^{\circledast}_{\mathfrak{mod}}$ discussed above plays the important role, in the context of the *multiradial representation* discussed above, of *relating*

- the **multiplicative** structure of the global number field $F_{\mathrm{mod}}$ to the **additive** structure of $F_{\mathrm{mod}}$,

· the **unit group/coric** portion "$(-)^{\vdash\times\mu}$" of the $\Theta^{\times\mu}_{\text{LGP}}$-link to the **value group/non-coric** portion "$(-)^{\Vdash\blacktriangleright}$" of the $\Theta^{\times\mu}_{\text{LGP}}$-link.

Finally, in Corollary 3.12 [cf. also Theorem B below], we apply the *multiradial representation* discussed above to estimate certain *log-volumes* as follows. We begin by introducing some terminology [cf. Definition 3.8, (i)]. We shall refer to the object that arises in any of the versions [including *realifications*] of the global Frobenioid "$\mathcal{F}^{\circledast}_{\text{mod}}$" discussed above — such as, for instance, the global realified Frobenioid that occurs in the *codomain* of the $\Theta^{\times\mu}_{\text{gau}}$-/$\Theta^{\times\mu}_{\text{LGP}}$-/$\Theta^{\times\mu}_{\text{lgp}}$-link — by considering the arithmetic divisor determined by the zero locus of the elements "$\underline{\underline{q}}_{\underline{v}}$" at $\underline{v} \in \underline{\mathbb{V}}^{\text{bad}}$ as a *q-pilot object*. The **log-volume** of the ***q*-pilot object** will be denoted by

$$-\ |\log(\underline{\underline{q}})| \ \in \ \mathbb{R}$$

— so $|\log(\underline{\underline{q}})| > 0$ [cf. Corollary 3.12; Theorem B]. In a similar vein, we shall refer to the object that arises in the global realified Frobenioid that occurs in the *domain* of the $\Theta^{\times\mu}_{\text{gau}}$-/$\Theta^{\times\mu}_{\text{LGP}}$-/$\Theta^{\times\mu}_{\text{lgp}}$-link by considering the arithmetic divisor determined by the zero locus of the collection of *theta values* "$\{\underline{\underline{q}}_{\underline{v}}^{j^2}\}_{j=1,\ldots,l^*}$" at $\underline{v} \in \underline{\mathbb{V}}^{\text{bad}}$ as a *Θ-pilot object*. The **log-volume** of the **holomorphic hull** — cf. Remark 3.9.5, (i); Step (xi) of the proof of Corollary 3.12 — of the **union** of the collection of **possible images** of the **Θ-pilot object** in the **multiradial representation** — i.e., where we recall that these "possible images" are subject to the **indeterminacies** (Ind1), (Ind2), (Ind3) — will be denoted by

$$-\ |\log(\underline{\underline{\Theta}})| \ \in \ \mathbb{R} \bigcup \{+\infty\}$$

[cf. Corollary 3.12; Theorem B]. Here, the reader might find the use of the notation "$-$" and "$|\ldots|$" confusing [i.e., since this notation suggests that $-\ |\log(\underline{\underline{\Theta}})|$ is a *non-positive real number*, which would appear to imply that the possibility that $-\ |\log(\underline{\underline{\Theta}})| = +\infty$ may be excluded from the outset]. The reason for the use of this notation, however, is to express the point of view that $-\ |\log(\underline{\underline{\Theta}})|$ should be regarded as a *positive real multiple* of $-\ |\log(\underline{\underline{q}})|$ [i.e., which is indeed a *negative real number*!] plus a *possible error term*, which [*a priori*!] might be equal to $+\infty$. Then the content of Corollary 3.12, Theorem B may be summarized, roughly speaking [cf. Remark 3.12.1, (ii)], as a result concerning the

**negativity** *of the* **Θ-pilot log-volume** $|\log(\underline{\underline{\Theta}})|$

— i.e., where we write $|\log(\underline{\underline{\Theta}})| \overset{\text{def}}{=} -(-\ |\log(\underline{\underline{\Theta}})|) \ \in \ \mathbb{R} \bigcup \{-\infty\}$. Relative to the analogy between the theory of the present series of papers and *complex/p-adic Teichmüller theory* [cf. [IUTchI], §I4], this result may be thought of as a statement to the effect that

> *"the pair consisting of a number field equipped with an elliptic curve is* **metrically hyperbolic,** *i.e., has* **negative curvature***".*

That is to say, it may be thought of as a sort of analogue of the inequality

$$\chi_S \ = \ -\int_S d\mu_S \ < \ 0$$

arising from the classical **Gauss-Bonnet formula** on a hyperbolic Riemann surface of finite type $S$ [where we write $\chi_S$ for the *Euler characteristic* of $S$ and $d\mu_S$ for the Kähler metric on $S$ determined by the *Poincaré metric* on the upper half-plane — cf. the discussion of Remark 3.12.3], or, alternatively, of the inequality

$$(1-p)(2g_X - 2) \ \leq \ 0$$

that arises by computing *global degrees of line bundles* in the context of the **Hasse invariant** that arises in $p$-adic Teichmüller theory [where $X$ is a *smooth, proper hyperbolic curve* of genus $g_X$ over the ring of Witt vectors of a perfect field of characteristic $p$ which is *canonical* in the sense of $p$-adic Teichmüller theory — cf. the discussion of Remark 3.12.4, (v)].

The proof of Corollary 3.12 [i.e., Theorem B] is based on the following *fundamental observation*: the **multiradial representation** discussed above yields

**two tautologically equivalent** *ways to compute*
*the* **$q$-pilot log-volume** $-\ |\log(\underline{\underline{q}})|$

— cf. Fig. I.8 below; Step (xi) of the proof of Corollary 3.12. That is to say, suppose that one starts with the **$q$-pilot object** in the $\Theta^{\pm\mathrm{ell}}$NF-Hodge theater ${}^{1,0}\mathcal{HT}^{\Theta^{\pm\mathrm{ell}}\mathrm{NF}}$ at $(1,0)$, which we think of as being represented, via the approach of $(\circledast_{\mathfrak{mod}})$, by means of the action of the various $\underline{\underline{q}}_{\underline{v}}$, for $\underline{v} \in \underline{\mathbb{V}}^{\mathrm{bad}}$, on the **log-shells** that arise, via the **$\mathfrak{log}$-link** ${}^{1,-1}\mathcal{HT}^{\Theta^{\pm\mathrm{ell}}\mathrm{NF}} \xrightarrow{\mathfrak{log}} {}^{1,0}\mathcal{HT}^{\Theta^{\pm\mathrm{ell}}\mathrm{NF}}$, from the various local "$\mathcal{O}^{\times\boldsymbol{\mu}}$'s" in the $\Theta^{\pm\mathrm{ell}}$NF-Hodge theater ${}^{1,-1}\mathcal{HT}^{\Theta^{\pm\mathrm{ell}}\mathrm{NF}}$ at $(1,-1)$. Thus, if one considers the *value group* "$(-)^{\Vdash\blacktriangleright}$" and *unit group* "$(-)^{\vdash\times\boldsymbol{\mu}}$" portions of the *codomain* of the $\Theta^{\times\boldsymbol{\mu}}_{\mathrm{LGP}}$-link ${}^{0,0}\mathcal{HT}^{\Theta^{\pm\mathrm{ell}}\mathrm{NF}} \xrightarrow{\Theta^{\times\boldsymbol{\mu}}_{\mathrm{LGP}}} {}^{1,0}\mathcal{HT}^{\Theta^{\pm\mathrm{ell}}\mathrm{NF}}$ in the context of the *arithmetic holomorphic structure* of the vertical line $(1,\circ)$, this action on log-shells may be thought of as a somewhat **intricate "intertwining"** between these value group and unit group portions [cf. Remark 3.12.2, (ii)]. On the other hand, the $\Theta^{\times\boldsymbol{\mu}}_{\mathrm{LGP}}$-link ${}^{0,0}\mathcal{HT}^{\Theta^{\pm\mathrm{ell}}\mathrm{NF}} \xrightarrow{\Theta^{\times\boldsymbol{\mu}}_{\mathrm{LGP}}} {}^{1,0}\mathcal{HT}^{\Theta^{\pm\mathrm{ell}}\mathrm{NF}}$ constitutes a sort of **gluing isomorphism** between the *arithmetic holomorphic structures* associated to the vertical lines $(0,\circ)$ and $(1,\circ)$ that is based on

> **forgetting this intricate intertwining**, i.e., by working solely with *abstract isomorphisms of $\mathcal{F}^{\Vdash\blacktriangleright\times\boldsymbol{\mu}}$-prime-strips.*

Thus, in order to relate the arithmetic holomorphic structures, say, at $(0,0)$ and $(1,0)$, one must apply the *multiradial representation* discussed above. That is to say, one starts by applying the theory of **bi-coric mono-analytic log-shells** given in Theorem 1.5. One then applies the **Kummer theory** surrounding the **splitting monoids of theta/Gaussian monoids** and copies of the **number field** $F_{\mathrm{mod}}$, which allows one to pass from the **Frobenius-like** versions of various objects that appear in — i.e., that are necessary in order to consider — the $\Theta^{\times\boldsymbol{\mu}}_{\mathrm{LGP}}$*-link* to the corresponding **étale-like** versions of these objects that appear in the *multiradial representation*. This passage from Frobenius-like versions to étale-like versions is referred to as the operation of **Kummer-detachment** [cf. Fig. I.8; Remark 1.5.4, (i)]. As discussed above, this operation of Kummer-detachment is possible precisely as a consequence of the **compatibility** of the multiradial representation with the *indeterminacies* (Ind1), (Ind2), (Ind3), hence, in particular, with the $\Theta^{\times\mu}_{\mathrm{LGP}}$**-link**. Here, we recall that since the log-theta-lattice is, as discussed above, *far from commutative*, in order to represent the various "*log-link-conjugates*" at $(0, m)$ [for $m \in \mathbb{Z}$] in terms that may be understood from the point of view of the arithmetic holomorphic structure at $(1, 0)$, one must work [not only with the Kummer isomorphisms at a *single* $(0, m)$, but rather] with the **entire log-Kummer correspondence**. In particular, one must take into account the *indeterminacy* (Ind3). Once one completes the operation of Kummer-detachment so as to obtain *vertically coric* versions of objects on the vertical line $(0, \circ)$, one then passes to *multiradial objects*, i.e., to the "final form" of the *multiradial representation*, by taking into account [once again] the *indeterminacy* (Ind1), i.e., that arises from working with *[mono-analytic!]* $\mathcal{D}^{\vdash}$- [as opposed to $\mathcal{D}$-!] *prime-strips*. Finally, one computes the **log-volume** of the holomorphic hull of this "final form" multiradial representation of the Θ-pilot object — i.e., subject to the *indeterminacies* (Ind1), (Ind2), (Ind3)! — and concludes the desired estimates from the *tautological observation* that

> *the* **log-theta-lattice** *— and, in particular, the* **"gluing isomorphism"** *constituted by the* $\Theta^{\times\mu}_{\mathrm{LGP}}$**-link** *— were* **constructed** *precisely in such a way as to ensure that the computation of the log-volume of the holomorphic hull of the union of the collection of possible images of the Θ-pilot object [cf. the definition of* $|\log(\underline{\Theta})|$*] necessarily* **amounts to a computation of** *[an upper bound for]* $|\log(\underline{\underline{q}})|$

| **multiradial representation** at 0-column $(0, \circ)$ | **permutation symmetry** of ≈ **étale-picture** | **multiradial representation** at 1-column $(1, \circ)$ |
|---|---|---|
| **Kummer-detachment** via **log-Kummer** ⇑ **compatibly** with $\Theta^{\times\mu}_{\mathrm{LGP}}$-**link** | | **comparison** via ⇓ **hol. hull, log-vol.** |
| **Θ-pilot object** in $\Theta^{\pm\mathrm{ell}}$NF-Hodge theater at $(0, 0)$ | $(-)^{\Vdash\blacktriangleright}$-portion, $(-)^{\vdash\times\mu}$-portion ≈ of $\Theta^{\times\mu}_{\mathrm{LGP}}$-**link** | ***q*-pilot object** in $\Theta^{\pm\mathrm{ell}}$NF-Hodge theater at $(1, 0)$ |

Fig. I.8: Two tautologically equivalent ways to compute the log-volume of the $q$-pilot object at $(1, 0)$

— cf. Fig. I.8; Step (xi) of the proof of Corollary 3.12. That is to say, the "gluing isomorphism" constituted by the $\Theta^{\times\boldsymbol{\mu}}_{\mathrm{LGP}}$-link relates two distinct *"arithmetic holomorphic structures"*, i.e., two distinct *copies* of conventional ring/scheme theory, that are glued together precisely by means of a relation that identifies the $\Theta$*-pilot object* in the *domain* of the $\Theta^{\times\boldsymbol{\mu}}_{\mathrm{LGP}}$-link with the *q-pilot object* in the *codomain* of the $\Theta^{\times\boldsymbol{\mu}}_{\mathrm{LGP}}$-link. Thus, once one sets up such an *apparatus*, the computation of the log-volume of the holomorphic hull of the union of possible images of the $\Theta$-pilot object in the domain of the $\Theta^{\times\boldsymbol{\mu}}_{\mathrm{LGP}}$-link in terms of the $q$-pilot object in the codomain of the $\Theta^{\times\boldsymbol{\mu}}_{\mathrm{LGP}}$-link amounts — *tautologically*! — to the computation of the log-volume of the $q$-pilot object [in the codomain of the $\Theta^{\times\boldsymbol{\mu}}_{\mathrm{LGP}}$-link] in terms of *itself*, i.e., to a computation that reflects certain *intrinsic properties* of this $q$-pilot object. This is the content of Corollary 3.12 [i.e., Theorem B]. As discussed above, this sort of *"computation of intrinsic properties"* in the present context of a number field equipped with an elliptic curve may be regarded as analogous to the "computations of intrinsic properties" reviewed above in the classical complex and $p$-adic cases.

We conclude the present Introduction with the following summaries of the *main results* of the present paper.

**Theorem A.** **(Multiradial Algorithms for Logarithmic Gaussian Procession Monoids)** *Fix a collection of* **initial** $\Theta$**-data** $(\overline{F}/F,\ X_F,\ l,\ \underline{C}_K,\ \underline{\mathbb{V}},\ \mathbb{V}^{\mathrm{bad}}_{\mathrm{mod}},\ \underline{\epsilon})$ *as in [IUTchI], Definition 3.1. Let*

$$\{{}^{n,m}\mathcal{HT}^{\Theta^{\pm\mathrm{ell}}\mathrm{NF}}\}_{n,m\in\mathbb{Z}}$$

*be a* **collection of distinct** $\Theta^{\pm\mathrm{ell}}$**NF-Hodge theaters** *[relative to the given initial* $\Theta$*-data] — which we think of as arising from a* LGP-**Gaussian log-theta-lattice** *[cf. Definition 3.8, (iii)]. For each* $n\in\mathbb{Z}$*, write*

$${}^{n,\circ}\mathcal{HT}^{\mathcal{D}\text{-}\Theta^{\pm\mathrm{ell}}\mathrm{NF}}$$

*for the* $\mathcal{D}$-$\Theta^{\pm\mathrm{ell}}$*NF-Hodge theater determined, up to isomorphism, by the various* ${}^{n,m}\mathcal{HT}^{\Theta^{\pm\mathrm{ell}}\mathrm{NF}}$*, where* $m\in\mathbb{Z}$*, via the* **vertical coricity** *of Theorem 1.5, (i) [cf. Remark 3.8.2].*

*(i)* **(Multiradial Representation)** *Write*

$${}^{n,\circ}\mathfrak{R}^{\mathrm{LGP}}$$

*for the* **collection of data** *consisting of*

*(a)* **tensor packets** *of* **log-shells***;*

*(b)* **splitting monoids** *of* **LGP-monoids** *acting on the tensor packets of (a);*

*(c) copies, labeled by* $j\in\mathbb{F}^{*}_{l}$*, of [the multiplicative monoid of nonzero elements of] the* **number field** $F_{\mathrm{mod}}$ *acting on the tensor packets of (a)*

*[cf. Theorem 3.11, (i), (a), (b), (c), for more details] regarded up to* **indeterminacies** *of the following two types:*

(Ind1) *the indeterminacies induced by the* **automorphisms** *of the* **procession of $\mathcal{D}^{\vdash}$-prime-strips** $\mathrm{Prc}({}^{n,\circ}\mathfrak{D}^{\vdash}_{T})$ *that gives rise to the tensor packets of (a);*

(Ind2) *the ["non-(Ind1) portion" of the] indeterminacies that arise from the* **automorphisms of the $\mathcal{F}^{\vdash\times\mu}$-prime-strips** *that appear in the* $\Theta^{\times\mu}_{\mathrm{LGP}}$*-link, i.e., in particular, at [for simplicity]* $\underline{v} \in \underline{\mathbb{V}}^{\mathrm{non}}$, *the* $\widehat{\mathbb{Z}}^{\times}$**-indeterminacies** *acting on local copies of "$\mathcal{O}^{\times\mu}$"*

*— cf. Theorem 3.11, (i), for more details. Then* ${}^{n,\circ}\mathfrak{R}^{\mathrm{LGP}}$ *may be constructed via an* **algorithm** *in the procession of $\mathcal{D}^{\vdash}$-prime-strips* $\mathrm{Prc}({}^{n,\circ}\mathfrak{D}^{\vdash}_{T})$, *which is* **functorial** *with respect to isomorphisms of processions of $\mathcal{D}^{\vdash}$-prime-strips. For* $n, n' \in \mathbb{Z}$, *the* **permutation symmetries** *of the* **étale-picture** *discussed in [IUTchI], Corollary 6.10, (iii); [IUTchII], Corollary 4.11, (ii), (iii) [cf. also Corollary 2.3, (ii); Remarks 2.3.2 and 3.8.2, of the present paper], induce* **compatible poly-isomorphisms**

$$\mathrm{Prc}({}^{n,\circ}\mathfrak{D}^{\vdash}_{T}) \overset{\sim}{\to} \mathrm{Prc}({}^{n',\circ}\mathfrak{D}^{\vdash}_{T}); \quad {}^{n,\circ}\mathfrak{R}^{\mathrm{LGP}} \overset{\sim}{\to} {}^{n',\circ}\mathfrak{R}^{\mathrm{LGP}}$$

*which are, moreover, compatible with the* **bi-coricity** *poly-isomorphisms*

$${}^{n,\circ}\mathcal{D}^{\vdash}_{0} \overset{\sim}{\to} {}^{n',\circ}\mathcal{D}^{\vdash}_{0}$$

*of Theorem 1.5, (iii) [cf. also [IUTchII], Corollaries 4.10, (iv); 4.11, (i)].*

*(ii)* **(log-Kummer Correspondence)** *For $n, m \in \mathbb{Z}$, the inverses of the* **Kummer isomorphisms** *associated to the various* **$\mathcal{F}$-prime-strips** *and* **NF-bridges** *that appear in the* $\Theta^{\pm\mathrm{ell}}$*NF-Hodge theater* ${}^{n,m}\mathcal{HT}^{\Theta^{\pm\mathrm{ell}}\mathrm{NF}}$ *induce "inverse Kummer"* **isomorphisms** *between the* **vertically coric** *data (a), (b), (c) of (i) and the corresponding* **Frobenioid-theoretic** *data arising from each* $\Theta^{\pm\mathrm{ell}}$*NF-Hodge theater* ${}^{n,m}\mathcal{HT}^{\Theta^{\pm\mathrm{ell}}\mathrm{NF}}$ *[cf. Theorem 3.11, (ii), (a), (b), (c), for more details]. Moreover, as one varies $m \in \mathbb{Z}$, the corresponding* **Kummer isomorphisms** *[i.e., inverses of "inverse Kummer" isomorphisms] of* **splitting monoids** *of* **LGP-monoids** *[cf. (i), (b)] and labeled copies of the* **number field** $F_{\mathrm{mod}}$ *[cf. (i), (c)] are* **mutually compatible**, *relative to the* **log-links** *of the n-th column of the* LGP*-Gaussian log-theta-lattice under consideration, in the sense that the only portions of the [Frobenioid-theoretic] domains of these Kummer isomorphisms that are possibly related to one another via the* log*-links consist of* **roots of unity** *in the domains of the* log*-links [multiplication by which corresponds, via the* log*-link, to an* **"addition by zero"** *indeterminacy, i.e., to* **no indeterminacy**!*] — cf. Proposition 3.5, (ii), (c); Proposition 3.10, (ii); Theorem 3.11, (ii), for more details. On the other hand, the Kummer isomorphisms of* **tensor packets** *of* **log-shells** *[cf. (i), (a)] are subject to a certain* **"indeterminacy"** *as follows:*

(Ind3) *as one varies $m \in \mathbb{Z}$, these Kummer isomorphisms of tensor packets of log-shells are* **"upper semi-compatible"**, *relative to the* **log-links** *of the*

*$n$-th column of the* LGP*-Gaussian log-theta-lattice under consideration, in a sense that involves certain* **natural inclusions** "$\subseteq$" *at* $v_{\mathbb{Q}} \in \mathbb{V}_{\mathbb{Q}}^{\mathrm{non}}$ *and certain* **natural surjections** "$\twoheadrightarrow$" *at* $v_{\mathbb{Q}} \in \mathbb{V}_{\mathbb{Q}}^{\mathrm{arc}}$ *— cf. Proposition 3.5, (ii), (a), (b); Theorem 3.11, (ii), for more details.*

*Finally, as one varies $m \in \mathbb{Z}$, these Kummer isomorphisms of tensor packets of log-shells are [precisely!]* **compatible**, *relative to the* **log-links** *of the $n$-th column of the* LGP*-Gaussian log-theta-lattice under consideration, with the respective* **log-volumes** *[cf. Proposition 3.9, (iv)].*

*(iii)* **($\Theta_{\mathrm{LGP}}^{\times\boldsymbol{\mu}}$-Link Compatibility)** *The various Kummer isomorphisms of (ii) satisfy compatibility properties with the various* **horizontal arrows** *— i.e., $\Theta_{\mathrm{LGP}}^{\times\boldsymbol{\mu}}$-links — of the* LGP*-Gaussian log-theta-lattice under consideration as follows: The* **tensor packets** *of* **log-shells** *[cf. (i), (a)] are compatible, relative to the relevant Kummer isomorphisms, with [the unit group portion "$(-)^{\vdash\times\boldsymbol{\mu}}$" of] the $\Theta_{\mathrm{LGP}}^{\times\boldsymbol{\mu}}$-link [cf. the indeterminacy "(Ind2)" of (i)]; we refer to Theorem 3.11, (iii), (a), (b), for more details. The identity automorphism on the objects that appear in the construction of the* **splitting monoids** *of* **LGP-monoids** *via mono-theta environments [cf. (i), (b)] is compatible, relative to the relevant Kummer isomorphisms and isomorphisms of mono-theta environments, with the $\Theta_{\mathrm{LGP}}^{\times\boldsymbol{\mu}}$-link [cf. the indeterminacy "(Ind2)" of (i)]; we refer to Theorem 3.11, (iii), (c), for more details. The identity automorphism on the objects that appear in the construction of the labeled copies of the* **number field** $F_{\mathrm{mod}}$ *[cf. (i), (c)] is compatible, relative to the relevant Kummer isomorphisms and cyclotomic rigidity isomorphisms [cf. the discussion of Remark 2.3.2; the constructions of [IUTchI], Example 5.1, (v)], with the $\Theta_{\mathrm{LGP}}^{\times\boldsymbol{\mu}}$-link [cf. the indeterminacy "(Ind2)" of (i)]; we refer to Theorem 3.11, (iii), (d), for more details.*

**Theorem B.** **(Log-volume Estimates for Multiradially Represented Splitting Monoids of Logarithmic Gaussian Procession Monoids)** *Suppose that we are in the situation of Theorem A. Write*

$$-\ |\log(\underline{\underline{\Theta}})| \ \in \ \mathbb{R} \bigcup \{+\infty\}$$

*for the* **procession-normalized mono-analytic log-volume** *[where the average is taken over $j \in \mathbb{F}_l^*$ — cf. Remark 3.1.1, (ii), (iii), (iv); Proposition 3.9, (i), (ii); Theorem 3.11, (i), (a), for more details] of the* **holomorphic hull** *[cf. Remark 3.9.5, (i)] of the* **union** *of the* **possible images** *of a* **$\Theta$-pilot object** *[cf. Definition 3.8, (i)], relative to the relevant* **Kummer isomorphisms** *[cf. Theorems A, (ii); 3.11, (ii)], in the* **multiradial representation** *of Theorems A, (i); 3.11, (i), which we regard as* **subject** *to the* **indeterminacies** (Ind1), (Ind2), (Ind3) *described in Theorems A, (i), (ii); 3.11, (i), (ii). Write*

$$-\ |\log(\underline{\underline{q}})| \ \in \ \mathbb{R}$$

*for the* **procession-normalized mono-analytic log-volume** *of the image of a* **$q$-pilot object** *[cf. Definition 3.8, (i)], relative to the relevant* **Kummer isomorphisms** *[cf. Theorems A, (ii); 3.11, (ii)], in the* **multiradial representation** *of*

*Theorems A, (i); 3.11, (i), which we do* **not** *regard as subject to the indeterminacies* (Ind1), (Ind2), (Ind3) *described in Theorems A, (i), (ii); 3.11, (i), (ii). Here, we recall the definition of the symbol "$\triangle$" as the result of identifying the* **labels**

$$\text{“}0\text{” and “}\langle \mathbb{F}_l^* \rangle\text{”}$$

*[cf. [IUTchII], Corollary 4.10, (i)]. In particular,* $|\log(\underline{\underline{q}})| > 0$ *is easily computed in terms of the various* **q-parameters** *of the elliptic curve* $E_F$ *[cf. [IUTchI], Definition 3.1, (b)] at* $\underline{v} \in \underline{\mathbb{V}}^{\text{bad}}$ $(\neq \emptyset)$*. Then it holds that* $-|\log(\underline{\underline{\Theta}})| \in \mathbb{R}$*, and*

$$-|\log(\underline{\underline{\Theta}})| \geq -|\log(\underline{\underline{q}})|$$

*— i.e.,* $C_\Theta \geq -1$ *for any real number* $C_\Theta \in \mathbb{R}$ *such that* $-|\log(\underline{\underline{\Theta}})| \leq C_\Theta \cdot |\log(\underline{\underline{q}})|$.

**Acknowledgements:**

The research discussed in the present paper profited enormously from the generous support that the author received from the *Research Institute for Mathematical Sciences*, a Joint Usage/Research Center located in Kyoto University. At a personal level, I would like to thank *Fumiharu Kato, Akio Tamagawa, Go Yamashita, Mohamed Saïdi, Yuichiro Hoshi, Ivan Fesenko, Fucheng Tan, Emmanuel Lepage, Arata Minamide*, and *Wojciech Porowski* for many stimulating discussions concerning the material presented in this paper. Also, I feel deeply indebted to *Go Yamashita, Mohamed Saïdi*, and *Yuichiro Hoshi* for their meticulous reading of and numerous comments concerning the present paper. Finally, I would like to express my deep gratitude to *Ivan Fesenko* for his quite substantial efforts to disseminate — for instance, in the form of a survey that he wrote — the theory discussed in the present series of papers.

**Notations and Conventions:**

We shall continue to use the "Notations and Conventions" of [IUTchI], §0.

# A refinement of the *abc* conjecture

Olivier Robert, Cameron L. Stewart and Gérald Tenenbaum

Abstract

Based on recent work, by the first and third authors, on the distribution of the squarefree kernel of an integer, we present precise refinements of the famous *abc* conjecture. These rest on the sole heuristic assumption that, whenever $a$ and $b$ are coprime, then the kernels of $a$, $b$ and $c = a + b$ are statistically independent.

## 1. *Introduction*

For any non-zero integer $n$ let $k(n)$ denote the greatest squarefree factor of $n$, so that

$$k(n) = \prod_{p|n} p.$$

The quantity $k(n)$ is also called the core, the squarefree kernel and the radical of $n$. The *abc* conjecture, proposed by Oesterlé and Masser [**9**], is the conjecture that for each $\varepsilon > 0$ there exists a positive number $A_0(\varepsilon)$ such that for any pair $(a, b)$ of distinct coprime positive integers

$$c < A_0(\varepsilon)k^{1+\varepsilon}, \tag{1.1}$$

where

$$c = a + b \quad \text{and} \quad k = k(abc). \tag{1.2}$$

The conjecture has a number of profound consequences [**3**, **8**, **10**], in particular, in the study of Diophantine equations.

An explicit upper bound for $c$ in terms of $k$ was first established by Stewart and Tijdeman [**16**] in 1986. Subsequently, Stewart and Yu [**17**] proved that there is an effectively computable positive number $A_1$ such that for all pairs $(a, b)$ of coprime positive integers

$$c < \exp\{A_1 k^{1/3}(\log k)^3\}.$$

Several refinements or modifications to the *abc* conjecture have been put forward [**1**, **2**, **4**–**6**, **11**]. For instance, van Frankenhuijsen, see [**5**, (1.4) and (1.5)], proposed that there exist positive numbers $A_2$ and $A_3$ so that (1.1) may be replaced by

$$c < k\exp(A_2\sqrt{\log k/\log_2 k}) \tag{1.3}$$

and that there exist infinitely many pairs $(a, b)$ of distinct coprime positive integers for which

$$c > k\exp(A_3\sqrt{\log k/\log_2 k}). \tag{1.4}$$

Here and in the sequel, we let $\log_j$ denote for $j \geqslant 2$ the $j$th iterate of the function $x \mapsto \max(1, \log x)$ $(x > 0)$.

---

Received 7 January 2014; revised 1 May 2014; published online 2 September 2014.

2010 *Mathematics Subject Classification* 11D99, 11N25 (primary), 11N56 (secondary).

The research of the second author is supported in part by the Canada Research Chairs Program and by Grant A3528 from the Natural Sciences and Engineering Research Council of Canada.

The purpose of this article is to provide a refinement which is more precise than those proposed previously. It is based on the recent work of Robert and Tenenbaum [**13**] on the function $N(x,y)$, which counts the number of positive integers $n$ up to $x$ whose greatest squarefree divisor is at most $y$. We shall base our conjecture on the heuristic assumption that whenever $a$ and $b$ are coprime positive integers $k(a+b)$ is statistically independent of $k(a)$ and $k(b)$. This is the only assumption that we require.

CONJECTURE A. *There exists a real number $C_1$ such that, if $a$ and $b$ are coprime positive integers, then, with $c$ and $k$ as in* (1.2),

$$c < k\exp\left(4\sqrt{\frac{3\log k}{\log_2 k}}\left(1+\frac{\log_3 k}{2\log_2 k}+\frac{C_1}{\log_2 k}\right)\right). \tag{1.5}$$

*Furthermore, there exists a real number $C_2$ and infinitely many pairs of coprime positive integers $a$ and $b$ for which*

$$c > k\exp\left(4\sqrt{\frac{3\log k}{\log_2 k}}\left(1+\frac{\log_3 k}{2\log_2 k}+\frac{C_2}{\log_2 k}\right)\right). \tag{1.6}$$

We remark that it follows from Conjecture A that for each $\varepsilon > 0$, we can select $A_2 = 4\sqrt{3}+\varepsilon$ in (1.3) for large $k$, and $A_3 = 4\sqrt{3}-\varepsilon$ in (1.4).

There have been several computational studies undertaken in order to test the plausibility of the *abc* conjecture. The most extensive is *Reken mee met ABC* [**7**, **12**] based at the Universiteit Leiden. It is a distributed computing program involving many individuals. Associated with each triple $(a,b,c)$ of coprime positive integers with $a+b=c$ are two quantities, the *quality* $q$ defined by

$$q = (\log c)/\log k$$

and the *merit* $m$ defined by

$$m = (q-1)^2(\log k)\log_2 k.$$

De Smit [**14**] maintains a website to keep track of exceptional triples, measured by the sizes of their quality and merit, which have been found by virtue of the above project. The largest known quality of a triple is ≈1.63 and the five triples known with quality larger than 1.55 have $c$ at most $10^{16}$. It follows from Conjecture A that the limit supremum of $m$ as we range over all pairs $(a,b)$ of distinct coprime positive integers is 48. To date nineteen triples have been found with merit larger than 30, each with $c$ at least $10^{20}$, and eighty-three with merit larger than 25. The triple with largest known merit was found by Ralf Bonse. It is

$$a = 2543^4\cdot 182587\cdot 2802983\cdot 85813163,\quad b = 2^{15}\cdot 3^{77}\cdot 11\cdot 173,\quad c = 5^{56}\cdot 245983,$$

and has merit ≈38.67.

In [**16**], Stewart and Tijdeman proved that for each positive real number $\varepsilon$ there exist infinitely many pairs $(a,b)$ of coprime positive integers for which

$$c > k\exp\{(4-\varepsilon)\sqrt{\log k}/\log_2 k\}. \tag{1.7}$$

Subsequently, van Frankenhuijsen [**5**] improved $4-\varepsilon$ in (1.7) to 6.068.

## 2. *Further refinements of Conjecture A*

Conjecture A is based on our heuristic assumption, recall §1, and a careful analysis of the behaviour of the function $N(x,y)$, which counts the number of positive integers $n$ up to $x$ for

which $k(n)$ is at most $y$. Thus

$$N(x,y) := \sum_{\substack{n\leqslant x\\ k(n)\leqslant y}} 1. \tag{2.1}$$

Set

$$\psi(m) := \prod_{p|m}(p+1) \quad (m\geqslant 1), \quad F(t) := \frac{6}{\pi^2}\sum_{m\geqslant 1}\frac{\min(1, \mathrm{e}^t/m)}{\psi(m)} \quad (t\geqslant 0). \tag{2.2}$$

As stated below (see Proposition 3.1), we have $N(x,y)\sim yF(v)$ with $v := \log(x/y)$ in a wide range for the pair $(x,y)$.

It was announced in Squalli's doctoral dissertation [**15**] and proved in [**13**] that there exists a sequence of polynomials $\{Q_j\}_{j=1}^{\infty}$ with $\deg Q_j\leqslant j$, such that, for any integer $N\geqslant 1$,

$$F(t) = \exp\left\{\sqrt{\frac{8t}{\log t}}\left(1+\sum_{1\leqslant j\leqslant N}\frac{Q_j(\log_2 t)}{(\log t)^j} + O_N\left(\left(\frac{\log_2 t}{\log t}\right)^{N+1}\right)\right)\right\} \quad (t\geqslant 3). \tag{2.3}$$

In particular,

$$Q_1(X) := \tfrac{1}{2}X - \tfrac{1}{2}\log 2 + 1,$$
$$Q_2(X) := \tfrac{3}{8}X^2 + (1-\tfrac{3}{4}\log 2)X + 2 + \tfrac{2}{3}\pi^2 + \tfrac{3}{8}(\log 2)^2 - \log 2.$$

The following version of the conjecture, which is expressed in terms of the function $F$, is slightly more precise than Conjecture A. Indeed, it corresponds to the extra information that, for large $k$, we have

$$\max(C_1, C_2) < \lambda := 1 - \tfrac{1}{2}\log(\tfrac{4}{3}). \tag{2.4}$$

Conjecture B. *There exist positive numbers $B_0$ and $B_1$ such that if $a$ and $b$ are coprime positive integers, then, with $c$ and $k$ as in* (1.2),

$$c < B_0 kF(\tfrac{2}{3}\log k)^{3-B_1/\log_2 k}. \tag{2.5}$$

*Furthermore, there exists a positive number $B_2$ and infinitely many pairs $(a,b)$ of distinct coprime positive integers with*

$$c > kF(\tfrac{2}{3}\log k)^{3-B_2/\log_2 k}. \tag{2.6}$$

To see that the two conjectures are equivalent provided one assumes (2.4), it suffices to appeal to (2.3) taking the form of $Q_1$ into account. Condition (2.4) corresponds to the condition that $B_1$ and $B_2$ are positive.

As will be seen in the final section, Conjecture B is itself a consequence of a further refined conjecture, involving the implicit function $\mathcal{H}(k)$ defined in (4.6) below in terms of solutions of certain transcendental equations. Using techniques developed in [**13**], it may be shown that, for any fixed integer $J$, we have

$$\log\mathcal{H}(k) = -\sqrt{\frac{\log k}{\log_2 k}}\left\{\sum_{1\leqslant j\leqslant J}\frac{R_j(\log_3 k)}{(\log_2 k)^j} + O\left(\left(\frac{\log_3 k}{\log_2 k}\right)^{J+1}\right)\right\} \quad (k\to\infty), \tag{2.7}$$

where $R_j$ is a polynomial of degree at most $j$. In particular, $R_1(X) = 8(\log 2)/\sqrt{3}$ is a positive constant.

CONJECTURE C. *Let $\varepsilon > 0$. There exists a positive number $B_3 = B_3(\varepsilon)$ such that, if $a$ and $b$ are coprime positive integers, then, with $c$ and $k$ as in (1.2), we have*

$$c \leqslant B_3 kF(\tfrac{2}{3}\log k)^3 \mathcal{H}(k)(\log k)^{11/2+\varepsilon}. \tag{2.8}$$

*Furthermore, infinitely many such pairs $(a, b)$ satisfy*

$$c > kF(\tfrac{2}{3}\log k)^3 \mathcal{H}(k)/(\log k)^{3/2+\varepsilon}. \tag{2.9}$$

REMARKS. (i) We did not try to optimize the exponents of the log-factors in (2.8) and (2.9).

(ii) It follows from Conjecture C and the value of $R_1$ given above that, given any $\varepsilon > 0$, we may select $B_1 = \log 4 - \varepsilon$, $B_2 = \log 4 + \varepsilon$ in Conjecture B, and $C_1 = \beta + \varepsilon$, $C_2 = \beta - \varepsilon$, where $\beta := 1 + \log 3 - \frac{13}{6}\log 2$, in Conjecture A.

Furnishing an estimate for $c = a + b$ which is sharp up to a power of $\log k$, this last formulation has a nice probabilistic interpretation which brings some further insight into the problem: the $F$-factor takes care of the statistical distribution of the squarefree kernel, and the $\mathcal{H}$-factor corresponds to the condition that $a$ and $b$ should be coprime. Indeed, integers with a small core have a strong tendency to be divisible by many small primes; hence the probability that two such integers should be coprime is very small. Thus the factor $\mathcal{H}(k)$ above may be seen as playing the same rôle, for pairs $(a, b)$ with maximal $k = k(abc)$, as the well-known probability $6/\pi^2$ for unconstrained random integers.

## 3. *Estimates for $N(x, y)$*

Let

$$f(\sigma) := \sum_{n \geqslant 1} \frac{1}{\psi(n) n^\sigma} = \prod_p \left(1 + \frac{1}{(p+1)(p^\sigma - 1)}\right) \quad (\sigma > 0), \tag{3.1}$$

and put

$$g(\sigma) = \log f(\sigma).$$

For $v \geqslant 6$, we let $\sigma_v$ denote the solution of the transcendental equation

$$-g'(\sigma) = \sum_p \frac{p^\sigma \log p}{(p^\sigma - 1)\{1 + (p+1)(p^\sigma - 1)\}} = v \tag{3.2}$$

and make the convention that $\sigma_v = \frac{1}{2}$ when $0 \leqslant v < 6$. Thus, for $v > 6$, $\sigma = \sigma_v$ renders the quantity $\mathrm{e}^{\sigma v} f(\sigma)$ minimal. The function $\sigma_v$ has been extensively studied in [**13**]. For any given integer $K \geqslant 1$, we have

$$\sigma_v = \sqrt{\frac{2}{v \log v}} \left\{1 + \sum_{1 \leqslant k \leqslant K} \frac{P_k(\log_2 v)}{(\log v)^k} + O_K\left(\frac{(\log_2 v)^{K+1}}{(\log v)^{K+1}}\right)\right\} \quad (v \geqslant 3), \tag{3.3}$$

where $P_k$ is a suitable polynomial of degree at most $k$. In particular,

$$P_1(z) = \tfrac{1}{2}(z - \log 2), \quad P_2(z) = \tfrac{3}{8}z^2 - (\tfrac{3}{4}\log 2 + \tfrac{1}{2})z + \tfrac{1}{2}\log 2 + \tfrac{3}{8}(\log 2)^2 + \tfrac{2}{3}\pi^2. \tag{3.4}$$

Here and in the sequel, we put

$$v = \log(x/y), \quad \mathcal{Y}_x := \mathrm{e}^{(1/4)\sqrt{2\log x}(\log_2 x)^{3/2}}, \quad \mathfrak{E}_t(x, y) := \frac{\sqrt{v\sigma_v}\log y}{y^{\sigma_v/t}} + \frac{1}{x^{1/16}} \quad (t > 0).$$

We recall from [**13**] that $\mathcal{Y}_x$ is an approximation to the threshold of the phase transition of the asymptotic behaviour of $N(x,y)$: given any $\varepsilon > 0$, we have $N(x,y) \sim yF(v)$ for $y > \mathcal{Y}_x^{1+\varepsilon}$ and $N(x,y) = o(yF(v))$ whenever $y \leqslant \mathcal{Y}_x^{1-\varepsilon}$. The following statement, which is a consequence of [**13**, Theorem 3.3 and Proposition 10.1], provides the effective version we shall need.

We recall Vinogradov's notation $f \ll g$ and $f \gg g$, meaning, respectively, that $|f| \leqslant C|g|$ and $|f| \geqslant C'|g|$ for suitable positive constants $C$, $C'$. The symbol $f \asymp g$ then means that $f \ll g$ and $f \gg g$ hold simultaneously.

PROPOSITION 3.1. *Let $\varepsilon > 0$. We have*

$$N(x,y) = yF(v)\{1 + O(\mathfrak{E}_1(x,y))\} \quad (x \to \infty,\ \mathcal{Y}_x^{1+\varepsilon} \leqslant y \leqslant x), \tag{3.5}$$
$$N(x,y) \ll yF(v) \quad (x \geqslant y \geqslant 2). \tag{3.6}$$

We also make use of the following result concerning the size and variation of $F$. Here again, we state more than necessary for our present purpose, but less than proved in [**13**, Theorem 8.6, Propositions 8.8 and 8.9].

PROPOSITION 3.2. *We have*

$$F(v) \asymp \left(\frac{\log v}{v}\right)^{1/4} \mathrm{e}^{v\sigma_v} f(\sigma_v) = \mathrm{e}^{2v\sigma_v + O(v\sigma_v/\log v)} \quad (v \geqslant 2), \tag{3.7}$$
$$F(v+h) \ll F(v)\,\mathrm{e}^{\sigma_v h} \quad (v \geqslant 0,\ v+h \geqslant 0), \tag{3.8}$$
$$F(v+h) - F(v) = \left\{1 + O\left(\frac{\log v + |h|}{\sqrt{v}\log v}\right)\right\} h\sigma_v F(v) \quad (v \geqslant 2,\ h \ll \sqrt{v \log v}). \tag{3.9}$$

Finally, we state the following result, where, for $a \geqslant 1$, we employ the notation

$$N_a(x,y) := \sum_{\substack{n \leqslant x \\ (n,a)=1 \\ k(n) \leqslant y}} 1, \quad F_a(v) := \frac{6}{\pi^2} \sum_{(m,a)=1} \frac{\min(1, \mathrm{e}^v/m)}{\psi(m)}, \quad r(a) := \prod_{p|a}\left(1 + \frac{2}{\sqrt{p}}\right),$$

and let $\varphi$ denote Euler's totient.

PROPOSITION 3.3. *We have*

$$F_a(v+h) - F_a(v) \gg \sum_{\substack{m \geqslant \mathrm{e}^{v+h} \\ (m,a)=1}} \frac{\mathrm{e}^v}{m\psi(m)} \quad (a \geqslant 1,\ v \geqslant 2,\ h \asymp 1), \tag{3.10}$$

$$N_a(x,y) = \frac{yk(a)F_a(v)}{\psi(a)}\{1 + O(r(a)\mathfrak{E}_2(x,y))\} \quad (\mathcal{Y}_x^2 \leqslant y \leqslant x,\ a \leqslant x). \tag{3.11}$$

*Proof.* The bound (3.10) immediately follows from the definition of $F_a(v)$ by restricting the sum to $m > \mathrm{e}^{v+h}$.

Estimate (3.11) may be proved along the lines of [**13**, Proposition 10.1], which corresponds to $a = 1$. We avoid repeating the details here, since they are identical to those of [**13**], simply carrying the condition $(m,a) = 1$ throughout the computations and appealing to the saddle-point estimate for $F_a(v)$. □

To state our next lemma, we introduce some further notation. Let us define

$$H(s,z) := \prod_p \left(1 + \frac{1}{(p+1)(p^s-1)} + \frac{1}{(p+1)(p^z-1)}\right) \quad (\Re e\, s > 0,\ \Re e\, z > 0). \tag{3.12}$$

For $v > 0$, we denote by $\vartheta_v > 0$ the unique solution to the equation

$$\sum_p \frac{p^\sigma \log p}{(p^\sigma - 1)\{2 + (p+1)(p^\sigma - 1)\}} = v, \tag{3.13}$$

so that $(s,z) = (\vartheta_v, \vartheta_v)$ is a real saddle-point for $(s,z) \mapsto e^{(s+z)v} H(s,z)$. Moreover, it can be checked that

$$\vartheta_v = \sigma_v\{1 + O(1/\log v)\} \quad (v \geqslant 2). \tag{3.14}$$

Finally, we set

$$h(\sigma) := \log H(\sigma,\sigma) \quad (\sigma > 0) \tag{3.15}$$

and note that

$$H(\sigma,\sigma) = e^{h(\sigma)} = f(\sigma)^2 \prod_p \left(1 - \frac{1}{\{1 + (p^\sigma - 1)(p+1)\}^2}\right) \quad (\sigma > 0). \tag{3.16}$$

Proposition 3.4. *Let $\kappa \in (0, \frac{1}{2})$, $\mu > 0$. For $x^\kappa \leqslant y \leqslant x^{1-\kappa}$, and suitable $B = B(\kappa)$, we have*

$$\sum_{\substack{x < a \leqslant e^\mu x \\ a/e^\mu < b < a,\ (a,b)=1 \\ k(a) \leqslant y,\ k(b) \leqslant y}} 1 \gg \frac{y^2\, e^{2v\vartheta_v + h(\vartheta_v)}}{v^{3/2} (\log v)^{5/2}} \gg y^2 F(v)^{2 - B/\log v}. \tag{3.17}$$

*Proof.* Let $D(x,y)$ denote the double sum to be estimated. By (3.11) and (3.10), we have

$$D(x,y) \geqslant D_1 - R_1$$

with

$$D_1 \gg e^v y \sum_{\substack{x < a \leqslant e^\mu x \\ k(a) \leqslant y}} \frac{k(a)}{\psi(a)} \sum_{\substack{m > e^{v+\mu} \\ (m,a)=1}} \frac{1}{m\psi(m)} \gg \frac{y e^v}{\log v} \sum_{\substack{x < a \leqslant e^\mu x \\ k(a) \leqslant y}} \sum_{\substack{m > e^{v+\mu} \\ (m,a)=1}} \frac{1}{m\psi(m)},$$

$$R_1 \ll y^2 F(v)^{2-\kappa_1},$$

for some positive constant $\kappa_1$ depending only on $\kappa$. Next, we invert summations in our lower bound for $D_1$ and appeal to (3.11) and (3.10) again. We obtain $D_1 \geqslant D_2 - R_2$ with

$$D_2 \gg \frac{y^2 e^{2v}}{\log v} S, \quad S := \sum_{\substack{m,n > e^{v+\mu} \\ (m,n)=1}} \frac{k(m)}{mn\psi(m)^2 \psi(n)}, \quad R_2 \ll y^2 F(v)^{2-\kappa_1}.$$

It remains to bound $S$ from below. To this end, we restrict the sum to pairs $(m,n)$ in $(e^{v+\mu}, e^{v+2\mu}]^2$ to obtain $e^{2v} S \gg T/\log v$ with

$$\begin{aligned} T &:= \sum_{\substack{e^{v+\mu} < m,n \leqslant e^{v+2\mu} \\ (m,n)=1}} \frac{1}{\psi(m)\psi(n)} \\ &= \frac{1}{(2\pi i)^2} \int_{(\sigma_v + i\mathbb{R})^2} \frac{H(s,z)\, e^{(v+\mu)(s+z)} (e^{\mu s} - 1)(e^{\mu z} - 1)}{sz}\, ds\, dz, \end{aligned}$$

where $H(s,z)$ is defined by (3.12).

We estimate the last integral by the two-dimensional saddle-point method. Since similar calculations have been extensively described in [**13**], we only sketch the proof.

Writing $s = \vartheta_v + i\tau$, $z = \vartheta_v + it$, we deduce from Lemma 5.13 and formula (7.7) of [**13**] that, for a suitable absolute constant $\eta$, we have

$$|H(s,z)| \leqslant e^{-\eta(\log v)^2} H(\vartheta_v, \vartheta_v)$$

provided $(\log v)^{5/4}/v^{3/4} \ll \max(|\tau|,|t|) \leqslant \exp\{(\log v)^{38/37}\}$. Truncating the larger values by standard effective Perron formula (see, for instance, [**18**, Theorem II.2.3]), we may evaluate the double integral on the remaining small domain by saddle-point analysis, taking advantage of the fact that

$$\mathfrak{h}(s,z) := \sum_p \log\left(1 + \frac{1}{(p+1)(p^s-1)} + \frac{1}{(p+1)(p^z-1)}\right), \tag{3.18}$$

where the complex logarithms are understood in principal branch, defines a holomorphic continuation of $\mathfrak{h}(s,z)$ in a poly-disc of centre $(\vartheta_v, \vartheta_v)$ and radii $\frac{1}{2}\vartheta_v$.[†]

We thus arrive at

$$T \sim \frac{\mu^2 e^{2v\vartheta_v} H(\vartheta_v,\vartheta_v)}{2\pi j(\vartheta_v)} \qquad (v \to \infty),$$

with

$$j(\sigma) := \sum_p \frac{p^\sigma(\log p)^2\{(p+1)(p^{2\sigma}-1)+p^\sigma+2\}}{(p^\sigma-1)^2\{2+(p^\sigma-1)(p+1)\}^2} \asymp \frac{1}{\sigma^3\log(1/\sigma)} \qquad (\sigma \to 0+).$$

This plainly yields the first lower bound in (3.17).

To prove the second lower bound, we appeal to (3.16), note that the estimate (3.14) implies $2v\vartheta_v + h(\vartheta_v) = 2v\sigma_v + h(\sigma_v) + O(v\sigma_v/\log v)$, and insert the lower bound

$$\prod_p \left(1 - \frac{1}{\{1+(p^{\sigma_v}-1)(p+1)\}^2}\right) \gg F(v)^{-c_0/\log v},$$

for a suitable absolute constant $c_0 > 0$. □

## 4. *Justification for Conjectures B and C*

We shall establish Conjectures B and C under the heuristic assumption that, whenever $a$ and $b$ are coprime integers, the kernel $k(a+b)$ is distributed as if $a+b$ was a typical integer of the same size. Albeit Conjecture B formally follows from Conjecture C and (2.7), we shall provide a direct, simple proof. Note that if $(a,b)=1$ and $a+b=c$, then $k(abc) = k(a)k(b)k(c)$.

We start with the upper bounds. Under the above assumption, we may write

$$\mathcal{P}(x,z) := \sum_{\substack{x<a\leqslant 2x\\ b<a,\,(a,b)=1\\ k(abc)\leqslant z}} 1 \leqslant \sum_{\substack{x<a\leqslant 2x\\ b<a,\,(a,b)=1}} \frac{1}{x}\left\{N\left(4x, \frac{z}{k(a)k(b)}\right) - N\left(x, \frac{z}{k(a)k(b)}\right)\right\}.$$

To prove (2.5), it suffices to show that, for $z = Z_x := x/F(\frac{2}{3}\log x)^{3-B_4/\log_2 x}$ and suitable $B_4 > 0$, we have

$$\sum_{r\geqslant 1} \mathcal{P}(2^r, Z_{2^r}) < \infty. \tag{4.1}$$

[†]See [**13**, Lemma 8.4] for the details, in a similar situation, of the continuation, and [**13**, Theorem 8.6], for those of the saddle-point analysis.

Indeed, this plainly implies that the conditions $k(abc) \leqslant z$ for some pair $(a,b)$ with $x < a \leqslant 2x$, $b < a$, are realized only for a bounded number of integers $x$. This argument is similar to that of the Borel–Cantelli lemma.

Applying (3.6) and (3.8) taking (2.3) and (3.3) into account, we obtain

$$\mathcal{P}(x,z) \ll \frac{z}{x} \sum_{\substack{x<a\leqslant 2x\\ b<a,\,(a,b)=1}} \frac{F(\log(xk(a)k(b)/z))}{k(a)k(b)} \ll \frac{zF(v)}{x} \sum_{\substack{x<a\leqslant 2x\\ b<a,\,(a,b)=1}} \frac{x^{-2\sigma_v/3}}{k(a)^{1-\sigma_v}k(b)^{1-\sigma_v}}$$

with $v := \frac{2}{3}\log x$. By Rankin's method, we thus infer, writing $P(n)$ for the largest prime factor of an integer $n$ with the convention that $P(1) = 1$,

$$\begin{aligned}\mathcal{P}(x,z) &\ll \frac{zF(v)}{x} \sum_{P(a)\leqslant x} \frac{x^{2\sigma_v/3}}{a^{\sigma_v}k(a)^{1-\sigma_v}} \sum_{\substack{P(b)\leqslant x\\ (b,a)=1}} \frac{x^{2\sigma_v/3}}{b^{\sigma_v}k(b)^{1-\sigma_v}}\\ &\ll \frac{zF(v)\,\mathrm{e}^{2v\sigma_v}}{x} \sum_{P(a)\leqslant x} \frac{1}{a^{\sigma_v}k(a)^{1-\sigma_v}} \prod_{\substack{p\leqslant x\\ p\nmid a}} \left(1+\frac{1}{p(1-p^{-\sigma_v})}\right).\end{aligned}$$

Since a standard computation yields, taking (3.7) into account,

$$\mathrm{e}^{v\sigma_v} \prod_{p\leqslant x} \left(1+\frac{1}{p(1-p^{-\sigma_v})}\right) \ll \frac{F(v)v^{5/4}}{(\log v)^{1/4}},$$

we obtain

$$\begin{aligned}\mathcal{P}(x,z) &\ll \frac{zF(v)^2\,\mathrm{e}^{v\sigma_v}v^{5/4}}{x(\log v)^{1/4}} \sum_{P(a)\leqslant x} \frac{1}{a^{\sigma_v}k(a)^{1-\sigma_v}} \prod_{p\mid a} \left(1-\frac{1}{1+p(1-p^{-\sigma_v})}\right)\\ &\ll \frac{zF(v)^2\,\mathrm{e}^{v\sigma_v}v^{5/4}}{x(\log v)^{1/4}} \prod_{p\leqslant x} \left(1+\frac{1}{p(1-p^{-\sigma_v})}\right)\left(1-\frac{1}{\{1+p(1-p^{-\sigma_v})\}^2}\right)\\ &\ll \frac{zF(v)^{3-K_0/\log v}}{x},\end{aligned}$$

where $K_0$ is a suitable positive constant.

This establishes the upper bound for $c$ in Conjecture B.

We now embark on proving (2.8) and first define the quantity $\mathcal{H}(k)$, noting that we shall now select in (4.1)

$$z = Z_x := \frac{x}{F(\frac{2}{3}\log x)^3\mathcal{H}(x)(\log x)^{11/2+\varepsilon}}.$$

Given $x \geqslant 2$, we let $u = u_x$ be the solution to the equation

$$\sigma_u = \vartheta_w \quad (w := \log x - \tfrac{1}{2}u). \tag{4.2}$$

It is easy to see that

$$u = \tfrac{2}{3}\log x + O\left(\frac{\log x}{\log_2 x}\right), \quad w = \tfrac{2}{3}\log x + O\left(\frac{\log x}{\log_2 x}\right)$$

and a further computation actually yields $u - \frac{2}{3}\log x \sim 8(\log 2)(\log x)/9\log_2 x$. Recalling notation (3.15) and introducing $g(\sigma) := \log f(\sigma)$ $(\sigma > 0)$, we then put

$$\begin{aligned}\mathcal{H}_1(k) &:= \mathrm{e}^{2\sigma_u(w-u)} \prod_{p} \left(1-\frac{1}{\{1+(p^{\vartheta_w}-1)(p+1)\}^2}\right)\\ &= \mathrm{e}^{2\sigma_u(w-u)+h(\sigma_u)-2g(\sigma_u)},\end{aligned} \tag{4.3}$$

with $u := u_k$, $w := \log k - \frac{1}{2}u_k$.

We shall set out to prove

$$c \leqslant B_3 k F(u_k)^3 \mathcal{H}_1(k)(\log k)^{11/2+\varepsilon}, \tag{4.4}$$

and

$$c > kF(u_k)^3 \mathcal{H}_1(k)/(\log k)^{3/2+\varepsilon} \tag{4.5}$$

instead of (2.8) and (2.9), respectively. However, it can be shown that $F(u_k)/F(\frac{2}{3}\log k)$ satisfies a relation of type (2.7) with a different sequence of polynomials $R_j$. From this observation, the required result will follow with

$$\mathcal{H}(k) := F(u_k)^3 \mathcal{H}_1(k)/F(\tfrac{2}{3}\log k)^3. \tag{4.6}$$

Applying (2.3), (3.3), (3.6) and (3.8) again, we obtain

$$\begin{aligned}\mathcal{P}(x,z) &\ll \frac{z}{x} \sum_{\substack{x<a\leqslant 2x\\ b<a,\,(a,b)=1\\ k(ab)\leqslant x}} \frac{F(\log\{xk(ab)/z\})}{k(a)k(b)}\\ &\ll \frac{z}{x}\sum_{m+n\leqslant \log x} \frac{F(m+n)+F(\frac{1}{3}\log x)}{\mathrm{e}^{m+n}} S(m,n),\end{aligned}$$

with

$$S(m,n) := \sum_{\substack{a\leqslant 2x,\, b\leqslant 2x\\ (a,b)=1\\ \mathrm{e}^{m-1}<k(a)\leqslant \mathrm{e}^{m+1},\, \mathrm{e}^{n-1}<k(b)\leqslant \mathrm{e}^{n+1}}} 1 \quad (m\geqslant 1,\, n\geqslant 1).$$

Now, for all $m$, $n$ and any $\vartheta \in ]0,1[$, we may write

$$\begin{aligned}S(m,n) &\leqslant \sum_{\substack{a\leqslant 2x,\, b\leqslant 2x\\ (a,b)=1}} \left(\frac{2x}{a}\right)^{\vartheta}\left(\frac{2x}{b}\right)^{\vartheta}\left(\frac{\mathrm{e}^{m+1}}{k(a)}\right)^{1-\vartheta}\left(\frac{\mathrm{e}^{n+1}}{k(b)}\right)^{1-\vartheta}\\ &\ll x^{2\vartheta}\,\mathrm{e}^{(1-\vartheta)(m+n)}\prod_{p\leqslant 2x}\left(1+\frac{2}{p^{1-\vartheta}(p^{\vartheta}-1)}\right)\\ &\ll x^{2\vartheta}\,\mathrm{e}^{(1-\vartheta)(m+n)} H(\vartheta,\vartheta)(\log x)^2.\end{aligned}$$

Writing $s := m+n$, $t := \log x - \frac{1}{2}s$, we infer that

$$\frac{F(m+n)S(m,n)}{\mathrm{e}^{m+n}} \ll \left(\frac{\log s}{s}\right)^{1/4} \mathrm{e}^{s\sigma_s + g(\sigma_s)+2t\vartheta_t+h(\vartheta_t)}(\log x)^2.$$

By (4.2) and the definition of $\vartheta_v$, the argument of the exponential is maximal when $s = u := u_x$, $t = w := \log x - \frac{1}{2}u_x$. For this choice, the last upper bound is equally valid when $F(m+n)$ is replaced by $F(\frac{1}{3}\log x) \ll F(u)x^{-\sigma_u/4}$.

Selecting the above values for $s$, $t$ and carrying back our estimates in the upper bound for $\mathcal{P}(x,z)$, we thus obtain that

$$\mathcal{P}(x,z) \ll \frac{zF(u)\,\mathrm{e}^{2w\vartheta_w+h(\vartheta_w)}u^4}{x} \asymp \frac{zF(u)^3\mathcal{H}_1(x)u^{9/2}}{x\sqrt{\log u}}. \tag{4.7}$$

The bound (4.7) is sufficient to ensure the convergence of the series (4.1) provided $\varepsilon > 0$. This completes our argument in favour of the upper bound in Conjecture C.

To justify the lower bounds, we show that, still under the assumption that $k(c)$ behaves independently of $k(a)$ and $k(b)$, we have $\mathcal{P}(x,z) \to \infty$ for an appropriate value $z = z_x$.

Let us start with Conjecture B. According to the above hypothesis, we may write, for $x^{2/3+\varepsilon} < z \leqslant x$

$$\begin{aligned}\mathcal{P}(x,z) &\geqslant \sum_{\substack{x<a\leqslant 2x\\ a/2<b<a,\,(a,b)=1\\ k(a)\leqslant x^{1/3},\,k(b)\leqslant x^{1/3}}} \frac{2}{3x}\left\{N\left(3x,\frac{z}{k(a)k(b)}\right)-N\left(\frac{3x}{2},\frac{z}{k(a)k(b)}\right)\right\}\\ &\gg \frac{z}{x}F\left(\tfrac{2}{3}\log x\right)^{2-(B+1)/\log_2 x}F\left(\tfrac{5}{3}\log x-\log z\right)\\ &\gg \frac{z}{x}F\left(\tfrac{2}{3}\log x\right)^{3-(B+1)/\log_2 x},\end{aligned}$$

where we successively appealed to (3.5), (3.9) and (3.17). Selecting

$$z = x/F(\tfrac{2}{3}\log x)^{3-(B+2)/\log_2 x},$$

we obtain the required estimate.

Finally, we establish the lower bound in Conjecture C. For $x^{2/3+\varepsilon} < z \leqslant x$, $u := u_x$, $y := \mathrm{e}^{u/2}$, $w := \log x - u/2$, we have

$$\begin{aligned}\mathcal{P}(x,z) &\geqslant \sum_{\substack{x<a\leqslant 2x\\ a/2<b<a,\,(a,b)=1\\ k(a)\leqslant y,\,k(b)\leqslant y}} \frac{2}{3x}\left\{N\left(3x,\frac{z}{k(a)k(b)}\right)-N\left(\frac{3x}{2},\frac{z}{k(a)k(b)}\right)\right\}\\ &\gg \frac{z\sigma_u}{x}\sum_{\substack{x<a\leqslant 2x\\ a/2<b<a,\,(a,b)=1\\ k(a)\leqslant y,\,k(b)\leqslant y}} \frac{F(\log\{xk(a)k(b)/z\})}{k(a)k(b)}.\end{aligned}$$

At this stage, we observe that, for sufficiently large $x$, we have

$$F(u) \leqslant F(\log(x\mathrm{e}^u/z)) \ll F(\log\{xk(a)k(b)/z\})\frac{\mathrm{e}^{u/2}}{\sqrt{k(a)k(b)}} \tag{4.8}$$

uniformly for all $a, b$ in the last range of summation. Indeed, the first inequality readily follows from the fact that $z \leqslant x$, and the second bound is obtained by applying (3.8) with $v = v(a,b,x,z) := \log(xk(a)k(b)/z)$ and $h = h(a,b,x,z) := \log(\mathrm{e}^u/k(a)k(b))$: since $h \geqslant 0$ and $v \to \infty$ uniformly in $a, b$ as $x \to \infty$, we plainly have $\sigma_v \leqslant \frac{1}{2}$ for large $x$, which implies (4.8).

Inserting (4.8) in our previous lower bound for $\mathcal{P}(x,z)$ yields

$$\begin{aligned}\mathcal{P}(x,z) &\gg \frac{z\sigma_u F(u)}{x}\sum_{\substack{x<a\leqslant 2x\\ a/2<b<a,\,(a,b)=1\\ k(a)\leqslant y,\,k(b)\leqslant y}} \frac{1}{\sqrt{k(a)k(b)}\,\mathrm{e}^{u/2}} \gg \frac{z\mathrm{e}^{2w\vartheta_w+h(\vartheta_w)}F(u)}{xu^2(\log u)^3}\\ &\gg \frac{z\mathrm{e}^{2w\vartheta_w+h(\vartheta_w)+u\sigma_u+g(\sigma_u)}}{xu^{9/4}(\log u)^{11/4}} \asymp \frac{z\mathrm{e}^{3u\sigma_u+3g(\sigma_u)+2(w-u)\sigma_u+h(\sigma_u)-2g(\sigma_u)}}{xu^{9/4}(\log u)^{11/4}}\\ &\asymp \frac{zF(u)^3\mathcal{H}_1(x)}{xu^{3/2}(\log u)^{7/2}},\end{aligned}$$

where we successively appealed to (3.5), (3.9), (3.8), (3.17) and (3.7). Selecting

$$z = x(\log x)^{3/2+\varepsilon}/F(u)^3\mathcal{H}_1(x),$$

completes the proof.

*References*


1. A. Baker, 'Logarithmic forms and the *abc*-conjecture', *Number theory (Diophantine, computational and algebraic aspects)*, Proceedings of the International Conference, Eger, Hungary (eds K. Győry *et al.*; de Gruyter, Berlin, 1998) 37–44.
2. A. Baker, 'Experiments on the *abc*-conjecture', *Publ. Math. Debrecen* 65 (2004) 253–260.
3. E. Bombieri and W. Gubler, *Heights in Diophantine geometry* (Cambridge University Press, Cambridge, 2007).
4. M. van Frankenhuijsen, 'Hyperbolic spaces and the *abc* conjecture', Thesis, Katholieke Universiteit Nijmegen, 1995.
5. M. van Frankenhuijsen, 'A lower bound in the *abc* conjecture', *J. Number Theory* 82 (2000) 91–95.
6. M. van Frankenhuijsen, 'About the ABC conjecture and an alternative', *Number theory, analysis and geometry* (Springer, New York, 2012) 169–180.
7. G. Geuze and B. de Smit, 'Reken mee met ABC', *Nieuw Arch. Wiskd.* 8 (2007) 26–30.
8. A. Granville and T. J. Tucker, 'It's as easy as *abc*', *Notices Amer. Math. Soc.* 49 (2002) 1224–1231.
9. D. W. Masser, 'Open problems', *Proceeding of the Symposium on Analytic Number Theory* (ed. W. W. L. Chen; Imperial College, London, 1985).
10. A. Nitaj, Preprint, 2012, http://www.math.unicaen.fr/nitaj/abc.html.
11. C. Pomerance, 'Computational number theory', *Princeton companion to mathematics* (ed. W. T. Gowers; Princeton University Press, Princeton, NJ, 2008) 348–362.
12. Reken mee met ABC, Preprint, 2012, http://www.rekenmeemetabc.nl/.
13. O. Robert and G. Tenenbaum, 'Sur la répartition du noyau d'un entier', *Indag. Math.* 24 (2013) 802–914.
14. B. de Smit, Preprint, 2012, http://www.math.leidenuniv.nl/~desmit/abc/.
15. H. Squalli, 'Sur la répartition du noyau d'un entier', Thèse de doctorat de troisième cycle, Université Nancy I, 18 November 1985.
16. C. L. Stewart and R. Tijdeman, 'On the Oesterlé–Masser conjecture', *Monatshefte Math.* 102 (1986) 251–257.
17. C. L. Stewart and K. Yu, 'On the *abc* conjecture, II', *Duke Math. J.* 108 (2001) 169–181.
18. G. Tenenbaum, *Introduction à la théorie analytique et probabiliste des nombres*, 3rd edn (coll. Échelles, Belin, 2008).



*Olivier Robert*
*Institut Camille Jordan (UMR 5208)*
*Universités de Lyon & Saint-Étienne*
*23, rue du Dr P. Michelon*
*F-42000 Saint-Étienne*
*France*

olivier.robert@univ-st-etienne.fr

*Cameron L. Stewart*
*Department of Pure Mathematics*
*University of Waterloo*
*Waterloo, ON*
*Canada N2L 3G1*

cstewart@uwaterloo.ca

*Gérald Tenenbaum*
*Institut Élie Cartan*
*Université de Lorraine*
*BP 70239*
*54506 Vandœuvre-lès-Nancy cedex*
*France*

gerald.tenenbaum@univ-lorraine.fr

RIMS-1757

# INTER-UNIVERSAL TEICHMÜLLER THEORY II: HODGE-ARAKELOV-THEORETIC EVALUATION

By

Shinichi MOCHIZUKI

August 2012

京都大学　数理解析研究所

RESEARCH INSTITUTE FOR MATHEMATICAL SCIENCES

KYOTO UNIVERSITY, Kyoto, Japan

# INTER-UNIVERSAL TEICHMÜLLER THEORY II: HODGE-ARAKELOV-THEORETIC EVALUATION

SHINICHI MOCHIZUKI

August 2012

ABSTRACT. In the present paper, which is the second in a series of four papers, we study the **Kummer theory** surrounding the Hodge-Arakelov-theoretic evaluation — i.e., evaluation in the style of the **scheme-theoretic Hodge-Arakelov theory** established by the author in previous papers — of the [reciprocal of the $l$-th root of the] **theta function** at **$l$-torsion points**, for $l \geq 5$ a prime number. In the first paper of the series, we studied *"miniature models of conventional scheme theory"*, which we referred to as $\Theta^{\pm \mathrm{ell}}$*NF-Hodge theaters*, that were associated to certain data, called *initial $\Theta$-data*, that includes an *elliptic curve $E_F$* over a *number field $F$*, together with a *prime number $l \geq 5$*. These $\Theta^{\pm \mathrm{ell}}$NF-Hodge theaters were *glued* to one another by means *"$\Theta$-links"*, that identify the [reciprocal of the $l$-th root of the] *theta function* at primes of bad reduction of $E_F$ in one $\Theta^{\pm \mathrm{ell}}$NF-Hodge theater with [$2l$-th roots of] the *$q$-parameter* at primes of bad reduction of $E_F$ in another $\Theta^{\pm \mathrm{ell}}$NF-Hodge theater. The theory developed in the present paper allows one to construct certain new versions of this "$\Theta$-link". One such new version is the **$\Theta^{\times \boldsymbol{\mu}}_{\mathrm{gau}}$-link**, which is similar to the $\Theta$-link, but involves the *theta values at $l$-torsion points*, rather than the theta function itself. One important aspect of the constructions that underlie the $\Theta^{\times \boldsymbol{\mu}}_{\mathrm{gau}}$-link is the study of **multiradiality** properties, i.e., properties of the *"arithmetic holomorphic structure"* — or, more concretely, the *ring/scheme* structure — arising from *one* $\Theta^{\pm \mathrm{ell}}$NF-Hodge theater that may be formulated in such a way as to make sense from the point of the arithmetic holomorphic structure of *another* $\Theta^{\pm \mathrm{ell}}$NF-Hodge theater which is related to the original $\Theta^{\pm \mathrm{ell}}$NF-Hodge theater by means of the [*non-scheme-theoretic*!] $\Theta^{\times \boldsymbol{\mu}}_{\mathrm{gau}}$-link. For instance, certain of the various *rigidity* properties of the *étale theta function* studied in an earlier paper by the author may be intepreted as *multiradiality* properties in the context of the theory of the present series of papers. Another important aspect of the constructions that underlie the $\Theta^{\times \boldsymbol{\mu}}_{\mathrm{gau}}$-link is the study of **"conjugate synchronization"** via the **$\mathbb{F}_l^{\rtimes \pm}$-symmetry** of a $\Theta^{\pm \mathrm{ell}}$NF-Hodge theater. Conjugate synchronization refers to a certain system of isomorphisms — which are *free* of any *conjugacy indeterminacies*! — between copies of local absolute Galois groups at the various $l$-torsion points at which the theta function is evaluated. Conjugate synchronization plays an important role in the Kummer theory surrounding the evaluation of the theta function at $l$-torsion points and is applied in the study of **coricity** properties of [i.e., the study of objects left *invariant* by] the $\Theta^{\times \boldsymbol{\mu}}_{\mathrm{gau}}$-link. Global aspects of conjugate synchronization require the resolution, via results obtained in the first paper of the series, of certain technicalities involving **profinite conjugates** of tempered cuspidal inertia groups.

**Contents:**



Typeset by $\mathcal{A}\mathcal{M}\mathcal{S}$-TEX

### Introduction

In the following discussion, we shall continue to use the notation of the Introduction to the first paper of the present series of papers [cf. [IUTchI], §I1]. In particular, we assume that are given an *elliptic curve* $E_F$ over a *number field* $F$, together with a *prime number* $l \geq 5$. In the present paper, which forms the second paper of the series, we study the **Kummer theory** surrounding the **Hodge-Arakelov-theoretic evaluation** [cf. Fig. I.1 below] — i.e., evaluation in the style of the *scheme-theoretic Hodge-Arakelov theory* of [HASurI], [HASurII] — of the *reciprocal of the l-th root of the* **theta function**

$$\underline{\underline{\Theta}}_{\underline{v}} \stackrel{\text{def}}{=} \left\{ q_{\underline{v}}^{-\frac{1}{8}} \cdot \sum_{n \in \mathbb{Z}} (-1)^n \cdot q_{\underline{v}}^{\frac{1}{2}(n+\frac{1}{2})^2} \cdot U_{\underline{v}}^{n+\frac{1}{2}} \right\}^{-\frac{1}{l}}$$

[cf. [EtTh], Proposition 1.4; [IUTchI], Example 3.2, (ii)] at ***l*-torsion points** in the context of the theory of $\Theta^{\pm \text{ell}}$**NF-Hodge theaters** developed in [IUTchI]. Here, relative to the notation of [IUTchI], §I1, $\underline{v} \in \underline{\mathbb{V}}^{\text{bad}}$; $q_{\underline{v}}$ denotes the *q-parameter* at $\underline{v}$ of the given *elliptic curve* $E_F$ over a *number field* $F$; $U_{\underline{v}}$ denotes the standard multiplicative coordinate on the Tate curve obtained by localizing $E_F$ at $\underline{v}$. Let $\underline{\underline{q}}_{\underline{v}}$ be a $2l$-th root of $q_{\underline{v}}$. Then these "**theta values** *at l-torsion points*" will, up to a factor given by a *2l-th root of unity*, turn out to be of the form [cf. Remark 2.5.1, (i)]

$$\underline{\underline{q}}_{\underline{v}}^{j^2}$$

— where $\underline{j} \in \{0, 1, \ldots, l^* \stackrel{\text{def}}{=} (l-1)/2\}$, so $\underline{j}$ is uniquely determined by its image $j \in |\mathbb{F}_l| \stackrel{\text{def}}{=} \mathbb{F}_l/\{\pm 1\} = \{0\} \bigcup \mathbb{F}_l^*$ [cf. the notation of [IUTchI]].

| (*Frobenius-like!*) *Frobenioid-theoretic* **theta function** | **Kummer** ......... | (*étale-like!*) *Galois-theoretic étale* **theta function** |
|---|---|---|
| **evalu-** ⇓ **ation** | $\curvearrowright$ | **evalu-** ⇓ **ation** |
| (*Frobenius-like!*) *Frobenioid-theoretic* **theta values** | **Kummer** ......... | (*étale-like!*) *Galois-theoretic* **theta values** |

Fig. I.1: The Kummer theory surrounding Hodge-Arakelov-theoretic evaluation

# INTER-UNIVERSAL TEICHMÜLLER THEORY II: HODGE-ARAKELOV-THEORETIC EVALUATION

In order to understand the significance of *Kummer theory* in the context of Hodge-Arakelov-theoretic evaluation, it is important to recall the notions of *"Frobenius-like"* and *"étale-like"* mathematical structures [cf. the discussion of [IUTchI], §I1]. In the present series of papers, the Frobenius-like structures constituted by [the monoidal portions of] *Frobenioids* — i.e., more concretely, by various *monoids* — play the important role of allowing one to construct **gluing isomorphisms** such as the **Θ-link** which lie **outside** the framework of **conventional scheme/ring theory** [cf. the discussion of [IUTchI], §I2]. Such gluing isomorphisms give rise to *Frobenius-pictures* [cf. the discussion of [IUTchI], §I1]. On the other hand, the étale-like structures constituted by various *Galois* and *arithmetic fundamental groups* give rise to the **canonical splittings** of such Frobenius-pictures furnished by corresponding *étale-pictures* [cf. the discussion of [IUTchI], §I1]. In [IUTchIII], **absolute anabelian geometry** will be applied to these Galois and arithmetic fundamental groups to obtain **descriptions** of **alien arithmetic holomorphic structures**, i.e., arithmetic holomorphic structures that lie on the opposite side of a Θ-link from a given arithmetic holomorphic structure [cf. the discussion of [IUTchI], §I3]. Thus, in light of the *equally crucial* but *substantially different* roles played by Frobenius-like and étale-like structures in the present series of papers, it is of crucial importance to be able

> to **relate** corresponding **Frobenius-like** and **étale-like** versions of various objects to one another.

This is the role played by **Kummer theory**. In particular, in the present paper, we shall study in detail the Kummer theory that relates Frobenius-like and étale-like versions of the **theta function** and its **theta values** at $l$-torsion points to one another [cf. Fig. I.1].

One important notion in the theory of the present paper is the notion of *multiradiality*. To understand this notion, let us recall the **étale-picture** discussed in [IUTchI], §I1 [cf., [IUTchI], Fig. I1.6]. In the context of the present paper, we shall be especially interested in the *étale-like version* of the *theta function* and its *theta values* constructed in each $\mathcal{D}$-$\Theta^{\pm\text{ell}}$NF-Hodge theater ${}^{(-)}\mathcal{HT}^{\mathcal{D}\text{-}\Theta^{\pm\text{ell}}\text{NF}}$; thus, one can think of the étale-picture under consideration as consisting of the diagram given in Fig. I.2 below. As discussed earlier, we shall ultimately be interested in applying various *absolute anabelian reconstruction algorithms* to the various arithmetic fundamental groups that [implicitly] appear in such étale-pictures in order to obtain *descriptions of alien holomorphic structures*, i.e., descriptions of objects that arise on one *spoke* that make sense from the point of view of *another spoke*. In this context, it is natural to classify the various *algorithms* applied to the arithmetic fundamental groups lying in a *given spoke* as follows [cf. Example 1.7]:

- We shall refer to an algorithm as **coric** if it in fact only depends on input data arising from the *mono-analytic core* of the étale-picture, i.e., the data that is *common to all spokes*.

- We shall refer to an algorithm as **uniradial** if it expresses the objects constructed from the given spoke in terms that only make sense within the given spoke.

· We shall refer to an algorithm as **multiradial** if it expresses the objects constructed from the given spoke in terms of *corically constructed* objects, i.e., objects that make sense from the point of view of *other spokes*.

Thus, *multiradial* algorithms are compatible with **simultaneous execution** *at multiple spokes* [cf. Example 1.7, (v); Remark 1.9.1], while *uniradial* algorithms may only be consistently executed at a *single* spoke. Ultimately, in the present series of papers, we shall be interested — relative to the goal of obtaining *"descriptions of alien holomorphic structures"* — in the establishment of *multiradial* algorithms for constructing the *objects of interest*, e.g., [in the context of the present paper] the étale-like versions of the **theta functions** and the corresponding **theta values** discussed above. Typically, in order to obtain such multiradial algorithms, i.e., algorithms that make sense from the point of view of other spokes, it is necessary to allow for some sort of **"indeterminacy"** in the descriptions that appear in the algorithms of the objects constructed from the given spoke.

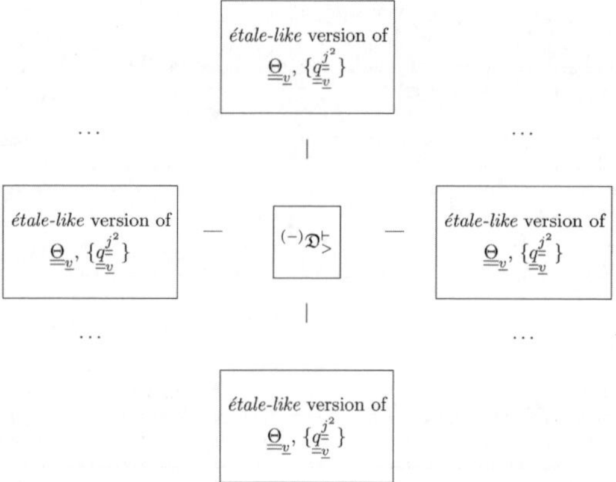


Fig. I.2: Étale-picture of étale-like versions of theta functions, theta values

Relative to the analogy between the inter-universal Teichmüller theory of the present series of papers and the classical theory of **holomorphic** *structures on Riemann surfaces* [cf. the discussion of [IUTchI], §I4], one may think of **coric** algorithms as corresponding to constructions that depend only on the *underlying* **real analytic** *structure* on the Riemann surface. Then **uniradial** algorithms correspond to constructions that *depend*, in an essential way, on the **holomorphic** *structure* of the given Riemann surface, while **multiradial** algorithms correspond

to constructions of **holomorphic** objects associated to the Riemann surface which are *expressed* [perhaps by allowing for certain *indeterminacies*!] solely in terms of the *underlying* **real analytic** *structure of the Riemann surface* — cf. Fig. I.3 below; the discussion of Remark 1.9.2. Perhaps the most *fundamental motivating example* in this context is the description of "alien holomorphic structures" by means of the **Teichmüller deformations** reviewed at the beginning of [IUTchI], §I4, relative to **"unspecified/indeterminate"** *deformation data* [i.e., consisting of a nonzero square differential and a dilation factor]. Indeed, for instance, in the case of once-punctured elliptic curves, by applying well-known facts concerning Teichmüller mappings [cf., e.g., [Lehto], Chapter V, Theorem 6.3], it is not difficult to formulate the classical result that

> *"the homotopy class of every orientation-preserving homeomorphism between pointed compact Riemann surfaces of genus one 'lifts' to a unique Teichmüller mapping"*

in terms of the *"multiradial formalism"* discussed in the present paper [cf. Example 1.7]. [We leave the routine details to the reader.]

| *abstract algorithms* | *inter-universal Teichmüller theory* | *classical complex Teichmüller theory* |
|---|---|---|
| **uniradial** algorithms | arithmetic holomorphic structures | holomorphic structures |
| **multiradial** algorithms | arithmetic holomorphic structures described in terms of underlying mono-analytic structures | holomorphic structures structures described in terms of underlying real analytic structures |
| **coric** algorithms | underlying mono-analytic structures | underlying real analytic structures |

Fig. I.3: Uniradiality, Multiradiality, and Coricity

One interesting aspect of the theory of the present series of papers may be seen in the set-theoretic function arising from the **theta values** considered above

$$\underline{\underline{j}} \mapsto \underline{\underline{q}}_{v}^{j^2}$$

— a function that is reminiscent of the **Gaussian distribution** $(\mathbb{R} \ni)\ x \mapsto e^{-x^2}$ on the real line. From this point of view, the passage from the *Frobenius-picture* to the canonical splittings of the *étale-picture* [cf. the discussion of [IUTchI],

§I1], i.e., in effect, the *computation* of the Θ-*links* that occur in the Frobenius-picture by means of the various *multiradial* algorithms that will be established in the present series of papers, may be thought of [cf. the diagram of Fig. I.2!] as a sort of **global arithmetic/Galois-theoretic** analogue of the computation of the **classical Gaussian integral**

$$\int_{-\infty}^{\infty} e^{-x^2} = \sqrt{\pi}$$

via the passage from **cartesian** coordinates, i.e., which correspond to the **Frobenius-picture**, to **polar** coordinates, i.e., which correspond to the **étale-picture** — cf. the discussion of Remark 1.12.5.

One way to understand the difference between coricity, multiradiality, and uniradiality at a *purely combinatorial level* is by considering the $\mathbb{F}_l^*$- and $\mathbb{F}_l^{\rtimes\pm}$-**symmetries** discussed in [IUTchI], §I1 [cf. the discussion of Remark 4.7.4 of the present paper]. Indeed, at a purely combinatorial level, the $\mathbb{F}_l^*$-*symmetry* may be thought of as consisting of the natural action of $\mathbb{F}_l^*$ on the set of *labels* $|\mathbb{F}_l| = \{0\} \bigcup \mathbb{F}_l^*$ [cf. the discussion of [IUTchI], §I1]. Here, the *label* 0 corresponds to the *[mono-analytic] core*. Thus, the corresponding étale-picture consists of various *copies of* $|\mathbb{F}_l|$ glued together along the *coric label* 0 [cf. Fig. I.4 below]. In particular, the various actions of copies of $\mathbb{F}_l^*$ on corresponding copies of $|\mathbb{F}_l|$ are *"compatible with simultaneous execution"* in the sense that they *commute with one another*. That is to say, at least at the level of labels, the $\mathbb{F}_l^*$-**symmetry** is **multiradial**.

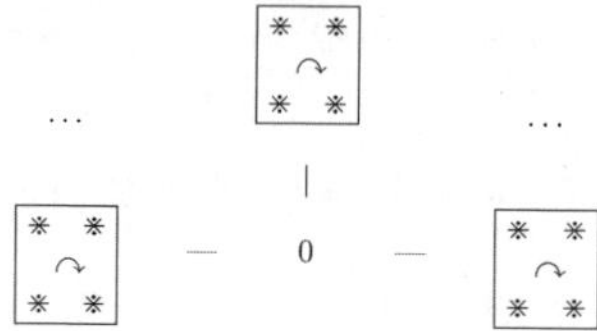

Fig. I.4: Étale-picture of $\mathbb{F}_l^*$-symmetries

Fig. I.5: Étale-picture of $\mathbb{F}_l^{\rtimes\pm}$-symmetries

In a similar vein, at a purely combinatorial level, the $\mathbb{F}_l^{\rtimes\pm}$*-symmetry* may be thought of as consisting of the natural action of $\mathbb{F}_l^{\rtimes\pm}$ on the set of *labels* $\mathbb{F}_l$ [cf. the discussion of [IUTchI], §I1]. Here again, the *label* 0 corresponds to the *[mono-analytic] core*. Thus, the corresponding étale-picture consists of various *copies of* $\mathbb{F}_l$ glued together along the *coric label* 0 [cf. Fig. I.5 above]. In particular, the various actions of copies of $\mathbb{F}_l^{\rtimes\pm}$ on corresponding copies of $\mathbb{F}_l$ are *"incompatible with simultaneous execution"* in the sense that they clearly *fail to commute with one another*. That is to say, at least at the level of labels, the $\mathbb{F}_l^{\rtimes\pm}$**-symmetry** is **uniradial**.

Since, ultimately, in the present series of papers, we shall be interested in the establishment of *multiradial algorithms*, "special care" will be necessary in order to obtain multiradial algorithms for constructing objects related to the *a priori* **uniradial** $\mathbb{F}_l^{\rtimes\pm}$*-symmetry* [cf. the discussion of Remark 4.7.3 of the present paper; [IUTchIII], Remark 3.11.2, (i), (ii)]. The multiradiality of such algorithms will be closely related to the fact that $\mathbb{F}_l^{\rtimes\pm}$-symmetry is applied to relate the *various copies of* **local units** *modulo torsion, i.e., "$\mathcal{O}^{\times\mu}$"* [cf. the notation of [IUTchI], §1] at various labels $\in \mathbb{F}_l$ that lie in various spokes of the étale-picture [cf. the discussion of Remark 4.7.3, (ii)]. This contrasts with the way in which the *a priori* **multiradial** $\mathbb{F}_l^{*}$*-symmetry* will be applied, namely to treat various **"weighted volumes"** corresponding to the *local value groups* and *global realified Frobenioids* at various labels $\in \mathbb{F}_l^{*}$ that lie in various spokes of the étale-picture [cf. the discussion of Remark 4.7.3, (iii)]. Relative to the analogy between the theory of the present series of papers and *p-adic Teichmüller theory* [cf. [IUTchI], §I4], various aspects of the $\mathbb{F}_l^{\rtimes\pm}$**-symmetry** are reminiscent of the **additive** *monodromy over the* **ordinary locus** of the canonical curves that occur in $p$-adic Teichmüller theory; in a similar vein, various aspects of the $\mathbb{F}_l^{*}$**-symmetry** may be thought of as corresponding to the **multiplicative** *monodromy at the* **supersingular points** of the canonical curves that occur in $p$-adic Teichmüller theory — cf. the discussion of Remark 4.11.4, (iii); Fig. I.7 below.

Before discussing the theory of *multiradiality* in the context of the theory of *Hodge-Arakleov-theoretic evaluation theory* developed in the present paper, we pause to review the theory of **mono-theta environments** developed in [EtTh]. One starts with a *Tate curve* over a mixed-characteristic nonarchimedean local field. The *mono-theta environment* associated to such a curve is, roughly speaking, the *Kummer-theoretic data* that arises by extracting *$N$-th roots of the* **theta trivialization** of the ample line bundle associated to the origin over appropriate tempered coverings of the curve [cf. [EtTh], Definition 2.13, (ii)]. Such mono-theta environments may be constructed *purely group-theoretically* from the *[arithmetic] tempered fundamental group* of the once-punctured elliptic curve determined by the given Tate curve [cf. [EtTh], Corollary 2.18], or, alternatively, *purely category-theoretically* from the *tempered Frobenioid* determined by the theory of line bundles and divisors over tempered coverings of the Tate curve [cf. [EtTh], Theorem 5.10, (iii)]. Indeed, the *isomorphism of mono-theta environments* between the mono-theta environments arising from these two constructions of mono-theta environments — i.e., from tempered fundamental groups, on the one hand, and from tempered Frobenioids, on the other [cf. Proposition 1.2 of the present paper] — may be thought of as a sort of **Kummer isomorphism** for **mono-theta environments** [cf. Proposition 3.4 of the present paper, as well as [IUTchIII], Proposition 2.1, (iii)]. One important consequence of the theory of [EtTh] asserts that mono-theta environments satisfy the following three **rigidity** properties:

(a) **cyclotomic rigidity**,
(b) **discrete rigidity**, and
(c) **constant multiple rigidity**

— cf. the Introduction to [EtTh].

**Discrete rigidity** assures one that one may work with $\underline{\mathbb{Z}}$**-translates** [where we write $\underline{\mathbb{Z}}$ for the copy of "$\mathbb{Z}$" that acts as a group of covering transformations on the tempered coverings involved], as opposed to $\widehat{\underline{\mathbb{Z}}}$-translates [i.e., where $\widehat{\underline{\mathbb{Z}}} \cong \widehat{\mathbb{Z}}$ denotes the profinite completion of $\underline{\mathbb{Z}}$], of the *theta function*, i.e., one need not contend with *$\widehat{\mathbb{Z}}$-powers of canonical multiplicative coordinates [i.e., "U"], or q-parameters* [cf. Remark 3.6.5, (iii); [IUTchIII], Remark 2.1.1, (v)]. Although we will certainly *"use"* this discrete rigidity throughout the theory of the present series of papers, this property of mono-theta environments will not play a particularly prominent role in the theory of the present series of papers. The $\widehat{\mathbb{Z}}$-powers of "$U$" and "$q$" that would occur if one does not have discrete rigidity may be compared to the **PD-formal series** that are obtained, *a priori*, if one attempts to construct the *canonical parameters of p-adic Teichmüller theory* via formal integration. Indeed, PD-formal power series become necessary if one attempts to treat such canonical parameters as objects which admit *arbitrary $\widehat{\mathcal{O}}$-powers*, where $\widehat{\mathcal{O}}$ denotes the completion of the local ring to which the canonical parameter belongs [cf. the discussion of Remark 3.6.5, (iii); Fig. I.6 below].

**Constant multiple rigidity** plays a somewhat more central role in the present series of papers, in particular in relation to the theory of the **log-link**, which we shall discuss in [IUTchIII] [cf. the discussion of Remark 1.12.2 of the present paper; [IUTchIII], Remark 1.2.3, (i); [IUTchIII], Proposition 3.5, (ii); [IUTchIII], Remark 3.11.2, (iii)]. Constant multiple rigidity asserts that the multiplicative monoid

$$\mathcal{O}^{\times}_{\overline{F}_{\underline{v}}} \cdot \underline{\underline{\Theta}}_{\underline{v}}$$

— which we shall refer to as the **theta monoid** — generated by the *reciprocal of the l-th root of the* **theta function** and the *group of units* of the ring of integers of the base field $\overline{F}_{\underline{v}}$ [cf. the notation of [IUTchI], §I1] admits a **canonical splitting**, up to $2l$-th roots of unity, that arises from **evaluation** at the *[2-]torsion point* corresponding to the **label** $0 \in \mathbb{F}_l$ [cf. Corollary 1.12, (ii); Proposition 3.1, (i); Proposition 3.3, (i)]. Put another way, this canonical splitting is the splitting determined, up to $2l$-th roots of unity, by $\underline{\underline{\Theta}}_{\underline{v}} \in \mathcal{O}^{\times}_{\overline{F}_{\underline{v}}} \cdot \underline{\underline{\Theta}}_{\underline{v}}$. The theta monoid of the above display, as well as the associated canonical splitting, may be *constructed algorithmically* from the mono-theta environment [cf. Proposition 3.1, (i)]. Relative to the analogy between the theory of the present series of papers and $p$-adic Teichmüller theory, these canonical splittings may be thought of as corresponding to the **canonical coordinates** *of p-adic Teichmüller theory*, i.e., more precisely, to the fact that such canonical coordinates are also completely determined *without any constant multiple indeterminacies* — cf. Fig. I.6 below; Remark 3.6.5, (iii); [IUTchIII], Remark 3.12.4, (i).

| *Mono-theta-theoretic rigidity property in inter-universal Teichmüller theory* | *Corresponding phenomenon in p-adic Teichmüller theory* |
|---|---|
| *mono-theta-theoretic* **constant multiple** *rigidity* | *lack of constant multiple indeterminacy of* **canonical coordinates** *on canonical curves* |
| *mono-theta-theoretic* **cyclotomic** *rigidity* | *lack of* $\widehat{\mathbb{Z}}^{\times}$*-power indeterminacy of* **canonical coordinates** *on canonical curves,* **Kodaira-Spencer isomorphism** |
| **multiradiality** *of mono-theta-theoretic* **constant multiple, cyclotomic** *rigidity* | **Frobenius-invariant** *nature of canonical coordinates* |
| *mono-theta-theoretic* **discrete** *rigidity* | *formal* = **"non-PD-formal"** *nature of canonical coordinates on canonical curves* |

Fig. I.6: Mono-theta-theoretic rigidity properties in inter-universal Teichmüller theory and corresponding phenomena in $p$-adic Teichmüller theory

**Cyclotomic rigidity** consists of a *rigidity isomorphism*, which may be *constructed algorithmically* from the mono-theta environment, between

- the portion of the mono-theta environment — which we refer to as the **exterior cyclotome** — that arises from the roots of unity of the *base field* and
- a certain copy of the once-Tate-twisted Galois module "$\widehat{\mathbb{Z}}(1)$" — which we refer to as the **interior cyclotome** — that appears as a subquotient of the *geometric* tempered fundamental group

[cf. Definition 1.1, (ii); Proposition 1.3, (i)]. This rigidity is *remarkable* — as we shall see in our discussion below of the corresponding *multiradiality* property —

in that unlike the *"conventional"* construction of such cyclotomic rigidity isomorphisms via *local class field theory* [cf. Proposition 1.3, (ii)], which requires one to use the *entire* monoid with Galois action $G_{\underline{v}} \curvearrowright \mathcal{O}^{\triangleright}_{\overline{F}_{\underline{v}}}$, the only portion of the monoid $\mathcal{O}^{\triangleright}_{\overline{F}_{\underline{v}}}$ that appears in this construction is the portion [i.e., the "exterior cyclotome"] corresponding to the *torsion subgroup* $\mathcal{O}^{\boldsymbol{\mu}}_{\overline{F}_{\underline{v}}} \subseteq \mathcal{O}^{\triangleright}_{\overline{F}_{\underline{v}}}$ [cf. the notation of [IUTchI], §I1]. This construction depends, in an essential way, on the *commutator structure of theta groups*, but constitutes a somewhat different approach to utilizing this commutator structure from the "classical approach" involving *irreducibility* of representations of theta groups [cf. Remark 3.6.5, (ii); the Introduction to [EtTh]]. One important aspect of this dependence on the commutator structure of the theta group is that the theory of cyclotomic rigidity yields an explanation for the importance of the special role played by the **first power** *of [the reciprocal of the l-th root of] the* **theta function** in the present series of papers [cf. Remark 3.6.4, (iii), (iv), (v); the Introduction to [EtTh]]. Relative to the analogy between the theory of the present series of papers and $p$-adic Teichmüller theory, mono-theta-theoretic cyclotomic rigidity may be thought of as corresponding either to the fact that the *canonical coordinates of p-adic Teichmüller theory* are completely determined *without any* $\widehat{\mathbb{Z}}^{\times}$*-power indeterminacies* or [roughly equivalently] to the **Kodaira-Spencer isomorphism** of the canonical indigenous bundle — cf. Fig. I.6; Remark 3.6.5, (iii); Remark 4.11.4, (iii), (b).

The **theta monoid**

$$\mathcal{O}^{\times}_{\overline{F}_{\underline{v}}} \cdot \underline{\underline{\Theta}}_{\underline{v}}$$

discussed above admits both **étale-like** and **Frobenius-like** [i.e., *Frobenioid-theoretic*] versions, which may be related to one another via a **Kummer isomorphism** [cf. Proposition 3.3, (i)]. The unit portion, together with its natural Galois action, of the Frobenioid-theoretic version of the theta monoid

$$G_{\underline{v}} \curvearrowright \mathcal{O}^{\times}_{\overline{F}_{\underline{v}}}$$

forms the portion at $\underline{v} \in \underline{\mathbb{V}}^{\text{bad}}$ of the $\mathcal{F}^{\vdash\times}$*-prime-strip* "$\mathfrak{F}^{\vdash\times}_{\text{mod}}$" that is *preserved, up to isomorphism, by the* $\Theta$*-link* [cf. the discussion of [IUTchI], §I1; [IUTchI], Theorem A, (ii)]. In the theory of the present paper, we shall introduce *modified versions of the* $\Theta$*-link of [IUTchI]* [cf. the discussion of the "$\Theta^{\times\boldsymbol{\mu}}$-, $\Theta^{\times\boldsymbol{\mu}}_{\text{gau}}$-links" below], which, unlike the $\Theta$-link of [IUTchI], *only preserve* [up to isomorphism] the $\mathcal{F}^{\vdash\times\boldsymbol{\mu}}$**-prime-strips** — i.e., which consist of the data

$$G_{\underline{v}} \curvearrowright \mathcal{O}^{\times\boldsymbol{\mu}}_{\overline{F}_{\underline{v}}} = \mathcal{O}^{\times}_{\overline{F}_{\underline{v}}}/\mathcal{O}^{\boldsymbol{\mu}}_{\overline{F}_{\underline{v}}}$$

[cf. the notation of [IUTchI], §I1] at $\underline{v} \in \underline{\mathbb{V}}^{\text{bad}}$ — associated to the $\mathcal{F}^{\vdash\times}$-prime-strips preserved [up to isomorphism] by the $\Theta$-link of [IUTchI]. Since this data is only preserved up to isomorphism, it follows that the topological group "$G_{\underline{v}}$" must be regarded as being *only known up to isomorphism*, while the monoid $\mathcal{O}^{\times\boldsymbol{\mu}}_{\overline{F}_{\underline{v}}}$ must be regarded as being *only known up to* [the automorphisms of this monoid determined by the natural action of] $\widehat{\mathbb{Z}}^{\times}$. That is to say, one must regard

the data $G_{\underline{v}} \curvearrowright \mathcal{O}^{\times\boldsymbol{\mu}}_{\overline{F}_{\underline{v}}}$ as *subject to* $\text{Aut}(G_{\underline{v}})$**-**, $\widehat{\mathbb{Z}}^{\times}$**-indetermnacies**.

These indeterminacies will play an important role in the theory of the present series of papers — cf. the indeterminacies "(Ind1)", "(Ind2)" of [IUTchIII], Theorem 3.11, (i).

Now let us return to our discussion of the various mono-theta-theoretic rigidity properties. The *key observation* concerning these rigidity properties, as reviewed above, in the context of the $\mathrm{Aut}(G_{\underline{v}})$-, $\widehat{\mathbb{Z}}^{\times}$-indeterminacies just discussed, is the following:

> the **canonical splittings**, via *"evaluation at the zero section"*, of the *theta monoids*, together with the construction of the **mono-theta-theoretic cyclotomic rigidity isomorphism**, are **compatible** with, in the sense that they are *left unchanged* by, the $\mathrm{Aut}(G_{\underline{v}})$**-**, $\widehat{\mathbb{Z}}^{\times}$**-indeterminacies** discussed above

— cf. Corollaries 1.10, 1.12; Proposition 3.4, (i). Indeed, this observation constitutes the *substantive content* of the **multiradiality** of mono-theta-theoretic constant multiple/cyclotomic rigidity [cf. Fig. I.6] and will play an important role in the statements and proofs of the *main results* of the present series of papers [cf. [IUTchIII], Theorem 2.2; [IUTchIII], Corollary 2.3; [IUTchIII], Theorem 3.11, (iii), (c); Step (ii) of the proof of [IUTchIII], Corollary 3.12]. At a *technical level*, this "key observation" simply amounts to the observation that the only portion of the monoid $\mathcal{O}^{\times}_{\overline{F}_{\underline{v}}}$ that is *relevant* to the construction of the *canonical splittings* and *cyclotomic rigidity isomorphism* under consideration is the *torsion subgroup* $\mathcal{O}^{\boldsymbol{\mu}}_{\overline{F}_{\underline{v}}}$, which [by definition!] *maps to the* **identity** *element* of $\mathcal{O}^{\times\boldsymbol{\mu}}_{\overline{F}_{\underline{v}}}$, hence is *immune* to the various *indeterminacies* under consideration. That is to say, the multiradiality of mono-theta-theoretic constant multiple/cyclotomic rigidity may be regarded as an essentially formal consequence of the **triviality** of the natural homomorphism

$$\mathcal{O}^{\boldsymbol{\mu}}_{\overline{F}_{\underline{v}}} \quad \to \quad \mathcal{O}^{\times\boldsymbol{\mu}}_{\overline{F}_{\underline{v}}}$$

[cf. Remark 1.10.2].

After discussing, in §1, the multiradiality theory surrounding the various rigidity properties of the mono-theta environment, we take up the task, in §2 and §3, of establishing the theory of **Hodge-Arakelov-theoretic evaluation**, i.e., of passing [for $\underline{v} \in \underline{\mathbb{V}}^{\mathrm{bad}}$]

$$\mathcal{O}^{\times}_{\overline{F}_{\underline{v}}} \cdot \underline{\underline{\Theta}}_{\underline{v}} \quad \rightsquigarrow \quad \mathcal{O}^{\times}_{\overline{F}_{\underline{v}}} \cdot \{\underline{\underline{q}}_{\underline{v}}^{j^2}\}_{j=1,\dots,l^*}$$

from **theta monoids** as discussed above [i.e., the monoids on the left-hand side of the above display] to **Gaussian monoids** [i.e., the monoids on the right-hand side of the above display] by means of the operation of *"evaluation" at* ***l*-torsion points**. Just as in the case of theta monoids, Gaussian monoids admit both *étale-like* versions, which constitute the main topic of §2, and *Frobenius-like* [i.e., *Frobenioid-theoretic*] versions, which constitute the main topic of §3. Moreover, as discussed at the beginning of the present Introduction, it is of crucial importance in the theory of the present series of papers to be able to *relate* these *étale-like* and *Frobenius-like* versions to one another via **Kummer theory**. One important observation in this context — which we shall refer to as the *"principle of* **Galois evaluation"** — is the following: it is essentially a *tautology* that

> this requirement of **compatibility** with **Kummer theory** *forces* any sort of *"evaluation operation"* to arise from **restriction** *to* **Galois sections** of the [arithmetic] tempered fundamental groups involved

[i.e., Galois sections of the sort that arise from *rational points* such as $l$-torsion points!] — cf. the discussion of Remarks 1.12.4, 3.6.2. This tautology is interesting both in light of the history surrounding the *Section Conjecture* in anabelian geometry [cf. [IUTchI], §I5] and in light of the fact that the theory of [SemiAnbd] that is applied to prove [IUTchI], Theorem B — a result which plays an important role in the theory of §2 of the present paper! [cf. the discussion below] — may be thought of as a sort of **"Combinatorial Section Conjecture"**.

At this point, we remark that, unlike the theory of theta monoids discussed above, the theory of Gaussian monoids developed in the present paper does *not*, by itself, admit a *multiradial formulation* [cf. Remarks 2.9.1, (iii); 3.4.1, (ii); 3.7.1]. In order to obtain a multiradial formulation of the theory of Gaussian monoids — which is, in some sense, the *ultimate goal* of the present series of papers! — it will be necessary to *combine* the theory of the present paper with the theory of the $\mathfrak{log}$**-link** developed in [IUTchIII]. This will allow us to obtain a **multiradial formulation** of the theory of **Gaussian monoids** in [IUTchIII], Theorem 3.11.

One important aspect of the theory of Hodge-Arakelov-theoretic evaluation is the notion of **conjugate synchronization**. Conjugate synchronization refers to a collection of *"symmetrizing isomorphisms"* between the various *copies of the local absolute Galois group* $G_{\underline{v}}$ associated to the *labels* $\in \mathbb{F}_l$ at which one evaluates the theta function [cf. Corollaries 3.5, (i); 3.6, (i); 4.5, (iii); 4.6, (iii)]. We shall also use the term "conjugate synchronization" to refer to similar collections of "symmetrizing isomorphisms" for copies of various objects [such as the monoid $\mathcal{O}^{\rhd}_{\overline{F}_{\underline{v}}}$] closely related to the absolute Galois group $G_{\underline{v}}$. With regard to the collections of isomorphisms between copies of $G_{\underline{v}}$, it is of *crucial importance* that these isomorphisms be *completely well-defined*, i.e., *without any* **conjugacy indeterminacies**! Indeed, if one allows conjugacy indeterminacies [i.e., put another way, if one allows oneself to work with *outer* isomorphisms, as opposed to isomorphisms], then one must sacrifice *either*

- the distinct nature of **distinct labels** $\in |\mathbb{F}_l|$ — which is necessary in order to keep track of the *distinct theta values* "$\underline{\underline{q}}^{j^2}$" for distinct $\underline{\underline{j}}$ — *or*
- the crucial **compatibility** of étale-like and Frobenius-like versions of the symmetrizing isomorphisms with **Kummer theory**

— cf. the discussion of Remark 3.8.3, (ii); [IUTchIII], Remark 1.5.1; Step (vii) of the proof of [IUTchIII], Corollary 3.12. In this context, it is also of interest to observe that it follows from certain *elementary combinatorial considerations* that one must require that

· these symmetrizing isomorphisms arise from a **group action**, i.e., such as the $\mathbb{F}_l^{\rtimes\pm}$**-symmetry**

— cf. the discussion of Remark 3.5.2. Moreover, since it will be of crucial importance to apply these symmetrizing isomorphisms, in [IUTchIII], §1 [cf., especially, [IUTchIII], Remark 1.3.2], in the context of the **log-link** — whose definition depends on the *local* **ring** *structures* at $\underline{v} \in \underline{\mathbb{V}}^{\mathrm{bad}}$ [cf. the discussion of [AbsTopIII], §I3] — it will be necessary to invoke the fact that

· the symmetrizing isomorphisms at $\underline{v} \in \underline{\mathbb{V}}^{\mathrm{bad}}$ arise from conjugation operations within a certain **[arithmetic] tempered fundamental group** — namely, the tempered fundamental group of $\underline{X}_{\underline{v}}$ [cf. the notation of [IUTchI], §I1] — that contains $\Pi_{\underline{v}}$ as an open subgroup of finite index

— cf. the discussion of Remark 3.8.3, (ii). Here, we note that these "conjugation operations" related to the $\mathbb{F}_l^{\rtimes\pm}$-symmetry may be applied to establish *conjugate synchronization* precisely because they arise from conjugation by elements of the *geometric* tempered fundamental group [cf. Remark 3.5.2, (iii)].

The *significance* of establishing **conjugate synchronization** — i.e., subject to the various requirements discussed above! — lies in the fact that the resulting symmetrizing isomorphisms allow one to

*construct the crucial* **coric** $\mathcal{F}^{\vdash\times\boldsymbol{\mu}}$**-prime-strips**

— i.e., the $\mathcal{F}^{\vdash\times\boldsymbol{\mu}}$-prime-strips that are preserved, up to isomorphism, by the *modified versions of the* $\Theta$*-link of [IUTchI]* [cf. the discussion of the "$\Theta^{\times\boldsymbol{\mu}}$-, $\Theta^{\times\boldsymbol{\mu}}_{\mathrm{gau}}$-links" below] that are introduced in §4 of the present paper [cf. Corollary 4.10, (i), (iv); [IUTchIII], Theorem 1.5, (iii); the discussion of [IUTchIII], Remark 1.5.1, (i)].

In §4, the theory of conjugate synchronization established in §3 [cf. Corollaries 3.5, (i); 3.6, (i)] is extended so as to apply to *arbitrary* $\underline{v} \in \underline{\mathbb{V}}$, i.e., not just $\underline{v} \in \underline{\mathbb{V}}^{\mathrm{bad}}$ [cf. Corollaries 4.5, (iii); 4.6, (iii)]. In particular, in order to work with the theta value **labels** $\in \mathbb{F}_l$ in the context of the $\mathbb{F}_l^{\rtimes\pm}$**-symmetry**, i.e., which involves the action

$$\mathbb{F}_l^{\rtimes\pm} \curvearrowright \mathbb{F}_l$$

on the labels $\in \mathbb{F}_l$, one must avail oneself of the **global portion** *of the* $\Theta^{\pm\mathrm{ell}}$*-Hodge theaters* that appear. Indeed, this global portion allows one to *synchronize* the *a priori* **independent** *indeterminacies* with respect to the action of $\{\pm 1\}$ on the various $\underline{\underline{X}}_{\underline{v}}$ [for $\underline{v} \in \underline{\mathbb{V}}^{\mathrm{bad}}$], $\underline{X}_{\rightarrow\underline{v}}$ [for $\underline{v} \in \underline{\mathbb{V}}^{\mathrm{good}}$] — cf. the discussion of Remark 4.5.3, (iii). On the other hand, the copy of the arithmetic fundamental group of $\underline{X}_K$ that constitutes this global portion of the $\Theta^{\pm\mathrm{ell}}$-Hodge theater is *profinite*, i.e., it does not admit a "globally tempered version" whose localization at $\underline{v} \in \underline{\mathbb{V}}^{\mathrm{bad}}$ is naturally isomorphic to the corresponding tempered fundamental group at $\underline{v}$. One important consequence of this state of affairs is that

in order to apply the **global** $\pm$**-synchronization** afforded by the $\Theta^{\pm\mathrm{ell}}$-Hodge theater in the context of the theory of *Hodge-Arakelov-theoretic evaluation* at $\underline{v} \in \underline{\mathbb{V}}^{\mathrm{bad}}$ relative to *labels* $\in \mathbb{F}_l$ that correspond to conjugacy classes of cuspidal inertia groups of *tempered* fundamental groups at

$\underline{v} \in \underline{\mathbb{V}}^{\text{bad}}$, it is necessary to compute the **profinite conjugates** *of such tempered cuspidal inertia groups*

— cf. the discussion of [IUTchI], Remark 4.5.1, as well as Remarks 2.5.2 and 4.5.3, (iii), of the present paper, for more details. This is precisely what is achieved by the application of [IUTchI], Theorem B [i.e., in the form of [IUTchI], Corollary 2.5] in §2 of the present paper.

As discussed above, the theory of Hodge-Arakelov-theoretic evaluation developed in §1, §2, §3 is *strictly local* [at $\underline{v} \in \underline{\mathbb{V}}^{\text{bad}}$] in nature. Thus, in §4, we discuss the *essentially routine* extensions of this theory, e.g., of the theory of *Gaussian monoids*, to the "remaining portion" of the $\Theta^{\pm\text{ell}}$-*Hodge theater*, i.e., to $\underline{v} \in \underline{\mathbb{V}}^{\text{good}}$, as well as to the case of *global realified Frobenioids* [cf. Corollaries 4.5, (iv), (v); 4.6, (iv), (v)]. We also discuss the corresponding complements, involving the theory of [IUTchI], §5, for $\Theta$NF-*Hodge theaters* [cf. Corollaries 4.7, 4.8]. This leads naturally to the construction of *modified versions of the* $\Theta$*-link of [IUTchI]* [cf. Corollary 4.10, (iii)]. These modified versions may be described as follows:

- The $\Theta^{\times\boldsymbol{\mu}}$**-link** is essentially the same as the $\Theta$-link of [IUTchI], Theorem A, except that $\mathcal{F}^{\Vdash}$-prime-strips are replaced by $\mathcal{F}^{\Vdash\blacktriangleright\times\boldsymbol{\mu}}$**-prime-strips** [cf. [IUTchI], Fig. I1.2] — i.e., roughly speaking, the various local "$\mathcal{O}^{\times}$" are replaced by "$\mathcal{O}^{\times\boldsymbol{\mu}} = \mathcal{O}^{\times}/\mathcal{O}^{\boldsymbol{\mu}}$".
- The $\Theta^{\times\boldsymbol{\mu}}_{\text{gau}}$**-link** is essentially the same as the $\Theta^{\times\boldsymbol{\mu}}$-link, except that the theta monoids that give rise to the $\Theta^{\times\boldsymbol{\mu}}$-link are replaced, via composition with a certain isomorphism that arises from *Hodge-Arakelov-theoretic evaluation*, by **Gaussian monoids** [cf. the above discussion!] — i.e., roughly speaking, the various "$\underline{\underline{\Theta}}_{\underline{v}}$" at $\underline{v} \in \underline{\mathbb{V}}^{\text{bad}}$ are replaced by "$\{\underline{\underline{q}}_{\underline{v}}^{j^2}\}_{j=1,\ldots,l^*}$".

The basic properties of the $\Theta^{\times\boldsymbol{\mu}}$-, $\Theta^{\times\boldsymbol{\mu}}_{\text{gau}}$-links, including the corresponding *Frobenius-* and *étale-pictures*, are summarized in Theorems A, B below [cf. Corollaries 4.10, 4.11 for more details]. Relative to the analogy between the theory of the present series of papers and $p$-adic Teichmüller theory, the *passage from the* $\Theta^{\times\boldsymbol{\mu}}$*-link to the* $\Theta^{\times\boldsymbol{\mu}}_{\text{gau}}$*-link* via **Hodge-Arakelov-theoretic evaluation** may be thought of as corresponding to the passage

$$\mathcal{MF}^{\nabla}\text{-}\mathbf{objects} \quad \rightsquigarrow \quad \mathbf{Galois\ representations}$$

in the case of the **canonical indigenous bundles** that occur in $p$-adic Teichmüller theory — cf. the discussion of Remark 4.11.4, (ii), (iii). In particular, the corresponding passage from the *Frobenius-picture* associated to the $\Theta^{\times\boldsymbol{\mu}}$-link to the Frobenius-picture associated to the $\Theta^{\times\boldsymbol{\mu}}_{\text{gau}}$-link — or, more properly, relative to the point of view of [IUTchIII] [cf. also the discussion of [IUTchI], §I4], from the *log-theta-lattice* arising from the $\Theta^{\times\boldsymbol{\mu}}$-link to the log-theta-lattice arising from the $\Theta^{\times\boldsymbol{\mu}}_{\text{gau}}$-link — corresponds [i.e., relative to the analogy with $p$-adic Teichmüller theory] to the passage

from thinking of **canonical liftings** as being determined by **canonical** $\mathcal{MF}^{\nabla}$**-objects** to thinking of canonical liftings as being determined by **canonical Galois representations** [cf. Fig. I.7 below].

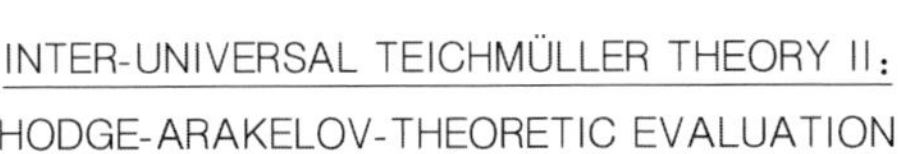


In this context, it is of interest to note that this point of view is precisely the point of view taken in the absolute anabelian reconstruction theory developed in [CanLift], §3 [cf. Remark 4.11.4, (iii), (a)]. Finally, we observe that from this point of view, the important theory of **conjugate synchronization** *via* $\mathbb{F}_l^{\rtimes\pm}$*-symmetry* may be thought of as corresponding to the theory of the *deformation of the canonical Galois representation from "mod* $p^n$*" to "mod* $p^{n+1}$*"* [cf. Fig. I.7 below; the discussion of Remark 4.11.4, (iii), (d)].

| *Property related to Hodge-Arakelov-theoretic evaluation in inter-universal Teichmüller theory* | *Corresponding phenomenon in p-adic Teichmüller theory* |
|---|---|
| *passage from* $\Theta^{\times\mu}$**-link** *to* $\Theta^{\times\mu}_{\text{gau}}$**-link** | *passage from canonicality via* $\mathcal{MF}^{\nabla}$**-objects** *to canonicality via* **crystalline Galois representations** |
| $\mathbb{F}_l^{\rtimes\pm}$-, $\mathbb{F}_l^{*}$- **symmetries** | **ordinary, supersingular monodromy** *of canonical Galois representation* |
| **conjugate synchronization** *via* $\mathbb{F}_l^{\rtimes\pm}$*-symmetry* | **deformation** *of* **canonical Galois representation** *from "mod* $p^n$*" to "mod* $p^{n+1}$*"* |

Fig. I.7: Properties related to Hodge-Arakelov-theoretic evaluation in inter-universal Teichmüller theory and corresponding phenomena in $p$-adic Teichmüller theory

Certain aspects of the various constructions discussed above are summarized in the following two results, i.e., *Theorems A, B,* which are abbreviated versions of Corollaries 4.10, 4.11, respectively. On the other hand, many important aspects — such as **multiradiality!** — of these constructions do not appear explicitly in Theorems A, B. The main reason for this is that it is difficult to formulate *"final results"* concerning such aspects as multiradiality in the absence of the framework that is to be developed in [IUTchIII].

**Theorem A.** **(Frobenioid-pictures of $\Theta^{\pm\text{ell}}$NF-Hodge Theaters)** *Fix a collection of* **initial $\Theta$-data** *($\overline{F}/F$, $X_F$, $l$, $\underline{C}_K$, $\underline{\mathbb{V}}$, $\underline{\epsilon}$) as in [IUTchI], Definition 3.1. Let* ${}^{\dagger}\mathcal{HT}^{\Theta^{\pm\text{ell}}\text{NF}}$; ${}^{\ddagger}\mathcal{HT}^{\Theta^{\pm\text{ell}}\text{NF}}$ *be* $\Theta^{\pm\text{ell}}$**NF-Hodge theaters** *[relative to the given initial $\Theta$-data] — cf. [IUTchI], Definition 6.13, (i). Write* ${}^{\dagger}\mathcal{HT}^{\mathcal{D}\text{-}\Theta^{\pm\text{ell}}\text{NF}}$,

${}^{\ddagger}\mathcal{HT}^{\mathcal{D}\text{-}\Theta^{\pm \mathrm{ell}}\mathrm{NF}}$ *for the associated* $\mathcal{D}$-$\Theta^{\pm\mathrm{ell}}$**NF-Hodge theaters** — *cf. [IUTchI], Definition 6.13, (ii). Then:*

*(i)* **(Constant Prime-Strips)** *By applying the* **symmetrizing isomorphisms**, *with respect to the* $\mathbb{F}_l^{\rtimes\pm}$**-symmetry**, *of Corollary 4.6, (iii), to the data of the underlying* $\Theta^{\pm\mathrm{ell}}$*-Hodge theater of* ${}^{\dagger}\mathcal{HT}^{\Theta^{\pm\mathrm{ell}}\mathrm{NF}}$ *that is labeled by* $t \in \mathrm{LabCusp}^{\pm}({}^{\dagger}\mathfrak{D}_{\succ})$, *one may construct, in a natural fashion, an* $\mathcal{F}^{\Vdash}$**-prime-strip**

$$ {}^{\dagger}\mathfrak{F}^{\Vdash}_{\triangle} \;=\; ({}^{\dagger}\mathcal{C}^{\Vdash}_{\triangle},\ \mathrm{Prime}({}^{\dagger}\mathcal{C}^{\Vdash}_{\triangle}) \stackrel{\sim}{\to} \underline{\mathbb{V}},\ {}^{\dagger}\mathfrak{F}^{\vdash}_{\triangle},\ \{{}^{\dagger}\rho_{\triangle,\underline{v}}\}_{\underline{v}\in\underline{\mathbb{V}}}) $$

*that is equipped with a* **natural identification isomorphism** *of* $\mathcal{F}^{\Vdash}$*-prime-strips* ${}^{\dagger}\mathfrak{F}^{\Vdash}_{\triangle} \stackrel{\sim}{\to} {}^{\dagger}\mathfrak{F}^{\Vdash}_{\mathrm{mod}}$ *between* ${}^{\dagger}\mathfrak{F}^{\Vdash}_{\triangle}$ *and the* $\mathcal{F}^{\Vdash}$*-prime-strip* ${}^{\dagger}\mathfrak{F}^{\Vdash}_{\mathrm{mod}}$ *of [IUTchI], Theorem A, (ii); this isomorphism induces a* **natural identification isomorphism** *of* $\mathcal{D}^{\vdash}$*-prime-strips* ${}^{\dagger}\mathfrak{D}^{\vdash}_{\triangle} \stackrel{\sim}{\to} {}^{\dagger}\mathfrak{D}^{\vdash}_{>}$ *between the* $\mathcal{D}^{\vdash}$*-prime-strip* ${}^{\dagger}\mathfrak{D}^{\vdash}_{\triangle}$ *associated to* ${}^{\dagger}\mathfrak{F}^{\Vdash}_{\triangle}$ *and the* $\mathcal{D}^{\vdash}$*-prime-strip* ${}^{\dagger}\mathfrak{D}^{\vdash}_{>}$ *of [IUTchI], Theorem A, (iii).*

*(ii)* **(Theta and Gaussian Prime-Strips)** *By applying the constructions of Corollary 4.6, (iv), (v), to the underlying* $\Theta$*-bridge and* $\Theta^{\pm\mathrm{ell}}$*-Hodge theater of* ${}^{\dagger}\mathcal{HT}^{\Theta^{\pm\mathrm{ell}}\mathrm{NF}}$, *one may construct, in a natural fashion,* $\mathcal{F}^{\Vdash}$**-prime-strips**

$$ {}^{\dagger}\mathfrak{F}^{\Vdash}_{\mathrm{env}} \;=\; ({}^{\dagger}\mathcal{C}^{\Vdash}_{\mathrm{env}},\ \mathrm{Prime}({}^{\dagger}\mathcal{C}^{\Vdash}_{\mathrm{env}}) \stackrel{\sim}{\to} \underline{\mathbb{V}},\ {}^{\dagger}\mathfrak{F}^{\vdash}_{\mathrm{env}},\ \{{}^{\dagger}\rho_{\mathrm{env},\underline{v}}\}_{\underline{v}\in\underline{\mathbb{V}}}) $$

$$ {}^{\dagger}\mathfrak{F}^{\Vdash}_{\mathrm{gau}} \;=\; ({}^{\dagger}\mathcal{C}^{\Vdash}_{\mathrm{gau}},\ \mathrm{Prime}({}^{\dagger}\mathcal{C}^{\Vdash}_{\mathrm{gau}}) \stackrel{\sim}{\to} \underline{\mathbb{V}},\ {}^{\dagger}\mathfrak{F}^{\vdash}_{\mathrm{gau}},\ \{{}^{\dagger}\rho_{\mathrm{gau},\underline{v}}\}_{\underline{v}\in\underline{\mathbb{V}}}) $$

*that are equipped with a* **natural identification isomorphism** *of* $\mathcal{F}^{\Vdash}$*-prime-strips* ${}^{\dagger}\mathfrak{F}^{\Vdash}_{\mathrm{env}} \stackrel{\sim}{\to} {}^{\dagger}\mathfrak{F}^{\Vdash}_{\mathrm{tht}}$ *between* ${}^{\dagger}\mathfrak{F}^{\Vdash}_{\mathrm{env}}$ *and the* $\mathcal{F}^{\Vdash}$*-prime-strip* ${}^{\dagger}\mathfrak{F}^{\Vdash}_{\mathrm{tht}}$ *of [IUTchI], Theorem A, (ii), as well as an* **evaluation isomorphism**

$$ {}^{\dagger}\mathfrak{F}^{\Vdash}_{\mathrm{env}} \quad \stackrel{\sim}{\to} \quad {}^{\dagger}\mathfrak{F}^{\Vdash}_{\mathrm{gau}} $$

*of* $\mathcal{F}^{\Vdash}$*-prime-strips.*

*(iii)* **($\Theta^{\times\boldsymbol{\mu}}$- and $\Theta^{\times\boldsymbol{\mu}}_{\mathrm{gau}}$-Links)** *Write* ${}^{\ddagger}\mathfrak{F}^{\Vdash\blacktriangleright\times\boldsymbol{\mu}}_{\triangle}$ *(respectively,* ${}^{\dagger}\mathfrak{F}^{\Vdash\blacktriangleright\times\boldsymbol{\mu}}_{\mathrm{env}}$; ${}^{\dagger}\mathfrak{F}^{\Vdash\blacktriangleright\times\boldsymbol{\mu}}_{\mathrm{gau}}$*) for the* $\mathcal{F}^{\Vdash\blacktriangleright\times\boldsymbol{\mu}}$**-prime-strip** *associated to the* $\mathcal{F}^{\Vdash}$*-prime-strip* ${}^{\ddagger}\mathfrak{F}^{\Vdash}_{\triangle}$ *(respectively,* ${}^{\dagger}\mathfrak{F}^{\Vdash}_{\mathrm{env}}$; ${}^{\dagger}\mathfrak{F}^{\Vdash}_{\mathrm{gau}}$*). We shall refer to the full poly-isomorphism* ${}^{\dagger}\mathfrak{F}^{\Vdash\blacktriangleright\times\boldsymbol{\mu}}_{\mathrm{env}} \stackrel{\sim}{\to} {}^{\ddagger}\mathfrak{F}^{\Vdash\blacktriangleright\times\boldsymbol{\mu}}_{\triangle}$ *as the* $\Theta^{\times\boldsymbol{\mu}}$**-link**

$$ {}^{\dagger}\mathcal{HT}^{\Theta^{\pm\mathrm{ell}}\mathrm{NF}} \quad \stackrel{\Theta^{\times\boldsymbol{\mu}}}{\longrightarrow} \quad {}^{\ddagger}\mathcal{HT}^{\Theta^{\pm\mathrm{ell}}\mathrm{NF}} $$

*[cf. the "*$\Theta$*-link" of [IUTchI], Theorem A, (ii)] from* ${}^{\dagger}\mathcal{HT}^{\Theta^{\pm\mathrm{ell}}\mathrm{NF}}$ *to* ${}^{\ddagger}\mathcal{HT}^{\Theta^{\pm\mathrm{ell}}\mathrm{NF}}$, *and to the full poly-isomorphism* ${}^{\dagger}\mathfrak{F}^{\Vdash\blacktriangleright\times\boldsymbol{\mu}}_{\mathrm{gau}} \stackrel{\sim}{\to} {}^{\ddagger}\mathfrak{F}^{\Vdash\blacktriangleright\times\boldsymbol{\mu}}_{\triangle}$ *— which may be regarded as being obtained from the full poly-isomorphism* ${}^{\dagger}\mathfrak{F}^{\Vdash\blacktriangleright\times\boldsymbol{\mu}}_{\mathrm{env}} \stackrel{\sim}{\to} {}^{\ddagger}\mathfrak{F}^{\Vdash\blacktriangleright\times\boldsymbol{\mu}}_{\triangle}$ *by composition with the inverse of the* **evaluation isomorphism** *of (ii) — as the* $\Theta^{\times\boldsymbol{\mu}}_{\mathrm{gau}}$**-link**

$$ {}^{\dagger}\mathcal{HT}^{\Theta^{\pm\mathrm{ell}}\mathrm{NF}} \quad \stackrel{\Theta^{\times\boldsymbol{\mu}}_{\mathrm{gau}}}{\longrightarrow} \quad {}^{\ddagger}\mathcal{HT}^{\Theta^{\pm\mathrm{ell}}\mathrm{NF}} $$

*from* ${}^{\dagger}\mathcal{HT}^{\Theta^{\pm\mathrm{ell}}\mathrm{NF}}$ *to* ${}^{\ddagger}\mathcal{HT}^{\Theta^{\pm\mathrm{ell}}\mathrm{NF}}$.

*(iv)* **(Coric $\mathcal{F}^{\vdash\times\boldsymbol{\mu}}$-Prime-Strips)** *The definition of the* **unit portion** *of the* **theta** *and* **Gaussian monoids** *that appear in the construction of the* $\mathcal{F}^{\Vdash}$*-prime-strips* ${}^{\dagger}\mathfrak{F}^{\Vdash}_{\mathrm{env}}$, ${}^{\dagger}\mathfrak{F}^{\Vdash}_{\mathrm{gau}}$ *of (ii) gives rise to* **natural isomorphisms**

$$ {}^{\dagger}\mathfrak{F}^{\vdash\times\boldsymbol{\mu}}_{\triangle} \quad \stackrel{\sim}{\to} \quad {}^{\dagger}\mathfrak{F}^{\vdash\times\boldsymbol{\mu}}_{\mathrm{env}} \quad \stackrel{\sim}{\to} \quad {}^{\dagger}\mathfrak{F}^{\vdash\times\boldsymbol{\mu}}_{\mathrm{gau}} $$

*of the* $\mathcal{F}^{\vdash\times\boldsymbol{\mu}}$*-prime-strips associated to the* $\mathcal{F}^{\Vdash}$*-prime-strips* ${}^{\dagger}\mathfrak{F}^{\Vdash}_{\triangle}$, ${}^{\dagger}\mathfrak{F}^{\Vdash}_{\mathrm{env}}$, ${}^{\dagger}\mathfrak{F}^{\Vdash}_{\mathrm{gau}}$. *Moreover, by composing these natural isomorphisms with the poly-isomorphisms induced on the respective* $\mathcal{F}^{\vdash\times\boldsymbol{\mu}}$*-prime-strips by the* $\Theta^{\times\boldsymbol{\mu}}$*- and* $\Theta^{\times\boldsymbol{\mu}}_{\mathrm{gau}}$*-links of (iii), one obtains a poly-isomorphism*

$$ {}^{\dagger}\mathfrak{F}^{\vdash\times\boldsymbol{\mu}}_{\triangle} \ \stackrel{\sim}{\to}\ {}^{\ddagger}\mathfrak{F}^{\vdash\times\boldsymbol{\mu}}_{\triangle} $$

*which coincides with the* **full** *poly-isomorphism between these two* $\mathcal{F}^{\vdash\times\boldsymbol{\mu}}$*-prime-strips — that is to say, "*${}^{(-)}\mathfrak{F}^{\vdash\times\boldsymbol{\mu}}_{\triangle}$*" is an* **invariant** *of both the* $\Theta^{\times\boldsymbol{\mu}}$*- and* $\Theta^{\times\boldsymbol{\mu}}_{\mathrm{gau}}$*-links. Finally, this full poly-isomorphism induces the* **full** *poly-isomorphism*

$$ {}^{\dagger}\mathfrak{D}^{\vdash}_{\triangle} \ \stackrel{\sim}{\to}\ {}^{\ddagger}\mathfrak{D}^{\vdash}_{\triangle} $$

*between the associated* $\mathcal{D}^{\vdash}$*-prime-strips; we shall refer to this poly-isomorphism as the* **$\mathcal{D}$-$\Theta^{\pm\mathrm{ell}}$NF-link** *from* ${}^{\dagger}\mathcal{HT}^{\mathcal{D}\text{-}\Theta^{\pm\mathrm{ell}}\mathrm{NF}}$ *to* ${}^{\ddagger}\mathcal{HT}^{\mathcal{D}\text{-}\Theta^{\pm\mathrm{ell}}\mathrm{NF}}$.

*(v)* **(Frobenius-pictures)** *Let* $\{{}^{n}\mathcal{HT}^{\Theta^{\pm\mathrm{ell}}\mathrm{NF}}\}_{n\in\mathbb{Z}}$ *be a* **collection of distinct $\Theta^{\pm\mathrm{ell}}$NF-Hodge theaters** *indexed by the integers. Then by applying the* $\Theta^{\times\boldsymbol{\mu}}$*- and* **$\Theta^{\times\boldsymbol{\mu}}_{\mathrm{gau}}$-links** *of (iii), we obtain* **infinite chains**

$$ \dots \stackrel{\Theta^{\times\boldsymbol{\mu}}}{\longrightarrow} {}^{(n-1)}\mathcal{HT}^{\Theta^{\pm\mathrm{ell}}\mathrm{NF}} \stackrel{\Theta^{\times\boldsymbol{\mu}}}{\longrightarrow} {}^{n}\mathcal{HT}^{\Theta^{\pm\mathrm{ell}}\mathrm{NF}} \stackrel{\Theta^{\times\boldsymbol{\mu}}}{\longrightarrow} {}^{(n+1)}\mathcal{HT}^{\Theta^{\pm\mathrm{ell}}\mathrm{NF}} \stackrel{\Theta^{\times\boldsymbol{\mu}}}{\longrightarrow} \dots $$

$$ \dots \stackrel{\Theta^{\times\boldsymbol{\mu}}_{\mathrm{gau}}}{\longrightarrow} {}^{(n-1)}\mathcal{HT}^{\Theta^{\pm\mathrm{ell}}\mathrm{NF}} \stackrel{\Theta^{\times\boldsymbol{\mu}}_{\mathrm{gau}}}{\longrightarrow} {}^{n}\mathcal{HT}^{\Theta^{\pm\mathrm{ell}}\mathrm{NF}} \stackrel{\Theta^{\times\boldsymbol{\mu}}_{\mathrm{gau}}}{\longrightarrow} {}^{(n+1)}\mathcal{HT}^{\Theta^{\pm\mathrm{ell}}\mathrm{NF}} \stackrel{\Theta^{\times\boldsymbol{\mu}}_{\mathrm{gau}}}{\longrightarrow} \dots $$

*of* **$\Theta^{\times\boldsymbol{\mu}}$-/$\Theta^{\times\boldsymbol{\mu}}_{\mathrm{gau}}$-linked $\Theta$-Hodge theaters** *— cf. Fig. I.8 below, in the case of the* $\Theta^{\times\boldsymbol{\mu}}_{\mathrm{gau}}$*-link. Either of these infinite chains may be represented symbolically as an* **oriented graph** $\vec{\Gamma}$

$$ \dots \to \bullet \to \bullet \to \bullet \to \dots $$

*— i.e., where the arrows correspond to either the "* $\stackrel{\Theta^{\times\boldsymbol{\mu}}}{\longrightarrow}$ *'s" or the "* $\stackrel{\Theta^{\times\boldsymbol{\mu}}_{\mathrm{gau}}}{\longrightarrow}$ *'s", and the "•'s" correspond to the "*${}^{n}\mathcal{HT}^{\Theta^{\pm\mathrm{ell}}\mathrm{NF}}$*". This oriented graph* $\vec{\Gamma}$ *admits a natural action by* $\mathbb{Z}$ *— i.e., a* **translation symmetry** *— but it does* **not admit arbitrary permutation symmetries**. *For instance,* $\vec{\Gamma}$ *does not admit an automorphism that switches two adjacent vertices, but leaves the remaining vertices fixed.*

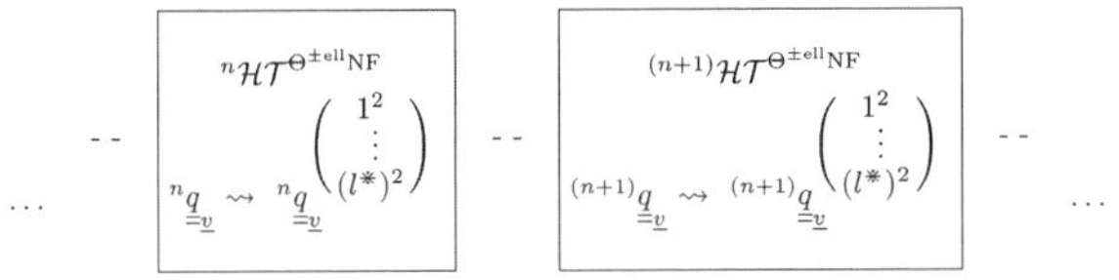

$$ \dots \ \ \text{--}\ \ \boxed{\begin{array}{c} {}^{n}\mathcal{HT}^{\Theta^{\pm\mathrm{ell}}\mathrm{NF}} \\ {}^{n}\underline{\underline{q}}_{\underline{v}} \rightsquigarrow {}^{n}\underline{\underline{q}}_{\underline{v}}^{\left(\begin{smallmatrix} 1^2 \\ \vdots \\ (l^*)^2 \end{smallmatrix}\right)} \end{array}} \ \ \text{--}\ \ \boxed{\begin{array}{c} {}^{(n+1)}\mathcal{HT}^{\Theta^{\pm\mathrm{ell}}\mathrm{NF}} \\ {}^{(n+1)}\underline{\underline{q}}_{\underline{v}} \rightsquigarrow {}^{(n+1)}\underline{\underline{q}}_{\underline{v}}^{\left(\begin{smallmatrix} 1^2 \\ \vdots \\ (l^*)^2 \end{smallmatrix}\right)} \end{array}} \ \ \text{--}\ \ \dots $$

Fig. I.8: Frobenius-picture associated to the $\Theta^{\times\boldsymbol{\mu}}_{\mathrm{gau}}$-link

**Theorem B.** **(Étale-pictures of Base-$\Theta^{\pm\mathrm{ell}}$NF-Hodge Theaters)** *Suppose that we are in the situation of Theorem A, (v).*

*(i) Write*

$$\ldots \xrightarrow{\mathcal{D}} {}^{n}\mathcal{HT}^{\mathcal{D}\text{-}\Theta^{\pm\mathrm{ell}}\mathrm{NF}} \xrightarrow{\mathcal{D}} {}^{(n+1)}\mathcal{HT}^{\mathcal{D}\text{-}\Theta^{\pm\mathrm{ell}}\mathrm{NF}} \xrightarrow{\mathcal{D}} \ldots$$

*— where $n \in \mathbb{Z}$ — for the* **infinite chain** *of* **$\mathcal{D}$-$\Theta^{\pm\mathrm{ell}}$NF-linked $\mathcal{D}$-$\Theta^{\pm\mathrm{ell}}$NF-Hodge theaters** *[cf. Theorem A, (iv), (v)] induced by either of the infinite chains of Theorem A, (v). Then this infinite chain induces a* **chain of full poly-isomorphisms**

$$\ldots \xrightarrow{\sim} {}^{n}\mathfrak{D}^{\vdash}_{\triangle} \xrightarrow{\sim} {}^{(n+1)}\mathfrak{D}^{\vdash}_{\triangle} \xrightarrow{\sim} \ldots$$

*[cf. Theorem A, (iv)]. That is to say, "${}^{(-)}\mathfrak{D}^{\vdash}_{\triangle}$" forms a* **constant invariant** *— i.e., a* **"mono-analytic core"** *[cf. the discussion of [IUTchI], §I1] — of the above infinite chain.*

*(ii) If we regard each of the $\mathcal{D}$-$\Theta^{\pm\mathrm{ell}}$NF-Hodge theaters of the chain of (i) as a* **spoke** *emanating from the mono-analytic core "${}^{(-)}\mathfrak{D}^{\vdash}_{\triangle}$" discussed in (i), then we obtain a* **diagram** *— i.e., an* **étale-picture of $\mathcal{D}$-$\Theta^{\pm\mathrm{ell}}$NF-Hodge theaters** *— as in Fig. I.9 below [cf. the situation discussed in [IUTchI], Theorem A, (iii)]. Thus, each spoke may be thought of as a* **distinct "arithmetic holomorphic structure"** *on the mono-analytic core. Finally, [cf. the situation discussed in [IUTchI], Theorem A, (iii)] this diagram satisfies the important property of admitting* **arbitrary permutation symmetries** *among the spokes [i.e., the labels $n \in \mathbb{Z}$ of the $\mathcal{D}$-$\Theta^{\pm\mathrm{ell}}$NF-Hodge theaters].*

*(iii) The constructions of (i) and (ii) are* **compatible***, in the evident sense, with the constructions of [IUTchI], Theorem A, (iii), relative to the* **natural identification isomorphisms** *${}^{(-)}\mathfrak{D}^{\vdash}_{\triangle} \xrightarrow{\sim} {}^{(-)}\mathfrak{D}^{\vdash}_{>}$ [cf. Theorem A, (i)].*

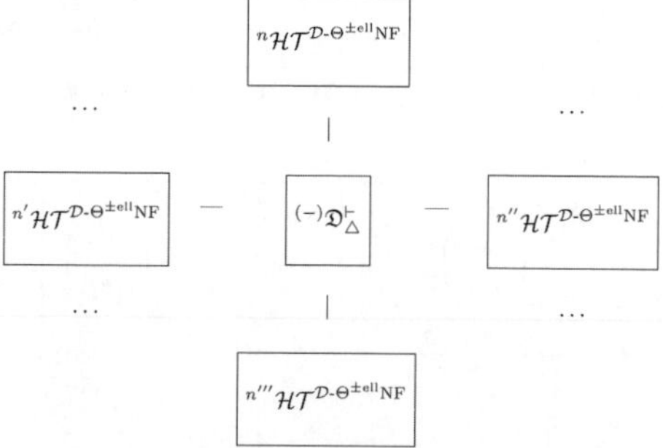


Fig. I.9: Étale-picture of $\mathcal{D}$-$\Theta^{\pm\mathrm{ell}}$NF-Hodge theaters

# INTER-UNIVERSAL TEICHMÜLLER THEORY II: HODGE-ARAKELOV-THEORETIC EVALUATION

**Acknowledgements:**

I would like to thank *Fumiharu Kato* and *Akio Tamagawa* for many helpful discussions concerning the material presented in this paper.

**Notations and Conventions:**

We shall continue to use the "Notations and Conventions" of [IUTchI], §0.

# 附　录

## 一位初中教师的探索

# ABC 猜想与整除问题

2022 年,陕西咸阳渭城区第一初级中学的李扩继老师给出了若干个费马小定理的推论,为整除问题提供了有力的理论工具,由此求解了若干个丢番图方程,给出了 ABC 定理.

## 一、引言

1985 年,约瑟夫·厄斯特勒和大卫·麦瑟尔提出了一个猜想,并激起了众多数学家的兴趣,其认为,如果这个猜想是成立的,那么它可以用来求解很多著名的丢番图方程.事实是这样吗?本章由此猜想入手,得到了整除问题的若干引理,为解决有关问题提供了有力的工具.在解析这个猜想之前,先引入一些符号.

**定义** 用 $\mathrm{rad}(n)$ 表示正整数 $n$ 的所有不相同的素因子之积,$\mathrm{rad}(1)=1$,如 $\mathrm{rad}(2^2\times3^3)=6$.用 $\mathrm{ord}_pa$ 表示集合 $\{a,a^2,\cdots,a^r,\cdots,a^n\}$ 中的 $r$,$r$ 满足取最小值使等式 $a^r=pk+1$(或 $a^r\equiv1(\mathrm{mod}\ p)$)成立,其中 $a\geqslant2$,$a$ 与 $p$ 互质,$r<p$,$r,a,p,k$ 都是正整数,称 $\mathrm{ord}_pa$ $(=r)$ 为此集合中用 $p$ 除 $a^n(n\to\infty)$ 的余数为 1 的最小循环节,或称 $r(=\mathrm{ord}_pa)$ 为 $a$ 模 $p$ 的次数,如 $2^1\equiv2(\mathrm{mod}\ 7)$,$2^2\equiv4(\mathrm{mod}\ 7)$,$2^3\equiv1(\mathrm{mod}\ 7)$,$2^4\equiv2(\mathrm{mod}\ 7)$,则 $\mathrm{ord}_72=3$.用 $\max\{|a|,|b|\}$ 表示正数 $|a|,|b|$ 中最大的一个数,如 $\max\{2,5,8\}=8$.用 $(a,b)=1$ 表示正整数 $a$ 与 $b$ 互质(说明:当以下字母表示

数字时，若没有特别说明，则均为正整数）.

## 二、ABC 猜想

对于任意实数 $\varepsilon>0$，存在一个常数 $k(\varepsilon)$，使得如果整数 $a,b,c$ 满足 $a+b=c,(a,b)=1$，那么就有

$$\max\{|a|,|b|,|c|\}<k(\varepsilon)\times(\mathrm{rad}(abc))^{1+\varepsilon}$$

因为整数 $a,b,c$ 满足 $a+b=c$，其中有负数项的总能通过移项变为每一项都是正数，所以只讨论 $a,b,c$ 都是正整数的情况就行了.

**定理 1（ABC 定理）** 在正整数集合中，互质的正整数 $a,b,c$ 满足：$a+b=c(b>a)$，$c$ 在不超过 $n$（给定）的范围内，那么：

(1)$\mathrm{rad}(abc)=c$ 是特例，充要条件是 $c=2$；

(2)若 $c>2$，则 $\mathrm{rad}(abc)>c$ 是普遍的，是较多的，其充要条件是 $\mathrm{rad}(c)=c$，或 $\mathrm{rad}(ab)>c\div\mathrm{rad}(c)$，或 $\mathrm{rad}(a)=a$，且 $\mathrm{rad}(b)=b$；

(3)$\mathrm{rad}(abc)<c$ 是反例，是较少的，其充要条件是 $c\div\mathrm{rad}(c)>\mathrm{rad}(ab)$，或存在素数 $p$ 满足：$p^m$ 整除 $b$，且 $\mathrm{rad}(ac)<p^{m-1}$，其中 $(c,p)=1$，整数 $m\geqslant2$.

如 $9=1+8=2+7=3+6=4+5$，其中 $9=1+8$ 满足(3)，$9=2+7$，$9=4+5$ 满足(2)，$9=3+6$ 可化为 $3=1+2$，满足(2).

**证明** (1)当 $c=2$ 时，$2=1+1$，$\mathrm{rad}(2\times1\times1)=2=c$. 当 $c=\mathrm{rad}(abc)$ 时，$\mathrm{rad}(abc)=\mathrm{rad}(ab)\times\mathrm{rad}(c)$，若 $\mathrm{rad}(ab)\neq1$，则 $\mathrm{rad}(ab)$ 整除 $c$，这与正整数 $a,b,c$ 互质相矛盾，所以 $\mathrm{rad}(ab)=1$，得 $c=2$.

(2)当 $c>2$ 时，由 $c=a+b,b>a$，可得 $\mathrm{rad}(ab)\geqslant2$. 于是由 $\mathrm{rad}(c)=c$，得

$$\mathrm{rad}(abc)=\mathrm{rad}(ab)\times\mathrm{rad}(c)\geqslant 2c>c$$

反过来

$$\mathrm{rad}(abc)=\mathrm{rad}(ab)\times\mathrm{rad}(c)>c$$

$$\Rightarrow \mathrm{rad}(ab)>c\div\mathrm{rad}(c)\geqslant 1$$

当 $\mathrm{rad}(c)=c$ 时取等号.

由于

$$\mathrm{rad}(ab)>c\div\mathrm{rad}(c)\Rightarrow\mathrm{rad}(abc)=\mathrm{rad}(ab)\times\mathrm{rad}(c)>c$$

反过来也成立.

由 $c=a+b,b>a>1$，得

$$(a-1)(b-1)>1\Rightarrow ab>a+b-c$$

又由 $\mathrm{rad}(a)=a$，且 $\mathrm{rad}(b)=b$，得

$$\mathrm{rad}(abc)=ab\times\mathrm{rad}(c)>c$$

反过来也成立.

(3) $c\div\mathrm{rad}(c)>\mathrm{rad}(ab)\Leftrightarrow c>\mathrm{rad}(abc)$.

由 $\mathrm{rad}(ac)<p^{m-1}$，且 $p^m$ 整除 $b$，得

$$\begin{aligned}\mathrm{rad}(abc)&=\mathrm{rad}(ac)\times\mathrm{rad}(p\times b\div p^m)\\&\leqslant\mathrm{rad}(ac)\times b\div p^{m-1}<b<c\end{aligned}$$

反过来也成立.

为了证明ABC定理的存在性问题及有关的整除问题，需要下面的一系列引理.

## 三、若干引理

**引理1** 若 $a$ 和 $b$ 是正整数，则 $a=b(\bmod m)$，当且仅当存在正整数 $k$，使得 $a=b+km$. 特别地，当 $m$ 整除 $a$ 时，记 $a\equiv 0(\bmod m)$.

**引理2** 设 $m$ 是正整数. 模 $m$ 的同余满足下面的性质：

(1)自反性. 若 $a$ 是正整数，则 $a\equiv a\ (\bmod m)$；

(2) 对称性. 若 $a$ 和 $b$ 是正整数, 且 $a\equiv b\pmod m$, 则 $b\equiv a\pmod m$;

(3) 传递性. 若 $a,b$ 和 $c$ 是正整数, 且 $a\equiv b\pmod m$, $b\equiv c\pmod m$, 则 $a\equiv c\pmod m$.

**引理 3** 若 $a,b,c,k,r$ 和 $m$ 都是正整数, $m>0$, $(a,m)=1$, $(c,m)=1$, 当 $a\equiv b\pmod m$ 时, 当且仅当 $ac\equiv bc\pmod m$.

**证明** 由引理 1, 设 $a=mk+b$(下略).

**引理 4(整除运算)** 若 $m,j,k_j,b_j,n,a,p$(素数)均为正整数, 且 $(a,p)=1$, $k_1+k_1+\cdots+k_m=n$, $a^{k_1}\equiv b_1\pmod p$, $b_1a^{k_2}\equiv b_2\pmod p$, $\cdots$, $b_{m-1}a^{k_m}\equiv b_m\pmod p$, 则:

(1) $a^n\equiv b_m\pmod p$;

(2) 若 $a^{k_1}\equiv b_1\pmod p$, $a^{k_2}\equiv b_2\pmod p$, 则 $a^{k_1+k_2}\equiv b_1\equiv b_2\pmod p$;

(3) 若 $a\equiv b\pmod m$, 则 $a^r\equiv b^r\pmod m$.

**证明** (1) $a^{k_1}\equiv b_1\pmod p$, 由引理 1, 设 $a^{k_1}=pk+b_1\pmod p$, 则

$$a^{k_1}a^{k_2}=pka^{k_2}+b_1a^{k_2}\pmod p$$

所以

$$a^{k_1+k_2}\equiv b_1a^{k_2}\equiv b_2\pmod p$$

以此类推, 得 $a^n\equiv b_m\pmod p$.

(2) 和 (3) 可由引理 2 证明.

**引理 5(费马小定理的推论 1)** 已知正整数 $p,a,m$, $m\geqslant 1$, $p$ 是素数, $(a,p)=1$, 那么 $a^{(p-1)p^{m-1}}\equiv 1\pmod{p^m}$.

**证明** 考虑 $p-1$ 个正整数 $a^{p^{m-1}}$, $(2a)^{p^{m-1}}$, $\cdots$, $[(p-1)a]^{p^{m-1}}$. 正整数 $a,2a,\cdots,(p-1)a$ 都不能被 $p$

整除.若不然,设 $p$ 整除 $ja$,因为 $p$ 不整除 $a$,所以 $p$ 必然整除 $j$,但 $1\leqslant j\leqslant p-1$,这是不可能的.进一步,在 $a,2a,\cdots,(p-1)a$ 中,任何两个数模 $p$ 不同余.为了证明这一点,设 $ja\equiv ka(\bmod p)$,其中 $1\leqslant j<k\leqslant p-1$,因为 $(a,p)=1$,由引理 3 得 $j\equiv k(\bmod p)$,产生矛盾.因为正整数 $a,2a,\cdots,(p-1)a$ 是 $(p-1)$ 个由满足模 $p$ 均不同余于 0,且任何两个都不同余的整数组成的集合中的元素,所以 $a,2a,\cdots,(p-1)a$ 模 $p$ 的最小正剩余按一定的顺序排列必定是整数 $1,2,\cdots,p-1$.设 $b_1$,$b_2$,$\cdots,b_{p-1}$ 对应于 $a,2a,\cdots,(p-1)a$ 中唯一的一个数,且 $b_1=pk_1+1,b_2=pk_2+2,\cdots,b_{p-1}=pk_{p-1}+p-1$($k_j$ 为非负整数,$1\leqslant j\leqslant p-1$),又由二项式定理知

$$\begin{aligned}(b_j)^{p^{m-1}}&=(pk_j+j)^{p^{m-1}}\\&=(pk_j)^{p^{m-1}}+\cdots+p^{m-1}(pk_j)j^{p^{m-1}-1}+j^{p^{m-1}}\end{aligned}$$

只有最后一项 $j^{p^{m-1}}$ 不能被 $p^m$ 所整除,由定理 1 知

$$b_j{}^{p^{m-1}}\equiv j^{p^{m-1}}(\bmod p^m)$$

所以,整数 $a^{p^{m-1}},(2a)^{p^{m-1}},\cdots,[(p-1)a]^{p^{m-1}}$ 的乘积模 $p^m$ 同余于 $1\times 2^{p^{m-1}}\times 3^{p^{m-1}}\times\cdots\times(p-1)^{p^{m-1}}$,即

$$a^{(p-1)p^{m-1}}[(p-1)!]^{p^{m-1}}\equiv[(p-1)!]^{p^{m-1}}(\bmod p^m)$$

又因为 $(p-1)!$ 与 $p$ 互质,所以由引理 3 得

$$a^{(p-1)p^{m-1}}\equiv 1(\bmod p^m)$$

当 $m=1$ 时,$a^{(p-1)}\equiv 1(\bmod p)$ 是费马小定理.由费马小定理还可以得到它的一个简单证明,如下:

由费马小定理,设 $a^{p-1}=pk+1$($k$ 为正整数),则

$$(a^{p-1})^{p^{m-1}}=(pk+1)^{p^{m-1}}=(pk)^{p^{m-1}}+\cdots+p^{m-1}(pk)+1$$

因此

$$a^{(p-1)p^{m-1}}\equiv 1(\bmod p^m)$$

**引理 6(费马小定理的推论 2)** 若 $a(2\leqslant a)$,$j$ 均为正整数,$p_j$ 为素数,$(a,p_j)=1$.则

$$a^{(p_1-1)p_1^{k_1-1}(p_2-1)p_2^{k_2-1}\cdots(p_j-1)p_j^{k_j-1}} \equiv 1(\bmod p_1^{k_1}\times p_2^{k_2}\times\cdots\times p_j^{k_j})$$

**证明** 类似于引理 5 的证明.只需证明

$$a^{(p_1-1)p_1^{k_1-1}(p_2-1)p_2^{k_2-1}}\equiv 1(\bmod p_1^{k_1}\times p_2^{k_2})$$

由引理 5 知 $a^{(p_1-1)p_1^{k_1-1}}\equiv 1(\bmod p_1^{k_1})$.考虑 $p_2-1$ 个正整数

$$a^{(p_1-1)p_1^{k_1-1}p_2^{k_2-1}},(2a)^{(p_1-1)p_1^{k_1-1}p_2^{k_2-1}},\cdots,$$
$$[(p_2-1)a]^{(p_1-1)p_1^{k_1-1}p_2^{k_2-1}}$$

这 $p_2-1$ 个正整数相乘之积模 $p_2^{k_2}$ 同余于 $[(p_2-1)!]^{(p_1-1)p_1^{k_1-1}p_2^{k_2-1}}$,即

$$a^{(p_1-1)p_1^{k_1-1}(p_2-1)p_2^{k_2-1}}[(p_2-1)!]^{(p_1-1)p_1^{k_1-1}p_2^{k_2-1}}$$
$$\equiv[(p_2-1)!]^{(p_1-1)p_1^{k_1-1}p_2^{k_2-1}}(\bmod p_1^{k_1}\times p_2^{k_2})$$

得

$$a^{(p_1-1)p_1^{k_1-1}(p_2-1)p_2^{k_2-1}}\equiv 1(\bmod p_1^{k_1}\times p_2^{k_2})$$

一般证明与此类似(证明略).

**引理 7(费马小定理的推论 3)** 若 $a(2\leqslant a)$,$r$ 均为整数,$a$,$p$ 为素数,$(a,p)=1$,$2\leqslant r<p$,$a<p$,$r=\mathrm{ord}_p a$.则:

(1)$r$ 整除$(p-1)$;

(2) $a^{rp^{m-1}}\equiv 1(\bmod p^m)$.

**证明** (1)由 $a^r\equiv 1(\bmod p)$,有 $a^{r+1}\equiv a(\bmod p)$,且 $a$ 为素数,$a<p$,对于集合 $N=\{1,a,a^2,\cdots,a^r,\cdots,a^n\}$,$r$ 是集合 $N$ 中 $p$ 除 $a^n(n\to\infty)$的余数的一个最小循环节.由引理 5 知 $a^{(p-1)p^{m-1}}\equiv 1(\bmod p^m)$,$(p-1)p^{m-1}$也是集合 $N$ 中 $p^m$ 除 $a^n(n\to\infty)$的余数的

一个循环节,包含 $r$,所以 $r$ 整除 $(p-1)p^{m-1}$. 由于 $2\leqslant r<p$,$r$ 不整除 $p$,所以 $r$ 整除 $(p-1)$.

(2)设 $a^r=pk+1$,考虑 $a^{rp^{m-1}}=(pk+1)^{p^{m-1}}$,参考引理 5 的证明,可得 $a^{rp^{m-1}}\equiv 1(\bmod p^m)$.

**推论 1** 如果 $a,r,s,m,p$ 都是正整数,$(a,p)=1$,$a^r\equiv 1(\bmod p^s)$,那么 $a^{rp^{m-s}}\equiv 1(\bmod p^m)(m\geqslant s)$.

**推论 2(欧拉定理)** 用 $\varphi(n)$ 表示在 $n$ 以内的与 $n$ 互质的正整数的个数,称 $a^{\varphi(n)}\equiv 1(\bmod n)$ 为欧拉定理,其中正整数 $a,n$ 满足 $(a,n)=1,a<n$. 因此,引理 5 和引理 6 都是欧拉定理的特例.

欧拉定理的意义是:在 $(a,n)=1,a<n,a^r\equiv 1(\bmod p)$ 的条件下,所有 $a$ 模 $n$ 的次数 $r=\mathrm{ord}_n a$ 是 $\varphi(n)$ 的因子数.

如果 $n=13,a<p,a=2,3,\cdots,12$,那么 $a$ 模 13 的次数是 $r=\mathrm{ord}_{13}a$. 在 $(13-2)$ 个 $a$ 的取值中, $a$ 模 13 的次数是 $\varphi(13)=12$,12 的因子数是 2,3,4,6,12,最大值次数有 $\varphi(\varphi(13))=4$ 个,即 2,6,7,11 模 13 的次数都为 12(当 $a$ 模 $n$ 的次数满足 $\mathrm{ord}_n a=\varphi(n)$ 时,称 $a$ 是模 $n$ 的原根①),$\mathrm{ord}_{13}2=\mathrm{ord}_{13}6=\mathrm{ord}_{13}7=\mathrm{ord}_{13}11=\varphi(13)=12$;$\mathrm{ord}_{13}4=\mathrm{ord}_{13}10=6$;$\mathrm{ord}_{13}5=\mathrm{ord}_{13}8=4$;$\mathrm{ord}_{13}3=\mathrm{ord}_{13}9=3$;$\mathrm{ord}_{13}12=2$.

再如 $n=6,\varphi(6)=2$,小于 6 且与 6 互质的数只有 5,5 模 6 的次数为 2. 即 $5^1\equiv 5(\bmod 6)$,$5^2\equiv 1(\bmod 6)$,5 是 6 的原根,$\mathrm{ord}_6 5=\varphi(6)=2$.

**引理 8** 已知正整数 $r,p,a,m$, $m\geqslant 3$,$p$ 是素数,

---

① KENNETH H ROSEN. 初等数论及其应用[M]. 夏鸿刚,译. 北京:机械工业出版社,2009:245.

$(a,p)=1$，如果 $a^r\equiv 1(\bmod p)$，其中，$r=\mathrm{ord}_n a$ 是 $\varphi(n)$的因子数，那么 $a^{rp^{m-2}}\equiv 1(\bmod p^m)$不成立.

**证明** 由费马小定理知

$a^{(p-1)p^{m-1}}\equiv 1(\bmod p^m)$，$a^{rp^{m-1}}\equiv 1(\bmod p^m)$ $(m\geqslant 3)$

若 $a^{(p-1)p^{m-2}}\equiv 1(\bmod p^m)$或 $a^{rp^{m-2}}\equiv 1(\bmod p^m)$成立，则由引理 7 知，存在 $a^r\equiv 1(\bmod p)$，$2\leqslant r\leqslant p-1$. 从而由 $a^{rp^{m-1}}\equiv 1(\bmod p^m)$，得 $rp^{m-1}$整除$(p-1)p^{m-2}$或 $rp^{m-2}$，这样有 $rp$ 整除$(p-1)$或 $p$ 整除 1，显然不成立. 或者，由 $a^{rp^{m-2}}\equiv 1(\bmod p^{m-1})$，存在 $k$($p$ 不整除 $k$)，使得 $a^{rp^{m-2}}=1+p^{m-1}k$，将两边同时 $p$ 次幂，由二项式定理，得 $a^{(p-1)p^{m-1}}\neq 1(\bmod p^{m+1})$，根据数学归纳法原理，定理得证.

**引理 9** 如果 $a,b(2\leqslant a,b$，且 $a\neq 2,3$ 或 $9)$，$m,n,r,j,k_j,p$(素数)都是正整数，$(a,p)=1$，$a^{r_0}\equiv b(\bmod p)$，$r=\mathrm{ord}_p a$，且 $a^r\neq 1(\bmod p^2)$，$r\mid\varphi(p)$，$(a,b)=1$，$2\leqslant a,b<p$，那么存在 $k_j(3\leqslant j)$，$0\leqslant k_j\leqslant p-1$，使得

$$a^{r_0+rk_1+rpk_2+\cdots+rp^{m-2}k_{m-1}}\equiv b(\bmod p^m)$$

**说明** 由引理 9 知，当 $3\leqslant j$ 时，有 $1\leqslant k_j\leqslant p-1$.

**证明** 当 $a>p$ 时，令 $a=pk+a_0(a_0<p,1\leqslant k)$，则 $a^r=(pk+a_0)^r$. 由二项式定理知

$$a^r=(pk+a_0)^r\equiv a_0^r(\bmod p)$$

所以只讨论当 $2\leqslant a<p$ 时的情况.

由引理 5 知 $a^r\equiv 1(\bmod p)$，当 $a^r\equiv 1(\bmod p^2)$存在时，$a^{r_0+rk_1}\equiv b(\bmod p^2)$不存在，这是因为 $p<a^{r_0}<p^2$，$a^{r_0+rk_1}\equiv a^{r_0}\neq b(\bmod p^2)$. 如 $3^3\equiv 5(\bmod 11)$，$3^5\equiv 1(\bmod 11)$，$3^5\equiv 1(\bmod 11^2)$，但不存在 $k$，使得 $3^k\equiv 5(\bmod 11^2)$存在.

设 $a^{r_0}=pk_0+b, a^r=pk_1+1$，则

$$a^{r_0+r}=(pk_1+1)(pk_0+b)=p^2k_0k_1+p(k_0+bk_1)+b$$

$$\begin{aligned}a^{r_0+2r}&=(pk_1+1)[p^2k_0k_1+p(k_0+bk_1)+b]\\&=p^3\cdots+p(k_0+2bk_1)+b\\a^{r_0+3r}&=(pk_1+1)[p^3\cdots+p(k_0+2bk_1)+b]\\&=p^4\cdots+p(k_0+3bk_1)+b\\&\vdots\\a^{r_0+(p-1)r}&=(pk_1+1)[p^{(p-1)}\cdots+\\&\quad p(k_0+(p-2)bk_1)+b]\\&=p^p\cdots+p[k_0+(p-1)bk_1]+b\end{aligned}$$

上面各式只有最后两项不能被 $p^2$ 所整除，所以，只讨论下面 $p$ 个数中存在唯一一个数能被 $p$ 所整除就可以

$$k_0,k_0+bk_1,k_0+2bk_1,\cdots,k_0+(p-1)bk_1 \quad (1)$$

如果 $k_0$ 能被 $p$ 所整除，符合题意，其他数就不用讨论了；如果 $k_1$ 能被 $p$ 所整除，那么数列(1)中所有数被 $p$ 除余 $k_0$，不存在被 $p$ 除余 $b$ 的数，会导致 $a>p$，只要令 $a=a_0^p$，就有 $a^{r_0}\equiv1 \pmod{p^2}$ 成立. 所以有 $(k_0,p)=1$，$(b,p)=1$，$(k_1,p)=1$，这样，在这 $p$ 个数中，$a^{r+r_0k_1}$ $(0\leqslant k_1\leqslant p-1)$ 被 $p^2$ 除的余数是模 $p^2$ 的完全剩余系. 所以，数列(1)中有唯一一个数能被 $p$ 所整除. 因此 $a^{r_0+rk}\equiv b \pmod{p^2}$ 成立.

同理，若 $a^{r_0+rk}\neq b \pmod{p^3}$，由引理 8，$a^{rp}\neq 1 \pmod{p^3}$ 知，对于 $a^{r_0+rk}$，$a^{r_0+rk_1+rp}$，$\cdots$，$a^{r_0+rk_1+(p-1)rp}$，存在 $k_2$（$0\leqslant k_2\leqslant p-1$）使得 $a^{r_0+rk_1+rpk_2}\equiv b \pmod{p^3}$ 成立. 方法为设 $a^{r_0+rk}=p^2k_0+b$，$a^{rp}=p^2k_1+1$. 以下的讨论和上面的方法相一致（略）. 以此类推，可得结论（过程符合数学归纳法原理）.

一般的,设 $a^{r_0}=pk_0+b$,$a^r=pk_1+1$. 由二项式定理,得

$$a^{rp}=(k_1p+1)^p=(k_1p)^p+p(k_1p)^{p-1}+\cdots+p(k_1p)+1$$

$$a^{rp^m}=(k_1p+1)^{p^m}$$

$$=(k_1p)^{p^m}+C_{p^m}^{p^m-1}(k_1p)^{p^m-1}+\cdots+C_{p^m}^1(k_1p)+1$$

所以,存在 $k_1$,使得 $a^{r_0+rk_1}\equiv b\pmod{p^2}$,若 $a^{r_0+rk_1}\equiv b\pmod{p^3}$,则罢,否则,存在 $k_2$( $0\leqslant k_2\leqslant p-1$),使得 $a^{r_0+rk_1+rpk_2}\equiv b\pmod{p^3}$ 成立. 一般的,设 $a^{r_0+rk_1+rpk_2+\cdots+rp^{m-2}k_{m-1}}\equiv b\pmod{p^m}$成立,且

$$a^{r_0+rk_1+rpk_2+\cdots+rp^{m-2}k_{m-1}}\not\equiv b\pmod{p^{m+1}}$$

那么,令

$$a^{r_0+rk_1+rpk_2+\cdots+rp^{m-2}k_{m-1}}=kp^m+b\quad(p\text{ 不整除 }k)$$

因为

$$a^{rp^{m-1}k_m}=(k_1p+1)^{p^{m-1}k_m}$$

$$=(k_1p)^{p^{m-1}k_m}+\cdots+C_{p^{m-1}k_m}^2(k_1p)^2+$$

$$C_{p^{m-1}k_m}^1(k_1p)+1$$

所以

$$(kp^m+b)\times[C_{p^{m-1}k_m}^2(k_1p)^2+C_{p^{m-1}k_m}^1(k_1p)+1]$$

$$=kp^m\times C_{p^{m-1}k_m}^2(k_1p)^2+bC_{p^{m-1}k_m}^2(k_1p)^2+$$

$$kp^m\times C_{p^{m-1}k_m}^1(k_1p)+bC_{p^{m-1}k_m}^1(k_1p)+kp^m+b$$

注意

$$bC_{p^{m-1}k_m}^1(k_1p)+kp^m=(bk_1k_m+k)p^m$$

除 $b$ 外的其他各项都能被 $p^{m+1}$ 所整除,因为 $1\leqslant k_m\leqslant p-1$,$p$ 不整除 $b,k_1,k$,所以,存在唯一的 $k_m$,使得 $p\mid bk_1k_m+k$,且 $p^2$ 不整除 $bk_1k_m+k$.

分析引理 9 的应用条件:由$(a,p)=1$,得 $a^{(p-1)}\equiv 1\pmod p$,由条件知 $1<a<p$,$a$ 的取值是 $2,3,\cdots$,

$(p-1)$，共有 $p-2$ 个取值. 满足 $b\neq1$，条件 $(a,b)=1$ 的 $a$，$2\leqslant r\leqslant r_0-1$，$r_0=\text{ord}_p a$，即 $p<a^r<a^{r_0}$，所以 $p=3$ 不满足条件；当 $p=5$ 时，只有 $a=2,3$ 满足条件，当 $a=2$时，$b=1$，当 $a=3$ 时，$b=1$，且 $2^4\not\equiv1 \pmod{5^2}$，$3^4\not\equiv1 \pmod{5^2}$，所以 $a\neq2$；当 $p=11$ 时，$a$ 有 9 个取值，$\text{ord}_{11}2=\text{ord}_{11}6=\text{ord}_{11}7=\text{ord}_{11}8=10$，$\text{ord}_{11}3=\text{ord}_{11}4=\text{ord}_{11}5=\text{ord}_{11}9=5$，$\text{ord}_{11}10=2$，由于 $3^5\equiv1 \pmod{11^2}$，$9^5\equiv1 \pmod{11^2}$，所以 $a=3$ 与 $a=9$ 都不满足条件.

**推论 3** 如果 $(a,p)=1$，$p$ 为素数，且 $a^r\equiv b \pmod{p^s}$，那么

$$a^{r+(p-1)p^{s-1}k_1+(p-1)p^sk_2+\cdots+(p-1)p^{m+s-2}k_m}\equiv b \pmod{p^{m+s}}$$

其中

$$1<s,0\leqslant k_j\leqslant p-1,1\leqslant j\leqslant m$$

**证明** 由引理 9 可证明.(略)

**推论 4** 对于引理 9，当 $m\geqslant3$ 时

$$a^{r+(p-1)k_1+(p-1)pk_2+\cdots+(p-1)p^{m-2}k_{m-1}}\equiv b \pmod{p^{m+1}}$$

不成立.

**证明** 若 $m\geqslant2$，已知

$$a^{r+(p-1)k_1+(p-1)pk_2+\cdots+(p-1)p^{m-2}k_{m-1}}\equiv b \pmod{p^m}$$

以及 $a^{(p-1)p^{m-1}}\equiv1 \pmod{p^m}$，则由引理 4 的整除运算有

$$a^{r+(p-1)k_1+(p-1)pk_2+\cdots+(p-1)p^{m-2}k_{m-1}+(p-1)p^{m-1}k_m}$$

$$\equiv b \pmod{p^m}\quad(0<k_m<p)$$

若

$$a^{r+(p-1)k_1+(p-1)pk_2+\cdots+(p-1)p^{m-2}k_{m-1}}\equiv b \pmod{p^{m+1}}$$

成立，则由引理 9 知

$$a^{r+(p-1)k_1+(p-1)pk_2+\cdots+(p-1)p^{m-2}k_{m-1}+(p-1)p^{m-1}k_m}$$

$\equiv b(\bmod p^{m+1})$

也成立,这使得

$$a^{(p-1)p^{m-1}k_m}\equiv 1(\bmod p^{m+1})$$

成立,由引理 5 知,除非 $k_m=0$ 或 $p$,这才能成立,但这与 $0<k_m<p$ 矛盾. 所以,推论成立.

**四、整数分类问题**

ABC 猜想是一个整数分类问题. 正整数或者是偶数,或者是奇数. 1 不是素数. 素数只有自身一个素因子. 奇合数至少含有两个素因子(两个素因子可以相同). 正整数 $c$ 不是偶数,即为奇数, $c$ 的二位加法分拆个数是 $\left[\frac{c}{2}\right]$个. 其中,$[a]$表正数 $a$ 的整数部分.

正整数的两位加法分拆有,奇数=1+偶数;或者奇数=素数+偶数;或者奇数=奇合数+偶数;或者偶数=1+素数;或者偶数=1+奇合数;或者偶数=素数+奇合数;或者偶数=素数+素数;或者偶数=奇合数+奇合数. 对于偶数=偶数+偶数,给两边同除以 2 或若干个 2,即可化为上面的各式.

**定理 2(ABC 定理的存在性)** 若互质的正整数 $a,b,c$ 满足 $a+b=c$,任意给定正整数 $q$,令 $c=q^n$,总存在正整数 $m,n,p$,且 $p^{m-1}>aq$, $m\geqslant 2$, $(q,p)=1$, $q<p$, $(q,b_0)=1$,使得 $p^m$ 整除 $b$,则总有 $\mathrm{rad}(abc)<c$ 成立.

**证明** $q,p$ 满足$(q,p)=1$. 由欧拉定理,有 $q^{\varphi(p)}\equiv 1(\bmod p)$,即 $p$ 除 $q^n(n\to\infty)$的余数的最大的循环节为$(p-1)$,余数是 $1,2,\cdots,(p-1)$,即$\{q,q^2,\cdots,q^{p-1}$, $q^p\equiv q(\bmod p)$开始循环, $\cdots\}$;若存在最小值 $r$ 满足

$q^r=pk+1$($r,k$是正整数,$r\leqslant p-1$),即循环节为$r=\mathrm{ord}_p q$,由推论2知,$r$是$\varphi(p)$的因子数;当$k=1$,$q^r=p+1$时,$p$除$q^n$的余数分别为$1,q,q^2,\cdots,q^{r-1}$.所以满足$q<p$,当选$a$作为$p$除$q^n$的余数时,即$q^n=pk+a$,且$(q,a)=1$,可知$p^m$整除$b$总是存在的.再有$p^{m-1}>aq$,根据定理1中的(3),就有$\mathrm{rad}(abc)<c$.

## 五、应用举例

**例1** 已知互质的正整数$a,b,c$满足$c=a+b$,其中$c=2^x,a=1,2^x=1+3^2y$.求正整数$x,y$.

**解** 因为$2^2=1+3$,由引理5知$2^{2\times3}\equiv1(\mathrm{mod}\ 3^2)$,有$2^6=1+3^2\times7$,即$x=6,y=7$,又因为$2^{2\times3\times3}\equiv1(\mathrm{mod}\ 3^3)$,所以有$2^{18}=1+3^2\times29\ 127$,即$x=18$,$y=29\ 127$.一般地,$x=2\times3^{m-1}$,$y=\dfrac{b}{9}$.以上各式都满足$c>\mathrm{rad}(abc)$.

**例2** 已知互质的正整数$a,b,c$满足$c=a+b$,其中$c=3^x,a=2,3^x=2+5^3y$.求正整数$x,y$的最小解.

**解** 因为$3^3\equiv2(\mathrm{mod}\ 5)$,由引理8知,存在$k(0\leqslant k\leqslant4)$,使得$3^{3+4k}\equiv2(\mathrm{mod}\ 5^2)$成立,可得$k=0$;由引理8知,总存在$k(0\leqslant k\leqslant4)$,使得$3^{3+20k}\equiv2(\mathrm{mod}\ 5^3)$成立,根据引理4进行整除运算,可得

$$3^{10}\equiv49(\mathrm{mod}\ 5^3)$$
$$3^{20}\equiv49^2\equiv26(\mathrm{mod}\ 5^3)$$
$$3^{3+20}\equiv26\times3^3\equiv77(\mathrm{mod}\ 5^3)$$
$$3^{3+20\times2}\equiv26\times77\equiv2(\mathrm{mod}\ 5^3)$$

求得$k=2$,最小解即$x=43$.

因为$3^{43}=2+5^3y>3\times2\times5y=\mathrm{rad}(abc)$,也有

$c>\mathrm{rad}(abc)$

**例 3** 求方程 $3^n=1+2^m$ 的正整数解.

**解** 当 $n\geqslant 2$ 时，$3^n\geqslant \mathrm{rad}(2\times 3)=6$.

因为 $3\equiv 1(\mathrm{mod}\ 2)$，$3^2\equiv 1(\mathrm{mod}\ 2^2)$，或 $3^2\equiv 1(\mathrm{mod}\ 2^3)$，由引理 6，得 $3^{2^{m-1}}\equiv 1(\mathrm{mod}\ 2^m)(m\geqslant 1)$，或 $3^{2^{m-2}}\equiv 1(\mathrm{mod}\ 2^m)(m\geqslant 3)$. 由已知 $3^n=1+2^m$，得 $3^n\equiv 1(\mathrm{mod}\ 2^m)$，所以 $n=2^{m-1}k(k\geqslant 1)$，或 $n=2^{m-2}k$，即 $3^{2^{m-1}k}=1+2^m$，或 $3^{2^{m-2}k}=1+2^m$. 只讨论当 $k=1$ 时的情况：当 $3^{2^{m-1}}=1+2^m$，$m=1$ 时，$n=1$，有 $3=1+2$；当 $3^{2^{m-2}}=1+2^m$，$m=3$ 时，$n=2$，有 $3^2=1+2^3$. 由于当 $2^{m-1}\geqslant m(m\geqslant 2)$ 时，$3^{2^{m-1}}-2^m>1$；或由于当 $2^{m-2}\geqslant m(m\geqslant 4)$ 时，$3^{2^{m-2}}-2^m>1$，因此，方程 $3^n=1+2^m$ 只有两个正整数解：$n=1$，$m=1$；或 $n=2$，$m=3$.

**例 4** 求方程 $2^n=1+3^m$ 的正整数解.

**解** 当 $n\geqslant 3$ 时，$2^n\geqslant \mathrm{rad}(2\times 3)=6$. 与例 3 类似.

因为 $2^2=1+3$，$2^2\equiv 1(\mathrm{mod}\ 3)$，由引理 5，得 $2^{2\times 3^{m-1}}\equiv 1(\mathrm{mod}\ 3^m)$，再由 $2^n=1+3^m$，得 $2^n\equiv 1(\mathrm{mod}\ 3^m)$. 比较两者，有 $n=2\times 3^{m-1}k$（整数 $k\geqslant 1$）. 只讨论当 $k=1$ 时的最小情况：$2^{2\times 3^{m-1}}=1+3^m$. 当 $m=1$ 时，$n=2$，有 $2^2=1+3$；当 $m=2$ 时，$2^6>3^2+1$. 由于当 $m\geqslant 2$ 时，$2^{2\times 3^{m-1}}-3^m=4^{3^{m-1}}-3^m>1$. 因此，方程 $2^n=1+3^m$ 只有唯一的正整数解：$n=2$，$m=1$.

**例 5（卡塔兰猜想）** 求证：丢番图方程 $x^n=1+y^m$ 当 $m\geqslant 2$，$n\geqslant 2$ 时，除 $x=3$，$y=2$ 和 $x=2$，$y=3$ 以外，没有其他正整数解.

**证明** 假设 $x$，$y$ 都是正整数. 由 $x^n=1+y^m$，$(x,y)=1$，得 $x^n\equiv 1(\mathrm{mod}\ y^m)$.

当 $y$ 是素数时，由引理 5，有 $x^{(y-1)\times y^{m-1}}\equiv$

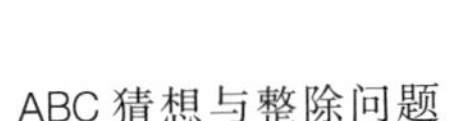



$1 \pmod{y^m}$，即 $x^{(y-1)\times y^{m-1}}=1+y^m k$. 依题意，$k=1$，得 $x^{(y-1)\times y^{m-1}}=1+y^m$. 当 $m=1$ 时，$x^{y-1}=1+y$，只有当 $x=2,y=3$，或 $x=3,y=2$ 时等式成立. 若不然，由引理 7 知，如果存在 $x^r\equiv 1 \pmod{y^m}$，那么 $r$ 整除 $(y-1)$. 则 $n$ 的最小值为 $n\geqslant y^{m-1}$. 当 $m\geqslant 2,x\geqslant 4$ 时，正整数 $y(y\geqslant 2)$ 无论取任何值，都有 $4^{y^{m-1}}-y^m>1$.

当 $y$ 是合数时，只考虑最小情况 $y=pq$，其中 $p,q$ 均为素数(注：当 $y$ 分解为多个素数幂之积时，也是如此). 由引理 6，得 $x^{(p-1)p^{m-1}(q-1)q^{m-1}}\equiv 1 \pmod{y^m}$. 取 $n$ 的最小值 $n=(p-1)p^{m-1}(q-1)q^{m-1}$(由引理 7 知，如果存在 $x^r\equiv 1 \pmod{y^m}$，那么 $r$ 整除 $(y-1)$. 则 $n$ 的最小值为 $n\geqslant y^{m-1}$)，于是应有 $x^{(p-1)p^{m-1}(q-1)q^{m-1}}=1+(pq)^m$. 和上面的讨论一样，当 $x\geqslant 4$ 时，正整数 $y(y\geqslant 2)$ 无论取任何值，都有 $x^{(p-1)p^{m-1}(q-1)q^{m-1}}-(pq)^m>1$.

所以，原命题成立.

**例 6** 若 $n,a,m,b$ 都是正整数，对于 $n,m,x$ 存在 $r=\mathrm{ord}_y x$，使得 $x^r\equiv b \pmod y$ 成立，$1\leqslant b<y$，且 $x^r\not\equiv b \pmod{y^2}$，$(x,b)=1$，求证：$x^n=b+y^m$，当 $m\geqslant 4$ 时，方程无正整数解.

**证明** 假设 $x,y$ 都是正整数. 由引理 1 知，$(x,y)=1$，$x^n\equiv b \pmod{y^m}$，即 $b$ 为 $y^m$ 除 $x^n$ 的余数. 当 $b=1$ 时，如例 5. 故只讨论 $b>1$ 的情况.

当 $y$ 为素数时，$m=2$，由题设和引理 8 知

$$x^{r+(y-1)k_1}=b+y^2 \tag{2}$$

若 $x>y>1$，则 $x^{r+(y-1)k_1}>x^y>y+y^2>b+y^2$. 所以，只讨论 $x<y$ 的情况.

若 $x=2,y=3$，则 $b=1$ 或 2. 当 $b=1$ 时，式(2)无解；当 $b=2$ 时，与 $(x,b)=1$ 矛盾，式(2)无解.

若 $x=2,y=5$，则 $b=3$，即 $2^{3+4}\equiv 3(\text{mod } 5^2)$，但 $2^{3+4}>3+5^2$，式(2)无解；

若 $k_1$ 取最小值 1，$x$ 取最小值 2，则无论 $y(y\geqslant 5)$ 取任何值，总有

$$x^{r+(y-1)k_1}>x^y>y+y^2>b+y^2$$

式(2)无解.

当 $y$ 为素数，$m=2$ 时，由题设和引理 9 知

$$x^{r+(y-1)k_1+(p-1)pk_2}=b+y^3 \tag{3}$$

若 $k_1=k_2=1$，或 $k_1=0,k_2=1$，$x$ 取最小值 2，则无论 $y(y\geqslant 3)$ 取任何值，总有

$$x^{r+(y-1)k_1+(p-1)pk_2}>x^{y^2}>y+y^3>b+y^3$$

式(3)无解.

又由题设和引理 9 知，若 $k_2=0$，$x$ 取最小值 2，则有

$$2^{r+(y-1)k_1}=b+y^3 \tag{4}$$

经验证，在 $y<10$ 内，只有 $2^7=3+5^3$ 成立.

若 $k_1=1$，则无论 $y(y\geqslant 10)$ 取任何值，总有

$$2^{r+(y-1)k_1}>2^y>y+y^3>b+y^3$$

式(4)无解.

当 $4\leqslant m\leqslant y$ 时，由引理 9 知，存在正整数 $r,k_j$ $(1\leqslant k_j\leqslant y-1,3\leqslant j)$，使得

$$x^{r+(y-1)k_1+(y-1)yk_2+\cdots+(y-1)y^{m-2}k_{m-1}}\equiv b(\text{mod } y^m)$$

结合题设，$n$ 取最小值

$$n=r+(y-1)k_1+(y-1)yk_2+\cdots+(y-1)y^{m-2}k_{m-1}$$

但由已知 $x^r=b+y$ 知，当 $k_1\geqslant 1$ 时，总有 $x^{r+(y-1)k_1}>b+y^2$. 这是因为，若 $x=2,y=3,2^2=1+3,r=2,b=1$，则有 $x^{r+(y-1)k_1}>b+y^2$；若 $x=3,y=2,3=1+2,r=1,b=1,k_1=1$，则有 $x^{r+(y-1)k_1}>b+y^2$；若

$x\geqslant 2$，$y>3$，则有 $x^{(y-1)k_1}>1+y>\frac{b}{x^r}+\frac{y^2}{x^r}$，即 $x^{r+(y-1)k_1}>b+y^2$. 当 $m\geqslant 3$，$x\geqslant 2$，$y>3$ 时，假设 $y^{m-1}<x^r<y^m$，由已知 $x^r\equiv b(\mathrm{mod}\ y)$，即 $k_1=k_2=\cdots=k_{m-2}=0$ 知，最小值 $n=(y-1)y^{m-2}k_{m-1}$.

因为

$$x^{(y-1)y^{m-2}k_{m-1}}=(x^{y-1})^{y^{m-2}k_{m-1}}>1+y^{m-1}$$

所以

$$x^{(y-1)k_1+(y-1)yk_2+\cdots+(y-1)y^{m-2}k_{m-1}}>1+y^{m-1}>\frac{b}{x^r}+\frac{y^m}{x^r}$$

即

$$x^{r+(y-1)k_1+(y-1)yk_2+\cdots+(y-1)y^{m-2}k_{m-1}}>b+y^m$$

当 $y$ 为合数时，考虑最简单的情况 $y=p\times q$，其中 $p,q$ 是素数(与将 $y$ 表示成若干个素数幂之积的情况相似). 由引理 6 知，$x^{(p-1)(q-1)}\equiv 1(\mathrm{mod}\ pq)$，由 $x^r=b(\mathrm{mod}\ y)$ 和引理 9 知，存在 $k_1(0\leqslant k_1\leqslant y-1)$，使得 $x^{r+(p-1)(q-1)k_1}\equiv b(\mathrm{mod}\ p^2q^2)$；进一步，存在 $k_2(0\leqslant k_2\leqslant y-1)$，使得 $x^{r+(p-1)(q-1)k_1+(p-1)(q-1)pqk_2}\equiv b(\mathrm{mod}\ p^3q^3)$；……；存在 $k_{m-1}(1\leqslant k_{m-1}\leqslant y-1)$，使得

$$x^{r+(p-1)(q-1)k_1+(p-1)(q-1)pqk_2+\cdots+(p-1)(q-1)p^{m-2}q^{m-2}k_{m-1}}\equiv b(\mathrm{mod}\ p^mq^m)$$

假设 $y^{m-1}<x^r<y^m$，由已知 $x^r=b(\mathrm{mod}\ y)$，即 $k_1=k_2=\cdots=k_{m-2}=0$，也即 $n=(y-1)y^{m-2}k_{m-1}$ 知，$n$ 取最小值

$$n=(p-1)(q-1)(pq)^{m-2}k_{m-1}$$

当 $m=2$ 时，应有 $x^{r+(p-1)(q-1)k_1}=b+y^2$，若 $x=2$，$y=3\times 5$，$k_1=1$，$b<y$，$2^4=1+15$，$r=1$，则等式不成立. 这是因为 $x^{(p-1)(q-1)k_1}>1+y>\frac{b}{x^r}+\frac{y^2}{x^r}$. 对于 $m\geqslant$

3,与上面 $y$ 为素数时的讨论情况一样,等式 $x^n=b+y^m(m\geqslant 4)$ 不成立.

所以,方程无正整数解.

**例 7(费马大定理)** 丢番图方程 $x^n+y^n=z^n$ 无非零整数解,其中 $n$ 为整数,且 $n\geqslant 3$.

**分析** 设 $x<y<z$.

(1)当 $n=2$ 时,$x^2+y^2=z^2$,$x,y,z$ 为一组勾股数,一般的,当 $x=2k+1$ 时,$y=2k^2+2k$,$z=2k^2+2k+1$($k$ 为正整数);当 $x=2kr$ 时,$y=k^2-r^2$,$z=k^2+r^2$($k,r$ 均为正整数,$r<k$).

(2)当 $n=mk$ 为合数时,因为 $(x^k)^m+(y^k)^m=(z^k)^m$,所以只讨论 $n$ 为质数即可. 当 $n$ 为大于 1 的奇数时

$$z^n=x^n+y^n=(x+y)(x^{n-1}-x^{n-2}y+x^{n-3}y^2-\cdots+y^{n-1})$$
$$x^n=z^n-y^n=(z-y)(z^{n-1}+z^{n-2}y+z^{n-3}y^2+\cdots+y^{n-1})$$
$$y^n=z^n-x^n=(z-x)(z^{n-1}+z^{n-2}x+z^{n-3}x^2+\cdots+x^{n-1})$$

假设 $x,y,z$ 都是正整数,那么有 $x+y$ 整除 $z^n$,$z-y$ 整除 $x^n$,$z-x$ 整除 $y^n$,若 $x,y,z$ 中有一个数为质数,则有 $x+y=z$. $z$ 的取值范围是 $\frac{1}{2}(x+y)<z<x+y$. 下面分析 $z\geqslant x+y$ 的情况,因为当 $n>1$ 时,式子 $(x+y)^n>x^n+y^n$ 恒成立,所以,当 $n\geqslant 3$,$z\geqslant x+y$ 时,方程 $x^n+y^n=z^n$ 无非零整数解.

若 $x+y=pq\cdots r$(若干个不同的质数之积),则 $z\geqslant x+y$;当 $x+y=a_1^{m_1}$ 时,若取 $z=a_1^{m_1-1}$,因为 $a_1\geqslant 2$,则 $z\leqslant\frac{1}{2}(x+y)$,所以,$x$ 与 $y$ 中总有一个大于 $z$,矛盾,所以,$z$ 的最小取值为 $z\geqslant x+y$;$x+y$ 还有许多取值使得 $z\geqslant x+y$,不再列举.

(3)当偶数 $n=2^k m$ 时，$m$ 为大于 1 的奇数，$k$ 为非零自然数. 有$(x^{2^k})^m+(y^{2^k})^m=(z^{2^k})^m$，即归结到(2)中当 $m$ 为大于 1 的奇数，方程无非零整数解的情况；当偶数 $n=2^k$ 时，有$(x^{2^{k-2}})^4+(y^{2^{k-2}})^4=(z^{2^{k-2}})^4$，只要证明方程 $x^4+y^4=z^4$ 无非零整数解即可.

当$(x^2)^2+(y^2)^2=(z^2)^2$ 时，$x^2,y^2,z^2$ 为一组勾股数，若 $x^2=2k+1,y^2=2k^2+2k,z^2=2k^2+2k+1$($k$ 为正整数)，则 $z^2-y^2=1$，因为 $z>y>1,(y+1)^2-y^2>1$，所以 $z^2-y^2=1$ 不成立，即方程 $x^4+y^4=z^4$ 无整数解；当 $x^2=2kr,y^2=k^2-r^2,z^2=k^2+r^2$($k,r$ 均为正整数，$r<k$)时，由于 $r^2+y^2=k^2$，$r^2+k^2=z^2$，则 $r,y,k$ $(r<y<k)$和 $r,k,z$ $(r<k<z)$均为一组勾股数，由于勾股数中的最小数 $r=r$，由唯一性得 $y=k,k=z$，矛盾，即方程 $x^4+y^4=z^4$ 无非零整数解.

假设 $x,y,z$ 都是正整数，且 $x<y<z,x^n+y^n=z^n$ 成立，那么，由题设$(x,y)=1$，得 $x^n\equiv z^n \pmod{y^s}$或 $x^n\equiv a_0 \pmod{z^s}$，$y^n\equiv -a_0 \pmod{z^s}$. 设 $x^{r_1}\equiv a_1 \pmod{z}$，$y^{s_1}\equiv -a_1 \pmod{z}$；$x^{r_2}\equiv a_2 \pmod{z^2}$，$y^{s_2}\equiv -a_2 \pmod{z^2}$；…；$x^{r_j}\equiv a_j \pmod{z^j}$，$y^{s_j}\equiv -a_j \pmod{z^j}$，其中 $1\leqslant j\leqslant n-1$. 任意给定 $z$(定值)，如果 $y$ 为质数，且 $x^{r_1}\equiv z^{s_1}\equiv 1 \pmod{y}$，由引理 5，$n=(y-1)k$；如果 $y$ 为合数，且 $x^{r_1}\equiv z^{s_1}\equiv 1 \pmod{y}$，由引理 6，也有合数 $n=r_1k=s_1k$，其中 $r_1=s_1$，$k$ 为正整数，归结到(2)的情况.

若 $x^{r_1}\equiv a_1 \pmod{z}$，$y^{s_1}\equiv -a_1 \pmod{z}$，其中 $z$ 为质数，由引理 5，得 $x^{r_1+(z-1)k_1}\equiv a_1 \pmod{z}$，$y^{s_1+(z-1)k_2}\equiv -a_1 \pmod{z}$，$n=r_1+(z-1)k_1=s_1+(z-1)k_2$，其中 $k_1,k_2$ 为正整数. 设 $r_1\geqslant s_1$，由于 $r_1,s_1$

是 $x^{r_1}\equiv a_1(\mathrm{mod}\ z)$，$y^{s_1}\equiv b_1(\mathrm{mod}\ z)$ 的最小解，所以 $z>r_1\geqslant s_1$，那么，$r_1-s_1=(k_2-k_1)(z-1)$. 因为 $r_1-s_1<z-1$，所以 $(k_2-k_1)(z-1)<z-1$，即 $(k_2-k_1)<1$，但由 $r_1\geqslant s_1$ 和 $r_2-s_2=(k_2-k_1)(z-1)$ 可知 $k_2\geqslant k_1$，显然，只有当 $k_2=k_1$ 时，$(k_2-k_1)<1$ 才能成立，这时 $r_1=s_1$；若 $z$ 为合数，不妨设 $z=p^kq^m$（若 $z=p^kq^m\cdots r^n$ 是质因数幂之积时，亦是同理），由引理 6，得

$$n=r_1+(p-1)(q-1)p^{k-1}q^{m-1}k_1$$
$$=s_1+(p-1)(q-1)p^{k-1}q^{m-1}k_2$$

当 $k_2=k_1$ 时，$r_1=s_1$；当 $k_2=k_1+k_0$ 时

$$r_1=s_1+(p-1)(q-1)p^{k-1}q^{m-1}k_0$$

由于

$$x^{s_1+(p-1)(q-1)p^{k-1}q^{m-1}k_0}\equiv a_1(\mathrm{mod}\ z)$$
$$x^{(p-1)(q-1)p^{k-1}q^{m-1}k_0}\equiv 1(\mathrm{mod}\ z)$$

所以 $x^{s_1}\equiv a_1(\mathrm{mod}\ z)$，因此 $r_1=s_1$，这时，当 $r_1=s_1=1$ 时，有 $x+y=z$，因为 $x,y,z$ 是一组勾股数，满足 $x^2+y^2=z^2$，但 $x^n+y^n<(x+y)^n$，或 $(x^2)^n+(y^2)^n<(x^2+y^2)^n$，所以，当 $n\geqslant 3$ 时，$x^n+y^n=z^n$ 不成立. 类似地，当 $x^{r_2}\equiv a_2(\mathrm{mod}\ z^2)$，$y^{s_2}\equiv -a_2(\mathrm{mod}\ z^2)$ 时，有 $r_2=s_2$，同理，当 $x^{r_3}\equiv a_3(\mathrm{mod}\ y^3)$，$z^{s_3}\equiv -a_3(\mathrm{mod}\ y^3)$ 时，可得出 $r_3=s_3$；…；$r_j=s_j$.

综上，满足题设条件，有 $x+y=z$，或 $x,y,z$ 是一组勾股数（$x^2+y^2=z^2$），当 $n\geqslant 3$ 时，因为 $x^n+y^n<(x+y)^n$，或 $(x^2)^n+(y^2)^n<(x^2+y^2)^n$，所以方程 $x^n+y^n=z^n$ 无非零整数解.

上述论述告诉我们，不存在正整数 $x,y,z,n$，当 $n\geqslant 3$，$x<y<z$，$(x,z)=1$，$(y,z)=1$，$(x,y)=1$ 时，

使得 $x^n\equiv a_1 \pmod z$，$y^n\equiv -a_1 \pmod z$，且 $x^n\equiv a_2 \pmod{z^2}$，$y^n\equiv -a_2 \pmod{z^2}$成立.

**例 8(费马—卡塔兰猜想)** 方程 $x^a+y^b=z^c$ 在 $(x,y)=(y,z)=1$ 且$\frac{1}{a}+\frac{1}{b}+\frac{1}{c}<1$ 的条件下至多存在有限个解.

费马—卡塔兰猜想现在还是悬而未决.到目前为止，满足该猜想的丢番图方程的解仅有 10 个，它们是

$$1+2^3=3^2,2^5+7^2=3^4,7^3+13^2=2^9$$

$$2^7+17^3=71^2,3^5+11^4=122^2$$

$$17^7+76\ 271^3=21\ 063\ 928^2,1\ 414^3+2\ 213\ 459^2=65^7$$

$$926^3+15\ 312\ 283^2=113^7,43^8+96\ 222^3=30\ 042\ 907^2$$

$$33^8+1\ 549\ 034^2=15\ 613^3$$